KB090556

개정2판

Tourism & World Culture

세계관광문화의 이해

정찬종·신동숙·박주옥 공저

 백산출판사

　관광산업은 문화와 경제의 사이에 있으나 지금까지는 경제적 측면에서만 관광현상을 파악하려는 입장이 강하게 작용되어 왔다고 할 수 있다. 그러나 경제적인 것만을 추구하는 것으로는 이를 다 설명할 수 없는 어떤 특이한 면이 있어서 문화적 측면에서 고찰할 필요가 있다.

　세계를 여행하려면 우리는 해당국 각 지역의 고유한 문화를 이해해야만 그들과의 충돌을 줄일 수 있다. 즉 현지문화에 대한 이해가 중요하다. 여행을 하는 동안 우리는 각국의 문화와 관습에 제약을 받기 때문이다. 그러므로 우리는 해외여행을 하기에 앞서 각국의 정치, 경제, 사회는 물론 그 지역의 종교, 음식, 언어, 교통, 축제, 가치관, 전통, 신념 등의 문화적 측면까지도 이해하도록 노력해야 한다. 그래야만 상호 간에 완전한 소통이 이루어져 관광의 본래 의미인 '타국(지방)에의 완전한 이해'와 더불어 국제평화에도 이바지할 수 있기 때문이다.

　그간 이 분야와 관련한 서적이 몇 종 출간되었으나 통계 위주의 내용이나 문화라는 방대한 내용을 다루다 보니 너무 시시콜콜한 내용까지 소개하여 독자들로 하여금 난삽하다는 느낌을 갖게 할 수밖에 없었다. 따라서 이 책에서는 여행자(관광자) 입장에 기초하여 가장 궁금해 할 만한 내용을 중심으로 저술하였다.

　첫째, 소개하는 국가는 한국인들이 많이 찾는 국가를 중심으로 하였으며, 많이 찾는 국가일수록 자세하게 소개하였다.

　둘째, 국가개황, 지리적 개관, 약사(略史), 행정구역, 정치·경제·사회·문화, 음식·쇼핑·행사·축제·교통, 출입국 및 여행관련정보, 관련지식탐구, 중요 관광도시 및 관광개소 순으로 소개함으로써 큰 눈으로 본 다음 부문적으로 세밀하게 관찰할 수 있도록 배려하였다.

　셋째, 관광도시 및 관광개소에 대한 소개는 국내에서 판매되고 있는 대형 여행사들의 해외패키지 투어의 관광개소를 중심으로 사진자료를 곁들여 소개함으로써 장차 국외여행인솔자로서 외국에 나갈 때 필요한 지식을 사전에 습득할 수 있도록 하였다.

넷째, 지도나 사진 자료들을 가급적 많이 실음으로써 다른 데서 또다시 자료를 찾아보는 번거로움을 피하고자 하였다.

그러나 이 책에도 저자의 천학비재(淺學非才)와 미흡한 통찰력으로 인해 내용과 체제에 다소의 미흡함은 있을 것으로 생각하며, 이 점에 대해서는 선배·동학제위(同學諸位)의 지도편달에 힘입어 계속해서 보완할 것임을 약속드린다.

끝으로 이 책을 출판할 수 있도록 허락해 주신 백산출판사 진욱상 사장님을 비롯하여 편집부 직원들의 호의에 깊은 감사를 드리는 바이다.

2019년 1월

공동저자 드림

목 차

CHAPTER_3 유럽주(Europe) 211

관광문화란 무엇인가?

CHAPTER_1

관광문화란 무엇인가?

1.1 관광문화(觀光文化 · Tourism Culture)

문화는 먹을거리나 건물, 의복, 예술 등 눈에 보이고, 피부로 느낄 수 있는 것을 매개하여 표현된다. 또한 문화에 대해서도 학자들 간의 관점이 상이하다.

인류학자들은 "정형화할 수 있고 기호로써 의사소통할 수 있는 모든 인간의 능력"을 문화로 정의한다. 한편, 동물학에서는 문화를 "동물 생태계에서 위치하고 있는 인류의 행동양식"으로 이해하기도 한다. 즉 이러한 문화를 통해 우리는 중요한 것과 덜 중요한 것(가치관), 좋고 싫음(태도), 행동에 옮김(관행)을 알게 되는 것이다.

고고학은 '역사적 유적에 집중'한다. 또한 사회인류학은 사회제도와 인간의 상호관계로서, 문화인류학에서는 '규범과 가치'로써 문화를 다룬다. 이처럼 문화에 대해서도 서로 다른 관점이 존재하는 만큼 관광문화에 대해 정의를 내리기도 쉽지 않다.

세계를 여행하려면 우리는 해당국가 각 지역의 고유한 문화를 이해하여야만 그들과의 충돌을 줄일 수 있다. 즉 현지문화에 대한 이해가 중요하다.[1] 여행을 하는 동안 우리는 각국의 문화와 관습에 제약을 받는다.

관광산업은 본래 문화와 경제의 사이에 있으며, 경제적 측면에서 추구하는 것만으로는 특이한 면이 있어서 문화진행의 예측이 필요하기도 하다.[2]

UNESCO는 2002년 "문화는 한 사회 또는 사회적 집단에서 나타나는 예술, 문학, 생활양식, 더부살이, 가치관, 전통, 신념 등의 독특한 정신적, 물질적, 지적 특징"으로 정의하였다. 이처럼 문화는 한 시대의 관습과 생활규범을 표출하는 것으로서 종교와 예술, 교육, 정보 등 통념적 가치체계와 연계하여 역사성과 시간성의 유예 속에 표출되는 정신적 무형의

---

1) 이영진 외, 문화와 관광, 학문사, 1999. 76쪽.
2) 池田輝雄, 觀光經濟學の課題, 文化書房博文社, 1997, 121쪽.

제 행위개념을 포함하고 있다.

일반적으로 다음과 같이 문화를 구분하고 있다. ① 구미풍(歐美風)의 요소나 현대적 편리성(문화생활·문화주택 등), ② 높은 교양과 깊은 지식, 세련된 생활, 우아함, 예술풍의 요소(문화인·문화재·문화국가 등), ③ 인류의 가치적 소산으로서의 철학·종교·예술·과학 등을 가리킨다. ③의 경우는 독일의 철학이나 사회학에 전통적인 것이며, 인류의 물질적인 소산을 문명이라 부르고 문화와 문명을 구별하고 있기도 하다.3)

①과 ②의 경우는 문화가 없는 인류가 과거에 존재하였고, 현재도 존재하고 있다는 것이다. 그러나 현재의 사회과학, 특히 문화인류학에서는 미개(未開)와 문명(文明 : 高文化)을 가리지 않고, 모든 인류가 문화를 소유하며 인류만이 문화를 가진다고 생각한다. 여기에서 문화란 인류에서만 볼 수 있는 사유(思惟), 행동의 양식(생활방식) 중에서 유전에 의하는 것이 아니라 학습에 의해서 소속하는 사회(협동을 학습한 사람들의 집단)로부터 습득하고 전달받은 것 전체를 포괄하는 총칭이다.

결국 문화란 "정치, 경제, 사회, 역사를 비롯하여 언어, 종교, 음식, 의례(儀禮), 법이나 도덕 등의 규범, 가치관 같은 것들을 포괄하는 '사회 전반의 생활양식'이라 할 수 있다. 그러므로 '관광문화란 관광과 관련하여 나타날 수 있는 사회 전반의 생활양식'이라고 할 수 있다.

이 책에서는 그 가운데에서도 해외여행과 관련하여 많이 접하게 되는 중요한 부분인 인종, 언어, 종교, 기후, 정체(政體), 지리, 역사, 음식·쇼핑·행사·축제·교통 등에 중점을 두고 설명할 것이다.

1.1.1 인종(人種·Race)

인종이란 인류를 생물학적으로 구분할 때, 신체상의 유전학적인 제반 특징을 공유하는 집단을 일컫는 말이다. 즉 인종이란 개념은 집단을 나타낸다. 인류 유전학자 스턴은 "인종이란 정도의 차이는 있으나 유전적으로 격리된 집단이어서 다른 어떤 격리집단과도 다른 집단 유전자구조를 가지고 있는 것"이라고 정의하였다.

인종의 특징에는 형태학적인 것뿐만 아니라 생리·생화학적인 것, 나아가서는 심리학적인 것까지를 들 수 있다. 피부 빛깔은 가장 두드러진 특징이다. 백인이나 흑인 혹은 황인종이라는 말이 그 사실을 증명하고 있다.

모발의 빛깔이나 눈의 홍채 빛깔도 멜라닌의 양에 따라 달라진다. 한국인이나 중국인·아메리칸인디언의 어린이 엉덩이에는 푸른 반점이 있어, 이를 몽고반점이라고 하는데 이는

---

3) 동아출판사, 동아원색세계대백과사전, 1984, 422-423쪽.

백인에게서는 거의 찾아볼 수 없다.

또한 얼굴의 넓이나 길이, 광대뼈의 돌출 여부, 아래턱의 발달 정도도 인종의 중요한 특징이다. 비근부(鼻根部)의 언저리는 인종에 따라 특징을 나타내기 쉽다. 두개골에 있어서도 지극히 미세한 부분에서까지 인종적 특징을 관찰할 수 있다. 신장, 사지나 체간(體幹)의 비율, 체간의 튼튼한 정도, 자세, 피하지방, 코의 모양, 눈꺼풀의 모양, 눈의 찢어진 방향, 입술의 두께, 귀모양이나 귓불의 모양, 유방의 모양이나 크기 등에서도 뚜렷한 인종차를 볼 수 있다.

이상의 것은 눈에 띄기 쉽고 이민족의식을 일으키기 쉬운 형태적 특징이지만, 한편 눈에 띄기 어려운 특징으로서 손발의 지문, 손금 양식의 빈도, 이빨의 모양이나 크기, 뼈나 근육의 여러 가지 등에서도 많은 특징을 볼 수 있다.

현재 널리 쓰이고 있는 인종의 분류는 피부색을 기준으로 하는 황인종(몽골로이드·Mongoloid), 백인종(코카소이드·Caucasoid), 흑인종(니그로이드·Negroid) 등이 있다. oid란 말은 그리스어로서 같은 형태를 가졌다는 뜻이다. 한때는 여기에 홍인종(아메리칸인디언)과 회색인종(말레이제도 및 폴리네시아 사람)으로 나눈 적도 있었으나[4] 아메리칸인디언은 황인종에, 회색인종은 독립된 인종이 아니라 혼혈된 2차 집단으로 생각하게 되었다. 주된 인종의 특징은 다음 표와 같이 정리할 수 있다.

〈표 1-1〉 주된 인종과 그 특징

인종	특징	두발형	체모·수염	머리모양	코 모양·턱 모양	피부색	키	비 고
코카소이드·백인	북유럽 인종	파상모(波狀毛)	많다	장두(長頭)	좁다·작다	매우 밝은 색	크다	드물게 금발, 눈은 밝은 색
	알프스인종	파상모	많다	단두(短頭)	좁다·작다	밝은 색	중 이상	머리칼·눈은 갈색
	지중해인종	파상모	많다	장두	좁다·작다	연한 갈색	중간	체격 보통
	힌두족	파상모	많다	장두	다양·보통	갈색	중 이상	남쪽일수록 짙은 색
몽골로이드·황인	몽골인	직모(直毛)	적다	광두(廣頭)	보통·보통	연한 갈색	중 이하	얼굴이 넓고, 몽골주름의 눈꺼풀
	말레이인	직모	적다	광두	보통·보통	갈색	중 이하	눈꺼풀에 몽골주름이 적음
	아메리칸인디언	직모	적다	다양	보통·보통	갈색	크다·중간	넓은 얼굴

---

4) 안종수, 세계문화와 관광, 백산출판사, 2007, 30-31쪽.

인종 \ 특징	두발형	체모·수염	머리 모양	코 모양·턱 모양	피부색	키	비 고
니그로이드·흑인 니 그 로	나상모 (螺狀毛)	적다	장두	넓다·크다	짙은 갈색	크다	두터운 입술, 팔다리가 길다
멜라네시아인	나상모	적다	장두	넓다·크다	짙은 갈색	중간	일부는 매부리코
피 그 미 (흑 색)	나상모	적다	약간 단두	넓다·크다	짙은 갈색	아주 작다	아시아·아프리카의 2종
부 시 먼 족	축모 (縮毛)	적다	장두	넓다·보통	황갈색	아주 작다	주름 많고, 둔부가 큼. 몽골주름
분류불능 오스트레일리아 제 족	파상모	많다	장두	넓다·크다	짙은 갈색	중간	흑인·백인의 양쪽 특징이 있음
베 두 인 족	파상모	보통	장두	넓다·보통	갈 색	작다	오스트레일리아제족과 흡사하나 유아적임
폴 리 네 시 아 인	파상모	보통	다양	보통·보통	갈 색	크다	황인, 백인 외에 흑인의 요소도 약간 있음
아 이 누 족	직파상모	많다	장두	보통·보통	연한 갈색	중간	원(原)코카소이드인 듯함

자료 : 동아출판사, 동아원색세계대백과사전, 1984, 469쪽.

1.1.2 언어(言語·Language)

언어는 사람들이 자신의 머릿속에 있는 생각을 다른 사람에게 나타내는 체계, 또는 사람들이 자신이 가지고 있는 생각을 다른 사람들에게 전달하는 데 사용하는 방법을 말한다.

지구상 모든 인류는 언어를 가지지 않은 경우가 없고, 한편 아무리 고등한 유인원(類人猿)일지라도 인류와 같은 언어를 가지고 있지는 않다. 그러므로 해외여행을 한다는 것은 서로 다른 언어들과의 소통과정을 거치게 됨을 의미한다.

현재 세계에서 사용되고 있는 언어의 수가 얼마인지는 정확하게 밝혀져 있지 않으나 대체로 2,500~3,500개로 추정되고 있다. 각각의 언어들 간에는 친족관계가 있다고 하며, 이들의 각 구성언어를 어족이라고 한다. 바꾸어 말하면 이들 각 하위 언어는 마치 하나의 조상으로부터 자손이 생겨나는 것처럼, 하나의 공통조어에서 여러 하위 언어가 분지(分枝)·발달한 결과이다. 학자에 따라서는 어군(語群)이라고 하며, 어족단위 아래의 하위분류 단위를 설정하기도 한다.

현재 세계에는 수천 개의 언어집단이 있지만 인도유럽어족(영국·독일·프랑스·에스파냐)이 가장 크고, 기타로는 셈함, 우랄알타이, 중국티베트, 오스트로네시아 어족(이상이 5대 어족)과 니그로어족(아프리카)이 있다. 5대 어족의 분포지역·어파·언어는 다음과 같다.

〈표 1-2〉 세계의 어족

어　족	지　역	분　류
인 도 유 럽 어 족	아프리카 남부, 남서아시아, 남아시아, 남북아메리카, 오세아니아 등	① 게르만어파(영어·독일어 등) ② 라틴어파(프랑스어·에스파냐어 등) ③ 슬라브어파(러시아어·폴란드어 등) ④ 인도어파(힌디어·벵골어 등)
셈 함 어 족	북아프리카, 남서아시아 등	① 셈어파(아라비아어·유대어 등) ② 함어파(이집트어·베르베르어 등)
우 랄 알 타 이 어 족	핀란드·헝가리·터키·몽골·한국·일본 등	① 우랄어파(핀어·헝가리어 등) ② 알타이어파(퉁구스어·몽골어 등) ③ 기타 : 한국어·일본어 등
중 국 티 베 트 어 족	중국·동남아시아 등	① 티베트 - 버마어파(티베트어·버마어) ② 중국어파(중국어) ③ 타이어파(샴어)
오스트로네시아어족	타이완·필리핀·말레이시아·인도네시아·폴리네시아 등	① 인도네시아어파(말레이어·파푸아어 등) ② 폴리네시아어파(오스트레일리아어)

　이외에도 영국·프랑스·독일·에스파냐(스페인)·포르투갈·러시아·중국어 등은 세계의 주요 언어이다. 특색과 분포지역은 다음과 같다.

① 영어 : 국제 공통어로서 상업어·외교어·학술어로 사용되며, 영국·미국·필리핀·오스트레일리아·캐나다 등지에서 사용한다.

② 독일어 : 국제적인 학술어로서, 독일·오스트리아·스위스에서 사용한다.

③ 프랑스어 : 사교어·외교어로서, 프랑스·캐나다·스위스에서 사용한다.

④ 에스파냐어 : 영어·프랑스어 다음가는 국제어로, 에스파냐·라틴아메리카에서 사용한다.

⑤ 포르투갈어 : 포르투갈·브라질에서 사용하며 사용지역이 좁다.

⑥ 러시아어 : 학술어·외교어이며, 러시아·동유럽에서 사용된다.

⑦ 중국어 : 사용인구가 많고 방언도 많다. 중국·타이완·동남아시아 등지에서 주로 사용된다.

1.1.3 종교(宗敎 · Religion)

종교란 인간의 정신문화 양식의 하나로 인간의 여러 가지 문제 중에서도 가장 기본적인 것에 관하여 경험을 초월한 존재나 원리와 연결시켜 의미를 부여하고 또 그 힘을 빌려 통상의 방법으로는 해결이 불가능한 인간의 불안 · 죽음의 문제, 심각한 고민 등을 해결하려는 것이다. 종교의 기원은 오래이며, 그동안 많은 질적 변천을 거쳐 왔으나 오늘날에도 인간의 내적 생활에 크게 영향을 끼치고 있다.

일반국민들에게는 매스컴이나 일상생활의 화제로 등장하는 종교의 교양이나 그 역사적 배경은 물론 그 종교의 경전 내용, 각종 터부 등을 알고 싶다는 욕구가 내재하고 있다고 생각한다. 종교를 기초로 한 집단은 각각 독특한 기호나 터부를 가지고 하위문화를 형성하고 있다. 흑인이나 동양인의 인종집단도 독특한 문화양식이나 태도를 가지고 있다.[5]

그럼에도 불구하고 세계 각지에는 어떤 정의에도 해당되지 않는 광신적, 비밀주의적인 종교가 아직도 남아 있다. 또한 인도에 있어서 힌두교도와 이슬람교도 간의 심각한 대립이나 저주받은 역사로 알려져 있는 있는 쿠르드민족의 처참한 생활도 따지고 보면 종교의 그늘이 드리워져 있다.[6]

여행자들은 여행하기 전 여행목적지 국가들이 어떤 종교를 가지고 생활하고 있는지, 그들의 종교적 터부는 무엇인지를 아는 것이 매우 중요하다. 이를 이해하지 못하고 여행을 하면 본의 아니게 현지인들과 마찰을 일으키거나 심지어는 사건에 연루되어 구속되기도 한다.

지역적으로 보면 유럽지역과 중남미지역은 대개 가톨릭, 중동지역은 이슬람, 동남아시아 지역은 불교가 강세를 보이고 있다. 물론 동남아시아라고 해도 필리핀은 가톨릭을, 인도네시아는 이슬람을 신봉하기도 한다.

〈표 1-3〉 **종교권과 속한 국가**

종교권(宗敎圈)	나 라
프 로 테 스 탄 트	미국, 영국, 핀란드, 독일, 폴란드, 포르투갈, 스위스, 오스트레일리아 등
가 톨 릭	멕시코, 브라질, 오스트리아, 네덜란드, 벨기에, 체코, 슬로바키아, 스위스, 프랑스, 헝가리, 이탈리아, 필리핀, 캐나다, 대다수 중 · 남미 국가 등
이 슬 람	사우디아라비아, 이란, 이라크, 이집트, 파키스탄, 터키, 인도네시아, 리비아 등
불 교	미얀마, 태국, 스리랑카, 라오스, 캄보디아 등

자료 : 長谷川秀記, 世界の宗敎と經典總解說, 自由國民社, 1994, 12쪽.

---

5) Philip Kotler, John Bowen, James Makens, Marketing for Hospitality & Tourism, Prentice Hall, 1996, pp. 181-183.
6) 長谷川秀記, 世界の宗敎と經典總解說, 自由國民社, 1994, 머리말.

〈표 1-4〉 종교의 특징 요약

종 교 명	요 약
불 교	불타(佛陀) : '깨달음을 얻은 자'의 뜻. 석가모니에 관한 것. 속성(俗姓)은 싯다르타가 창제했다. 세계 3대 종교의 하나로 석가는 북인도 각지에서 설파했다. 룸비니(탄생지, 현재는 네팔령), 붓다가야(깨달음을 얻은 장소), 사르나트(설법지의 땅), 구시나가라(열반의 땅) 등의 4대 유적지가 있다. 남방불교(소승불교)는 동남아시아 일대에 또한 대승불교는 티베트(단 티베트 불교는 통칭 라마교로서 발전), 한국, 중국, 일본 등에 영향을 미쳤다.
힌 두 교	브라만교를 기초로 한 인도의 민족종교. 신도수로는 세계 3위라고 알려져 있다. 우상숭배, 다신교. 소를 신성시함. 왼손은 부정. 육식을 피하고 금주를 지킴. 갠지스강을 신성시하고 목욕을 중시함. 성지는 바라나시(베나레스). 카스트제도(種姓制度)에 긍정적임. 브라만(승려), 크샤트리아(왕족·무사), 바이샤(평민), 수드라(노예)의 4성이 있다.
자 이 나 교	불교와 거의 동 시대에 성립하였다. 인도 민족종교의 하나. 개조(開祖)는 바르다마나(승자의 뜻) 또는 마하비라(위대한 웅자雄者의 뜻). 종성(種姓)제도 부인. 불살생계(不殺生戒)를 중시함.
시 크 교	15세기 인도의 펀자브지방에서 성립함. 힌두교계의 종교임. 개조는 나나크. 일신교(一神敎). 최고신은 하리. 우상숭배·고행, 종성제도 부인, 구르(師), 시크(제자), 성지 아무리차르에 총본산의 함만디르사원(골덴템플)이 있음. 두건을 쓰고 다니는 것이 특징임.
유 대 교	유대인들이 숭배하는 민족종교. 모세의 율법을 기초로 하여 유일신 야훼를 신봉하며, 이스라엘 민족을 위한 신국(神國)을 지상에 전파하는 메시아의 재림을 믿는다.
그 리 스 도 교	예수그리스도(출생지 베들레헴)에 의해 창시된 일신교. 세계 3대종교의 하나. 세계 최고의 신자 수를 자랑. 성지는 예루살렘. 삼위일체론(성부, 성자, 성령). 교회건축으로서 바실리카식, 로마네스크식, 고딕식, 비잔틴식 등이 있음.
천 주 교(구교)	동방교회로부터 분파. 로마 교황을 신의 대리인으로 하고, 바티칸을 총 본산으로 하는 그리스도교의 주류파. 라틴아메리카 제국 등에서 신봉하고 있다.
프 로 테 스 탄 트 (신 교)	루터나 칼뱅 등에 의해서 일어난 종교개혁으로 가톨릭에 반항하여 창시한 그리스도교 각파. 영국, 미국, 북유럽 제국 등지에서 신봉하고 있다.
동 방 교 회 (오 소 독 스)	일명 정교라고 함. 동유럽 제국, 소아시아 이집트 등 일부에 분포. 독자의 제사의식(비잔틴식, 시리아식, 고프트식)으로 전승을 가진 그리스도교 제파의 총칭. 그리스정교 이외에 러시아정교 등 개개 나라의 교회를 설립했다. 화상(畵像)은 인정하지만 조상(彫像)은 거부하고 있다.
이 슬 람 교 (회교, 마호메트교)	예언자 마호메트에 의해 창시되어 아랍민족에 의해 발전한 세계 3대종교의 하나. 신자 수는 세계 제2위. 알라를 유일신으로 하는 일신교. 코란을 경전으로 하며, 성지 메카의 카바신전에의 순례(하지), 메카방향(키부라)을 향해서 1일 5회의 예배(사라트), 라마단(이슬람력 제9월)의 단식 등이 의무화되어 있다. 지도자 이맘, 신도는 무슬림. 우상숭배 금지, 돼지고기 금식, 음주 금지, 수니파(정통파=전 교도의 약 9할을 점함)와 시아파(분리파)의 2대 종파가 있다. 금요일이 안식일. 예배당은 모스크. 할례 습관. 왼손은 부정한 것으로 간주함.

자료 : 世界の宗敎と經典總解說, 自由國民社, 1994에 의거 재구성.

1.1.4 기후(氣候 · Climate)

관광계획자는 어느 정도의 여행자가 필요한가, 어느 부분을 대상으로 하는가, 관광과 타산업을 여하히 조화시킬 것인가 등을 고려할 필요가 있다. 관광목적지의 기후나 자연의 지형, 자원, 역사, 문화, 시설에 의해 선택 폭은 달라진다.[7]

기후란 어느 장소에서 약 30년간의 평균기상 상황을 말한다. 이것을 지구의 태양에 대한 경사라고 생각하면, 지구상의 위도 및 지형에 따르는 지리적 차이와 시각에 따르는 시간적 차이에 의한 것이다. 그 지리적 차이는 지후(地候), 시간적 차이는 시후(時候)라는 것으로 대응된다. 기후는 서양적인 의미로는 지후, 동양적인 의미로는 24절기 · 72후(候) 등 시후의 뜻이 강하다. 현재 우리들이 사용하고 있는 기후라는 말 속에는 이들 양자가 다 포함되어 있다.

재미있는 사실은 이 기후도 반구(半球)에 따라 반대로 나타난다는 점이다. 즉 한국에서 겨울철은 호주에서는 여름철, 브라질의 겨울철은 한국의 여름철이라는 점이다.

연평균기온이 10℃ 이하의 지대를 한대, 10~20℃를 온대, 20℃ 이상을 열대의 3가지 기후대로 나누었다. 쾨펜의 분류는 이보다 다소 복잡한데, 기온과 강우에 따라 열대기후 · 건조기후 · 온대기후 · 아한대기후 · 한대기후의 5기후대로 분류하고 그것을 다시 11기후구로 구분하였다.[8]

각 기후의 특징을 요약하면 다음 표와 같다.

〈표 1-5〉 기후의 특징 요약

기 후	내 용
열 대 기 후 (tropical climate)	연간 강수량이 많아, 1만㎜를 넘는 곳도 있으며, 계절에 따라 차이는 적지만 장소나 해에 따라 변동이 크다. 한편, 기온의 연교차(年較差)는 6℃ 이내이며, 일교차는 5~15℃로 크다. 이 기후는 적도 바로 아래 남아메리카의 아마존강 유역, 에콰도르 · 콜롬비아 저지(低地), 아프리카의 기니만(灣) 연안, 동남아시아의 섬 및 대양(大洋) 중 무역풍대의 섬 등에서 볼 수 있는데, 세계에서 약 1,400㎢의 넓은 지역을 차지하고 있다. 태양의 빛이나 열, 물의 혜택이 많고, 수종(樹種)이 풍부해 유용한 식물이 많으나, 개발에 필요한 경제성이 따르지 못하는 면도 있다. 이 기후의 원주민들은 생활수준이 낮아 솔로몬제도나 뉴기니 등의 이동식 원시농업, 인도네시아 · 수마트라 등지의 논 경작에 의한 자급경제생활을 하고, 백인들에 의해 고무 · 카카오 · 사탕수수 등의 플랜테이션이 행해지고 있기도 하다.

7) Philip Kotler, 앞의 책, 246쪽.
8) http : //100.naver.com

기 후	내 용
건 조 기 후 (dry climate)	수분부족으로 수목이 자랄 수 없는 지역의 기후. 기후의 건습은 강수량과 가능증발산량의 차에 따라 결정되는데 가능증발산량이란 물이 충분하게 공급될 때의 증발산량으로, 강수량이 이 수치보다 적으면 부족현상이 생긴다. 수분부족이 지속된 토지에는 삼림이 잘 자라지 못하므로 초원이나 사막이 생기는데, 건조의 정도에 따라 사막기후와 초원기후(스텝)로 나뉜다. 지구에 건조기후가 차지하는 면적은 전체의 약 30%로, 주로 중위도 고압대의 지배 아래에 있는 회귀선 부근에 분포하나 중앙아시아나 북아메리카 대륙의 내부에서는 북위 50°까지 퍼져 있다. 일반적으로 일교차와 연교차가 커서 여름의 낮기온이 높다. 강우의 형태는 대류성 호류가 많고 불규칙하며, 연강수량의 변화도 습윤기후보다 훨씬 크다. 또 저위도에는 여름, 고위도에는 겨울에 강수량이 많다.
온 대 기 후 (temperate zone)	열대(熱帶)와 한대 사이에 있는 지대. 남북 양반구(兩半球)의 회귀선(23.5°)과 남북 극권(66.5°)의 위선(緯線) 사이의 지역에 해당한다. 수평분포상 중위도지대에 해당하며, 기후가 따뜻하고 여름과 겨울의 구별이 뚜렷하다. 동부 아시아에서는 남부에 상록의 떡갈나무를 주로 하는 삼림(森林), 북부에 낙엽성인 졸참나무와 너도밤나무를 주로 하는 삼림이 발달하였다. 한국에서는 최한월(1월) 평균기온 -3℃의 등온선을 경계로 남부의 온대, 북부의 냉대로 크게 이분되며 이 선은 차령산맥을 중심으로 소백·태백산맥을 따라 해금강에 연결된다. 온대는 다시 1월 평균기온 10℃선을 중심으로 그 이남의 난대와 구분되는데 대체로 남해안지역이 이에 해당하며 동백·귤·파인애플 등 아열대성 과실의 재배가 성하다.
냉 대 기 후 (subpolar zone)	기온에 의해 분류한 기후대로 아한대·냉온대(冷溫帶)라고도 한다. 온대와 한대 사이에 있으며 비교적 온도가 높은 짧은 여름과 추위가 심한 긴 겨울이 특징이다. 북위 40° 이북으로 툰드라가 나타나는 북극권 이남의 유라시아·북아메리카대륙의 북부지역이 해당된다. 남극대륙을 제외하고 가장 한랭한 지역으로 하천의 동결기간이나 적설기간이 수개월에 이른다. 그러나 여름은 매우 짧아 생육기간이 짧은 농작물이 재배된다. 기온의 연교차가 크기 때문에 계절에 따른 경관변화도 뚜렷하다. 5~6월에 눈이 녹으면 여러 종류의 꽃이 피기 시작하고, 9~10월에는 낙엽수나 초목이 물든다. 대부분의 지역은 침엽수의 원생림으로 시베리아에서는 타이가라고 부른다. 수목·작물의 생육기간(월평균기온 10℃ 이상)이 4개월 이하인 지역에 분포한다. 삼림 중에는 여우·담비·다람쥐 등의 모피수가 많다. 산업은 수렵이 주종을 이루며, 임업과 농업이 행해지고 있다.
한 대 기 후 (polar climate)	고위도의 저온으로 수목이 생육할 수 없는 한대지방의 기후. 1년 중 얼음이나 눈에 덮여 있는 빙설기후(水雪氣候)와, 이끼식물이나 지의류(地衣類)가 생육할 수 있는 툰드라기후로 나뉜다. 또 한대지방의 영구동토대(永久凍土帶)로 그 지역의 기후를 영구동결기후라고도 한다. 북반구에서는 최난월(最暖月)의 월평균기온 10℃의 등온선이 수목한계와 거의 일치하므로 W. P. 쾨펜은 이것을 한대기후(E기후)와 냉대기후의 경계로 하였다. 남반구에서는 남극에서만 볼 수 있는 극한기후라고도 불리듯이 지구상에서 가장 저온인 기후이며, 남극대륙에서는 -88.3℃라는 세계 최저온이 관측되었다. 긴 겨울이 특징이며, 식물의 생육기간은 툰드라에서도 3개월 이내다. 강수의 대부분은 눈이고 양이 아주 적다. 침식력으로서는 얼음의 작용이나 기계적 풍화(風化)가 탁월하다.

1.1.5 정체(政體 · Political Regime)

정치체제란 정치와 정부를 제어하는 사회체제를 말한다. 법체제, 경제체제, 문화체제 등의 사회체제와 흔히 같은 맥락에서 비교된다. 정치체제가 어떠냐에 따라 여행자들의 행동에 많은 영향을 미치고 있다. 본래 체제라는 개념은 사회구성체와 같은 뜻인데, 그것과의 상관에 있어서, 또 그 파생체로서 '정치체제'라는 개념이 성립한다고 볼 수 있다. 따라서 정체는 공화제, 입헌군주제, 민주제, 의원내각제, 대통령중심제 등의 정치제도라고 할 수 있다.

공화제란 복수의 주권자가 통치하는 정치체제로서 군주제에 상대되는 개념이다. 이 제도에서는 국정에 참여하는 대표자·원수는 국민의 투표로 선출되며, 일반적으로 대통령제나 합의체제의 형태를 취하게 된다. 영국이나 일본은 세습군주가 존재하고 있는 점에서는 군주제이지만, 주권이 국민에게 있으므로 실질적으로는 공화제이다.

입헌군주제란 군주(왕)의 권력이 헌법에 의하여 일정한 제약을 받는 정치체제로서 제한군주제라고도 하며, 절대군주제·전제군주제와는 대립되는 개념이다. 유럽에서는 영국·네덜란드 등 10개국, 아프리카에서는 모로코 등 3개국, 중동에서는 사우디아라비아 등 6개국, 아시아에서는 일본·타이 등 5개국이다.

민주제란 국민이 대표자를 선출하고 정치를 위탁함으로써 간접적으로 정치에 참여하는 제도이다. 전체 성원이 참가하여 토의·결정하는 직접민주제나 한 사람의 지배자가 정치하는 군주제·독재에 상대되는 것으로, 현대 각국에서 행해지는 의회제도가 그 전형적인 형태이다.

의원내각제란 정부가 의회의 신임을 전제로 조직·존속하는 정부형태로서 선거에 의하여 구성되는 의회 다수당의 의원들이 내각을 구성하여 행정권을 행사함으로써 의회와 내각이 상호 견제하면서 국정을 수행하는 통치제도이다.

대통령중심제는 대통령책임제라고도 한다. 즉 권력분립의 원리에 기초를 두고 입법부·행정부·사법부, 특히 입법부와 행정부 상호간에 견제와 균형을 통해서 권력의 집중을 방지하고 국민의 자유와 권리를 최대한 보장하는 현대 민주국가의 정부형태이다. 우리나라를 비롯하여 미국, 러시아 등 대부분의 나라들이 이에 속한다.

각국의 정체를 알고 해외여행을 하면 여행이 한층 재미있어진다. 대다수 군주제 국가들은 차량들이 좌측통행을 하고 있다는 점도 이채롭다.

1.1.6 음식(飮食 · Food)

금강산도 식후경이란 말이 있다. 이 말은 인간이 가지는 생리적 욕구의 충족 없이는 제대로 된 여행을 할 수 없다는 의미가 내포되어 있다. 그 지방 특유의 전통음식을 먹어 보는 것도 여행의 큰 매력 중 하나다.

음식(飮食)은 먹고 마시는 것을 모두 이르는 말이다. 일반적으로 음식은 재료, 조리방법, 문화에 따라 구분하고 있다. 또한 지역에 따라 동양식, 서양식 등으로 구분하거나 국가에 따라 한식(한국식), 중식(중국식), 일식(일본식) 등으로 구분하기도 한다.

이들 음식에 따라 재료에도 차이가 있을 뿐만 아니라 먹는 방식 또한 달라서 여행자들은 새로운 음식을 대할 때 어떤 재료를 사용해서 만들었는지, 입에 맞을지, 또는 먹는 방법은 어떤지 등에 대해 매우 궁금해 하기도 하면서 당황하게 된다.

그러므로 여행을 떠나기 전 이들 음식에 대한 어느 정도의 상식을 몸에 익히는 것은 매우 중요하다. 외국여행 시 현지음식이 입맛에 맞지 않는다고 한국에서 김치, 장아찌, 고추장 등 음식을 싸가지고 현지의 식당 등에서 내놓고 먹는 경우를 종종 볼 수 있다. 심지어 다중국적의 항공기 안에서도 단체로 마늘쫑과 같이 냄새가 많이 나는 한국음식을 꺼내어 먹는 경우도 볼 수 있다. 과거에는 일본인들도 이런 행태를 보였으나 지금은 거의 사라진 상태이고, 후진국이라고 하는 나라들조차 외국여행 시 음식과 반찬을 싸가지고 다니는 사람들은 거의 없다.

먹는 것이 죄가 될 수는 없으나 2~3일, 길어야 일주일 내외의 해외여행인데 그 정도 기간이라면 내 입맛에 조금 안 맞더라도 현지음식을 먹으며 그 나라의 문화를 이해하는 것도 좋지 않을까.

1.1.7 시차(時差 · Time Difference)

시차란 영국의 그리니치(Greenwich)평균시와 표준시와의 차이를 말하며 그리니치보다 동쪽인 경우를 +로 한다. 예를 들어, 한국의 표준시는 그리니치평균시보다 9시간 빨라 시차는 +9이며, 미국의 뉴욕은 그리니치평균시보다 5시간 늦어 시차는 -5이다. 또한 표준시와 다른 표준시와의 차이도 시차라고 한다. 그러므로 시차는 주로 동서로 이동할 때 생기는 현상이지 남북으로 여행할 때는 시차가 여행에 그다지 영향을 주지 않는다.

그리니치표준시(GMT)는 원래 평균태양시를 기준으로 한 것이었다. 따라서 원자시계를 표준으로 하면서부터 GMT라는 명칭이 실체(實體)를 바르게 나타내지 못하는 불합리한 점이 생겼다.

이러한 문제를 없애기 위해서 1978년 국제무선통신자문위원회(CCIS) 총회는 통신분야에서는 금후 그리니치평균시를 협정세계시(UTC : Universal Time Coordinated)로 바꾸어 쓰자는 권고안을 채택함에 따라 UTC라는 용어가 보편화되고 있다. 이 책에서도 국가개황 안에 나타나는 시차란에 UTC로 표시하였다.

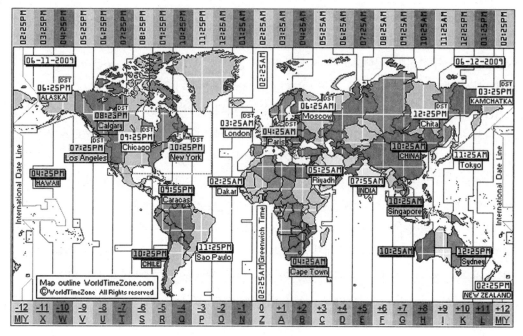

[그림 1-1] 세계 시차표

1.1.8 행사 · 축제(行事 · 祝祭 · Event & Festival)

이벤트는 사람과 사람의 만남의 장으로서 새로운 의미의 문화창조라는 관점에서 큰 기대를 걸 수 있는 비교적 새로운 사업이다.[9] 천편일률적인 경관의 감상만으로는 여행자의 구미를 자극할 수 없게 되고, 여행자의 취미나 기호가 바뀔뿐더러 예전과는 달리 행락 이외에도 여러 가지 오락수단을 가미하지 않으면 현대인의 마음을 끌어당길 수 없다. 즉 종래와는 색다른 수단을 강구하지 않으면 안 되는 시대가 온 것이다. 이러한 의미에서 이벤트는 새로운 관광자원을 만들고 종래의 관광적 매력을 재활성화하기 위한 유효한 수단이 될 수 있다.

축제 또한 이벤트와 더불어 관광매력을 증진시키는 큰 요소로 작용하고 있다. 축제는 주로 국가적 · 국제적으로 제정된 경축일이나 제일(祭日)로서, 옛날에는 각 부족이나 민족의 관습이나 전통에 따라 정례적으로 종교적 의례를 거행하여 집단의식 · 연대의식을 높이는 데 크게 기여하였다. 축제일은 비일상적이며 집단적인 성격을 지니며, 사람들은 이날 공식적 규범, 계층질서, 엄숙함 등에서 해방되어 자유롭고 평등한 시간을 즐기게 된다. 이런 성격이 시대가 바뀜에 따라 격식화되는 한편, 개인적인 것으로 변질되는 경향을 보이고 있기

---

9) 정찬종, 여행사경영론, 백산출판사, 2007, 419쪽.

때문에 그날 기념하는 인물이나 역사적 사건만으로는 이해할 수 없는 측면을 지니기도 한다.

오늘날 대부분의 축제는 관광객을 끌어 모으는 중요한 수단이 되고 있다. 한편으로 아웃바운드에서는 축제의 상품화를 통해 여행상품을 만들기도 한다.

1.1.9 쇼핑(Shopping)

일반적으로 여행의 4요소는 ① 볼거리(見·seeing), ② 먹을거리(食·eating), ③ 살거리(買·shopping), ④ 체험할 거리(體驗·experience)라고 알려지고 있는데[10] 그 가운데 쇼핑은 3요소의 하나로 그 중요성이 부각되고 있다. 이처럼 쇼핑은 여행자의 욕구를 충족시키고 더욱 만족스러운 관광을 보장할 수 있다는 점에서 중요한 의의를 찾아볼 수 있다.

여행의 즐거움 가운데 하나는 누군가에게 줄 선물을 고르는 것이다. 여행자들이 주로 이용하는 곳은 그 지역의 유명한 토산품점이나 면세점들이다. 여행자들은 이곳에서 그 국가 또는 그 고장의 물건들을 구입하게 된다. 물건을 고를 때는 값이 저렴하면서도 오랫동안 그 지역의 여행을 기념할 수 있는 것이 좋다. 다른 사람에게 선물을 할 때도 주는 사람 받는 사람 모두 경제적·정신적 부담이 가지 않는 선에서 하는 것이 좋다.

해외 여러 나라에서는 외국인 여행자들에게 각종 면세혜택을 부여하면서까지 쇼핑을 적극적으로 권장하고 있는 실정이다. 이 책의 음식, 쇼핑, 축제 항목에 이에 관한 자세한 내용이 소개될 것이다.

각국별 주요 쇼핑품목은 다음과 같다.

〈표 1-6〉 세계 각국의 주요 쇼핑품목 일람표

지 역	국 가 명	특 산 물
아 시 아	일 본	전자제품, 양식진주, 도자기 제품, 카메라, 교토칠기, 칠보
	대 만	상아세공품, 우룽차, 산호, 등나무제품, 옥공예품
	홍 콩	시계, 보석, 카메라, 가죽제품, 세계유명브랜드 상품
	싱 가 포 르	보석류(에머랄드, 루비, 사파이어), 외국 유명브랜드
	중 국	한약, 옥공예품, 동양화, 벼루, 붓, 상아세공품, 도장
	네 팔	티베트 조끼, 금은세공품
	필 리 핀	마닐라 마제품, 마닐라 잎담배, 목공예품, 상아세공품, 조개세공품
	태 국	악어가죽제품, 타이실크, 보석, 상아세공품
	말 레 이 시 아	주석제품, 바틱제품, 나비표본, 인도직물, 은제품
	인 도 네 시 아	바틱제품, 도마뱀가죽, 목공예품, 은세공품, 악어가죽제품
	인 도	면, 실크제품, 상아, 금은세공품, 캐시미어제품, 보석, 사리, 흑단
	파 키 스 탄	주단, 자수, 견직물, 티크세공품

---

10) トラベル ジャーナル旅行學院, 旅行槪論, 1974, 3쪽.

지 역	국 가 명	특 산 물
오세아니아 · 남태평양	호 주	오팔, 양가죽방석, 태즈메이니아꿀, 로열젤리, 호주 특산동물의 제품,
	뉴 질 랜 드	마오리공예품, 천연산 꿀, 녹용, 조개세공품, 양가죽제품, 양털담요
	피 지	흑산호
	괌	세계유명브랜드 제품
	사 이 판	목각제품, 산호조개, 세계유명브랜드 제품
북 미	미 국 본 토	스포츠용품, 청바지, 레코드, 골프용품, 만년필
	알 래 스 카	에스키모 장화, 고래뼈로 만든 제품, 녹용
	하 와 이	알로하셔츠, 하와이안 초콜릿, 흑산호, 조개껍질 액세서리
	캐 나 다	모피제품, 인디언 수공제품, 에스키모 민예품, 동공예품, 훈제연어, 꿀
중 남 미	멕 시 코	가죽제품, 금은세공품, 오팔, 인디오 민예품과 직물, 솜브레로, 테킬라(술)
	브 라 질	커피, 보석, 악어가죽, 은제품, 나비표본, 나무조각품, 물고기화석
	아 르 헨 티 나	가죽제품, 모피제품, 판초의상, 모직제품
	페 루	모피제품, 은제품, 인디오수직제품, 알파카 주단, 민속인형, 잉카콜라
	칠 레	동제품, 목각, 직물류
중 동 · 아프리카	이 집 트	파피루스, 금은세공품, 향수, 보석(토파스, 루비), 가죽제품
	모 로 코	가죽제품, 양탄자, 수직제품, 청동그릇
	남 아 프 리 카	다이아몬드
	케 냐	모피제품(지갑, 모자, 핸드백), 민예품
	터 키	가죽제품, 금은세공품, 골동품, 양탄자
	이 스 라 엘	올리브나무 목각제품, 다이아몬드
유 럽	그 리 스	수공예품, 견직물, 공동품, 금은세공품, 비잔틴자수
	노 르 웨 이	털스웨터, 모피류, 민예품
	네 델 란 드	다이아몬드, 낙농제품, 인형, 도자기, 수정제품
	독 일	카메라, 광학기구, 칼, 가방, 완구, 각종 공구

자료 : 정찬종, 여행사경영실무, 백산출판사, 2003, 541-542쪽.

1.1.10 교통(交通 · Transportation)

인간의 사회생활은 항상 일정한 지역적인 확대를 가진다. 이 지역적인 확대, 즉 공간적인 거리를 극복하는 행위가 교통이다. 즉 사람이나 재화(財貨) 등 유체물(有體物)은 물론 의사(意思) · 정보 등 무체물(無體物)의 장소적 이동을 총칭한다.

인간이 공간적인 차이를 극복하고 이동하는 것이 인간의 교통활동 즉 여행(travel)이다.[11] 따라서 교통은 이동을 전제로 하고 있는 여행에 있어서는 필수적인 요소이다.

이 책에서는 태국의 송테우(Sungteu)나 뚝뚝, 필리핀의 지프니, 인도의 릭샤(Rickshaw), 홍콩의 트램(Tram) 등처럼 한국에는 없는 교통수단에 대해 언급할 것이다.

---

11) 江野行秀, 交通經濟學講義, 靑林書院新社, 1983, 31쪽.

1.2 문명(文明 · Civilization)

　문명이란 인류가 이룩한 물질적 · 사회적 발전을 말한다. 이 말은 라틴어의 키비스(civis : 시민)나 키빌리타스(civilitas : 도시)에서 유래하였다고 한다. 문명이라는 용어는 실제에 있어 매우 다양한 뜻으로 쓰이나 문화와 대치(對置)되는 것으로 파악하는 입장과 문화의 특수한 한 형태로 파악하는 입장으로 크게 나누어 볼 수 있다.

　토인비는 문명의 단위를 국가보다는 크고 세계보다는 작은 중간적인 범위에서 구하였다. 그는 서구문명 · 인도문명 · 극동문명 · 정교(正敎) 그리스도교 문명과 같이 현존하는 문명에서 고대문명까지 거슬러 올라가 21개의 문명을 들었고, 그 발생 · 성장 · 쇠퇴 · 해체과정을 논하였다. 이들 문명 중에서, 모체가 된 고대문명은 모문명(母文明)이라 부르며, 이들은 서로 독립해서 발생하였다고 하였다.

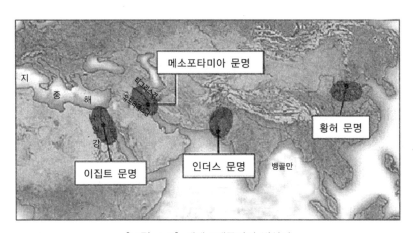

[그림 1-2] 세계 4대문명의 발상지

　모문명은 구(舊)세계의 이집트 문명, 수메르 문명, 미노스 문명, 중앙아메리카의 마야 문명, 남아메리카의 안데스 문명, 아시아의 중국 문명 등 6개이며, 여기에 더하여 고대 인도의 하라파 문명이 독립적으로 발생하였다고 보면 7개가 된다. 이 중에서 중국 문명은 중간에 이민족의 지배를 받으면서도 현재까지 4000년 동안 계속 살아 있다. 그러나 모문명이 독립적으로 발생하였다고 하는 주장이 충분히 논증된 것은 아니다.

　세계에서 가장 오래된 문명의 발생지와 발생기에 대하여 정설이라고 단언할 수는 없지만 BC 4000년대 오리엔트 문명으로 보는 것이 통설이다. 각 문명의 기원을 보면, 이집트 문명은 BC 2800년경, 미노스 문명은 BC 2600년경, 하라파 문명은 BC 3000년기(紀)의 중간, 중국 문명은 BC 2000년대 초, 신대륙의 문명은 BC 1000년대 전기(前期)로 보고 있다.

4대문명이 발생한 지역은 건조기후가 나타나는 오리엔트 지역이다.[12] 이 지역은 땅이 비옥해서 관개시설을 갖추고 물을 공급할 수만 있다면 많은 인구를 부양할 수 있는 생산력이 높은 공간으로 변화할 수 있다. 나일강, 티그리스·유프라테스강, 인더스강, 황허(黃河)강이 통과하는 곳은 인간의 노력에 의하여 관개가 가능하였고, 이에 따라 경작지가 형성될 수 있었다. 관개(灌漑)시설 설치를 위한 대규모 토목사업은 강력한 지배와 피지배 관계가 성립되어 고대 국가체제가 발달하게 되었다.

1.3 문화권(文化圈·Cultural Area)

문화권이란 어떤 공통된 특징을 가지는 문화의 공간적인 지역, 즉 문화테두리를 말하는 것으로서 하나의 문화가 지리적으로 분포하는 범위를 말한다. 즉 멀리 떨어진 2개 이상의 문화 사이에서 저마다의 문화요소에 유사한 형태가 보이고, 그것이 전체로서의 각 문화의 복합에 영향을 주는 경우, 그것을 포괄하는 지리적인 분포 영역에는 어떤 공통된 문화적 통일성이 있거나 또는 있었다고 생각하여 독일·오스트리아의 문화사적 민족학에서 이를 문화권이라 하였다. 또 복수의 문화권 사이에는 당연히 시간적인 전후관계가 있다고 하여 그것을 문화층(文化層)이라 부른다.

문화권들은 제각기 독특한 성격을 띤 하나의 독립된 세계를 이루며 발전하지만 교류와 접촉을 통해 상호 영향을 준다. 문화권을 결정하는 중요한 문화요소는 '인종·언어·종교·기후' 등이다. 이들 문화요소를 바탕으로 세계의 문화권은 동양 문화권, 건조 문화권, 아프리카 문화권, 유럽 문화권, 아메리카 문화권, 오세아니아 문화권, 북극 문화권으로 구분하기도 한다.

이외에도 글자를 토대로 하여 한자문화권(漢字文化圈) 등의 용어도 사용하고 있는데, 이는 중국어계의 어휘를 대량으로 차용한 동아시아 지역을 가리킨다. 대한민국, 중화인민공화국(중국), 타이완(臺灣), 일본 등이 이에 해당하며, 넓게는 중앙아시아의 몽골, 티베트나 동남아시아의 베트남이나 싱가포르도 포함한다.

---

12) 대구사학회, 세계문화사, 형설출판사, 1989, 11-12쪽.

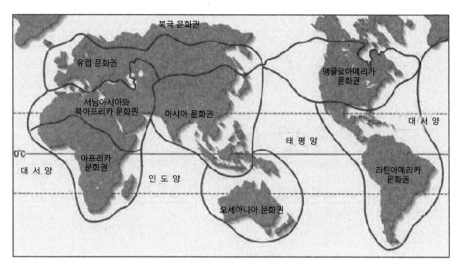

[그림 1-3] 세계 8대 문화권

아시아주

CHAPTER 2

아시아주(Asia)

아시아(Asia, 음역 : 亞細亞·아세아) 또는 아주(亞洲) 대륙은 아프리카-유라시아의 거대한 땅덩어리에서 유럽과 아프리카를 제외한 부분이다. 그 경계선은 유럽과의 경계에서 명확하지 않으며, 아프리카와 아시아는 수에즈 운하 근처에서 만난다. 아시아와 유럽의 경계는 다르다넬스 해협, 마르마라 해, 보스포루스 해협, 흑해, 코카서스, 카스피 해, 우랄 강(혹은 엠바 강), 그리고 우랄 산맥과 노바야제믈랴 섬까지를 경계로 한다.

세계 인구의 60% 정도가 아시아에 거주한다. 또한 아시아의 지역은 대륙과 인도양 및 태평양의 인접 군도를 포함한다. 현재 아시아에는 43개 국가(또, 유럽과 아시아에 걸쳐 있는 5개국을 빼면 38개국)가 있다.

2.1 동북아시아(東北亞細亞 · Northeast Asia)

2.1.1 중국(中国 · China) · 홍콩(香港) · 마카오(澳门) · 타이완(台湾)

1 국가개황

- 위치 : 아시아 동부
- 수도 : 베이징(Beijing)
- 인구 : 1,315,844,000명(1위)
- 면적 : 9,596,960㎢(3위)
- 언어 : 중국어
- 기후 : 습윤, 아열대, 건조기후
- 정체 : 인민공화국제
- 종교 : 불교, 도교, 이슬람교
- 통화 : 위안(Yuan)
- 시차 : (UTC+8)

중화인민공화국 헌법 제136조에 의거하여 '오성홍기(五星红旗)'라고 부른다. 빨강 바탕에 있는 큰 노란 별은 중국인민정치협상회의 및 중국공산당을 나타내고, 작은 별은 중화인민공화국 탄생 당시 노동자·농민·지식계급·애국적 자본가의 4계급으로 성립된 국민을 나타낸다.

2 지리적 개관

중화인민공화국(중국)은 유라시아 대륙 동부에 위치하고 있다. 국경은 총 22,117㎞로, 국경이 세계에서 가장 긴 국가이다. 북동쪽으로 러시아, 조선민주주의인민공화국(북한), 북쪽으로 러시아, 몽골, 서쪽으로는 중앙아시아의 카자흐스탄, 키르기스스탄, 타지키스탄, 남서쪽으로는 히말라야 산맥을 경계로 남아시아의 네팔, 부탄, 아프가니스탄, 인도, 파키스탄과 접하며, 남쪽으로는 동남아시아의 라오스, 미얀마, 베트남과 접한다. 해상으로는 황해를 사이에 두고 대한민국(남한), 동중국해를 사이에 두고 일본, 타이완 해협을 사이에 두고 타이완(台灣)과 접한다.

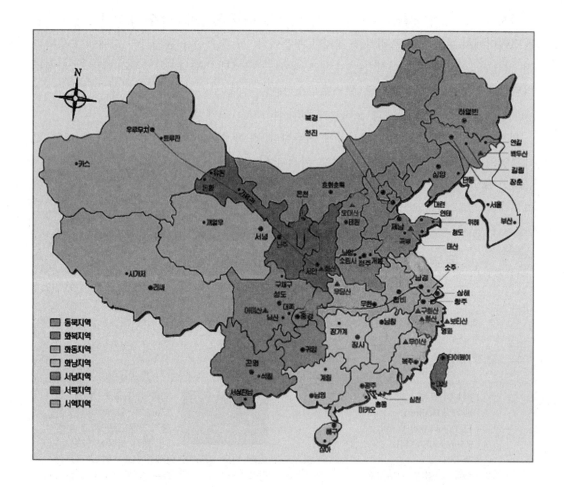

일반적인 지역은 5개로 구분되어 있으며, 다음 표와 같다.

지 역	내 용
화 베 이 (华北·화북)	중국 베이징시(北京市)와 허베이(河北)·산시(山西)·산둥(山东)·허난(河南)의 4성에 걸친 지구(地区)의 총칭. 면적 70만㎢.
화 중 (华中·화중)	중국의 중부 창장(长江) 하류 지구의 총칭. 창장 하류의 저장(浙江)·장쑤(江苏)·안후이(安徽) 등의 3성(省)과 상하이(上海)특별시를 포함한 지역은 화둥(华东)이라 부르기도 한다.
화 난 (华南·화남)	중국 남동부의 푸젠성(福建省)·광둥성(广东省)·광시좡족(广西壮族)자치구가 포함되는 지구의 총칭. 면적 약 60만㎢. 중국대륙의 남동부 해안지대에 위치하며 남쪽 끝에 해당하는 청무암초(曾母暗礁)는 북위 4°의 사라와크 해상에 있다.
둥 베 이 (东北·동북)	동북 3성(지린, 헤이룽장, 랴오닝)을 중심으로 한 지역으로 북쪽은 헤이룽강(黑龙江)을 경계로 러시아와 서쪽은 몽골, 동남쪽은 북한과 접하고 있다.
시 베 이 (西北·서북)	당의 수도였던 시안(西安)과 실크로드를 포함하는 지역으로 동서로 3,000㎞에 걸친 광활한 지역.

3 약사(略史)

황허(黃河)문명 발상지로 세계에서도 역사가 깊은 국가의 하나이며, 우리나라와의 관계도 매우 깊다.

- 하(夏)의 건국 : 성왕 우(禹)에서부터 시작되어 기원전 16세기, 폭정 걸(桀) 때에 멸망하기까지 17대 약 500년간

- 은(殷)왕조 개국 : 주(周)의 무왕(武王)에게 멸망하기까지 31대 약 600여 년에 걸쳐 중원(中原)을 지배

- 주(周)왕조 개국 : 기원전 12세기에서 기원전 249년까지 은(殷)나라에 이어 성립된 중국의 고대 왕조이다.

- 춘추전국시대 개막 : 주 왕실은 동천과 함께 권세를 잃고 이에 대신하여 춘추의 5패 - 제(齐), 송(宋), 진(晋), 진(秦), 초(楚) - 라고 불리는 패자가 천하를 호령하기도 하고 전국의 7웅이라고 불리운 제후 즉 한(韩), 위(魏), 조(赵), 제(齐), 연(燕), 초(楚), 진(秦)이 정치를 전단하는 시대가 시작된다.

- 한(汉)의 건국 : 진(秦)에 이어지는 중국의 통일왕조(BC 202~AD 220). 왕망(王莽)이 세운 신(新 : 8~22)나라에 의해 맥이 끊어지고 그 이전에 장안(长安)을 수도로 하였던 한을 전한(前汉 : 西汉), 뤄양(洛阳)에 재건된 한을 후한(後汉 : 东汉)이라고 한다.

- 삼국시대 : 중국 후한(後汉)이 멸망한 후 위(魏)·오(吴)·촉한(蜀汉) 등 3국이 정립(鼎立)했던 시대

- **진(秦)의 건국** : 중국 주(周)나라 때 제후국의 하나로 중국 최초로 통일을 완성한 국가(BC 221~BC 207)
- **수(随)의 건국** : 양견(杨坚 : 文帝)이 581년 북주(北周)의 정제(静帝)로부터 양위받아 나라를 개창하고, 589년 남조(南朝)인 진(陈)을 멸망시켜 중국의 통일왕조를 이룩하였다.
- **당(唐)의 건국** : 617년 태원(太原)의 유수(留守)인 이연(李渊 : 唐 高宗)이 군대를 이끌고 장안을 공격하여 이듬해 수를 멸망시키고 제위에 오르면서 건국하였다.
- **송(宋)의 건국** : 중국 역사상 당(唐)·오대십국(五代十国)에 이어지는 왕조(960~1279)
- **원(元)의 건국** : 13세기 중반부터 14세기 중반에 이르는 약 1세기 사이, 중국 본토를 중심으로 거의 동(东)아시아 전역을 지배한 몽골족의 왕국(1271~1368)
- **명(明)의 건국** : 한족(汉族)이 몽골족이 세운 원(元)나라를 멸망시키고 세운 통일왕조(1368~1644).
- **청(清)의 건국** : 명(明)나라 이후 만주족(满洲族) 누르하치(奴儿哈赤)가 세운 정복왕조(征服王朝)로서, 중국 최후의 통일왕조(1636~1912)
- **중화인민공화국 성립(1949)** : 중국공산당이 1945년의 일본(日本) 패배 후에 국공 내전에서 승리를 거둠으로써 베이징에 정부를 세움

4 행정구역

타이완을 포함하여 23개 성(省), 5개 자치구(自治区), 4개 직할시(直辖市), 2개 특별행정구로 구성되어 있다.

특별행정구	홍콩(香港)	씨양강
	마카오(澳门)	아오먼
직 할 시	북경(北京)	베이징
	상해(上海)	상하이
	중경(重庆)	총칭
	천진(天津)	톈진
자 치 구	신강위구르자치구(新疆维吾尔自治区)	씬쟝위우얼쯔츠취
	영하회족자치구(宁夏回族自治区)	닝샤회이쥬쯔츠취
	광서장족자치구(广西壮族自治区)	꽝시좡쥬쯔츠취
	서장자치구(西藏自治区)	씨지앙쯔츠취
	내몽고자치구(内蒙古自治区)	네이몽구쯔츠취

성(省)	흑룡강성(黑龙江省)	헤이룽쟝성
	길림성(吉林省)	지린성
	요녕성(辽宁省)	리야오닝성
	하북성(河北省)	허베이성
	산서성(山西省)	샨시성
	산동성(山东省)	샨둥성
	강소성(江苏省)	지양쑤성
	절강성(浙江省)	져지양성
	안휘성(安徽省)	안휘에이성
	복건성(福建省)	푸지엔성
	대만성(台湾省)	타이완성
	하남성(河南省)	허난성
	호북성(湖北省)	후베이성
	호남성(湖南省)	후난성
	강서성(江西省)	지양씨성
	광동성(广东省)	꽝둥성
	해남성(海南省)	하이난성
	귀주성(贵州省)	꾸이조우성
	운남성(云南省)	윈난성
	사천성(四川省)	쓰촨성
	섬서성(陕西省)	샨씨성
	감숙성(甘肃省)	깐쑤성
	청해성(青海省)	칭하이성

5 정치 · 경제 · 사회 · 문화

- 전국인민대표대회(전인대) : "헌법상 중국의 최고 권력기관이다. 우리나라의 국회에 상당하는 기관(총수는 3,500명 이하로 규정. 인민대표 중 여성대표는 20%, 소수민족 대표는 15%로 구성, 공산당원은 약 60%).
- 1979년 이후 착수한 경제개혁은 경영과 소유의 분리가 인정되었으며, 경제활동에 관여하는 의사결정권을 다원화시켰다.

〈대외개방정책의 발전과정〉
- 1단계 : 실험적 경제특구정책(1980~1984) → 동남연해 지역 일부 도시에 대한 "경제특구"정책

- 2단계 : "연해개방도시"로의 확대(1984) → 1단계 경제특구 정책이 기대 이상의 효과를 달성하자 연해지역 14개 도시로 개방지역을 확대하여 외자도입을 적극 추진키로 함.
- 3단계 : "연해경제개방구"(1985~1989).
- 4단계 : 전방위(사연 : 연해, 연강, 연변, 연로) 개방 → 내륙지역으로 개방지역 확대. 사실상 전면 개방 실시.

● 1978년 3중전회(三中全会)에서 '解放思想, 实事求是, 团结一致向前看(사상을 해방하고 사실을 통해 진리를 추구하고 앞을 보자)'이라는 덩샤오핑의 개혁·개방 노선을 채택하고, 1982년 '중국적 특색을 지닌 사회주의'라는 원칙이 천명되어 급격한 사회의 변화를 수반하였다.

● 소수민족 문제 : 소수민족은 1990년 중국 전국 인구조사에서 전체인구의 8.04%를 차지하였으며, 그 수가 약 9천만(91,323,090) 명에 달한다고 한다. 이들 소수민족은 중국 전체 영토의 60%에 달하는 지역에 거주하고 있으며, 이들의 다양성은 지역뿐 아니라, 우리가 알고 있는 조선족과 같이 중국에서 가장 많은 숫자를 차지하고 있는 한족과는 차별된 언어, 문화, 종교를 가지고 있으며 생김새가 확연히 다른 민족도 많다. 55개 소수민족 중 17개의 주요 순위별 인구수와 거주지역은 다음 표와 같다.

민 족 명	인구(명)	거 주 지 역
장족(壯族) Zhuang	15,555,820	광서, 운남, 광동
만주족(满族) Manchurian	9,846,776	요녕, 길림, 흑룡강, 하북, 북경, 내몽고
회족(回族) Hui	8,612,001	녕하, 감숙, 신강, 청해, 하남, 하북, 산동, 운남
묘족(苗族) Miao	7,383,622	귀주, 호남, 호북, 운남, 광서, 사천, 해남
위구르족(维吾尔族) Uighur	7,207,024	신강(新疆)
이족(彝族) Yi	6,578,524	사천, 운남, 귀주
토가족(土家族) Tujia	5,725,049	호남, 호북
몽고족(蒙古族) Mongol	4,802,407	내몽고, 신강, 요녕, 길림, 흑룡강, 감숙, 청해
장족(藏族) Zang, Tibetian	4,593,072	서장(西藏)
포의족(布依族) Puyi	2,548,294	귀주, 운남
동족(侗族) Tong	2,508,624	귀주, 호남, 광서
조선족(朝鲜族) Korean	1,923,361	길림, 요녕, 흑룡강, 내몽고
백족(白族) Bai	1,598,052	운남, 귀주, 호남
요족(瑶族) Yao	1,402,676	광서, 호남, 운남, 광동, 귀주
하니족(哈尼族) Hani	1,254,800	운남(云南)
태족(傣族) Dai	1,025,402	운남(云南)
카자흐족(哈萨克族) Kazakh, Hassake	1,110,758	신강, 감숙(甘肃)

6 음식 · 쇼핑 · 행사 · 축제 · 교통

- 중국의 4대 요리 : 베이징(북경 · 北京)요리, 광둥(광동 · 广东)요리, 스촨(사천 · 四川)요리, 상하이(상해 · 上海)요리가 유명하다.
- 일반적으로 중국요리에 대해서 '동쪽은 시고, 서쪽은 맵고, 남쪽은 달고, 북쪽은 짜다'라는 말이 있다.
- 베이징의 '오리구이', 텐진의 '구부리만두', '18가 꽈배기', 상하이의 '소쿠리만두', '술 취한 게', 시안의 '말린 말고기', 양고기 '파오모', 신장의 '양꼬치구이', '양피' 등이 그 도시를 대표하는 음식으로 유명하다.
- 공항면세점에서도 짝퉁(가짜)명품이 있을 정도로 가짜가 많으므로 주의해야 한다.
- 하얼빈 빙등제(氷登祭)가 유명한데 매년 1월 5일에서 2월 5일 사이에 중국 헤이룽장성(黑龙江省) 하얼빈(哈尔滨)에서 개최되는 눈과 얼음의 겨울축제이다.
- 비상구는 '태평문(太平门)'으로 표기되어 있다.
- 대중버스의 종류로는 우리와 같은 모양의 버스와 차량 두 대를 연결시킨 주름버스, 이층버스, 전선줄로 운행되는 트롤리버스가 있다.

7 출입국 및 여행관련정보

- 우리나라와 비자면제 협정이 체결되지 않은 상태이므로 한국인이 중국을 여행하려면 관광비자를 받아야 한다. 관광비자는 30일, 60일, 90일, 180일 체류할 수 있는 것으로 4종류가 있다. 중국은 특이하게 선상비자라는 것이 있는데 배를 타고 중국으로 입국할 때 배에서 발급받는 비자이다. 편리하긴 하지만 단수비자라는 단점이 있다.
- 중국의 화장실에는 화장지가 준비되어 있지 않은 곳이 많고 공중화장실에는 문이 없는 곳도 있다. 북경, 상해를 포함한 대도시에서는 점차 개선되고 있으나 이외 지방도시에서는 여전히 불편한 점이 많다. 유료화장실에서는 화장지를 주기는 하나 질이 안 좋고, 가격은 보통 3~5자오(角)인데 관광지마다 값이 다를 수 있다.

8 관련지식탐구

- **황허(黃河)문명** : 중국 황허강 중류, 하류 지역에서 발생한 문명이다. 황허문명의 연대 범위는 농경이 시작된 신석기시대부터 청동기가 나타난 은(殷)나라를 거쳐, 철기가 거의 완전히 보급된 전한시대(前汉时代)까지라고 할 수 있다.
- **경극(京剧)** : 중국의 대표적인 전통 연극. 베이징(北京)에서 발전하였다 하여 경극이라고

하며, 서피(西皮)·이황(二黄) 2가지의 곡조를 기초로 하므로 피황희(皮黄戏)라고도 한다. 14세기부터 널리 성행했던 중국 전통가극인 곤곡(昆曲)의 요소가 가미되어 만들어졌다.

- **사서삼경** : 4서(논어, 맹자, 대학, 중용)와 3경(시경, 서경, 역경)을 말한다.
- **실크로드** : 서양 측 종착지는 로마, 동양 측 종착지는 옛 당나라의 수도 장안으로 알려져 있다. 동·서양 간 문물교류 루트를 말한다.
- **고대중국의 사상가** : 공자, 맹자, 장자, 노자, 순자 등을 일컫는다.

이 름	내 용
공 자 (孔子, BC 552~479)	노나라 사람. 중국 춘추시대의 교육자·철학자·정치사상가, 유교의 개조(开祖).
맹 자 (孟子, BC 372~289?)	중국 전국시대의 유교사상가. 전국시대에 배출된 제자백가(诸子百家)의 한 사람이다. 공자의 유교사상을 공자의 손자인 자사(子思)의 문하생에게서 배웠다.
장 자 (庄子, BC 365?~290?)	중국 전국시대(战国时代) 사상가. 제자백가(诸子百家) 가운데 도가(道家)의 대표자이다.
노 자 (老子 ?~?)	중국 고대 도가(道家)사상의 시조가 되는 인물 또는 그가 저술한 책명. 노담(老聃)이라고도 한다.
순 자 (荀子, BC 298?~238?)	BC 3세기경의 중국 사상가. 이름은 황(况). 그는 공자(孔子)·맹자(孟子)를 잇는 유가(儒家)로, 『순자』 20권 32편의 저작이 남아 있다.

- **중국 4대 미인** : 서시(西施), 왕소군(王昭君), 초선(貂蝉), 양귀비(杨贵妃)를 일컫는다.
- **소림사** : 중국 허난성 덩펑현(河南省登封县) 쑹산(嵩山)에 있는 사찰이다. 이 절은 달마(达磨)대사가 인도에서 들여온 행(行)의 일종으로 선승(禅僧)의 수행법이 유명하다.
- **치파오**(旗袍) : 중국의 전통의상. 청대(清代)는 만주 출신의 왕조였으므로 호복계 장통수(长筒袖)의 의복을 입었는데, 둥근 깃이 달리고 오른쪽 겨드랑이부터 아래를 특수한 끈단추로 잠근다. 이것을 치파오(旗袍)라고 하며, 만주인은 모두 팔기(八旗)의 군단(军团)에 편입되기 때문에 이 이름이 생겼다.
- **문화대혁명**(文化大革命·Cultural Revolution) : 1966년부터 1976년까지 10년간 중국의 최고 지도자 마오쩌둥(毛泽东)에 의해 주도된 극좌 사회주의운동이다. 마오쩌둥에 의해 주도된 사회주의에서 계급투쟁을 강조하는 대중운동이었으며 그 힘을 빌려서 중국공산당 내부의 반대파들을 제거하기 위한 권력투쟁이었다.
- **중국요리** : 지역에 따라 베이징(北京), 난징(南京), 광둥(广东), 스촨(四川)요리 등으로 분류된다.

요리명	특징
베이징	지리적으로 한랭한 북방에 위치하여 높은 칼로리가 요구되기 때문에 육류를 중심으로 강한 화력을 이용하여 짧은 시간에 조리하는 튀김(炸)요리와 볶음(炒)요리가 발달했다.
난 징	풍부한 해산물과 쌀을 바탕으로 식생활을 주재료로 사용하였기에 다양한 요리가 만들어졌고, 특히 이 지방의 특산물인 장유(醬油)를 써서 만드는 요리는 독특하다. 난징요리 중 서양풍으로 국제적인 발전을 한 것을 상하이요리(上海料理)라 한다.
광 동	재료가 가진 자연의 맛을 잘 살려내는 담백한 맛이 특징인데, 서유럽 요리의 영향을 받아 쇠고기·서양채소·토마토케첩·우스터소스 등 서양요리의 재료와 조미료를 받아들인 요리도 있다.
스 촨	향신료만 빼면 한국사람 입맛에 맞는 중국요리이다. 매운 요리와 마늘·파·고추를 사용하는 요리가 많다. 오지(奧地)이기 때문에 소금절이·건물(乾物) 등 보존식품이 발달하여 채소를 이용한 자차이(榨菜) 같은 특산물이 발달하기도 했다.

- **태극권** : 중국 권법(拳法)의 하나로서 정(精)·기(气)·신(神)의 내면적인 수련을 중시하는 내가권법(內家拳法)으로, 의식·동작의 협조를 추구하고 노자의 전기치유(专气致柔 : 기에 전념해 부드러움에 이름), 이유극강(以柔克刚 : 부드러움으로 굳센 것을 이김), 그리고 고요함으로 움직임을 제압한다는 이론을 바탕으로 하며, 연정화기(炼精化气), 연기화신(炼气化神), 연신환허(炼神还虚)되는 기(技)를 도(道)로 승화시킨 기화지도(气化之道)이다.

- **세시풍속** : 세시풍속은 음력으로 치르는데 종류가 다양하다. 한국의 설에 해당하는 춘제(春节)는 중국 최대명절로 3일간의 연휴가 있고, 정월대보름날인 위안샤오제(元宵节) 때는 보름달을 감상하고 등불놀이를 하며 만두국을 즐겨 먹는다. 돤우제(端午节)에는 배를 타고 경주하는 룽촨(龙船) 경기를 하고, 종쯔(宗子)라는 별식을 먹는다. 중추제(中秋节) 때는 가족들이 모여 앉아 햇곡식으로 음식을 장만하여 감사하는 달맞이 행사를 한다.

- **바다의 실크로드** : 중국의 남동해안에서 시작하여 동중국해·인도양·페르시아만(湾) 또는 홍해를 거쳐 중동 여러 나라에 이르는 바닷길. 이 바닷길에 의하여 비단·도자기 등의 중국 물자가 서남아시아로, 유리·향신료 등의 서남아시아 물자가 중국으로 운반되었다. 동진(东晋)의 법현(法显)과 당(唐)나라의 의정(义净) 등은 인도에서 돌아올 때 이 바닷길을 오가는 남해선(南海船)에 편승하였다.

- **중국차** : 중국에서 많이 생산되고 애용되는 차. 차를 일상에서 음용하는 습관은 세계에서 중국이 가장 오래되었고 종류도 많다. 녹차(绿茶)·홍차(红茶)·우룽차·차(茶)·화샹차(花香茶) 등이 풍부하게 재배·생산되고 있다. 전차(煎茶 : 조리다)·충차(冲茶 : 和하다)·파오차(泡茶 : 거품나다)·옌차(淹茶 : 우리다)·모차(抹茶 : 가루차)·쮜유차(醋油茶)·나이차(茶 : 우유를 타다) 등의 방법으로 마시고, 찻잔에 직접 찻잎을 넣고 열탕을 부어 뚜껑을 덮은 후 얼마 동안 두었다 마시는 것도 있다.

- **라오주**(老酒) : 중국의 곡류 양조주. 대표적인 양조주로서 사오싱주(紹興酒)와 황주(黃酒)가 있다. 이 2가지 술을 장기간 저장한 것을 흔히 라오주라고 한다.

- **얌차**(飮茶) : '차를 마시다'라는 의미를 갖고 있는 음차(飮茶)를 광동식 방언으로 부르는 말로 얌차라는 이름으로 널리 퍼지면서 방언 그대로 굳어져 일반적으로 통용되고 있다.

- **일국양제**(一國兩制) : 중화인민공화국에서 시행되고 있는 제도의 하나로서 대륙의 모든 지역에서는 사회주의 경제체제를 유지하고 있으나 홍콩 및 마카오 등지에서는 자유주의 시장 경제체제가 유지되고 있다.

- **중국의 5대 명산**

오 악	소재지	산 이름	특 징
동악	산동성	타이산(태산·泰山)	임금이 천제를 올리는 산. 1,532m
서악	섬서성	후아산(화산·华山)	손오공이 갇힌 산. 2,437m
중악	하남성	쑹산(숭산·嵩山)	소림사
남악	안휘성	형산(형산·衡山)	1,265m
북악	산서성	형산(항산·恒山)	2,052m

- **3통**(通) **정책** : 중국과 타이완 양안간의 전면적이고도 직접교역인 △통상(通商), △통항(通航), △통우(通郵)를 의미한다.

- **구단선** : 구단선(九段線) 또는 남해구단선(南海九段線)은 중화인민공화국과 중화민국이 주장하는 남중국해의 해상경계선이다. 남중국해의 대부분을 중국의 수역으로 설정하고 있다. 남중국해의 영토 분쟁은 남중국해를 둘러싼 여러 나라의 섬과 해안의 영유권 분쟁을 지칭한다. 여기에는 스프래틀리 군도(난사군도) 분쟁, 메이클즈필드 천퇴(중사군도) 분쟁, 파라셀 제도(시사군도) 분쟁, 스카버러 암초 분쟁, 나투나 제도 주변 수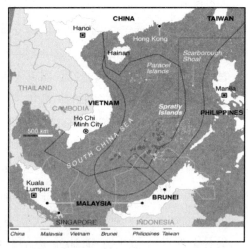역 분쟁 등이 있다. 이 지역에 직접 영유권 분쟁을 벌이지 않고 있는 국가들은 항행의 자유보장을 요구하고 있다.

- **일대일로**(一帶一路, One belt, One road) : 중국 주도의 신(新)실크로드 전략 구상으로, 내륙과 해상의 실크로드 경제벨트를 지칭한다. 35년(2014~2049)간 고대 동서양의 교통로였던 현대판 실크로드를 다시 구축해, 중국과 주변국가의 경제 및 무역의 합작을 통해 확대의 길을 연다는 대규모 프로젝트다. 내륙 3개, 해상 2개 등 총 5개의 노선으로 추진되고 있다.

● 중국의 사대기서(四大奇書)와 홍루몽(紅樓夢)

책 이름	내용
삼국지연의 (三國志演義)	중국 최고의 장편 장회체(章回體) 역사 소설이다. 작자 나관중(羅貫中, ?~?)은 당시 민간에서 떠돌면서 '세 부분으로 나뉘어 전파되던(說三分)' 이야기를 종합하고 자신의 상상력을 가미해서 이 작품을 완성하였다. 민중 문학과 문인 문학이 결합해서 이루어낸 성과라고 할 수 있다. 작품은 위(魏)·촉(蜀)·오(吳) 세 나라의 흥망성쇠(興亡盛衰)를 중점적으로 서술하면서 후한(後漢) 영제(靈帝) 건녕(建寧) 2년(169)부터 진무제(晉武帝) 태강(太康) 원년(280) 사이의 역사를 배경으로 삼았는데, 유비(劉備, 167~233)를 높이고 조조(曹操, 155~220)를 깎아 내리려는 경향이 강하다. 이 책은 특히 전투 장면의 묘사에 뛰어나서, 적벽대전(赤壁大戰) 장면은 누구나 암송할 정도로 유명한 이야기가 되었다. 등장인물의 묘사가 생동감이 넘쳐 각자의 개성이 사실적으로 묘사되고 있는데, 제갈량(諸葛亮)과 관우(關羽), 장비(張飛), 조조 등은 동양 문학사에 있어서 작품 창작상의 전형적인 인물로 간주될 만큼 형상화가 뛰어나다.
수호전(水滸傳)	농민들의 반란을 제재로 한 장편 장회 소설이다. 작가 시내암(施耐庵, ?~?)은 역사적 사실과 민간에 뿌리내린 전통 희곡과 화본(話本) 가운데 유관한 이야기를 정리해서 작품을 완성하였다. 작품은 108명의 영웅호걸이 양산박(梁山泊)에 모여 당시의 부패한 관료들과 무력 투쟁을 전개하면서 계급적 압박과 봉건제 통치의 모순을 폭로하는 방식으로 짜여 있다. 이런 구성은 "관료가 핍박하면 농민은 반항한다(官逼農反)"는 사회현실을 보여주는 것인데, 소설로서 가장 독창적인 성과는 인물의 성격을 형상화하는 데 대단한 성공을 거두었다는 점이다. 그중에서도 108명의 영웅호걸들에 대한 성격 묘사는 결코 흉내 낼 수 없는 탁월한 부분으로 많은 사람들의 칭송을 한몸에 받았다.
서유기(西遊記)	장편 신화(神話) 소설로, 오승은(吳承恩, 1500?~1582?)의 저작이다. 당나라 때의 승려 현장(玄奘, 600~664)이 불교 경전을 얻기까지 겪었던 사실에서 취재했는데, 민간에서 오랜 기간 전파되던 전설을 작가가 개편하고 가공하여 완성하였다. 작품은 특히 손오공(孫悟空)의 눈부신 형상을 잘 부각시켜서 당시 민중들이 신권(神權)과 황권(皇權)을 무시했던 경향을 반영하였다. 동시에 사악한 권력을 타도하고 새로운 이상사회를 건설하려는 염원이 담겨 있는 등 강렬한 현실의식이 곳곳에 배어 있다. 이런 점에서 『서유기』는 중국 낭만주의 문학의 전개에 있어서 참신한 성과물로 손꼽힌다.
금병매(金甁梅)	문인의 손에 의해 창작된 장편 애정 소설이다. 난릉(蘭陵)의 소소생(笑笑生)이 지었다고 되어 있다. 작품은 악당 서문경(西門慶)의 패륜과 적악(積惡)으로 일관된 생애를 다루면서 당시 봉건사회의 부패상과 몰락상을 날카롭게 비판하였다. 예술적으로는 자연주의적 기법을 채용하여 이후 소설문학사의 전개에 일정 정도 기여하였다.
홍루몽(紅樓夢)	중국 청(淸)나라 때 조설근(曹雪芹: 이름 霑)이 지은 장편소설이다. 이 작품을 '만리장성과도 바꿀 수 없는 중국인의 자존심'이라고까지 말하는 사람도 있다. 원작(原作) 부분의 등장인물에 대한 세밀한 성격묘사와 속작(續作) 부분의 기복이 넘치는 구성 등 청대(淸代)의 으뜸가는 소설로 꼽히는 이 작품은 1792년에 '정을본'이 초간(初刊)된 이래, 100종 이상의 간본(刊本)과 30종 이상의 속작이 나왔다. 또, 작자와 모델에 관한 평론도 속출하여 '홍학(紅學)'이라는 말까지 생겼다. 근대 이후, 후스[胡適]·위핑보[俞平伯] 등은 이 작품에 대하여 조설근의 자전적 소설이라는 결론을 내렸다.

9 중요 관광도시

(1) 베이징(北京) : 도시 전체가 박물관이라 일컬어지는 3천 년 역사의 고도이며 중국의 수도이다. 중국의 정치, 행정, 문화의 중심지일 뿐만 아니라 오랜 역사를 통해 전해 내려온 만리장성을 비롯하여 고궁, 이화원 등의 세계적으로 유명한 볼거리들이 무궁무진하여 날이 갈수록 관광도시로서 그 명성을 더해가고 있다.

▶ 천단공원 전경

- 티엔탄(天坛)공원 : 명·청나라 황제들이 매년 제사를 지내고 풍년을 기원하던 곳으로, 베이징시 남쪽에 위치해 있으며, 전체 면적은 270㎡이다. 명 영락(永乐) 4(1406)년에 지어지기 시작해서 영락 18(1420)년에 완성되었다. 원구는 흰 돌(白石)로 3중으로 지은 대원구(大圜丘)로서 하늘을 본떠서 만든 것이다.

- 중관춘(中关村) : 고궁(자금성)을 중심으로 서북 방향, 행정구역으로는 해정구(海淀区 : 하이띠엔취)에 위치하며 북경대, 청화대, 인민대 등 40여 개 대학이 밀집되어 있는 대학촌이자 한식당이 많이 있는 오도구(五道口 : 우따오코우) 인근에 자리하고 있다.

- 왕푸징(王府井) : 베이징시 최대 번화가로 시 동편에 길게 늘어선 상점거리다. 약 1㎞가량의 거리 양편에 약 100여 개의 각종 상점이 들어서 있는데, 우의상점과 신화서점 등의 유명 상점을 비롯해 우의빈관(友谊宾馆)과 같은 호화호텔도 자리하고 있다.

▶ 자금성

- 쯔진청(紫禁城) : 베이징시의 중심에 위치한 명·청대의 황궁으로, 중국에서는 고궁(故宫)이라는 이름이 더 친근하게 이용되고 있으며 '자금성'이라는 이름은 "천자의 궁전은 천제가 사는 '자궁(紫宫)'과 같은 금지 구역(禁地)이다"는 데에서 연유된 것이다. 전체 면적은 72만㎡이며, 총 9999개의 방이 있는 세계에서 가장 큰 고대 궁전 건축물이다.

▶ 호수에서 본 이회원

- 이허위엔(颐和园) : 1998년 유네스코 지정 세계문화유산으로 중국에서 최대 규모를 지녔으면서도 완전한 형태를 유지하고 있는 황족 정원이다. 특히 서태후의 여름 별장으로 더 유명하다. 북경 서쪽 외곽인 해정구(海淀区 : 하이띠엔취)에 위치해 있으며, 북경 시내에서는 15㎞ 떨어져 있다.

- **텐안먼(天安門)광장** : 자금성의 남쪽 문 앞에 있는 광장으로서 텔레비전에도 자주 등장하는 중국 사람들의 드넓은 기개를 대표하는 명소다. 원래 1651년에 설계되었으나 1958년에 시멘트로 접합되고 네 배나 큰 현재의 규모를 갖추게 되었다. 현재 전체 면적이 44만㎡이며, 동시에 백만 명을 수용할 수 있어서 세계에서 가장 큰 광장 중의 하나로 꼽힌다.

➡ 천안문광장 앞 자금성 정문

- **징산공위엔(景山公园)** : 베이징(北京)의 중심에 위치해 있는 황실 정원이다. 1179년에 공사가 시작되었으며, 명 영락(永乐) 18(1420)년에 석탄과 자금성 통자하(筒子河)의 진흙들을 가져다가 원나라 건축물인 영춘각(迎春阁)의 옛 터에 쌓아 두었는데, 이것이 하나의 흙산을 이루게 되었으며 당시에는 '만수산(万寿山)'이라고 불렸다.

- **밍스싼링(明13陵)** : 명나라 13명 황제의 능묘로서, 북경 시내에서 서북쪽으로 40㎞ 떨어진 창평현(昌平县) 천수산(天寿山) 기슭에 위치해 있고, 면적은 약 120㎡이다. 명 왕조가 북경으로 천도한 후 선조 황제 13명의 능을 이곳에 이장하였다. 그중에서도 정릉 지하궁전은 1956년에 최초로 발굴한 황제능묘이다.

➡ 명 13릉

- **창청(万里长城)** : 춘추전국시대에 지어지기 시작한 장성은 2000여 년의 역사를 지니고 있으며, 그 길이가 5천만m에 이른다. 장성은 북방의 유목민족들의 침입에 대처하기 위해 지어졌다. "不到长城非好汉(만리장성에 가 보지 않으면 호한이 될 수 없다)"라는 유명한 말이 있다. 만리장성(万里长城)은 진의 강력한 통일제국체제가 낳은 상징적 산물이다.

➡ 만리장성

- **롱칭시아(龙庆峡)** : 베이징 외곽에 위치한 파다링(八达岭)에서 40분 정도 걸리는 곳에 위치해 있다. 남방 산수의 부드러움과 북방 산수의 웅장한

➡ 용경협 선착장

면모를 모두 갖추고 있으며, 또한 "작은 계림(小桂林), 작은 삼협(小三峽)"이라고 불릴 만큼 높이 솟은 가파른 봉우리들이 장관을 이룬다.

- **리우리창(琉璃厂)** : 베이징 화평문(和平门)에 위치해 있으며, 200년 전인 청대 건륭 연간부터 형성되기 시작했다. 유리창이라는 이름은 원나라 때 유리기와 공장이 있던 곳이라고 해서 붙여진 것으로 처음에는 과거를 치르기 위해 베이징으로 온 사람들 중에서 과거에 낙방한 사람들이 고향으로 돌아가기 전 자신의 서적, 먹, 벼루 등을 가지고 나와서 팔았던 곳이었다.

▶ 베이징 골동품 상가인 유리창

(2) 상하이(上海) : 1842년 난징(南京)조약으로 개항된 이후 국내외의 새로운 문물을 흡수해 온 국제적인 상업도시이다. 특히 국제화와 현대화가 이루어진 대도시이자 중국의 대외개방 창구이며, 주요 수출입 국경출입구이다. 일본·미국·오스트리아·프랑스·영국·이태리·독일·러시아 등 12개 국가의 총영사관이 주재하고 있다.

- **임시정부청사(臨時政府旧址)** : 1926년부터 윤봉길 의사의 의거가 있었던 1932년 직후까지 청사로 사용하던 곳이다. 도로 옆에 위치해 있어서 매우 낡고 언뜻 보면 쉽게 지나쳐 버릴 수도 있을 만큼 초라하지만, 하루에도 수많은 한국인 관광객들이 찾는 명소이다.

- **빈장다다오(濱江大道)** : 와이탄의 아름다운 야경을 감상하려면 맞은편 '푸동'에서 바라보는 것이 최적의 선택!! 동방명주나 금무대하도 충분히 좋은 대안이 되지만, 뭐니뭐니해도 근사한 와이탄 야경에 '빈장다다오'만한 곳은 없다.

- **와이탄(外滩)** : 상하이의 상징이자 상해 현대 역사의 축도이다. 전체 길이가 약 1.7㎞이며, 다양한 국가의 건축 양식이 모여 있어서 '세계 건축 박물관'이라고 불리며, 한쪽으로는 넓은 제방을 따라 많은 관광객들이 황포강(黄浦江)의 경관을 즐기기 위해 항상 붐비는 곳이다.

▶ 황포강과 외탄

- **루쉰꿍위엔(魯迅公园 : 옛 홍구공원·虹口公园)** : 노신의 묘와 기념관이 위치해 있다. 한국인에게는 1932년 4월 29일 윤봉길 의사의 의거 현장으로 기억되는 곳으로, 최근에 윤 의사의 항거를 기념하는 기념탑이 세워졌다.

- **위위엔(豫园)** : 남방 정원양식의 대표이자, 중국 정통 정원이다. 베이징의 황궁정원 이화

원을 본떠서 만들었다고 알려져 있으며, 과거 황제만 쓸 수 있었던 용문양을 예원에 조각하면서 용 발가락을 한 개 더 만들어 역적으로 몰릴 위기를 모면했다고 한다.

▶ 예원의 상성(商城)

- 상하이 라오제(上海老街) : 옛 상하이의 모습을 재현해 놓은 풍물의 거리이다. 예원상업관광구 내에 위치하고 있으며, 중국의 전통적 향취를 간직한 개성 있는 관광지로서, 쇼핑, 오락, 문화전시를 하나로 모은 다기능 특색을 가진 거리이다.

- 타이캉루(泰康路) 예술인단지 : 신예예술가들이 모인 감성으로 충만한 거리이다. 협소한 골목에 위치하며 큰 도로변에서 발견하기 힘든 이곳은 다양한 예술 숍들이 올망졸망 줄지어져 있다. 폭이 좁은 골목길을 걷다 보면 양쪽으로 어딘가에 숨어 있었던 다양한 공방들이 눈에 들어오기 시작한다.

(3) 쑤저우(苏州) : "上有天堂, 下有蘇杭(하늘에는 천당이 있고, 땅에는 소주와 항주가 있다.)"라는 말이 있을 정도로, 항주와 함께 중국에서 자연경관이 아름다운 곳으로 손꼽히는 곳이다.

- 한샨쓰(寒山寺) : 원래 명칭은 묘보명탑원(妙普明塔院)이었으나 당대 고승인 한산자(寒山子)가 이곳에 머문 후에 그의 이름을 따서 한산사로 명칭이 바뀌었다. 현재의 건물은 일부 파괴되어 신해혁명이 일어난 해인 1911년에 다시 지어진 것이다. 한산사는 당나라의 시인 장계(张继)의 "풍교야박(枫桥夜泊)"이라는 시로도 유명하다.

- 쭈오쩡위엔(拙政园) : 쑤저우 동북쪽에 위치해 있고, 1509년에 지어졌다. '졸자(拙者)가 정치를 한다'는 의미에서 붙여진 이름이다. 또한 ▲유원(留园), ▲이화원, ▲승덕이궁(承德离宫)과 함께 중국 4대 정원에 꼽힐 정도로 매우 아름다운 풍경을 지닌 곳이다. 미경으로 인해 홍루몽 대관원(大观园)의 모델이 되기도 했다.

▶ 졸정원

- 후치우(虎丘) : 원래 이름은 해용산(海涌山)이었는데, 호랑이가 웅크려 앉아 있는 모습과 비슷하다고 해서 지금의 이름이 붙여졌다. 춘추시대 오왕(吴王)인 합려(阖闾)가 이곳 연못 아래에 묻혀 있다고 전해지는 곳이기도 하다. 전해지는 바에 따르면 합려의 무덤을 만들 때 관 속에 검 3,000개를 함께 묻었다고 한다.

- **쑤저우**(苏州)**운하** : 낭만적이고 운치가 있는 쑤저우운하는 시내의 어디를 가든 만나볼 수 있다. 주요한 교통로로 자리 잡고 있으며, 운하 옆에 우거진 버드나무는 옛 수양제가 가장 좋아해서 그 운하 위의 길을 자주 거닐었다고 한다. 이 운하를 유람하면서 중국인들이 삶과 분위기를 느낄 수 있다.

➡ 쑤저우의 운하

(4) 항저우(杭州) : 저장성(浙江省)의 성도(城都)이다. 7대 고도의 하나로 중국이 자랑하는 관광지 중 한 곳으로 자원이 풍부하고 경치가 수려하다. 13세기 무렵 이탈리아의 유명한 여행가 마르코폴로(Marco Polo, 1254~1324. 1. 8)는 항주에 들렀다가 도시의 아름다움에 매료되어 항주를 세상에서 가장 아름다운 도시라고 칭송했다고 전해진다.

- **시후**(西湖) : 항주 서쪽에 자리 잡고 있다고 하여 붙여진 이름이며, 유명한 미인 서시(西施)를 기념하는 의미로 '서자호(西子湖)'라고도 불린다. 산으로 둘러싸여 있으며, 호수에는 소영주, 호심정, 완공돈 등 3개의 섬이 떠 있다. 호수의 총면적은 60.8㎢이며, 그중 수역의 면적은 5.66㎢이다.

➡ 서호와 뇌봉탑(雷峰塔)

- **우산**(吳山) : 삼국지를 통해 우리나라 사람들도 잘 알고 있는 오(吳)나라의 왕 손권이 이 산에 진을 쳤다 하여 오나라 오(吳)에 뫼 산(山)을 붙여 우산(吳山)으로 이름 붙여진 산으로 항주의 가장 번화한 상업거리인 연안로(延安路) 남쪽에 위치하며 시내까지 산줄기가 뻗어 있다. 명향루, 성황각 등의 유명한 건축물뿐 아니라 오래된 고목과 기암괴석들, 사원과 신묘, 소동파 같은 유명인들의 흔적이 남아 있는 유물들이 많다.

- **링인쓰**(灵隐寺) : 항주 서북쪽에 위치해 있으며 비래봉(飞来峰)이 옆에 있다. 비래봉에는 10~14세기경에 만들어진 석굴조각품 330여 개가 산을 따라 조각되어 있는데 이 석굴조각들은 강남지역에서는 보기 드문 고대석굴예술을 보여주고 있어 그 가치가 더 빛난다.

(5) 구이린(桂林) : "桂林山水甲天下계림의 산수가 천하제일이다"라는 말에서 보듯 중국의 유명한 관광도시인 동시에 역사도시이다. 광서성(广西省) 동

➡ 구이린 산수와 이강

북부에 위치해 있고, 아열대 기후에 속해서 기온이 온화하다. 계림이라는 명칭은 이곳이 예로부터 계수나무가 많은 지역으로 '계수나무 꽃이 흐드러지게 피는 곳'이라는 의미를 담고 있다.

- **리장앙**(漓江) : 계림관광의 절정은 역시 계림에서 양삭(阳朔)까지 83㎞에 이르는 이강 유람이다. 이 구간은 산속 깊숙하게 돌아 흐르며 진귀한 유형을 하고 있는 봉우리들이 많이 있어 "현세 속의 선경(仙景)"이라고 불린다.

- **디에차이산**(叠彩山) : 높이는 해발 73m로 산에 올라 계림시내 전체를 감상할 수 있다. 색깔 있는 비단을 포개놓은 것과 같은 독특한 모습을 하고 있다. 이강, 독계봉과 인접하며 그 이름도 이러한 산의 형상을 본뜬 것이라 한다.

▶ 시내에서 바라본 첩채산

- **샹비산**(象鼻山) : 코끼리가 강물을 마시고 있는 듯한 형상을 하고 있다고 하여 붙여진 이름이다. 상산(象山)이라고도 불리며, 해발 200m의 높이에 길이는 103m이고 폭은 100m이다. 리강과 도화강이 회류하는 지역에 위치해 있으며, 전체 면적이 1,300㎢로 3억 6천 년 전에 바다 밑에 있던 석회암으로 이루어진 자연적으로 생긴 산이다.

▶ 상비산의 코끼리 형상

- **관이엔동**(冠岩洞) : 계림으로부터 약 10㎞의 거리에 있는 종유동굴이다. 길이는 12㎞이며 이미 이강에 근접한 3㎞는 개발되어 있다. 관암은 개발 초기부터 관광을 위해 계획적으로 설계되어서 자동 조명, 사운드 조절 시스템이 갖춰져 있다. 또한 관광객들의 편의와 즐거움을 극대화시키기 위한 모노레일, 유람선, 엘리베이터 등이 설비되어 있다.

▶ 관암동굴 내부

(6) 쿤밍(昆明) : 중국 윈난성(云南省)의 성도(省都)

본래 타이족(族)의 영역이었으나 원대(元代) 이후 중국 중앙정부에서 관할하게 되었고, 청국·프랑스 조약 및 윈난~베트남 철도의 개통 등으로 발전하기 시작하였다. 운남성(云南省)의 성도로 운남성의 정치, 경제, 문화, 교통의 중심지인 동시에 2400여 년의 역사를 지닌 역사와 여행의 도시이다. 지리적으로 운귀(云贵)고원 중부에 위치해 있어서 시내 중심부의 높이가 해발 1,891m이다.

- 스린(石林) : 쿤밍에서 남동쪽으로 126㎞ 떨어진 곳에 있다. 약 3만ha에 이르는 일대는 전형적인 카르스트 지형으로, 약 3억 년 전에는 해저였으나, 지각변동으로 인해 육지가 되었고 석회암이 풍화를 거치면서 신비한 경치를 드러내고 있다. 돌기둥이 나무줄기처럼 하늘로 치솟은 것이 삼림모양을 이루고 있다.

▶ 석림의 아름다운 모습

- 주샹둥쿠(九乡洞窟) : 중국 윈난성(云南省) 쿤밍(昆明)에서 동쪽으로 100㎞ 떨어져 있는 동굴. 국가지정 풍경명승지구인 구향 풍경구(风景区)로 지정되었다. 구향 풍경구는 울창한 삼림 속에 자리 잡은 석회암 동굴지대로 총면적 200㎢에 66개의 종유동굴로 이루어져 있으나 일부만이 일반에 개방되었다. 엘리베이터를 타고 아래로 내려가 동굴 내부로 들어갈 수 있다.

▶ 구향동굴 내부

- 윈난성박물관(云南省博物馆) : 쿤밍시 중심에 위치하고 있는 윈난성박물관은 1958년 지상 7층의 높이로 세워졌다. 총 40m 높이의 3층 보탑 스타일로 지어졌으며, 1층부터 3층까지가 전시홀로서 4,200㎡의 공간에 윈난의 다채로운 민족문화와 윈난 청동문화전, 남조 대리 불교문화전 등을 열면서 여행자들에게 아름다운 쿤밍을 알리고 있다.

- 따리구청(大理古城) : 엽유성(叶榆城), 자금성(紫禁城), 중화진(中和镇) 등으로도 불리는 명(明)나라 홍무(洪武)제 15년에 건설된 대리의 오래된 지역으로 창산(苍山)을 뒤로 하고 이해(耳海)호수와 접해 있는 곳이다. 송나라 때 대리국이 이곳을 도읍지로 삼아 성을 쌓은 흔적이 남아 있으며, 남북의 문에는 '大理'라고 크게 쓰여 있다.

▶ 대리고성 풍경

(7) 주자이거우(九寨沟) : 원래의 명칭은 쑹판현(송반현·松潘县)·난핑현(남평현·南坪县)이며, 1997년에 주자이거우로 개칭되었다. 최근에는 관광명승지로 각광받고 있으며, 문화유적으로는 주자이거우관광구가 있다. '황산을 보고 나면 다른 산을 보지 않고, 구채구의 물

을 보고 나면 다른 물을 보지 않는다는 말이 있다.

- **황룽펑징밍성취**(黄龙风景名胜区) : 구채구와 인접해 있으며 황룡사(黄龙寺), 단운협(丹云峡), 설보정(雪宝顶) 등의 명소로 유명하다. 1992년에 연합국교과문단체(联合国教科文团体)의 '세계자연유산'의 명소로 유명하다. '세계자연유산명록'에 올랐으며, 2000년에는 '세계생물권보호구'와 '녹색환경지구21'에 선정되었다.

⊡ 구채구의 아름다운 모습

- **딴윈샤**(丹云峡) : 단운협은 사계절의 모습이 다른 특징을 가지는데, 봄의 단운협은 백화가 만발하여 마치 꽃천지에 와 있는 듯한 착각에 빠져들게 하고, 여름의 단운협은 녹색의 푸르름이 협곡 전체를 감싸며, 가을의 단운협은 수림 전체가 단풍으로 물드는데 사람들을 매혹시키는 이 단풍 풍경으로 단운협이라 불리게 됐다고 한다.

- **슈정고우**(树正沟) : 수정구는 구채구의 중요한 구(沟)로서 수정궁(水晶宫), 분경탄(盆景滩), 호위해(芦韦海), 화화해(火花海), 수정군폭포(树正群瀑布), 낙일랑폭포(诺日朗瀑布), 서우해(犀牛海) 등으로 구성되어 있다. 수정구에 있는 40여 개의 해자는 구채구 안의 총 호수 중 40%를 차지하고 있을 정도로 구채구의 대표적인 곳이라 할 수 있다.

- **송판고성**(松潘古城) : 진(秦)나라 때부터 중국의 역대 왕조가 감숙성, 청해성, 산서성 일대를 연결하며 통치하는 데 중요한 역할을 했던 지역이다. 현재 남아 있는 성벽은 명(明)왕조 홍무제 때 만들어진 것으로 성 안에는 청진사(清真寺) 등 인공적인 기교가 가미되지 않은 순수한 자연의 아름다움과 함께 과거 속으로 빠져들게 하는 매력이 있는 곳이다.

⊡ 송판고성 입구

(8) 시안(西安) : 실크로드의 기점 도시로서 중국 산시성(陕西省)의 성도(省都). 서안은 아테네, 로마, 카이로와 함께 세계 4대 고도(古都)로 꼽히는 도시로 그동안 장안(长安)이라 불려왔다. 중국의 대표적인 관광도시 중 하나이다. 기원전 11세기부터 서기 10세기까지 13개의 왕조나 정권이 서안에 도읍을 정하거나 정권을 세웠다.

- **시안성벽** : 중국에서 보전하고 있는 건축물 중에서 가장 완정(完整)한 고성 중의 하나다. 전체 길이가 13.6㎞, 높이가 12m, 폭이 15m로 높고 두터운 고성벽(古城壁)이 이곳의 가장 큰 특징이다. 이 성벽은 그 역사가 이미 600년에 이른다. 고대 전쟁사를 보면, 이 성

벽은 유일한 출입통로로서 통치자에게는 방어를 위한 중요한 곳이었다.

- **친스황링삥마용껑**(秦始皇陵兵馬俑坑) : 현재 총면적 25,380㎡에 달하는 4개의 갱이 발굴되었다. 그 중 4호갱은 완성되기 전에 폐기된 빈 갱도였다. 불멸의 생을 꿈꿨던 진시황이 사후에 자신의 무덤을 지키게 하려는 목적으로 어마어마한 규모로 제작한 것으로 보인다. 세계 8대 불가사의로 꼽힐 만큼 거대한 규모와 정교함을 갖추고 있다.

⏩ 시안성벽

- **화칭츠**(華淸池) : 중국에서 현존하는 최대규모의 당나라 왕실 원림이다. 고대부터 수려한 풍경과 질 좋은 지하 온천수 때문에 역대 제왕들의 관심을 받아왔던 장소이다. 당현종(唐玄宗)과 양귀비(杨贵妃)의 연애시절에는 이곳이 매우 번성하였고, 당시 정치의 중심지가 되었다가, 안사의 난(安史之乱) 이후로 화칭츠(华清池)는 쇠퇴하기 시작했다.

⏩ 진시황릉 병마용갱

- **따옌타**(大雁塔) : 원래 명칭은 자은사탑(慈恩寺塔)이다. 652년 당(唐)나라 고종(高宗) 때 건립된 4각형의 누각식 탑이며, 명(明)나라 때 외벽에 한 겹의 벽돌을 더 둘러쌓았다. 모두 7층이며, 전체 높이

⏩ 화청지

는 64m이다. 중국에서도 유명한 불탑 중 하나로, 652년에 당(唐)나라 현장(玄奘)법사가 인도에서 가져온 불경과 불상을 보존하기 위해 만들어졌다.

- **친스황링**(秦始皇陵) : 중국을 통일한 최초의 황제 진시황이 여기에 묻혀 있다. 능묘는 37년 정도 걸려 완공되었는데, 무덤의 둘레가 6㎞, 높이는 40m에 달한다. 무덤이라기보다는 하나의 야산이라고 하는 것이 정확한 표현일 것이다.

(9) 옌지(延吉) : 중국 지린성(吉林省)에 있는 연변조선족자치주의 주도(州都). 중국 조선족의 문화 중심지이며, 주변 농업지역에서 생산되는 농산물의 집산지이다. 주민의 40%가 조선족이다. 이곳은 청(淸)나라 말기에 간무국(垦务局)이 설치된 뒤 발달하였기 때문에 국자가(局子街)라고도 불렀다. 한글간판이 도처에 있는 것이 마치 우리나라에 와 있는 것 같다.

- **창바이산**(白头山) : 북한 양강도(량강도) 삼지연군과 중국 지린성(吉林省)의 경계에 있는 산.

높이 2,744m로 북위 41°01′, 동경 128°05′에 위치하며 한반도에서 제일 높은 산이다. 백색의 부석(浮石)이 얹혀 있으므로 마치 흰 머리와 같다 하여 백두산이라 부르게 되었다.

- **티엔츠**(天池) : 백두산 산정에 있는 자연호수. 용왕담(龙王潭)이라고도 한다. 면적 9.17㎢, 둘레 14.4㎞, 최대 너비 3.6㎞, 평균 깊이 213.3m, 최대 깊이 384m, 수면 고도는 2,257m이다. 칼데라호(caldera湖)인 천지 둘레에는 장군봉(將军峰)을 비롯한 화구벽오봉(火口壁五峰)이 병풍처럼 둘러서 있다.

➡ 겨울의 천지

- **두만강**(豆滿江) : 길이 547.8㎞, 유역면적이 32,920㎢이며, 북한을 바라볼 수 있는 중국과 북한의 접경에 위치한 강이다. 역사적으로는 한국 분단의 아픔을 지닌 곳이며, 최근에는 월북자들이 이곳에서 생사를 달리하는 가슴 아픈 장소가 되고 있다.

- **해란강**(海兰江) : 두만강 지류로 선구자에서 언급된 용정지역의 강이다. 이 강이 선구자에 언급된 이유는 우리 민족이 간도지방에 처음 자리를 잡은 곳은 해란강 주변의 들판이었고, 그 중심 젖줄이 해란강이었기 때문이었다.

- **룽징**(龙井)**중학교** : 민족 시인 윤동주가 다녔던 학교이다. 현재는 룽징제일중학교(龙井第一中学校)로 명칭이 바뀌었으며, 실제로 학생들이 이곳에서 공부를 하고 있다. 단 신관과 구관으로 나뉘어, 구관 앞에는 그의 대표적인 시 「서시」가 새겨진 있는 윤동주시비(诗碑)가 세워져 있으며, 건물 2층에는 기념전시관이 꾸며져 있다.

- **창바이푸뿌**(长白瀑布) : 천지 북쪽에 결구가 형성되어 있고, 천지의 물이 결구를 통해 1천여m의 긴 협곡까지 흘러 폭포를 형성했다. 장백폭포는 높이가 60여m의 웅장한 폭포로 200m 멀리 떨어진 곳에서도 폭포소리를 들을 수 있다. 폭포는 크게 두 갈래의 물줄기로 나뉘어 있고 동쪽 폭포 수량이 전체 수량의 3분의 2를 차지한다.

➡ 백두산 장백폭포

(10) 선양(沈阳) : 중국 랴오닝성(辽宁省)의 성도(省都). 옛이름은 봉천(奉天), 만주어로는 무크덴(Mukden)이다. 둥베이(东北)지방 최대의 도시로 이 지방의 정치·경제·문화·교통의 중심지이다. 둥베이 남동부의 노년기산지 말단부가 평야와 접하는 랴오허강(辽河) 유역에 있다.

- **선양꾸궁**(沈阳故宮) : 태조 누르하치가 1625년 요양에서 선양으로 천도하면서 만들기 시

작해 제2대 황제인 태종 황타이지(皇太极) 때 완
성되었으며, 제3대 황제인 순치제가 만리장성을
넘어 중국을 통일하고 북경으로 천도하기까지
황궁의 역할을 했다. 중국에 현존하고 있는 양대
궁전건
축군 중 하나이다.

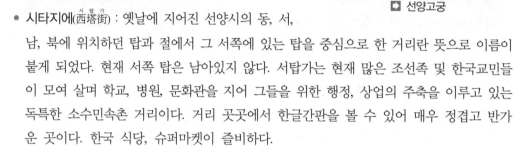

▶ 선양고궁

- **시타지에(西塔街)** : 옛날에 지어진 선양시의 동, 서,
남, 북에 위치하던 탑과 절에서 그 서쪽에 있는 탑을 중심으로 한 거리란 뜻으로 이름이
붙게 되었다. 현재 서쪽 탑은 남아있지 않다. 서탑가는 현재 많은 조선족 및 한국교민들
이 모여 살며 학교, 병원, 문화관을 지어 그들을 위한 행정, 상업의 주축을 이루고 있는
독특한 소수민속촌 거리이다. 거리 곳곳에서 한글간판을 볼 수 있어 매우 정겹고 반가
운 곳이다. 한국 식당, 슈퍼마켓이 즐비하다.

- **탕강즈 원취엔(湯崗子溫泉)** : 심양 아래 철강의 수도라 불리는 안산에 위치하고 있는 탕
강자는 중국 동북지역의 유명한 온천지역으로 중국 4대 온천 물리치료센터 중 하나이
다. 섭씨 72℃의 온천수는 칼륨, 나트륨, 마그네슘, 유황 등 30여 종의 미량 원소들이
함유되어 관절염, 풍토병, 피부병 등에 효과가 있다고 한다.

(11) **둔황(敦煌)** : 중국 간쑤성(甘肅省)에 있는 도시. 중국 간쑤성 서부 주취안지구(酒泉地区)
허시저우랑(河西走廊) 서쪽 끝, 당허강(党河) 유역 사
막지대에 있다. 란저우(兰州)와의 거리는 1,137㎞,
둔황석굴(敦煌石窟)과는 25㎞ 거리이다.

▶ 돈황고성 입구

- **둔황고성(敦煌古城)** : 둔황의 시가지에서 25㎞가
량 빠져 나와 남동쪽, 명사산이 있는 사막 한가
운데에 우뚝 솟은 성이 하나 나타나는데, 이곳이
영화세트장으로 유명한 둔황고성이다. 1987년
중일합작으로 대형 역사영화 <돈황>을 찍기 위
하여 만들어진 세트장으로 송대의 <청명상하도
(清明上河图)>를 원본으로 하여 사주고성을 그대
로 재현하였다.

- **위먼관(玉门关)** : 실크로드의 중요한 관문 역할을
했던 옥문관은 인도, 이란과 통하는 중국고대 통
로로서 그 통로의 중요한 열쇠였다. 옥문관을 나

▶ 옥문관

와 타클라마칸사막 북쪽 길을 따라가면 서역북로를 만나므로, 옛날에는 옥문관을 지나는 것을 출새(出塞)한다 했고, 만리장성 밖을 새외(塞外)라고 했다.

- **밍사산**(鳴沙山) : 신사산(神沙山), 사각산(四角山)이라고도 하는데, 심한 바람이 불면 모래산은 거대한 소리를 내며, 가벼운 바람이 불어도 마치 관현악 연주를 하는 듯한 소리를 들을 수 있다. 이러한 산의 특징으로 鳴(소리낼 명), 沙(모래 사)를 따서 명사산이라는 이름이 붙게 되었다.

➡ 명사산

- **모어까오쿠**(莫高窟 · Mogao Caves) : 중국 간쑤성(甘肅省) 둔황현(敦煌縣) 남동쪽 20㎞ 지점에 있는 불교유적. 산비탈에 벌집처럼 1,000여 개의 석굴이 뚫려 있는데, 이 때문에 '천불동'이라 불리기도 했다. 실크로드를 통해 전래된 불교가 둔황에서 꽃피운 결과물로, 1,000여 년 동안 수많은 승려 · 화가 · 석공 · 도공들이 드나들며 쌓아간 종교예술의 극치이다.

➡ 막고굴

- **예야콴**(月牙川 · Crescent Lake) : 중국 간쑤성 둔황시에 있는 초승달 모양의 호수. 면적은 5,543.02㎡이며, 평균 깊이는 0.9m, 최대 깊이는 1.3m이다. 이것은 1990년대 초기에 측량한 자료이다. 1960년 측량했을 때만 해도 평균 깊이는 4~5m이고 최대 깊이는 7.5m였다. 사막의 오아시스에 위치하고 있다. 특히 일몰 때 명사산에서 바라보면 정말 예술이다.

➡ 월아천

- **둔황박물관**(敦煌博物館) : 1979년 10월에 개관되었다. 도로쪽 정원에 큰 낙타상이 있어 금방 알아볼 수 있다. 현재 동기, 철기, 석기, 목기, 경권 등 4,000여 점에 달하는 문물이 13종류로 분류되어 소장되고 있다.

- **시진삐화무**(西晉壁畵墓) : 서진시대(265~317) 귀족들의 무덤으로 추측되는 고분군들이 대량으로 발견된 지역이다. 관을 두었던 자리 등의 흔적이

➡ 서진벽화묘

뚜렷하고, 부엌과 화장실 등 이승에서의 집 같은 구조로 되었으며 도굴의 흔적이 있는데 그 기술이 치밀하고 교묘하다. 묘실 안이 상당히 어둡기 때문에 손전등을 하나씩 준비하여 전문 안내원의 인솔을 받아야 한다.

(12) 다퉁(大同) : 중국 산시성 북쪽 네이멍구(內蒙古)자치구와 접하며, 외장성(外長城) 안쪽에 위치한다. 예로부터 유목민족에 대한 방위거점이 되었으며, 398~494년에 걸친 약 100년 동안 북위(北魏)의 국도가 되었다.

● **윈강석굴(云岗石窟)** : 산시성(山西省) 다퉁(大同) 서쪽 15㎞, 우저우강(武州江) 북안에 있는 사암(砂岩)의 낭떠러지에 조영(造营)된 중국에서 가장 큰 석굴사원. 전체 길이는 동서로 약 1㎞에 이르며 석굴의 총수는 42개이다. 동쪽 언덕에 제1~4동(洞), 중앙 언덕에 제5~13동, 서쪽 언덕에 제14~42동이 있다.

● **화옌사(华严寺)** : 이 절은 지금으로부터 약 950년 전 은나라 때 세워졌으나, 1122년 금나라가 시징(다퉁의 옛이름)을 공격할 때 대부분이 손실되었다. 지금처럼 상·하 2개의 절로 된 것은 명나라 때부터이다. 대웅보전은 요·금대의 불전으로 중국 최대의 규모를 자랑하고 있다. 샤화옌사(下华严寺)에는 1만 8,000책에 이르는 경문을 수납한 납경고(纳经库)도 있다.

● **주룽비(九龙壁·Jiu long bi)** : 중국에는 현재 3개의 주룽비가 있는데, 베이징에 2개, 다퉁에 1개가 있다. 원래 명태조의 13번째 아들인 주계의 저택 자리였다. 길이 45.5m, 높이 8m, 두께의 약 2m의 장식벽이다. 기와는 주로 청색과 녹색이고 용과 봉이 새겨져 있다.

(13) 라싸(拉萨·Lasa) : 중국 시짱(西藏)자치구의 주도(主都). 자치구 최대 도시이다. 티베트 남부, 브라마푸트라강(江)의 상류인 야루짱부강(雅鲁藏布江)의 지류 라싸강이 이루는 넓은 곡저평야에 자리한다.

● **포탈라궁(布达拉宫·Potala Palace)** : 티베트를 가장 티베트답게 만드는 라싸의 상징물이며 달라이라마가 거주하던 성이다. 티베트 최초의 통일왕조를 세웠던 송첸감포왕이 왕비로 맞게 된 문성공주를 위해 7세기에 지은 것이다. 현재의 모습은 17세기 제5대 달라이라마에 의해 재건된 것으로 약 300년의 역사를 지니고 있다.

▶ 포탈라궁

● **샤오샤오쓰(小昭寺)** : 대소사와 같은 시기에 건축된 것으로, 건물 전체가 작고 주홍색으로 칠해져 있어서 아름답다. 문성공주가 대륙에서 건축가를 초빙하여 지은 것이어서 소소

사는 초기에 한당(汉唐)의 풍격을 지녔다. 몇 차례의 화재를 겪은 지금의 소소사는 만당 시기에 재건축된 것이다.

- 나무춰호수(纳木错·Namtso Lake) : 면적 1,940㎢, 호수면 높이 4,718m이다. 호수 길이는 약 80m, 넓이는 약 40m이며, 서쪽은 넓고 동쪽은 좁다. 호수 둘레는 318㎞, 최대 수심 은 30m이다. "纳木错(나무춰)"는 하늘호수(天湖), 영의 호수(灵湖) 혹은 신의 호수(神湖)라 는 뜻을 갖고 있다. 티베트 불교의 유명한 성지이면서 신도들이 신성시하는 4대 호수 중 하나이기도 하며, 밀교인 본존승락금강(本尊胜乐金刚)의 도장이기도 하다.

- 다자오쓰(大昭寺) : 조캉사원이라고도 부른다. 대 소사는 티베트 불교, 즉 라마교의 중심 사원이라 할 수 있다. 7세기 중엽에 건립되었으며 이후에 여러 번 재건되어서 방대한 규모를 갖추게 되었 다. 전해지는 바에 따르면, 절 내의 석가모니상 은 문성공주(文成公主)가 가지고 온 것으로, 라싸 가 '성지(圣地)'로 여겨지는 것 또한 이 불상과 연관이 있다.

▶ 다자오쓰

- 노브림카(罗布林卡·Nor bu gling ka) : 역대 달라이라 마의 여름 별장으로 이용된 곳으로, 18세기 중 엽 몸이 허약했던 7대 달라이라마가 목욕치료를 하기 위해 천막을 친 것이 시초이며 나중에 별 궁이라 불리게 되었다. 예불을 드리거나 휴식을 위한 용도, 또한 티베트의 궁전 건축물을 감상하 기에 가장 좋은 장소이다.

▶ 노브림카

- 바코르(八角·Barkor) : 대소사를 둘러싸고 있는 작 은 거리인 바코르는 여행객들의 눈에는 그저 자 그마한 시장거리로 보일지 모르지만 티베트인들 에게는 전통적인 순례길(코라)로 특별한 의미를 담고 있는 곳이다. 라싸에는 전통적인 순례길이 세 군데 있는데 대소사 대전(大殿)을 도는 소전 (小转)과 바코르를 도는 중전(中转), 린쿠오(林廓) 를 따라 도는 대전(大转)이 그것이다.

▶ 바코르의 모습

(14) 홍콩(香港) : 샹쟝(香江) 또는 샹하이(香海)라고도 불렸으며, 명(明)나라 만력(万历) 연간에 동완(东莞)에서 생산되는 향나무를 중계운송하기 시작하여 샹강(香港)이라 불리게 되었다. 홍콩은 샹강의 광둥어(广东语) 발음을 영어식으로 표기한 것이다.

① 개황

- 위　치 : **중국 대륙의 남동부**
- 경위도 : 북위 22°17´ 동경 114°08´
- 인　구 : 6,943,600명(97위)
- 면　적 : 1,104㎢(169위)
- 시　차 : (UTC+8)
- 주　도 : 빅토리아

중국 대륙의 남동부에 있는 특별행정구.

② 지리적 개관

주쟝(珠江) 하구의 동쪽, 난하이(南海) 연안에 있으며, 광저우(广州)로부터 약 140㎞ 떨어져 있다. 홍콩섬과 주룽반도(九龙半岛)의 주룽(九龙), 신졔(新界)와 부근의 섬들을 포함하며, 면적은 1,104㎢이다. 과거에는 '샹쟝(香江)' 또는 '상하이(香海)'라고도 불렸으며, 명(明)나라 만력(万历) 연간에 동완(东莞)에서 생산되는 향나무를 중계운송하기 시작하여 '샹강(香港)'이라고 불리게 되었다. 홍콩은 샹강의 광둥어(广东语) 발음을 영어식으로 표기한 것이다.

③ 약사(略史)

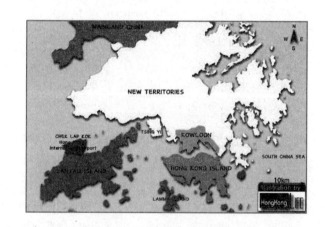

- 1842년 영국과 청(清)나라 사이에 홍콩섬의 영구 할양(割让)을 인정하는 난징조약(南京条约)이 체결
- 1860년의 1차 베이징조약(北京条约)으로 주룽반도를 분할, 1898년 2차 베이징조약으로 신졔(新界)와 부속도서를 99년 동안 조차(租借)
- 1941~1945년에는 일본군에게 점령, 1946년 5월부터는 다시 영국의 식민지가 됨
- 1984년 12월 19일 영국과 중국은 홍콩반환협정을 체결. 1997년 7월 1일 155년 식민지 역사를 청산하고 중국으로 반환됨

④ 행정구역

둥구(东区) · 난구(南区) · 중시구(中西区) · 완짜이구(湾仔区) · 주룽청구(九龙城区) · 관탕구(观塘

区)·유젠왕구(油尖旺区)·선수이즈구(深水埗区)·사톈구(沙田区)·취안완구(荃湾区)·위안랑구(元朗区)·황다셴구(黄大仙区)·시궁구(西贡区)·베이구(北区)·다푸구(大埔区)·리다오구(离岛区)·툰먼구(屯门区)·콰이칭구(葵青区) 등 18개 구(区)로 구성되어 있다.

⑤ 정치·경제·사회·문화

- 홍콩의 정치제도는 대체로 영국이 통치했을 때의 정치, 입법, 사법을 답습했고 서로 예속되지는 않았다. 특구 성립 후에도, 여러 가지 정치제도는 중국 대륙과 전혀 다르게 유지되었다. 덩샤오핑이 구상한 일국양제의 이념을 확실히 보장하고 있고, 정치정신과 사법의 독립을 얻어 베이징 중앙정부의 관여를 받지 않는다.
- 홍콩은 자유시장의 자본주의 경제체제를 시행하고, 그 경제 중점은 정부시행의 자유방임정책에 있다.

⑥ 음식·쇼핑·행사·축제·교통

- 딤섬(点心)이 유명하다. 한입 크기의 중국 만두로 3000년 전부터 중국 남부의 광둥지방에서 만들어 먹기 시작했다. 중국에서는 코스요리의 중간 식사로 먹고 홍콩에서는 전채음식, 한국에서는 후식으로 먹는다.
- 쇼핑의 천국이라고 할 만큼 다양한 상품을 면세로 구입할 수 있다.
- 20여 명의 패들러가 고수의 북소리에 맞추어 한 동작으로 노를 저어 수면 위를 질주하는 수상 레저 스포츠인 용선제(龙船祭)가 볼 만하다.
- 영국 교통법의 영향을 많이 받아 중국의 우측주행과 달리 홍콩은 아직 좌측주행을 택하고 있다.
- 홍콩에는 피크트램과 홍콩트램 두 종류의 트램이 운행되고 있다.
- AEL 투어리스트 옥토퍼스카드(Airport Express Tourist Octopus)는 홍콩여행 일정을 3일로 잡은 여행자에게 최적의 교통카드이다.

⑦ 출입국 및 여행관련정보

- 대한민국의 여권 소지자는 3개월간 무비자로 체류할 수 있다. 단, 입국 시 이민국 직원들은 홍콩발 비행기표 제시와 체류기간 중 일을 하지 않고도 체재경비를 조달할 수 있음의 증명을 요구하기도 한다.
- 해상식당, 얌차, 테이블 걸의 천국이다. 해상식당은 관광코스에 언제나 포함되어 있는 커다란 배식당으로 밤이면 불야성을 이룬다. 얌차는 '차를 마신다'는 뜻이지만 간단한 식사를 할 수 있으며 얌차식당이 인기다. '테이블 걸'은 술집에서 통하는 용어인데 홍콩

술집에서는 상당히 유명하고 인기가 좋다. 테이블 걸은 말 그대로 테이블 위의 여자로 술상 위에 올라앉는 여자를 일컫는다.

- 거리에 담배꽁초나 휴지를 버리면 6개월의 금고형이나 벌금 HK\$ 50,000을 물어야 하므로 주의해야 한다.

⑧ 중요 관광도시

- **오션파크(Ocean Park)** : 애버딘의 동쪽 디프 워터만(Deep Water Bay)에 면하는 구릉지대에 조성된 종합 레저랜드로서 동양 제일의 규모를 자랑한다. 북쪽 산 위에 만들어진 헤드 랜드공원에는 돌고래·물개의 쇼를 구경할 수 있는 해양극장과 산호초 속을 열대어가 헤엄치는 해양관·바다표범·돌고래 등의 자연 그대로의 상태를 보여주는 웨이브 코프도 있고 해안을 향해 펼쳐진 로랜드 공원, 워터월드라는 수상낙원도 있다. 산 위에서의 조망도 일품이다.

- **타이핑산(太平山·Victoria Peak)** : 홍콩의 관광명소이며 해발고도 554m로 홍콩에서 가장 높은 산이다. 이곳에서 보는 야경은 '100만 달러짜리 야경'으로 유명하다. 대개는 피크트램을 이용하는데, 급경사를 올라가므로 스릴 만점이다. 많은 영화에서 이곳을 촬영장소로 택할 만큼 풍경이 수려한 곳이다.

▶ 빅토리아피크에서 본 홍콩의 야경

- **애버딘(Aberdeen)** : 홍콩섬(香港島) 남서부에 있는 항구이다. 중국어로는 샹강쯔(香港仔)라고 한다. 홍콩섬의 중심 빅토리아시(市)와는 산을 사이에 두고 반대쪽에 위치한다. 약 4,000척이나 되는 작은 배, 정크에서 수상생활을 하는 단민(蛋民)의 집결지로도 유명하다.

- **타이쿵관(太空館)** : 세계적으로 널리 알려진 우주과학 체험관이다.

- **쏭청(宋城)** : 북송(北宋)시대의 풍속화 <청명상하도(淸明上河圖)>를 바탕으로 북송의 수도였던 변경(汴京 : 지금의 카이펑(开封))의 건축물을 본떠서 건설한 것으로 당시의 상점과 저택, 신묘(神庙) 등을 재현하였고, 중국역사명인밀랍인형관과 민속공연장 등이 있다.

- **퀸즈로드(Queens Road)** : 홍콩 최초의 중심가로 만들어진 역사적인 대로로 쇼핑가로서의 전통이나 격식 면에서 홍콩의 어느 다른 지역도 따를 수 없다. 레인 크로포드(Lane Crawford) 같은 고급백화점이나 귀금속점, 고급 부티크, 은행 등이 자리 잡고 있다.

- **주룽반도**(九龙半岛) : 반도 선단의 영국 직할식민지 주룽과 조차지이던 신제(新界)로 이루어져 있다. 1860년 영국이 무력으로 주룽반도 남단에 있는 젠사주이(尖沙嘴)일대를 침범한 후 1898년 제셴가(界限街) 이북에서 이남을 이르는 대부분의 토지와 신제는 99년간 영국의 조계지가 되었다.

- **샨판**(三板·Sampan)**수상**(水上)**마을** : 샨판이란 중국 및 동남아시아 지방의 연안·항내(港內)·하천 등에서 사용되는 작은 배를 말한다. 돛은 거의 쓰지 않고 오어(oar) 또는 노로 젓는다. 배와 육지 사이의 교통선으로 선수(船首)가 낮으며, 선미(船尾)는 승객·화물의 탑재를 위해 넓게 해놓았다. 수상생활자들의 거주공간으로 이용된다.

🔹 수상마을에 떠 있는 샨판

- **스탠리마켓**(赤柱市场·Stanley Market) : 바닷가 근처의 미로처럼 이루어진 작은 길들을 따라 다양한 상점들이 시장처럼 형성된 지역이다. 그림과 수공예품, 가구, 실크제품, 골동품, 의류, 그 밖의 다양한 기념품을 파는 노점상이 밀집되어 있으며, 스탠리 플라자는 스탠리의 상징으로서 복원된 식민지 시대의 건물인 머레이 하우스도 이곳에 있다. 가벼운 마음으로 홍콩의 자유로운 쇼핑을 즐길 수 있는 곳이다.

- **타이거 밤 가든**(Tiger Balm Garden) : 동남아시아에 만금유(万金油)라는 연고(软膏)를 팔아서 부호가 된 중국인 호문호(胡文虎)의 저택이다. 정원 내에 전설과 고사(故事)에 얽힌 극채색(极彩色)의 인형을 세우고, 관광객에게 공개하고 있다. 홍콩과 싱가포르에 있으며 두 곳 모두 관광지로서 널리 알려져 있다.

🔹 타이거 밤 가든

- **마담 투소**(香港杜沙蜡像馆·Madame Tussauds) **밀랍인형박물관** : 2000년 8월에 문을 열었다. 마담 투소 홍콩에서는 영국의 축구영웅 데이비드 베컴을 만날 수 있으며, 액션영화 스타인 성룡(成龙)과도 사진을 찍을 수 있다. 세계의 모든 유명인들을 한자리에서 만날 수 있는, 아시아 유일의 마담 투소 밀랍인형박물관에는 100여 명 이상의 유명인 밀랍인형을 보유하고 있다.

● 홍콩 서민들의 모습을 한눈에 볼 수 있는 노천시장

시장 이름	내 용
유 엔 포 새 시 장	홍콩의 조류애호가들이 가장 좋아하는 곳으로서, 아름다운 새장과 고급 자기 물컵에서부터 먹이가 될 곤충에 이르기까지 새를 키우는 데 필요한 다양한 물품을 갖추고 있다. 몽콕의 유엔포에 위치함.
꽃 시 장	홍콩에서 가장 화려한 전문시장 중 하나로서, 향기로운 허브식물과 이국적인 꽃들, 복을 가져온다는 실내식물 등을 취급한다. 홍콩의 주요 호텔과 레스토랑, 유명 상점들이 이곳에서 꽃을 구입한다. 몽콕의 플라워마켓로드에 위치함.
레 이 디 스 마 켓	구룽에서 가장 인기 있는 대형거리시장인 이곳은 저렴한 가격의 의류와 화장품, 가정용품을 찾는 여성들을 위한 시장이다. 남성과 아이들을 위한 제품도 있다. 몽콕, 통초이 스트리트에 위치함.
템플스트리트 야시장	유명한 노천시장인 이곳엔 할인된 가격의 시계제품, 가죽제품, 의류와 기념품 등이 가득 진열되어 있다. 원한다면 중국 경극과 점술도 함께 경험할 수 있다. 야마테 템플스트리트에 위치함.
비 취 시 장	전 세계의 비취애호가들이 가장 많이 찾는 곳으로서, 원석 또는 값비싼 비취제품에서부터 작고 저렴한 장신구에 이르기까지 다양한 제품을 갖추고 있다. 필요하다면 전문가의 조언도 구할 수 있다. 야마테에 위치함.
금 붕 어 시 장	가정에 평안과 복을 불러온다는 믿음 때문에 홍콩에선 어항이 대중적인 인기를 얻고 있다. 몽콕의 금붕어 시장은 이에 필요한 모든 것을 갖추고 있다. 몽콕의 통초이 스트리트 방향에 위치함.

자료 : 하나투어, 해외여행지 정보, 홍콩편을 토대로 재구성.

(15) 마카오(아오먼 · 澳門 · Macao) : 마카오(Macao)라는 이름은 뱃사람들 사이에 유명한 중국여신, 아마(A-Ma) 혹은 링마(Ling Ma)에서 기인되었다. 중국에 반환된 뒤 정식명칭은 '중화인민공화국 마카오특별행정구'이다. 주장강 남서안에 있는 마카오반도와 타이파 · 쿨로아네의 2개 섬을 포함하며, 주도(主都)는 마카오반도의 마카오시(市)로 인구는 여기에 집중되어 있다.

① 개황

- 위치 : 중국 광동성의 남부
- 면적 : 26.8㎢
- 기후 : 열대 해양성 기후
- 인구 : 503,000명(168위)
- 종교 : 불교, 기독교 등
- 언어 : 중국어(광동어), 영어(공용어), 포르투갈어
- 시차 : UTC+8

중국 난하이(南海) 유역 주장(珠江) 삼각주의 서쪽에 있는 특별행정구.

② 약사(略史)

- 1553년 포르투갈의 대(対)중국 무역권 획득 및 마카오의 실질적인 사용권 인정
- 1557년 마카오반도의 거주권 획득
- 1575년 로마 교황이 포르투갈 정부의 후원으로 그곳에 마카오 관구(管区)를 설립
- 1887년 청(淸)·포르투갈조약에 따라 마카오지역에서 식민지 건설 합법화

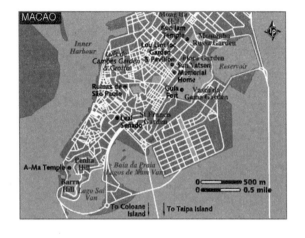

- 1951년 포르투갈의 헌법 개정에 따라 해외주(海外州)로 바뀌어 본국의 일부로 편입
- 1986년 베이징에서 마카오 반환협정 체결
- 1999년 12월 20일 중국의 마카오에 대한 주권 회복

③ 행정구역

- 마카오시(澳门市) : 마카오 반도
- 하이타오시(海岛市) : 타이파 섬(凼仔岛), 콜로안 섬(路环岛)으로 구성되어 있다.

④ 정치·경제·사회·문화

- 마카오의 정식 명칭은, 중화인민공화국 마카오특별행정구이다. 일국양제 때문에 마카오특별행정구 기본법으로 외교와 국방을 제외한 고도의 자치권이 인정되고 있다.
- 주민의 95%가 중국인, 3%가 포르투갈인이고, 미얀마인, 영국인, 인도인 등이 나머지 2%를 이루고 있다.
- 마카오의 주요 산업은 관광업으로, 2005년에는 약 1,900만 명의 관광객이 마카오를 방문하였으며, 특히 도박은 마카오 총 GDP의 40% 이상을 차지하는 것으로 추정된다.

⑤ 음식·쇼핑·행사·축제·교통

- 카지노나 토끼냄새가 나는 토끼인형으로 개들을 자극하여 달리게 하는 그레이하운드 경주는 세계적으로 유명한 도박산업이고, 마카오에는 '동양의 라스베이거스'라고 하는 별칭이 존재한다.

⑥ 출입국 및 여행관련정보

● 통화 단위는 파타카(Pataca : MOP)와 아보스(Avos)로, 1파타카는 100아보스로 동전과 지폐가 있다.

● 카지노에서는 보통 캐주얼 복을 착용한다.

⑦ 중요 관광개소

● 마가오묘(媽閣廟) : 마카오에서 가장 오래된 중국식 사찰로서 명나라 때인 1488년 창건되었다. 관인당(觀音堂)이라고도 부르는 푸지선원(普济禪院)은 명나라 말기에 건립되었으며, 석가모니불·장수불·관음삼전 등이 있다.

● 바이거(白鴿) 공원 : 마카오 최대의 공원으로 하늘을 찌를 듯한 고목들과 구불구불한 길들이 인상적이다. 공원 안에는 포르투갈의 국민시인으로 추앙받는 카몽스의 체류를 기념하여 건립한 박물관이 있고, 명·청 시대의 광둥지역 예술품들과 도자기의 고장으로 유명한 스완(石湾)에서 제작된 자기들이 소장되어 있다.

● 다쌴바파이팡(大三巴牌坊) : 1602년 건립된 세인트폴교회가 화재로 앞벽만 남고 모두 타버린 것을 기념하는 유적지이다. 모두 5개 층인 이 유적은 전체적 조각과 상감에 동서양 건축예술의 정수가 융화되어 있다는 평가를 받는다. 이 밖에 콜로아네섬의 스파이완 교외공원(石排湾郊野公园)은 각종 오락시설이 갖추어진 원림식(园林式) 대공원이다.

● 세인트폴 대성당 : 중국에서 제일 먼저 생긴 교회건축물이나 화재로 인하여 벽만 남아 있다. 1602년 예수회(Jesuit)가 세운 교회로 현재 장엄한 석조 외벽과 거대한 계단만이 남아 있다. 현재 남아 있는 석조 외벽은 1620~1627년에 예수회의 이탈리아인 카를로 스피놀라(Carlo Spinola)의 감독하에 마카오로 망명한 일본 기독교도들과 현지의 장인들이 만든 것이다.

▶ 세인트폴 대성당 전면 모습

● 타이파교(澳凼大桥, Macao-Taipa Bridge) : 마카오 반도와 타이파 섬을 연결하는 다리로 모두 세 개의 다리가 있다.

● 세나도광장(Largo do Senado) : 마카오 시정 자치국으로 사용되고 있는 릴세나도빌딩 앞의 광장으로 마카오의 중심지이다. 1918년 포르투갈인들이 식민지배를 끝내고 마카오를 중국으로 반환할 때 자국에서 가져온 돌을 깔아 만든 곳으로 물결무늬의 모자이크 노면이 독특하다.

(16) 타이완(대만 · 臺灣 · Taiwan)

① 국가개황

- 위치 : 동북아시아
- 수도 : 타이베이(Taibei)
- 인구 : 22,894,384명(48위)
- 면적 : 35,980㎢(138위)
- 언어 : 베이징어
- 기후 : 아열대, 열대 기후
- 종교 : 불교 · 도교 · 유교 혼합 93%
- 환율 : 1TWD=39.37원(2008. 12. 12, 매매기준)
- 정체 : 공화제
- 시차 : (UTC+8)

'청천백일만지홍기(靑天白日滿地紅旗)'라고 푸른 하늘에 뜬 12개의 빛줄기가 있는 태양은 하루 24시간을 2시간씩 12개로 나눈 것을 형상화한 것으로 끊임없는 전진을 나타내며, 파랑 · 하양 · 빨강은 쑨원(孫文)이 주장한 삼민주의(三民主義)를 상징한다.

② 지리적 개관

1955년 이후 타이완 섬(대만)과 진마지구(金馬地區)만을 통치하고 있으며, 바다를 사이에 두고 중국 본토(중화인민공화국), 일본, 필리핀과 접하고 있다. 원래는 부속제도인 펑후제도(澎湖諸島), 휘사오 섬(火燒島), 란위 섬(蘭嶼) 등 79개 도서를 합하여 중국의 1개 성(省)인 타이완성을 이루었다. 그러나 1949년 이래 타이베이(臺北)를 임시수도로 정하고 있는 타이완 국민정부의 사실상의 지배지역은 타이완 및 푸젠성에 속하는 진먼 섬(金門島)과 마쭈 섬(馬祖島)이다.

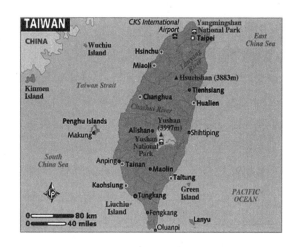

③ 약사(略史)

- 7000년 전부터 약 400년 전까지 남도언어계통 원주민의 선조들이 잇따라 타이완으로 이주
- 1430년 쳉헤(鄭和 : 1371~1435?)의 원정에 의해 중국영토 편입
- 1544년 포르투갈인들에 의해 Formosa(아름다운 섬)로 부름
- 1661년 네덜란드인이 점령하고 있던 타이완을 탈취하여 중국의 지배권을 확립
- 1684년 청나라의 1개 현으로 복속됨
- 1912년 중화민국(中華民國) 임시정부(臨時政府) 탄생

- 1928년 장제스의 국민당은 난징(南京)을 수도로 한 국민정부(國民政府)를 수립
- 1949년 수도 난징이 중국인민해방군에 제압되어, 정부붕괴 후 타이완으로 이주
- 1970년대 이후 중화민국(대만)은 세계적으로 중국의 정통 정부로 승인되지 않은 미승인 국가 상황에 처함

④ 행정구역

- 타이완성(臺灣省)

  ※ 1998년 12월 20일에 성정부 기능이 정지됨

- 2개 직할시(直轄市) : 타이베이시(臺北市), 가오슝시(高雄市)

⑤ 정치 · 경제 · 사회 · 문화

- **양안관계(兩岸關係)** : 중국은 '일국양제(一國兩制)'를 기본 통일 방안으로 삼고 양안문제를 내정문제로 규정하는 입장이다. 하지만 대만은 '일국양제'에 거부감을 보이고 '하나의 중국'에 대한 생각도 중국과 일치하지 못하며 '독대(獨臺)', '대독(臺獨)'을 내세우며 통일에 대한 협의에는 이르지 못하고 있다.
- **중국의 반국가분열법** : △대만 독립세력의 분열행위 △대만을 분열시키는 중대사변 △평화통일 가능성의 완전 상실 시 '비평화적 방식'을 동원함.
- **타이완 고산족** : 대만 고산족에는 주로 아미(阿美)족, 태아(泰雅)족, 배만(排灣)족, 포농(布農)족, 비남(卑南)족, 노개(魯凱)족, 추(鄒)족, 아미(雅美)족, 새하(賽夏)족, 소(邵)족 등이 포함된다.

⑥ 음식 · 쇼핑 · 행사 · 축제 · 교통

- 독특한 역사적 배경으로 인해 타이완의 음식문화는 매우 다양하게 발달해 왔다. 중국 본토의 음식을 기본으로 하여 일본 및 네덜란드의 영향을 많이 받았다.
- 한때 중국 황제를 기쁘게 했던 맛을 재현시키는 타이베이 중국음식축제는 타이베이 소재 타이완 대외무역진흥관에서 열리며 타이완관광협회에서 주관한다.
- 불(Taipei Lantern Festival)축제, 용선제(Dragon Boat Festival) 등이 유명하다.
- 이완의 장거리 고속버스는 유니언 버스, 드래곤 버스, 프리 고(Free Go) 버스 및 알로하 버스 같은 민간 수송회사에 의해 제공된다. 민간 수송회사는 승객들을 수송하며 고속도로와 지방도를 왕복한다.

⑦ 출입국 및 여행관련정보

- 사업, 가족방문, 유학, 연수, 관광 등을 목적으로 입국하는 외국인은 사전에 비자를 받아 야 한다. 그러나 대한민국 여권을 소지하였거나 유효기간 6개월 이상의 여권과 왕복항 공권을 소지하였다면, 30일까지 무비자 체류가 가능하다.
- 중국 본토와 정치적인 분쟁이 있어 왔기 때문에 정치적인 문제에 대한 대화는 피하는 게 좋다. 한때, 우리나라와도 국교가 단절되었던 적이 있었지만 지금은 한류열풍 등으로 한국인에 대한 인식이 많이 좋아졌다.
- 판매가 목적이 아닌 개인 소지품과 담배 200개비, 시가 25개비, 술 1ℓ 정도이다. 외화 는 US\$ 5,000까지 반입할 수 있다.

⑧ 관련지식 탐구

- **장제스**(蔣介石 : 1887. 10. 31~1975. 4. 5) : 본명 중정(中正). 저장성(浙江省) 펑화현(奉化縣)에 서 출생하였다. 1906년 바오딩(保定)군관학교에 입학하고 다음해 일본에 유학하였다. 그 무렵 중국혁명동맹회에 가입하고 1911년 신해혁명에 참가하였다. 1918년 쑨원(孫文)의 휘하에 들어가 주로 군사 면에서 활약하고 1923년 소련을 방문, 적군(赤軍)에 대해 연구 하였다. 1924년 황푸군관학교 교장, 1926년 국민혁명군 총사령에 취임하여 북벌을 개시 하였다.
- **타이완 고산족**(高山族 · Formosans) : 타이완의 원주민. 중국에서 통용된 명칭으로, 산포(山胞) 라고도 한다. 인도네시아로부터 최초로 타이완에 건너와 정착한 것으로 알려져 있다. 청 (淸)나라 때는 중국 문화의 수용 정도에 따라 고유문화를 보유한 부족을 생만(生蠻 · 生蕃), 한족(漢族)의 문화를 많이 받아들여 한화(漢化)된 부족을 숙만(熟蠻 · 熟蕃 또는 平埔族)이라 하였는데, 현재는 모두 숙만이라고 한다. 한편, 일제강점기(1895~1945)에는 고사족(高砂族) 이라고도 하였다.

⑨ 중요 관광도시

㉠ **타이베이**(臺北) : 타이완의 수도이자 제1 도시이다. 1875년 타이중(臺中)의 대만부(臺灣府) 가 이곳으로 옮기면서 타이베이라고 부르기 시작하였으며 1879~1882년의 공사 끝에 5 개 성문을 가진 성벽이 완성되었다.

- **충례츠**(忠烈祠) : 충렬사는 베이징에 있는 자금성의 타이허텐을 모방하여 1969년 건축되 었다. 타이완의 여러 전투에서 숨진 군인 등 33만 명의 위령을 모셨다.

- 궈리꾸꽁보우위엔^{국립고궁박물원}(國立故宮博物院) : 고궁박물관
은 세계에서 가장 크고, 또한 5000년 역사에 버
금가는 값으로 매길 수 없는 중국보물과 미술품
으로 꽉 차 있다. 62만 점에 달하는 박물관 대부
분의 전시품은 천 년 이상 지난 초기 송나라의
황실에 속했던 것이다. 중국황실 컬렉션 중 최고
의 것들은 모두 이곳 타이완에 보관되어 있다.

➡ 국립고궁박물원 정면

- 중정기념당(中正紀念堂) : 타이베이에서 가장 유명
한 관광소로 대만의 영웅 장개석을 위한 기념물
이다. 그림같이 조경이 잘 된 광대한 정원 위에
거대한 대리석 건물인 기념관이 서 있고, 우아한
정자, 연못 등이 배치되어 있다. 25톤의 장개석
총통 동상이 본관에서 시내를 바라보고 있으며,
1층 전시실에는 사진과 총통의 생애에 관한 기
념품 등이 전시되어 있다.

➡ 중정기념당 정문

- 스린 이에스(士林夜市·스린야시장) : 스린야시장은 타이베이시에서 가장 규모가 큰 야시
장 중 하나이다. 스린야시장의 각종 전통 먹을거리가 국내외에 알려져, 수많은 관광객들
이 다양한 먹을거리를 즐기게 되었다. 야시장 인근에는 학교가 많아 학생들 위주의 소
비집단이 형성되었고, 가격도 일반 상점보다 저렴하다. 가구나 의류, 액세서리, 사진현
상점, 애완용품점 등과 같은 상점들이 모여 있는 칭런강(情人巷)의 상점들은 학생들뿐 아
니라 외지의 고객들까지 매료시킨다.

- 우라이온천(烏來溫泉) : 우라이온천 지역은 난스강과 통허우강으로 구성되어 있으며, 타
이베이 근교 온천의 성지와 같은 곳이다. 온천수는 탄산수소나트륨 천질로 무색·투명
하며, 냄새도 나지 않는다. 이 일대의 천질이 매우 좋기 때문에 우수한 설비를 갖춘 온
천 호텔이 집중되어 있다.

- 예류(野柳) 해양 국립공원 : 야류는 타이완 북쪽
해안 지롱의 서쪽에 위치하고 있으며, 야류에 있
는 바위의 형성은 자연의 힘과 침식에 의해 생
성된 것으로 거대한 계란 모양의 바위가 제각기
흩어져 있고, 슬리퍼 모양의 바위는 어부들에게
승강대로 사용된다.

➡ 예류 해양 국립공원

ⓛ **타이중**(臺中) : 1885(光緒 11)년 타이완성(臺灣省)이 설치되면서 성도(省都)가 되었으며 1887년에는 성벽이 축조되었다. 1891년 성청(省廳)을 중싱신춘(中興新村)으로 옮김에 따라 현도(縣都)가 되었으나 지금은 현청도 북쪽 교외의 타이중(옛 풍원·豊原)으로 옮겼으며, 경제·문화·교통의 중심지로 발전하고 있다.

- **아리산**(阿里山) : 일출과 운해(雲海), 삼림철도로 유명한 아리산은 일찍부터 타이완의 대표적인 관광명소로 꾸준한 사랑을 받아왔다. 아리산 고산철도는 세계 3대 고산철도 중의 하나로 승객들은 기차 안에서, 마치 담요를 두른 것같이 빽빽한 나뭇잎들이 연출하는 웅장한 산림경관을 감상할 수 있다.

▶ 아리산 고목

- **구관온천**(谷關溫泉) : 현대적인 외관의 온천호텔이나 일본식 목조가옥 형태로 지어진 온천호텔 등 각 호텔마다 독특한 풍격을 갖추고 있어, 관광객들은 자신의 취향에 맞추어 호텔을 선택할 수 있다. 또한 이곳은 송어요리가 유명한데, 일찍부터 이곳의 신선하고 부드러운 송어살은 타이완 제일로 정평이 나 있다.

- **궈리쯔란커쉐보우관**(國立自然科學博物館) : 타이완 제1의 과학박물관이며, 소장하고 있는 전시품이 상당히 풍부하다. 자연사(自然史)와 과학기술 방면 모두를 포괄하고 있으며, 생동감 넘치는 모형과 흥미로운 볼거리, 영화감상 등을 통해 생태계의 오묘한 변화와 과학의 신비로운 세계를 소개한다. 국립자연과학박물관 뒤쪽에는 식물공원이 위치해 있다.

- **리샹구어**(理想國) **예술거리** : 시구획에 의해 만들어진 이 예술거리의 특징은 유럽식 분위기와 현대적인 건축물들이 많다는 것이다. 또한 예술적 분위기가 짙게 배어 있는 상점과 식당들이 많이 모여 있는 것이 특징이다.

ⓒ **타이난**(臺南) : 타이완에서 가장 오래된 도시이며 일찍부터 개발되어 16세기에는 푸젠성(福建省)에 살던 한민족(漢民族)이 이주하였다. 1624년 네덜란드인들이 건너와서 젤란디아성(城)과 프로빈시아성을 쌓고 타이완의 남부지방을 통치하는 중심지로 삼았다. 1661년에는 명(明)나라 부흥운동의 중심인물인 정성공(鄭成功)의 근거지였으며, 1683년 청(淸)나라가 점령한 이래 200년 동안 타이완의 중심도시였다. 지금도 역사적인 고적이 많이 남아 있다.

- **컨딩**(墾丁)**공원** : 면적 333㎢(육지 181㎢, 해상 142㎢)이며, 1984년에 개장하였다. 타이완에 있는 6개 국립공원 중의 하나이며, 타이완에서 최초로 지정된 국립공원이다. 타이완 남

쪽 끝 헝춘(恒春)반도에 자리 잡고 있으며 3면이 바다로 둘러싸여 있다. 동쪽으로 태평양, 서쪽으로 타이완해협, 남쪽으로 바시해협과 맞닿아 있다.

- **컨팅션린이오러취(墾丁森林遊樂區)** : 컨딩삼림유락구는 컨딩 북쪽의 산, 해발 300m의 고지대에 위치한 넓이 180ha의 열대 자연공원이다. 나비, 새 등을 포함해서 다양한 희귀식물 약 1,000여 종이 서식하고 있으며, 산책로가 있어 맑은 공기를 마시며 삼림욕을 즐길 수가 있다. 특히 전망대에서 바라보는 컨딩의 경치는 놓쳐서는 안 될 볼거리이다.

- **궈리하이양성우보우관(國立海洋生物博物館)** : 타이완 남부의 핑동현에 위치한, 아시아 최대 규모의 산호수족관으로서 규모 면에서는 세계에서 3번째로 큰 해양박물관으로 다양한 어종 특히 돌고래, 고래상어 등을 직접 볼 수 있는 거대한 해저터널과 3D 입체영상관, 애니메이션 극장 등 바다와 관련된 다양한 경험을 할 수 있는 곳이다.

ㄹ **화리엔(花蓮)** : 동해안 전역에 몇 군데 안 되는 항구 중의 하나로 타이완 산맥에서 발원하는 화렌강(花蓮溪)의 하구에 위치한다. 이곳에서부터 남쪽은 타이둥(臺東)까지 철도가 통하나 북쪽은 절벽 위를 달리는 자동차길과 해상교통에 의지한다. 서쪽은 타이완산맥의 우서(霧社)를 지나 푸리(織里)로 나오면 철도에 이른다.

- **타이루꺼(太魯閣)협곡** : 화리엔에 소재한 타이루꺼는 타이완에서 4번째로 지정된 국가공원으로 타이완의 100대 준봉 중에 제27위에 해당된다. 웅장한 대리석 절벽으로 이루어진 타이루꺼협곡은 타이완에서 가장 경이로운 자연의 산물이다. 또한 중부횡단고속도로의 시발점이기도 한 이곳에서 태아족의 문화유적을 살펴볼 수 있다.

▶ 타이루꺼협곡

- **화동쫑구(花東縱谷)풍경구** : 중앙산맥과 해안산맥 사이 세로로 놓인 계곡의 두 지각판이 만난 지점으로 지리학상으로 볼 때 보기 드문 종곡형태를 띠고 있다. 이곳에 산으로 둘러싸인 채 구불구불 이어진 전형적인 농촌마을이 자리하고 있다. 양측 산악지대엔 폭포, 온천 및 기타 관광명소가 많이 산재하고 있다.

- **아메이원화춴(阿美文化村)** : 아미족의 민속춤과 노래를 볼 수 있는 곳으로, 민속춤은 그다지 화려하지 않으며 포크댄스와 비슷한 동작이 주를 이룬다. 민족의상은 빨간색과 황색을 띠고 있으며, 민속쇼는 아미족의 생활을 묘사한 춤과 아미족의 결혼풍습 등을 연출하여 보여주는 것인데, 관

▶ 아미문화촌의 공연장면

광객들도 함께 참가하여 민속춤을 즐길 수 있다.

㉤ **가오슝**(高雄) : 남부 타이완 최대 도시로 성(省)의 직할시이다. 좁고 긴 석호(潟湖) 어귀에 발달한 무역항으로, 종관철도의 종점이자 핑둥(屛東)·린볜(林邊)철도의 기점이다. 항구는 수심이 얕은 결함이 있었으나, 항만시설의 정비로 1만t급 선박의 접안(接岸)이 가능하다. 농산물·원료 및 제품 등의 수출항, 소비재 수입항으로서의 기능을 가지고 있다.

- **리우허예스창**(六合夜市場) : 가오슝의 먹자골목이다. 대만 내에서 가장 유명한 3대 야시장 중의 하나로 꼽힐 정도로 번화한 곳인데, 특히 수없이 많은 음식점들이 즐비하여 과연 대만을 음식의 천국이라고 하는 이유를 느낄 수 있다.

- **쓰지원우짠슬관**(史蹟文物展示館) : 타이완에 지어진 첫 번째 서양식 건물이며 19세기 영국영사관으로 사용됐다. 관광객들의 발길이 끊이지 않으며 건물 안에는 사적문물진열관이 있고 2층 테라스와 1층 정원은 카페이다. 2급 고적지로 지정되어 있으며 위에서 바라보는 가오슝의 모습 또한 아름답다.

- **하이양지쩐위앤**(海洋奇珍園) : 1961년에 핵무기 공격에 대비하여 만들어진 지하터널은 길이가 200m이며 무게가 5,000kg이나 되는 핵 방탄문이 달려 있고 내부에는 회의실, 휴게실, 통신실 등이 있다. 이 터널은 수년간 방치되었다가 후에 해양생물(海洋生物)을 전시하는 수족관으로 개조하였다. 8개 주요 전시관이 있으며, 값지고 교육적인 체험을 할 수 있다.

➡ 해양기진원

- **궈리커쉐꿍이보우관**(國立科學工藝博物館) : 타이완 달러 70여 억 원을 들여 세워진 박물관으로, 아시아에서 그 규모가 가장 크다. 소장량이 매우 방대하며, 총 16층, 18개 전시실로 이루어져 있으며, 주로 생활과 관련된 응용과학물을 전시하고 있다. 건물 외관도 기하학적 도형설계로 꾸며져 있어, 참신하고 독특한 건축 풍격을 지닌 곳이다.

➡ 국립과학공예박물관

- **리엔화탄**(蓮花潭) : 가오슝 시내에서 10㎞ 떨어진 곳에 위치한 호수이다. 호반에는 4층탑과 7층탑이 각각 한 쌍씩 있으며 공자묘 등의 건물 및 백의관음상이 있다. 배경의 산과 호반의 건물들이 호면에 비치는 모습이 아름답다.

- **포꽝산**(佛光山) : 1967년 성운대사(星雲大師)에 의해 건립된 불광산사(佛光山寺)는 타이완 불교의 총본산지로 알려진 곳이다. 불광산은 산 전체가 사원, 집회장, 정원 등이 있는 대형불교 문화단지로 개발되어 있다.

- **치뤼하이시옌지예·기진 해산물 거리**(旗津海鮮街) : 우리나라에서 상상도 할 수 없는 가격으로, 신선한 해산물 요리를 마음껏 먹을 수 있다. 이곳 요리는 입맛이 까다로운 외국인들도 만족할 만큼 그 맛이 일품이다.

- **롱후타**(龍虎塔) : 연지담 풍경구에 춘추각과 함께 남쪽으로 700m 떨어진 곳에 2개의 탑이 나란히 서 있는 한 쌍의 탑이다. 1976년에 만들어진 비교적 현대식의 탑인데, 입구는 용의 모습을 하고 있고 출구는 호랑이의 모습을 하고 있어서 그 이름도 용호탑이라 붙여졌다. 이것은 나름대로의 의미가 있는데, 악운이 들어와도 행운으로 변화시킨다는 의미이다.

➡ 용호탑

- **아이허**(愛河) : 가오슝 시내를 졸졸 흐르는 애하(愛河)는 일찍부터 운수, 교통, 휴식 등의 다기능 공간의 역할을 맡아 왔다. 많은 시인들이 이곳을 칭송했고, 많은 애정 이야기가 이곳에서 시작되었다. 세월이 흐르면서 애하가 오염되었지만, 정부와 민간 기업의 노력으로 애하는 다시 생기를 찾게 되었고, 강가를 따라 녹지공원이 형성되었다. 강가의 등이 켜지면 많은 사람들이 나와 밤의 정경을 즐긴다.

2.1.2 일본(니폰 · 日本 · Japan)

1 국가개황

- 위치 : 동북아시아
- 수도 : 도쿄(Tokyo)
- 인구 : 128,085,000명(10위)
- 면적 : 377,873㎢(62위)
- 언어 : 일본어
- 기후 : 아한대다우, 온대다우기후
- 종교 : 불교 8,400만 명, 신도 9,200만 명
- 통화 : 엔(¥)
- 시차 : (UTC+9)

히노마루라 하며, 둥근 모양이 태양을 나타냄. 국기의 유래는 확실하지 않으나 1854년경 '다른 배와 구별하기 위해 일본 총선인(總船印)을 하얀 바탕에 둥근 해를 그린 기'로 정한 것이 일본을 대표하게 된 최초의 일이라고 한다. 기의 의미에 관해서도 정설이 없으나 둥근 모양이 태양을 나타낸다는 점에는 일치한다.

2 지리적 개관

일본은 크게 7개의 섬과 그 부속도서로 이루어진다. 큰 섬 4개는 북쪽으로부터 홋카이도, 혼슈, 시코쿠, 규슈이다. 이는 독일보다 크다. 면적 순으로는 세계 61위이다. 동해를 사이에 두고 대한민국과 조선민주주의인민공화국(북한), 러시아(오호츠크해와도 접합)와 마주보고 있으며, 동중국해를 사이에 두고 중화인민공화국(중국)·중화민국(대만)과 마주보고 있다. 오가사와라 제도 남쪽에는 미크로네시아 연방이 있다.

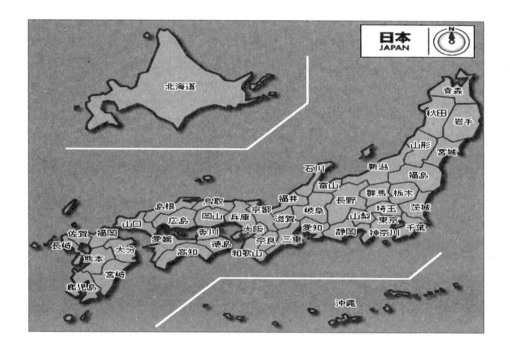

3 약사(略史)

● 야요이(弥生)시대 : 기원(紀元) 전후

● 야마토(大和)시대(4세기~710) : 552년 백제가 일본에게 불교를 전파

● 나라(奈良)시대(710~794) : 712년 일본 최초의 역사서인 고지키(古事記) 편찬
　　　　　　　　　　　　　　720년 니혼쇼키(日本書紀) 편찬

● 헤이안(平安)시대(794~1192) : 794년 교토(京都)로 천도

● 가마쿠라(鎌倉)시대(1192~1333) : 1192년 가마쿠라(鎌倉) 막부시대 개막

● 무로마치(室町)시대(1338~1573) : 1336년 무로마치 막부시대 개막

● 센코쿠(戰國)시대(1477~1573) : 1592년 임진왜란 발발

- 에도(江戶)시대(1600 또는 1603~1868) : 에도에 막부를 설치
- 메이지(明治)시대(1868~1912) : 1868년 교토(京都)에서 도쿄(東京)로 천도
- 다이쇼(大正)시대(1912~1926) : 1914년 1차 세계대전 발발
- 쇼와(昭和)시대(1926~1989) : 1941년 태평양전쟁 발발
- 헤이세이(平成)시대(1989~현재) : 1995년 1월 코베(神戶) 대지진 발생

4 행정구역

　일본의 행정구역은 1도(都, 도쿄도), 1도(道, 홋카이도), 2후(府, 오사카후와 교토후), 43켄(県)으로 이루어져 있다. 행정상으로 별도의 정령지정도시, 중핵시, 특별구로 정해진 경우를 뺀 모든 도시는 모두 도도후켄에 속하며, 더 작은 행정단위인 시정촌(일본어 : 市町村 시초손)과 도시와 시골을 몇 개씩 묶어 정리한 군(郡)이 있다.

　지역은 대개 아래 표와 같이 8개로 구분하여 쓰고 있다.

지역명	내　　용
홋 카 이 도 (北 海 道)	혼슈의 북쪽, 일본 열도의 최북단에 있는 섬이다. 면적은 대단히 넓어서 일본 국토의 22%에 이르나, 인구밀도가 매우 낮은 이유로 하나의 특별한 행정구역으로 취급된다. 홋카이도 지방이라고 하면 홋카이도 본섬과 함께 부속 도서를 포함한다. 일본 내에서는 러시아와 영토분쟁이 있는 북방 4도(에토로후, 시코탄, 쿠나시리, 하보마이)도 홋카이도 지방으로 취급한다.
토호쿠(東北)	홋카이도 바로 이남, 혼슈의 동북부 지방을 통틀어 토호쿠 지역이라 한다. 정확하게는 아오모리, 이와테, 미야기, 아키타, 야마가타, 후쿠시마의 6개 현(이 현들은 토호쿠 6현(東北六県)이라 불린다)과 함께 니가타현의 북부지역
칸 토 (関東)	헤이안시대까지는 세키가하라(関ヶ原)의 동부지역을 언급하는 말이었으나, 세월이 흐르면서 하코네 관문의 동부지방을 의미하는 말로 변하였다. 이 기준에 따라 칸토지역은 동경도와 함께 이바라키, 토치기현, 군마, 사이타마현, 치바, 카나가와의 6개 현
추 부 (中部)	혼슈의 중앙부를 통틀어 추부 지역이라고 한다. 대개는 후쿠이, 도야마, 니가타, 야마나시, 나가노, 키후, 시즈오카, 아이치의 8개 현과 함께 니가타현 남부지역을 포함한다. 흔히 추부는 다시 토카이, 코신에츠, 호쿠리쿠의 3개 지역으로 나눈다.
킨 키 (近畿)	킨키라는 이름은 어원을 따라가면 '수도권'이라는 뜻을 가지고 있다. 1869년 이전까지는 교토에 황실이 위치하여 이곳이 수도의 역할을 했기 때문이다. 킨키 지역은 과거에 수도권이었던 오사카부와 교토부를 포함하며 시가, 효고, 나라, 와카야마, 미에의 5개 현을 포함한다.
추고쿠(中国)	혼슈의 최서부 지역을 총칭하여 일컫는 이름으로, 돗토리, 시마네, 오카야마, 히로시마, 야마구치의 5개 현을 포함한다. 일반적으로 남과 북을 갈라서 산요지역과 산인지역으로 나눈다.

지역명	내 용
규 슈(九州)	일본 열도의 가장 남쪽에 위치한 섬이다. 후쿠오카를 비롯한 7개의 현을 포함하고 있다. 그러나 일반적으로 규슈지역이라고 하면, 남쪽에 따로 작은 섬을 이루고 있는 오키나와까지를 포함하여 8개 현을 이야기한다.
시코쿠(四国)	혼슈와 규슈 가운데 위치한 육각형 모양의 섬이다. 도쿠시마를 포함한 에히메, 다카마쓰, 고치 등의 현을 가리킨다.

5 정치 · 경제 · 사회 · 문화

- 천황제국가이다. 왕(천황)은 신헌법에서는 '국정에 관한 권능을 가지지 않는 국민통합의 상징'으로 되어, 내각의 조언과 승인에 따라 형식적인 국사(国事)행위를 하는 데 불과한 것으로 되어 있다. 현 천황은 125대 헤이세이(平成)로 1989년에 즉위하였다.
- 영국식 의원내각제를 채택했기 때문에 국회는 첫째로 총리 지명권, 중의원(衆議院 : 하원)의 내각 신임 또는 불신임의 의결권 등을 가진다.
- 국회는 양원제로 중의원 · 참의원(参議院)으로 구성되는데, 중의원은 예산안 심의 · 총리 지명 · 조약비준 등에 관해 참의원보다 우월(優越)한 권한을 가지고, 또 일반 법안에 관해서도 양원의 의결이 다를 때는 중의원이 2/3 이상의 찬성으로 참의원의 의결을 뒤엎을 수 있다.
- 일본은 구매력 평가에 의해 세계 제3위의 경제대국이며, 일본의 경제 동향은 세계경제에 큰 영향을 준다.
- 일본의 전통문화로서 다도(茶道), 이케바나(꽃꽂이), 분라쿠, 가부키, 교겐, 노, 일본씨름(스모 · 相撲) 등을 들 수 있다. 또한 민요, 민속악기 연주 및 민속춤 모두가 오늘날 인기를 얻고 있다. 축제에서 민속악기 연주(특히 큰북) 및 민속춤은 관중의 눈길을 끈다.

6 음식 · 쇼핑 · 행사 · 축제 · 교통

- 우리나라에 알려져 있는 일본음식 중 대표적인 것으로는 스키야키, 야키토리, 샤브샤브, 스시, 돈까스, 덴뿌라, 사시미, 오니기리 등이 있다.
- 정식 일본요리인 혼젠요리(本膳料理), 차가(茶家)에서 전문음식점으로 옮겨간 차를 내놓기 전에 간단히 내놓는 자카이세키요리(茶懐石料理), 항구인 나가사키(長崎)에서 외국인이나 선원에게 판매하기 위하여 시작된 중국풍의 싯포쿠요리(卓袱料理), 의례용인 가이세키요리(会席料理), 벤토(弁当 : 도시락) 형식의 요리, 돈부리(덮밥요리) 형식의 요리 등이 있다.

- 일본은 유행의 첨단을 걷는 제품들부터 질이 좋은 전통 수공예품까지 구매자의 선택의 폭이 매우 넓다. 또한 일본의 자개, 칠기제품, 자수제품, 자기 등은 독특한 화려함으로 관광객들 사이에서 인기가 매우 높다.
- 일본의 축제는 마쓰리(まつり·祭り·祭)라고 하며 신령 등에 제사를 지내는 의식이다. 혹은 본래의 축제에서 발생한 것으로 이벤트, 페스티벌이라고 할 수 있다. 그 가운데 일본을 대표하는 3대 축제는 **도쿄 칸다**(神田) **마쓰리**, **교토 기온**(祇園) **마쓰리**, **오사카 텐진**(天神) **마쓰리**를 말한다.
- 일본의 대표적 철도인 신칸센(新幹線)은 고속열차이면서 안전하고 쾌적하기로 명성이 높다.
- 일본의 택시는 왼쪽 뒷좌석으로 승·하차하며, 운전수가 자동으로 문을 열고 닫아주므로, 문에 다가설 때는 주의해야 한다.

7 출입국 및 여행관련정보

- 2006년 3월 1일 이후 일반여권을 소지한 한국인은 단기체재 목적으로 일본에 입국하는 경우 사증이 면제된다.
- 남의 집을 방문할 때는 작은 선물이라도 꼭 준비해야 한다.
- 자동차는 한국과는 달리 운전대가 오른쪽에 있으며 좌측통행이다. 길을 건너거나 차를 탈 때, 그리고 운전할 때 조심해야 한다.
- 백화점이나 정찰제인 쇼핑센터에서 물건값을 흥정해서는 안 된다.
- 연휴나 공휴일, 방학시즌 등에는 숙소나 항공편을 잡기가 어려우므로 미리 예약해 둬야 한다.
- 일교차가 심하므로 여벌의 옷을 준비해 가는 것이 좋다.
- 관공서와 회사 등은 토·일요일 휴무가 많다. (주 5일 근무가 많다.)
- 모든 요금에 세금과 서비스료가 포함되어 있으므로 특별한 경우를 제외하고는 팁을 줄 필요가 없다.
- 자동차 운전 시 국제운전면허증 또는 일본 운전면허증을 소지해야 하며, 우리나라와 주행차선이 반대(왼쪽주행)이므로 운전 시 특히 주의하여야 하며 횡단보도 보행 시에도 주의가 필요하다.
- 체재기간 중 지진이 발생하면 경찰이나 소방청 등 관계 기관의 지시에 따르는 것이 중요함.
- 일본은 테러대책을 이유로 2005년 4월 1일부터 일본에 주소가 없는 외국인이 여관 등 숙박시설에 투숙한 경우 여권사본제출을 요구하고 있다.

- 한국인이 일본에 가면 전자제품을 많이 구입하는데, 일본과 우리나라는 전류와 전압방식이 다르기 때문에 한국에서도 사용가능한 제품인지 반드시 확인하는 것이 좋다.

8 관련지식탐구

- **바쿠후**(幕府) : 중세 일본의 가마쿠라(鎌倉)~에도(江戶)시대 무가(武家)정치의 시행정청(施行政庁) 및 무가정권.
- **텐노**(天皇) : 일본의 역대 군주에 대한 칭호. 원래는 중국에서 쓰던 말로, 만물을 지배하는 황제라는 뜻이다. 1대 진무천황(BC 660~BC 585)부터 현재 헤이세이(1989~현재)까지 125대이다.
- **메이지**(明治)**유신** : 메이지 왕(明治王) 때 막번체제(幕藩体制)를 무너뜨리고 왕정복고를 이룩한 변혁과정.
- **신도**(神道) : 일본 민족 사이에서 발생한 고유의 민족신앙.
- **전국시대 3대 장수** : △도쿠가와 이에야스(德川家康 : 1542~1616), △오다 노부나가(織田信長 : 1534~1582), △도요토미 히데요시(豊臣秀吉 : 1536~1598)
- **진자**(神社) : 일본 고유의 신들을 모시는 신도(神道) 특유의 건축물.
- **노**(能) : 익살스런 흉내를 기본 예능으로 함.
- **분라쿠**(文楽) : 일본의 대표적인 전통인형극.
- **가부키**(歌舞伎) : 대중 속에서 대중의 지지 아래 뿌리를 내린 대중의 연극.
- **교겐**(狂言) : '웃음의 연극'이고 '웃기는 예술'.
- **기모노**(着物) : 일본 복식사에서는 고소데(小袖)로 알려진 옷이다.
- **게이샤**(芸者) : 1688~1704년경 생긴 제도로 본래는 예능(芸能)에 관한 일만을 하였으나 유녀(遊女)가 갖추지 못한 예능을 도와주는 역할을 한 게이샤와 춤추는 것을 구실 삼아 손님에게 몸을 파는 게이샤의 두 종류가 따로 생겼다.
- **3대 마쓰리**(祭) : 일본의 2,400개가 넘는 축제 즉 마쓰리(祭り) 중 오사카(大阪)의 텐진마쓰리(天神祭), 도쿄(東京) 간다마쓰리(神田祭), 교토의 기온마쓰리(祇園祭)를 3대 마쓰리라고 한다.
- **우키요에**(浮世絵) : 무로마치(室町)시대부터 에도(江戶)시대 말기(14~19세기)에 서민생활을 기조로 하여 제작된 회화의 한 양식. 일반적으로는 목판화(木版画)를 뜻하며 그림내용은 대부분 풍속화이다.
- **겐지모노가타리**(源氏物語) : 일본 헤이안시대(平安時代)의 장편소설. 여류작가 무라사키 시키부(紫式部 : 978~1016)가 지은 것으로 황자(皇子)이면서 수려한 용모와 재능을 겸비한

주인공 히카루 겐지(光源氏)의 일생과 그를 둘러싼 일족들의 생애를 서술한 54권의 대작이다.

- **낫토(納豆)** : 삶은 콩을 발효시켜 만든 일본 전통음식. 한국의 청국장 비슷한 발효식품이다. 냄새가 독특하고 집으면 실타래처럼 끈적끈적하게 늘어난다.

- **스모(相搏)** : 일본의 국기(国技)인 일본식 씨름. 스모를 하는 씨름꾼을 리키시(力士)라 하고, 스모를 겨루는 장소를 도효(土俵)라고 하는 독특한 이름으로 부른다. 철저한 계급사회로서 조노구치(序の口), 조니단(序二段), 산단메(三段目), 마쿠시타(幕下), 주료(十両), 마쿠노우치(幕内) 리그전을 거쳐 최고위 요코즈나(横綱)에 이른다.

- **센카쿠열도 분쟁** : 센카쿠열도(尖閣列島) 중국명 댜오위다오(釣魚島)는 중국 대륙의 동쪽 약 330km, 대만의 북동쪽에서 약 170km 떨어진 동중국해상에 위치한 8개 무인도로 이루어져 있으며 일본이 실효지배하고 있다. 중국은 1403년 명나라 영락제(永樂帝)시기의 문헌을 근거로 중국이 댜오위다오/센카쿠를 가장 먼저 발견했으며, 댜오위다오라는 이름을 붙이고 섬을 이용해 왔다고 주장한다. 그에 반해 일본은 1879년 류큐왕국(琉球王國)을 오키나와현(沖繩縣)으로서 일본에 종속시키고, 이어서 인근의 센카쿠열도가 무인도임을 확인한 후에 오키나와현으로 편입시켰다고 주장한다. 즉 청일전쟁과 무관하게 일본이 개척·발견한 영토라는 것이다.

9 중요 관광도시

(1) 도쿄(東京) : 도쿄는 황궁(皇宮)을 중심으로 한 23개 구(区)의 구부(区部), 그 서쪽의 3다마지구(三多摩地区) 및 이즈제도(伊豆諸島)·오가사와라제도(小笠原諸島)를 포함하는 3개 지역으로 대별된다. 이 3개 지역을 합쳐 도쿄도(東京都)라고 하며, 행정상 23특별구·27시(市)·5정(町)·8촌(村)으로 나뉜다.

- **고쿄(皇居)** : 일본 천황과 가족들이 살고 있는 궁성으로 정문에는 안경 모양의 돌다리인 메가네바시가 있다. 원래는 에도성(江戸城)이었지만, 메이지 유신 후 천황이 살게 되었다. 현재의 성은 제2차 세계대전으로 인해 소실된 것을 1968년에 현재의 모습으로 재건한 것이다.

🔁 천황의 거처인 고쿄

- **아사쿠사진자(浅草神社)** : 보통 산자사마(三社様)라고 불리는 신사로, 사전(社殿)은 에도 초기의 대표적인 건물로 에도막부 3대 장군 도쿠가와 이에미쓰(德川家光)가 지은 중요문화재이다. 도쿄에서 가장 오래된 사찰인 아사쿠사

센소지 및 가미나리몬(雷門)이 있다. 100여 개의 전통적인 물건을 판매하고 있는 나카미세도오리를 지나면 나온다.

▶ 아사쿠사진자

- **아키하바라**(秋葉原) **전자상가** : 일본 도쿄 아키하바라 역 주변에 위치한 전자상가이다. 1945년 현 도쿄전기대학 학생들이 라디오를 조립하여 판 것이 시초가 되었다. 1950년 미군의 노점상

철거령에 따라 아키하바라로 현재의 전자제품 거리를 형성하였다. 할인율이 높고, 전기기기 이외에도 여러 가지 물품들을 팔아 인기가 높다.

- **도쿄디즈니랜드** : 디즈니 시(Disney sea)와 디즈니 랜드(Disney land)의 큰 테마파크 두 개로 이루어진 놀이동산이다. 디즈니 시는 '바다'를 주제로 총 7개의 테마파크로 되어 있다.

- **긴자**(銀座) : 일본 도쿄(東京) 주오쿠(中央区) 남서부에 있는 고급상가이며 유흥가. 유명백화점들과 고급전문점들이 밀집한 긴자핫초는 일본의 유행 중심지이고, 음식점·바·카바레 등이 밀집한 뒷골목은 환락가이다. 긴자핫초를 '가로의 긴자'라고 부르고, 긴자 4가를 동서로 가로질러 인접한 극장·오락가인 히비야(日比谷)와 쓰키지(築地)를 연결하는 하루미(晴海)거리는 신흥번화가로 '세로의 긴자'라고 부른다. 하루미거리의 지하에 지하철과 지하보도가 있다.

- **가부키자**(歌舞伎座) : 긴자 4초메(四丁目) 히가시긴자(東銀座) 쪽에 있는 일본 전통극 가부키의 전당이다. 모모야마(桃山) 양식이라고 하는 독특한 건축물이다. 안에 들어가 3층석에 앉으면 무대와 하나미치(花道)가 한눈에 내려다보여 가부키의 진수를 만끽할 수 있다.

▶ 가부키자

- **도쿄도청전망대**(東京都庁展望台) : 도쿄의 대표적인 녹음과 수풀이 거대한 빌딩숲 사이로 과거와 현재가 공존하는 듯한 도시의 모습에 일본 속의 도쿄를 느낄 수 있다. 전망실은 남쪽과 북쪽에 있으며 각기 약 1,000㎡에 달하는 거대한 전망실이다. 전용엘리베이터를 이용해서 45층까지 고속으로 올라갈 수 있다.

▶ 도쿄도청

- **도쿄타워** : 파리 에펠탑의 모양으로 1958년 세워진 도쿄타워는 333m의 높이로 자립 철탑으로는 세계 제일의 높이를 자랑한다. 4,000t의 철근이 사용됐으며, 140통의 붉은 페인트로 칠해진 웅장한 철탑으로 탑체 각 곳에 설치되어 있는 164개의 투광에 의해 도쿄의 야경을 아름답게 비춘다.

(2) 오사카(大阪) : 혼슈(本州) 서부에 위치한 세토나이카이(瀬戸内海)의 동쪽, 오사카만(湾)에 면한 도시이다. 시역(市域)은 우에마치 대지(上町台地)와 요도가와강(淀川)의 삼각주로 이루어져 있다.

- **오사카성**(大阪城) : 거석으로 축성된 오사카조 축대의 제일 큰 초석은 표면 면적이 무려 다다미 36장의 넓이이다. 한편 성내에는 시립박물관이 있으며, 덴슈카쿠 서쪽의 니시노마루 정원(西の丸庭園)은 시민의 휴식처이다. 1583년에 3년 정도에 걸쳐 완성시켰는데, 1615년에 불탄 것을 도쿠가와 이에야스 시대에 재건하였다.

▶ 오사카성

- **신사이바시**(心済橋) : 오사카 제일의 쇼핑가로 유행의 최첨단을 걷는 점포가 줄지어 있는데, 쇼윈도는 산책을 즐기는 사람들의 눈길을 끈다. 나가보리강에 걸려 있던 신사이바시는 이제 강의 매립으로 보도교가 되었는데, 쇼윈도는 산책을 즐기는 사람들의 눈길을 끈다. 지금은 난간과 가스등만이 옛 모습을 지니고 있을 뿐이다.

- **도톤보리**(道頓堀) : 고급 상점들이 즐비한 신사이바시와 달리 서민적인 분위기를 느낄 수 있는 번화가이다. 난바로 이어지는 에비스바시에서 동쪽의 닛폰바시에 이르는 지역에는 화려한 네온사인과 독특한 간판이 많다.

- **유니버설스튜디오 재팬**(Universal Studios Japan) : 할리우드의 유명한 영화를 테마로 한 탈 것과 쇼, 어트랙션으로 어린이부터 어른에 이르기까지 흥미진진하게 할리우드를 체험할 수 있도록 구성한 테마파크이다.

- **왕인**(王仁)**박사 묘** : 1600여 년 전 일본에 『논어』와 『천자문』을 들고 가 문자를 전하고, 일본문화의 시조로 숭앙받는 백제인 왕인의 묘소이다. 일본에서는 와니라 부르며 일본 고대의 『고사기(古事記)』나 『일본서기(日本書紀)』에도 그렇게 기록되어 있다.

- **시텐노지**(四天王寺) : 쇼토쿠타이시(聖徳太子)가 불교 진흥을 목적으로 모노노베 씨족과의 세력다툼에서 소가 씨족을 지원해 593년에 세운 절이다. 일본에서 가장 오래된 사찰이자 최초의 관사라고 한다. 남대문, 오층탑, 금당 등을 일직선으로 세운 독특한 건축양식

이다. 해마다 사천왕사 '왔소(왔쇼이)축제'가 열린다.

(3) 교토(京都) : 교토부의 부청소재지이다. 11개 구(区)로 나누어지며, 시역(市域)은 교토분지와 분지를 동쪽·서쪽·북쪽으로 둘러싼 산지에 걸쳐 있다. 수도를 도쿄로 옮기기 전까지 약 1,000년간 일본의 수도였다.

➡ 시텐노지

• **혼간지**(本願寺) : 교토 역전 가라스마(鳥丸) 거리에서 곧장 북쪽으로 가면 금방 눈에 띄는 커다란 지붕의 동쪽 건물이 히가시혼간사(東本願寺)이고, 그 서쪽 500m 정도에 있는 것이 니시혼간사이다. 니시혼간사는 1272년 히가시야마(東山)에 창건된 것을 1592년에 다시 현재 위치로 옮겨놓았다. 일본 불교의 성인으로 받들어지는 신란(親鸞)을 모신 사당인데, 경내에는 국보와 중요문화재가 많다.

• **헤이안진구**(平安神宮) : 1895년 헤이안 천도 1100년을 기념하여 건립하였다. 군형 잡힌 화려한 건축미는 헤이안교(平安京)의 옛 모습을 회상케 해 준다. 청기와 지붕과 붉은 옻칠을 한 기둥이 아름다운 다이고쿠전(大極殿)은 앞면의 너비가 30m나 된다. 그러나 대부분의 건물은 794년에 처음으로 건설된 궁성을 조금 축소해서 지은 것이다.

➡ 헤이안진구

• **긴카쿠지**(金閣寺) : 3층으로 된 누각이다. 1층은 침전 및 거실이고, 2층은 관음보살을 안치하고, 3층은 선종 불전으로 되어 있다. 누각의 2, 3층은 옻칠을 한 위에 금박을 입힌 호화스러운 건축으로 긴카쿠(金閣)라는 이름의 유래가 되었다. 교토에서는 가장 인기 있는 관광명소이다.

➡ 긴카쿠지

• **산주산겐도**(三十三間堂) : 정식 이름은 렌게오인(蓮華王院)이라고 하며, 1266년에 재건된 사찰이다. 건물의 기둥 사이가 33칸이라고 해서 붙여진 이름인데, 어둑한 방안에는 1,001구의 금불상이 있는데, 중앙에는 높이 3.4m짜리 천수관음좌상이 안치되어 있고, 그 좌우로 각각 500구씩 나뉘어 안치되어 있다.

• **니시진오리**(西陣織) **전람관** : 교토에서 직물이 만들어진 것은 5세기 무렵 궁정의 직물을 관리하던 '오리베 츠카사(織部司)'라 불리는 명소가 생기면서, 마을 근처에 사는 직공들

에게 직물 만들기를 장려하면서 시작되었다. 헤이안 시대를 거치며 직공들은 궁정의 관리를 떠나 자유로운 직물을 만들기 시작하여 '오미야의 비단' 등의 직물 등을 만들었다. 이곳에서 빼놓을 수 없는 것이 바로 기모노 쇼이다. 금은을 아로새긴 듯한 화려한 기모노 쇼는 니시진 직물기술의 놀라운 아름다움을 느낄 수 있다.

▶ 산주산겐도

● **기요미즈테라**(清水寺) : 오토바산(音羽山) 산허리에 자리 잡고 있으며, 봄의 신록과 가을의 단풍철이 더욱 아름답다. 139개의 거대한 기둥이 받치고 있는 본당의 넓은 마루는 '기요미즈노부타이(清水の舞台)'로서 유명하다. 중요문화재인 3층탑은 일본의 3층탑 중에서 제일 크다.

▶ 기요미즈테라

(4) 나라(奈良) : 710년 헤이조쿄(平城京)라는 도읍이 조성되어 74년 동안 국도(国都)로 번영을 누렸던 고도(古都)로, 불교를 중심으로 한 문화가 크게 융성하였다. 4세기와 5세기의 거대한 고분군이 남아 있다. 교토(京都)로 천도한 뒤, 국도로서의 기능을 잃었으나, 가스가타이샤(春日神社)・고후쿠지(興福寺)・도다이지(東大寺) 등이 남아 문전도시(門前都市)로 번영하였다.

● **도다이지**(東大寺) : 중심인 대불전, 즉 금당(金堂)은 에도(江戸)시대에 재건된 것으로서 높이 47.5m나 되는 세계 최대의 목조건물이다. 745년에 쇼무왕(聖武王)의 발원으로 로벤(良弁)이 창건하였다. 본존은 비로자나불(毘盧遮那仏)로 앉은 키 16m, 얼굴 길이가 5m나 되어 속칭 나라 대불(大仏)이라고 한다.

▶ 도다이지

● **시카코엔**(鹿公園) : 1880년에 세워진 공원으로 약 1,100마리의 길들여진 사슴들이 노니는 사슴공원으로 알려져 있으며, 나라의 많은 역사적 유물이 주변에 잘 보존되어 있다. 나라 역에서 10분 정도의 거리에 위치해 있으며, 가까이에서 사슴들을 접할 수 있는 매력적인 곳이다. 도다이지(東大寺・동대사)나 고후쿠지(興福寺・흥복사), 카스가타이샤(春日大社・춘일대사)신사까지를 포함하고 있는 넓은 대지의 공원이다.

- **고후쿠지**(<ruby>興福寺<rt>흥 복 사</rt></ruby>) : 나라의 불교계를 대표하는 주요 사찰로 710년에 창건되었다. 한창 번 영했을 때는 175개나 되는 불당이 있었지만 1300년의 세월 동안 대부분 소실되었다. 8 세기 이후 약 500년의 긴 세월 동안 재력을 자랑한 귀족 후지와라氏의 절이다.

- **호류지**(<ruby>法隆寺<rt>법 륭 사</rt></ruby>) : 현존하는 일본 최고(最古)의 목조 건물이다. 특히 백제인이 일본으로 건너가 제작 한 목조 백제관음상이 유명하며, 금당 내부의 벽 화는 610(고구려 영양왕 21)년 고구려의 담징(曇徵) 이 그린 것이다. 경주의 석굴암 등과 함께 동양 3대 미술품의 하나로 꼽히고 있다. 세계유산목 록에 등록되어 있다.

➡ 호류지

(5) 고베(<ruby>神戸<rt>신 호</rt></ruby>) : 효고현(兵庫県)의 정치·경제·문화의 중심지를 이루는 국제무역도시로, 일본 제3위의 무역항이다. 한신공업지대(阪神工業地帶)의 중심지로서, 방적·조선·전기기 기·차량·제철·제강·고무·제당 등의 공업이 발달하였다. 철도는 JR토카이선(東海線) 등 7개 노선이 통과한다. 1995년 1월 17일 고베 인근 아와지 섬 북쪽을 진원으로 발생한 진도 7.2의 도심 직하형 지진으로 큰 피해를 입었다.

- **아리마**(<ruby>有馬<rt>유 마</rt></ruby>) **온천** : 구사츠(草津), 도고(道後)온천과 더불어 일본의 오래된 3대 온천으로 불리는 아리마 온천은 수많은 역사와 전설 속에 등장하고 있는 마을의 명승지 이다. 신 경통과 위장에 효과가 크다고 전해지는 온천을 비롯해서 세련된 멋과 한적한 분위기를 즐길 수 있는 고베의 자랑거리 중 하나이다.

- **지진방재센터** : 1995년 고베대지진을 기념하기 위한 곳으로 그 당시 상황을 그대로 재현 해 놓았다. 지진발생 시 대처 요령과 각종 체험관으로 지진에 대한 경각심을 일깨워 주 고 있다.

(6) 요코하마(<ruby>横浜<rt>횡 빈</rt></ruby>) : 일본 혼슈(本州) 가나가와현(神奈川県)에 있는 도시. 1872년 도쿄와의 사이에 철도가 부설됨으로써 일본의 문호로서의 지위가 확립된 일본 최대의 항만이 있다. 도쿄에 인접해 있는 관계로 신칸센(新幹線)을 비롯한 철도와 고속도로·국도가 통하고 있어 교통이 매우 편리하며, 시내에는 1972년에 지하철 1호선이 개통되었다. 관광지는 항구를 중심으로 전개되는데, 야마시타 공원(山下公園)은 임해공원으로 유명하고, '항구가 보이는 언덕 공원'에서의 전망도 좋다. 이 밖에 요코하마 베이브리지, 아시아에서 제일 높은 랜드 마크 타워(296m) 빌딩 등이 이 도시의 발전상을 대표하고 있다. 이곳의 차이나타운은 관광

명소가 되고 있다.

● **베이브리지(Bay Bridge)** : 요코하마의 명소 중 하나인 이 다리는 1989년에 완성된 것으로 요코하마의 야경을 아름답게 수놓는 것으로 유명하다. 다리 아래에는 전망대가 설치되어 있어 도쿄만과 요코하마시를 조망할 수 있다.

● **차이나타운** : 일본 속의 작은 중국으로서 중국 본토에서 온 화교들이 세운 곳으로 일본에서 가장 큰 차이나타운이다. 수백 개의 상점들과 음식점 등이 즐비하다. 정통 중국요리를 즐길 수 있는 곳이기도 하며 밤의 네온사인이 아름다운 거리이다.

(7) 닛코(日光) : "닛코(日光)를 보지 않고서 일본을 말하지 말라"는 말이 있듯이 아름다운 자연환경을 자랑하는 곳이며, 맑은 호수와 잘 알려진 도쇼구(東照宮·동조궁) 등이 있다. 1634년에 가장 웅대하고 화려한 장식을 한 도쇼구(東照宮)와 삼나무 숲으로 둘러싸인 도쿠가와 이에야스(德川家康·덕천가강)의 능을 세워서 더욱 유명해진 곳이다.

▶ 도쇼구

(8) 하코네(箱根) : 산과 호수와 삼림의 수려한 풍경과 많은 온천, 게이힌(京浜) 지방에 가깝다는 3가지 조건에서 전형적인 관광지역으로 발전하였다. 지역 전체가 후지하코네이즈(富士箱根伊豆)국립공원의 하코네지구에 포함된다. 골프장·캠프장·스케이트장 등이 정비되었고, 버스도로·등산전차·케이블카·로프웨이·유람선 등이 종횡으로 통한다. 후지산을 조망하기 좋은 곳에 위치해서 관광객들이 많이 찾는다.

● **오와쿠다니게이코쿠(大涌谷渓谷)** : 하코네를 관광하면 꼭 들러야 하는 명소로 꼽히는 오와쿠다니계곡은 케이블카에서 보이는 경관이 장관으로 많은 관광객들이 모이는 곳이다.

● **아시노코(芦ノ湖·아시호수)** : 하코네의 아름다운 자연환경을 대표하는 아시호수는 해발 723m에 위치하고 있으며, 맑고 아름다운 호수를 담은 엽서로 이미 한국에서도 많이 알려진 곳이다. 호수를 정기적으로 운행하는 유람선이 있어, 여유롭게 호수의 정경을 감상할 수 있으며, 이곳에서 보트를 타거나 낚시를 즐기는 사람들을 종종 볼 수 있다.

▶ 아시호수와 후지산 원경

(9) 나가사키(長崎) : 1571년 포르투갈과 무역을 시작함으로써 무역항이 되었다. 뒤이어

이곳에 그리스도교가 뿌리를 내리고 영국·네덜란드와도 교역을 하게 되었으나, 1641년 그리스도교 금교(禁教)와 쇄국정책으로 인해 외국 무역이 금지되었다. 2차 세계대전 시 히로시마와 더불어 원자폭탄이 투하된 도시이다.

- 하우스텐보스(Huis ten bosch) : 네덜란드를 그대로 재현해 놓은 거대한 테마파크이다. 음악·예술·음식이 어우러져 도시 전체에 활력이 넘치는 축제가 벌어지는 남녀노소가 즐겨 찾는 휴양지이며 놀이공원이다. 'HUIS TEN BOSCH'란 네덜란드어로 '숲속의 집'을 뜻하는데 아름다운 신록에 둘러싸인 운하가 흐른다.

▶ 하우스텐보스

- 나가사키겐바쿠시료칸(長崎原爆資料館) : '1945년 8월 9일', '원폭에 의한 피해의 실상', '핵무기가 없는 세계를 목표로'라는 3가지 주제로 피폭의 참상을 비롯하여 원폭이 투하되기까지의 경과, 피폭된 후부터 현재에 이르기까지 나가사키의 부흥모습과 핵무기 개발의 역사, 평화희구 등의 스토리를 갖추어 전시하고 있다.

- 오우라텐슈토(大浦天主堂) : 니시자카(西坂·서판)언덕에서 순교한 26인의 성인들을 봉양하기 위해 만들어진 교회로서 1864년, 프랑스신부에 의해 만들어졌다. 현재는 국보로 지정되어 있으며, 스테인드글라스에서 발하는 아름다운 빛들이 마리아상을 장엄하게 비추는 경건하고 조용한 교회이다. 나가사키를 대표하는 건축물의 하나로 중요한 관광명소로 손꼽히는 곳이다.

(10) 벳푸(別府) : 규슈섬 동북쪽 오이타(大分)현에 위치하고 있는 벳푸(別府)시는 우리나라에도 잘 알려진 유명한 온천지역이다. 원천수는 2,848개소로서 세계 제일이며, 용출량은 1일 13만 6,571킬로리터로 일본에서 제일을 자랑하는 지역이기도 하다. 오이타현으로 들어와서 벳푸시로 접어들면 산과 도시 안에서 온천의 수증기가 피어오르는 것을 볼 수 있는데 이것이 온천도시로 유명한 벳푸임을 알리는 신호이기도 하다.

- 유노하나(湯の花) 유황재배지 : 유노하나는 벳푸 온천 중에서도 널리 알려진 명반온천의 300여 년 전 에도시대부터 전해져 내려오는 전통적인 채취방법에 의해 생산되는 순수 온천 성분이다. 이 독특한 방법은 벳푸시의 무형문화재로 지정되어 있을 정도로 유명하며, 장기간 보존할 수 있다.

- 지고쿠온센메구리(地獄温泉巡り·지옥온천순례) : 지옥온천은 화산활동에 의해 약 1200년 전부터 뜨거운 증기와 흙탕물이 분출되기 시작했는데 지하 300m에서 분출되고 있는 모습은 실제 우리가 상상하는 지옥을 연상하게 한다. 이곳은 9개의 지옥이라고 불리는 온천

으로 이루어져 있으며 9개가 각각의 이름 지어진 온천을 주유하면서 지나간다.

(11) 가고시마(鹿児島) : 규슈(九州)섬 가고시마현(鹿児島県)의 현청소재지. 귀중한 역사적·문화적인 유산을 많이 가지고 있는 가고시마시에는 시가지의 전면에 상징적인 사쿠라지마(桜島)가 우뚝 솟아 있고, 온천이 솟아 나오는 인정이 넘치는 곳이다. 일본의 여명기였던 메이지유신(明治維新) 때에는 사이고 다카모리(西郷隆盛)와 오쿠보 도시미치(大久保利通)를 비롯한 수많은 영걸을 배출했다.

- **사쿠라지마**(桜島) : 세계 유수의 활화산으로 역사이래, 30회를 넘는 큰 폭발을 반복하고 있고 지금도 계속 타오르고 있다. 원래는 섬이었으나, 1914년의 분화로 사이의 바다가 메워져 오스미 반도와 연결되어 더 이상 섬이 아니다. 동서 약 2km, 남북 약 10km, 둘레 약 55km, 넓이 약 77km²의 반도이다.

▶ 사쿠라지마 활화산의 가스분출 모습

- **이부스키**(指宿) : 이곳의 검은 모래찜질이 위장병, 류마티스 등에 효과가 있다는 소식에 많은 현지의 일본인들이 몰리는 지역이기도 하다. 검은 모래를 이용해서 찜질을 즐기는데 10~15분 정도를 기본으로 하지만 실제로는 4~5분을 버티기가 힘들 정도라고 한다.

(12) 삿포로(札幌) : 홋카이도(北海道)의 도청소재지. 삿포로라는 도시명은 홋카이도 토착인 아이누족(族)의 말에서 유래한다. 시가지는 이시카리(石狩)평야, 도요히라강(豊平川)이 형성하는 선상지에 자리한다. 겨울에 개최되는 유키마쓰리(눈축제)가 유명하다.

- **큐홋카이도쵸**(旧北海道庁) : 삿포로 역에서 남서쪽으로 200m 지점에 위치해 있으며 '붉은 벽돌의 도청(일본어 : 아카렝가도쵸)이라는 애칭으로 불리는 삿포로의 상징인 건축물이다. 일본 정부가 북해도를 개척하려는 중추적인 역할을 수행하기 위해 지은 청사로 붉은 벽돌을 사용하여 만들어졌다.

- **삿포로 맥주박물관** : 1876년 개척 시 맥주 창설부터 제조의 역사와 변천, 원료와 제조공정 등을 이해하기 쉽게 영상으로 전시해 놓았다. 1987년 7월에 개관하였다. 맥주박물관 건물은 외국인 기술자의 지도 아래 지어진 공장으로서 1890년에 건설되었기 때문에 구홋가이도청사와 함께 메이지 영향이 남이 있는 중요한 문화재이다.

- **오도리코엔**(大通公園) : 삿포로 도심의 중심부에 자리 잡고 있는 오도리 공원은 북해도에서 가장 넓은 공원으로 북해도 시민들의 휴식공간으로 이용되고 있다. 이 공원은 도시

중심부에서 길이 1.5㎞, 폭 65~105m로 동서로 펼쳐져 있으며, 시민들을 위한 안식처의 역할을 하고 있다.

(13) 나하(那覇) : 오키나와현(沖縄県)의 현청소재지. 오키나와섬 남서부에 있다. 본래 류큐(琉球)왕국의 수도 슈리(首里)의 외항이었다가 1879년 류큐왕국이 오키나와현에 속하면서 정치의 중심지가 슈리에서 나하로 옮겨졌다.

▶ 삿포로시 중심 오도리코엔

- **슈리조**(首里城) : 1967(쇼와 42)년, 오키나와 본섬 남부에서 발견된 '인골'에 의해, 오키나와에 구석기시대부터 인류가 거주하고 있다는 사실이 새롭게 발견되었다. 그 뒤에 1429년부터 1879년까지 오키나와의 류큐왕조가 건재했으며, 수리조는 류큐왕조의 영지이며 오키나와 관광에서 빼놓을 수 없는 관광사적지이다.

▶ 슈리조

- **한국인 위령탑** : 한국인 위령탑은 오키나와 평화공원 근처에 위치하고 있다. 1941년 태평양전쟁 당시 징병당한 한국인들이 오키나와전투에서 무수한 고초 끝에 전사하거나 학살되어, 이국만리 객지에서 조국의 품으로 돌아가지 못한 이들의 원혼을 조금이나마 풀어주기 위해 지어진 위령탑이다.

▶ 한국인 위령탑

- **류큐무라**(流球村) : 류큐왕조시대의 역사와 문화를 그대로 체험할 수 있는 류큐왕조의 민속촌이다. 전통공예품을 직접 구입할 수도 있고, 열대과수와 테마파크의 다양한 이벤트를 즐길 수 있는 곳이다. 오키나와의 특산품인 흑설탕을 제조하는 모습, 뱀술제조 모습, 유리제조 모습을 볼 수 있고, 도자기 공방 등을 관람할 수 있다.

▶ 류큐무라

2.2 **동 · 서남아시아(東 · 西南亞細亞 · Southeast Asia)**

2.2.1 태국(泰國 · Thailand)

1 국가개황

- 위치 : 동남아시아, 인도차이나 반도 중앙
- 수도 : 방콕(Bangkok)
- 언어 : 타이어
- 기후 : 열대몬순기후
- 종교 : 불교 91.9%, 이슬람교 4.8%
- 면적 : 51만 3119㎢(49위)
- 통화 : 바트(Baht)
- 인구 : 65,444,371명(19위)
- 시차 : (UTC+7)

 트라이롱(Trairong)이라고 하며, 또는 국기(The Flag)라는 뜻의 '통 찻(Thong Chat)'이라고 부르기도 한다. 빨강 · 하양 · 파랑이 5열로 이루어진 3색기이며, 이 중 파랑은 다른 색의 2배 크기이다. 빨강은 국민을, 하양은 건국전설과 관계 있는 흰코끼리에서 취하여 불교를, 파랑은 짜끄리왕조를 각각 나타낸다.

2 지리적 개관

국토면적은 51만 4천㎢로 세계 49위이다. 이는 프랑스나 미국의 캘리포니아주와 비슷한 크기이다. 동쪽으로 라오스와 캄보디아, 남쪽으로 타이만과 말레이시아, 서쪽으로 안다만해와 미얀마와 접하고 있다.

한문으로 음차해 태국(泰國)이라고도 부르며, 1949년까지 사용했던 시암이라는 옛이름으로도 알려져 있다. 타이는 '자유'라는 뜻이다.

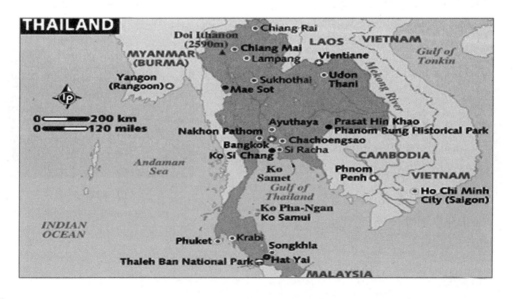

3 약사(略史)

- 기원전 2세기경 성립된 힌두계의 Funan왕국이 현 캄보디아, 태국지역 및 말레이 반도 북부에 걸쳐 영향력 행사
- 태국의 초대 국가는 드라바티 몬왕국으로서 550년부터 1253년까지 지속
- Sukhothai시대(1238~1378) : 태국사상 처음으로 독립된 타이왕조의 기틀 형성
- Ayutthaya시대(1350~1767) : 14세기 말 Sukhothai왕국 등 주변 국가를 복속시켜 왕국의 기반 조성
- Thon Buri시대(1767~1782) : 1768년 말까지 Ayutthaya의 과거 영토 회복
- Chakri시대(1782~현재) : Rama 1세(Chakri : 1782~1809) 즉위. 현재의 왕은 Rama 9세(Bhumibol Adulyadej : 1946~현재)로 농촌복지사업 등 국민의 후생·복지향상에 전념, 국민적 존경과 사랑을 한 몸에 받고 있음

4 행정구역

5개의 지역(중부, 동부, 북부, 북동부, 남부)에, 76개의 짱왓(changwat)으로 나뉜다. 짱왓은 한국의 도 개념과 비슷하다. 짱왓보다 하위개념으로 암프(amphoe)가 있다. 다시 암프는 암프 므앙과 땀본 등으로 나누어진다. 짱왓의 도청소재지는 암프므앙이라고 불린다. 많은 암프 므앙의 이름은 짱왓의 이름과 같다.

2개의 특별자치구가 있으며, 수도인 방콕(Bangkok, Krung Thep Maha Nakhon)과 파타야 (Pattaya)가 바로 그것이다. 각 지방은 다시 877개의 암프와 50개의 방콕지구로 나뉜다. 우리나라의 경기도에 해당되는 방콕과 경계를 이루는 지방은 Greater Bangkok(pari monthon) 라고도 한다.

5 정치·경제·사회·문화

- 1932년 12월 절대군주제에서 입헌군주제 헌법 채택
- 내각책임제 행정부와 양원제 국회
- 타이는 세계 제1위의 쌀 수출국으로서 매년 도정미 650만 톤을 수출한다.
- 관광업은 타이 GDP의 5% 정도를 기여하고 있다. 장기 체류하는 외국인들과 그들의 사업도 GDP에 큰 비중을 차지한다.
- 타이인들은 인사를 할 때 합장한 자세로 "Wai"라는 말과 함께 목례를 하는 것이 일반적이다.
- 태국인의 힘은 국가종교인 불교에서, 가족 간의 화목에서, 서로를 공경하는 예의에서

나온다고 볼 수 있다.

- 다른 사람의 머리에 손을 대거나 발로 어딘가를 가리키는 것은 금기사항이다. 머리는 신체에서 가장 신성한 것으로, 발은 가장 더러운 것으로 생각하기 때문이다.

6 음식 · 쇼핑 · 행사 · 축제 · 교통

- 타이 요리는 세계 6대 요리 중 하나로 손꼽히는데, 향신료를 사용하여 독특한 향과 맛이 있는 것이 특징이다. 타이인들의 주식은 쌀이며, 반찬은 '깽'이라고 불리는 타이식 카레요리이다. 내용물로는 닭고기, 돼지고기, 쇠고기와 각종 야채가 들어가며 양념의 종류도 다양하다.
- 타이 대표음식은 수끼인데, 우리나라의 전골이나 일본식 샤브샤브와 비슷한 음식으로 맑은 육수에 고기, 해산물, 어묵, 야채 등을 넣어 끓인 후 소스에 찍어먹는다.
- 수직실크, 면과 같은 타이산 직물이 인기가 있으며, 일류급 재단사들이 만든 남성 정장, 셔츠, 여성 정장과 파티복도 인기가 있다. 직물류 외에 보석을 들 수 있는데 금(가격이 저렴함), 은, 스타 사파이어, 루비 등의 보석과 준보석이 있다. 정교하게 세공된 보석제품들, 기성복이나 가죽제품 등을 아시아의 어느 지역에서보다 저렴한 가격으로 구입할 수 있다.
- 송크란 축제(Songkran Festival)는 매년 4월 13일에 시작해서 3일간 계속되는데, 축제 전일에는 가정주부들이 집안 정리를 하고 오래된 옷가지와 가재도구 등을 태우는 이른바 '봄 대청소'를 한다. 이는 낡고 쓸모없는 것을 그대로 보관하고 있으면 액운이 따른다는 풍속 때문이다.
- 태국 음력으로 12번째 보름달이 뜨는 날에는 '로이크라통(Loy Krathong)' 축제가 열린다. 바나나잎으로 연꽃 모양의 크라통(연꽃)을 만들고 그 위에 양초와 향, 꽃 등을 얹어 강물에 띄워(Loy) 보내는 축제로서 크라통을 띄우는 것은 물론이고 종이풍선에 불을 붙여 하늘로 날려 보내는 '이펭(yi peng)'이란 의식도 같이 볼 수 있다.
- 한국과는 달리 자동차가 좌측통행이다.
- 주로 시내를 여행할 때 이용할 수 있는 교통수단으로 뚝뚝이 있다. 특히, 뚝뚝(Tuk-tuk)은 오토바이를 개조한 것으로 단거리를 이용할 때 택시보다 편리하게 이용할 수 있다.
- 모떠사이랍짱(오토바이 택시) : 오토바이로 짧은 거리를 데려다 주는 택시 영업을 한다.
- 송테우(sungteu) : 집차를 개조한 개방식 택시. 필리핀의 지프니 형태.

7 출입국 및 여행관련정보

- 6개월 이상 유효한 여권만 있으면 비자 없이 90일까지 체류할 수 있다.
- 카메라와 무비카메라, 8㎜나 16㎜의 무비카메라 필름, 일반 필름 5통까지, 담배류는 총무게 250g까지, 담배 200개비, 와인이나 그 밖의 주류는 1ℓ 까지 무관세로 반입할 수 있다.
- 부가세 환불은 상품구매일로부터 60일 이내에 타이를 떠날 때 적용되며 'VAT REFUND FOR TOURISTS(관광객 부가세 환불)'의 사인이 붙은 상점에서 구입해야 한다. 또한 한 상점에서 구입한 상품은 2,000바트 이상이어야 하고 부가세 포함, 전부 합해서 5,000바트 이상이어야 한다.
- 남부지역에서 이슬람 분리주의 무장세력에 의한 폭탄테러가 빈번해지고 있음을 감안, 남부 4개 주(Narathiwat, Pattani, Yala, Songkhla)에 대한 여행자제가 요망된다.
- 방콕을 비롯한 파타야, 푸켓 등 주요 관광지에서는 소매치기, 오토바이 날치기 등이 빈번히 발생하는바, 소지품 관리에 유의해야 한다.
- 또한 낯선 사람(특히 젊은 여성)이 접근하여 유흥업소 등으로 유인하여 음료 및 주류 등에 수면제 등 약품을 첨가하여 의식을 잃게 한 후 소지품을 탈취하는 사례도 발생하고 있으니 각별한 주의가 요구된다.
- 태국에서는 수돗물을 식수로 사용할 수 없으므로, 반드시 생수를 사서 마셔야 한다.
- 태국인은 머리에 손 대는 것을 금기시하며 발로 물건을 가리키는 것도 삼간다.
- 태국은 국왕을 모시는 국가로 국기나 왕, 왕비의 사진을 손가락으로 가리키는 행위도 삼간다.
- 우리나라와 차선도 반대이고 오토바이가 많으므로 도로를 횡단할 때에는 좌우를 잘 살펴야 한다.
- 1997년부터 내·외국인을 막론하고 길거리에 담배꽁초(담뱃재도 포함)나 쓰레기를 버리면 2,000바트 이상의 벌금을 내야 하므로 주의해야 한다.
- 신분증과 제복도 안 입은 채 신분증, 여권을 요구할 때에는 반드시 먼저 상대방의 신분을 확인해야 한다.

8 관련지식탐구

- 무어이타이(Muay Thai) : 킥복싱으로 알려진 무어이타이는 전에는 손에 붕대만을 감고 경기를 했으나, 시합이 너무 잔혹하다 하여 현재는 복싱과 같은 4온스짜리 글러브를 사용하게 되었다. 주무기(主武器)는 발기술인데, 방법은 태권도의 돌려차기와 비슷하며, 발을 휘둘러 돌리듯이 하여 좌우 연속차기 하는 것이 특징이다.

- **타이의 고산족**: 카렌족, 몽족, 리수족, 야오족, 아카족, 라후족 등 주로 타이의 북쪽지역 국경지역에 분포하고 있으며, 독자적인 은둔생활을 하고 있다.
- **골든 트라이앵글**(golden triangle) : 타이·라오스·미얀마 3국의 접경 산악지역이다. 주로 마약재배와 관련하여 세계에 알려져 있다.
- **푸미폰 아둔야뎃**(Phumiphon Adunyadet : 1927. 12. 5~) **국왕** : 타이의 국왕(재위 1946. 6. 9~). 라마(Rama) 9세라고도 한다. 타이의 현 왕실은 차크리왕조(Chakri Dynasty)로 1782년 라마 1세가 창시하였다. 세계 최장기 집권 국가원수이자 타이 역사상 최장기 재위 군주이다.

9 중요 관광도시

(1) 방콕(Bangkok) : 태국의 수도이자 관문이 되는 도시는 방콕이다. 1782년 라마 1세 국왕 때 세워진 이 도시는, 옛것과 새것이 조화를 이루고 있는 태국을 가장 잘 보여주는 곳이기도 하다. 현대식 발전을 힘차게 추구하면서 전통을 존중하는 태국 국민들을, 방콕보다 더 잘 보여주는 곳도 없다. 타이어로는 크룽텝(Krung Thep : 천사의 도시)이라고 한다.

- **왕궁**(The Grand Palace) : 방콕의 왕궁은 태국인들의 자부심이 배어 있는 곳으로 1782년 라마 1세에 의하여 세워졌으며 이때 방콕으로 수도도 옮겨졌다. 이곳은 장엄하면서 화려한 장식이 타이 전통양식을 잘 나타내고 있다. 반바지, 미니스커트 차림으로는 왕궁에 입장할 수 없다. 입구에서 긴치마와 바지를 빌려주는 곳이 있다.

➡ 태국 왕궁 전경

- **왓 아룬**(새벽사원) : 차오프라야강 건너 톤부리 지구에 있는 유서 깊은 사원이다. 왓 아룬은 '새벽의 절'이라는 뜻이다. 새벽에 떠오르는 햇빛을 받아 빛나는 왓 아룬의 74개나 되는 프랑(탑)은 장관을 이루며, 해질 무렵 석양에 물드는 모습도 매우 아름답다. 타이의 10바트짜리 동전에 등장할 정도로 타이 국민에게 친숙한 사원이다.

➡ 새벽사원

- **수상시장**(담넌 사두억) : 방콕의 아침은 좁은 클롱(운하)에 식료품과 잡화를 실은 거룻배가 모여들면서 시작된다. 새벽의 수상시장이야말로 방콕 사람들의 생활모습이라고 할 수 있다. 태국의 생활과 문화를 가장 가까이 볼 수 있는 곳으로 방

➡ 수상시장

콕을 여행하는 자유여행관광객의 필수 코스이다.

- **로즈가든**(Rose Garden) : 방콕에서 차로 1시간 거리로 방콕에서 남서쪽으로 약 32㎞ 떨어져 있는 열대의 대정원이다. 오후 한 차례 공연을 하는 민속공연장은 태국 전통무용 공연, 결혼식, 킥복싱, 코끼리 쇼 등을 공연한다. 태국 전통가옥 구조로 만들어져 있으며 공연장 입구로 이어지는 길에는 태국 전통복장을 전시하고 있다.

🔼 로즈가든

- **무앙보란** : 타이말로 '고대(=보란)도시(=무랑)'라는 뜻을 가진 그대로 태국의 각 지역을 직접 돌아보지 않더라도 한눈에 태국을 알 수 있도록 만들어 놓은 곳이다. 태국지도모양을 하고 있는 이곳은 왕궁과 110여 개 이상의 사원, 탑, 석주, 전통적 태국 가옥 모형과 재건된 역사적 유적지들을 전시해 놓은 역사 테마공원이라고 할 수 있다.

🔼 무앙보란

- **팟퐁거리** : 원래 전통 도자기 등을 판매하던 작은 골목이던 팟퐁거리는 이 거리 최대소유주의 이름이 팟퐁인 데서 그 이름이 유래되었다. 베트남전 미군들의 유흥을 위해 탄생한 거리가, 이제는 상상을 뛰어넘는 불야성을 이루는 업소들과 각 업소에서 나온 호객꾼과 호기심으로 방문한 관광객들, 그리고 진짜처럼 만든 가짜 명품들을 판매하는 야시장과 함께 어우러져 방콕을 대표하는 밤의 거리로 바뀌었다.

(2) 아유타야(Ayutthaya) : 이 오래된 도시 아유타야는 1991년 유네스코에 의해 세계문화유산으로 지정되었으며(UNESCO World Heritage, 13 Dec., 1991), 1350년 유통왕(King U-Thong)에 의해 건설되어 1767년 미얀마(현 미얀마)에 의하여 침공을 받기 전까지 417년간 태국의 수도였으며, 33대에 걸친 왕들이 기거했다.

- **왓프라시산펫 사원**(Wat Phra Si Sanphet) : 왕궁단지 내에서 가장 중요한 사원으로, 방콕의 에메랄드 사원과 견줄 만하다. 3명의 아유타야왕을 모시기 위해 15세기에 세워졌고, 1500년 라마티포디 2세(Ramathipodi II) 때, 16m 높이의 거대한 불상을 조각하여 금(약 170kg)으로 불상표면을 입혔다.

🔼 아유타야의 고색창연한 사원 모습

- **왓 야이 차이야몽콜**(Wat Yai Chaiyamongkol) : 왓 야이 차이몽콘(Wat Yai Chai Mongkhon)이라고도 한다. 이 사원은 1357년, 유통왕(U-Thong : 아유타야왕조의 초대왕)이 승려들의 명상을 위해 도시 외곽에 만들었다. 이 사원은 초대왕인 유통(라마티보디 1세)이 스리랑카(실론)에서 유학하고 돌아온 승려들의 명상수업을 돕기 위해 세웠다.

▣ 사원 안의 와불모습

- **왓 프라마하탓**(Wat Phra Mahathat) : 라메수안(Ramesuan)왕이 1384년 그가 수도승이었을 때 건축하였다. 대표적인 건축물이었던 크메르양식의 파고다인 쁘랑이 높게 자리 잡고 있었으나, 버마의 침범 때 소실되었다. 여기저기 남아 있는 불상의 표정이 풍부하며, 1956년 복원 당시 탑이 있던 자리에서 많은 금불상과 보물상자가 쏟아져 나왔다.

▣ 왓 프라마하탓

(3) 치앙마이(Chiang Mai) : 방콕에서 북쪽으로 700㎞ 정도 떨어져 있는 태국 제2의 도시 치앙마이는 고대로부터 독특한 역사를 갖고 있으며 경관이 뛰어난 북부지방의 중심부에 위치하고 있는 매력적인 도시이다. 풍부한 문화유산과 화려한 축제, 뛰어난 수공예품, 다양한 여행코스, 고산족들의 다채로운 생활상을 만날 수 있는 '북방의 장미'이다.

- **칸토크 디너**(Khantoke Dinner) : 북부타이의 전통음식으로 꾸며져 음식문화를 체험할 수 있도록 마련해 두고 있다. 칸토크 디너에서는 손님과 주인이 둥근 테이블 주위 바닥에 깔아둔 매트 위에 앉아 북방 주식인 밥, 캉 훙레(Kang Hung Le), 사이우아(Sai Ua) 등과 그 외의 음식을 먹으며, 식사하는 동안 태국의 전통무용을 관람함으로써 치앙마이의 고대문화를 이해할 수 있게 되어 있다.

- **왓 프라탓도이수텝** : '도이(Doi)'는 타이어로 산이라는 뜻으로, 치앙마이 서쪽 15㎞ 지점에 있는 높이 1,677m의 산이다. 산꼭대기까지 차도가 나 있고, 시가지와 주변을 내려다볼 수 있는 최고의 전망대이다. 1383년에 세워진 절로서 왓 프라탓도이수텝을 보지 않고서는 치앙마이를 말하지 말라고 할 정도로 치앙마이에서 상징적인 곳이다.

▣ 도이수텝 사원

● 왓 프라싱(Wat Phra Sing) : 격조 높은 '사자부처사원'은 치앙마이에서 가장 중요하며 규모가 큰 사원으로 1345년 프라차오 파유왕에 의해서 건설되었다. 스리랑카에서 만들어 수코타이를 거쳐 이곳 불전에 안치되어 있는, 1500년 이상 된 3구의 프라싱 상은 타이 북부에서 가장 신성한 불상으로 숭앙받는다.

⏩ 왓 프라싱

● 쌈깜펭(San Kamphaeng) 민예마을 : 치앙마이에서 4~5㎞가량 떨어진 곳에 위치하고 있는 솜, 비단으로 만든 제품으로 유명한 지역이다. 이곳은 세계에서 가장 긴 쇼핑거리를 가진 곳으로서 그 길이만 13㎞에 이른다. 또한 이 메인로드를 기준으로 하여 양 옆에는 다양한 종류의 솜, 비단제품 및 보석, 가죽제품을 취급하는 상점들이 즐비하게 늘어서 있다.

⏩ 쌈깜펭 민예마을

　(4) 푸껫(Phuket Island) : 인도양에 있는 섬으로 방콕에서는 862㎞ 떨어진 곳으로 면적은 약 500㎢에 달하며 섬의 남쪽과 서쪽으로는 안다만 해협이 있으며 동쪽으로는 크라비해와 접하고 있다. 푸껫은 660m 길이의 사라신 다리와 1992년에 개통된 다리로 내륙과 연결되며, 주석과 진주의 산지로도 유명하다. 또한 푸껫에서 생산되는 보석은 세계 최대와 최고를 자랑하고 있다.

● 나비농장 : 푸껫 시내에서 공항 방향으로 파통로드를 따라 10분 정도 가다 보면 볼 수 있다. 이곳은 유리 천장으로 뒤덮인 커다란 공간 안에 인공폭포수와 청정한 녹초들이 우거진 온실 안에 온갖 종류의 나비들이 활기차게 날아다닌다. 이곳에서는 나비의 탄생에서부터 부화까지의 모든 과정을 아주 재미있게 표현하여 관람객들의 이해를 도우며 나비를 사육하는 것을 관람할 수 있는 곳도 준비되어 있다.

● 까타 비치(Kata Beach) : 까타 비치는 작다는 뜻의 까타노이 비치, 크다는 뜻을 가지고 있는 까타야이 비치가 두 개의 만으로 나뉘어 있다. 까타노이 비치는 몬순 시즌인 5~10월까지는 수영이 어려운 반면 서퍼들에게는 최고의 시즌과 최고의 장소로서 각광받고 있다.

⏩ 까타노이 비치 원경

● **피피섬** : 푸껫에서 남동쪽 20㎞ 지점의 크라비 지방에 위치하고 있는 섬으로 손상되지 않은 해변과 푸른 바다, 열대의 식물로 뒤덮인 녹지를 배경으로 하고 있으며 수면 위로 수백피트 높이로 우뚝 솟은 절벽이 절경을 이루고 있다. 최근에는 레오나르도 디카프리오 주연의 <더 비치(The Beach)>에 등장해 더 유명해진 섬이다.

▶ 피피섬의 절경

(5) 수코타이(Sukhothai) : 방콕 북쪽 370㎞, 욤강 동쪽 언덕에 있다. 몽골의 압력으로 13세기 후반에 남하한 타이족이 최초의 통일국가로서 '행복의 새벽'이란 뜻을 가진 수코타이 왕조(1257~1350)를 세우고 수도로 삼았다. 약 100여 년간 지속됐던 이 왕조는 우리나라의 세종대왕과 같은 람캄행 대왕에 의해 타이 고유문자가 탄생하였고, 그 밖에도 각종 도량과 법률을 정비해 타이 최초 통일 왕조로서의 기반과 많은 업적을 남겼고, 후대 왕조에게도 모범이 되었다.

● **왓 마하탓**(Wat Mahathat) : 태국 최대의 불교사원으로 왓 프라캐우와 도로를 사이에 두고 자리잡고 있는 왓 마하탓은 위대한 유물 사원(Temple of the Great Relic)이라고도 불린다. 경내에는 200기에 달하는 탑과 18채의 예불당이 산재해 있으며, 중앙 높이 8m의 불상은 융성했던 지난날을 가늠해 볼 수 있게 한다.

▶ 왓 마하탓

● **수코타이 역사공원**(Sukhothai Historical Park) : 수코타이 역사공원은 단지 한때 찬란하게 번성했던 왕국의 유물이 아니라, 인류역사상 중요한 시점을 보여주는 곳이다. 유네스코는 1991년 수코타이 역사도시(Sukhothai Historic City and Associated Towns)라는 이름으로 세계문화유산에 등록하여, 복원과 보존에 힘쓰고 있다.

● **시삿차나라이 역사공원**(Si Satchanalai Historical Park) : 수코타이시대 당시 위성도시였던 시삿차나라이는 수코타이 동쪽 55㎞ 지점, 욤강변에 위치하고 있다. '무앙 차이랑(Muang Chailang)'으로 널리 알려진 고대도시로, 차이랑을 대신하여 새로운 행정중심지가 세워진 프라 루앙왕조 당시 '시삿차나라이'로 불렸다. 134개의 유적물이 역사공원 내에서 발굴되었다.

(6) 칸차나부리(Kanchanaburi) : 칸차나부리는 톤부리에서 북서쪽으로 110㎞ 지점에 있으며 콰이강(江)과 메클롱강의 합류점에 위치한다. 제2차 세계대전 중 일본군이 타이~미얀마

간 철도건설에 영국·오스트레일리아군 포로를 사역하면서 수많은 사망자를 낸 장소이며, 미국 영화 <콰이강의 다리>의 무대가 된 곳이다.

- **콰이강의 다리**(The Bridge over the River Kwai) : 자바로부터 일본 군대가 사들였던 것으로 많은 전쟁포로들을 이곳으로 이송해 왔다. 약 1만 6,000명의 포로와 4만 9,000명의 강제 노동자들이 이 다리와 당시 미얀마로 이어지는 죽음의 철도를 건설하는 데 투입되었다. 전쟁의 무의미함을 웅장한 규모로 묘사한 미국 영화로 유명했다.

> 콰이강의 다리

- **나콘파톰 프라파톰체디** : 최초로 탑을 건설한 것은 1600년 전이었으나 11~12세기에 크메르에 의해 파괴되었고 현재의 탑은 라마 4세와 5세가 재건한 것이다. 불탑 최상부에 고정된 장식품은 라마 4세의 상징인 왕관이다. 높이 127m의 세계에서 가장 높은 불탑으로 실론식의 종모양을 하고 있다.

> 나콘파톰 프라파톰체디

(7) 파타야(Pattaya) : 방콕에서 동남쪽으로 145㎞ 떨어진 곳에 있는 휴양지이다. 낮시간 동안 즐길 수 있는 각종 해양스포츠 및 선텐, 밤의 여흥과 식사, 풍부한 과일과 다양한 쇼핑 등 파타야는 천의 얼굴로 관광객들을 즐겁게 해주고 있다. 달빛에 흠뻑 젖은 바닷가 해변을 산책하거나 해안선을 따라 늘어선 해산물 레스토랑에서 그날 아침에 잡은 싱싱한 해산물을 곧바로 즐긴다든지 혹은 다양한 식단을 갖춘 레스토랑에서 촛불을 밝히고 식사를 할 수도 있다.

- **알카자 쇼**(Alcazar Show) : 태국의 관광 패키지 상품에서 옵션으로 빠지지 않는 것이 바로 알카자 쇼다. 알카자 쇼는 동서양 주요국의 전통 민속춤과 노래가 어우러진 세계 3대 버라이어티쇼의 하나이다. 알카자 쇼는 흔히 게이쇼, 다시 말해 여장남자 쇼로 알려져 있으나 사실은 트랜스젠더쇼라 부르는 게 더 옳다. 대부분 배우들이 성전환수술을 마친 여성들이기 때문이다.

- **미니시암**(Mini Siam) : 태국 최초의 소인국 미니시암에서 에메랄드 사원, 새벽사원, 왕국 등의 조각, 건축물뿐만 아니라 전 세계의 유명 문화유산

> 미니시암

과 역사가 1 : 25로 축소된 소형모델로 제작되어 전시하고 있다. 우리나라의 김포공항 등 명소 60여 곳부터 시작하여 각각 특색 있는 문명과 문화의 다양한 모습을 접하게 된다.

- **농눅빌리지**(Nong Nooch Tropical Garden) : 1980년에 정식 개장하여 곧 한국, 일본, 대만 등 관광객들에게 주요한 관광 코스가 되었다. 약 202만 평 규모에 오락과 휴양시설이 마련되어 있으며 닭싸움, 투검, 매일 열리는 민속공연과 코끼리 쇼가 있다.

▶ 농눅빌리지 내 정원

- **산호섬** : 파타야 해안에서 약 10㎞ 정도 떨어진 곳에 있다. 산호섬이며, 파타야 인근 섬 가운데 가장 크다. 모래가 곱고 물이 맑아 관광휴양지로 개발되었다. 스쿠버다이빙·스노클링·윈드서핑 등 각종 해양 스포츠가 활발하고, 낚시·골프 등도 가능하다. 패러세일링은 쾌속보트로 낙하산을 끌어서 낙하산이 하늘 높이 뜨게 하여 낙하산 일주를 하는 것이다.

▶ 패러세일링하는 모습

(8) 코사무이(Koh Samui) : 길이 25㎞, 너비 22㎞로, 타이에서 세 번째 큰 섬이며, 방콕에서 약 710㎞ 떨어져 있다. 어업과 농업이 활발하며, 주요 작물은 코코넛으로 매달 약 200만 개를 방콕으로 운송한다. 코(Koh)는 '섬'을 뜻하고, 사무이(Samui)는 '깨끗함'을 뜻한다.

- **왓프라야이**(Wat Phra Yai) : 코사무이에서 가장 유명한 상징물인 대존불상을 모시고 있는 사찰이다. 대부분의 방문자들이 불상의 규모와 아름다움에 놀란다. 이 대존불상은 수㎞ 밖에서도 보이며 비행기를 타고 내릴 때도 보이는 15m 높이의 불상이다. 1972년 부처를 경배하기 위해 지역단체에 의해 기증되어 이 고장의 명물이 되었다.

▶ 왓프라야이

2.2.2 말레이시아(Malaysia)

1 국가개황

- 위치 : 동남아시아 말레이반도
- 수도 : 쿠알라룸푸르(Kuala Lumpur)
- 언어 : 말레이어
- 기후 : 열대우림형 기후
- 종교 : 이슬람교
- 면적 : 329,847㎢(67위)
- 인구 : 25,347,000명(45위)
- 통화 : 링깃(MYR)
- 시차 : (UTC+8)

초승달과 별은 이슬람교의 상징이고, 파랑·하양·빨강의 3색은 영국 국기인 유니언 잭에서 취했다. 별과 달의 노랑은 왕실의 색깔이며, 파랑 직사각형은 국민 간의 단합 또는 이 나라가 영국연방에 속한 국가임을 나타낸다. 줄무늬의 수는 연방을 이룬 13주와 연방정부(Federal Government)를 나타내며, 파랑 직사각형 안에 있는 별의 14개 빛살은 13주와 연방정부의 조화 및 통합을 의미한다.

2 지리적 개관

서말레이시아 또는 반도말레이시아는 타이와 국경을 접하고 있으며, 싱가포르와도 조흐르 수도의 다리로 연결되어 있다. 말레이반도에 있는 지역을 '서말레이시아', 사바(Sabah)와 사라와크(Sarawak)가 소재한 보르네오섬을 '동말레이시아'라고 부른다.

3 약사(略史)

- 인도네시아 역사와 다소 공유되는 스리위자야 왕국이 7~8세기경 성립
- 14세기 말 빠라메스와라(Parameswara)는 말라카(Melaka)왕국 건국, 이슬람교로 개종
- 1511년 포르투갈의 포병부대에 의해 말라카 함락
- 18세기 술라웨시(Sulawesi)에 기원을 두고 있던 부기스(Bugis) 종족의 라자 께실(Raja Kecil)이 조호르를 점령. 1세기가량 강력한 왕권을 행사

- 1786년 영국은 피낭(Penang)을 점령한 후 조지타운(Georgetown) 건설
- 1819년 레플스(Sir Stamford Raffles)에 의해 싱가포르에 영국무역항이 건설됨
- 1941년 12월 8일, 일본이 말레이시아를 점령
- 1963년 브루나이를 제외한 말레이시아연방 수립
- 1965년 싱가포르의 연방 탈퇴

4 행정구역

말레이시아는 13개 주와 3개의 연방지구(혹은 연방직할령)로 구성되어 있다. 1959년 14개 주로 독립한 후, 1965년 싱가포르가 탈퇴하여 13개로 줄어들었다. 연방지구로는 쿠알라룸 푸르, 푸트라자야, 라부안이 있다.

5 정치 · 경제 · 사회 · 문화

- 말레이시아의 정체는 입헌군주국이다. 국왕은 각 주의 술탄 9명 가운데 5년마다 호선(互 選)으로 선출되고 임기는 5년이다.
- 국왕은 연방정부 최고의 수반으로 행정, 입법, 사법 권력의 원천이자 군 통수권자, 연방 특별구 및 술탄이 없는 4개 주의 이슬람 최고지도자이다.
- 헌법상 행정부의 수반은 국왕이나 실질적인 행정권은 의회를 책임지고 있는 내각에 있 으며 내각의 수장은 총리(Perdana Menteri)이다.
- 말레이인(人)은 농업(고무 · 벼농사를 하는 소농민) · 행정 · 군대 · 경찰 등에, 중국계는 상 인 · 주석광산 · 고무농장 노동자 · 기술 전문직에, 인도계는 고무농장 노동자 · 운수부 문 · 중하급 공무원직 등에 각각 종사하고 있다. 그 밖에 영국을 중심으로 하는 구미자 본(歐美資本)이 주요 고무농장 및 주석광산과 수출입은행 · 선박 · 보험 부문의 중추적 역 할을 하고 있다.
- 말레이시아는 다민족국가이다. 주류 민족인 말레이족뿐만 아니라, 무슬림(말레이족은 무슬 림이다), 원주민, 중국인, 인도인도 거주한다.
- 언어는 말레이어(Bahasa Malaysia)가 공용어이며 이외에 영어와 각종 방언을 포함한 중국 어가 널리 통용된다. 인도에서 이주한 주민들은 타밀어, 펀자브어를 사용하고, 태국과 국경 지역은 태국어도 통용된다.
- 여러 민족의 영향을 받아 매우 독특하고 다양하다. 상대민족의 신념, 믿음, 전통에 대한 조화, 협력, 참을성이 말레이시아 문화의 독특한 융화를 이끌어냈다. 말레이시아 문화에 서 문학과 춤은 서로 밀접한 관계를 가지고 있다.

6 음식 · 쇼핑 · 행사 · 축제 · 교통

- 말레이시아어로 '나시(Nasi)'라고 하는 쌀을 주식으로 하며, 돼지고기 · 해산물 등의 반찬과 함께 먹는다. 삼바르는 새우 등을 발효시켜 만드는 것인데 여기에 여러 가지 야채를 넣은 요리를 많이 먹는다. 거리에서 흔히 사먹을 수 있는 음식으로는 말레이시아식 닭꼬치인 '사떼'가 있다. 말레이시아에서는 두리안, 망고스틴, 파파야 같은 다양한 열대과일을 맛볼 수 있다.
- 말레이시아에서는 독특한 색감의 바티크와 금 · 은세공품, 도자기류, 주석제품을 저렴한 가격에 구입할 수 있다. 또한, 말레이시아에서는 소수민족들의 공예품이 인기인데, 고유의 연과 송켓이 대표적이다.
- 1월 17일 타이푸삼(Thaipusam : 힌두교의 축제), 3월 3일 하리 라야 푸아사(이슬람교의 축제)를 비롯하여 양~음력설 등이 유명하다.
- 말레이시아는 버스 노선이 잘 발달되어 있는 편이고, 도로상태도 양호하고 기차보다 가격도 저렴한 편이어서 여행객들이 가장 많이 이용하는 교통수단이다. 버스의 종류에는 장거리 급행버스와 시외버스, 시내버스가 있다.

7 출입국 및 여행관련정보

- 말레이시아는 체재기간을 제외하고 6개월 이상의 유효기간이 남은 여권과 입국카드를 제시하면 간단하게 통과된다. 단순관광으로 입국하면 3개월간 비자 면제이다.
- 말레이시아인들은 왼손을 부정한 손이라고 여긴다. 따라서 식사를 할 때나 물건을 주고 받을 때는 반드시 오른손을 사용해야 한다. 지나친 노출은 삼가야 하며, 사원에 출입하거나 촬영을 하려면 미리 허가를 받아야 한다.
- 아이의 머리를 쓰다듬어서는 안 된다. 말레이시아인들은 머리를 쓰다듬으면 아이의 영혼이 더러워진다고 생각한다.
- 이슬람교도와 같이 식사할 때에는 돼지고기를 먹지 않는다.
- 사원에 들어갈 때에는 신을 벗는다.
- 일부다처제가 많으니 가족관계에 대한 화제는 가능하면 피한다.
- 말레이시아인들은 전통적으로 화장지를 사용하지 않고 왼손을 사용한다. 그래서 화장실에 휴지가 없는 곳도 있으니 여행 중에는 반드시 휴지를 가지고 다니는 것이 좋다. 대부분의 공중화장실은 유료이다.

8 관련지식탐구

- **전통축제** : 이슬람의 축제인 라마단은 말레이시아에서 가장 중요한 연례행사에 속한다. 중국 축제인 신년행사는 거리의 오페라인 사자춤에 의해 절정에 이르며 여러 문화행사 중 가장 화려하고 요란한 행사이다. 인도계 사람들은 성스러운 사원춤으로 유명하며, 타이푸삼(Thaipusam)의 기간 중에 수천 명의 신도들이 참여하여 자신의 몸을 찌르는 의식을 행하기도 한다. 사바와 사라와크 등의 토착부족은 쌀로 만든 술을 마시며 춤추고 노래하면서 추수감사 축제를 한다. 축제나 결혼식에서는 4행시인 「판투니스」를 낭송하거나 노래로 부른다.
- **정원도시** : 켈랑강 서쪽에 있는 60ha나 되는 광대한 공원인 레이크가든과 '파인애플 언덕'이라는 뜻의 부키트나나스공원이 유명하다.
- **사원** : 쳉훈텡사원을 비롯하여 국립이슬람사원, 스리마리아만사원, 카피탄클링사원, 열반불사원, 극락사, 뱀사원 등 무수한 사원들이 즐비하다.
- **박물관** : 말레이시아 최대인 말레이시아국립박물관을 비롯하여 말라카박물관 피낭주립박물관 등이 볼 만하다.

9 중요 관광도시

(1) 쿠알라룸푸르(Kuala Lumpur) : 말레이어로 '진흙 강이 만나는 곳'이란 뜻이다. 시내를 흐르는 켈랑강과 곰박강이 합류하는 위치에 자리 잡았다고 하여 붙은 명칭이다. 말레이시아의 수도가 된 후로 시내에 국회의사당·원수(元首)의 궁전·회교사원·스타디움·대학·박물관 등 근대적인 건물이 잇달아 건설되어 시를 둘러싸는 열대수(熱帶樹) 녹지와 함께 아름다운 도시를 이루고 있다.

- **말레이시아 국립박물관**(Malaysia National Museum) : 고대의 생활을 볼 수 있는 곳. 쿠알라룸푸르 레이크 가든 남쪽 다만사라 거리에 있는 매력적인 박물관으로, 붉은 지붕에 하얀 벽의 말레이시아식 건물이다. 입구는 왼쪽에 말레이시아 각지의 풍속을 오른쪽에 건국 이래의 역사를 이탈리아제 타일을 써서 거대한 모자이크벽화로 장식해 놓았다.

➡ 말레이시아 국립박물관

- **차이나타운**(China Town) : 쿠알라룸푸르 전체 인구의 60% 이상이 중국계이지만, 특히 이 일대는 중국계가 많아서 차이나타운 특유의 분위기가 짙다. 거리에는 잡화점과 음식점, 식료품 가게, 싸구려 여관이 줄지어 서 있고, 차도까지 들어선 노점으로 발 디딜 틈이

없다. 밤에는 옷가지와 민예품, 액세서리 등을 파는 노점까지 전을 펴서 북적거린다.

- **국립이슬람사원**(National Mosque/Majid Negara) : 동 남아시아 최대의 이슬람사원으로 1965년에 완성 되었다. 중앙역 북서쪽 레이크 가든과의 사이에 있으며, 높이 73m의 첨탑과 18각의 돔이 있는 현 대적인 건물이다. 18각은 말레이시아 13주와 이슬 람교의 5계율을 상징하며, 8,000명이 들어갈 수 있는 대예배당과 영묘, 도서관, 회의실 등이 있다.

▣ 국립이슬람사원

- **바투동굴**(Batu Caves) : 쿠알라룸푸르 시가지 북쪽 13㎞ 지점에 있는 종유동인데, 가장 큰 동굴은 내부의 천장 높이가 112m나 된다. 동굴 안에는 박쥐가 서식하고 있어 섬뜩한 분위 기인데, 힌두교의 성지로서 힌두의 신들이 모셔져 있다. 전국에서 수많은 신자들이 모여들 고, 온몸에 바늘을 꽂은 채 수레를 끌고 계단을 오르는 힌두교 수행자의 고행이 벌어진다.

- **왕궁**(Palace) : 푸른 잔디밭과 수목이 아름다운 정 원 속에 서 있는 궁전의 금빛으로 빛나는 돔이 장엄하다. 내부는 관람할 수 없고, 문 밖에서 아 름다운 건물을 바라볼 수 있을 뿐이다. 외부인에 게 내부를 공개하지는 않지만 외부에서 관람하 는 것을 통제하지는 않는다.

▣ 왕궁

- **부키트나나스**(Bukit Nanas)공원 : 암팡 거리와 라 자 출란 거리 사이에 있는 시가지 중심부의 삼림공원, 높이 200m나 되는 세 언덕의 중 심으로 원시의 열대림이 그대로 보존되어 산림보호구로 지정되었다. 공원 이름은 '파인 애플 언덕'이라는 뜻으로, 전에는 파인애플이 무성했다고 한다.

- **부키트빈탕**(Bukit Bintang)거리 : 쿠알라룸푸르에서 가장 번화한 거리이다. 일류 호텔과 레스토랑, 쇼핑 센터, 각국의 대사관 등이 있는데, 거리의 중심지는 BB 플라자 근처이 다. 동쪽 바로 옆에는 승가이 왕 플라자가 지하도로 연결되어 있으며, 말레이시아 패션 의 핵심지대로 각광받고 있다. 또 나이트라이프의 중심지이기도 하여 밤낮없이 젊은이 들로 붐빈다.

- **페트로나스 트윈타워**(Petronas Twin Tower) : 452m 높이, 88층 건물로 1998년에 완공되었다. 가장 현대적인 도시 쿠알라룸푸르 경관의 중추적 역할 을 담당하고 있다. 한쪽 빌딩은 한국이 다른쪽은 일본이 담당하여 완공한 이 쌍둥이 빌딩은 영화 <엔트렙먼트>의 주 촬영장소로 더욱 유명하다.

▣ 페트로나스 트윈타워

(2) 말라카(Malacca) : 말레이반도의 남서부, 말라카해협에 면한다. 말라카주(州)의 주도(州都)로 말라카강(江) 어귀에 있으며 강의 좌안에 세인트폴 언덕이 솟아 있다. 말라카해협 해상교통상 요충이며, 동남아시아에서 역사적으로 중요한 도시이다.

● **쳉훈텡사원**(Cheng Hoon Teng Temple · 淸雲) : '푸른 구름'이라는 뜻의 절이다. 1646년 중국에서 모든 재료를 가져와서 지은 절로 유명한 말레이시아에서 가장 오래된 중국 사원이다. 승복이 우리나라 스님들과 비슷해 더욱 친숙하고 편안한 느낌이 든다.

● **말라카 술탄 궁전**(Malacca Sultanate Palace) : 세인트폴 언덕 아래에 있는 말레이 전통 양식의 잿빛 궁전이다. 말라카 왕국이 번창하였을 때 술탄이 살던 곳이다. 지금은 문화 박물관(Cultural Museum)으로 일반인들에게 공개된다.

● **독립선언기념관**(Proclamation of Independence Memorial) : 영국의 식민지 무렵 관리들의 회합장소로 쓰였던 건물이다. 1957년 말레이시아가 독립하면서 독립정신의 상징이 되었다. 지금은 독립과정을 한눈에 보여주는 역사박물관으로 쓰인다.

(3) 피낭섬(Pinang Island) : 남북길이 24㎞, 동서길이 15㎞로 페낭섬(Penang I.)이라고도 한다. 거의 직사각형 모양을 한 이 섬에는 산이 많고 최고봉은 850m에 달한다. 18세기 말까지는 케다주의 술탄령(領)이었으나 말라카해협의 북쪽 입구를 차지하는 지리적 위치 때문에 1786년 영국에 점령되었다.

● **피낭언덕**(Penang Hill) : 피낭에서 놓쳐서는 안 될 볼거리 중의 하나가 피낭언덕 철로이다. 이 열차는 단순히 관광목적뿐 아니라, 객차 앞에 작은 레일-왜건을 달아 화물운송 수단으로도 매우 중요하게 사용되고 있다.

● **피낭 대교** : 말레이시아 본토의 세베랑 페라이(Seberang Perai)와 페낭섬의 겔루고(Gelugor)를 연결하는 중요한 다리로, 1985년 완공된 페낭 대교는 13.5㎞로 세계에서 3번째, 아시아에서 가장 긴 다리이다. 바다 위를 가로지르는 다리의 거리만 5㎞가 넘는 이 웅장한 다리는 말레이시아의 자랑이다.

➡ 피낭 대교 입구

● **극락사**(Kekloksi Temple) : 동남아시아에서 가장 큰 규모의 불교사원으로 알려져 있는 극락사는 1885년, 미얀마, 중국, 태국 등 삼국의 장인들이 착공하여, 완성하는 데 무려 20여 년이나 걸렸다. 탑의 아랫부분은 중국양식, 가운데 부분은 태국양식, 윗부분은 미얀마양식으로 만들어졌고, 화려한 광채를 내는 타일은 중국에서 수입되었다.

➡ 극락사 전경

- **꼼타(Komtar) 타워** : 꼼타 타워는 1985년에 만들어진 빌딩으로 페낭섬 중심가 조지타운의 랜드마크이다. 총 65층의 높이로 페낭섬 어디에서든 이 건물에 따라 방향을 잡을 수 있다. 전망대 레스토랑과 바에서 즐거운 시간을 보낼 수 있다.

▷ 조지타운의 랜드마크인 꼼타 타워

(4) 사라왁(Sarawak) : 면적은 12만 4,450㎢, 인구는 201만 2,616명(2000년 현재)이다. 주도(州都)는 쿠칭이다. 북동쪽은 브루나이와 사바주(州), 동쪽과 남쪽은 인도네시아령 칼리만탄주(州)에 접하며 서쪽과 북서쪽은 남중국해에 면하고, 해안선 길이는 720㎞에 이른다. 라장강(江)을 비롯하여 바람·림방·루파르 등의 강은 모두가 배로 항행이 가능하며, 유역은 관개가 잘 되어 있다. 그러나 지역의 대부분은 열대원시림으로 덮여 있다.

(5) 코타키나발루(Kota Kinabalu) : 옛이름은 제셀턴(Jesselton)이다. 보르네오섬 북부에 있는 키나발루산(4,101m) 기슭에 위치한다. 19세기 후반, 북보르네오가 영국령(領)이 되면서 1899년부터 새로 건설된 항구도시로 목재·고무 등을 적출한다. 배후지가 비교적 넓은 것도 발전에 유리하다. 제2차 세계대전 말기에 오스트레일리아군과 일본군의 격전지가 되어 폐허가 되었다가 전후(戰後) 재건되었다. 사바주의 정치·상공업의 중심지로 경제적으로는 홍콩(香港)과의 유대가 깊으며, 주민의 1/3은 중국인이다.

- **키나발루공원** : 동남아시아 최고봉인 키나발루산(4,101m)을 중심으로 하는 공원으로 코타키나발루에서 버스로 2시간 거리에 있다. 보르네오섬 최북단에 위치하며 넓이는 754㎢이다. 1964년에 국립공원으로 지정되었고 2000년에 유네스코 세계문화유산으로 지정되었다. 키나발루라는 말은 카다잔족 언어로 '죽은 자를 숭배하는 장소'라는 뜻을 가진 아키나발루(Akinabalu)에서 유래한다.

- **사바박물관(Sabah Museum)** : 사바 양식의 롱하우스 형태로 지은 특이한 건물로, 선사시대 각 부족의 수공예품과 사바 도자기 등의 컬렉션이 볼 만하고 사바의 문화와 풍습을 알 수 있는 자료들이 3개의 건물에 전시되어 있다. 레스토랑과 커피숍에서 휴식을 취할 수도 있다.

- **탄중아루(Tanjung Aru** : 코타키나발루 남서쪽 8㎞ 지점에 있는 마을로 푸른 바다와 아름다운 백사장으로 이름난 해안휴양지이다. 멀리 라만국립공원의 가야·사피·마누칸 등을 비롯한 작은 섬들이 떠 있으며, 이 일대는 산호초와 열대어 보호구역으로 지정되어 있다.

▷ 하늘에서 본 탄종아루 섬

(6) **조호르바루**(Johor Baharu) : 말레이시아 조호르주(州)의 주도(州都). 조호르해를 사이에 끼고 싱가포르섬과 마주 대한다. 주민의 약 반은 중국인이다. 19세기 후반, 이 지방을 통치하던 조호르 술탄이 이곳에 새로이 왕궁을 건설한 뒤부터 발전하였다. 장대한 모스크, 술탄의 왕궁 공원, 동물원 등이 있으며, 관광지로도 알려져 있다. 조호르해를 횡단하는 둑길이 1923년에 완성되어 싱가포르와 육지로 이어졌다. 배후지에는 광대한 고무농원이 있다.

- **술탄 아부바카르모스크**(Masjid Sultan Abu Bakar) : 파랑과 흰색으로 칠해진 빅토리아식 건물로 술탄 아부바카르가 세상을 떠난 후인 1982년 착공을 시작해 1900년에 완공되었다. 약 2,000명 이상 수용 가능한 예배당에는 사람들의 발길이 끊이지 않는다. 높은 언덕에 위치하기 때문에 복도에서 보는 전망이 일품이다.

➡ 아부바카르 회교사원

- **코즈웨이대교**(Causeway Bridge) : 말레이시아와 싱가포르의 두 지역을 연결하는 다리로서 싱가포르에서 조호주로 들어오는 관문이다. 4년간의 공사 끝에 1924년에 완성되었다. 코즈웨이는 1,056m의 길이로 수면으로부터 23m 깊이에 있다. 양국 교통의 연계수단으로서뿐만 아니라 조호주로부터 커다란 수도파이프를 설치함으로써 싱가포르에 물을 제공하는 수도교로서의 역할도 하고 있다.

- **술탄왕궁**(The Sultan's Palace) : 이스타나 베사르 (Istana Besar)라고도 하며 그랜드팰리스(Grand Palace Park)라고도 한다. 이곳은 공식행사에 사용되는 공식저택으로 내부에는 역대 술탄의 의장과 장식품, 무기 등의 수집품이 있으며 주위는 아름다운 이스타나 정원(Istana Garden)으로 되어 있다. 현재는 박물관으로 이용되고 있다.

➡ 술탄왕궁

(7) **랑카위섬**(Pulau Langkawi) : 말레이시아 케다주(州)에 딸린 섬으로 길이 29㎞, 너비 16 ㎞이다. 말레이반도 북서쪽, 말라카해협에 있는 랑카위제도의 주도(主島)이다. 북쪽으로 타이의 코타루타오섬을 마주하며, 중앙에는 가파른 라야산(880m)이 솟아 있다.

- **마수리 왕녀의 묘**(Makam Mahsuri) : 200년 전에 부정한 죄를 저질렀다는 모함을 받고 사형선고를 받자, 결백을 증명하기 위하여 자살을 했다는 마수리 왕녀의 묘이다. 순결을 증명하듯 하얀 피를 흘리며 죽었으며, 억울하게 죽어간 그녀는 왕가에 7대에 걸친 저주

를 내렸다고 한다. 주민들은 모든 여행객들을 꼭 이곳에 참배하게 한다.

- 텔라가투주(Telaga Tujuh) : 투주는 '7'이라는 뜻으로, 7개의 샘을 지나 폭포로 떨어진다는 뜻이다. 텔라가투주에 가려면 힘들게 산길을 올라가야 하는데, 수고로움에 비해 경치가 볼품없는 편이어서 실망하기 쉽다. 폭포 아래의 얕은 물에서는 수영을 할 수 있다. 올라가는 동안의 풍경은 좋다.

 마수리 왕녀의 묘

- 파시르히탐(Pasir Hitam) : 블랙 샌드 비치(Beach of Black Sand)라고도 하는데, 말 그대로 검은 모래가 섞인 해변이다. 자연환경(파도·바람 등)에 따라 색이 짙어지기도 하고 옅어지기도 한다. 검은색 모래가 생기는 이유는 해저에 있는 산화물 때문인 것으로 분석하고 있지만, 정확한 원인은 알 수 없다.

- 라만 파디 랑카위(Laman Padi Langkawi) : 랑카위 최대의 관광지이며 자연관광을 즐기려는 사람은 절대 놓쳐서는 안 될 매력적인 곳이다. 역사의 보고이자 국가적 쌀 생산 산업의 개발과 증산의 주력지이다. 이곳에서 인기를 끄는 것 중 하나가 쌀박물관으로, 말레이시아 쌀 생산의 발전과정을 사진, 도표로 전시하고 있다.

- 다식 다양 번딩(Tasik Dayang Bunting) : 랑카위에서 가장 큰 호수인 다식 다양 번딩(임산부의 호수)은 프라우 랑카위 남쪽 한 섬에 산으로 둘러싸인 움푹 파인 골짜기에 자리 잡고 있다.

2.2.3 싱가포르(Singapore)

1 국가개황

- 위치 : 동남아
- 수도 : 싱가포르(Singapore)
- 언어 : 중국어, 영어, 말레이어, 타밀어
- 기후 : 열대성기후
- 종교 : 불교·도교 51%, 이슬람교 14.9%
- 면적 : 692.7㎢(175위)
- 인구 : 4,425,720명(118위)
- 환율 : 싱가포르달러(SGD)

빨강은 우호와 평등을, 하양은 순수와 미덕을 나타낸다. 5개의 5각 별은 민주·평화·진보·정의·평등의 5원칙을 표시한다. 초승달은 원래 국기를 고안하던 당시 싱가포르가 중국이 아니라 말레이반도에 연관이 있다는 상징으로 삽입하였으나 현재는 나라의 발전을 상징하고 있으며, 달과 별은 이슬람교를 나타낸다.

2 지리적 개관

싱가포르는 63개의 섬으로 이루어져 있다. 말레이시아의 조호르와 다리로 연결되어 있는데, 북쪽은 조호-싱가포르 코즈웨이를 통해, 서쪽은 투아스 제2 연결점에 연결되어 있다. 주롱 섬, 풀라 테콩, 플라 우빈, 센토사가 주요 섬이며, 가장 높은 산은 부킷 티마 힐로 해발 166m이다. 계속적인 간척사업으로 1960년대에는 581.5㎢의 면적에서 현재는 697.2㎢로 확장되었다.

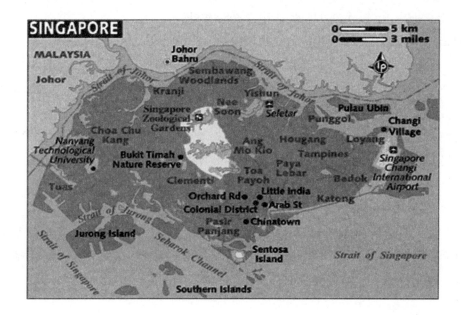

3 약사(略史)

- 1365년 자바문헌 나가라끄레따가마(Nagarakretagama)에 처음으로 싱가포르를 '떼마쎅(Teamasek : 항구도시)'이라고 기록
- 14세기 후반부터 싱가뿌라라는 표현이 통칭적으로 사용
- 1511년 포르투갈이 말라카를 점령
- 1587년 포르투갈에 의해 멸망
- 19세기 초까지 싱가포르는 네덜란드의 영향하에 있다가 1819년 1월 영국의 래플스(Sir Thomas Stamford Raffles)가 조호르 왕국과 조약을 체결하고 싱가포르의 개발에 착수
- 1823년 싱가포르 전역을 영국 동인도회사에 영구적으로 할양하는 조약 성립
- 1867년 싱가포르의 관할권이 영국 식민지청으로 이전되면서 본격적인 식민지시대 개막
- 일본 통치(1942~1945)

- 1963년 말레이시아연방의 구성원으로 영국으로부터 독립
- 1965년 8월 9일 말레이시아에서 독립

4 행정구역

싱가포르는 도시국가의 형태를 띠고 있다. 마치 다이아몬드 심벌 형태를 가진 싱가포르는 서부, 북부, 북동부, 동부, 중부의 5개 지역으로 크게 나누어지며 퀸즈타운, 센트럴에리어 등 66개 도시계획구역으로 이루어진다.

5 정치 · 경제 · 사회 · 문화

- 싱가포르의 국가원수는 대통령이다. 임기는 6년.
- 행정부의 수반은 총리이며 행정부의 구성원인 총리와 각 부처의 구성원들은 의회의원이어야 한다.
- 국가주도의 개발정책은 싱가포르가 지리적 협소성과 주변 강대국으로부터의 위협을 극복하기 위한 가장 기본적이면서도 중요한 전략임.
- 1967년 외국인 투자환경을 개선하기 위해 면세조치를 취함.
- 싱가포르는 중국인 · 말레이인 · 인도 파키스탄인 · 유럽계인 등이 저마다 다른 언어 · 풍속 · 습관 · 문화 · 종교를 가지고 있으며, 서로의 문화가 섞이는 경우는 거의 없다.
- 중국인은 대부분 서비스 부문과 제조업, 상업에 종사하고, 말레이인은 하급공무원과 하급노동자로 일하며, 인도인은 공무원이나 택시기사, 청소부 등이 많다.
- 싱가포르는 서양의 세계주의적인 문화의 포장 아래 중국인, 말레이인, 인도인의 전통이 공존하는 다문화도시국가이다.

6 음식 · 쇼핑 · 행사 · 축제 · 교통

- 페나라칸 요리라고도 하는데 중국인과 말레이 토착민이 결합하여 만들어진 문화의 요리 논야가 유명하다. 또한 락사와 미사암이 대표적인 요리인데 미사암은 쌀국수이고, 락사는 코코넛 우유를 이용한 국수요리이다.
- 동남아시아 일대에서 많이 생산되는 독특한 보석, 여러 산지에서 들여온 질 좋은 카펫, 주석 97%, 구리와 안티몬 3%의 합금으로 만드는 퓨터 제품, 세련되고 현대적인 무늬가 들어간 싱가포르의 바티크 등이 인기 쇼핑품목이다.
- 24ha의 면적에 설계된 대규모 쇼핑몰 비보시티(Vivo City)가 유명.
- 여름축제(Great Singapore Sale) : 세계적인 패션 축제이자 최적의 쇼핑 기회로 자리잡은 '싱가포르 대세일' 축제.

7 출입국 및 여행관련정보

- 싱가포르와는 3개월 무비자 협정이 체결되어 있으나 입국 시에는 통상 30일간의 체류비자를 부여한다. 30일 이상 체류할 경우에는 이민국(핫라인 : T.1800 391 6400)으로부터 체류기간을 연장받아야 한다.
- 싱가포르는 깨끗한 거리만큼이나 강력한 규제가 많은 국가이다. 'Clean Green' 정책을 표방하고 있어서 거리에서 껌이나 담배꽁초 등을 함부로 버리거나 침을 뱉는 경우 상당한 액수의 벌금을 물어야 한다.
- TAX REFUND 상점에서 S$300 이상 상품을 구입한 경우 상점에서 발행해 주는 GST Claims Form을 가지고 출국 시 공항의 GST Refund Counter에서 확인받아, 이를 물품 구입 시 상점에서 주는 주소와 우표가 붙어 있는 봉투에 담아 공항 우체통에 넣으면 나중에 물품 구입 상점에서 GST 환급액을 우송해 준다.
- 화장실을 사용한 후 물을 내리지 않으면 상당한 금액의 벌금을 내야 한다.

8 관련지식탐구

- **스탬퍼드 래플즈**(Thomas Stamford Raffles : 1781. 7. 6~1826. 7. 5) : 영국의 식민지 담당 정치가 · 싱가포르 건설자. 1811년 영국이 자바를 점령하면서 부총독이 되어, 조사와 연구를 토대로 강제재배 · 의무공출제도의 폐지 등 자유주의적인 정책을 시행하였다. 그 후 싱가포르의 건설에도 참여하였다.
- **벌금제도** : ① 쓰레기를 길에 버리는 경우 초범인 경우 500싱가포르달러의 벌금, 재차 적발되면 1,000~2,000싱가포르달러의 벌금형. ② 거리청소를 통한 사회봉사명령을 받게 되는 경우도 있다. 나는 쓰레기를 버리는 잘못을 저질렀습니다.'라고 인쇄된 재킷을 입고 반나절 이상 거리청소작업에 동원되며, 심지어 TV뉴스에 나오기도 함. ③ 횡단보도로부터 50m 이내의 구역에서 무단횡단을 하면 적발횟수에 따라 50~500싱가포르달러의 벌금이 부과된다. ④ 침 뱉기도 적발횟수에 따라 500~2,000싱가포르달러 상당의 벌금형에 처해지며, 노상방뇨도 마찬가지이다. ⑤ MRT(일종의 지하철) 전동차 내에서 음식을 섭취하여 냄새를 피우거나 음식을 흘리면 500싱가포르달러 상당의 벌금이 부과된다. 인화성 물질을 갖고 탑승하려 한다면 5,000싱가포르달러의 벌금이 부과된다.

9 중요 관광도시

- **차이나타운**(China Town) : 싱가포르강 서쪽에 위치한 사우스브리지(South Bridge) 거리와 뉴브리지(New Bridge) 사이의 지역을 말한다. 싱가포르 전체 인구 중 76% 이상이 중국

인이기 때문에 어느 곳이나 차이나타운이라고 할 수 있지만, 정부의 이주정책에 의해서 각 민족들이 분산된 현재 초기 중국 이주민들의 상점과 시장모습을 보호·유지하고 있는 지역은 이곳이 유일하다고 할 수 있다.

- **싱가포르식물원**(Singapore Botanic Gardens) : 아열대 섬의 무수한 공원들 중에서도 대표적인 공원이다. 52헥타르의 방대한 부지 위에 원시림과 프랜지페니, 장미, 관상용 식물 등이 특별공원과 조화를 이루며 전시되어 있어 현지인에게도 인기가 높으며 들어가는 순간부터 고요함과 평화로움을 느낄 수 있다.

- **센토사섬**(Sentosa Island) : 면적은 동서길이 4㎞, 남북길이 1.6㎞이다. 지명은 말레이어(語)로 '평화와 고요함'을 뜻한다. 1970년대까지 영국의 군사기지였다가 이후 싱가포르 정부의 지원으로 관광단지가 조성되었다. 해양수족관인 언더워터월드는 아시아에서 가장 규모가 큰 수족관으로 알려져 있으며, 세계 최초의 야간 동물원이 있다.

🔹 센토사섬의 정원

- **머라이언공원**(Merlion Park) : 싱가포르강의 앤더슨교 옆에 위치한 공원이다. 바다를 향하고 있는 마니라만 끝쪽에 높이 8m인 머라이언상이 있다. 상반신은 사자이고 하반신은 물고기인 이 기묘한 동물은 싱가포르의 상징이라고 할 수 있다. 싱가포르에 왔었다는 증표를 남기기 위한 여행자들의 필수 코스인 만큼 반드시 들러야 한다.

🔹 싱가포르의 상징인 머라이언상

- **주롱지구**(Jurong) : 1960년경까지는 해안에 망그로브가 우거진 소택지였고, 내륙은 야자류의 플랜테이션이었으나 1961년 이후의 개발계획에 따라 주롱강(江)을 중심으로 싱가포르 최대의 공업지대가 조성되었다. 특히 새 공원이 유명하다. 수려한 경관을 자랑하는 이곳은 600여 종, 8,000여 마리의 아름다운 새들이 거대한 울타리 안에서 서식하고 있다.

🔹 새를 이용한 각종 쇼 공연장면

- **리틀인디아**(Little India) : 1819년 영국의 래플즈 경이 동인도회사를 차리기 위해 약 120명의 인도인 호위대와 함께 첫 발을 디뎠다. 리틀인디아의 중심 세랑군 로드의 좌우측으로 사원과 많은

🔹 리틀 인디아

인도 레스토랑, 재래시장이 있어 여행자들의 눈을 자극한다. 무엇보다 헤나 페인팅으로 자신의 몸에 그림을 그려 문신처럼 자신의 개성을 표출할 수 있는 재미가 있는 곳이다.

- **오차드로드**(Orchard Road) : 오차드로드는 싱가포르의 중심으로, 현대적이고 화려한 대규모 쇼핑센터들이 약 2㎞ 구간에 걸쳐 늘어서 있다. 스캇 로드(Scotts Road)와 탕글린 로드(Tanglin Road)가 교차하는 지역에는 각종 특급호텔뿐만 아니라 여러 종류의 바(Bar)와 클럽 등 유흥시설이 몰려 있다.

- **언더워터월드**(Under Water World) : 수중생물의 다양함을 보여주는 것 외에도 언더워터월드에서는 해양생물에 대한 교육과 보존에 대한 중요한 역할을 맡고 있다. 형형색색의 산호초와 여러 종류의 신비로운 해양생물들을 83m 수중터널 속에서 감상할 수 있는 곳으로 거대한 산호초군과 열대어들이 아름다움을 뽐내고, 심해 상어와 자이언트 가오리가 무시무시한 분위기를 연출하기도 한다.

- **바탐섬**(Batam) : 바탐섬은 싱가포르에서 동남쪽으로 불과 20㎞ 정도 떨어진 곳에 위치한 인도네시아 섬으로 싱가포르에서 페리를 타면 45분쯤 걸린다. 바탐은 서울의 2/3 면적인 415㎢으로 수마트라 동부 빈탄섬이 있는 리아우주에서 비교적 큰 섬에 속한다.

- **빈탄섬**(Bintan) : 빈탄은 싱가포르의 땅이 아니라 인도네시아의 땅이다. 그러나 인도네시아 사람들보다는 싱가포르 사람이 더 많이 방문한다. 서울 사람이 월미도를 가는 것보다, 싱가포르 사람이 인도네시아의 빈탄을 가기가 훨씬 더 가깝고 쉽기 때문이다. 싱가포르에서 페리를 타고 40분 정도 가면 빈탄이 있다. 빈탄은 위치적으로도 싱가포르에서 45㎞ 밖에 떨어져 있지 않다. 짧은 접근성 때문에 하루 일정의 휴양 코스로 최적이다.

- **래플즈 호텔**(Raffles Hotel) : 1887년에 오픈했으며, 스탬포드 래플즈경(Sir Stamford Raffles)의 이름을 따서 만들었다. 해를 거듭하며 세계적으로 사랑받는 최고급 호텔로 성장하였으며, 세계 각국의 여러 유명 인사들이 머무른 호텔로 더욱 유명해져서 숙박을 하지 않더라도, 싱가포르를 찾는 많은 관광객들이 이곳을 찾고 있다.

▶ 래플즈 호텔

- **아랍인거리**(Arab Street) : 싱가포르 속의 작은 아랍이라고 할 수 있다. 아랍 스트리트에 들어서면 표지판부터가 아라비아풍이며, 도로 양쪽으로 각종 기념품과 옷, 천, 장신구들을 판매하는 상점들이 늘어서 있는데, 상가에 걸린 옷들을 보면 아라비안나이트가 생각날 정도이다.

▶ 아랍인거리의 술탄 모스크

2.2.4 인도네시아(印尼^{인 니} · Indonesia)

인도네시아(印尼 · Indonesia)

1 국가개황

- 위치 : 동남아시아
- 수도 : 자카르타(Jakarta)
- 언어 : 인도네시아어
- 기후 : 열대성기후
- 종교 : 이슬람교 87%, 그리스교 9%
- 면적 : 1,904,569㎢(16위)
- 인구 : 222,781,000명(4위)
- 면적 : 192만 2,570㎢
- 통화 : 루피아(Rupiah)

인도네시아인은 '상 메라 푸티(Sang Merah Putih)' 라고 한다. 빨강과 하양은 전통적인 국민색인데, 결백 (하양) 위에 선 용기(빨강)를 상징한다. 그 밖에 지구 위의 생명, 낮과 밤, 남편과 아내, 창조와 개성이라는 의미로도 해석된다. 가로세로 비율은 3 : 2이다.

2 지리적 개관

인도네시아공화국(인도네시아어 : Republik Indonesia)은 동남아시아에 있는 섬나라이다. 인도네시아는 인도차이나에서 오스트레일리아까지 이어지고 인도양과 태평양 사이에 위치한 세계 최대의 열도인 말레이 열도에 속한다. 이슬람교 신도가 인구의 약 90%를 차지하고, 이슬람 국가 중 가장 인구가 많으며, 중국, 인도, 미국에 이어 세계에서 네 번째로 많은 인구를 지니고 있다. 인도네시아는 18,108개의 섬으로 이루어져 있으며, 6,000개의 섬에 사람이 살고 있다. 사람들이 많이 사는 섬은 세계에서 인구밀도가 제일 높고 인도네시아 인구의 절반이 살고 있는 곳으로 자와 섬, 수마트라 섬, 보르네오 섬, 파푸아 섬, 술라웨시 섬 등이다.

3 약사(略史)

- 644년 : 말라유 왕국(힌두교 왕조). 수마트라 남부지역 지배
- 689년 : 스리위자야 왕국(불교 왕조). 수마트라, 자바, 말레이 반도 지배
- 1292년 : 마쟈파히트 왕국(힌두교 왕조). 현재의 전 인도네시아 영토, 말레이 반도, 필리핀 남부에 걸친 거대한 해상제국 형성. 15세기 이슬람교 침투. 수마트라, 자바, 칼리만탄 해안지역에 말라카, 반담, 마타람 등 수개의 이슬람왕국 성립
- 1602년 : 네덜란드의 동인도회사 설립으로 식민지 경영 시작
- 1824년 : 전 인도네시아를 네덜란드 직할 식민지화
- 일본 점령기(1942~1945)
- 1945년 8월 : 인도네시아공화국 독립선언 및 헌법 채택. 4년간의 대네덜란드 무력항쟁 시작
- 1949년 12월 : 인도네시아연방공화국 수립
- 2004년 7월 5일 : 헌정사상 처음으로 국민 직접투표에 의한 대통령선거 실시

4 행정구역

인도네시아의 행정구역은 30개 주(provinsi), 2개 특별주(daerah istimewa), 1개 수도권(daerah khusus ibu kota)의 33개로 나뉜다. 수도는 자카르타이다. 제2의 도시는 수라바야이다.

5 정치 · 경제 · 사회 · 문화

- 인도네시아의 국체(國體)는 공화국, 정체(政體)는 대통령 중심제 국가이다.
- 인도네시아는 농업과 광업에 기초를 둔 개발도상국형의 혼합경제체제이다.
- 인구의 64% 이상이 총면적의 6.9%에 지나지 않는 자바와 마두라에 집중해 있고 인구 밀도도 매우 높은 편이다.
- 다양한 인종집단으로 이루어진 인도네시아는 오랜 세월 동안 문화적 동화작용을 거친 결과 풍부한 문화양식을 형성하고 있다.
- 대승불교의 유적, 힌두교 사원, 금속세공, 장식예술 등은 인도네시아의 문화유산으로 보호 · 계승되고 있다.
- 지방의 경우 노인 및 어린이들은 대개 낮(오후 2~4시)에 휴식을 취한다.
- 땀 흘리는 일이 많으므로 아침에 일어날 때나 잠들기 전에 반드시 목욕을 한다.
- 이슬람교의 금식월인 라마단의 마지막 무렵에는 성대한 축제를 거행한다.

6 음식 · 쇼핑 · 행사 · 축제 · 교통

- 인도네시아인은 쌀을 주식으로 하며 음식은 향신료를 듬뿍 넣어 조리한 것이 많다.
- 사테(우리나라의 꼬치와 비슷한 음식), 미고랭(야채와 닭고기, 해산물을 면과 함께 볶은 것), 나시고랭 (우리나라의 볶음밥과 비슷한 음식)이 유명하다.
- 와이삭제(Waisak Day : 석가의 탄생과 입멸을 축하), 마호메트 탄생일(Prophet Muhammad Saw Birthday), 마호메트 승천일(ascension Day of Prophet Muhammad Saw) 등 회교, 힌두교 등 종교관련 축제가 많다. 축제일은 해마다 일자가 변동되므로 사전 확인이 필요하다.
- 인도네시아는 직물제품과 금속공예품, 목공예품 등으로 유명하다.
- 인도네시아의 저렴한 숙박시설로 로스멘(Losmen) · 위스마(Wisma) · 게스트하우스가 있다.

7 출입국 및 여행관련정보

- 도착비자를 받고 입국한다. 도착비자 체재기간은 30일이다. 도착비자 발급 공항(6곳) : Soekarno-Hatta공항(자카르타), Polonia공항(메단), Ngurah Rai공항(발리), Sam Ratulangi 공항(마나도), Tabing공항(빠당), Juanda공항(수라바야) 및 항구(7곳) : Batam, Belawan(메단), Tanjung Priok(자카르타), Tanjung Perak(수라바야), Benoa(발리), Sibolga(북 수마트라), Jayapura(빠뿌아) 이외의 항만으로 입국 시에는 반드시 재외 인도네시아대사관에서 사전에 비자를 받은 후 입국 가능
- 여권 잔여 유효기간이 반드시 6개월 이상(입국시점 기준) 되어야 함.
- 발리섬의 입국절차는 우선 도착비자 비용을 내기 위해 줄을 서며, 이후에 비자 비용을 내고 영수증을 받으면, 바로 옆 이민국의 입국 스탬프를 받고 짐을 찾으면 된다.
- 초특급호텔에서는 체크인 시 별도의 보증금(카드, 현금 가능)이 필요하다. 체크아웃 시 현금은 돌려받을 수 있으며, 카드의 경우 승인이 해제되어 금액이 청구되지 않는다.
- 공항이나 정부기관, 사원 등에서는 소매 없는 옷이나 짧은 반바지차림, 비치 샌들을 착용하지 않도록 한다.
- 왼손은 부정한 것이므로 악수를 하거나 물건을 받을 때는 오른손을 사용하여야 한다.

8 관련지식탐구

▷ 와양

- **와양**(Wayang) : 양피(羊皮)를 잘라 채색한 와양인형을 이용한다. 음악 반주에 맞추어 한 사람의 인형조종자가 이야기 줄거리를 말하면서 여러 역할을 하는 인형들을 조종한다. 이런 형식의 인

형극은 타이나 미얀마에서도 행해졌는데 인도네시아 인형보다 큰 것이 사용되었다.

- **가믈란(Gamelan)** : 가믈란의 어원에 대해서는 일정한 설이 없으나, 16세기 무렵부터 청동으로 만든 공계(gong系)와 감방계(gambang系)가 합주악으로 편성되어 가믈란이란 명칭으로 쓰이게 되었다. 그러나 처음에는 고봉(鼓棒)으로 치는 음악이라는 뜻으로 타브반이라고 하였다. 호텔 로비나 대형음식점 등에는 대개 가믈란 연주장소가 있다.

▣ 가믈란 연주 장면

- **라마단(Ramadan)** : 아랍어(語)로 '더운 달'을 뜻하는데, 코란 내려진 신성한 달로 여겨, 교도(敎徒)는 이달 27일은 일출에서 일몰까지 의무적으로 금식한다. 다만, 여행자·병자·임신부 등은 면제되는 대신 후에 별도로 수일간 금식을 해야 한다.

- **바틱(Batik)** : 날염의 일종인 납힐을 말함. 바틱이란 이 기술의 본고장인 자바의 말이다. 자바지역의 바틱(파라핀 등으로 방염한 후 무늬를 넣는 기법)처럼 민속적인 기법이 패션이나 인테리어 소품에 사용되고, 대나무나 등나무, 왕골 소재로 만든 제품도 등장한다.

9   중요 관광도시

(1) 자카르타(Jakarta) : 네덜란드의 식민지시대(1949)에는 바타비아라고 하였다. 동남아시아 제1의 대도시이며, 행정상 '대(大) 자카르타 수도 특별지구'를 형성한다. 시가는 북쪽의 리웅강(江) 하구에서 남쪽으로 약 25㎞에 걸쳐 있으며, 해발고도가 낮아 도심에 있는 기상대 자리가 8m이다.

- **므르데카 광장(Merdeka Square)** : 독립기념탑의 사방을 에워싼 광장이다. '므르데카'란 독립을 뜻하는데, 독립기념탑의 입구가 있는 북쪽 고원에는 인도네시아 독립의 영웅 팡게란 디포네로고의 상과 55기의 분수가 있는 연못 등이 있어 시민의 휴식처로 애용되고 있다.

- **모나스 독립기념탑(Monumen Nasional)** : 높이 173m이고, 꼭대기에 35kg의 순금으로 만든 불꽃 조각이 빛난다. 탑 내부에는 선사시대부터 현재까지의 인도네시아 역사를 해설한 역사박물관이 있다. 엘리베이터로 지상 115m의 전망대에 오르면 탑 주변에 있는 대통령 관저나 국립 이슬람 사원 및 남쪽에 이어진 산들까지 한눈에 내려다보인다.

▣ 모나스 독립기념탑

- 타만 미니 인도네시아인다(Taman Mini Indonesia Indah) : 시내 중심에서 남동쪽으로 20㎞ 지점에 있는 인도네시아 최대의 민속공원이다. 수하르토 대통령의 부인 티엔이 제안해서 만들었다. 총 면적 약 100ha에 달하며, 인도네시아 27개 지방의 전통적인 민가, 사원 등이 전시되어 있어서 각지의 다양한 문화와 풍속을 알 수 있다.

▶ 인도네시아형 민속촌 타만 미니

- 수라바야거리(Surabaya Street) : 일명 '골동품거리' 또는 '도둑시장'으로 불리는 거리이다. 1~2칸 정도의 작은 상점들이 들어서 있는 모습이 이채롭다. 대부분이 골동품 상점이지만 다른 물품들도 판매하고 있다. 동화 속에 나오는 낡은 램프나 장신구 등이 보는 이의 눈길을 끈다.

- 자카르타박물관(Jakarta Museum) : 1627년에 세워진 네덜란드 동인도회사의 건물을 개조한 박물관으로, 네덜란드 통치시대의 역사를 알아보는 데 가장 알맞은 곳이다. 내부에는 당시의 총독이 애용한 기구와 세간, 회화, 옛 지도 등이 진열되어 있는데, 특히 총독의 초상화와 중국에서 건너온 도자기 등이 볼 만하다. 건물 정면 광장에는 16세기에 사용된 포르투갈제 대포가 놓여 있다.

(2) **욕야카르타**(Yogjakarta) : 족자카르타로도 표기한다. 메라피 화산의 남쪽 기슭에 있는 기름진 평야에 위치하며, 해발고도는 115m이다. 마타람 왕국의 수도였으며 전통적 자바 문화가 가장 잘 보존되어 있다. 무용과 가믈란 음악이 애호되고, 해마다 몇 차례 거행되는 왕궁의 축제에는 근교에서 많은 사람들이 모여든다. 시는 자바인의 민족정신의 고향으로 여겨지고 있으며, 반(反)네덜란드 독립전쟁 때 공화국의 수도가 되기도 하였다.

- 보로부두르(Borobudur) 사원 : 면적은 약 1만 2,000㎡, 높이는 약 31.5m이며 이중의 기단(基壇) 위에 방형(方形)으로 5층, 원형으로 3층을 건조하여 8층으로 하였고, 그 정상에 커다란 종(鐘) 모양의 탑을 덮어씌운 구조로 되어 있다. 불교세계의 어디에서도 그 유례(類例)를 찾아볼 수 없는 장대하고 복잡한 건축물이다. 세계유산목록에 등록되어 있다.

▶ 보로부두르 사원

- 크라톤 왕궁(Kraton Yogyakarta) : 말리오보로 거리 남단의 넓은 왕궁광장에서 남쪽으로 가면 나타나는, 전통적인 자바 건축양식의 건물이다. 1755년 하멩쿠보노 1세가 건립한 것

으로, 약 1㎢의 면적을 차지하는 왕궁 주위를 높
이 5m, 두께 3m의 흰 외벽이 둘러싸고 있다. 궁
전은 7개 부분으로 나누어져 있으며, 각기 특색
있는 건물이 늘어서 있다.

🔜 크라톤 왕궁

- **프람바난 힌두사원**(Prambanan Temple Compounds) :
자바 건축의 정수로서 오파크강 부근 메라피화
산 북쪽 기슭에 있다. 시바 신앙이 자바의 국교
로 되었던 시기의 유구(遺構)로서, 보로부두르와
더불어 세계적으로 널리 알려져 있다. 여러 사원
가운데서도 10세기 무렵 건설한 것으로 추정되
는 로로존그란사원이 대표적이다. 1991년 세계
문화유산으로 지정되었다.

🔜 프람바난 사원의 위용

(3) 반둥(Bandung) : 인도네시아 자와바라트(서자
바)주의 주도와 섭정관할구. 자바 섬에 있는 해발
730m의 고원 북쪽 가장자리에 자리 잡고 있다. 반둥 시는 1810년 네덜란드가 세운 도시
로 기후는 온화하고 쾌적하며 논과 폭포를 비롯하여 2,150m에 달하는 산 등 아름다운 경
관에 둘러싸여 있다. 넓은 가로수길과 서양식으로 지은 많은 건물 및 주택들이 들어선 현
대적인 도시이다. 주목할 만한 공공건물로는 메르데카와 드위와르나를 들 수 있다.

- **땅꾸반 뿌라후 화산**(Tangkuban Perahu) : 땅꾸반 쁘
라후 화산은 자바의 반둥에서 북쪽으로 약 28㎞
떨어진 곳에 위치하였고, 현재도 활동하고 있는
활화산이다. 1983년에 화산이 폭발하였고, 현재
는 뜨거운 물줄기와 유황연기를 내뿜고 있어, 화
산의 숨구멍이라는 말이 떠오른다.

🔜 활화산인 땅꾸반 뿌라후

- **찌아뜨르 온천**(Ciateur Hotspa) : 반둥에서 북쪽으
로 32㎞, 반둥화산에서 7㎞ 떨어진 지역에 위치한 찌아뜨르 온천은 야외온천으로 유황
성분을 많이 함유한 곳으로 유명하다. 숙박시설 및 식당, 테니스 코트 등도 갖추고 있어
주말에는 사람들의 발길이 끊이지 않는 곳이다.

(4) 수라바야(Surabaja) : 인도네시아 동(東)자바주(州)의 주도(州都). 마두라섬과 접하는 좁
다란 수라바야 수로(水路)의 연안, 칼리마스강 하구에 자리한 대도시이다. 자바에서 가장 우
수한 항만시설을 갖추고 있으며, 제2차 세계대전 전에는 최대의 설탕 적출항 겸 무역항이었
다. 바다를 앞둔 데다 칼리마스강을 이용한 오지와의 교통이 편리하여 점차 발전하였다.

- **보로모산**(Gunung Bromo) : 인도네시아 자바섬의 남부, 제2의 도시인 수라바야에서 2시간 정도의 거리에 있는 보로모산, 높이가 3,000m 정도이고, 아직도 분화구에서 연기가 나오고 있으며 화산재로 인해 말을 타고 들어가야 하는데 인도네시아에서는 유명한 관광지이다.

(5) 발리섬(Bali Island) : 발리해(海)를 사이에 두고 자바섬의 동부와 대하고 있다. 발리섬 전체의 크기는 제주도의 3배 정도이지만, 실제로 관광객들이 많은 곳은 발리 남부의 일부 지역이다. 이슬람화된 인도네시아 중에서 아직도 힌두문화의 전통이 남아 있는 섬으로 유명하다. 섬모양은 병아리 모양과 비슷하며, 북부를 화산대(火山帶)가 관통하고, 최고봉인 아궁화산(3,142m)을 비롯하여 몇 개의 화산이 우뚝 솟아 있다.

- **덴파사르**(Denpasar) : 발리섬 관광의 중심지로, 섬 본래의 문화나 관습을 잘 찾아볼 수 있다. 발리박물관, 옛 발리왕의 신성한 기도소(프라사토리아) 등도 있다. 가자마다거리는 시내의 메인 스트리트로서 낮 동안은 문을 닫고 있는 가게도 많으나 저녁에는 다시 문을 열고 밤 늦게까지 북적거린다. 교통량이 많아 섬에서 유일하게 교통신호가 있는 거리이다.

- **우부드**(Ubud) : 덴파사르에서 약 25㎞ 지점에 있다. 일명 '예술촌' 또는 '회화촌'이라고 불리는 마을이다. 국내외의 많은 화가가 거주하고 있으며, 힌두교 신화를 주제로 한 독자적인 발리 전통예술에, 일상생활을 소재로 한 현대회화를 절충한 독특한 발리 회화를 발견할 수 있다.

- **케착댄스**(Kecak Dance) : 고대 종교의식에서 유래된 춤으로 20세기에 들어와서야 지금의 모습을 갖추어 선보이고 있다. 케착댄스에서 케착은 원숭이 탈을 쓴 주인공의 주변을 둘러싼 등장인물들이 외쳐대는 의성어이다. 우리나라의 탈춤과 같은 무언극이라 할 수 있는 케착댄스는 원숭이들을 매개체로 한 인간들의 러브스토리를 권선징악의 구조로 잘 표현하고 있다.

- **울루와투**(Ulu Wat) **절벽 사원** : 발리에서 가장 유명한 울루와투 사원은 고원의 서쪽 끝 만에 위치한 건축기술의 경이이다. 해발 75m의 절벽 위에 위치한 사원으로 11세기경에 세워져, 16세기에 현재와 같은 모습으로 복원되었다. 사원 끝에 서 있으면 지구의 끝에 다다른 느낌을 강하게 받는다.

▶ 울루와투

- **베사키 사원**(Pura Besakih) : 덴파사르에서 북동쪽으로 약 40㎞ 지점에 있는 힌두교 사원

이다. 1만이 넘는 발리 힌두교 사원의 총본산이
며, '어머니 사원'으로 존숭되고 있다. 힌두교의
3대 신인 브라마·비슈누·시바의 삼위일체사상
에 따라 3개의 사원이 합체한 복합사원이다. 발
리섬의 최고봉 아궁산을 배경으로 3~11층의 첨
탑이 우뚝 솟은 모습은 매우 신비롭다.

▣ 베사키 사원 전경

- 낀따마니(Kintamani) : 해발 1,460m에 자리 잡고
  있는 낀따마니 화산지대는 연중 평균기온이
  18℃ 정도로 365일 서늘한 온도를 유지한다. 과
  거에 폭발한 분화구에서 1927년, 1929년, 1947
  년에 각각 세 번에 걸친 재폭발이 있었다. 이후
  이곳은 이중구조의 화산모양으로 변모하여 커다

▣ 발리의 심장부 낀따마니 화산지대

란 분화구 안의 중간중간에 또 다른 화산 분화구가 있어 특이한 구조를 띠고 있다.

(6) 롬복섬(Lombok Island) : 면적 5,435㎢, 주도(主都)는 서쪽 해안의 마타람. 발리에서 비
행기로 20분 정도 거리에 떨어져 있는 롬복섬은 발리만큼 유명한 휴양지는 아니나 발리와
는 전혀 다른 느낌의 또 다른 휴양지로 각광받고 있다. 이곳은 윌리스 라인이 통과하는 지
역으로도 유명한데, 이 라인을 경계로 하여 발리는 동남아시아 지역의 모습을, 롬복은 오
스트레일리아와 같은 이국적인 모습을 보여준다.

- 민속마을 : 쿠타비치와 타누앙비치에 있다. 수작업 직물을 짜는 수카라타 마을, 전통옹기
  를 만드는 람비탄 마을, 원시적 가옥이 보존되어 있는 세이드(Sade) 등의 전통마을과 야
  시장과 목각, 바틱 마을 등을 볼 수 있다.

- 셍기기 비치(Senggigi beach) : 깨끗한 바닷물에 크리스탈 같은 모래로 관광지로 주목받고
  있는 곳이다. 주위에 레스토랑과 몇 개의 호텔이 들어서 있다.

- 린자니산(Gunung Ninjani) : 인도네시아에서 2번째
  로 높은 휴화산이 정상을 이루고 있는 '불의 원'
  으로 찬미하는 곳으로, 수백만 년 전에 폭발과
  침식으로 형성된 산이다. 숲이 울창하게 우거진
  산등성이 바다에서 곧바로 이어져 형성되어 있
  다. 린자니 국립공원은 4만ha에 걸쳐 보호되고 있
  으며, 가장 높은 봉우리는 린자니산으로 3,726m
  이다.

▣ 린자니산의 정상

2.2.5 필리핀(Philippines)

1 국가개황

- 위치 : 동남아시아
- 수도 : 마닐라(Manila)
- 인구 : 90,500,000명(12위)
- 면적 : 300,000㎢(72위)
- 기후 : 열대계절풍기후
- 종교 : 천주교 83%, 기독교 9%, 회교 5%,
- 통화 : 페소(Peso)
- 정체 : 공화제

오른쪽으로 파랑과 빨강이 수평으로 놓여 있고, 왼쪽으로 하얀 바탕에 삼각형이 있다. 삼각형의 중심에는 8개의 햇살을 가진 노랑의 태양이 있고 각 햇살은 3개의 빛으로 이루어져 있다. 삼각형의 각 구석에는 5개의 모서리를 지닌 작은 별이 3개 있다.

2 지리적 개관

필리핀은 동남아시아의 동북단에 위치하며 아시아와 오스트레일리아 대륙 사이에 자리 잡은 크고 작은 7,107개의 섬으로 이루어져 있다. 대부분 무인도에 불과해 사람이 사는 섬은 약 1,000개 뿐이며 이름이 붙여진 섬도 약 2,700개 밖에 존재하지 않는다. 루손 섬과 민다나오 섬의 면적이 전 국토의 70%를 차지한다.

3 약사(略史)

- 남부 민다나오(Mindanao) 지역은 14세기부터 이슬람 왕국이 성립
- 16세기에 접어들면서 외부에 알려지게 됨
- 마젤란(Ferdinand Magellan)은 스페인 왕실의 후원을 받아 1521년 필리핀을 발견
- 이후 약 400년간 스페인 통치
- 1898년 필리핀은 스페인으로부터 독립선언
- 미국 - 스페인 전쟁에서 미국이 승리함에 따라 스페인은 필리핀을 미국에게 양도
- 1942~1945년까지 일본 통치
- 1945년 독립

4 행정구역

수도는 마닐라이며 이는 메트로 마닐라를 구성하고 있는 하나의 시를 의미한다. 메트로 마닐라는 14개 시와 3개 읍으로 구성되어 있다. 메트로 마닐라를 통괄하는 행정기관은 Metro Manila Developement Authority(MMDA)로 광역 행정업무를 협의·조정하고 있다.

5 정치·경제·사회·문화

- 1987년 헌법에 따라 필리핀의 국가수반은 대통령이다.
- 필리핀의 입법부는 상원과 하원으로 구성된다.
- 외교정책은, 독립 후 친미정책으로 일관하고 있다.
- 필리핀은 풍부한 광물, 비옥한 토지 등 천연자원과 해양자원이 풍부한 국가이다.
- 노동인구의 40% 이상이 농업에 의존하는 경제구조로 플랜테이션(Plantation)농업이 유명하다.
- 7차례에 걸친 쿠데타 등으로 사회가 불안정하다.
- 토착문화 위에 에스파냐와 미국 문화의 영향이 깊이 뿌리박혀 특이한 복합문화가 성립되었다.
- 서구의 영향으로 아시아에서 유일한 그리스도교 국가로 만들었다.
- 필리핀 문화의 근원은 핵가족제도에서 나오며, 가톨릭적 종교관이 뚜렷해 낙태나 이혼은 부정한 것으로 생각한다.

6 음식·쇼핑·행사·축제·교통

- 해산물을 이용한 다양한 요리들이 많다. 굴·새우·게·가재 등을 튀기거나 구워서 다양한 소스와 함께 먹는다. 육류는 소고기보다 닭고기와 돼지고기를 이용한 요리가 많다.
- 중국풍의 새끼통돼지구이인 레촌, 화빵과 비슷한 롤빵인 룸피아 등이 유명하다.
- 스페인풍의 메차도, 메뉴도 등의 요리가 대중적인 음식으로 자리 잡고 있다.
- 대표적 요리로서 시니강, 아도보, 카레, 아프리타도 등이 있다.
- 필리핀 특유의 교통수단으로써 오토바이에 보조좌석을 설치한 트라이시클과 지프차를 개조하여 만든 소형버스인 지프니가 있다.
- 대표적 쇼핑품목은 나무를 이용한 공예품, 진주, 조개 등을 이용한 액세서리, 직물제품 등이다. 특히, 직물제품은 필리핀 고유의 문양과 열대 특유의 색감 등이 이국적인 느낌을 주는 제품들이 많다. 마닐라삼, 파인애플 섬유 등의 소재로 깔깔하면서 통풍이 잘 되어 관광객들 사이에서 인기가 있다.

- 플로레스 드 마요축제(Flores de Mayo Fiesta)로서 5월 1일부터 30일까지 꽃이 만발할 때 필리핀 전역에서 거행되는 축제. 성모마리아와 같은 우아한 흰옷을 입은 어린 소녀들이 손에 꽃을 들고 거리로 나와 행렬을 이룬다. 필리핀의 축제는 기독교적 요소와 민족적인 요소가 복합되어 매우 화려한 것이 특징이다.

7 출입국 및 여행관련정보

- 체류기간이 21일 이내인 경우에는 돌아오는 항공권이나 제3국행 항공권을 소지하고 있으면 별도의 비자가 필요하지 않다. 21일이 넘을 경우 필리핀대사관에서 59일짜리 관광비자를 발급받아야 한다.
- 입국 시 면세받을 수 있는 물품의 범위는 담배 400개비, 여송연 50개비, 잎담배 250g, 술 2병까지(단, 1병에 1ℓ 미만)이다. 현금은 미화 $3,000 이상 소지하였으면 세관에 신고해야 한다.
- 아무에게나 신분증을 보여주어서는 안 된다. 가끔 경찰이나 이민국 직원을 사칭하여 금품을 갈취하는 경우들이 있다.
- 거리에는 공중화장실이 거의 없는데다, 대부분 화장지가 비치되어 있지 않으며 지저분한 편이다. 호텔이나 카페, 백화점 등의 화장실을 이용하는 편이 나을 것이다. 남성용 화장실은 'LALAKE', 여성용은 'BABAE'라고 쓰여 있다.

8 관련지식탐구

- 안경원숭이(Tarsier) : 큰 눈과 큰 안와(眼窩)가 특징적이며 안와는 거의 완전하게 골벽(骨壁)으로 덮여 있다. 눈의 발달에 비해서 비구부(鼻口部)는 상대적으로 퇴행하고 전체적으로 둥글며 넓적한 얼굴을 가지고 있다.
- 모로이슬람해방전선(MILF) : 민다나오 섬에 근거를 두고 있는 이슬람근본주의 세력을 말한다. 정부군에 대항해 독립투쟁을 전개할 정도로 강력한 세력을 구축하고 있다.
- 국제미작(米作)연구소(International Rice Research Institute) : 라구아나지방에 소재한 국제미작연구소에서는 비영리 국제 쌀 연구기관으로서 1970년대 우리나라에 통일벼를 공급함으로써 배고픔을 극복하게 했던 녹색혁명의 발원지이다.
- 코피노(Kopino) : 한국인 남성과 필리핀 여성 사이에서 태어난 혼혈자녀를 이르는 말이다. 관광이나 사업·유학차 필리핀에 간 한국 남성들이 현지에서 아이를 만들고 책임지지 않는 사례가 급증하는 등 아버지로부터 버림받는 코피노가 증가하면서 큰 문제가 됐다. 더욱이 대부분의 코피노가 극심한 가난과 사회적 냉대 속에서 자라고 있어 필리핀

에서도 사회 문제가 되고 있다.

9 중요 관광도시

(1) **마닐라**(Manila) : 세계에서 가장 좋은 항만으로 일컬어지는 마닐라만(灣)에 임한 필리핀의 항구도시 겸 수도로, 시가지는 파시그강(江)을 끼고 그 남북으로 펼쳐진다. 북쪽에 비옥한 중부 루손 평야를, 남쪽에 남부 루손의 화산성 저지를 끼고 있다. 1571년 스페인 총독 레가스피가 점령한 이후 스페인 식민지 지배의 근거지가 되었고, 그 후 19세기 중엽까지 마닐라는 '동양의 진주(眞珠)'로서 에스파냐의 대(對)아시아무역 거점이 되고 극동에서 가톨릭 권력의 중추가 되기도 하였다.

- **산티아고 가든**(Santiago Garden) : 인트라무로스에서 가장 인기있는 관광지인 산티아고 요새의 남쪽에 위치한 '산티아고 정원(Santiago Garden)'은 스페인 식민지 시대에 일부 필리핀 현지인과 스페인 식민세력이 이용했던 정원으로, 현재 제2차 세계대전 이후 일부 파괴되었지만, 정원 위에서 바라보는 마닐라의 전경이 볼 만하다.

➡ 산티아고 가든

- **산 아구스틴**(San Agustin) **교회** : 1571년에 건축된 가장 오래된 교회이다. 정문에는 정교한 조각이 새겨졌고 강단을 비롯한 교회 내부는 바로크 양식으로 장식되어 있다. 18세기에 만들어진 파이프 오르간으로 유명하다. 마닐라의 첫 번째 총독인 미구엘 로페즈데 레가스피(Miguel Lopez de Legazpi) 장군의 무덤과 스페인 정복시대의 유물이 발견되었다.

- **인트라무로스**(Intramuros) : 성벽도시(Walled City)로 불리는 인트라무로스는 마닐라 중심부를 흐르는 파시그강의 남쪽 제방을 따라 16세기 말 스페인 정복자들이 세웠다. 성벽 길이는 약 4.5km, 내부 면적은 약 19만 4,000평(640,200㎡)으로 외부의 공격으로부터 자신을 보호하기 위한 것이었다.

➡ 인트라무로스

- **산티아고 요새**(Fort Santiago) : 인트라무로스 북서쪽에 위치한 산티아고 요새는 스페인 군대의 본부였고 호세 리잘이 사형선고를 받고 수감되었던 곳이다. 파시그강 하구를 내려다보는 전략적

➡ 산티아고 요새

요충지이며, 일본군 점령기 동안 수많은 필리핀인들이 이곳에 수감되었다가 목숨을 잃었다.

- 나용필리피노(Nayon Pilipino) : 필리핀의 민속촌. 고유한 삶의 양식과 다양한 문화를 지닌 여러 지역을 모두 여행하는 것은 불가능하다. 14만 평(462,000㎡)의 초지 위에 필리핀 원주민들의 전통과 문화를 한눈에 섭렵할 수 있게 재현해 놓은 곳으로 마닐라공항 바로 옆에 위치한다. 필리핀을 대표하는 6개 지역의 생활양식과 가옥형태를 관찰할 수 있다.

▶ 나용필리피노

- 팍상한 폭포(Pagsanjan Falls) : 마닐라에서 남동쪽으로 라구나를 향해 2시간 달린다. 급류를 거슬러 폭포까지 올라가는 '급류타기'가 관광의 절정이다. 관광객 2인이 긴 배의 가운데에 타고 앞뒤에서 사공 2명이 끌고 당기며 1시간 정도 바위 위로 흘러내리는 급류를 오른다. 물보라를 맞기

▶ 팍상한 폭포

도 하지만 위험하지는 않다. 목적지인 폭포에 도착하면 뗏목을 타고 폭포 밑을 돌아나오는 코스가 있는데 수십 m가 넘는 웅장한 폭포를 가까이서 볼 수 있다. 내려올 때는 속도감이 붙어 30분 정도 걸린다.

- 리잘 공원(Rizal Park) : 루네타 공원이라고도 한다. 필리핀의 국민적 영웅 호세 리잘(Jose Rizal)을 기리는 공원으로 마닐라만 근교 로하스 거리에 있다. 스페인 식민정책에 항거하던 리잘이 1896년 이곳에서 총살당했다. 공원 입구의 리잘 기념탑 앞에서 무장한 헌병이 이곳을 지킨다. 독립기념일과 대통령 취임식 등 거국적인 행사가 이곳에서 개최된다.

▶ 리잘 공원

(2) 세부(Cebu) : 길이는 216㎞이다. 최대 너비 35㎞, 최고점 500~800m의 구릉성 산지로 구성되어 있다. 필리핀에서는 인구가 가장 조밀한 섬으로 일찍부터 개발되어 13세기경부터 중국·타이 등과 교역을 하였다. 포르투갈의 탐험가 F. 마젤란이 세계일주 도중에 태평양 방면에서 최초로 상륙했던 섬이다. 산토니뇨 교회, 마젤란의 십자가, 막탄섬, 모알보

알, 라푸라푸 기념비 등의 관광지가 있다.

(3) **바기오**(Bagio) : 코딜레아 산맥의 줄기로 해발고도 1,500m에 위치한 바기오는 연평균 기온 17.9℃를 유지해 필리핀 사람들에게 여름 휴양지로 널리 알려져 있다. 주로 미군의 휴양지로 개발되었던 이곳에 시설들이 남아 있는 것이다. 계단식 논(Rice Terrace), 맨션(The Mansion), 마인스 뷰(Mines View Park), 번햄 파크(Burnham Park) 등의 관광지가 있다.

■ 계단식 논

● **계단식 논**(Rice Terrace) : 코르디예라(Cordillera) 산에 펼쳐진 라이스 테라스(Rice Terrace), 계단식 논으로 우리나라 남해대교 근처에서도 일부 보았던 광경이 더욱 웅장한 모습으로 다가온다. 세계 8대 불가사의로 알려져 있다. 논둑 둘레가 지구 반바퀴에 해당하는 22,400㎞나 된다.

(4) **비간**(Vigan) : 바기오에서 북쪽으로 140㎞ 정도 떨어진 남중국해 연안에 있다. 코르디예라 중앙산맥에서 흘러드는 강어귀 북쪽에 자리한다. 1572년 세워진 오래된 도시로, 창설 당시의 도로가 아직도 남아 있다. 주변 지역에서는 잎담배 재배가 성하다. 마닐라로 연결되는 루손섬 북부의 순환간선도로가 지난다.

(5) **보라카이섬**(Boracay Island) : 길이 7㎞, 너비 1㎞의 산호섬이다. 1970년대에 독일과 스위스의 여행자들이 발견하였다. 초기에는 유럽인들이 주로 방문하였는데, 이후 고운 모래와 깨끗한 해변으로 널리 알려져 세계적인 휴양지가 되었다. 섬에서 사용하는 교통수단으로 오토바이나 자전거를 개조한 트라이시클이 있다. 푸카셀 비치, 로렐섬, 루호산 전망대, 윌리스 락, 쉘 비치(Shell Beach)와 박쥐동굴 등의 관광지가 있다.

● **화이트 비치**(White Beach) : 세계 3대 해변으로 손꼽힐 만큼 널리 알려져 있는 푸르른 평화로움과 넉넉함을 주는 세계 최고의 해변 중 하나이다.

(6) **타가이타이**(Tagaytay) : 필리핀 루손섬 남쪽 카비테주에 있는 관광지. 마닐라에서 남쪽으로 약 64㎞ 떨어져 있다. 평균 해발고도가 700m에 이르며, 해발고도 300m인 활화산 타알산이 솟아 있다. 정상의 분화구에 생긴 타알호는 가장 넓은 곳의 너비가 24㎞에 이르는데, 필리핀에서 세 번째로 큰 호수이다.

■ 타알호

(7) **민다나오섬**(Mindanao Island) : 본래 이 섬은 필리핀 이슬람교도들이 살던 곳이었는데,

미국이 통치할 때 북쪽으로부터 그리스도교를 믿는 필리핀인이 많이 이주해 와 선주민은 오지 쪽으로 밀려났다. 이것이 오늘날의 이슬람교도 문제의 발단이 되었다. 이 섬은 마닐라삼 생산과 광물 채굴 등으로 20세기 초에 겨우 개발되기 시작하였다. 동쪽은 필리핀 해구, 서쪽은 술루해, 남쪽은 셀레베스해, 북쪽은 민다나오해로 둘러싸여 있으며, 해안선의 굴곡이 심하다.

(8) **다바오**(Davao city) : 필리핀의 민다나오섬 남동부에 있는 도시. 처음에는 다바오강(江) 하구에 있는 작은 마을이었으나, 20세기에 들어서면서 아바카(마닐라삼) 농원 개발에 힘입어 급속히 발전하였다. 1914년 다바오주(州)의 주도가 되었고, 1936년 주변의 농촌지역을 포함한 특별시로 지정되면서 국내외 선박의 기항지로 성황을 이루기 시작하였다.

▶ 다바오 교회의 그리스도상

▶ 다바오 공항의 두리안 동상

- **번햄 파크**(Burnham Park) : 뉴욕의 센트럴 파크나 런던의 하이드 파크처럼 바기오 중심의 오아시스 같은 공원이 번햄 공원이다. 현지인들에게 무척 사랑받는 공원으로, 중앙에는 인공호수가 있고, 그 호수를 중심으로 보트를 타기도 하고, 피크닉을 즐기기도 하며, 축구와 테니스를 위한 시설도 갖추고 있다.
- **마인스 뷰**(Mines View Park) : 바기오에서 가장 인기 있는 관광지로 외국인뿐만 아니라 내국인들도 많이 찾는 곳이다. 웅장한 산악지형으로 펼쳐진 광산과 자연의 모습이 일품인 인기 관광지이다. 입구부터 전망대까지 많은 상점들이 자리 잡고 있다.
- **티볼리 위빙센터**(Tivoli Weaving Center) : 인슐라 센츄리 호텔 바로 옆에 위치해 있으며 원주민들이 직접 짠 섬유제품을 구입할 수 있는 곳이다. 매일 이곳에 나와 직접 제품을 짜는 이국적인 전통의상의 원주민 여성들도 만날 수 있다.

2.2.6 베트남(Vietnam)

1 국가개황

- 위치 : 인도차이나반도 동부
- 수도 : 하노이(Hanoi)
- 언어 : 베트남어
- 기후 : 열대몬순기후
- 종교 : 불교 67%, 가톨릭교 12%
- 인구 : 84,402,966명(13위)
- 면적 : 331,689㎢(65위)
- 통화 : 동(Dong)
- 시차 : (UTC+7)

1945년 9월 4일 베트남 민주공화국으로 독립할 때 처음 만들어졌고, 제1차 인도차이나전쟁 후인 1955년 11월 30일, 이전 기에서 별의 5각을 더욱 날카롭게 수정하여 북(北)베트남의 국기인 '금성홍기(金星紅旗)'로 제정하였다.

2 지리적 개관

　동남아시아에 위치한 사회주의국가이다. 북쪽으로는 중국, 서쪽으로는 라오스 및 캄보디아와 국경을 접하고, 동쪽과 남쪽으로는 남중국해에 면해 있다. 동남아시아 본토 중에서 가장 인구가 많은 나라이다. 수도는 하노이이며, 최대 도시는 호치민 시이다. 남중국해에 연해 있는 남북으로 약 1,600㎞에 걸쳐 길게 내리뻗은 땅이다. 최대 너비는 약 650㎞로 라오스와 맞닿은 북부 국경에서 통킹만에 이르는 거리이다. 국토는 크게 북부 고원지대, 송코이(Songkoi)강의 통킹 삼각주, 안남산맥, 해안저지대, 메콩강 삼각주의 다섯 지역으로 이루어진다.

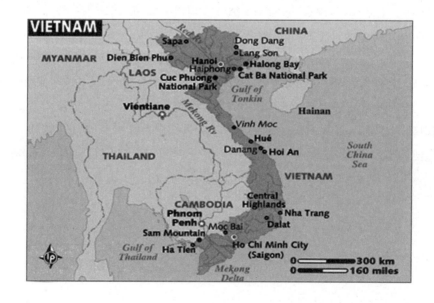

3 약사(略史)

① 반랑국 ~ 안남시대

- 기원전 4천 년부터 청동기문화가, 기원전 2천 년 전에는 철기문화가 시작됨
- 기원전 275년 반랑국의 멸망에 이어 어우락 왕국 건국
- BC 111년 전한(前漢)의 무제(武帝)에게 정벌되어 약 1000년간 중국 지배

② 최초의 독립왕조

- 939년 응오왕조 건국
- 1009년 리(李)왕조 건국 후 200년간 지속
- 쩐(陳)왕조(1226~1400) 건국
- 1406년 중국의 속국이 되어 약 20년간 지배받음

③ 레왕조

- 레왕조(허우레(後黎)왕조라고도 함 : 1428~1788) 건국
- 1802년 베트남의 마지막 왕조인 응웬왕조 창건

④ 응웬왕조와 식민시대

- 1884년 베트남의 전 국토가 프랑스의 식민지가 됨
- 1927년 베트남국민당, 1930년 인도차이나공산당이 조직됨
- 1945년 베트남민주공화국 성립

⑤ 베트남전쟁

- 1946~1954년(8년간) 프랑스와 전쟁
- 1969~1975년 미국과 전쟁

⑥ 중·월 국경전쟁

- 1979년 중국과 전쟁

⑦ 도이머이 개혁정책

- 1986년에 모든 부문에 걸친 개혁 정책안인 '도이 머이(Doi Moi)' 정책 실시

4 행정구역

베트남의 행정구역은 59개 성(베트남어 : tinh, 띤, 省)으로 이루어져 있다. 수도인 하노이를 포함하여 껀터, 다낭, 하이퐁, 호치민은 성과 같은 급의 직할시이다.

5 정치 · 경제 · 사회 · 문화

- 베트남 사회를 지배하는 유일한 세력은 공산당이다.
- 주요 의사결정기구로는 정치국 상무위원회, 정치국, 중앙집행위원회가 있다. 국가주석은 임기 5년으로 국회의원 중에서 국회에서 선출되고 국가원수로서 대내외적으로 국가를 대표한다.
- 경제개발 10개년 계획(1991~2000)을 수립하여, 농업과 공업의 양면에서의 산업을 추구함
- 1990년 초반까지는 무상교육이었으나 그 후 유료교육제도가 도입되었고 사립학교도 설립되었다.
- '오랜 세월 동안의 끊임없는 외침을 성공적으로 물리친 국민'으로 자신들을 표현하고자 하며, 무엇보다 외세에 굴복하지 않은 역사를 지닌 나라라는 자부심이 매우 강하다.

6 음식 · 쇼핑 · 행사 · 축제 · 교통

- 베트남 요리는 매우 다양하다. 박쥐, 코브라, 천산갑 등의 외국산 고기로 만들어지는 거의 500여 종에 달하는 전통요리가 있다.
- 중요 쇼핑품목으로는 도자기, 옻 자개제품, 실크 그림카드, 목공예품, 베트남 커피와 차 등이다.
- 중요 축제일은 설날(테트(Tet Nguten Dan) : 음력 1월 1일)을 비롯하여 국제노동절, 사이공 해방기념일 등이 있다.

7 출입국 및 여행관련정보

- 2004년 7월 1일부터 단기 체류하는 한국인에게는 15일 동안 비자가 면제된다.
- 남북으로 1,600㎞의 기다란 베트남에서는 지역별로 뚜렷한 기후상의 변화가 있다.
- 베트남인들은 전통적으로 가족 및 촌락 간의 강한 결속력을 중시해 왔다. 개인의 신분은 가족, 사회계층에 의해 결정되며, 연장자나 관직에 있는 사람들은 대단한 존경을 받으며 예우되고 있다.
- 우리나라와 같은 백화점은 발달되어 있지 않고, 대도시 곳곳에 대형 할인마트와 재래시장이 많이 있다. 할인마트의 가격은 정가제이나 재래시장에서는 외국인들에게 바가지를 많이 씌우므로 흥정을 잘해야 한다.
- 대표적인 재래시장으로는 쩌 동쑤언(Cho Dong Xuan)이 있고 사이공에는 쩌 벤탄(Cho Ben Thanh), 쩌 런(Cho Lon) 등이 있다.

8 관련지식탐구

- **베트남쌀국수** : 베트남에서는 포(pho : 퍼)라고 부르며 주로 아침에 먹는다. 쌀가루를 불려서 약하게 달구어진 판 위에 빈대떡처럼 얇게 펴 말리다가 약간 마르면 떼어내 칼국수보다 가늘게 썬다. 숙주·칠리고추·고수·라임·양파·고기 등이 들어가 독특한 향과 맛이 나며, 소화가 잘 되고 영양성분이 고르게 들어 있는 데다가 칼로리가 적어 건강음식으로 알려져 있다.

- **아오자이**(Aosai, Aodai) : 베트남 여성의 민속의상이다. 베트남어의 '아오'는 옷, '자이'는 길다는 뜻이다. 품이 넉넉한 바지와 길이가 긴 상의로 되어 있다. 중국의 전통복을 베트남의 풍토와 민족성에 동화시켜서 만든 것으로, 상의는 중국복(胡服)의 영향을 받아 옆이 길게 트여 있고(슬릿), 깃은 차이니스 칼라로 되어 있다.

▶ 아오자이

- **호치민**(Ho Chi Minh : 1890~1969) : 베트남 정치가. 게안성(省) 출생. 본명은 구엔타트탄(Nguyen That Thanh). 민족해방 최고 지도자이자 베트남민주공화국의 초대 대통령이다. 프랑스 식민지배에 대한 민중봉기가 한창일 때 하급관리 출신 유학자의 아들로 태어나 반(反)프랑스운동의 영향을 받으며 성장하였다.

- **도이모이**(Doi Moi) : 베트남어로 쇄신(刷新)이라는 뜻이며, 1986년 12월 제6회 베트남 공산당대회에서 채택된 국가경제정책을 말한다. 국가에 의한 경제활동의 전면적 통제체제를 완화하고 철폐해 간다는 제도 개혁이다.

- **수상인형극**(Water Puppet Show) : 무아로이누옥(Mua Roi Nuoc) 또는 수상인형극은 그 기원을 10세기 델타의 홍강(Red river)에 둔 독특한 예술이다. 이 지역의 농부들은 주변자연환경에서 찾을 수 있는 자연재료를 이용해 이 예술의 행태를 바꾸어 갔다. 옛날에는 수확을 끝낸 후의 연못과 논둑이 이 즉흥 쇼의 주 무대였다.

- **라이따이한**(Lai Daihan) : 베트남에서 살고 있는 한국계 혼혈아를 일컫는 말이다. 대략 1만 명 내외로 추정된다. 베트남전쟁이 끝난 후 혼혈인이라는 이유로 교육의 기회까지 박탈당하는 차별과 수모를 그들은 감내하여야 했다. 이러한 문제를 한국 정부는 극히 개인적인 일로 간주해오고 있는 실정이다.

9 중요 관광도시

(1) **하노이**(Hanoi) : 베트남의 수도. 북부의 통킹 삼각주 중부, 송코이강(紅河(홍하)) 오른쪽 연안에 있다. 7세기 후반에 당(唐)나라 안남도호부(安南都護府)가 설치되어 도시로 건설되기 시작했고, 1010년 베트남 민족왕조 태조 이공온(李公蘊)이 도읍지로 삼은 뒤 19세기 초까지 역대 베트남 왕조의 수도로서 통킹지방의 정치·경제·문화의 중심지였다.

- **호치민 묘** : '독립'과 '통일'이라는 두 가지 과업을 이룩해 낸 위대한 지도자로 추앙받고 있는 호치민 묘는 모스크바의 레닌묘를 본떠 연꽃모양의 정다각형 건축물에 엉클 호(Uncle Ho)의 방부처리된 유해를 모신 방과 국가의 독립과 재통일을 위한 호치민의 투쟁을 고스란히 담은 박물관으로 구분되어 있다.

➡ 호치민 묘

- **호안키엠호수(Hoan Kiem Lake)** : '되돌려 준 칼의 호수'로 유명한 곳이다. 전설에 의하면, 명군의 침략을 물리친 레 타이 투 왕이 잃어버린 검을 찾기 위해 작은 배를 타고 호수에 있었는데, 거대한 황금 거북이가 수면으로 올라와 왕에게 검을 건네주고 갔다는 전설이 전해지는 곳이라 한다.

➡ 호안키엠호수

- **한기둥 사원(One Pilar Pagoda)** : 호치민 묘소 옆에 위치한 한기둥 사원은 말 그대로 물 위에 기둥 하나로 만든 사원이다. 자식을 갖고 싶은 사람들이 이곳에 올라가서 기도를 하면 효험이 있다고 전해지기 때문에, 현지인들도 많이 찾는다.

(2) 호치민(Ho Chi Minh) : 베트남에서 가장 큰 도시로 메콩강 하구 삼각주에 자리하고 있다. 16세기에 베트남인에게 정복되기 전에는 프레이 노코르란 이름의 캄보디아의 주요 항구였다. 사이공(베트남어 : Sài Gòn, 柴棍, 西貢)이란 이름으로 프랑스 식민지인 코친차이나와 그 후의 독립국인 남베트남(1954~1976)의 수도이기도 했다. 1975년에 사이공은 호치민시로 이름이 바뀌었다. (그러나 여전히 '사이공'이 많이 쓰인다.) 시 중심부는 사이공강의 강둑에 놓여 있고, 남중국해로부터 60㎞ 떨어져 있다.

- **구찌터널(Cu Chi Tunnels, Ben Duoc + Ben Dinh 터널)** : 베트남전 당시 베트콩들이 캄보디아 국경 근처에 근거지를 두고 호치민을 공격하기 전 오랜 시간에 걸쳐 땅굴을 파서 만든 지하요새로, 베트남전쟁 때인 1967년까지 200㎞를 더 파서 현재의 모습을 갖추었다.

➡ 구찌터널 입구

- **진통낫(Hoi Truong Thong Nhat)** : 베트남 인구 제1 도시 호치민의 중심부에 있는 옛 대통령궁. 1868년 프랑스 식민지 정부가 인도차이나 전체를 통치하기 위한 건물로 건축하였

다. 월맹과 월남이 통일된 것을 기념해 지금의 이름으로 바꾸었다. 진통낫은 '통일궁'이라는 뜻이다.

- **빈트랑사원**(Vinh Trang Pagoda) : 미토 시내에서 약 1㎞가량 떨어진 곳에 위치한 정원식 사원으로 Bui Cong Dat에 의해 19세기 초에 건설되었다. 이 사원은 중국 양식과 베트남 양식, 그리고 캄보디아의 앙코르 스타일이 적절하게 복합되었다. 베트남 최고의 미학적 사원으로 알려져 있다.

▶ 통일궁으로 명명된 진통낫

- **메콩델타**(Mekong Delta) : 메콩강 하류, 베트남 남서부를 이루고 있는 삼각주. 메콩강이 발원하는 지역은 중국의 티베트고원으로 알려져 있다. 라오스와 태국, 캄보디아를 거쳐 베트남을 최종 기착지로 하는 메콩강의 총 길이는 4,020㎞, 베트남에서 마지막 220㎞를 흐른다.

▶ 빈트랑사원

- **정크선 관광** : 메콩델타 하류지역 4개의 삼각주 중에서 가장 큰 규모를 가진 유니콘섬 내의 수로를 관광하는 코스이다. 미로처럼 복잡하게 짜인 이 수로는 열대우림이 터널형태로 펼쳐져 있어 관광객들의 시선을 사로잡는다. 베트남 메콩

▶ 정크선을 타고 관광하는 모습

델타 지역의 생태계를 한눈에 알아볼 수 있는 좋은 코스라 말할 수 있다.

- **전쟁박물관** : 베트남전쟁과 프랑스 식민지 시대에 사용되었던 각종 전쟁 관련 물품들이 그대로 전시되어 있다. 눈여겨볼 만한 전시품으로는 베트남전에 참전하는 한국군의 사진과 퓰리처상 수상으로 전 세계에 베트남전의 참혹상을 알린 사진, 고엽제 피해의 실상을 적나라하게 표현한 사진과 전시품들이다.

(3) 하롱베이(Ha Long Bay) : 1,600개의 크고 작은 섬 및 석회암 기둥 등을 포함하고 있는 만으로 험준한 자연조건으로 인해 사람이 살지 않는 천연지역이다. 하롱(Halong, 下龍)이라는 말은 글자 그대로 '용(龍)이 바다로 내려왔다'는 것을 의미한다. 아름다운 국립공원으로 전체 국토 중 1,553㎢를 차지

▶ 하롱베이

한다.

- 티엔궁동굴(天宮洞窟 · Tien Cung Grotto) : 하롱만에
  서 가장 아름다운 동굴로 손꼽히고 있는 곳이다.
  천궁동굴이 있는 섬은 왕관이 2개의 동굴을 품고
  있는 모습의 작은 섬들로 이루어져 있다. 선착장
  에서 내려, 입장권을 확인받은 후, 가파른 돌계단
  과 숲으로 이어진 천궁동굴 진입로를 따라 올라
  가면 동굴의 좁은 입구에 도착할 수 있다.

▶ 티엔궁동굴 내부

(4) 닌빈(Ninh Binh) : 아름다운 자연경관과 많은 역사유적을 보유하고 있는 지역으로, 대
표적인 것으로는 베트남 최초의 국립공원인 꾹푸옹(Cuc Phuong)과 꾹푸옹 원시림, 고대에
거주지로 사용되었던 뇨꽌(Nho Quan)동굴, 빅동파고다(Bich Dong Pagoda)를 비롯한 여러 개
의 파고다(불교사원의 탑) 등이 있다. 주도인 닌빈은 주 북동쪽 끝 남딘주와의 경계에 자리
잡고 있는데, 역사가 오래된 유서 깊은 도시이다.

(5) 후에(順化 · Hue) : 남북 베트남의 중심에 위치해 있으며, 남중국해 연안에서 8㎞ 정도
떨어져 있으며 얕고 넓은 향(香)강이 가로질러 흐른다. 강 왼편의 도심부에는 19세기 초 중
국식으로 지은 베트남제국의 왕궁 다이노이가 있는데 훼(阮)왕조는 이곳에서 수세기 동안
베트남을 통치했다. 식민지 시대에 프랑스인들은 강 오른편에 거주했으며 오늘날 이 도시
의 동쪽에는 상업지구가 들어서 있다.

- 티엔무 파고다(Tien Mu Pagoda) : 베트남의 가장 중요한 문화의 중심지 중 하나인 티엔무
  파고다는 가장 순수한 불교도의 수도생활을 대표한다. 파고다 건물은 높이 21m의 불탑
  으로 8각 모양의 7층으로 이뤄졌다. 건축을 당시에는 각 층마다 금동불상을 안치해 놓
  았는데, 지금은 도난당하고 말았다. 파고다의 뒷부분에 수도승과 수녀들을 위해 건물을
  만들었다.

- 뜨둑황제 왕릉(Tu Duc's Tomb) : 돌벽으로 에워싸
  여 소나무숲 안에 자리 잡고 있는 뜨둑황제의
  왕릉은 구엔왕조의 유적 중 가장 잘 보존된 것
  중 하나이다. 225ha에 50개의 건축물로 구성되
  어 있어, 무덤이라기보다는 대규모 공동묘지라
  는 표현이 어울릴 것이다.

▶ 뜨둑황제 왕릉

- 황제의 요새(Imperial Citadel) : 황제의 요새는 베
  이징의 금단의 도시를 모델로 하여 1804년에 만들어져, 왕과 그의 가족, 측근들만이 독

점적으로 사용했다. 100개가 넘는 기념탑과 왕궁, 타워, 호수, 사원 등의 건축물들은 구내에 빈틈없이 대칭적으로 디자인되어 배열되어 있다.

- **카이딘 왕릉(Khai Dinh's Tomb)** : 왕릉은 11년이나 걸려 건축되었고, 건물의 규모와 웅장함이 건축기간을 증명하고 있다. 이들 건물들은 로맨틱, 고딕양식과 불교의 영향을 받은 인도양식이 조화를 이루고 있으며, 바닥에서 천장까지 세계 곳곳에서 만들어진 꽃병이나 도기류의 깨진 조각을 이용하여 모자이크 방법으로 장식하였다.

후에의 상징인 임페리얼 시타델

카이딘 왕릉

(6) 호이안(會安·Hoi An) : 다낭에서 남쪽으로 약 30㎞ 떨어진 부글라강(江) 어귀의 남중국해 연안에 위치한다. 옛날에는 파이포라고 하였다. 호이안은 16세기 중엽 이래 인도·포르투갈·프랑스·중국·일본 등 여러 나라의 상선이 기항하였고 무역도시로 번성하였다.

- **마블산(Marble Mountain)** : 마블산은 스펙터클할 만큼 거친 지형, 대리석으로 만든 5개의 돌 언덕과 근처 100여 개의 호수로 구성되어 있다. 순수한 대리석의 커다란 마블산은 해안내륙 또는 서쪽 방향으로 뻗어 있는 다낭서쪽에 있는 다섯 개의 산들 중 하나이다. 이 산들에는 동굴입구와 수많은 터널이 있다.

마블산

- **미선(美山·My Son Sanctuary) 유적지** : 2~15세기에 걸쳐 참족의 참파왕국 신전터가 남아 있는 곳으로, 당시 시바(Shiva : 힌두교 창조와 파괴의 신)를 모시는 목조사당을 지으면서 그 역사가 시작되었다. 참파왕국이 베트남에게 멸망하며 미손 유적지는 역사 속으로 사라졌다가 19세기경 발견되었지만 베트남전쟁으로 인해 아쉽게도 대부분 붕괴되었다.

미선 유적지

(7) 다낭(Da Nang) : 베트남 중부지역의 최대 상업도시이다. 다낭의 도심을 흐르는 한강(Song Han)을 사이에 두고 동부 남중국해에 면한 선짜반도와 시가지로 구분된다. 역사적으로는 참파왕국의 중요한 거점지역이었고 1858년 프랑스에 점령당한 시대에는 안남왕국 내

의 프랑스 직할 식민구역으로 투란(Tourane)이라고 하였다. 1965년 3월 베트남전쟁 당시 미국 파견군이 이 항구를 상륙지점으로 하였고, 또 한국의 청룡부대가 주둔하였다.

● **하이반 고갯길(Hai Van Pass)** : '구름낀 대양의 고갯길'이라는 의미를 지닌 하이반 고갯길은, 커다란 용과 같은 모양을 하고 투아 티엔, 후에, 다낭 경계에 있는 1번 고속도로에 자리 잡고 있다. 과거 하이반 고갯길은 투안 호아(Thuan Hoa)와 쿠앙남(Quang Nam) 경계지역으로 알려져 있었다.

➡ 베트남의 대관령 하이반 패스

● **참조각박물관(Bao Tang Cham · Cham Muse um)** : 과거 베트남 남부를 지배했던 인도네시아 계통의 참파(Champa)왕조의 유적지인 미손의 유물을 전시하고 있다. 참박물관은 단순하고도 부드러운 가는 선을 이용하는 참 건축양식으로 만들어졌다. 참 건축술은 여성 족장 사회가 압도적이었던 5~15세기에 틀이 다듬어졌다.

➡ 참조각박물관

(8) 달랏(Dalat) : 베트남의 럼 동(Lâm Đồng)성에 속한 럼 비엔(Lâm Viên)고원에 자리하고 있다. 해발 1,500m 고도에 자리하고 있다. 참사원을 비롯하여 전 프랑스총독 관저, 바오다이 황제의 여름별장, 슬픔의 호수, 사랑의 계곡, 린손사원, 수안홍 호수 등의 관광지가 있다.

● **참사원(Po Klong Garai Cham Tower)** : 동두옹 사원(Dong Duong Temple : AD 875)과 더불어, 참 건축물은 자바나 캄보디아에서 발견된 유적지의 웅장한 건축물에 비교할 만한 규모이다.

2.2.7 라오스(Laos)

1 국가개황

* 위치 : 인도차이나반도
* 수도 : 비엔티안(Vientiane)
* 언어 : 라오어
* 기후 : 열대몬순기후
* 종교 : 테라바다불교(소승불교) 95%
* 인구 : 5,924,000명(103위)
* 면적 : 236,800㎢(81위)
* 시차 : UTC(UTC7)
* 통화 : 낍(Kip)

1975년 오랜 내전 끝에 좌파 세력인 애국전선(파테트 라오, Pathet Lao)이 승리하였고, 1952년 이래 사용하여 온 빨강 국기를 애국전선이 사용하던 기로 바꾸었다. 빨강은 혁명전쟁에서 흘렸던 피를, 파랑은 번영을 뜻한다. 흰색 동그라미는 메콩강 위로 떠오른 커다란 만월(滿月)과 함께 공산주의 정부하에서의 단합 또는 나라의 빛나는 미래에 대한 약속을 상징한다.

2 지리적 개관

이 나라는 인도차이나반도 국가들 중 유일하게 바다가 없는 나라이며, 구릉으로 이루어져 있다. 동남아시아에 위치한 인민공화국이다. 캄보디아, 베트남, 타이와 국경을 접하고 있다.

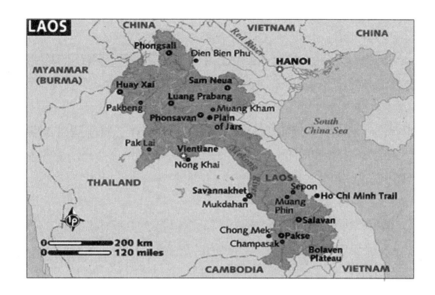

3 약사(略史)

- 13세기 중국 남부에서 살던 타이계 민족의 하나인 라오족이 지금의 라오스 영토로 이주
- 1353년 크메르 왕국의 지원을 받아 메콩강 유역에 란상 왕국 건국
- 1713년 란상(Lan Xang : '백만 마리의 코끼리'라는 뜻) 왕국이 3개(루앙프라방, 비엔티안, 참파삭)로 분열
- 1828년 비엔티안 왕국이 멸망함에 따라 타이와 베트남이 지배
- 1860년 프랑스 지배
- 1949년 7월 19일 프랑스로부터 독립

4 행정구역

17개 주와 1개 특별시(Vientiane Municipality)로 구성되어 있다. 각 주는 우리의 시, 군, 면, 동으로 분류되는 행정구역으로 구성되어 있다.

5 정치 · 경제 · 사회 · 문화

- 라오스는 대통령제이며, 일당독재이고, 국가기구는 최고인민평의회, 각료평의회이다. 집권당은 라오스 인민혁명당이다.
- 소승불교가 60%, 애니미즘이나 그 외의 종교가 40%이지만, 불교와 애니미즘이 혼합된 채로 믿는 경우도 있다.
- 라오스는 베트남처럼 쌀을 수출한다. 주요 수출품목은 주석, 원목, 수력발전, 철, 석탄, 금, 구리, 보석, 칼슘, 석고, 소금, 석유, 쌀, 옥수수, 담배, 커피, 무명, 콩, 카다몬 생강, 벤진(석유추출물), 수지, 과일 등이다.
- 라오스의 문학은 종교적인 색채가 강하여 불교 전설에 관한 것을 많이 다루고, 대중적인 시나 노래는 풍자적이다. 직조, 바구니 짜기, 나무와 상아조각, 금·은세공 같은 다양한 민속예술이 있다.

6 음식 · 쇼핑 · 행사 · 축제 · 교통

- 라오스음식은 쌀을 주식으로 한다. 특히 대나무 안에 넣어 만든 찹쌀밥은 매우 맛이 있다. 메콩강가의 설익은 파파야와 민물고기 액젓으로 만든 샐러드는 매우 매우면서도 한국인 입맛에 잘 맞는다.
- 빠뗏 라오의 날, 라오 타느루앙 축제 등이 유명하다.
- 라오스 비엔티안의 대중교통은 오토바이 뒤에 인력거 같은 것을 연결시켜 놓은 '툭툭'이다. 요금은 정해져 있지 않으므로 타기 전에 흥정을 해야 한다.

7 출입국 및 여행관련정보

- 라오스는 인도차이나 국가 중 가장 오지에 속하며 1989년 2월에 서방국가에 관광을 개방하였다. 입국비자가 필요하다.
- 정부에 대한 비판은 검거대상이 될 수 있다.
- 라오스대사관에서 비자를 획득할 수 있다. 사진 2장과 비자 신청서, 일정의 수수료를 내면 된다.
- 라오스의 불교사찰은 주변국과 많이 다르다. 사찰의 규모는 작지만 보석 같은 매력을 가지고 있다.
- 2008년 9월 1일부터 15일 이내 체재시 비자 면제

8 관련지식탐구

- **파테트라오** : 1950년 8월, 공산게릴라 조직을 중심으로 하여 수파누봉이라는 사람이 만든 극우 공산 단체이자 공산당이다. 후에는 라오인민혁명당으로 개칭하여 지금까지 라오스의 여당으로 군림하고 있다.
- **프랑코포니**(프랑스어 : La Francophonie) : 국제 프랑스어 사용국 기구를 뜻한다. 국제 무대에서 프랑스어의 위상을 지키고 보급을 확대하기 위해 프랑스를 중심으로 창설되었다. 라오스는 프랑코포니의 정회원국에 소속되어 있다.

9 중요 관광도시

(1) 비엔티안(Vientiane) : 라오스의 수도. 메콩강(江) 하구에서 1,584㎞ 상류의 좌안, 해발고도 300m 지점에 위치하며, 메콩강으로 흘러드는 지류 남바사크강에 의해 동서로 나누어져 있다. 비엔티안은 옛 라오족(族) 왕조 이래의 고도(古都)로 왕궁과 파고다 등이 많이 남아 있다. 특히 예전에는 사원이 80개나 있었다고 하나, 1827년 타이족에게 점령되어 파괴되었기 때문에 현재는 20여 개만이 남아 있다.

- **왓 프라케오**(Wat Phrakaeo) : 프라케오 사원은 1566년 씨사티랏왕에 의해 세워졌다. 이곳은 왕의 개인 사원으로 다른 사원처럼 스님이 살지 않는다. 과거에는 에메랄드 불상이 있었으나 샴족에 의해 약탈당해 현재는 태국에 있다. 이곳에서는 대통령 궁의 정원을 볼 수 있다.
- **왓 시사켓**(Wat Sisaket) : 왓 시사켓 사원은 1828년 샴족의 침입으로부터 유일하게 보존된 사원이다. 이 사원은 총 6,840개의 부처상이 있으며 18세기에 출판된 경전이 보관되어 있다. 이곳은 1940년 오사카에서 열린 엑스포에 나올 정도로 라오스를 대표할 만한 곳이다.
- **국립소수민족문화공원**(National Ethnic Cultural Park) : 국립소수민족문화공원은 최근에 개발된 곳이다. 비엔티안에서 메콩강을 따라 남쪽으로 내려가면 약 20㎞ 지점에 위치한 그늘진 조그만 길을 따라가면 옛 라오의 가옥 모형과 라오문학에 나오는 영웅들의 조각과 조그만 동물원이 나온다. 강변에서 휴식을 취하면서 구경할 수 있다.
- **타트루앙**(That Luang) : 비엔티안의 가장 훌륭하고 성스러운 탑으로 566년 부처의 가슴뼈를 담고 있다고 전해지는 오래된 스투파탑이 있으며 씨사티라수왕에 의해 세워졌다. 태국 스타일로 지어진 유물(석탑)들과는 달리 이것은 금빛으로 된 탑과 강렬함, 단순함을 지닌 순 라오스식 예술

▶ 타트루앙

이다.

- **부다동산**(Buddha Park) : 부다동산은 메콩강가를 따라 비엔티안시에서 약 24㎞를 내려가면 불교와 힌두교의 신화적인 신들의 동산을 만날 수 있다. 그곳에서 메콩강 건너편으로 태국의 농가가 보인다. 부다동산은 1958년 불심이 강한 한 비엔티안의 상인에 의해 건립되었다. 수많은 입상들이 어떻게 한 사람의 힘으로 가능했을까? 많은 관광객들이 감동을 받는다.

▣ 부다동산의 불상

- **미타파 브리지**(Mittaphab Bridge) : 1991년 개관하여 공식 준공한 것은 1994년 4월 1,174m 길이에 12,7m 넓이이다. 메콩강을 가로질러 라오스 비엔챤시와 태국의 농카이시를 연결하고 있다. 다리 양쪽 끝에는 면세점에서 물건을 살 수 있으며 비자업무를 하는 이민국 관리가 나와 있다.

(2) 루앙 프라방(Luang Prabang) : 라오스 북서부 메콩강(江) 유역에 있는 도시로 루앙 프라방주의 주도이다. 동남아시아 전통 건축과 19~20세기 프랑스 식민지시대 건축이 절묘하게 결합되어 있는 곳으로, 1995년 시 전체가 유네스코 세계문화유산으로 지정되었다. 시내에는 왓 아함(Wat Aham), 왓 마이 수반나푸마캄(Wat Mai Suwannaphumaham), 왓 마노롬(Wat Manorom), 왓 타트 루앙(Wat That Luang), 왓 비수나라트(Wat Wisunarat), 와트 시엥 무안(Wat Xieng Muan), 와트 시엥 통(Wat Xieng Thong) 등 수십 개가 있다. 왓(Wat)은 라오스어로 사원이라는 의미이다.

- **왕궁박물관**(royal palace museum) : 이전의 왕궁이 지금은 예약으로만 개방되는 박물관인 이곳은 스파르타 양식의 프라이 비트 숙소가 있다. 또한 금과 비단으로 장식된 화려한 리셉션 룸이 있다. 사방 바타나왕의 개인 소유물 중에는 마로로부터 받은 찻잔, 긴든 존슨으로부터 받은 메달, 아폴로 우주선에 실려 달까지 가져간 라오스 국기들이 있다.

▣ 왕궁

- **왓포우시**(Wat Phousi) : 루앙프라방과 칸강을 굽어 보는 언덕 꼭대기에 위치한 이 간략한 산은 좋은 경치와 시골의 아름다운 정경을 제공한다. 국

▣ 왓포우시

립박물관 맞은편에 위치해 있는 산으로 329개의 계단을 올라가면 정상에 좀씨 사리탑을 볼 수 있으며 이곳에서는 루앙파방 시내 전체와 메콩강을 볼 수 있다.

- 왓마이(Wat May) : 땅에서 하늘로 드라마틱하게 경사진 다섯 겹의 지붕으로 된 고전적 구조물이다. 1796년 건축, 전통적인 루앙파방 스타일과 순수 라오스 디자인이 잘 나타나 있는 사원으로 이 사원을 완성하는 데는 70년이 걸렸다. 1950년 스리랑카에서 전래된 파방 불상(45kg의 금으로 된 불상)이 1894년까지 이곳에 보관되었다가 현재는 국립박물관이 소장하고 있다.

➡ 왓마이

(3) **참파싹/팍쎄**(Champassak/Pakse) : 참파싹은 메콩강변에 있는 작은 도시이다. 태국과 국경을 맞대고 있다. 이곳은 란상왕국의 세 공국 중 하나이다. 여러분은 왓 아마츠를 방문할 수 있다. 이곳은 석기시대에 세워진 보물로서 유명한 사찰이다. 팍쎄는 참파싹의 중심 도시이다. 팍쎄는 세돈과 메콩강이 흘러드는 곳에 소재하고 있다. 팍쎄는 프랑스통치시대에 프랑스의통치기관이 직접 나와 있던 곳이다. 왓푸(Wat Phu)는 참파싹시로부터 약 12㎞ 떨어진 곳에 위치하고 있다. 남 라오스에서 가장 큰 앙코르 이전의 크메르 양식을 건설한 곳이다. 앙코르와트축제 이전에 매년 2월 보름날 전통 축제를 왓푸에서 열고 있다.

(4) **시판돈**(Si Phan Don) : 시판돈은 현지 말로 4,000개의 섬이라는 뜻인데, 캄보디아와 메콩강을 사이에 두고 있는 라오스 최남단, 메콩강에 떠있는 4,000여 개의 크고 작은 섬으로 이루어진 곳이다. 그중에서 가장 큰 섬이 돈뎃(Don Det)과 돈콩(Don Khon)섬인데 돈뎃섬에 거대한 메콩폭포(Mekong Falls)가 있어 관광객들이 많이 찾는다.

2.2.8 캄보디아(Cambodia)

1 국가개황

- 위치 : 동남아시아 인도차이나반도 남서부
- 수도 : 프놈펜(Phnom Penh)
- 언어 : 크메르어
- 기후 : 열대몬순기후
- 종교 : 불교 90%
- 인구 : 13,995,904명(63위)
- 면적 : 181,035㎢(88위)
- 정체 : 입헌군주국
- 시차 : (UTC+7)
- 화폐 : 리알(Riel)

 위로부터 파랑·빨강·파랑의 3색기이고, 파랑의 2배 크기인 빨강에는 3개의 탑이 있는 앙코르와트 사원을 표현한 그림이 있다.

2 지리적 개관

북서쪽으로는 태국과 800㎞ 정도 접경하고, 북동쪽으로는 라오스와 541㎞를 접경하고, 1,228㎞를 동쪽과 남동쪽으로 베트남과 접경하고 있다. 타이만을 따라서 443㎞의 해안선이 있다.

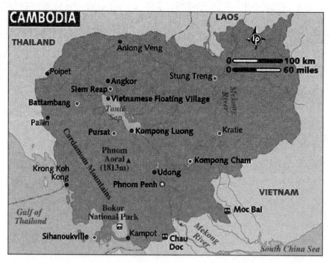

3 약사(略史)

- 기원전 2000~1000년대 사이에 신석기 수준의 문명을 가진 사람 거주
- 1세기경 카운디냐(Kaundinya)라는 인도 브라만에 의해 건설된 후난(Funan · 扶南) 왕국 건국. 7세기 중반 멸망함

- 9세기부터 13세기까지 대륙부 동남아를 평정한 앙코르 왕국은 캄보디아 역사상 가장 위대한 왕국이었음
- 14세기에는 서쪽의 아유타야와 남쪽의 퉁구 왕조(현재의 미얀마), 그리고 동쪽의 베트남 사이에서 약소국으로 연명
- 1863~1954년 프랑스의 보호령 및 식민지 및 내전 발발
- 1991년 파리평화협정에 따라 내전 종결, 유엔의 임시 관리하에 들어감
- 1993년 이후로 정치는 대체로 안정

4 행정구역

프놈펜 시를 비롯하여 행정구역은 20개 주(khaitt), 4개 크롱(krong)으로 되어 있다.

5 정치 · 경제 · 사회 · 문화

- 1993년 제정된 신헌법에 따라 캄보디아는 입헌군주제로 회귀하였으며 국왕은 종교와 국가의 수호자이자 국가의 수반이다.
- 행정부의 수장은 총리이며, 총선을 통해 승리한 원내 다수당의 당수가 하원의장의 제청에 따라 국왕에 의해 임명된다.
- 1991년부터 정국이 안정되자 캄보디아는 계획경제에서 시장경제로 경제체제를 전환하고, 1995년까지 사회경제부흥계획(SERP)을 수립하였다.
- 취약한 인프라와 원조의존형의 경제구조로 인해 캄보디아의 제조업이나 농업 부문이 고전을 면치 못하고 있는 반면, 풍부한 문화유산을 간직하고 있기 때문에 관광업이 호조를 보이고 있다.
- 제2차 인도차이나전쟁, 내전으로 인한 대량학살 등으로 인해 캄보디아에는 장년층을 찾아보기 힘들다.
- 불교는 캄보디아의 국교이고, 국민 대다수는 불교의 가르침에 따라 삶을 영위한다. 불교 사원은 예배, 교육 및 사회활동의 장소이고, 승려는 사회에서 존경받는 계층이다.
- 캄보디아 여성들은 하의로 삼포트(sampot)라는 통치마와 흰 블라우스를 입는다. 남자는 사롱(sarong)이라는 통치마를 입는다. 면이나 비단으로 만든 크라마(krama)를 착용하는 것이 보편적이다.
- 전통 춤은 가면극으로 캄보디아에서는 이카온 카올(lkhaon khaol)이라고 부른다. 이 가면극은 인도 대서사시 라마야나(Ramayana)를 연극으로 재구성한 것이다.

6 음식 · 쇼핑 · 행사 · 축제 · 교통

- 꾸이띠유는 캄보디아의 대표적인 음식으로 쌀국수의 일종이다. 프랑스 바게트가 변형된 것으로 고소한 맛이 강한 놈빵과 함께 먹기도 한다.
- 양념으로는 향채가 나오는데 생숙주가 나오는 경우가 많다.
- 특이한 음식으로는 연꽃 열매와 거북, 호수의 물고기 등이 있다. 이러한 호수의 특산물은 시장에서 쉽게 구할 수 있다.
- 주요 맥주로는 타이거 맥주, 앙코르 맥주, ABC BEER가 있다.
- 국왕의 생일이나 독립기념일에 축제가 개최된다. 특히 본 옴 뚜끄(물과 달의 축제 : 11월)가 유명하다.

7 출입국 및 여행관련정보

- 캄보디아에 도착하면 도착비자를 받아야 한다. 단, 6개월 이상 유효한 여권과 여권용 사진 2매가 필요하다.
- 데스크에서 비자신청서(사진 부착)와 입국신고서를 기입하여 VISA FEE 20$와 비자신청서, 여권을 제출한 후 비자를 받으면 옆에 있는 이민국으로 가서 비자가 찍힌 여권과 입국카드를 제시하고 입국심사를 받는다. 이민국을 통과할 때는 비자를 받은 여권과 입국신고서가 필요하다.
- 거지가 인도만큼이나 많다. 관광객이 가는 곳은 어디든지 아이들이 따라붙는다.
- 캄보디아에서는 18세 미만의 끽연 · 음주는 법률로 금지되어 있다.
- 정치적인 화제나 전쟁 등의 이야기는 피하는 게 좋다.
- 사원을 참배할 때는 반바지나 미니스커트 차림을 피하고, 또한 본당에 들어갈 때는 신발을 벗는다.
- 승려에 대한 존경심을 나타내는 것이 예의이다.

8 관련지식탐구

- **앙코르와트(Angkor Wat)** : 앙코르캄보디아에 있는 앙코르문화의 대표적 유적. 앙코르톰의 남쪽 약 1.5㎞에 있으며, 12세기 중반경에 건립되었다. 앙코르(802~1432)는 왕도(王都)를 뜻하고 와트는 사원을 뜻한다.
- **삼롱센(Samrong Sen)유적** : 캄보디아의 삼롱센에 있는 신석기시대의 조개무지. 1923년경까지의 조사로는 조개무지의 길이 350m, 너비 180m, 높이 6m 정도의 크기인데, 이 조개무지는 담수산(淡水産) 조개류로 되었으며 1876년에 발견된 후 인도차이나에서 선사시

대(先史時代)의 대표적 유적으로 유명해졌다.

- **킬링필드(Killing Field)** : 1975~1979년까지 캄보디아의 군벌 샐로스 사르가 이끄는 크메르루주라는 무장단체에 의해 저질러진 학살을 말한다. 크메르루주는 3년 7개월간 전체 인구 700만 명 중 1/3에 해당하는 200만 명에 가까운 국민들을 학살했다.

- **참(Charm)족** : 베트남 남부에서 캄보디아 톤레삽호(湖)에 걸쳐 거주하는 종족. 언어는 말레이폴리네시아어족에서 분류되었고, 건장한 체격이며, 피부색은 거무스름한 다갈색이다. 2세기에 힌두교, 10세기에 이슬람교의 영향을 받아 양 종교의 신앙 전통이 유지되고 있으며, 캄보디아에서는 크메르 이슬람이라 부르고 있다.

- **앙코르(Angkor)** : 앙코르의 어원은 산스크리트로 나라 또는 도읍을 뜻하는 '나가라'에서 비롯되었고, 후에 캄보디아 사투리로 '노코르(Nokhor)'라 부르다가 이것이 다시 앙코르가 되었다.

- **톤레삽 호수(Tonle Sap Lake, The Great Lake)** : 크메르인들의 일상생활을 볼 수 있는 곳으로 아름답기 그지없는 호수다. 크리스탈처럼 맑거나 옥빛을 띤 호수를 기대했다면 미리 실망하는 것이 좋다. 메콩강은 황토 흙을 실어 나르기 때문에 탁한 황토색을 띤다. 해질 녘에 물빛이 황금색으로 물들 때 가장 아름다운 광경을 연출한다.

9 중요 관광도시

(1) 프놈펜(Phnom Penh) : 캄보디아의 수도. 메콩강(江)과 톤레사프강(江)의 합류점에 있다. 크메르인(人)·프랑스인(人)·중국인(人)·베트남인(人) 등이 많이 살며 국제도시의 면모를 갖추었다. 외항선이 메콩강을 소항(遡航)하며, 1959년 콤퐁솜(시아누크빌)에 항구가 개발되기까지 캄보디아 유일의 외국무역항이었다.

- **뚜얼슬랭(Tuol Sleng) 박물관** : 킬링필드에서의 잔학상을 전시해 놓은 박물관이다. 원래는 고등학교 건물이었으나 크메르루주 시절 보안대로 사용되면서 캄보디아 최대의 고문실과 감옥으로 사용되었다.

- **왕궁(Royal Palace)** : 1866년에 프리밧 로로돔 왕(Preah Bat Norodom)에 의해 건립되었고, 현재는 그 왕족의 집으로 사용되고 있다. 특별한 경우를 제외하고 궁궐 내부 대부분의 건물은 일반인에게 공개되지 않는다. 최근 작위를 받은 관료와 정부의 고위관료가 살고 있는 대관식장(Coronation Hall)이 공개되어 그 보물들을 보여주고 있다.

▶ 왕궁

- **프놈사원**(Wat Phnom, Hill Temple) : 높이 27m로 인공 언덕을 만들어 그 위에 사원을 건립했다. 원래의 파고다는 1373년에 건립되어, 메콩강에서 발견된 4개의 불상이 안치되었다. 지금의 프놈사원은 캄보디아의 추석인 프춤벤(Pchum Bhen)을 포함한 많은 불교도의 기념행사와 축제의 중심으로 프놈펜 시민들의 사랑을 받고 있다.

➡ 프놈사원

- **청아익**(Choeung Ek) : 크메르루주군에 의한 대학살의 만행이 이루어진 곳이다. 약 1만 7천여 명을 매장하였으며, 이들을 매장할 때 총알도 아까워 폭행으로도 죽였다고 한다. 이후 이곳의 만행이 영화화되며, 킬링필드라는 새로운 이름을 갖게 되었고, 말 그대로 '살인의 대지'로 알려지게 되었다.

(2) 바탐방(Battambang) : 캄보디아 바탐방주(州)의 주도(州都). 프놈펜 북서쪽 160㎞에 위치하며, 프놈펜~방콕 간의 철도와 톤레사프호(湖)의 선운(船運)으로 각지와 연결된다. 톤레사프호의 물을 이용하는 쌀생산지대의 중심이며, 카카오·빈랑·고무·과수 등의 재배도 성하다.

(3) 시엠립(Siem Reap) : 캄보디아 씨엠립주(州)의 주도(州都). 프놈펜 북서쪽 약 300㎞ 떨어진 씨엠립강의 우안에 위치한다. 캄보디아어로 '패배한 타이'를 뜻한다. 앙코르 시대에 축조된 제방 도로상에 도시가 있으며, 크메르 왕국 멸망 후에는 타이령(領)이 되었으나, 프랑스령시대에 타이로부터 할양받아 오늘에 이르고 있다.

- **앙코르와트**(Angkor Wat or Angkor Vat) : 앙코르에 있는 사원으로 옛 캄보디아 크메르 제국의 수준 높은 건축기술이 가장 잘 표현된 유적이다. 이 사원은 서쪽으로 향하고 있는 것이 특징이다. 이것은 해가 지는 서쪽에 사후세계가 있다는 힌두교 교리에 의한 것으로 왕의 사후세계를 위한 사원임을 짐작케 한다.

➡ 세계 7대 불가사의로 알려진 앙코르와트

- **톤레삽 호수**(Tonlé Sap) : 캄보디아에 위치한 호수로 주요 하천과 연결되어 있다. 톤레삽은 인도 대륙과 아시아 대륙의 충돌에 의해 일어났던 지질학적인 충격으로 침하하여 형성된 호수이다. 동남아시아 최대의 호수이고, 크메르어로 톤레(tonle)는 강, 삽(sap)은 거대한 담수호라는 의미가 있다.

- **앙코르톰**(Angkor Thom) : 캄보디아 톤레사프호(湖) 북방에 있는 앙코르문화의 유적. 앙코

르는 왕도(王都)를, 톰은 큰(大)이라는 뜻을 나타
내므로 앙코르톰은 '대왕도'라는 뜻이다. 현존하
는 유구(遺構)는 자야바르만 7세가 왕국의 수도
로서 1200년경에 조영(造營)한 것이다.

- **레페르왕의 테라스(The Terrace of the Leper King)**
  : 크메르 신화인 '문둥병(라이) 왕'의 주인공 조
  각상을 모신 것에서 이런 이름이 붙었다. 전설에
  의하면 어떤 왕이 밀림에서 뱀과 싸우다 피가
  튀어 문둥병에 걸렸다고 한다. 이 조각은 복제품
  이고 진품은 프놈펜의 박물관에 소장되어 있다.
  왕의 유골이 안치되었을 것이라는 일설도 있다.

- **코끼리테라스(Terrace of the Elephants)** : 앙코르 제
  국의 왕 자여바르만 7세(Jayavarman VII)가 전쟁
  에서 승리하고 돌아오는 군대를 맞이하던 곳이
  다. 피미아나카스(Phimeanakas) 궁전에 이어져 있
  다. 바푸온 입구에서 라이왕의 테라스에 이르기
  전까지 350m의 길이로 길게 늘어선 벽면에 코
  끼리 모양의 부조가 연달아 새겨져 있어 이런
  이름이 붙여졌다.

- **피미아나카스(Phimeanakas)** : 왕궁터 가장 중심부
  에 있는 사원으로 '하늘의 궁전(celestial temple)'
  이라는 뜻을 지닌 사원이다. 10세기 말에 지어
  졌으나 11세기에 수랴바르만 2세(Suryavarman II)
  때 피라미드 모양으로 다시 지었다. 지금은 거의
  폐허가 되었다. 왕이 정령과 매일밤 동침하지 않
  으면 재앙이 닥쳤다고 한다.

▶ 앙코르톰 전경

▶ 레페르왕의 테라스

▶ 코끼리테라스

▶ 피미아나카스

2.2.9 인도(印度 · India)

1 국가개황

- 위치 : 남부아시아
- 수도 : 뉴델리(New Delhi)
- 언어 : 힌디어(제1 공용어),
  영어(제2 공용어)
- 기후 : 열대몬순기후
- 종교 : 힌두교 82.6%, 이슬람교 11%
- 인구 : 1,103,371,000명(2위)
- 면적 : 3,166,414㎢(7위)
- 통화 : 루피(Rupee)
- 시차 : UTC+5.30

굴색은 용기와 희생을, 하양은 진리와 평화를, 초록은 공평과 기사도를 나타낸다. 바퀴 모양의 파란색 문장(紋章)은 '차크라(물레)'라고 하는데, 이는 아소카왕(王)의 불전결집(佛典結集)에서 취한 것으로 '법(法)의 윤회'를 뜻하며 24시간을 뜻하는 24개의 바퀴살을 가지고 있다.

2 지리적 개관

남아시아에 있는 나라로, 인도반도의 대부분을 차지하고 있다. 국가 면적은 세계에서 일곱 번째로 넓으며, 인구는 중국에 이어 두 번째로 많다. 북쪽으로는 중국, 네팔, 부탄, 파키스탄, 동쪽으로는 미얀마, 방글라데시, 벵골만, 서쪽으로는 아라비아해, 남쪽으로는 인도양, 스리랑카와 맞닿아 있다.

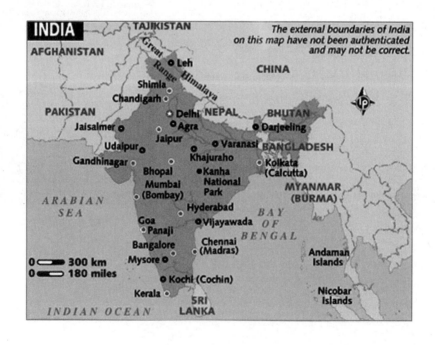

3 약사(略史)

시 대	내 용
인더스 문명 (기원전 3000~2000)	• 세계 4대 문명 발상지 가운데 하나인 인더스 문명은 인더스강 유역에서 기원전 3000~2500년경부터 약 500년간 번성한 고대문명으로서, 모헨조다로와 하라파 등에 유적이 있으며, 메소포타미아, 수메르 등에 버금가는 세련된 문화임 - 고도로 발달된 후기 청동기 문명의 단계로서, 종교는 다신교, 정치체제는 제사장 중심의 공화제 • 인더스강 유역의 최초 주민은 검은 피부와 납작한 코를 가진 프로토오스트랄로이드(버마, 말레이계 인종)였으며, 모헨조다로와 하라파 문명은 그리스, 소아시아에서 이주해 온 드라비다족이 이룩했음
아리안 문화 (기원전 2200~1000)	• 인도문화의 원형은 상당 부분 아리안족이 인도 대륙 침입 후 정착하면서 이루어졌음. 당시 페르시아에 정착해 있던 이들 인도－이란인 계통의 아리안족은 기원전 2000~1500년경 인더스강 유역을 침입, 드라비다인을 정복함 - 처음에는 펀자브지역에 정착했으나 서서히 갠지스강 유역을 따라 동부로 옮겨가 기원전 800년에는 벵갈지역까지 이동하였으며, 정복민족으로서 카스트의 상층부를 형성함 • 인도의 계급은 크게 ① 승려 및 사제계급인 브라만, ② 전사 및 지배계급인 크샤트리아, ③ 상인계급인 바이샤, ④ 노예계급인 수드라, ⑤ 불가촉천민으로 분류됨 • 아리안 문화에서는 신을 찬양하고 경건히 예배드리는 의식이 발달하였는데, 특히 사제계급인 브라만 중심의 제사의식과 신에 대한 찬양 등이 집대성된 리그베다 등 베다문화가 이 시기에 형성됨 • 베다 시대(기원전 1500~1600)에 이어 라마야나, 마하바라타, 푸라나 등 경전에 입각한 힌두교가 발생함
도시국가의 형성	• 펀자브지역에서 갠지스강 유역으로 진출한 아리안인들은 서서히 도시국가를 형성하여 기원전 7세기경에 이미 상당한 세력을 지닌 도시국가들을 건설 • 특히 유명한 국가들로는 코살라, 비데하, 카시, 마가다, 앙가, 아반티 등이 있었음. 기원전 7세기에 인도 북부에는 코살라, 중부에는 마가다, 남부에는 비데하 등이 중심세력으로 각축을 벌였음 • 정복전쟁에서 가장 두각을 보인 마가다 왕국은 알렉산더의 침입 때까지 난다 왕조와 더불어 인도에서 가장 강성한 세력을 유지하였으며, 기원전 500년경 불교 및 자이나교가 발생함
마우리아 제국 (기원전 321~185)	• 마가다국의 크샤트리아 출신인 찬드라 굽타는 기원전 321년 난다 왕조를 멸망시키고, 마우리아 왕조를 건립, 서쪽으로는 아프가니스탄, 동쪽으로는 벵갈만에 이르는 인도 역사상 최초의 통일왕국을 건설하였으며, 3대 왕인 아소카왕(BC 272~232)은 지배영역을 확대하여 남서부의 타밀지역을 제외한 전 인도를 통일함 - 아소카왕의 업적 중 특기할 만한 것은 불교진흥에 지대한 공헌을 하였다는 점인데, 포교에 힘써 불교를 세계적인 종교로 발전시키는 계기를 조성 • 기원전 185년 군사령관 출신 푸샤미트라가 마우리아 왕조를 멸망시키고 숭가 왕조를 세웠으나, 기원전 70년에 멸망

시 대	내 용
쿠샨왕조 (78~226)	• AD 78년 박트리아 지방의 쿠샨족의 카니슈카왕이 서쪽으로 이란, 동쪽으로 중국의 한나라, 남쪽으로는 인도 대륙의 중심부까지 이르는 대제국을 형성하였으나, 226년 이란지방에 기원을 둔 사산왕조에 의해 멸망, 이후 인도는 많은 소국으로 분열됨 - AD 100년경 대승불교 발생
굽타왕조 (380~606)	• 찬드라 굽타 1세가 굽타왕조를 세운 뒤, 찬드라 굽타 2세(380~413) 시대에 문화적 르네상스를 구가하였으며, 불교, 힌두교 및 자이나교 등이 융성, 부흥했음 • 찬드라 굽타 2세 시대부터 중앙아시아의 유목민 훈족 등의 침입이 시작되어, 굽타왕조는 606년 훈족에 의하여 멸망하였고 훈족 등 중앙아시아인은 라즈푸트인으로 자칭하면서, 굽타왕조의 영토에 힌두 및 자이나교 왕국들을 건립
무굴제국 (1526~1858)	• 12세기 이후 이슬람의 인도 침입이 본격화되면서 1526년 티무르의 5세손 바베르에 의해 이슬람 왕국인 무굴제국이 건설 - 그의 손자 악바르대에 이르러 데칸을 제외한 인도의 대부분과 아프가니스탄을 아우르는 대제국이 건설되었고 악바르 이후 150년간 전성시대가 지속됨 - 특히 샤 자한(1627~1658)과 그의 아들인 아우랑제브(1658~1707)시대에 이슬람교가 번성하여 오늘날 타지마할 등 이슬람 관련 유적을 건립 - 16세기 초에는 구루 나낙이 힌두교와 이슬람교를 절충, 일신교인 시크교를 창시 • 무굴제국은 이란지역의 이슬람교도 침입, 1757년 영국과의 플라시 전투, 1857년의 세포이 반란을 거쳐 동인도회사의 해체와 함께 1858년 영국의 직할지로 편입
반영(反英)독립 투쟁과 건국	• 18세기 후반에 생겨난 많은 정치단체 중, 1885년 소집된 '인도 국민회의'가 독립운동의 주도적 역할을 맡게 되었으나, 벵갈 분리(1905) 등 독립운동에 대한 영국의 냉담한 반응은 국민회의파를 점차 과격하게 하고, 인도인들의 분노를 야기하여 보이콧 및 스와데시 운동이 전 인도로 파급 • 이에 대해 영국은 분할통치정책을 취하여 모슬렘과 힌두교도 간 대립을 조장하였으며, 1906년에는 국민회의에 대한 견제세력으로 영국의 배후지원을 받은 모슬렘 연맹이 결성 • 1차대전 이후 인도 국민회의는 마하트마 간디의 지도하에 영국이 제시한 자치령 지위를 거부하는 등 완전한 독립을 목표로 많은 인도 국민들의 전폭적인 지지를 받으면서 불복종운동을 전개하였으며, 이에 반해 회교연맹은 파키스탄의 분리를 요구 • 2차대전 후 영국은 인도에 독립을 부여하기로 결정하고, 인도-파키스탄 분리 독립안을 제시하였으며, 동 제안을 국민회의가 수락함으로써 1947년 8월 15일 영연방의 자치령으로 독립

4 행정구역

인도의 행정구역은 28개의 주, 6개의 연방 지역, 그리고 1개의 수도권으로 나뉜다. 수도는 뉴델리(New Delhi)이다.

5 정치 · 경제 · 사회 · 문화

- 일반국민의 민주의식, 언론자유의 보장, 관료제도, 군부의 중립성, 사법부의 독립 등 긍정적인 측면과, 카스트제도, 종교의 대립, 빈부의 격차, 지방주의, 취약한 정당기반 등 부정적인 측면이 있음
- 정부형태는 내각책임제 공화국 표방
- 종교 무차별주의로서 신앙의 자유 허용
- 70%에 가까운 인구가 농업에 종사
- 최근에는 구매력 면에서 세계 다섯 번째의 경제대국으로 평가받고 있으며, 세계에서 두 번째로 많은 소프트웨어를 수출하는 국가이다.
- 자연과학분야에서는 뭄바이(봄베이)의 타타 기초과학연구소나 콜카타(캘커타)의 통계연구소의 활동이 내외의 주목을 끌고 있다.
- 인도는 힌두교, 자이나교, 불교 등의 종교와 관련되어 철학뿐 아니라 시, 희곡, 설화, 우화 등 문학과 예술 전반에 걸쳐 풍부한 유산을 가지고 있다.

6 음식 · 쇼핑 · 행사 · 축제 · 교통

- 북인도는 밀가루로 만든 인도 빵인 난(Naan), 남인도는 쌀밥을 주식으로 한다. 난은 밀가루에 물과 소금만 넣고 탄두르에 구워내는 평평한 세모 모양으로 만든 빵이다.
- 쌀도 일반적으로 하얗게 먹는 흰밥과 샤프란, 박하잎, 닭고기를 넣고 볶은 '브리야니(Biriyani)'가 있다.
- 버섯, 콩, 당근, 커터즈 치즈를 넣어 볶은 '필라프'라는 볶음밥도 있다.
- 음식에 주로 쓰이는 용기인 '탄두리(Tandoori)'를 사용한 요리는 별미이다. 탄두리는 흙으로 만들어진 화덕을 칭하는 인도어로 24시간 동안 계속 숯불에 달구어져 있다.
- 닭을 요구르트와 고추, 커더멈, 정향, 계피, 커민씨드를 넣어 양념한 후 탄두리에 구워낸 탄두리 치킨이 우리 입맛에 맞다.
- 카레와 비슷한 '달(Dhal)'은 부드럽게 삶은 콩에 마살라를 가미한 것으로 다양한 콩을 사용하며 콩에 따라 맛과 모양이 다르다.
- 만두피에 야채나 고기, 치즈 등을 듬뿍 얹어 삼각형 모양으로 만들어 내는 인도식 만두 '사모사', 고기를 갈아 볼이나 소시지 모양으로 만들어 탄두리에서 구워내는 까밥 등이 있다.
- 인도 홍차 '차이(Chay)'는 찻잎에 우유와 설탕, 때로는 가지가 들어간 인도인들이 즐겨 마시는 차이다. 또 요구르트에 설탕과 물을 넣어 청량음료처럼 마시는 '라시(Lassi)'는

단맛과 짠맛이 석인 음료로 여성들이 선호하고 있다.

● 대리석 가공품, 아쌈과 다질링 지역의 차, 파시미나 등의 히말라야 특산품, 인도 카펫, 인도면사, 수공예품, 도자기, 가죽, 귀금속, 인도 고추인 졸리키아 등이 유명하다.

● 인도의 열차 등급은 다음과 같다.

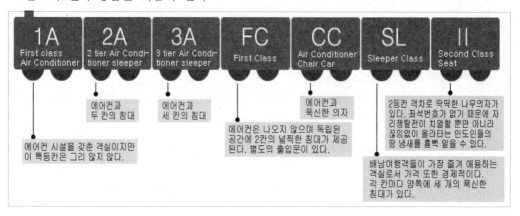

7 출입국 및 여행관련정보

● 인도는 출발 전 비자를 발급받아야 입국할 수 있다.

● 관광비자는 6개월 복수/2개월 체류 2종류가 있으며, 6개월 비자는 횟수에 제한을 받지 않으나 발행일을 기준으로 6개월간 유효하므로 주의해야 한다.

● 석굴사원(엘로라, 아잔타 등)을 관광할 때에는 조명시설이 잘 되어 있지 않아 손전등을 이용하면 보다 효과적으로 관람할 수 있으며, 인도의 시골을 여행할 때에는 숙박시설에 종종 전기가 나가므로 유용하게 사용된다.

● 가격정찰제가 없는 나라라고 봐도 과언이 아닐 정도로 물건 가격이 천차만별이다.

● 기차에 오르면 쇠사슬로 짐을 고정시켜 놓는다.

● 대륙성 기후이기 때문에 일교차가 심하며, 땀이나 먼지 등으로 옷을 자주 갈아입어야 하므로 면으로 된 긴팔 셔츠를 준비해 가는 것이 좋다. 여름철에도 아침저녁으로 기온이 많이 내려가므로 스웨터, 오리털 파카, 개인용 담요 등을 준비한다.

● 남자끼리 손잡고 걷는다 해서 의심할 필요는 없다. 친한 사이라면 손을 맞잡기도 하고, 어깨를 치며 부둥켜안으면서 애정을 표현한다.

● 과도한 친절을 보이면서 접근하는 사람들을 조심해야 한다. 그들이 건네준 음식이나 음료수 등은 마시지 않도록 한다.

8 관련지식탐구

- **8대 불교 성지** : 석가모니가 태어난 ▲룸비니와 성도한 ▲부다가야(보드가야), 처음 설법을 한 ▲사르나트 열반에 들어간 ▲쿠시나가라를 불교의 4대 성지라고 하고, 여기에 ▲슈라바스티(사헤트마헤트) ▲산카샤 ▲라지기르 ▲바이살리를 더하여 불교의 8대 성지라고 한다.

- **인도 골든 트라이앵글 여행** : 델리를 기준으로 남동쪽의 아그라와 남서쪽의 자이푸르를 잇는 여행코스로 인도의 참모습을 가장 잘 알 수 있는 인도여행의 기본 여정이다. 타지마할 등 볼거리가 많고 힌두문화와 이슬람문화가 적절하게 어우러져 있다.

- **인도의 무용** : 인도무용은 특히 신화 및 종교와 깊은 관련을 맺고 있어, 모든 주제와 인물 하나하나의 움직임은 신의 이야기와 신에 대한 찬양과 헌신을 의미한다. 인도인에게 춤이란 즐거움을 얻기 위한 수단이라기보다 신과 하나되어 인간 내면의 행복을 찾아가는 구도의 과정이다.

- **인도의 종교** : 인구의 80% 이상이 힌두교도이지만 그 밖에도 이슬람교와 자이나교, 그리스도교도 있으며, 불교가 생겨난 나라도 바로 인도이다. 인도인들에게 있어서 종교는 일상생활과 밀접한 관계가 있다. 태어날 때부터 환경에 따라 이슬람교도, 자이나교도이며, 인도에서 태어났기 때문에 힌두교도가 되는 것이다.

- **가트(Ghat)** : 힌두교도들은 갠지스강을 '성스러운 강'으로 숭배하고 있다. 힌두교도 사이에서는 이 강물에 목욕재계하면 모든 죄를 면할 수 있으며, 죽은 뒤에 이 강물에 뼛가루를 흘려보내면 극락에 갈 수 있다고 믿고 있다. 강 옆에 가트라고 부르는 돌계단이 있는데 힌두교인들이 그곳으로 내려와 아침마다 경건하게 목욕재계를 한다.

- **카레(커리)** : 인도의 커리는 우리나라에서는 '카레'라고 불리는 인도의 대표적인 요리이다. 커리 요리 중에서 우리나라에 잘 알려져 있는 것이 카레라이스이다. 하지만 인도의 어느 식당의 메뉴를 봐도 카레라이스라는 요리는 적혀 있지 않다. 인도인의 주식은 커리가 아닌 빵이나 쌀밥이고 커리는 밥이나 로티(빵 종류)와 같이 먹는 반찬인 것이 일반적이다. 하지만 여전히 커리는 인도를 대표하는 음식으로 자리 잡고 있다.

- **카스트(Caste)제도** : 사성(四姓)·계급·등급·족보 등으로 번역되지만 어느 것도 딱 들어맞는 말은 아니다. 카스트라는 말은 포르투갈어 카스타(casta : 혈액의 순수성 보존을 위한 사회적 說法이라는 뜻)가 인도-유럽계(系) 언어로 전화한 것으로, 인도의 바르나(varna) 즉 '색(色)', 나아가서는 피부의 색을 나타내는 말에 해당한다. 이것이 후에 바라문 또는 브라만(Brahman : 사제자)·크샤트리아(Kshatrya : 무사)·바이샤(Vaisya : 농민·상인 등의 평민), 피정복민(被征服民)으로 이루어진 수드라(Sudra : 노예)의 네 바르나, 즉 카스트로 나타났다.

- 인도의 고전무용

무용이름	내 용
카 타 크	카타크 : 갠지스강(江)과 자무나강 유역을 중심으로 퍼져 있는 무용으로 서정적인 몸놀림으로 추는 것이다.
마 니 푸 리	아삼지방을 중심으로 퍼져 있는 무용으로 모방적인 몸놀림이 주가 되는 우아한 움직임이 특징이다.
카 타 칼 리	묵극(默劇) 형식의 무용으로 가벨리강 서부를 중심으로 발달했으며, 특히 극적 요소를 많이 내포하고 있는 점으로 보아 순수한 무용극이라고도 할 수 있다.
바라타나티암	서사시적 내용을 담은 무용으로 인도 남부에서 주로 추는 춤이다. 신을 찬미하는 내용이 중심이며, 신앙의 구상적(具象的) 표현 형태를 갖추고 있는 점이 특징이다.

- 타고르(Rabīndranāth Tagore : 1861. 5. 7~1941. 8. 7) : 인도 시인. 벵골 문예부흥의 중심이었던 집안 분위기 탓에 일찍부터 시를 썼고 16세에는 첫 시집 『들꽃』을 냈다. 초기 작품은 유미적이었으나 갈수록 현실적이고 종교적인 색채가 강해졌다. 교육 및 독립 운동에도 힘을 쏟았으며, 시집 『기탄잘리』로 1913년에 노벨문학상을 받았다.

- 인도의 축제

축제이름	내 용
공화기념일	1950년 공화국 헌법 발표를 축하하는 날. 뉴델리의 퍼레이드가 장관인데, 군대와 코끼리, 낙타, 민족 의장대의 행진이 있다.
폰칼 산크란티 (PongalSankranti)	남인도의 2일에 걸친 수확제로, 사람들은 이마에 소는 뿔에 화려한 화장을 한다. 타밀나드주와 안드라프라데시주에는 폰갈, 카르나타카주에는 산크란티라고 부른다. 단맛을 가미한 폰갈을 먹으며 수확에 감사한다.
바산타 판차미 (VasantaPanchami)	가마가 유채꽃밭을 지나가는 행사. 바산타는 '봄'이라는 뜻으로, 봄이 찾아온 것을 기뻐하며 북인도를 중심으로 축제를 연다.
시바라트리 (Shivaratri)	힌두교도가 시바신에게 제를 지내는 것. 신자들은 밤새 찬가를 부르며 시바 사원에서는 푸자(예배)를 한다. 바라나시나 카주라호에서 사람들과 어울려 보면 좋을 것이다.
잔마아슈타미 (Janmashtami)	인도에서 인기 있는 크리슈나신(비슈누의 화신)의 탄생을 축하하는 축제이다.
두세라 (Dussera)	인도의 축제 중 가장 인기가 있다. 북인도에서는 라마 왕자의 생애가 야외공연장에서 공연되는데 마지막 날에는 라마와 싸운 악마의 커다란 인형이 화형된다. 벵골 등 동인도에서는 두르가 푸자라고 하며 물소로 변신한 악마와 싸운 두르가 여신상이 사람들에게 이끌려 강으로 운반되어 물에 던져진다.

- 요가(Yoga) : 자세와 호흡을 가다듬어 정신을 통일·순화시키고, 또는 초자연력을 얻고자 행하는 인도 고유의 수행법. 요가는 산스크리트어로서 결합한다는 뜻의 어원(語源)인 유즈(yuj)에서 시작되었으며, 마음을 긴장시켜 어떤 특정한 목적에 상응(相應) 또는 합일(合

─)한다는 의미를 갖는다.

- **미투나**(mithuna) : 서로 사랑하는 남녀의 성적 결합을 표현한 인도의 조각 또는 회화.
- **네루**(Pandit Jawaharlal Nehru : 1889. 11. 14~1964. 5. 27) : 인도의 정치가. 간디의 영향을 받아 반영(反英)독립투쟁에 사회주의적 요소를 결합시키는 것이 목표였다. 총리 겸 외무장관을 지내며 비동맹주의를 고수하였다.

9 중요 관광도시

(1) 델리(Delhi) : 인도 북부에 있는 도시 및 연방 직할지구. 인구의 대부분은 올드델리와 뉴델리에 집중해 있다. 델리직할지구는 올드델리로 알려진 델리와 새로 생긴 뉴델리와 그 주변지역으로 이루어진다. 갠지스강(江)의 지류인 야무나강의 서쪽 기슭에 있으며, 펀자브 지방과 갠지스강 유역과의 교통 중심지여서 고대부터 이 지방의 정치·문화·경제의 중심을 이루었다.

- **자미 마스지드**(Jami Masjid) : 이슬람사원을 뜻하는 자미 마스지드는 이곳뿐만 아니라 여러 곳에 있다. 술탄 샤 자한(Shah Jahan)에 의해 1644년부터 1658년에 걸쳐 완공되었다. 당시 엄청난 돈인 10만 루피가 사용되었다고 하니 그 규모와 화려함을 알 수 있다. 이 사원은 한번에 2만여 명에 달하는 이슬람교들이 예배를 드릴 수 있는 규모라고 한다.

▶ 자미 마스지드

- **라지가트**(Rajghat)와 **간디박물관** : 간디를 추모하기 위해 조성된 공원으로, 1948년 1월 30일 극우파 힌두교도 청년에게 랄 킬라 뒤쪽 야무나강(江) 남쪽 마하트마 간디 거리에 있다. 간디를 추모하기 위해 조성된 공원으로, 1948년 1월 30일 극우파 힌두교도 청년에게 암살당한 마하트마 간디의 유해를 화장한 곳이다.

▶ 라지가트

- **락슈미 나라얀 사원**(Lakshmi Narayan Temple) : 대재벌인 비를라가 1938년에 건축한 현대적인 건물로 코노트 플레이스 서쪽 2km쯤 되는 만디르 마르그에 있는 유명한 힌두사원이다. 별관에는 시바신과 그의 아내 두르가 같은 신도였으며, 불

▶ 락슈미 나라얀 사원

교 순례자는 누구나 사원의 숙박소를 무료로 이용할 수 있다.

- **후마윤 묘**(Humayun's Tomb) : 무굴제국 제2대 황제 후마윤과 황후의 묘로 페르시아의 양식을 가미한 '정원 속의 묘'라는 양식으로 만들어졌다. 무굴제국 시대 정원의 기초가 되었으며, 이후 유명한 타지마할 건축에도 많은 영향을 주었다. 푸라나 킬라의 남쪽에 위치해 있으며, 묘의 주인인 후마윤은 아프간의 세르샤에게 쫓겨 페르시아에 피신했다가 15년 만에 페르시아의 힘을 얻어 무굴제국을 재건한 황제이다.

- **랄킬라**(빨간성·Red Fort) : 무굴제국시대(1639~1648)에 건립되었으며, 빨간 사암으로 건축된 성벽이 인상적이며 일명 빨간성이라 한다. 지금은 비록 조잡해 보이지만 예전에는 '지상에 천국이 있다면 바로 이곳이다'라고 했을 정도로 아름다운 성이다. 오른쪽에 위치한 박물관에는 무굴제국 시대의 회화와 무기 등이 전시되어 있다.

▶ 빨간성(Red Fort)

(2) 뭄바이(Mumbai) : 인도 마하라슈트라주(州)의 주도. 서(西)고츠산맥에서부터 아라비아해로 반도 모양으로 뻗어난 인도 최대의 도시이며, 국제무역항과 국제공항이 있다. 1995년 11월에 봄베이(Bombay)를 뭄바이로 개칭하였다.

- **게이트웨이 오브 인디아**(Gateway of India) : 1911년 영국왕 조지 5세 내외가 인도를 방문한 기념으로 세워진 뭄바이의 상징적인 건조물이다. 타지마할 호텔 앞 뭄바이만의 아폴로 부두에 서 있는 거대한 문이며 16C 구자라트 양식으로 지어졌다. 높이 26m인 문 양 옆에 보조문이 있다.

▶ 게이트웨이 오브 인디아

- **타지마할 호텔**(Taj Mahal Hotel) : 인도문 옆에 있는 뭄바이 최고의 호텔로 귀족의 성에서 묵는 듯한 느낌을 가질 정도로 품격 높은 호텔이다. 총 객실 수는 600개로 모든 시설은 인터콘티넨탈 호텔과 공용으로 건물 안에 정부관광국과 각 여행사 쇼핑 아케이드가 있다. 2007년 폭탄테러로 세계를 놀라게 한 적이 있다.

▶ 타지마할 호텔

- **칸헤리 석굴**(Kanheri Caves) : 아잔타 석굴·엘로라 석굴과 함께 인도의 대표적인 석굴 사원이다. 인도 서쪽 최대 규모의 불교사원이 자리 잡은 곳으로, 뭄바이 북쪽으로 42㎞ 떨어진 숲이 우거진 언덕에 자리 잡고 있는 대규모 보호지역으로 공원 중심 바위 골짜기

에 늘어선 109동의 칸헤리 석굴(Kanheri Caves)로 유명하다.

- **하지 알리 모스크**(Haji Ali's Mosque) : 이슬람 성자 하지 알리를 추앙하기 위해 바다 가운데에 세워진 사원으로, 하지 알리의 무덤으로 알려져 있다. 회교사원의 독특한 광탑, 하얗게 회칠이 된 건물 등 아름다운 모습의 모스크까지는 좁은 둑길로 이어져 육지에서 걸어서 사원으로 들어갈 수 있다.

- **라자바이 시계탑**(Rajabai Tower) : 고딕양식의 시계탑은 80m 높이로 베네치안 – 고딕양식의 뭄바이대학교 내에 있다. 탑 내부는 나선형 계단으로 되어 있으며, 이곳의 탑 꼭대기가 자살장소로 이용되면서 지금은 일반인에게 공개되지 않고 있다.

- **엘라판타 섬**(Elephanta Island) : 인도 마하라슈트라 주(州) 뭄바이 근처에 있는 섬. 뭄바이에서 배를 타고 쉽게 접근할 수 있다. 약 200m 높이의 바위산에 석굴을 파고 조성한 힌두교 석굴사원이 널리 알려져 있다. 모두 7개 석굴이 있으며, 7세기에 만들어진 시바 사원에는 '춤추는 시바', '악마를 물리치는 시바' 등의 조각이 있다.

➡ 엘라판타 동굴

- **도비가트**(Dhobi Ghat) : 뭄바이 최대의 빨래터. 도비는 빨래하는 사람, 가트는 강가라는 뜻이다. 인도의 가장 하층계급인 불가촉 천민계급의 사람들이 상류층의 빨래를 하여 먹고 사는 고단한 삶을 볼 수 있는 곳으로 알려져 있다. 양잿물에 들어가 빨래를 돌에 대고 두드려 빠는 모습을 볼 수 있다.

➡ 도비가트

(3) 아그라(Agra) : 인도 북부 우타르프라데시주(州) 서부에 있는 도시. 야무나강(江) 우안에 있는 지방행정의 중심지이다. 델리 남동쪽 200㎞ 지점에 있다. 동쪽에는 갠지스강 유역의 광대한 평야가 전개되고, 북쪽은 야무나강 연안을 따라 델리를 거쳐 펀자브 지방의 평야에 연속되어 있다. 무굴제국이 수도를 델리로 옮길 때까지 1564~1658년의 약 1세기 동안 수도로서 북부 인도를 지배했다.

- **타지마할**(Tajmahal) : 타지마할이란 '마할의 왕관'이라는 뜻으로 무굴제국 황제 샤 자한(Shah Jahan)이 그의 사랑하는 왕비 뭄타즈 마할(Mumtaz Mahal)을 위하여 1631년부터 짓기 시작해서 1653년에 완공을 보았다. 1983년 유네스코에 의해 세계문

➡ 타지마할

화유산으로 등록된 인도의 대표적 이슬람 건축이다.

- **파테푸르 시크리**(Fathepur Sikri) : 1571년부터 1585년까지 세워진 파테푸르 시크리는 무굴제국과 힌두 건축의 최고봉을 엿볼 수 있는 곳이다. 판치 마할(Panch Mahal)과 파테푸르 시크리 유적지로 들어가는 승리의 문(Buland Darwaza) 등 무굴제국의 수많은 건축물이 잘 보존되어 있다. 특히, 도시 전체를 붉게 물들이는 해질 무렵에는 그 아름다움의 최정점에 이른다.

- **람 바그**(Ram Bagh) : 1528년 바바르(Babar)왕이 만든 정원으로, 무굴제국 초기의 정원 중 하나이다. 정원의 본래 이름은 휴식 정원이라는 뜻의 '아람 바그(Aram Bagh)'였다. 바바르는 사후, 카불(Kabul)에 안치되기 전 이곳에 임시로 묻혔다. 현재 정원은 왕족들이 머물렀던 건물의 깨진 기둥과 벽 등이 무성히 자란 풀 사이에 간간이 남겨져 당시의 모습을 상상할 수 있게 해준다.

- **아그라 성** : 1565년 무굴제국 제3대 악바르 대제에 의해 만들어졌으며, 그 이후 자한길, 샤 자한에 의해 보강되어 증축되었다. 길이 2.5㎞에 달하는 붉은빛의 사암 성벽인 아그라 성은 타지마할의 북서쪽, 야무나(Yamuna)강을 따라 만들어졌다. 전쟁을 위한 견고한 성으로 이중으로 이루어진 굴, 이중으로 이루어진 성벽에 둘러싸여 있다.

▶ 아그라 성

- **다얄 바그**(Dayal Bagh · Soami Bagh) : 아그라 북부 약 10㎞에 자리 잡고 있는 다얄 바그는 1861년 시리 시브 다얄싱르(Shri Shiv Dayal Singh)가 세운 라다소미 종파의 본부이다. 다얄바그는 '스와미지 마하라지(Swamiji Maharaj)'라는 이름으로 더 잘 알려져 있다. 1904년에 짓기 시작하여, 현재까지 100년이 넘는 건축기간으로 유명하다.

▶ 다얄 바그

(4) 자이푸르(Jaipur) : 인도 북서부 라자스탄주의 주도. 철도와 도로 등 교통이 편리한 상공업도시이며, 공업은 금은세공업 · 면직공업 등 다양하다. 라자스탄주의 유명한 전통공예품인 보석 및 에나멜세공품 · 모슬린직물 · 대리석 · 상아조각품 등의 주산지이기도 하다. 주변의 비옥한 충적평야에서는 보리 · 콩류 · 기장 외에 목화 등이 재배된다.

- **시티 팰리스**(City Palace) : 사와이 자이 싱(Sawai Jai Singh)의 찬드라 마할(Chandra Mahal)은 달의 궁전(Moon Palace)이라고도 하며 시티 팰리스로 더 잘 알려져 있다. 이곳은 현재 왕족의 공식 거주지이다. 왕족이 아직까지 이곳에서 거주를 한다. 마하라자 사와이 만 싱

(Maharaja Sawai Man Singh II) 박물관은 외곽과 1층을 개조하여 만들어진 것이다.

- **암베르 성**(Amber Fort) : 붉은 사암과 흰 대리석을 사용하여 힌두와 이슬람 건축양식이 잘 조화되어 있는 건축물이다. 이 성채 최고의 하이라이트는 거울궁전이라 불리는 세쉬 마할(Sesh Mahal)이다. 이 궁전에는 자체적으로 성벽을 쌓는 테라스와 정자들이 갖춰져 있다.

- **하와마할**(바람궁전, Palace of the Winds, Hawa mahal) : 1799년 왕족의 여인들이 일상생활과 시내의 행렬을 지켜보기 위해 지어졌다고 한다. 이 건축물은 높게 지어졌으며, 자이푸르 시내중앙의 다른 건물들처럼 핑크빛으로 칠해졌다. 일명 '바람의 궁전'이라고도 한다.

- **핑크시티**(Rose Pink City) : 1905~1906년 영국 웨일즈 왕자가 찾게 되자, 자이푸르는 손님을 맞기 위해 새로 페인트칠을 할 필요가 있었는데, 계약을 맺은 업자가 필요한 색깔만큼의 다양한 페인트를 확보할 수 없자 모든 벽을 핑크빛으로 칠하게 되었다. 그 후로 핑크빛은 라자스탄 문화에서 환영을 뜻하는 모든 것과 연결되었다.

- **락시미 나라얀 만디르 사원**(Laxmi Narayan Mandir) : 락시미 나라얀 만디르 사원은 인도 굴지의 재벌이었던 벌라(Birla)가문이 세운 수많은 사원 중 하나로 자이푸르 남쪽에 자리 잡고 있다. 벌라 일가에서 세운 사원이라, '벌라 만디르'로 알려지게 되었다. 100년이 넘게 비종교적인 인도 전통문화를 엿볼 수 있는 좋은 사원이다.

(5) 카주라호(Khajuraho) : 인도 마디아프라데시주(州) 북부에 있는 도시. 현재 20개 이상의 힌두교 및 자이나교의 사원이 있는 순례지로 유명한 관광지이다. 10~11세기 찬델라 왕조시대에는 이 지방

▶ 시티 팰리스

▶ 암베르 성

▶ 하와마할

▶ 자이푸르 시티게이트

▶ 락시미 나라얀 만디르 사원

의 주도였으며, 파라슈바나트 사원(자이나교), 차툴부자 사원(힌두교) 등을 비롯하여 약 30개의 사원이 건립되었다. 카주라호의 사원군은 지리적 특성에 의해 서쪽사원군, 동쪽사원군, 그리고 남쪽사원군의 세 그룹으로 분류된다. 서쪽사원군은 확실히 가장 크고 카주라호 사원의 특징을 가장 잘 볼 수 있는 곳이기 때문에 우리에게 가장 잘 알려진 곳이다. (주로 우리가 카주라호의 사원이라고 하면 이곳 서쪽 사원군들을 말한다.) 85개의 사원 중 14세기 이슬람교도에 의해 파괴되어 현재 22개만 남아 있으며, 이 중에서 14개가 이곳에 집중되어 있다.

사원군	사 원 명	
서 쪽	• Chausath Yogini Temple • Devi Jagdamba Temple • Vishwanath Temple • Lakshmana Temple	• Kandariya Mahadeo Temple • Chitragupta Temple • Parvati Temple • Matangeshwara Temple
동 쪽	• Brahma Temple • Parsvanath Temple	• Vamana Temple • Ghantai Temple
남 쪽	• Dulhadeo Temple	• Chaturbhuj Temple

- **칸다리야 마하데오 사원** : 카주라호사원의 전형적인 모습을 지닌 가장 오래된 사원으로 약 900여 개에 달하는 조각상이 있다. 시바신에게 바쳐진 31m 높이의 거대한 사원은 하늘을 향해 솟구친 모습을 지니고 있다. 서쪽 사원군 안에 자리 잡고 있는 시바신의 상징인 링가(linga)가 안치된 메인성소는 화려하게 조각되어 있으며, 다양한 신과 여신, 압사라(선녀) 등이 정교하게 그려져 있다.

- **메딴게스와라 사원** : 시바(Shiva)신에게 바쳐진 사원이다. 사원에는 시바신의 상징인 링가상이 2.4m로 우뚝 서 있다. 현재도 이 사원을 찾아 예배를 하기도 한다. 사원의 남쪽에는 이 지역에서 발굴된 여러 조각상을 전시하고 하는 야외 고고학 박물관이 있다.

▷ 메딴게스와라 사원

- **파스바나트 사원** : 벽면이 모두 막혀 있는 자인(Jain)사원 중 가장 큰 규모로 카주라호에서도 매우 섬세하게 만들어진 사원이다. 서쪽 사원군의 봉인된 사원들의 규모에 비할 데는 못 되지만 매우 독특한 기술과 그 자체의 아름다운 조각과 정밀한 건축양식으로 주목받고 있다. 카주라호에서 가장 잘 알려진 조각상의 대부분을 이 사

▷ 파스바나트 사원의 조각상

원에서 볼 수 있다.

- **파나국립공원**(Panna National Park) : 카주라호에서 30분 거리에 있는 파나국립공원은 깊은 협곡, 고요한 계곡, 울창한 숲에 다양한 식물과 동물들이 사는 거대한 자연공원이다. 보존이 잘 되어 지금도 표범, 늑대, 인도악어 등 다양한 종의 동물들의 서식처로서 울창한 자연상태의 밀림을 가지고 있다.

- **브라마 사원** : 가로, 세로 20m 사각 연단 위에 23m 높이로 건축되었다. 사원 내실과 동쪽에서 사원 내부로 들어가는 계단으로 단순한 구조로 되어 있다. 내실에는 4개의 머리를 지닌 브라마상이 안치되어 있다. 사원의 아래 연단에서 기도하는 형상과 함께 수행하는 수도승의 형상이 발견되었다.

➡ 브라마 사원

- **차우사트 요기니 사원** : 사원의 이름이 '64'라는 숫자의 의미로 사원에 세워진 사당의 개수를 의미한다. 사원은 5.4m의 우뚝 솟은 연단 위에 가로 31.4m, 세로 18.3m의 사각형 모양에 64개의 사당이 만들어진 독특한 기획과 디자인을 지니고 있다. 64개의 사당 중 현재는 35개가 남아 있다.

➡ 차우사트 요기니 사원

(6) 바라나시(Varanasi) : 인도 우타르프라데시주(州)에 있는 도시. 베나레스(Benares)라고도 한다. 기원전부터 산스크리트어로 알려진 고도(古都)이며, 후에 바나라스(Banaras)라고도 불렀다. 갠지스강 연안에 위치하며, 힌두교의 7개 성지(聖地) 가운데 으뜸으로 꼽힌다. 연평균 100만명에 달하는 순례자가 끊임없이 모여들어 갠지스강에서 목욕재계를 한다. 순례자를 위하여 갠지스강변에는 길이 약 4㎞에 걸쳐 가트라는 계단상의 목욕장 시설이 마련되어 있다.

- **사르나트**(녹야원 · 鹿野園 · Sarnath) : 석가모니가 보리수나무 아래에서 깨달음을 얻고, 같이 수행했던 5명의 형제들과 처음으로 불법을 이야기했던 땅으로, 다메크 스투파라고 불리는 불탑과 큰 수도원의 흔적, 고고학 박물관 등이 있다. 불교 4대 성지의 하나로서 룸비니, 부다가야, 쿠시나가라와 이곳 녹야원을 꼽고 있다.

➡ 녹야원

- 갠지스강(River Ganges) : 산스크리트어나 힌디어로는 강가(Gagā)라고 한다. 길이 2,460㎞. 유역면적 약 173만㎢. 힌두교도들은 '성스러운 강'으로 숭앙하고 있다. 중부 히말라야산 맥에서 발원하여 남쪽으로 흘러 델리 북쪽에 있는 하르드와르 부근에서 힌두스탄평야로 흘러들어간다. 힌두교도 사이에서는 이 강물에 목욕재계하면 모든 죄를 면할 수 있으며, 죽은 뒤에 이 강물에 뼛가루를 흘려보내면 극락에 갈 수 있다고 믿고 있다. 갠지스강 유역에는 연간 100만 명 이상의 순례자가 찾아드는 유명한 바라나시를 비롯하여 하르드와르 · 알라하바드 등 수많은 힌두교 성지가 있다.

- 마니카르니카 가트(Manikarnika Ghat) : 바라나시에 있는 100개가 넘는 가트 중 마니카르니카 가트는 가장 오래된 성스러운 곳이다. 가트는 강변에 있는 층계로 인도에서는 주로 목욕이나 시신을 화장하는 장소로 사용된다. 마니카르니카 가트는 주 시신화장카트로 힌두인들만 화장할 수 있는 가장 성스러운 장소 중 하나이다.

➡ 마니카르니카 가트

- 람나가르 요새와 왕궁(Ram Nagar Fort and Palace) : 바나라스(Banaras)의 마하라자(Maharaja)가 강가(Ganga)강변에 1750년에 세웠다. 붉은 돌로 만들어진 요새는 도시를 안정되고 강력하게 지켜냈다. 박물관에는 무늬를 넣어 짠 옷감으로 만든 옷과 가마, 무기, 상아로 만든 값비싼 마차 등을 전시하고 있다.

➡ 람나가르 요새와 왕궁

- 비슈와나트 사원(Vishwanath temple · Golden Temple) : 강가(Ganga)강변에 위치한 힌두교에서 가장 성스러운 곳에 자리 잡고 있는 성지 중 하나이다. 바라나시에서 가장 성스러운 사원으로 비슈와나트 갈리에 세워진 비슈와나트 사원은 시바(Shiva)신에게 바쳐진 사원이다. 힌두교에서는 시바가 이곳에서 살았다고 믿고 있다.

➡ 비슈와나트 사원의 조각상

- 네팔리사원(Neapli Temple) : 네팔 왕이 라리타 가트(Lalita Ghat)에 세운 네팔양식의 사원이다. '카트왈라(Kathwala)사원'이라고도 불리는 이 사원을 보기 위해 세계 각처에서 온 관광객들에게 사원은 인도의 그 어떤 사원에서도 비교할 수 없는 독특한 형태의 사원을 보여주고 있다. 네팔에서 온 조각공들이 사원의 조각을 맡았으며, 곳곳에 에로틱한 장면

이 새겨졌다. 사원에 사용된 목재 또한 네팔에서 들여온 것으로, 흰개미의 피해를 입지 않았다.

- **바랏 칼라 바반 박물관**(The Bharat Kala Bhavan) : 고대 인도의 아름다운 테라코타를 전시하고 있다. 전시되고 있는 대부분의 테라코타는 마우리 왕조, 숭가, 구프타왕조 시대의 유적물들이고, 인더스계곡에서 발굴된 선사시대의 테라코타도 전시되어 있다. 특히, 인더스계곡에서 발굴된 선사시대의 테라코타는 높이 2~3cm의 작고 독특한 매력을 지니고 있다.

➡ 바랏 칼라 바반 박물관

(7) 콜카타(Kolkata) : 인도 동부 서(西)벵골주(州)의 주도(州都). 옛 명칭은 캘커타(Calcutta)이다. 1995년에 전통명칭인 콜카타(Kolkata)로 개명했으나, 세계적으로는 여전히 캘커타라는 명칭으로 더 유명하다. 갠지스강 삼각주의 분류인 후글리강의 하구에서 약 130㎞ 상류에 있다. 깊고 넓은 수로는 외양선의 출입이 가능하여, 뭄바이에 이어 인도 제2의 무역항을 이룬다.

- **다크시네슈와르 사원**(Dakshineshwar Temple) : 콜카타의 최대 힌두교 사원으로 도킨네쇼르 사원으로 불리며 시바신의 사원 하나와 칼리 여신의 사원 열둘이 모여 있다. 1847년 여신도에 의해 세워졌다. 또한 이곳에서 힌두교의 위대한 성자 라마크리슈나가 신과의 합일점에 도달하여 사랑과 봉사의 실천을 설법함으로써 사원은 일약 세계적으로 유명해졌다.

➡ 다크시네슈와르 사원

- **타고르 하우스**(Tagore House) : 인도의 노벨상 수상시인 라빈드라나트 타고르가 태어나고 저술활동을 하다가 서거한 집이다. 일찍이 벵골 르네상스의 중심인물들이 모여 문학을 논하고 문화를 이야기하던 곳으로 박물관이 된 별관에는 타고르의 유품 등이 전시되어 있다.

➡ 시성(詩聖) 타고르의 흉상

- **인도 박물관**(Indian Museum) : 이탈리아 양식의 건축물로 초우링기 거리에 접해 있는 거대한 박물관이다. 자두가르라고도 불리는 이 건물은 1875년에 건축되었으며, 인도의 문화와 역사를 살필 수 있는 귀중한 유물이 전시되어 있다. 특히 불교와 힌두교 관계의 석

상과 조각들, 티베트와 무굴제국의 회화 등이 볼 만한 전시품이다.

- 마이단(콜카타 공원) : 후글리강과 초우링기 거리 사이에 위치한 공원으로 남북의 길이가 약 3㎞이며, 동서의 길이는 1㎞에 달한다. 이 공원에서는 아침에 요가수업이 이루어지며, 저녁에는 아름다운 후글리강의 저녁노을을 즐기려는 시민들로 언제나 분주한 곳이다.

(8) 스리나가르(Srinagar) : 인도 북서부 잠무카슈미르주(州)의 주도(州都). 주 북서부의 카슈미르 계곡의 중심도시이며 젤룸강(江)이 시의 중앙을 흐른다. 도처에 운하와 수로가 있으며 배가 주요 수송기관이다. 시내에는 무굴제국의 왕들이 지은 많은 정원이 있다. 달호(湖)와 젤룸강에 떠 있는 하우스보트를 비롯해 여름철 피서지로 크게 붐빈다. 또 히말라야등산의 거점으로도 알려져 있다.

- 아크하발 정원(Achhabal Garden) : 스리나가르에서 64㎞ 떨어진 곳에 있는 아크하발 정원은 아난트나그(Anantnag)에서 8㎞ 정도 거리에 있는 유명한 관광명소이다. 이 지역은 유명하고 매혹적인 곳으로, 정원 테라스로 둘러싸인 고대 스프링이며 무굴왕국 때 발전된 역사적 배경을 지니고 있다.

- 자미아 마스지드(Jamia Masjid) : 가시미르에서 가장 오래되고 웅장한 모스크 중 하나인 자미아 마스지드는 도시 중심에 자리 잡고 있다. 이곳은 '샤－에－함단(shah-e-Hamdan)'이라는 이름으로도 알려져 있다. 건축학적 경이감을 지닌 자미아 마스지드는 1389년 시칸더 술탄이 만들기 시작하였다. 사원은 한번에 3만 명을 수용할 수 있는 웅장한 규모이다.

➡ 자미아 마스지드

- 달 호수(Dal Lake) : 스리나가르에서 가장 큰 호수로 세계에서 가장 아름다운 수체를 지니고 있는 호수이다. 월터 로렌스경은 '위대한 호수(Lake par excellence)'라고 달 호수의 수체를 표현했다. 도시로부터 500m 떨어진 곳에 위치한 호수는 방문하는 여행객과 관광객들의 찬사를 받고 있다.

- 하즈랏발 사당(Hazratbal Shrine) : 카시미르의 이슬람 성소 중 가장 중요한 의미를 지니고 있는 하즈랏발은 달 호수의 왼편에 자리 잡고 있다. '프로펫 모하메드(Prophet Mohammed)'에 대한 존경과 사랑은 이곳을 중요한 이슬람 성소로 자리 잡게 만들었다.

➡ 하즈랏발 사당

- **아마나스 동굴**(Amarnath Cave) : 카시미르는 태고 이래, 신들이 머무는 곳이었다. 그중 가장 성스럽고 유명한 곳이 바로 영원한 제왕인 시리 아마나스 동굴이다. 이곳은 해발 3,962m에 자리 잡고 있다. 카시미르의 유명한 리조트인 파할감(Pahalgam)으로부터 45㎞ 떨어져 있다.

(9) 우다이푸르(Udaipur) : 인도 라자스탄주(州) 남부에 있는 도시. 아마다바드 북동쪽 200㎞ 지점에 위치한다. 예로부터 라지푸트족(族)의 명문 시소디아가(家)에서 지배하던 곳이었으며, 현재의 도시는 16세기 중엽 우다이 싱 왕이 건설하였다. 부근에는 시에 접한 피촐라호(湖)를 비롯하여 풍경이 아름다운 인공호가 많아 '물의 도시'라고 한다.

- **자그디쉬 사원**(Shree Jagdish Temple) : 시바신에게 바쳐진 이 사원은 1651년 마하라나 자가트 싱(Maharana Jagat Singh)이 세웠다. 도시궁전 입구에서 북쪽으로 150m 떨어진 곳에 자리 잡고 있는 자그디쉬 사원은 정교하게 지어진 인도 – 아리안 사원이다. 사원 앞에는 청동 가루다상이 있다.

▶ 자그디쉬 사원

- **피촐라 호수**(Lake Pichola) : 도시가 세워진 이후, 마하라나 우다이 싱 2세(Maharanna Udai Singh II)는 피촐라호수를 더욱 크게 만들었다. 호수에는 2개의 섬과 그 섬 위에 자그니와스 궁전과 자그 만디르 궁전 2개가 세워졌다. 그중 자그니와스(Jag Niwas) 궁전은 현재 호수궁전 호텔로 방문객의 휴식처가 되고 있다. 두 개의 궁전 모두 라자스탄의 아름다운 건축양식으로 건축되었다.

- **사헬리온 키 바리 정원**(Saheliyon ki Bari) : 마하라나 상그람 싱(Maharana Sangram Singh)이 18세기에 세운 관상용 정원이다. 여왕을 받드는 궁녀들을 위해 지어진 것으로 전해지고 있는 사헬리온 카 바리 정원은 잘 다듬어진 잔디, 연꽃 연못, 분수, 대리석 코끼리상, 대리석 정자 등이 있는 관상용 정원이다.

- **도시 궁전**(City Palace) : 도시 궁전은 언덕 위에 지어진 웅장한 흰색 왕궁 타워로 벽면에 수많은 창문이 나 있다. 궁전은 피촐라(Pichola)호수 강변을 따라 수많은 왕들의 기여로, 지금 궁전의 모습을 갖추게 되었다. 우아디싱(Udai Sinh)이 짓기 시작한 이후, 추가 건축이 이루어짐으로써, 초기 궁전의 모습과는 사뭇 다른 형태를 지니게 되었다.

▶ 시티 팰리스

(10) 아우랑가바드(Aurangabad) : 뭄바이 북동쪽에 Aurangzeb왕이 세운 영묘 근처에 자리 잡고 있으며, 1610년에 건립되었다. 아우랑가바드는 주도인 뭄바이와 푸네(Pune)를 철도와 도로로 연결하는 역동적인 도시이며, 뭄바이와 뉴델리 등의 주요 도시와도 항공으로 연결되어 있다.

- **엘로라**(Ellora) : 인도 종교의 다양한 모습을 보여주는 석굴사원이다. 길이가 2.5㎞에 이르며 불교뿐만 아니라 힌두교와 자이나교의 석굴을 포함하고 있다. 굴 수는 모두 34개로 대부분 서(西)찰루카왕조시대인 6~8세기에 조성되었다. 이 중 불교석굴은 제1석굴에서 제12석굴까지이다. 제10석굴은 탑원이고, 나머지 11개 석굴은 승원이다.

➡ 엘로라 석굴사원

- **아잔타**(Ajanta) : 인도의 대표적인 고대 불교석굴사원으로 유명하다. 마하라슈트라주 아우랑가바드에 속하며, 데칸고원 북서쪽 끝에 자리 잡고 있다. 뭄바이(봄베이)에서 450㎞, 아우랑가바드에서 106㎞, 잘가온역에서 50㎞ 지점에 있다.

➡ 아잔타 석굴사원

- **아우랑가바드 동굴군**(Aurangabad Caves) : 아우랑가바드 동굴군은 2~6세기에 만들어진 것으로, 탄트라불교 영향을 받은 건축과 얼굴상이 남겨져 있다.

- **다울라타바드**(Daulatabad) : 아우랑가바드에서 13㎞ 떨어진 곳에 언덕모양의 피라미드로 서 있는 요새이다. 한때 '데브긴(Devgin)'으로 알려졌던 이 피라미드 모양의 요새는 12세기 야다브(Yadav)왕조의 왕인 빌라마(Bhillama)가 만든 것이다. 델리의 술탄, 모하메드 빈 투그라크(Mohammed Bin Tughlaq)가 도시의 미래라는 뜻의 '다울라타바드'라고 이름을 붙였다.

➡ 다울라타바드

(11) 쿠시나가르(Kushinagar) : 인도 최대의 주인 우타르프라데시주(Uttar Pradesh)의 고라구푸르(Gorakhpur) 동쪽 54㎞ 지점에 있는 카시아(Kasia) 시의 근교에 유적지가 있으며, 주위로 히란냐바티강이 흐르고 있다. 근방은 논과 밭이 많이 있으며, 망고나 사라(Sala) 나무를 아직 볼 수 있다. 매년 많은 불교 순례자들이 전 세계 각처에서 모여들고 있다.

- **열반탑**(Nirvana Stupa) : 높이 2.74m 연단 위에 벽돌로 쌓아 만든 거대한 탑으로, 1867년 그 모습을 드러냈다. 탑 주변에서 구리로 만들어진 배가 발굴되었는데, 그 배 안에는 고

대 브라미문자로 새겨진 부처님의 법화 비문이 발견되어 세간의 이목을 집중시켰다. 열반탑은 열반사 본청에서 동쪽에 자리 잡고 있다.

- **열반사**(Mahaparinirvana Temple) : 이 절은 1876년의 복원을 거쳐, 1956년 미얀마스님들에 의해 재건되었다. 아쇼카 스투파 열반사 옆에 아쇼카 왕의 스투파가 있다. 기단은 허물어져 기울고 있으나, 높이는 아직도 200여 척 정도나 된다. 사원 내에는 큰 적색사암을 깎아 만든 6.1m 길이의 와불 열반상이 안치되어 있다.

▶ 열반사

- **쿠시나가르 박물관**(Kushinagar Museum) : 카시아 지역에서 발굴된 유적물을 전시하고 있는 불교 박물관이다. 박물관에는 동전, 불상, 조각물, 건축학적 유물, 청동상 등 248점의 귀중한 유적물을 전시하고 있다. 또한 힌두와 자이나 관련 고대 유물도 전시되고 있다.

- **라마바르**(다비장 · Ramabhar Stupa) : 47.24m의 원형 연단 위에 높이 34.14m의 반구형태의 탑을 이루고 있는 데마바르는 석존의 육신이 밝은 불빛을 내뿜으면서 열반에 들어선 곳에 세워진 탑이다. 고대 불자들의 문헌에는 이 탑을 '무쿳－반단 비하르(Mukut-Bandhan Vihar)'라 불렀다고 한다.

▶ 라마바르

- **바이샬리**(Vaishsali) : 유마거사의 고향이며, 기녀 암라팔리의 귀의, 원숭이들의 연못과 꿀 공양 등이 있었고 부처님께서 열반을 처음으로 예언하셨으며 부처님 입멸 후에는 제2차 결집이 있던 곳이다. 또한 부처님께서 출가 당시 아라라카라마 선인으로부터 무소유처정의 가르침을 받은 곳이기도 하다.

(12) 부다가야(Buddha Gaya) : 인도 북동부 비하르(Bihar)주 가야(Gaya)시에서 11㎞ 떨어진 곳에 있다. 탄생지 룸비니, 최초의 설법지 녹야원(사르나트), 열반지 구시나가라와 함께 불교의 4대 성지이다. 4대 성지는 부처가 열반하기 전 제자 아난다에게 사람들이 참배할 4곳을 일러준 데서 유래한다.

- **불족석**(佛足石) : 금강좌에서 깨달음을 얻으신 부처님께서 첫발을 내디딘 곳에 부처님의 두 발자국이 새겨진 바위이다. 삼장법사(三藏法師) 현장(玄奘)이 친히 이 성적(聖蹟)을 예배하고 이를 본 떠 가지고 있는데, 지금은 방주(坊州) 옥화산(玉華山) 돌에 새겨 기록한 것이 남아 있다고 하였다.

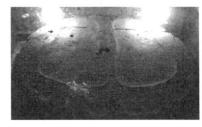

▶ 불족석

- **마하보디 사원**(Mahabodhi Temple) : 현존하는 초기 불교사원 가운데 하나로 드물게 건물 전체가 벽돌로 이루어졌다. 2002년 유네스코에서 세계문화유산으로 지정하였다. 이곳에 있는 보리수나무 아래서 부처가 깨달음을 얻었으며, BC 3세기 아소카왕이 세웠고, 5~6세기 굽타왕조 때 현재의 모습을 갖추었다.

▶ 마하보디 사원

- **전정각산**(前正覺山) : 부다가야에서 가야 방향으로 5㎞ 정도 이동하면서 오른쪽 강 건너편을 보면 산이 보인다. 이곳이 함께 수행하던 다섯 동료가 떠나 버린 후 부처님 혼자서 깨달음을 얻기 위해 찾아왔다는 전정각산이다. 부처님께서 이곳 산 정상부에 이르자 산신이 놀라 다른 곳으로 옮길 것을 권유했다고 한다.

▶ 전정각산

- **보리수**(Banyan Tree) : 마하보디 사원 서쪽 외벽 옆으로 싯다르타가 깨달음을 얻은 장소로 잘 알려져 있는 25m 높이의 보리수(菩提樹 · Asraltha)이다. 인도 3대신 중의 하나인 비슈누(Vishunu)가 이 나무 아래에서 태어났기 때문에 성스러운 나무로 숭배한다. 범어로는 피팔(pipal)이라고 부르며, 수목명으로는 인도보리수 또는 벵갈보리수라고 한다.

2.2.10 몰디브(Maldives)

1 국가개황

- 위치 : 서남아시아 인도 서남방 인도양
- 수도 : 말레(Male)
- 언어 : 디베히어
- 기후 : 열대성기후
- 인구 : 329,000명(176위)
- 면적 : 298㎢(185위)
- 종교 : 수니파 이슬람교
- 통화 : 루피야(MVR)
- 시차 : (UTC+5)

하양 초승달은 이슬람교의 신앙을, 빨강은 자유를 위하여 흘린 피를, 초록은 자유와 진보 또는 이 나라의 생명의 원천인 무수히 많은 야자수를 나타낸다. 가로세로 비율은 3 : 2이다. 영국의 보호국으로 있던 1950년대 중반 국기로 채택하였고 이후 몇 차례의 수정을 거쳐 1965년 7월 26일 완전 독립할 때 국기로 제정하였다.

2 지리적 개관

인도양 중북부에 있는 나라이며 수도는 말레이다. 1,192개의 많은 작은 섬들의 군락으로 이루어진 몰디브는 20여 개의 환초로 이루어져 있다. 가장 높은 곳의 표고가 3m가 채 안 될 정도로 지표가 낮으며 전체 면적의 99%가 물로 이루어져 있는 말 그대로 물의 나라다. 최근 지구 온난화로 인해 언제 이 섬들이 바다에 잠길지도 모르는 위기에 처해지면서 국제적인 이슈로 떠올라 세계 각국에서 큰 관심을 보이고 있다.

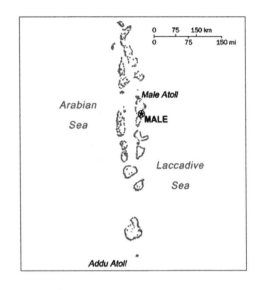

3 약사(略史)

- 인도와 스리랑카 등 인근 국가에서 기원전 5세기경부터 아리안족 이주
- 1558년 포르투갈이 몰디브를 점령하여 인도의 고아(Goa)로부터 총독 파견
- 1932년 성문헌법이 채택되기 전까지 이슬람 율법인 샤리아에 따라 국가의 법질서 확립
- 1953년 왕정 폐지, 공화정 도입
- 1965년 7월 영국과 손을 끊고 완전 독립 달성, 9월 UN(United Nations : 국제연합)에 가입
- 제1공화국이 붕괴된 이후 1968년까지 술탄제 유지

4 행정구역

19개의 환초(環礁)로 구분되며, 각 환초에는 정부에서 임명한 환초장이 있다. 19개의 환초는 Alifu, Baa, Dhaalu, Faafu, Gaafu Alifu, Gaafu Dhaalu, Gnaviyani, Haa Alifu, Haa Dhaalu, Kaafu, Laamu, Lhaviyani, Meemu, Noonu, Raa, Seenu, Shaviyani, Thaa, Vaavu 등이다.

5 정치 · 경제 · 사회 · 문화

- 국가 공식명칭은 몰디브공화국으로 정치체제는 공화제이다.
- 행정부는 국가수반인 대통령을 중심으로 해서 대통령이 지명하는 각료로 구성된다. 선거는 대통령령에 의해 실시되며 대통령 선거는 5년마다 개최된다.

- 몰디브 국가 수입의 90% 이상은 관광업과 관련되는데, 관광업이 GDP의 28%를 차지한다. 그 다음이 수산업이고, 농업과 제조업은 경작지와 국내 노동력 부족으로 생산력이 저조하다.
- 1920년대까지 몰디브는 카스트제도에 따른 신분사회였다. 1990년대 들어 이러한 관행이 제도적으로 사라졌으나 여전히 수도인 말레에 거주하는 엘리트들은 기타 지역의 주민들을 업신여기는 풍조가 남아 있다.
- 몰디브 문화는 스리랑카와 인도 남부를 그 원류로 하고 있다. 초기에 힌두교와 불교가 융합된 문화가 몰디브의 주류를 이루었다면 12세기 이후 이슬람교가 내도하면서 아랍어와 아랍 문화가 몰디브 문화의 핵심으로 자리하게 되었다.

6 음식 · 쇼핑 · 행사 · 축제 · 교통

- 전 세계 관광객들이 모여드는 곳답게 세계인의 입맛에 따라 다양한 음식들을 준비해 놓고 있어 이탈리아식, 미국식, 프랑스식, 일식 등 입맛에 맞게 선택할 수 있다.
- 몰디브의 음식들은 이곳에서 생산되는 각종 열대과일과 풍부한 해산물을 재료로 음식들이 대부분이다. 또한 이웃나라인 인도의 영향도 많이 받아 카레를 이용한 음식들이 많으며 맵고 향신료가 많이 첨가된 음식들도 많다.
- 몰디브식 정찬은 대개 밥, 수프, 카레, 야채, 피클과 매운 소스로 구성되는데 가장 대중적인 음

▶ 열대 과일

식은 가루디아(garudia)라고 불리며 대개 말리거나 훈제한 생선을 이용한 수프요리이다.
- 밥은 매운 칠리나 라임을 곁들여 먹으며 대개 가루디아를 밥에 부어서 잘 섞은 다음 오른손을 이용해서 먹는다. 해산물 커리와 밥을 곁들여 먹는 마스리하(masriha)도 몰디브를 대표하는 음식 중 하나이다.
- 택시요금은 시내 어느 곳을 가든지 동일하며 짐이 있거나 야간인 경우에는 5루피아의 할증요금이 추가된다. 기사에게 따로 팁을 줄 필요는 없다.

7 출입국 및 여행관련정보

- 관광 목적으로 30일간 머물 수 있으므로 몰디브에 입국하는 데 비자가 필요하지 않다. 몰디브의 공항이 가장 붐비는 때는 12월~3월 사이 성수기로, 여행자는 호텔을 구하기가 쉽지 않다. 입국 시에는 호텔에 대한 정보를 적어야 한다.

- 입국심사 시 최소 하루에 $30의 경비를 소지하고 있어야 하며 예약된 리조트 및 호텔의 이름을 정확히 알고 있어야 한다.
- 비록 중동 같은 엄격한 이슬람 율법이 적용되지 않는다 해도 주의를 해야 한다. 술 마시는 행위는 외국인이라도 처벌대상이 된다.
- 비키니 수영복은 허용이 되지만, 노브라는 처벌대상이며, 누드족은 중형에 처해진다.
- 몰디브는 이슬람 국가답게 주류판매는 공식적으로 금지되어 있으나 선 세계에서 온 관광객이 모여 있는 리조트 안에서는 제한적으로 도수가 약한 주류를 즐길 수 있다.

8 중요 관광도시

(1) **말레**(Male) : 인도양 북부 몰디브의 수도. 몰디브제도 중에서 가장 큰 말레섬에 있으며 인구밀도도 높다. 말레섬은 길이 1.7km, 너비 1km, 해발고도 약 2m의 융기환초(隆起環礁)로 북섬과 남섬으로 나누며, 예로부터 해상교통과 상업의 중심지였다. 코코넛·빵나무 열매·어류의 거래가 성하고, 항구와 국제공항이 있다.

- Grand Friday Mosque : 황금색의 돔이 인상적인 이 모스크는 몰디브에서 가장 규모가 큰 모스크이며 말레의 스카이라인 중에서도 단연 돋보이는 몰디브의 랜드마크격인 건물이다. 1984년에 건립된 이 모스크는 걸프 연안의 국가들과 파키스탄, 브루나이, 말레이시아 등 이슬람 국가들의 지원으로 건립되었다.

▶ Grand Friday Mosque

- 국립박물관(National Museum) : 유일하게 몰디브에 남아 있는 술탄궁전 건물의 일부를 사용하고 있는 국립박물관은 규모가 작은 편이지만 그에 비해 전시물이 꽤 알찬 편이며, 전시물의 대부분은 술탄이 소유하고 있던 소장품들로 의류, 무기류, 식기류, 왕관 등이 전시되어 있으며 그 밖에 이슬람과 불교 관련 유물들도 전시되어 있다.
- 술탄공원(Sultan's Park) : 국립박물관 한편에 있는 이 공원은 열대수와 많은 꽃들로 가득한 말레에서 느긋한 휴식을 즐기기에 최적의 장소이다.
- Produce Market : 몰디브 사람들의 일상의 삶을 가장 가까이서 제대로 체험할 수 있는 복잡한 재래시장이다. 자신의 집에서 직접 재배한 채소와 과일을 들고 나와 시장을 가득 메운 노점상 호커(hawker)들과 각종 상점들을 구경하는 재미가 아주 쏠쏠하다.
- Whale Submarine : 말레 서쪽 잠수함 전용항구에서 출발하는 이 잠수함을 타면 아름다운 몰디브의 바닷속을 가까이서 들여다볼 수 있다. 다이빙을 하지 않는 관광객, 특히 어린이들을 동반한 관광객이라면 한번 즐겨볼 만한 볼거리이다.

2.2.11. 미얀마(Myanmar, The Republic of the Union of Myanmar)

1 국가개황

- 언어 : 미얀마어
- 면적 : 676,578㎢ 세계 40위(CIA 기준)
- 인구 : 약 53,855,735명(세계 26위)
- 수도 : 네피도(Naypyidaw)
- 기후 : 열대 몬순기후(북부 아열대성 기후)
- 종교 : 불교 89.5%, 기독교 5%, 이슬람교 4%, 힌두교 등
- 종족 : 버마족(70%), 소수민족(25%, 카친, 카렌족 등), 기타(5%, 중국계, 인도계 등)
- 통화 : 챠트(Kyat)
- 시차 : (UTC + 6.5)

미얀마의 국기는 2010년 10월 21일에 새로 제정되었으며 2008년에 개정된 미얀마 연방 공화국 헌법을 기초로 하고 있다. 새 국기의 디자인은 노란색, 초록색, 빨간색 세 가지 가로 줄무늬 바탕 가운데에 하얀색 별이 그려진 형태를 한 디자인이다. 노란색은 단결, 초록색은 평화와 자연의 풍요로움을, 빨간색은 용기를 상징하며 하얀색 별은 연방의 영원한 존재를 상징한다.

2 지리적 개관

미얀마는 동경 92~102도, 북위 10~28도에 위치. 국토를 육지 기준으로 보면, 동으로 태국, 라오스, 중국과 접해 있으며, 북으로는 중국, 인도, 그리고 서쪽으로는 인도, 방글라데시와 국경을 접하고 있다. 바다로는 남으로 안다만해, 마타반만, 남서로는 벵갈만과 면해 있다.

미얀마의 지세는 북부지방은 높고, 남부지방은 낮은 지대로 되어 있다. 북부에는 샨고원, 북서부에는 아라칸산맥이 있다. 국토의 57%가 산림지대로서 티크, 갱목 등 임산자원이 풍부하다. 인도차이나 반도의 국가 중에서 가장 크고, 세계에서는 40번째로 크다. 북서쪽은 방글라데시의 치타공 구와 인도의 미조람주, 마니푸르주, 나갈랜드주, 아루나찰프라데시주, 북쪽은 중화인민공화국의 티베트자치구, 북동쪽은 중화인민공화국의 윈난성(雲南省)과 접하고 국경의 총 길이는 2,185km이다. 미얀마는 남쪽과 남서쪽으로 벵골만 및 안다만해에 이르는 1,930km의 해안선을 가지고 있다.

인도차이나 반도의 서단에 위치하고 있고, 지형적으로는 서부의 아라칸산맥, 북부의 고산지대, 중부의 저지, 동부의 샨 및 테나세림 산지가 펼쳐져 있다. 중부는 다시 건조지인 상(上)미얀마분지와 저습지인 하(下)미얀마로 나뉜다.

3 약사(略史)

- 미얀마는 여러 종족의 이동의 역사이다. 미얀마에는 서력기원을 전후하여 인도로부터 농업기술과 불교·힌두교가 전해졌고, 이후 몬족·모족·미얀마족이 차례로 흥기함.
- 왕조시대
  - 고대(BC 5~AD 11세기 중반)
  - 파간 왕조(1056~1287년)
  - 몽골의 침공과 분열(1287~1531년)
  - 퉁구 왕조(1531~1752년)
  - 콘바웅 왕조(1758~1886년)
- 식민지 시대와 사회주의 시대
  - 영국·일본 식민지 시대(1886~1948년)
  - 버마 독립과 우누의 사회주의(1948~1962년)
  - 버마식 사회주의(1962~1988년)
- 군사정부 시대와 민선정부 출범
  - 민주화 운동과 군사정부의 등장(1988~2002년)
  - 군사정부의 민주화 7단계 로드맵 추진(2003~2011년 3월)
- 대외적으로 중도중립을 표방하며, 1948년 유엔에, 1992년에 비동맹회의에 가입하여 순수 비동맹 엄정중립주의를 기조로 독립자주외교를 추진하고 있음.
- 우리나라와는 1961년 영사관계를 수립하였고, 1962년 9월 총영사관을 개설함. 1975년 5월 16일 정식으로 수교하였으며, 2007년 현재 상주 대사가 주재하고 있음. 1983년 10월

전두환 대통령이 미얀마를 공식방문한 적이 있으나 아웅산암살폭발사건이 일어나 우리 나라 정부요인이 희생당한 적이 있고, 양국은 1964년 6월에 무역 협정, 1972년 1월에 뉴스교환 협정, 1978년 1월 항공운수 협정, 2002년 2월에 이중과세방지 협정, 2006년 9월 에 항공 협정을 체결함.

- **미얀마 내 한국인 현황**(2017) : 3,456명(외교부 재외동포과)
- **한국 내 미얀마인 현황**(2017) : 24,902명(법무부)
- **인적 교류 현황**(2017)
  - 미얀마 → 한국 : 65,829명(미얀마 관광국)
  - 한국 → 미얀마 : 70,288명(출입국 · 외국인정책본부)

4 행정구역

미얀마의 행정구역은 7개 구역(yin)과 7개 주(pyine)로 되어 있다. 구역에는 버마족이, 주에는 소수민족이 주로 거주한다.

구(Yin)는 사가잉 구(Sagaing Division), 타닌타리 구(Tanintharyi Division), 바고 구(Bago Division), 마궤 구(Magway Division), 만달레이 구(Mandalay Division), 양곤 구(Yangon Division), 에야와디 구(Ayeyawady Division)이고, 주(Pyine)는 카친 주(Kachin State), 카야 주(Kayah State), 카인 주(Kayin State), 친 주(Chin State), 몬 주(Mon State), 라킨 주(Rakhine State), 샨 주(Shan State)로 이루어져 있다.

5 정치 · 경제 · 사회 · 문화

1962년 쿠데타 이후, 1987년까지 네윈의 사회주의 정부가 다스렸다. 8888 항쟁, 아웅 산 사건과 맞물려 1988년 새로운 군부가 집권했다. 1988년부터 2011년까지 군사정권이 통치했으며, 미얀마 최고통치자인 탄 슈웨와 국가평화발전평의회가 국정을 주도했으나 2010년 총선 후 이듬해에 민정 이양하여 군사정권이 종식되었다.

영국 통치하에서 미얀마는 동남아시아에서 가장 부유한 국가였다. 이 당시 미얀마는 세계 최대의 쌀 수출국이었다. 그러나 미얀마의 경제는 국제적인 고립과 미얀마식 사회주의 계획경제의 실패, 장기적인 군사독재 등의 정치적 문제 등이 복합적으로 작용한 결과, 매우 침체되어 있다. 미얀마는 50년째 군부가 통치하고 있는 국가로 인권 탄압에 대한 국제 사회의 비판 속에 미국 등 서방국가들로부터 경제 제재조치를 받고 있었으나 최근 민주정 부가 들어서면서 새로운 도약을 준비 중이다.

미얀마 국민들은 전반적으로 열악한 보건상태와 말라리아, 콜레라, 결핵, 간염, 페스트,

뎅기열, 뇌염 등과 같은 질병에 시달리고 있으나 공공 의료시설은 도시지역에 제한적으로 갖춰져 있을 뿐이다.

미얀마는 인도와 중국 문화의 협곡지대에 위치하여 고대로부터 두 국가의 문화에 영향을 받았다. 미얀마의 남성들이 입는 윗도리는 중국문화에 의한 것이지만 대체적으로 미얀마 문화의 원류는 인도라고 할 수 있다. 불교문화뿐만 아니라 아직까지도 국민들이 입는 통치마 론지(Longi)를 비롯하여 식생활 전반이 인도로부터 강한 영향을 받았다.

영국 식민지의 영향으로 왕정이 폐지되고 근대적 국가 형태를 갖추었다고 하더라도 미얀마인들의 생활양식은 여전히 전통적이다. 물론 영어 사용이나 유럽식 건축양식 등의 도래는 무시할 수 없다.

불교문화와 관련하여 미얀마의 사원은 크게 세 가지로 분류된다. 승려는 불탑에 기거하지 않고, 승려들만의 거처가 따로 있다. 이를 '퐁지짜웅'이라 부른다. 불탑은 사람이 들어갈 수 있는 '퍼토'와 그렇지 않은 '제디'로 나뉘는데, 퍼토는 몇 층의 형태로 이뤄진 파고다로 과거에는 승려들이 위층에서 수양을 했다고 한다. 제디는 부처의 유품이나 불교유물을 안치한 후 탑 형태로 만든 것이다. 약 98m의 높이에 금으로 치장한 쉐다곤 파고다가 미얀마의 자존심이라 불린다.

미얀마 동북부 샨주 고원지대, 태국 북부 산악지역, 라오스 고원지대의 3개국 국경이 모아지는 지역을 정점으로 주변의 원시림으로 뒤덮인 대략 225,000㎢의 지역을 일컬어 황금의 삼각지대(Golden Triangle)라고 하는데, 이 지역은 세계적인 마약 공급지로 알려져 있다.

6 음식·쇼핑·행사·축제·교통

- **시비앙잭(Hsibyanjek)** : 식용유로 주로 낙화생기름을 듬뿍 넣어 양파, 마늘, 생강 등과 함께 돼지, 염소, 양, 소, 닭 등의 육고기나, 생선, 새우, 계란 등의 어느 한 종류를 선택하여 수분이 증발할 때까지 폭 삶아 조리하는 요리법이다.

- **칭밧(Chinbat)** : '맛이 신 채소'라는 의미로 미얀마식 김치이다. 미얀마에서는 쌀겨가 아니라, 쌀뜨물이나 밥을 지을 때 탕취법으로 버리는 뜨거운 물을 이용하여 김치를 담근다. 기후관계로 발효가 빠르게 이루어지기 때문에 칭밧은 묵은김치와 같은 신맛을 빨리 낸다.

- **라팩(Lahpek)** : 어린 라팩 나뭇잎을 물에 절인 다음 꺼내서 참기름에 담가놓고 다른 음식과 함께 가벼운 식사 대용으로 먹는 미얀마의 기호식품이다.

- **응아삐(Ngapi)** : 생선을 소금에 절인 것, 또는 생선의 수분을 소금으로 제거한 다음 햇빛에 말려 절구에서 찧어 만든 미얀마 최대의 기호식품이다.

- 응아삐예(Ngapiyei) : 응아삐예에서 우러나오는 짠물로 미얀마에서는 식탁에 없어서는 안될 간장용 조미류이다.

- 미얀마의 음식문화는 중국과 인도식의 음식문화가 혼합된 것으로서, 미얀마의 카레와 수프는 대표적인 전통음식이다. 서양의 접시보다 중국 접시가 더 잘 맞으므로, 중국식 접시에 카레와 수프가 담겨 나온다.

- 미얀마에서는 식사할 때 일반적으로 수저나 젓가락을 사용하지 않고 맨손을 사용한다. 식탁에 놓여 있는 반찬들을 수저로 자기 접시에 떠놓고 밥과 함께 손으로 먹는 것이다. 그래서 식탁 옆에는 손을 씻기 위한 도구가 설치되어 있는 것이 보통이다.

- 월요일은 휴무이며, 그 외 요일은 오전 10시부터 오후 8시까지 쇼핑이 가능하다. 양곤 시민은 물론, 외부 관광객이 많이 찾는 곳으로 다양한 물건을 볼 수 있다.

- 보석 : 미얀마는 루비, 사파이어, 제이드 및 남양 진주 등의 세계적 산지다. 정부 직영매점[인야레이크 호텔 로비 및 시내의 '외교관 전용 매점'(Diplomatic Shop" emd)]이나 아웅산 마켓 안의 개인 소매점 등에서 구입할 수 있다. 정부매점의 경우 '달러'로만 구입이 가능하며, 개인 상점의 경우 현지화로 구입할 수 있으나 원칙적으로 정부 지정 공정 환전소에서 환전한 금액의 범위 내에서 구입한 물품에 대해서만 반출이 인정된다. 루비 등의 경우 모조품도 있으므로 주의를 요한다. 기타 쇼핑품목으로는 은제품, 라커제품(대나무로 제품모형을 만들고 그 위에 칠을 입힌 것), 골동품류, 그림 등이 유명하다.

- 미얀마의 성산으로 불리는 포파산은 이 정령신앙의 본산으로 미얀마인들에게는 매년 순례자들이 찾는 곳이다. 포파산 737m 정상에 오르면 거대한 사당이 있는데, 이곳에서 낫을 기리는 미얀마의 토속신앙을 느낄 수 있다.

- 교통은 하천수운이 가장 중요하며 이라와디 강이 교통의 대동맥이 되고 있어, 하구에서 1,500㎞ 떨어진 바모까지 기선이 통행하고 있다. 시탕 강, 살윈 강도 교통에 이용되고 있다.

- 물축제(Thingyan(Elswis) Water Festival) : 물축제가 있는 4월 둘째, 셋째 주는 미얀마 최대의 축제기간이다. 관공서, 기업, 은행, 상점이 모두 문을 닫고 짧게는 7일 길게는 14일까지 시민들 모두가 거리로 나와 물을 뿌리며 축제를 즐긴다. 비즈니스 목적으로 방문한다면, 이 시기는 피해야 한다. 비즈니스는 전혀 이루어지지 않는다. 미얀마 사람들은 이 물축제를 위해 1년을 산다고 해도 과언이 아니다. 더잔(Thagyan)으로도 불리는 이 기간은 미얀마 최대의 연휴기간이자 우리의 설날과 같은 송년/신년 축제기간으로 어느 누구에게나 물을 뿌릴 수 있고 물세례를 받는 사람도 즐거워한다. 물을 뿌리는 의미는 가장 더운 시기에 더위를 해소할 뿐만 아니라, 묵은해에 행했던 나쁜 일들을 씻어주는 의

미가 있다고 한다.

- 철도교통은 뒤떨어져 있으나 양곤에서 프롬, 만달레이 등지에 철도가 개설되어 있다. 대외무역은 주로 양곤항을 통해서 이루어진다. 항공은 국영 미얀마 항공 외에 국제항공편이 있다.

- 픽업트럭은 사륜의 뚜껑이 없는 소형 트럭이다. 미얀마에서 볼 수 있는 픽업트럭은 뚜껑이 달려 있고 양옆이 트여 있는 구조이다. 시 외곽으로 나가면 택시와 픽업트럭이 기다리고 있을 것이다. 많은 현지인들이 이용하며, 타기 전 목적지를 먼저 확인해야 한다.

- 동남아 일부 국가들처럼 국내의 중고버스를 가져다가 시내버스로 이용하고 있다. 비교적 노선은 잘 발달되어 있으나, 노선 구분을 하기 어려워 여행자가 이용하기는 무리가 있다.

- 미얀마인들은 마을마다 낫(Nat)을 모시는 사당을 지었고, 농사를 짓거나 집을 지을 때면 낫을 기리는 제사를 지내곤 한다.

- 양곤 등 도시지역에서 외국인이 이용할 만한 대중교통수단은 택시가 유일하다. 택시라고 표시되어 있으며, 승차 전에 가격을 협상해야 한다. 정부가 미터기 부착을 강제하고 있으나 단속을 거의 하지 않고 있으며, 요금체계 역시 부실해 미터기로 운행하는 택시가 거의 없기 때문이다.

7 출입국 및 여행관련정보

- 미얀마는 6월부터 10월까지는 우기로 매일 한 차례 이상 비가 내려 더위를 식혀주며, 11월부터 2월까지는 건기로 대체로 맑고 시원한 날씨가 이어진다. 3월부터 5월까지는 아주 더우면서 비도 오지 않아 지내기 가장 힘든 계절이다. 따라서 미얀마 국내를 여행하려면 보통 11~2월이 가장 적합하다.

- 여행지로는 주로 미얀마 왕국의 수도였던 북부지방의 만달레이를 중심으로 유네스코가 지정한 세계적 불교유산인 바간 지역, 저절로 인생을 생각하게 되는 고요한 인레호수 등이 유명한데, 양곤에서 600㎞ 이상 떨어진데다 도로사정이 좋지 않아 외국인들이 자동차로 여행하기는 거의 불가능하므로 항공 패키지 프로그램을 이용하는 것이 좋다.

- 비자면제 협정이 체결돼 있지 않기 때문에, 관광 또는 비즈니스 목적 여부를 불문하고 모든 방문객은 반드시 한국 또는 제3국 내 미얀마 대사관에서 비자를 발급받아야 한다. 상용비자는 10주, 관광비자는 4주, 수행(修行)비자는 3개월간 체류가 가능하다. 그 이상 체류 시에는 현지에서 연장하면 된다.

- 온라인 비자(E-Visa)제도를 도입했으므로 이민국 홈페이지에서 신청절차, 준비서류 등을

확인할 수 있다.

- 입국 시 보유 외화가 US$10,000 이상일 경우 세관 신고서에 보유금액을 기재해 확인을 받고, 출국 시 이를 제출해야 한다.

- 면세품 보유 한도는 주류 1리터, 담배 200개피, 향수 0.5리터 등이다.

- 세관원의 직접 조사가 필요한 짐에 대해서는 하얀 분필로 X표시를 하게 된다. 그리고 세관 검사 창구직원은 X표시가 된 짐을 모두 열어보도록 요청하는 경우가 일반적이다.

- 미얀마는 135개 종족집단으로 구성된 다민족 국가로서 국민의 대다수를 차지하는 버마족(70%) 외 나머지 샨족, 몬족, 카렌족 등 미얀마 소수민족과 중국계, 인도계 등 기타 민족이 30%를 차지한다. 종족에 대해 잘 알면 미얀마 사람들을 이해하는 데 도움이 되나, 지역별 특성에 대한 대화 주제 등은 자칫 실수하기 쉬우니 대화 시 조심하는 것이 좋다.

- 과도기적 군사정부체제로서 민주화, 인권, 마약문제 등으로 미국을 비롯한 서방세계와 불편한 관계를 유지하고 있어 체제유지를 위해 극도의 정보통제를 실시하고 있다. 따라서 아주 친해지기 전까지 공개된 장소에서 딴쉐 장군이나 아웅 산 수지 여사 등 정치에 대한 이야기를 꺼내는 것은 금물이다

- 남자의 이름은 마웅(Maung)이나 꼬(Ko) 또는 우(U)로 시작하고 여자들은 마(Ma) 또는 도(Daw)로 시작한다. 따라서 사람들은 몇 개의 특별한 Family Name만을 사용하는지 궁금증이 생길 수도 있지만 그렇지 않으며, 미얀마인들은 원래 성을 사용하지 않는다. 대부분이 태어난 요일을 아주 중시해 요일에 따라 작명한다. 예를 들면 월요일에 태어난 사람의 첫 글자는 주로 Kay나 Khin로 시작하며, 토요일에 태어난 사람은 Tin, Nu 등을 사용한다.

- 명함이나 선물을 주고받을 경우에는 반드시 오른손을 사용해야 한다. 지금은 많이 사라졌으나, 여전히 이들은 왼손을 좌욕 등 청결하지 못한 일을 처리할 때 사용하는 것으로 생각하기 때문에 악수를 하거나 물건을 건네줄 때는 모두 오른손을 사용한다. 외국인과 함께 식사할 경우나 외부에서는 수저나 포크를 사용하지만, 집에서는 아직도 많은 사람들이 오른손으로 식사를 한다.

- 혀를 말아 튕기며 내는 '딱(혹은 똑)' 소리는 자신이 화가 났음을 나타내는 메시지다. 예를 들어, 음식점에서 주문한 음식이 아주 늦게 나오거나 부당한 대우를 받았을 때 내는 소리로 욕과 비슷한 개념으로 사용된다. 젊은 남자들의 경우, 이런 사소한 오해로 주먹다짐까지 가는 경우가 있으니 주의하는 것이 좋다.

- 나이트클럽, 가라오케 등에서는 현지인과 시비에 휘말리지 않도록 조심해야 하며, 여성은 밤늦은 시간에 택시를 타거나 거리를 거니는 것은 가급적 피하는 게 좋다. 최근 라카인 지역의 경우, 방글라데시 무슬림과 미얀마 불교인과의 무력충돌로 인해 출입 제한이

강화됐다.

- 모든 국민이 일생에 한번쯤은 승려가 되기 때문에 불교와 관련된 비판적 발언은 피하는 것이 좋다. 미얀마에서는 방학기간이나 휴학기간 동안에 자녀들에게 승려수업을 듣게 하곤 한다. 다만, 불교는 그들의 일상생활에 뿌리 깊이 박혀 있기 때문에 불교의식에 관한 순수한 질문은 환영받을 수 있다.

- 물은 반드시 생수를 구입해서 마시거나 끓여 마셔야 한다. 알파인, 오아시스, 임페리얼 제이드 등 다양한 브랜드의 생수를 슈퍼마켓 등에서 쉽게 구입할 수 있다. 양치할 경우에도 가급적 생수를 사용하는 것이 좋다. 말라리아와 뎅기열과 같은 모기가 옮기는 풍토병에 조심해야 한다. 양곤의 경우 말라리아는 없는 것으로 알려져 있으나, 심할 경우 사람의 목숨까지 앗아갈 수 있는 뎅기열은 가끔씩 발병한다.

- 시내에서 택시를 탈 경우 요금 외에 별도의 팁을 줄 필요가 없다. 그러나 호텔, 공항 등에서 포터가 짐을 옮겨줄 경우, 1,000챠트 또는 1달러 정도를 팁으로 지불하면 된다. 음식점에서는 별도의 팁을 주는 것이 의무사항은 아니나, 관례상 음식값을 지불하고 난 잔돈을 팁으로 남겨놓고 나오는 것이 일반적이다.

- 신용카드는 거의 사용이 불가하고(일부 호텔에서만 이용가능) 카드 사용 시 환전수수료로 평균 4~5%를 추가 부담해야 한다. 미얀마 내에서는 필요한 경비는 모두 현금으로 준비하는 것이 좋다.

- 수도원과 사리탑 경내에 들어가는 경우 반드시 신발을 벗어야 하므로 슬리퍼를 준비하는 것이 좋다. 미얀마에서는 불교 관련 유적지를 방문하는 경우 입구에서 무조건 신발을 벗고 입장해야 한다.

- 불교사원 내에서 사진을 촬영하는 경우 소정의 비용을 납부한다. 특히 양곤의 쉐다곤 파고다나 불교성지 바간의 고고학적 가치가 있는 사원 등에서는 승려의 그림자를 밟으면 안 되며, 여성이 승려의 몸에 손을 대서도 안 된다. 또한 승려나 수도승에게 악수를 청해서도 안 된다.

- 어른이나 어린아이의 머리를 함부로 만지지 말고 어떤 경우에도 여성의 몸에 손을 대서는 안 된다.

- 미얀마 여성들은 전통적으로 정숙함을 매우 중시하므로 물론 악수도 좋아하지 않는다.

- 현지인들은 일을 천천히 추진하는 경향이 있다. 특히 미얀마의 주요 도시나 관광지 레스토랑에서 식사를 하는 경우 주문한 음식이 늦게 나오는 경향이 있으므로 여유를 갖고 차분히 기다려야 한다.

8 관련지식탐구

- **로힝야족(Rohingya族)** : 미얀마 서부 라카인주에 주로 거주하는 수니파 무슬림들로, 미얀마의 135개 소수민족 중 하나다. 100만 명 내외로 추산되는 로힝야족은 미얀마가 영국 식민지배를 받던 1885년 방글라데시에서 유입된 이주민들의 후손으로, 당시 미얀마를 점령한 영국은 인종분리정책을 통해 로힝야족과 버마족의 충돌을 유발했다. 이 과정에서 버마족은 천대받고 로힝야족은 준지배계층으로 등용하면서 식민지배를 공고화했다. 이어 제2차 세계대전 중 로힝야족과 버마정부군이 각각 영국과 일본을 지원하면서 버마족과 로힝야족은 공식적인 적대관계가 됐다.

- **아웅산(Aung San) 테러사건** : 북한이 1983년 10월 9일 당시 버마(현 미얀마)를 방문 중이던 전두환 대통령 및 수행원들을 대상으로 자행한 테러사건이다. 당시 전두환 대통령의 서남아·대양주 6개국 공식 순방 첫 방문국인 버마(현 미얀마)의 아웅산 묘소에서 일어난 강력한 폭발사건으로 대통령의 공식·비공식 수행원 17명이 사망하고 14명이 중경상을 입었다.

- **보죠케 아웅 산(Bogyoke Aung San, 1915~1947)** : 미얀마(버마)의 독립운동 혁명가, 정치인, 군인이다. 버마의 독립에 결정적 공헌을 했으나, 그 자신은 독립 달성 6개월 전에 암살되었다. 현재까지 미얀마 국민들로부터 '민족의 영웅'으로 추앙받고 있다. 그는 노벨평화상을 수상한 아웅 산 수지(Aung San Suu Kyi)의 아버지이기도 하다.

- **론지(Longi)** : 미얀마인들의 공식 복장 및 평상시 복장은 남녀 모두 론지(미얀마 전통의상으로 발목까지 내려오는 치마의 일종)에 슬리퍼(엄지발가락을 따로 끼워 넣는 신으로 한국 개념의 신발굽이 없음)이며, 미얀마 남성이 한국 개념의 치마를 입는 것 역시 미얀마 고유문화로 이해해야 한다.

- **타나카** : 자외선을 차단하는 천연화장품이다. 타나카는 미얀마 중북부의 건조한 기후에서 자라는 타나카 나무껍질에서 추출되며, 약 2000년 전 미얀마 땅에 있었던 고대국가인 베익따노 왕국에서부터 사용하기 시작한 것으로 추정된다. 타나카는 보통 타나카 나무를 잘라 돌판에 물을 뿌리며 껍질을 갈아서 사용하는데, 강렬한 직사광선으로부터 피부를 보호해 주고 미백효과와 함께 피부를 부드럽게 해준다. 남녀노소 모두 얼굴에 황색의 무엇인가를 바르고 다니는 것을 볼 수 있다.

- **낫 신앙(Nat worship)** : 미얀마에서 정령신인 낫(Nat)을 섬기는 신앙이다. 낫이라는 단어는 산스크리트어의 나타(natha)라는 말에서 유래했는데 수호자라는 의미이다. 미얀마에 불교가 들어오기 전 원주민들은 애니미즘적인 정령신앙을 갖고 있었다. 이 정령들을 낫(Nat)으로 부르고, 낫은 나무, 언덕, 강, 땅 등 모든 자연에 존재한다고 믿었다. 지금도

낮들을 잘 모시면 전쟁에서 이기게 하거나 중요한 일을 잘 완수할 수 있게 한다고 믿는다.

- 라카인 지역의 경우, 방글라데시 무슬림과 미얀마 불교인 간의 무력충돌로 인해 출입제한이 강화됐다.

- 미야제디 석주명문(Myazedi Quadrilingual Stone Inscription) : 12세기 미얀마의 역사, 종교, 문화에 관한 고유하고 중요한 문자기록이다. 명문이 새겨진 것은 서기 1113년이다. 비석의 4면에는 각각 퓨어, 몬어, 미얀마어, 팔리어의 4개 언어가 새겨져 있다. 이 석주명문은 연대가 명확하게 표기된 미얀마어로 작성된 석주명문 가운데 가장 역사가 오래된 기록 중 하나이며 4개의 언어로 명문을 새긴 석주는 매우 희귀하다.

9 중요 관광도시

(1) 양곤(Yangon) : 미얀마 최대의 도시로 정치 · 경제 활동의 중심지이다. 2005년 11월까지 미얀마의 수도였으나 2006년 수도를 양곤(Yangon)에서 밀림지대인 핀마나(Pyinmana)로 옮겼고 네피도(Naypyidaw)로 이름을 바꿨다. 영국 식민지 시대부터 랑군(Rangoon)으로 알려졌다가 1989년 양곤으로 개칭하였다. 이라와디강 삼각주의 동부, 북서쪽의 흘라잉강과 북동쪽의 페구강이 합류한 삼각강의 연안에 위치하며, 남쪽 마르타반만(灣)과의 거리는 약 30km이다. 열대 몬순기후로 연평균 기온 27.3℃, 연강수량 2,530mm이다. 기온은 12~2월이 가장 낮아 평균 24.3℃인 반면 4~5월은 29℃ 이상으로 매우 덥다. 비는 대부분 여름의 계절풍과 함께 오며 6~9월에 전체 강수량의 80%가 집중적으로 내린다.

- 쉐다곤 파고다(Shwedagon Pagoda) : 맨발로 입장해야 하는 사원이다. 화려함과 장대함을 갖춘 쉐다곤 파고다는 탑의 나라 미얀마에서도 가장 유명하다. 섬세한 조각품들로 하여금 여행자들의 마음을 사로잡고 있다. 미얀마 국민들에게 이 파고다는 자존심과 경배의 대상으로 알려져 있다. 높이 99미터에 사용된 금의 양은 약 7톤이며, 다이아몬드와 루비 등 각종 보석으로 치장되어 있다.

쉐다곤 파고다

- 차욱닷지 파고다(Kyauk Htat Gyi Pagoda) : 이 파고다는 길이 67미터, 높이 19미터로 미얀마에서 두 번째로 큰 와불상 부처님이 모셔진 곳이다. 원래는 2000년 전에 처음 조성되었고, 1936년에 재조성된 파고다이다. 차욱은 6이라는 뜻이고 닷지는 칠한다는 뜻으로 6번 옻칠을 한 부처님이다. 분홍색의 부처님 발

바닥을 칸칸이 나누고 그 안에 금색으로 부조를 새겨 놓았는데, 이는 부처의 108번뇌를 의미한다고 한다.

- **마하 반둘라 공원**(Maha Bandula Park) : 마하 반둘라 공원의 명칭은 General Maha Bandoola(혹은 Bandula)에서 유래한다. 1차 영국/독일 전쟁의 영웅의 이름을 따서 붙여진 마하 반둘라 공원은 초록의 자연이 넘치는 휴일이 되면 시민들이 나름대로 여유 있게 시간을 보내는 평온한 휴식처다. 공원의 중앙에는 영국으로부터의 독립을 기념하기 위해 세워진 기념비(Independence Monument)가 우뚝 솟아 있다.

▶ 차욱닷지 파고다

- **슐레 파고다**(Sule Pagoda) : 양곤 중심부에 위치한 슐레 파고다는 "쉐다곤이 양곤의 정신이라면, 슐레 파고다는 양곤의 심장이다."라고 할 만큼 양곤에서 빼놓을 수 없는 곳이다. 46미터 높이의 슐레 파고다 기원은 미얀마의 고대역사 여러 곳에서 찾을 수 있다. 수도사가 인도로부터 가져온 불발(부처의 모발)을 보존하였다고 전해지고 있다.

▶ 마하 반둘라 공원

- **미얀마 국립박물관** : 양곤에 있는 박물관이다. 1층은 미얀마의 고대 역사와 미얀마어에 관한 내용이, 2, 3층은 민속적 악기와 다양한 종족의 의상이나 생활 관습, 4층은 현대 화가들이 그린 그림과 공예품에 관한 내용이 있다. 들어갈 때 카메라와 가방은 모두 캐비닛에 맡기고 가야 한다. 총 5개 층으로 이루어져 있는데 한국의 1층은 그라운드 층(GF)이고 1~4층이 그 위로 더 있다. 미얀마의 문자, 역사, 민족, 예술, 자연사까지 모든 분야를 총망라한 박물관이다.

▶ 슐레 파고다

(2) 만달레이(Mandalay) : 중부 만달레이주(州)의 주도(州都)로서 불교 유적이 많다. 이라와디강(江) 연안에 있다. 미얀마족이 세운 공파웅 왕조의 민돈왕(재위 1853~1878)에 의해 건설되었으며, 정

▶ 미얀마 국립박물관

치 · 경제 · 문화의 중심지였으나, 영국에 점령되면서 중심은 양곤으로 옮겨졌다. 미얀마 제 2도시이자 미얀마의 마지막 왕조인 공파웅 왕조가 세운 미얀마의 마지막 왕조도시이다. 1825년에 아모라푸라 지역에서 왕조를 세운 공파웅(Konbaung) 왕조는 부처님 설법 2400주년을 기념으로 만달레이에 수도를 옮기고, 불교전파에 최선을 다하였다. 만달레이에는 사원과 명소가 많다. 언덕 아래에 730개의 탑이 있는데, 이들 탑에는 불교경전들이 729개의 석판경으로 소장되어 있다. 견직물, 차, 양조, 금은보석, 세공, 목조각 등의 산업이 성하다. 양곤에서 비행기로 약 1시간 10분 걸린다. 사가잉(Sagaing)이라는 곳은 만달레이 순례 시 갈 수 있으며, 만달레이 남서쪽 16km 지점에 위치한 곳으로 버스로 약 40분 정도 소요된다. 18세기에는 일시적으로 미얀마의 수도가 되기도 했던 도시로 이라와디강을 사이에 둔 대안(對岸)에는 백색의 탑들이 점점이 흩어져 있는 아바 왕조의 옛 도읍 아바의 유적이 있다. 사가잉은 언덕 전체가 파고다로 뒤덮여 있다.

- 만달레이 언덕(Mandalay Hill) : 만달레이 지역에서 가장 높은 곳으로 이곳에 올라가면 만달레이 지역을 한눈에 볼 수 있으며, 이곳은 부처님이 다녀가셨던 곳으로도 유명하다. 944개의 계단으로 되어 있으며, 올라가는 도중마다 부처님의 일대기에 관한 것을 그림 또는 조각으로 조성하여 놓았다. 이 언덕의 종교적인 중요성 때문에 여기서 신발을 신는 것은 허용되지 않는다.

- 쉐난도 수도원(Shwenandaw Monastery) : 원래는 민돈 왕의 침실로 사용하던 것을 민돈 왕의 사후 그의 아들인 티보에 의해 이곳으로 옮겨져 현재까지 수도원으로 사용되고 있다. 1875년 건립이 완공된 이 건물은 800년도부터 수도원으로 사용하기 시작했다. 또한 이 수도원은 모두가 티크 통나무로 만들어져 있다.

🔁 쉐난도 수도원

- 구도도 파고다(Kuthodaw Pagoda) : 729개의 작은 파고다와 중앙의 파고다를 이루고 있는 구도도 파고다는 1857년 민돈 왕의 명에 의해 완공되었다. 이곳에서는 또한 각각의 작은 파고다 안에 대리석으로 만든 불경을 모셔놓은 것으로 유명하다. 세계에서 가장 큰 책이 있다고 알려져 있다.

- 차욱토지 파고다(Kyauk Taw Gyi Pagoda) : 1858년 완공한 이 파고다는 미얀마의 사전이라는 곳에서 만들어져 이곳 만달레이로 모셔오는데 만 명의 승려

🔁 구도도 파고다

가 13일 동안 운반하였다. 대리석 불상으로는 미얀마에서 제일 큰 형태이다. 또한 파고다 주위에는 80여 분의 아라한상이 모셔져 있다.

- 마하무니 파고다(Maha Muni Pagoda) : 그레이트 파고다(Great Pagoda) 또는 파야지라고도 한다. 1784년 마하무니 부처상을 모시기 위해 보도우파야(Bodawpaya) 왕이 파고다를 세웠다. 금박의 무게만 12t이 넘는 화려하고 값비싼 금불상이다. 아침에 얼굴을 씻기는 의식에 참여하기 위해 많은 사람들이 방문한다. 높이 4m의 이 탑은 도시의 남쪽에 위치하고 있으며, 이 도시를 방문하는 사람들이 가장 보고 싶어 하는 곳으로 손꼽힌다.

▶ 차욱토지 파고다

▶ 마하무니 파고다

(3) 바간(Bagan) : 만달레이시 북서부 193km에 위치한 바간 주변에는 불교 전성기인 11~13세기 중 건립된 2,000여 기의 석탑이 그 위용을 과시하고 있으며, 미얀마 국민의 불심을 재인식시켜 주는 곳이다. 미얀마 중부 만달레이 남서쪽 이라와디강 중류 좌안에 위치하고 있으며, 미얀마 최대의 불교 유적지로 양곤에서 국내선으로 50분이면 도착할 수 있다. 11세기부터 15세기까지 미얀마 왕족의 수도이고 미얀마 불교의 변천과정을 한눈에 볼 수 있는 곳으로 약 2,500개의 파고다가 있으며, 미얀마 최대의 불교 유적지로 도시 전체가 문화유적이며 신비스럽고 장엄함에 관광객의 발길을 멈추게 한다. 바간은 북쪽의 올드 바간(Old Bagan)과 남쪽의 뉴 바간(New Bagan) 및 냥우(Nyaung) 지역으로 구분된다. 도시의 주요 기능을 담당하는 곳은 냥우 지역이며 전통시장이 있다. 올드 바간에는 바간 왕조와 불교 주요 유적지가 있으며, 뉴 바간에는 관광객을 위한 휴양시설이 있다.

- 쉐지곤 파고다(Shwezigon Pagoda) : 바간 지역에서 가장 숭앙받고 있는 파고다로서 아노라타 왕에 의하여 건립되기 시작하여, 그의 아들인 쟈시타 왕에 의하여 건립이 완공된 파고다이다. 이곳에는 부처님의 두전골과 치사리가 봉안되어 있다. 보시고 받드는 장소이기도 하다. 서남아시아 지역에서 이런 형태의 문화유적은 이곳이 유일하다.
- 아난다 사원(Ananda Temple) : 바간 지역에서 가장 아름다운 곳으로 부처님의 시자인 아난존자의 존함을 따서 만들었으며, 사면으로 되어 있는 내부에는 입불상이 모셔져 있다. 부처의 생애를 묘사한 아난다 사원은 바간에서 가장 아름답고 보존이 잘된 건축물이다.

바간에 남아 있는 몇 안 되는 내부공간이 비어 있는 사원으로, 사원 내에는 정교한 솜씨의 석조품과 불상들이 있다.

● **땃빈뉴 사원**(Thatbyinnyu Temple) : 모든 것을 아는 부처라는 뜻의 땃빈뉴 사원은 62미터의 높이로 바간에서 가장 높은 파고다다. 1144년 건립 시 사원에 소요되는 벽돌을 헤아리기 위해 벽돌 만 장을 쌓을 때 한 장씩 빼서 모은 벽돌로 바로 옆에 탤리라는 파고다를 만들었다. 사원 2층에 부처님이 모셔져 있으며, 석양을 감상할 수 있는 곳이기도 하다. 1144년 알라웅싯뚜 왕에 의해 건설되어 1~2층은 승려들의 거처로 사용되고, 3층은 파고다, 4층은 도서관, 5층에는 부처님의 유품이 모셔진 것으로 알려져 있다.

▶ 아난다 사원

▶ 땃빈뉴 사원

● **담마양지 사원**(Dhammayangyi Temple) : 미얀마 지역에서 가장 거대한 사원으로 나라투라는 왕에 의해 조성되었다. 그가 왕이 되기 위하여 아버지, 형, 아내를 살해했던 것을 참회하기 위하여 조성된 것으로 알려져 있다. 사원은 지을 때 벽돌 사이를 바늘로 찔러보아 바늘이 들어가면 나라뚜 왕이 건축가들의 팔을 잘랐다고 한다. 바간 최대 규모의 사원이라는 수식어 뒤에는 많은 사람들의 목숨이 희생된 고통이 있었다.

▶ 담마양지 사원

(4) 바고(Bago) : 페구라고도 하며 양곤에서 약 80킬로미터 떨어진 곳에 위치한 바고는 9세기경 온 왕족의 수도로서 파간, 만달레이 등과 함께 미얀마의 고도로 알려져 있다. 남부에 있는 바고주(州)의 주도(州都)로서 양곤 북동쪽 75km 지점에 있다. 중부로 가는 철도와 남동부 모울메인 지방으로 향하는 철도의 분기점이다. 풍요한 벼농사지대의 중심에 위치하며 쌀·땅콩 등 농산물의 거래·가공이 활발하다. 6~18세기까지 이 지방을 지배하였던 몬족(族)의 수도로서 번영하였으며 길이 55m의 잠자는 석가상과 높이 88m의 쉐모도 탑(塔)으로 유명하다.

▶ 바고

● **쉐모도 파고다**(Shwemawdaw Pagoda) : 바고에서 10km 쯤 떨어진 도시 외곽에 위치한 쉐모도 사원은 양곤에 있는 쉐다곤 파고다과 더불어 역사적 배경을 지닌 귀중한 건축물이다. 원래 23미터의 높이로 만들었으나, 이후 계속되는 재건으로 현재는 114미터에 달한다. 3번의 지진으로 많은 피해를 입었고, 제2차 세계대전 이후 기부금과 무상의 노동으로 보다 크게 재건되어 지금의 모습을 간직하게 되었다.

▶ 쉐모도 파고다

(5) 헤호(Heho) : 고원지대인 샨주(州) 타웅지(Taunggyi)에 있는 작은 마을로서 샨주에서 가장 큰 규모의 5일장이 열린다. 이곳으로부터 30km쯤 떨어진 곳에는 인레호수(Inle Lake)가 있어서 호수를 관광하려는 사람들이 들르는 곳이다. 마을 북쪽에 작은 공항이 있는데 만달레이 항공과 양곤 항공, 미얀마 항공 등이 양곤↔헤호, 만달레이↔헤호 노선을 운항한다. 헤호에서 약 40분 정도 차를 타고 가면 인레호수에 도착한다.

● **인레호수**(Inle Lake) : 미얀마에서 두 번째로 큰 호수로 표면적 116㎢이며, 8만여 명이 호수 주변에 마을을 이루어 살고 있다. 풍부한 수산자원으로 인해 사람들이 수상가옥을 짓고, 수상생활을 해온 곳으로 유명하다. 아름다운 호수풍경 때문에 연중 해외 관광객이 많이 찾아오고 있다. 주위는 온통 푸른 산과 숲으로 둘러싸여 있고, '호수의 아들'이라는 뜻을 가진 미얀마의 수상족(水上族)인 인타(Intha)족이 가장 많이 사는 곳이다.

▶ 인레호수

(6) 네피도(Naypyidaw) : 네피도는 본래 미얀마의 산악지대에 있는 '핀마나(Pyinmana)'라는 도시였으나, 2005년 네피도로 명칭을 변경하여 미얀마의 행정수도로 지정되었다. 현대적이고 깔끔한 계획도시인 네피도에서는 가파르게 성장하고 있는 미얀마의 발전상을 엿볼 수 있다. 정부청사, 세계 최대규모를 자랑하는 국회의사당, 국제컨벤션센터 등이 위치하고 있다. 양곤 국제공항에서 고속도로로는 4~5시간, 국내선으로는 1시간 정도가 소요된다. 이곳에서 미얀마의 남부와 남동부에서 주로 사는 카렌족 중 목에 황동으로 된 링을 차고 있는 목이 긴 여인들을 볼 수 있다.

2.3 중앙아시아 및 중동(Central Asia & Middle East)

중앙아시아의 범위는 일정하지 않으나 작게는 파미르고원을 중심으로 동(東)투르키스탄으로 불리는 중국의 신장웨이우얼자치구(新疆維吾爾自治區)와 서(西)투르키스탄으로 불리는 투르크메니스탄·우즈베키스탄·타지키스탄·키르기스스탄의 4개 공화국 및 카자흐스탄 남부를 합친 지역을 가리키며, 넓게는 내·외몽골(몽골과 중국의 네이멍구자치구), 중국 칭하이성(青海省), 티베트고원(高原), 아프가니스탄까지를 포함한다. 이는 강물이 외양으로 흘러나가지 않는 내륙 아시아와도 거의 일치한다.

한편 중동은 원래 극동(極東)·근동(近東)에 대하여 그 중간 지역을 지칭하는 말로 쓰였으나, 오늘날에는 발칸제국을 제외한 근동과 거의 같은 범위를 가리킨다. 일반적으로 아프가니스탄으로부터 서쪽의 서남아시아와 아프리카 북동부의 이집트, 때로는 리비아까지를 포함하여 중동이라고 부른다. 또 이슬람권·아랍권과 같은 뜻으로 사용되는 경우도 있다.

2.3.1 우즈베키스탄(Uzbekistan)

1 국가개황

- 위치 : 중앙아시아 중부
- 수도 : 타슈켄트(Tashkent)
- 언어 : 우즈베크어
- 기후 : 대륙성 사막기후
- 종교 : 수니파이슬람교 88%, 동방정교 9%
- 면적 : 447,400㎢(56위)
- 인구 : 26,851,195명(42위)
- 통화 : 숨(Sum)
- 시차 : (UTC+5)

위로부터 파랑·하양·초록의 3색 사이에 빨간색의 가는 선을 넣었다. 파랑 바탕에는 초승달과 흰색 5각별 12개를 배치하였는데, 고유의 전통과 문화를 상징하며 12궁도(宮圖)를 나타내기도 한다. 이 나라가 이슬람교국가이며, 초승달이 이슬람교의 상징임에도 불구하고 초승달이 종교보다는 국가 부활에 더 의미를 두고 해석된다는 점이 특징이다.

2 지리적 개관

동쪽은 키르기스스탄과 타지키스탄, 남쪽은 아프가니스탄, 남서쪽은 투르크메니스탄, 북쪽과 북서쪽은 카자흐스탄과 국경을 접한다. 북서 일부는 아랄 해에 면한다. 우즈베키스탄은 중앙아시아의 중부에 위치한 나라이다. 이곳도 사막성 기후의 특징이 잘 나타나는 곳이다. 아랄 해가 위치해 있지만, 구소련 시절 개간용으로 강을 사용했기 때문에 현재는 호수 면적이 줄어들고 있다.

3 약사(略史)

- 4000년 전에 이미 청동기 문화가 출현
- 3000년 전에 박트리아, 소그디아나왕국의 일부
- BC 6세기에 고대 페르시아의 영토
- BC 4세기에 알렉산드로스대왕에게 정복되고 그레코 - 박트리아 왕국의 지배를 받음
- 8세기에 아랍의 침공을 받은 후 이슬람화됨
- 15세기까지 킵차크한국의 지배를 받던 유목민이었으나 킵차크한국이 붕괴되면서 남하하기 시작함
- 16세기 초, 무함마드 샤이바니 시대에 크게 팽창하여 카자흐족과 모굴리스탄 한국을 격파, 티무르왕조를 멸망시켜 트란속시아나(現 우즈베키스탄 일대)를 장악했으며 호라산 일대까지 진출함
- 1510년 이후 우즈베크족은 기존에 점령한 중앙아시아 일대에 정착하여 부하라한국, 히바한국을 세움
- 1709년 코칸트 지역에 코칸트한국 건국
- 1920년 러시아에 합병됨
- 1991년 12월 8일에 독립하여 독립국가연합(CIS)에 가입
- 1992년 UN 가입

4 행정구역

수도는 타슈켄트이다. 우즈베키스탄은 12개의 주와 1개의 자치 공화국(카라칼파크 공화국), 1개 특별시(타슈켄트)로 구성되어 있다.

5 정치 · 경제 · 사회 · 문화

- 우즈베키스탄은 1995년 12월부터 총리제도 실시. 총리는 대통령(현재는 이슬람 카리모프) 이 임명.
- 농업이 주요 산업으로 면화 재배가 널리 이루어지고 있다.
- 우즈베키스탄의 경제는 낙후되어 있지만 금과 천연가스의 부존량은 세계적이다.
- 우즈베키스탄은 1990년대 초까지 소비에트식 교육을 실시하였으나, 독립 후 우즈베크의 역사와 문화, 로마 문자체 등을 포함하여 상당한 교육개혁을 단행하였다.
- 부카레, 키바, 사마르칸트에는 전 세계적으로 희귀한 대담하고 아름다운 이슬람교 건물이 있다.
- 민속예술은 반유목민생활로 인하여 옷감, 무기, 보석, 직조, 자수, 모피 등과 같은 운반 가능한 물품이 많이 발달하였다.

6 음식 · 쇼핑 · 행사 · 축제 · 교통

- 우즈벡인들의 주식은 빵, 양고기, 소고기, 닭고기 및 채소류이며 식사 때마다 차를 같이 한다. 밀로 만든 음식을 주식으로 하며 하루 3끼 모두 '논'(밀가루반죽을 발효시켜 구운 딱딱한 빵)을 먹는다.
- 타슈켄트 시내에 2개의 국영백화점이 있으나 물건의 질이 그다지 좋지 않다.
- 가장 큰 명절은 대개 춘분(3월 21일)을 축하하는 옛 이슬람 춘분이나 만물의 소생을 축하하는 나브루스(새로운 날들)의 봄축제이다.
- 현지인의 교통수단은 버스, 전차 및 지하철이나 외국인 여행자가 이용하기에는 불편하다. 외국인의 경우, 호텔에 대기 중인 택시 이용이 가능하며 도로상에서 일반 승용차나 택시를 쉽게 잡을 수 있다.

7 출입국 및 여행관련정보

- 초청장을 한국의 여행사나 비자 발급대행업체에 의뢰할 경우로 1개월 체류만 가능하며 기간 연장을 할 수 없다. 반드시 바우처(호텔예약증)가 필요하다. 비자는 초청장을 첨부해야만 받을 수 있으며, 단수비자만 통용된다.

- 인사할 때는 왼손을 가슴에 대고 오른손으로 악수하면서 '아살롬 마리쿰'이라 말하는데 가까운 사이면 입을 맞대어 키스를 한다. 이는 정중한 인사법이며 '아살롬 마리쿰'은 당신에게 평화가 있기를 바란다는 뜻이 담겨 있다.
- 특별히 심각한 풍토병은 없으나 음식에 의한 세균성 복통에 유의한다.
- 1년 내내 기후가 건조하여 감기, 기관지염 등에 유의한다.
- 역이나 터미널, 백화점 등의 공중화장실은 대개 유료이다.
- 우즈베키스탄에 거주하는 고려인은 2000년 현재 약 20만 명 이상으로 추산된다. 현재 구소련공화국 가운데 우즈베키스탄에 고려인들이 가장 많이 거주하고 있다.
- 우즈벡족은 식사를 하기 전 가장이 기타와 비슷하게 생긴 '두타르'라는 현악기로 가족들 앞에서 노래를 한 곡 연주하고 식사를 한다. 그리고 이들 민족은 식사할 때 신발과 모자를 착용하여야 한다. 모자를 쓰지 않은 사람은 남의 집에 들어갈 자격이 없다.

8 관련지식탐구

- **독립국가연합**(CIS : Commonwealth of Independent States) : 1991년 소비에트연방의 해체로 독립한 10개 공화국의 연합체 혹은 동맹이다. 러시아·몰도바·벨라루스·아르메니아·아제르바이잔·우즈베키스탄·우크라이나·카자흐스탄·키르기스스탄·타지키스탄이 회원국이다. 투르크메니스탄은 2005년 8월 26일 탈퇴 후에 준회원국으로 참여하고 있다. 그루지야는 원래 회원국이었으나, 2008년에 러시아와 짧은 전쟁을 치른 후에 탈퇴를 선언했다.

9 중요 관광도시

　　(1) **타슈켄트**(Tashkent) : 타슈켄트는 투르크어로 돌(Tash)의 나라(Kent)라는 의미를 갖고 있으며, 현재 우즈베키스탄의 수도로서 인구는 약 213만(1998년) 명이다. 지리적으로 천산산맥에 있는 오아시스에 위치하고 시르다르야강(江)의 지류에 접한다. 아시하바드 철도와 오렌부르그 철도와 연결되며, 천산산맥으로 가는 자동차도로의 기점이기도 하다. 또한 중앙아시아와 서남아시아의 중심지로서 국제 항공로의 중심이기도 하다.

- **알리세르 나보이 기념비**(Arisher Navai Monument) : 우즈벡민족 문화의 창달자인 알리세르 나보이를 기념하기 위하여 만든 기념비로서 독립 직후인 1992년에 완성되었다. 완공 기념비의 높이는 27m, 상층부 돔의 직경은 9m로서 외국 국빈 방문 시 여기에 헌화하는 것이 관행이다.
- **인민친선궁전**(People's Friendship Palace) : 1966년 대지진 이후 타슈켄트 복구작업에 참여한 구소련 국민들의 우정을 기념하기 위하여 인민친선광장을 설립하여 82년에 완공하

였다. 원형극장 형태의 대강당은 4천여 명을 수용할 수 있고 8개국 언어 동시통역도 가능하다.

● **타슈켄트 역사박물관**(Tashkent Historical Museum of the People of Uzbekistan) : 1876년에 설립되어 20만 종 이상의 중앙아시아 지역의 역사, 고고학, 인류학에 관한 자료와 유물을 전시하고 있다.

▶ 인민친선궁전

● **쿠일륙 바자르**(Quyliq Bazzar) : '쿠일륙'이라는 말은 우즈베크어로 '양들이 많이 있는 장소'라는 의미이다. 타슈켄트 외곽에 위치한 최대 시장으로서 많은 고려인 상인들을 여기에서 만날 수 있다.

● **알리세르 나보이 극장**(Arisher Navoi Opera and Ballet Theatre) : 우즈벡 최고의 극장으로 오페라와 발레를 공연한다. 이 극장을 지은 사람들은 2차 대전 이후 끌려온 일본인 전쟁포로들이다. 중앙아시아의 볼쇼이 극장이라 불리기도 한다.

● **우즈베키스탄 국립역사박물관** : 이슬람문화 중 가장 두드러진 문화재로 칼리프 우스만 이븐 아판이 표준판으로 공표한 원본 '우스만 코란'이 전시되어 있다.

● **폴리타젤 집단농장**(Politodel Kolkhoz) : 대표적인 고려인 콜호즈로서 폴리타젤 집단농장은 1925년에 설립되었다. 현재 약 22,000명의 주민 가운데 고려인 동포는 약 5,000명 정도이다. 위치는 타슈켄트로부터 15㎞ 정도 떨어진 '치르치크' 강변에 있다. 이 농장은 농업집단화에 기여한 기계, 즉 트랙터의 이름을 따서 지어졌다고 한다.

(2) 부하라(Bukhara · Buxoro) : 1000년의 역사에 걸쳐 있는 건물과 2세기 동안 거의 변하지 않는 완전히 살아 있는 도심지가 있는 부하라는 중앙아시아에서 투르크스탄의 흔적을 찾을 수 있는 가장 좋은 곳이다. 사마르칸트의 눈부신 모자이크와 달리 부하라의 평범한 갈색은 시각적으로 안정감을 준다. 부하라에는 여전히 대부분의 도심지에 건축물이 보존되어 있으며 거대한 왕궁 요새, 여러 곳의 옛 메드레사, 수많은 고대의 공중목욕탕, 옛 시절의 거대한 시장터의 유적지가 남아 있다.

● **이스마일 샤마니 영묘**(Ismail Samani Mausoleum) : 부하라가 자랑하는 수많은 유적들 가운데서도 첫 번째로 손꼽히는 것은 이스마일 샤마니왕의 영묘이다. 영묘 이슬람 통치 초기인 900년에 건설된 것으로 부하라에 현존하는 가장 오래된 건축물이다. 이 영묘는 태양의 위치에 따라 흙벽돌

▶ 이스마일 샤마니 영묘

의 무늬가 오묘한 변화를 일으키는 것처럼 보여 신비감을 더해 준다.

● **칼리안 미나레트**(Kalyan Minaret) : 부하라의 상징으로 가장 오래 되고 가장 높은 미나레트

(첨탑)이다. 칼리안이란 페르시아어로 '크다'는 뜻
이고 미나레트는 '첨탑'이라는 말이다. 높이 46
m의 칼리안 미나레트는 중앙아시아에서 가장
높은 탑이다. 18～19세기 부하라 한국시대에는
죄인들을 이 탑의 꼭대기에서 내던져 처형했다
고 해서 '죽음의 탑'이라 불리기도 한다.

➡ 칼리안 미나레트

- 차슈마 아유프(Chashma Ayub Mausoleum) : 성서에 등장하는 '욥의 샘'으로 욥이 지팡이를
세웠더니 이곳에서 물이 솟았다고 한다. 둥근 원추형 지붕의 3개 중 1개가 채광창을 갖
춘 이 묘는 칭기즈칸 때 파괴된 것을 티무르가 복구했다. 지금은 건물 안쪽에서 신비한
샘물이 솟아나고 있다. 이 성스러운 샘은 둥근 지붕의 아름다운 건물 속에 보존되어 있다.

- 아르크(방주) : 성곽은 7세기에 축성된 것을 몇 번 개축한 것으로 18세기에 부하라왕이
살던 성터로서 웅장한 규모를 자랑한다.

(3) 사마르칸트(Samarkand) : 우즈베키스탄 중동부 사마르칸트주의 주도. 인구 36만
8,000(1998명). 파미르고원 북쪽 기슭에서 서쪽으로 흐르는 제라프샨강의 골짜기에 있다.
교통의 요지이며 공항이 있고 철도·간선도로가 지나간다. 비단·모직물·피혁·농업기
계·화학비료·건축재료·식품 등의 공업이 활발하다. 중앙아시아에서 가장 오래된 도시
의 하나이며, 14～15세기의 건축물이 남아 있다.

- 레기스탄(Registan) 광장 : 3개의 메드레세로 둘러
싸여 있는 레기스탄 광장은 오늘날 가장 뛰어난
동양 건축물의 집결체로 꼽히고 있다. 메드레세
는 중세 이슬람의 신학교를 말하며 레기스탄은
'모래 광장'을 의미한다. 메드레세는 신학과 함
께 천문학, 철학, 역사, 수학, 음악 등을 연구하
는 종합대학의 역할을 수행했다.

➡ 레기스탄 광장

- 울르그벡 메드레세(Ulugbek Madrassah) : 티무르
손자 울르그벡에 의해 1417년 건축 개시하여
1420년에 완성되었다. 주로 이슬람 신학대학으
로 천문학, 철학, 수학 연구소로 사용되었으며
티무르제국의 학술 연구의 근원지였다. 입구 문
에는 "학예를 연마하는 것은 모든 이슬람 국민
의 의무"라고 쓰어 있다.

➡ 울르그벡 메드레세

- 시르도르 메드레세(Sher-Dor Madrassah) : '용맹한 사자'라는 의미. 티무르제국 이후 이 지

역을 통치한 우즈벡 영주인 야한그도르에 의해 1619~1636년에 건설되었다. 현관에는 아기 사슴을 쫓는 사자와 태양처럼 빛나는 사람의 얼굴이 그려져 있다. 본래 이슬람교에서는 우상숭배를 부정하여 기하학적 문양이 기조를 이루고 있다.

⯮ 시르도르 메드레세

- 티라카리 메드레세(Tirakari Madrassah) : '금색으로 입힌'이라는 의미. 야한그도로 바하도르 영주에 의해 1647년에 건설하기 시작하여 1660년에 완성되었다. 이슬람 대학과 종교 집회장소로 사용되었다.

- 구르에미르(Gur-Emir) 묘 : '지배자의 묘'라는 의미. 티무르왕이 1404년 손자(마흐무트 술탄)의 전사를 추도하기 위해 지은 청색의 중세건축 양식의 사원 건물로서 티무르 일족의 유해가 안치되어 있다. 티무르는 스승을 존중하여 자신의 묘보다 스승의 묘를 더 크게 만들도록 유언하였는데, 이에 따라 구르에미르에서 제일 큰 묘는 티무르 스승의 묘이다.

- 비비하님 마스지드(모스크, Bibi-khanum Mosque) : 비비하님 모스크는 중앙아시아 최대 규모를 자랑한다. 비비 하님은 티무르의 8명의 아내 중 그가 가장 사랑했던 왕비의 이름이다. 비비하님을 위해 짓도록 했다는 이 모스크는 티무르 사후 3년 되던 해에 완성됐기 때문에 정작 티무르 자신은 이 장엄한 예술품을 보지 못했다.

- 우즈벡 역사 예술문화박물관(Museum of Uzbeck History, Culture and Arts) : 1874년에 설립되어 약 10만여 종의 문화재를 소유하고 있다.

(4) 히바(Khiva) : 우즈베키스탄 호레즘주에 있는 도시. 아무다리야강 하류 연안, 우르겐치 남서쪽 30㎞ 지점에 있다. 712년 아랍민족에게 정복된 뒤 이슬람화하였다. 예전에는 히와크 또는 하이와크로 불리면서 사막에 접한 작은 마을이었으나, 아무다리야강의 대운하가 통한 뒤 광장과 금요(金曜)모스크가 생겨났다. 17세기 초부터 우르겐치가 쇠퇴하자 히바한국(汗國)의 수도로서 호레즘주의 정치·경제적 중심지가 되었다.

- 히바성 : 동서남북문을 포함하여 11개의 출입구를 갖고 있다. 히바성 안에는 50여 개의 유적과 250여 호의 고가(古家)가 있어 성내는 모두가 문화유적이다.

- 쿠냐 아르크(The Citadel Kunya-ark) : 오래된 궁전이라는 뜻으로 17세기(1686~1688)에 지어진 칸의 궁전이다. 전체가 성벽으로 요새처럼 둘러싸여

⯮ 히바성

있고, 궁전 안에는 칸에 의해 지어진 집무를 위한 공저, 휴게실, 모스크, 하렘 등이 있고 병기군, 화약공장, 조폐소도 있다.

2.3.2 이스라엘(Israel)

1 국가개황

- 위치 : 지중해 동남방
- 수도 : 예루살렘(Jerusalem)
- 언어 : 헤브라이어
- 기후 : 지중해성 기후
- 종교 : 유대교 80.1%, 이슬람교 14.6%, 기독교 2.1%
- 인구 : 7,184,000명(97위)
- 면적 : 20,770㎢(150위)
- 정체 : 공화제
- 시차 : (UTC+2)
- 통화 : 셰켈(NIS : New Israel Sheqel)

파랑과 하양은 유대교 기도자(祈禱者)의 어깨걸이 빛깔이고, 중앙의 6각 별 모양은 2개의 삼각형으로 이루어졌으며 고대 이스라엘 다윗왕의 방패(Shield of David)를 나타낸다. 6각 별 모양은 이전에는 다른 여러 나라에서도 사용한 바 있으나 1354년 처음으로 유대인의 상징으로 사용되었으며 이후 점차 확대되었다.

2 지리적 개관

중동에 있는 국가이다. 7백만 명의 인구 대다수가 유대인으로 세계에서 유일한 유대교 국가이다. 수도는 예루살렘이며 최대 도시는 텔아비브이다. 요르단, 이집트, 레바논, 시리아 등과 국경을 접한다.

3 약사(略史)

- 약 4000년 전 이스라엘인(헤브라이인)이 메소포타미아에서 가나안 땅(팔레스타인, 오늘날 이스라엘의 땅)에 이주
- BC 11세기 사울은 이집트의 지배가 쇠약해진 틈을 이용, 가나안 땅의 선주민 펠리시테인(필리시티아인)과 싸워 이스라엘 왕국 건국
- BC 722년 아시리아왕 사르곤 2세에게 이스라엘 왕국 멸망
- BC 586년 신(新)바빌로니아왕 네부카드네자르(느부갓네살)에 의하여 유대 왕국 멸망
- BC 1세기에는 로마의 속주(屬州)로 편입
- 1948년 이스라엘 건국 및 제1차 중동전쟁(아랍이스라엘분쟁, 팔레스타인전쟁) 개시

- 1956년 제2차 중동전쟁(아랍이스라엘분쟁, 수에즈전쟁), 1967년 제3차 중동전쟁(아랍이스라엘분쟁, 6일전쟁), 1973년 제4차 중동전쟁(아랍이스라엘분쟁, 10월전쟁) 등 모두 4차례에 걸친 전쟁을 치름
- 2009년 가자의 팔레스타인 자치정부 정부건물 공습, 레바논의 남부 헤즈볼라지역 공습

4 행정구역

수도는 예루살렘(히브리어로는 '예루샬라임', 아랍어로는 '알 쿠즈')이며 최대 도시는 텔아비브이다. 수도는 예루살렘이지만 여러 국가들의 대사관은 텔아비브에 위치해 있다.

5 정치 · 경제 · 사회 · 문화

- 이스라엘은 의원내각제의 공화국으로 성문헌법은 없다.
- 1980년대까지의 첨단 농업은 생명공학 및 과학영농으로 탈바꿈하고, 1990년대 초반 이후 첨단산업 위주의 산업구조로 전환하는 데 성공하여 오늘날 자타가 공인하는 실리콘밸리 중심의 경제가 되었다.
- 낙천적이고 실무적이면서 근면한 특성을 지니고 있는 유대인의 대부분은 일신교(一神教)인 오소독스 – 유대교를 믿는다.
- 이스라엘의 문화는 종교적이었으며 최근에는 세계적인 소비자 사회로 급속히 변화하고 있다. 대부분의 유대인들은 세속적인 삶을 살지만 여전히 종교의식에 참석하고 있다.

6 음식 · 쇼핑 · 행사 · 축제 · 교통

- 이스라엘의 대표적인 요리로는 다음과 같은 것이 있다. ▲피타 브레드(Pita bread) : 지중해 지역에서 먹는 빵으로 넓적하고 얇은 모양. ▲팔라펠(Falafel) : 이집트 콩을 갈아 호두만한 크기로 빚은 다음 기름에 튀겨낸 요리. ▲슈와르마(Shwarma) : 피타 브레드를 그릴에 돌아가는 고기와 야채를 잘라 넣어 먹는 요리. ▲호무스(Hummus) : 이집트 콩과 참깨씨 반죽, 레몬주스, 올리브 오일을 혼합한 요리. ▲코셔(Kosher) : 이스라엘에서는 유대교 율법에 따라 돼지고기, 비늘 없는 해산물을 팔지 않고 유제품과 육류를 같이 먹지 않는 코셔라는 음식점이 있다. 이곳에는 유제품을 반입하는 것도 금지된다.
- 이스라엘의 특산품으로는 유리, 은, 다이아몬드 수공예품, 가죽제품, 올리브 나무를 이용한 수제품, 사해의 미네랄 워터로 만든 피부 용품, 골동품, 종교 제품 등이 있다. 관광객이 많이 가는 상점에는 정부에서 추천한 표시가 되어 있어 믿고 이용할 수 있다
- BC 13세기 이스라엘 사람들의 조상이 이집트에서 탈출한 것을 기념하는 유대인의 축제일로서 유월절(逾越節 · Passover)이 유명하다.

7 출입국 및 여행관련정보

- 한국은 이스라엘과 비자협정이 되어 있기 때문에 성지순례나 관광 목적일 경우에는 비자 없이 3개월 동안 체류할 수 있다. 하지만 여권의 유효기간이 3개월 이상이어야 한다.
- 입국할 때 스탬프를 찍어주는데 만약 이스라엘 여행 후 인접한 다른 나라로 여행할 계획이 있으면 미리 별지에 스탬프를 받도록 한다. 스탬프를 받으면 아랍국으로의 입국을 거절당할 수도 있다.
- 이스라엘의 면세 범위는 17세 이상의 여행자일 경우에는 포도주 2ℓ, 코냑 1ℓ, 담배 250개비, 엽연초 250g이다. 그 외에 적당량의 향수, 3kg의 식품, 미화 150$어치의 선물 등이다.
- 2000년도 팔레스타인과의 분쟁 이후 정세가 악화되어 현재까지도 국경지역에서는 자살 폭탄테러가 일어나고 있으니 유의해야 한다. 사람이 많이 모이는 곳과 버스를 타는 것도 삼가는 것이 좋다.
- 이스라엘은 안식일을 철저하게 지키는 나라이다. 금요일 오후부터 토요일 저녁까지가 안식일이며 안식일에는 공공기관을 포함하여 상점, 식당이 모두 영업을 하지 않고 교통수단도 이용하기 힘들다. 심지어 슈퍼마켓까지 닫는 경우도 있어 안식일이 오기 전에 먹을 것을 미리 장만해야 한다.
- VAT(Value Added Tax) 법에 따라 외국인 관광자는 이스라엘에서 체류하는 기간 동안 받는 서비스에서 VAT를 면제받을 수 있다. 또 체류 중에 산 물품에 대해서는 세금 환불을 요청할 수 있다.

8 관련지식탐구

- **키부츠(qibbutz)** : 이스라엘 집단농장의 한 형태로 키부츠는 히브리어로 '집단'이라는 뜻이다.
- **유대교(Judaism)** : 천지만물의 창조자인 유일신(야훼)을 신봉하면서, 스스로 신의 선민(選民)임을 자처하며 메시아(구세주)의 도래 및 그의 지상천국 건설을 믿는 유대인의 종교.
- **랍비(rabbi)** : '나의 선생님', '나의 주인님'(요한 9 : 2)이라는 뜻의 헤브라이어로, 라보니(rabboni)라고도 한다(요한 20 : 16). 이 용어는 1세기에 이르러 보편화되었고, 이후 유대교의 지도자제도로 정착되었다.
- **시오니즘(Zionism)** : 고대 유대인들이 고국 팔레스타인에 유대 민족국가를 건설하는 것을 목표로 한 유대민족주의 운동.
- **홀로코스트(Holocaust)** : 일반적으로 인간이나 동물을 대량으로 태워 죽이거나 대학살하는

행위를 총칭하지만, 고유명사로 쓸 때는 제2차 세계대전 중 나치스 독일에 의해 자행된 유대인 대학살을 뜻한다.

- **팔레스타인(Palestine)문제** : 팔레스타인의 귀속을 둘러싼 아랍인과 유대인과의 대립·분쟁에서 일어난 여러 문제.
- **탈무드(Talmud)** : 유대인 율법학자들이 사회의 모든 사상(事象)에 대하여 구전·해설한 것을 집대성한 책.
- **예수 그리스도(Jesus Christ)** : 예수라는 이름은 헤브라이어로 '하느님(야훼)은 구원해 주신다'라는 뜻이며, 그리스도는 '기름부음을 받은 자', 즉 '구세주'를 의미한다. '예수 그리스도는 어떤 사람인가?'라는 물음은, 예수 탄생 이래 오늘날까지 끊임없이 제기되고 있다. 그리스도교도에게 그리스도는 '살아 계신 하느님의 아들'이다.

9 중요 관광도시

(1) 텔 아비브(Tel Aviv) : 이스라엘 제1의 도시이다. 야파는 BC 2000년 무렵에 있었던 유대인 취락으로 15세기에 이집트에 점령당했다. 그 후 페르시아인들이 지배했으며 BC 350년경 독립했다. 17세기 말에 이르러 야파는 항구로서 발전하기 시작했으며, 1909년 그 북쪽에 이주자들이 새로 텔아비브 시가를 건설하였다.

- **에레츠 이스라엘 박물관(Eretz Israel Museum)** : 거대한 정원 위에 각기 다양한 주제를 가진 여러 개의 작은 건물들이 세워져 있는, 한마디로 '박물관 공원'이라 불리는 곳이다. 도자기박물관, 유리박물관, 화폐전시관, 인류학관, 고대 팔레스타인들의 정착 당시 지하 발굴지 등으로 이루어져 있다.

➡ 에레츠 이스라엘 박물관

- **카르멜 시장(Carmel Market)** : 중동 특유의 생생한 삶의 모습과 향기, 소리를 경험해 보고자 한다면 반드시 들러야 할 곳이다. 관광객을 대상으로 하는 기념품을 찾아볼 수는 없겠지만 신선한 야채류와 갓 나온 피타빵, 최신 유행하는 옷감을 싼 가격에 구입할 수 있다.
- **유대 디아스포라 박물관(Museum of the Jewish Diaspora)** : 세계 유수의 박물관 중 하나로 손꼽히는 곳이다. 이곳에서는 디오라마, 벽화 및 슬라이드, 영화 상영 등을 통해 유대인들의 삶의 모습을 보여줄 뿐 아니라 예루살렘의 함락부터 이스라엘 국가를 재건하기까지의 2500년간의 험난했던 유대인의 투쟁과정을 효과적으로 보여주고 있다.

➡ 유대 디아스포라 박물관

- **텔아비브 대학**(Tel Aviv University) : 이스라엘 최고의 명문대학인 텔아비브 대학은 23,000여 명이 넘는 학생들과 1,800명에 이르는 교수진, 100여 개의 학과와 70개의 연구소로 이루어져 있다.
- **벤 - 구리온 하우스**(Ben-Gurion House) : 이스라엘 최초의 수상인 다비드 벤 구리온의 저택으로, 현재는 학술 및 연구 센터로도 이용되는 박물관으로 일반에게 공개하고 있다. 이곳에서는 그가 소장하고 있던 각종 언어로 된 2만여 권의 서적들을 비롯하여 실제로 그가 얼마나 검소하게 살았는지를 살펴볼 수 있다.
- **샬롬 타워**(Shalom Mayer Tower) : 텔아비브의 상징물이라고 할 수 있는 샬롬 타워는 독특한 모습을 하고 있다. 일정한 크기의 창문들이 줄지어 있는 것이 이스라엘의 다른 도시와는 달리 현대적인 느낌을 준다. 타워 안에는 밀랍박물관이 있는데 역사적인 인물들이 밀랍인형으로 만들어져 전시되어 있다.

(2) 예루살렘(Jerusalem) : 아라비아인은 이 도시를 쿠드스(신성한 도시)라고 부른다. 행정수도는 텔아비브야파이다. 동부는 요르단령이며, 서쪽은 1948년부터 이스라엘령이 되었고, 1950년에는 그 수도가 되었다. 1967년 6월 중동전쟁 이후로 유대교도·그리스도교도·이슬람교도가 저마다 성지(聖地)로 받들고 있는 동쪽지역도 이스라엘의 점령지이다.

- **성벽과 문** : 현재의 구시가 성벽은 16세기에 오스만제국의 술레이만 대제가 축조하였다. 둘레 약 4㎞의 성벽에는 8개의 문이 있다.
- **통곡의 벽**(Western Wall) : 온 세계로 흩어진 유대인들이 그들의 운명을 슬퍼하여 이곳에 와 통곡하는 벽이 되었다. 유대인에게는 가장 성스러운 성지이며, 남녀별로 구분된 기도 장소가 있다. 들어갈 때 남자는 키버라는 종이 모자를 빌려 써야 한다. 반바지 차림이나 소매 없는 옷차림으로는 접근할 수 없고, 축제일에는 사진도 찍을 수 없다.

🔸 통곡의 벽

- **시온 산**(Mt. Zion) : 구약성서에 나오는 유명한 산으로, 유대인은 예루살렘이나 성지의 대명사처럼 쓰고 있다. 정상에는 다윗왕의 묘를 비롯하여 최후의 만찬 방, 홀로코스트의 지하실 등이 있다.
- **비아 돌로로사**(Via Dolorosa) : 예수가 로마 총독 빌라도의 법정에서 유죄판결을 받은 다음 십자가를 지고 골고다 언덕(갈바리아 언덕)까지 걸어간 길이다. ▲제1지점 : 빌라도 법정에서 예수가 재판을 받은 곳. ▲제2지점 : 예수가 가시관을 쓰고 홍포를 입고 희롱당한 곳. ▲제3지점 : 예수가 십자가를 지고 가다 처음 쓰러진 곳. ▲제4지점 : 예수가 슬퍼하는 마리아를 만난 곳. ▲제5지점 : 시몬이 예수 대신 십자가를 진 곳. ▲제6지점 :

성 베로니카 여인이 예수의 얼굴을 닦아준 곳. ▲제7지점 : 예수가 두 번째로 쓰러진 곳. ▲제8지점 : 예수가 마리아를 위로한 곳. ▲제9지점 : 예수가 세 번째로 쓰러진 곳. ▲제10지점 : 예수가 옷 벗김을 당한 곳. ▲제11지점 : 예수가 십자가에 못 박힌 곳. ▲제12지점 : 예수가 십자가 위에서 운명한 곳. ▲제13지점 : 예수의 시신을 놓았던 곳. ▲제14지점 : 예수가 묻힌 곳.

- **성분묘교회**(聖墳墓教會·The Church of Holy Sepulcher) : 예수가 십자가에 못 박힌 골고다 언덕(갈바리아 언덕)에 서 있는 교회이다. 독실한 기독교 신자였던 헬레나(로마 콘스탄티누스황제의 어머니)가 지은 것이다. 그녀는 예수가 책형을 당한 십자가의 조각을 이곳에서 발견했다고 한다. 성경에서는 예

▶ 성분묘교회

수님이 십자가에 못 박히고 묻힌 곳을 골고다(해골이라는 뜻)라고 표기하고 있으며, 기독교인들은 이곳을 제1의 성지로 삼고, 매년 수많은 성지방문객들을 맞고 있다.

- **감람산**(Mount of Olives) : 높이는 800m이다. 정상에 오르면 스코프스산과 함께 유대산맥과 요르단 계곡, 멀리 사해까지 바라보이며, 키드론의 계곡 건너 예루살렘을 내려다볼 수 있다. 산은 올리브나무로 뒤덮여 있어, 올리브산이라고도 한다.

- **게세마니동산**(Gethsemane) : 게세마니는 히브리어로 '기름짜기'라는 뜻이다. 예수 그리스도가 종종 제자들을 데리고 가서 기도한 곳일 뿐만 아니라, 십자가에 못 박히기 전날 밤에도 이곳에서 피땀을 흘리며 최후의 기도를 한 곳이다.

(3) 베들레헴(Bethlehem) : 예루살렘에서 남쪽으로 10㎞ 떨어진 팔레스타인의 중앙산맥, 사해(死海)까지 계속되는 '유다의 광야'의 끝, 예루살렘으로 가는 길의 연변에 있다. 예수 그리스도의 탄생지이며, 예수가 태어났다고 전해지는 동굴 뒤에는 성탄교회(聖誕教會)가 있다.

- **성탄교회**(the Church of the Nativity) : 예수 탄생의 동굴에는 4세기 이후 교회가 건립되기 시작하였다. AD 325년에 로마의 콘스탄티누스 1세가 이곳에 교회를 세웠고, 200년 후에는 유스티니아누스 황제가 개축하였다. 현재의 건물은 십자군시대에 원래의 교회 모습을 살리면서 다시 대대적으로 개축된 것이며, 십자형의 교회는 외적으로부터 보호하기 위하여 요새화되었다.

- **양치기의 들판**(Shepherd's Field) : 중심가에서 2㎞ 정도 떨어진 곳에 있는데, 도보나 버스를 이용해도 된다. 소나무숲 가운데 교회문이 있고, 별 모양의 예배당이 나타나는데, 뒤쪽 계단을 내려가면 동굴이 나타난다. 들판의 모습도 옛날과 변함이 없는 듯하고, 동굴 속에는 옛 양치기들의 체온이 그대로 남아 있는 듯한 느낌이 든다.

(4) 나사렛(Nazareth) : 예루살렘 북쪽 91㎞, 갈릴리해(海)에서 남서쪽으로 19㎞, 가나에서 남쪽으로 13㎞ 지점에 있으며, 사방이 산으로 둘러싸인 골짜기로 토질은 모래땅이다. 구약성서에는 기록이 없으나 신약성서에 따르면 요셉과 마리아의 고향으로, 예수가 헤롯왕의 박해를 피해 이집트에 갔다가 돌아와 30년 동안 살았다고 한다.

- **수태고지 교회**(Church of the Annunciation) : 중근동에서 가장 큰 삼각지붕의 대성당인데, 1966년에 완성되었다. 제단 한가운데에는 '마리아가 수태고지를 받았던 동굴'이 있으며, 이 동굴 위에 비잔틴 시대와 십자군시대, 18세기에도 계속하여 성당이 세워졌다. 2층에는 세계 여러 나라에서 보내온 성모자의 그림이 걸려 있다.

▶ 수태고지 교회

- **성 요셉 교회**(St. Joseph church) : 마리아의 남편 요셉이 목수일을 하고 있었다는 장소에 세워져 있는 교회. 대성당 2층에서 안뜰로 빠져 조금만 가면 나타난다. 십자군시대의 교회 위에 건축하였는데, 계단을 내려가면 비잔틴 시대의 지하예배소가 있다.

- **마리아의 샘**(Mary's Spring) : 나사렛에서 티베리아로 가는 길가에 있는 샘인데, 마리아가 이 샘에서 물을 길었다고 한다. 지금은 석벽에 꼭지가 달려 있으며, 물은 50m 정도 떨어진 성가브리엘 교회 지하에서 흘러나오고 있다.

(5) 여리고(Jericho) : 성서 이름은 예리고(여리코)이며, 현지 아랍인들은 아리하라고 한다. 예루살렘 북동쪽 36㎞, 요르단강과 사해(死海)가 합류하는 북서쪽 15㎞ 지점에 있으며, 지중해 해면보다 250m나 낮다. 각종 과실수(특히 종려나무)가 우거진 오아시스로, 예로부터 방향(芳香)의 성읍, 또는 종려나무성이라 불러왔다.

(6) 갈릴리(Galilee) : 갈릴레아라고도 한다. 중심지는 나사렛. 성서에 나오는 지방으로, 현재 이스라엘의 행정구로서 북부지방(동서 약 40㎞, 남북 약 100㎞)이라 하며, 지중해 해안에서 갈릴리호(湖)까지가 포함된다.

- **티베리아스**(Tiberias) : 헤브라이어로는 테베리아(Teverya)라고 한다. 갈릴리(티베리아스)호(湖) 서안에 있는 역사적 도시이다. 로마 황제 티베리우스의 이름을 따서 지명으로 삼았으며 유대교 4대 성지의 하나이다. 고대에는 유대교의 학문 중심지였다.

- **막달라**(Magdalene) : 티베리아에서 북쪽으로 10분 정도 자동차를 달리면 나타나는 마을이 막달라(미그달) 마을인데, 신약성서에 나오는 막달라 마리아가 살고 있었던 곳은 마을에서 도로를 건너 호수 쪽이다. 근처에는 유칼립투스에 둘러싸인 낡은 집 한 채가 있다.

- **빵과 물고기의 기적 교회** : 막달라에서 북쪽으로 가면 타브하가 나타나는데, 산상수훈의

언덕 기슭에 해당하는 곳이다. 이 교회는 도로 오른쪽에 있는데, 붉은 벽돌지붕의 스페인식 건물이다. 신약성서에서, 예수가 물고기 2마리와 빵 5개에 축복을 내려 5,000명에게 골고루 나누어 먹이고, 빵 7개를 4,000명에게 먹였다는 기적의 장소에 서 있다.

- **산상수훈**(山上垂訓) **언덕** : 산상수훈 언덕 위에는 1930년에 세워진 아름다운 교회와 프란체스코 수도회의 수녀원이 있다. 신약성서 마태복음에 나오는 "마음이 가난한 자는 복이 있나니…"로 시작되는 유명한 산상의 설교가 행해졌던 곳이다.
- **가버나움**(Capernaum) : 나사렛을 떠난 예수가 근거지로 삼아 시나고그(회당)에서 설교를 한 곳이다. 갈릴리 호수 북쪽 끝에 있는데, 예수의 시대 얼마 전부터 예루살렘과 아코에서 다마스쿠스를 거쳐 바빌론으로 통하는 주요 중계지로 번성하였다.

(7) 사해(Dead Sea) : 면적 1,020㎢, 동서 길이 15㎞, 남북 길이 약 80㎞, 최대 깊이 399m, 평균 깊이 146m. 대함몰지구대에 있기 때문에, 호면은 해면보다 395m 낮아 지표상의 최저점을 기록한다. 이스라엘과 요르단에 걸쳐 있으며 북으로부터 요르단강이 흘러들지만, 호수의 유출구는 없다.

▶ 사해

(8) 쿰란(Qumran) : 사해문서(성서의 필사본)로 유명한 곳이다. BC 8세기부터 사람이 살기 시작하였고, BC 2세기에는 에세네파라는 유대교도의 한 파가 공동생활을 영위하면서 사해문서를 남겼다. 당시의 유적이 남아 있으며, 국립공원으로 지정되어 입장료를 받고 있다. 쿰란 주변의 11개 동굴에서 발견된 800여 개의 사해 사본들 가운데 두루마리 형태로 잘 보존되어 있는 것은 불과 10개에 지나지 않으며 나머지는 수없이 많은 조각들로 발굴되었다.

(9) 마사다(Masada) : 사해문서(死海文書)가 발견된 쿰란 남쪽 51㎞ 지점에 있다. 하스몬가(家)의 지배자에 의하여 축조되고 BC 35년에 유다의 헤롯왕이 개축하였다. 후에 로마군 주둔지로 사용되었으나, 66~73년 제1차 유다전쟁의 최종기에 E. 벤 야이르가 거느린 여자와 아이들을 포함한 960명의 열심당원이 이 요새를 거점으로 로마군에 저항하면서 민족적 항쟁을 계속하였다. 유대인들이 로마에 항거했던 '유대전쟁(Jewish War)' 최후의 비극의 격전지이다.

2.3.3 터키(Turkey)

1 국가개황

- 위치 : 아시아대륙 서쪽
- 수도 : 앙카라
- 언어 : 터키어
- 기후 : 대륙성, 해양성 기후
- 종교 : 회교순니파 98%
- 인구 : 72,600,000명(17위)
- 면적 : 783,562㎢(37위)
- 통화 : 터키리라(TRY)
- 시차 : (UTC+3)

 터키 국민은 '달과 별'이라는 뜻의 '아이 일디즈(ay yildiz)'라는 애칭으로 부른다. BC 4세기 마케도니아의 군세(軍勢)가 비잔티움(이스탄불)의 성벽 밑을 뚫고 침입하려 했을 때 초승달 빛으로 이를 발견하여 나라를 구하였다는 전설을 그리고 있다.

2 지리적 개관

지리적으로 중동, 아시아와 유럽을 잇는 아나톨리아 반도에 위치한 국가로서 동쪽으로 지중해를 끼고 있다.

3 약사(略史)

- 터키민족의 조상은 중국 고전에 나오는 '훈족(혹은 돌궐족)'으로, 기원전 220년에 수립된 테오만 야브구(Teoman Yabgu) 왕국을 중국 사람들은 '흉노'라고 불렀음
- 10세기 내지 11세기부터 아나톨리아(소아시아) 반도에 정착함
- BC 2000년~1500년 : 청동기 시대로 도시국가 생성, 발전
- BC 1500년~1200년 : 히타이트 시대

- BC 1200년 ~ 220년 : 동부 우라루트 왕조, 서부 프리기아 왕조가 융합하였으며, 중부에는 히타이트 도시국가가 잔존
- 오스만제국 시대(1299 ~ 1922 : Osman Turk Empire / Ottoman Empire) : 16세기에는 에게해와 흑해가 오스만제국의 내해로, 이디오피아, 중앙아프리카, 예멘, 크리미아를 국경으로 삼았으며, 비엔나까지 그 영토가 확장되었음
- 터키공화국 수립과 케말파샤의 개혁정치 실시(1923. 10~1938. 11) : 1922년 11월 군주제를 폐지하고 1923년 10월 29일 터키공화국을 선포
- 케말파샤의 사후와 군사쿠데타(1938. 11~1960. 5) : 세속주의를 근간으로 한 서구화 정책 실시
- 1974년 2월 터키 군부는 키프로스 분쟁에 개입하여 키프로스를 장악

4 행정구역

수도는 앙카라이며 최대 도시는 이스탄불(1453년부터 1922년까지는 수도)이다. 기타 이즈미르, 에디르네, 삼순 등의 도시도 존재한다.

5 정치 · 경제 · 사회 · 문화

- 924년 정교일치(政敎一致) 전제정치를 폐하고 근대국가의 형태정비를 골자로 제정.
- 1961년 제2차 헌법이 제정. 2원제 채택, 대통령의 중립입장 확보, 헌법재판소 설치.
- 총인구의 약 70%가 농목업에 종사하고 있으며, 국민총생산의 34%, 수출의 약 83.7%를 농업이 차지한다.
- 강한 민족의식, 견고한 위계질서 그리고 개인이나 국가의 명예 및 무사기질을 중시.
- 1925년에 전통 복장의 상징인 터반과 원통형 모자인 페즈(Fez)의 착용 금지.
- 전체 국민 98% 이상의 절대다수가 수니파 이슬람교도이기 때문에 이슬람국가임.
- 터키인의 대부분은 스포츠 애호가이며 터키에는 모든 종류의 스포츠 클럽이 있다. 특히 축구나 농구 등의 프로 스포츠가 인기가 높으며, 레슬링은 전통적인 터키의 스포츠로서 올림픽에서 많은 메달을 따고 있는 종목이기도 하다.

6 음식 · 쇼핑 · 행사 · 축제 · 교통

- 터키에는 유럽요리와 아시아요리가 만나 독창적인 음식이 발달되어 있다.
- 케밥은 종류만도 수천 가지가 있는 터키 전통음식으로 도네르 케밥, 꼬치식 케밥, 항아리 케밥 등이 있다.

- 전 세계적으로 유명한 터키의 카펫은 터키어로 할르라고 부른다. 터키의 카펫 생산은 전 과정이 수작업에 의존하고 있는데, 터키 고유의 기하학적인 무늬와 강한 내구성이 특징이다.
- 터키는 터키석의 원산지인 만큼 다양한 디자인의 터키석 제품을 구매할 수 있다. 또한, 터키에서는 정교한 은세공품들을 볼 수 있는데, 독특한 디자인과 저렴한 가격에 여행객들 사이에서 인기이다.
- 터키의 전통적인 문양으로 눈처럼 생겼다. 터키인들은 액운을 막아주는 부적이라고 믿는다. 다양한 제품에 무늬가 활용되는데 장식품, 열쇠고리 등을 기념으로 구입하기도 한다.
- 돌무쉬는 시내뿐만 아니라 근교 마을까지 이동하는 교통수단으로 터키에서만 볼 수 있는 특이한 교통수단이다. 돌무쉬는 대형 미제차를 개조한 것인데 따로 정거장이 없으므로 승하차가 자유롭다.

7 출입국 및 여행관련정보

- 비자 면제 협정이 체결되어 있기 때문에 관광을 목적으로 할 경우에는 비자 없이 여권만으로도 90일간 체류할 수 있다.
- 입국 시 외환소지 한도는 제한이 없으나, 5,000달러 이상일 경우 입국 시 신고하여야 재반출이 허용된다.
- 신용카드(Credit Card)나 수표(Cheque Books) 사용은 고급호텔, 백화점, 식당 등을 제외하고는 일반화되어 있지 않다.
- 터키민족은 애국심이 상당히 강하다. 이는 물론 어느 국가에서나 마찬가지지만 특히 그들의 오스만투르크에 대한 애정은 대단하다.
- 터키 동부 및 동남부 지역(이란·이라크·시리아 접경지역 22개주 중 4개 주는 비상사태 선포 중)에는 쿠르드(Kurd)족들이 대정부 테러활동을 전개하고 있어 이 지역 여행은 가급적 피하는 것이 좋다.
- 터키식 변기는 우리나라의 재래변기와 비슷하게 생겼으며, 저렴한 식당이나 공중화장실은 대부분 이러한 형태의 변기이다. 물탱크가 없는 경우가 많아서 사용 후 물을 떠서 부어 주어야 한다.
- 터키는 불안정한 경제상황으로 인해 외국인 관광객을 대상으로 한 범죄가 늘고 있다. 따라서 지나치게 친절한 사람은 경계하는 것이 좋고, 낯선 사람이 주는 음식물이나 음료는 거절하는 것이 안전하다.

8 관련지식탐구

- **터키탕** : 로마탕이라고도 한다. 증기를 사용하는 것이 아니고 밀실에 열기를 가득 채우는 건조욕으로 땀을 내고 나서 몸을 씻는다. 한국의 한증법과 같은 원리이다. 터키정부에서 이 용어에 대한 항의를 함에 따라 일본에서는 소프 랜드(soap land), 한국에서는 증기탕으로 불린다.
- **케밥**(kebab) : 원래 뜻은 '꼬챙이에 끼워 불에 구운 고기'이며, 중국·프랑스 요리와 함께 세계 3대 요리의 하나로 꼽히는 터키요리 중에서도 대표적인 요리이다.
- **낙타 레슬링** : 두 낙타를 마주 세워 싸움을 붙이고 이를 보며 즐기는 터키의 놀이, 낙타싸움, 낙타씨름이라고도 한다.
- **터키의 고대 도시들** : 에페소, 트로이, 사르디스, 페르가몬, 우르파, 디디마, 보가즈쾨이, 안타키아 등의 도시가 있다.
- **케말 아타튀르크**(1881. 3. 12~1938. 11. 10) : 본명 Mustafa Kemal. 살로니카 출생. 케말파샤라고도 한다. 아타튀르크란 '터키의 아버지'를 뜻하는데, 1934년에 대국민의회(터키의 국회)에서 증정한 칭호이며, 파샤는 군사령관·고급관료에게 보내지는 칭호이다.

9 중요 관광도시

(1) 이스탄불(Istanbul) : 옛이름은 콘스탄티노플(Constantinople)이며, 그리스시대에는 비잔티움(Byzantium)이라고 하였다. 보스포루스해협의 남쪽 입구에 있으며, 아시아와 유럽에 걸쳐 있다. 1923년까지 1600년 동안 수도였던 이스탄불에는 그리스·로마시대부터 오스만제국시대에 이르는 다수의 사적이 분포되어 있다.

🔁 **성 소피아 사원**

- **성 소피아 사원**(Ayasofya) : 이스탄불의 대표적인 건축물로서 터키 사람들은 아야소피아라고 부른다. 비잔틴 제국시대에는 그리스정교의 본산지였다가 그 후에 오스만제국이 건설되면서 이슬람 사원으로 개축되었다. 현재까지도 기독교와의 갈등이 사라진 것은 아니지만 지금은 박물관으로 사용되고 있다.

🔁 **톱카프 궁전**

- **톱카프 궁전**(Topkapi Palace) : 톱카프 궁전은 오스만제국의 황제(술탄)들이 거주하였던 궁으로 19세기 중반에 돌마바흐체 궁전이 건설되기 전 약

400년 동안 많은 술탄들이 이곳에서 살았다. 영화로웠던 오스만제국의 역사를 보여주듯이 이곳의 내부 장식들과 유물들은 화려하기 그지없는데 궁 전체가 지금은 하나의 거대한 박물관으로서의 역할을 수행하고 있다.

- 그랜드 바자르(Grand Bazar) : 4,000여 상점이 몰려 있는 이곳 그랜드 바자르는 터키어로 카팔르 차르쉬라고 하며 '덮여 있는 시장'이라는 뜻이다. 그랜드 바자르는 가죽, 카펫트, 각종 금속세공품 등 다양한 종류의 터키 특산품들을 구매할 수 있는 매력이 있다.

- 술탄 아흐메트 사원(블루 모스크) : 아야소피아 건너편에 위치한 술탄 아흐메트 사원은 1609~1616년 사이에 술탄 아흐메트 1세에 의해서 건설되었는데 6개의 높은 첨탑과 여러 개의 모스크가 위압적인 느낌을 준다. 이곳은 '블루 모스크'라는 별칭으로 더 잘 알려져 있는데 그것은 내부의 흰색과 푸른색의 타일장식의 환상적인 모습 때문이다.

➡ 술탄 아흐메트 사원

- 이스탄불 고고학 박물관 : 토카프궁 내부에 위치한 이스탄불 고고학 박물관은 세계 5대 고고학 박물관 중의 하나로 세계적인 수준의 유물들을 많이 소장하고 있다. 한때 다수의 발굴품들이 프랑스와 영국으로 유출되기도 했지만 1881년 이후 출토된 유물들은 모두 이곳 박물관에서 전시되고 있다.

- 돌마바흐체궁전(Dolmabahce Palace) : 돌마바흐체궁전은 1842~1853년 사이에 술탄 압둘마지드에 의해서 건축되었다. 보스포루스 해협에 위치한 이 유럽식 궁은 바로크와 로코코 양식을 충실히 따르고 있는데 프랑스의 베르사유궁을 모델로 하였다. '마바흐체'라는 말은 '가득 찬 정원'이라는 뜻인데 이것은 바다를 간척한 지역에 이 궁이 세워졌기 때문이다.

➡ 돌마바흐체궁전

- 지하 저수저(Yerebatan Sarayi) : 이스탄불은 많은 공격을 당했었기 때문에 언제나 충분한 물의 공급이 필요했던 도시였다. 따라서 비잔틴제국시대에 지하 저수저를 많이 건축하게 되었다. 정식명칭은 예레바탄 사라이지만 '성당 저수지'로 알려져 있다. 기둥과 천장 장식이 화려하게 건축되었기 때문에 이를 지하 궁전(saray palace)이라 부른다.

➡ 지하 궁전

- **슐레마니에 사원**(Sleymaniye Mosque) : 이스탄불 사원 중에서 가장 아름다운 것으로 손꼽히는 슐레마니에 사원은 1550~1557년에 오스만제국시대 최고의 건축가인 사이난에 의해 건설되었다.

- **보스포러스 해협**(Bosphoros Straits) : 보스포러스는 유럽과 아시아 사이에 위치한 해협으로 흑해와 마르마라해를 연결하고 있다. 길이가 약 30㎞, 넓은 곳의 폭이 3,500m, 좁은 곳이 700m로, 물 흐름이 세차서 여기저기에 소용돌이가 치고 있다. 양측 해안에는 고대 유적지, 그림같이 아름다운 전통적인 터키 마을, 울창한 숲 등이 곳곳에 있어 장관을 연출하고 있으며 음식점, 찻집, 별장 등이 있는 매우 조용한 곳이다.

(2) 파묵칼레(Pamukkale) : 데니즐리에서 20㎞ 떨어진 곳에 위치한 파묵칼레는 터키어로는 '목화 성'이라는 뜻이다. 수천 년 동안 지하에서 흘러나온 뜨거운 온천수가 산의 경사면을 따라 내려가면서 지표면에 수많은 물웅덩이와 종유석, 석회동굴 등을 만들었다. 이러한 아름다운 경관 때문에 고대에는 성스러운 지역으로 여겨졌다.

▷ 파묵칼레

(3) 안탈리아(Antalya) : 안탈리아만(灣)에 면한 항구도시로, BC 2세기 페르가몬 왕국 시대에 건설되어 아달리아라 불렸으나 그 뒤 로마에 항복하여 135년에는 하드리아누스 황제에 의해 이 지방의 중심도시가 되었다.

- **카라알리올루 공원**(Karaalioglu Park) : 카라알리올루 공원은 화려한 색상의 꽃들과 지중해와 산이 절묘하게 어울어진 배경을 가지고 있는 안딸랴 최고의 공원이다. 이 공원에 가면 BC 2세기에 지어진 높이 5.5m의 히드르릭(Hidirlik) 요새를 볼 수 있다.

▷ 카라알리올루 공원

- **이울리 미나레**(Yivli Minare) : 이울리 탑은 13세기 셀주크투르크의 술탄이 있던 Alaeddin Keykubat에 의해 세워졌다. 이 탑은 회교사원의 일부분이었지만 현재 회교사원의 다른 것들은 남아 있는 것이 없다. 다만 이 이울리 탑만이 38m의 높이를 자랑하며 건재하고 있다. 이 탑은 많이 낡았지만 푸른 타일로 만든 탑 정면이 매우 아름다워 도시의 상징물처럼 되었다.

▷ 이울리 미나레

- 아스펜도스(Aspendos) : 옛 그리스-로마 시대의 도시로 로마시대 아스펜도스 원형극장의 유적이 유명하다. 아스펜도스 극장은 로마식 원형극장으로 15,000명을 수용할 수 있을 만큼 크며, 터키에서는 현재까지 가장 잘 보존된 고대극장으로 인정받고 있다. 이 극장은 현재도 사용되고 있다.

▶ 아스펜도스

- 하드리아누스의 문(Hadrian's Gate) : BC 2세기에 세운 장식용의 대리석 아치로 130년에 로마 황제, 하드리아누스 황제가 이 도시를 통치했던 것을 기념하기 위해 세워진 건축물이다. 고대 팜필리아 지방에서 가장 볼 만한 명소이다.

(4) 앙카라(Ankara) : BC 25년에는 로마제국의 지배에 속하고 앙키라라고 불렸으며, 아우구스투스 황제 때 세워진 신전과 욕탕 등의 유적이 남아 있다. 그 뒤 페르시아·아라비아·셀주크투르크·십자군 등에 의하여 점령·지배되었고, 14세기 후반부터는 오스만투르크에 속하여 아나톨리아 지방 대상무역(隊商貿易)의 지방적 중심으로서 번영하였다.

- 아나톨리아(Anatolian) 문명 박물관 : 세계적인 고고학 박물관으로서 아나톨리아 지방에서 출토된 유물들이 전시되고 있다. 신석기시대의 유물부터 로마시대의 유물까지 연대순으로 전시되고 있는데, 소장품의 종류와 수가 상당하다.

- 민속학 박물관 : 터키민족의 생활상, 공예품, 생활용품을 살펴볼 수 있는 곳이다. 터키민족에 대한 다양한 볼거리를 제공하고 있으므로 터키를 좀 더 이해하고 싶다면 들려 보는 것도 좋다.

- 아타튀르크의 묘(Atatürk's Grave) : 신시가 서쪽의 언덕 위에 위치하고 있는 이곳은 터키공화국이 건국의 아버지 케말 아타튀르크의 장사를 지내기 위해 1944년부터 10년에 걸쳐 세운 것이다. 대리석을 깔아서 만든 가운데 길을 지나면 우측에는 위패를 모셔놓은 넓은 곳이 있고, 좌측에는 큰 기둥으로 세워진 아타튀르크의 묘가 나타난다.

▶ 아타튀르크의 묘

- 아우구스투스 신전(Augustus Madedi) : 기원전에 그리스 신전으로 세워져 로마의 아우구스투스왕에게 바쳐졌고 이후 비잔틴시대에 개장하여 그리스도교의 교회가 되었으며 마지막에는 이슬람의 학교로 사용되었던 역사적 건축물이다. 아쉽게도 현재는 폐허와 같은 잔재만 남아 있다.

▶ 아우구스투스 신전

- 히타이트박물관(Archaeological Museum) : 히타이트 문화상을 한눈에 보여주는 수집품들로 인해 세계적으로 유명한 곳이다. 태양의 원판, 인장 금·은제품, 보석류, 히타이트의 석상 및 작은 동상 등 흥미로운 전시품들이 진열되어 있다. 또한 가지 의미 깊은 사실은 이 박물관이 15세기 이래 바자르에 있었던 것이라는 것이다.

➡ 히타이트박물관

- 성의 요새(Hisar) : 프리기아 사람들이 옛날부터 요새로 사용하던 것을 로마사람들이 완성했고 그 후, 오토만 대제에 의해 다시 재건된 것으로, 이는 섬세한 셀주크투르크의 목재 양식을 뽐내고 있다. 성채의 내부에는 전통 터키가옥이 보존되어 있고, 미술관이나 식당 같은 건물이 자리 잡고 있기도 하다.

(5) 이즈미르(Izmir) : 터키 서부 이즈미르주(州)의 주도(州都). 이스탄불의 남서쪽 336㎞, 에게해(海)에 면한 터키 제3의 대도시로 예전에는 스미르나라고 불렀다. 고대 그리스의 식민도시이며 BC 627년 리디아의 공격으로 멸망하였다. BC 3세기에 재건되어 로마시대까지 번영하였다.

- 박물관 순례 : 이즈미르에는 이즈미르 고고학 박물관(Izmir Archaeological Museum)을 비롯하여 민속지학 박물관(Orient Museum), 아타튀르크 박물관(Atatürk' Museum), 미술관(Orient Museum), 셀주크 아샤르 미술관(Seljuk Museum) 등이 있다.

- 아르테미스 신전(The temple of Artemis) : 소아시아의 그리스인 식민지 에페소스에 있던 여신 아르테미스를 모신 신전. BC 8세기경에 세워졌는데, 아르테미시온이라고 한다. 장대하고 화려하여 고대세계의 7대 불가사의(不可思議)의 하나이다. 신전은 처음에 리디아왕 크로이소스의 협조로 건조되었다.

➡ 아르테미스 신전

- 폴리갑 기념교회(서머나 교회) : 사도바울의 명에 의해 서머나로 파견되어 온 폴리갑은 유대인들에게 많은 박해를 받으며 교회를 일으켰다. 그러다 AD 156년경부터 황제숭배와 기독교에 대한 박해가 본격적으로 시작되면서 서머나(현재 이즈미르)의 원형경기장에서는 야수들의 이빨에 11명의 기독교인들이 순교하는 사태까지 벌어졌다.

➡ 폴리갑 기념교회 내부

(6) **카파도키아**(Cappadocia) : 실크로드의 중간거점으로 동서문명의 융합을 도모했던 대상들의 교역로로 크게 융성했으며, 초기 그리스도교 형성 시에도 중요한 역할을 했는데, 로마시대 이래 탄압을 피하여 그리스도교인들이 이곳에 몰려와 살았기 때문이다. 이곳에는 아직도 수천 개의 기암에 굴을 뚫어 만든 카파도키아동굴수도원이 남아 있다.

• **으흘라라**(Ihlara) **협곡** : 카파도키아 남쪽의 엘지에스(Erciyes)산의 수차례 분화에 의한 화성암이 침식된 16㎞ 길이의 골짜기이다. 협곡을 따라 멜렌디즈(Melendiz) 천이 흐르고 있다.

이곳은 고대 비잔틴시대에 벌집 모양으로 뚫린 동굴들이 지하 거주지로 활용된 점으로 알려져 있으며 이 때문에 현재 중부 터키의 유명한 관광지 중 하나로 많은 사람들이 방문하고 있다.

▶ 괴레메

• **괴레메**(Göreme) : 1986년 터키의 국립역사공원으로 지정되었다. 괴레메 계곡은 300만 년 전의 화산 분화로 퇴적된 응회암층(凝灰岩層)이 오랜 세월에 걸쳐 땅속에서 솟아나오는 지하수나 빗물 등에 의해 형성된 기묘한 모양의 바위들이 늘어서 있는 해발고도 1,000~1,300m의 계곡이다. 지구상에서 유일하다.

▶ 데린구유 지하도시

• **데린구유 지하도시**(Derinkuyu Under ground city) : 버섯모양의 기암괴석으로 장관을 연출하고 있는 카파도키아를 더욱 경이롭게 하는 또 하나의 요소는 최대 3만 명까지도 수용이 가능한 대규모 지하도시이다. 이곳의 형성시기에 관한 정확한 자료는 알려져 있지 않으나 히타이트 시대였을 것이라고 추측하고 있다.

▶ 우치사르

• **우치사르**(Uchisar) : 괴레메 동굴에서 3㎞ 떨어진 곳에 있는 바위산으로 우치사르(Uchisar) 성채가 위치하고 있다. 과거 온통 응회암으로 뒤덮여 있었던 이곳에 사람들은 외부로부터 방어를 목적으로 터널을 만들어 살았으나 부식작용으로 인해 오늘날과 같은 벌집모양의 바위산이 만들어졌다.

• **젤베**(Zelve) **계곡** : 젤베 계곡은 괴뢰메에서 10㎞ 떨어져 있는 폭이 좁고 깊은 골짜기이다. 이곳은

▶ 젤베 계곡

집, 방앗간, 교회 등 도시가 갖추고 있어야 할 모든 것을 완비하고 있다. 이는 1950년까지 사람들이 살았었기 때문에 가능한 것이다. 이곳은 붕괴의 위험이 있어 1950년에 거주주민들을 모두 철수시켰다.

(7) 셀축(Selcuk) : 에게해 지방의 작은 도시인 셀축은 에페소스로 가는 관문이기도 하지만, 역사적인 기독교 유적지가 있는 곳이기도 하다. 이즈미르에서 셀축까지 버스로 1시간 30분 정도 소요되며 이스탄불과 파묵칼레 등으로 운행되는 버스가 많다.

- **에페스유적** : 1세기 성 바울로는 이곳에 그리스 도교를 전하였으며(54, 55~57), 또한 로마에서 이 지방 신자에게 서한을 보내기도 하였다. 이곳은 BC 7~6세기가 최성기(最盛期)로서, 알렉산드로스 대왕 원정 뒤 헬레니즘시대에 이르러 경이롭게 부흥하였다. 오늘날 이 도시의 폐허에서는 수많은 유적이 발굴된다.

➡ 에페스유적

- **히드리아누스 신전** : 로마의 황제 하드리아누스를 섬기기 위해서 지어진 신전이다. 내부는 전체적으로 단순한 느낌을 주지만, 동시에 시리아풍으로 조각된 신들의 부조와 정문의 장식 등은 화려하다.

- **아르테미스**(Artemis) **신전** : 그리스신화의 아르테미스 여신과 지모신을 동일시하면서 이 신전이 세워졌다고 한다. 원래는 전체 기둥이 127개 정도였으나 비잔틴시대에 성요한 교회나 성 소피아 성당을 건축하는 데 가져다 썼다고 한다. 특이한 점은 이 신전은 7번 파괴되었고 7번 재건되었다는 것이다.

➡ 아르테미스 신전

- **고고학 박물관** : 에페스 유적지에서 발굴된 유물들을 전시하고 있다. 자세한 복원지도뿐만 아니라 출토품을 장소별로 전시하고 있어 관람객의 이해를 돕고 있다.

- **성요한 교회** : 예수님의 12제자 중 한 명이었던 사도 요한은 예루살렘에서 추방당하고 이곳 셀축에서 노년 시절을 보냈다고 한다. 이것을 기리기 위하여 지어진 교회가 성요한 교회인데 7세기에는 아랍의 침략에 대비하기 위해서 주변에 성을 쌓았고, 14세기 초에는 이슬람 사원으로 사용되기도 하였다는 기록이 있다.

- **성모마리아 교회** : 원래는 상거래를 하던 곳이었으나 3세기 이후부터 교회로 쓰이고 있다. 이 지역에서 그리스도가 죽은 후, 성모마리아가 남은 여생을 보냈다고 믿어지고 있는데 교황 바울 6세가 이곳에서 미사를 드림으로써, 그 존재가 세계적으로 알려지게 되었다.

(8) 트로이(Troy) : 터키 서쪽에 있는 고대도시의 유적. 트로야·트로이아라고도 한다. 호메로스 「일리아드」, 「오디세이」에서는 '일리오스'라고 불렸다. 스카만드로스강과 시모이스강이 흐르는 평야에 있는 나지막한 언덕(근대에 와서는 히살리크라고 불렸다)에 있다.

● **트로이의 목마**(Trojan horse)**와 전쟁** : 고대 그리스의 영웅 서사시에 나오는 그리스군과 트로이군의 전쟁. 그리스군은 거대한 목마를 남기고 철수하는 위장 전술을 폈는데, 새벽이 되어 목마 안에 숨어 있던 오디세우스 등이 빠져 나와 성문을 열어 주었고 그리스군이 쳐들어와 트로이성은 함락되었다. 여기서 비롯된 '트로이의 목마'는 외부에서 들어온 요인에 의하여 내부가 무너지는 것을 가리키는 용어로 쓰이게 되었다.

유럽주

CHAPTER_3

유럽주(Europe)

오세아니아주보다 약간 큰, 세계에서 두 번째로 작은 주이다. 북쪽은 북극해, 서쪽은 대서양, 남쪽은 지중해로 둘러싸이고, 동쪽은 우랄산맥·우랄강·카스피해·캅카스산맥·흑해·보스포루스 해협을 경계로 아시아 대륙에 접한다. 지형적으로는 유라시아 대륙의 커다란 반도에 불과하나, 정치적·인종적·언어적 개념으로는 아시아 대륙과는 다른 하나의 뚜렷한 특성을 갖는 지역이다. 유럽이라는 명칭은 메소포타미아 지방에 살고 있었던 사람들의 단순히 '서쪽의 땅', '해가 지는 곳'이란 뜻의 '에레브(Ereb)'에서 유래한다.

3.1 서유럽(Western Europe)

3.1.1 영국(England)

1 국가개황

- 위치 : 유럽대륙 서쪽 북대서양
- 수도 : 런던(London)
- 언어 : 영어
- 기후 : 서안해양성 기후
- 종교 : 성공회(국교) 50%, 천주교 11%
- 인구 : 59,834,900명(21위)
- 면적 : 244,820㎢(77위)
- 통화 : 파운드(GBP)
- 시차 : (UTC+0)

공식적으로 '유니언 기(Union Flag)'라는 이름으로 사용된다. 이 기는 연합왕국을 형성하는 잉글랜드·스코틀랜드·아일랜드의 3국의 기를 조합하여 만든 것이다. 3국의 기는 모두 그리스도교에서 기원한 십자기로서, 중세의 십자군 원정 때부터 사용되었다. 잉글랜드의 기는 흰색 바탕에 적십자를 그려, '세인트 조지(Saint George)의 십자기'라고 한다.

2 지리적 개관

그레이트브리튼(Great Britain) 및 북아일랜드 연합왕국, 줄여서 연합왕국(United Kingdom)인 영국(英國)은 유럽 서북 해안의 섬나라로, 북해, 영국해협, 아일랜드 해 및 대서양에 둘러싸여 있다. 이외에 영국의 군주 밑에 해외 영토가 있으나, 영국에 포함되지는 않는다. 그레이트브리튼 섬의 잉글랜드, 스코틀랜드 및 웨일스, 아일랜드 섬 북쪽의 북아일랜드로 이루어져 있다. 아일랜드 섬의 아일랜드공화국과 국경을 접하고 있다.

3 약사(略史)

- BC 6세기경 북부유럽 Celt족 침입
- BC 55년 Caesar 침입
- 828년 Wessex왕 Egbert 통일왕국 수립
- 1066년 Norman왕조 수립
- 1215년 Magna Carta 서명
- 1338~1453년 백년전쟁
- 1461년 York왕조 수립
- 1485년 Tudor왕조 수립
- 1535년 Wales 통합
- 1603년 Stuart왕조 수립
- 1688년 명예혁명
- 1689년 권리장전
- 1714년 Hanover왕조 수립
- 1801년 Ireland 합병
- 1910년 Windsor왕조 수립
- 1914~1918년 제1차 세계대전
- 1922년 아일랜드 남부 26개 주 분리 독립
- 1939~1945년 제2차 세계대전
- 1949년 아일랜드공화국 독립, 북대서양조약기구(NATO) 가입

- 1952년 조지 6세 사망, 엘리자베스 영국 여왕 즉위
- 1973년 유럽공동체(EC) 가입

4 행정구역

영국의 행정구역은 꽤 복잡하게 되어 있다. 우선 스코틀랜드, 북아일랜드, 잉글랜드, 웨일스의 구성 국가들로 나뉜다. 각 구성 국가마다 자체적인 행정구역 체제가 나뉜다. 그 밖에 해외 영토(overseas territory)들과 왕실령(crown dependency)들이 존재하나, 이 지역들은 형식적으로는 영국 영토로 간주되지 않는다.

5 정치 · 경제 · 사회 · 문화

- 영국정치의 기본은 의회정치에 있다. 입헌군주제는 명예혁명 때 국왕 · 귀족 · 서민의 3자가 나라의 질서를 구성한 이후부터의 것이며, 헌법의 원어인 'constitution'은 본래 그러한 질서를 의미하였다.
- 철저한 의원내각제를 택하고 있으며, 상원 출신의 각료는 하원에 출석하여 답변할 수가 없다.
- 상원은 왕족, 세습귀족, 종신귀족, 영국국교회의 대주교 및 주교 등으로 구성된다.
- 영국은 세계에서 가장 먼저 자본주의 경제체제로 이행한 나라이다. 산업혁명도 19세기 전반에 완료되었다.
- 영국의 최근 인구증가율은 연평균 0.3%(2001년 0.23%)로 낮으며, 인구밀도는 대체로 높다. 그러나 북아일랜드의 인구밀도는 잉글랜드의 약 1/3, 스코틀랜드는 약 1/5이며, 지역격차가 크다.
- 영국인의 경험주의적 · 현실주의적 성격은 예술에도 반영되어 예술 중에서도 가장 추상적인 음악분야에 거장을 배출하지 못하였다. 그러나 음악과 달리 문학과 연극이 불멸의 전통을 지닌 것은 현실적인 인간세계를 그리는 분야이기 때문이다. 관념이나 추상을 대상으로 하는 경향은 어느 예술분야에서나 그 역사가 짧다.

6 음식 · 쇼핑 · 행사 · 축제 · 교통

- 영국의 대표적인 음식은 피시 앤 칩스(Fish and Chips)이다. 피시 앤 칩스 요리의 주재료는 생선(보통 대구살)과 감자튀김이다. 피시 앤 칩스는 밀가루를 묻혀 튀긴 흰살생선에 길게 썬 감자튀김을 곁들인 음식이다.
- 값비싼 보석이나 유명 브랜드 상품을 선호하는 사람이나 알뜰 쇼핑을 즐기는 구매자 모

두의 욕구를 충족시켜 줄 수 있는 쇼핑의 천국이다.

- 대다수 상점들은 목요일에 19 : 00까지 영업을 하며 Knightsbridge나 Chelsea지역은 수요일 늦게까지 영업한다.
- 에딘버러 민속축제(3월), 옥스퍼드대학 케임브리지대학 간 조정경기(3월), 리버풀 장애물 경마대회(4월), FA(축구토너먼트 결승전)컵 대회(5월), 첼시 꽃박람회(5월), 여왕생일퍼레이드(6월), 윔블던 테니스경기대회(6월), 에딘버러국제예술축제(8월), 노팅힐축제(8월) 등이 유명하다.

7 출입국 및 여행관련정보

- 체류기간이 6개월 이내일 경우 비자는 필요없다. 세관신고서는 작성하지 않는다.
- 영국은 날씨의 변화가 심하므로 항상 우비나 우산을 준비하는 것이 좋다.
- 우리나라와는 반대로 자동차가 좌측통행을 하므로 길을 건널 때에는 주의해야 한다.
- 연교차가 그리 크지 않으나 5월~8월 초를 제외하고는 비교적 쌀쌀한 날씨가 많으므로 양복은 추·동복을 여유 있게 준비하는 것이 좋다.
- Give Way에서는 반드시 양보를 해야 한다. (Roundabout에서는 항상 우측 차량이 우선이며 특별히 주의해야 한다.)

8 관련지식탐구

- **스톤헨지**(Stonehenge) : 거석주(巨石柱)라고도 한다. 영국의 에브벨리, 프랑스의 엘라니크의 것과 더불어 장대한 규모의 스톤서클(環狀列石)의 유구(遺構)가 있는 것으로 유명하다. 지름 114m의 도랑과 도랑 안쪽에 만들어진 제방에 둘러싸여 이중의 고리모양으로 세워진 82개의 입석(立石)의 뽑힌 자리가 보인다.
- **펍**(Pub) : 오늘날 펍은 여러 형태로 존재하지만 영국인들에게 펍은 생활의 일부분이라 할 수 있다. 간단한 식사와 술, 음료 등을 마실 수 있을 뿐만 아니라, 새로운 친구를 사귈 수 있는 공간이기도 하다.
- **비틀스**(The Beatles) : 1960년대 세계의 최고 인기를 얻었던 대중음악 그룹으로, 구성원은 J. 레넌, P. 메카트니, J. 해리슨, R. 스타 등 4인조이다. 이들은 모두 리버풀의 가난한 노동자 집안 출신으로, 비틀스 결성 이전에 다른 록 그룹에서 활동, 경험을 쌓았다.
- **영국의 왕가** : 1066년 노르만족의 정복 이래 영국왕은 정복자 윌리엄의 자손들이다. 왕의 장자가 아닌 다른 사람에게 왕위를 계승할 때는 보통 왕가의 이름이 바뀌었다.

왕조명	내 용
노르만왕조 (Norman dynasty) 1066~1154	윌리엄 1세가 시조(始祖)이다. 윌리엄 1세는 봉건제를 도입하여 왕권 강화에 주력하였으며, 그의 둘째아들 윌리엄 2세는 가톨릭교회와 분쟁을 일으키기도 하였으나, 왕권은 더욱 공고해졌다. 이어 그의 동생 헨리 1세는 교회와 타협하는 한편, 재정 수입의 기초를 다지고 순회재판제도를 확립하는 등 왕권 강화를 위해 더욱 노력하였다.
플랜태저넷왕조 (House of Plantagenet) 1154~1399	앙주왕조 또는 앙제빈왕조라고도 한다. 프랑스의 앙주가에서 들어온 헨리 2세를 시조로 하며, 플랜태저넷이라는 이름도 동가의 가문(家紋)인 게니시타(genista : 라틴어 플란타게니스타)에서 유래한다고 한다.
랭커스터왕조 (House of Lancaster) 1399~1461	창시자는 플랜태저넷왕가의 국왕 헨리 3세의 둘째아들 에드먼드로, 1267년 랭커스터 백작에 서임(敍任)된 데서 시작된다. 그의 두 아들 토머스와 헨리가 잇따라 백작위(伯爵位)를 상속하였다.
요크왕조 (House of York) 1461~1485	에드워드 3세의 제3자(子)와 제5자의 계통으로, 같은 왕의 제4자로부터 나온 랭커스터가에 대해 왕위를 청구하여 장미전쟁을 일으켰다. 전쟁 중인 1461년 제4 대공(代公) 에드워드가 헨리 6세를 쓰러뜨리고 왕위에 올라(에드워드 4세) 왕가를 창설하였다.
튜더왕조 (House of Tudor) 1485~1606	장미전쟁을 수습하고 즉위한 헨리 7세가 시조이다. 그는 장미전쟁에 따른 유력 귀족의 몰락을 이용하여 성실청(星室廳)재판소 등을 재편하고 왕권을 강화하는 등 절대주의의 기초를 구축하였다.
스튜어트왕조 (House of Stuart) 1603~1649	스튜어트가(家)는 본래 노르만왕조 시대의 프랑스계 귀족의 혈통을 계승한 명문으로 12세기부터 스코틀랜드에 정주하였고 1371년부터 왕가가 되었다. 16세기 중반 메리 스튜어트가 여왕이 되었으며, 그녀가 폐위된 뒤에는 외아들 제임스 6세가 뒤를 이었다.
하노버왕조 (House of Hanover) 1714~1917	1701년의 왕위계승법에 의하여 앤 여왕이 죽은 뒤, 독일의 하노버가(家)에서 영입한 조지 1세에서 시작된다. 동왕(同王)과 조지 2세는 독일 출생으로, 영국의 정치에는 관심이 적어 의회정치 및 책임내각제의 발달을 촉진하였다.
윈저왕조 (House of Windsor) 1917~	1901년 하노버왕가의 여왕 빅토리아가 죽자 작센 - 코부르크 - 고타 가문에서 왕위를 이었으며, 1917년에 윈저왕조로 이름을 바꾸었다. 작센 - 코부르크 - 고타는 빅토리아의 남편 앨버트공(1819~1861)의 성이다. 에드워드 7세(재위 1901~1910), 조지 5세(재위 1910~1936), 엘리자베스 2세(재위 1952~) 등이 배출되었다.

- 셰익스피어(William Shakespeare : 1564. 4. 26~1616. 4. 23) : 영국이 낳은 세계 최고 시인 겸 극작가. 그는 평생을 연극인으로서 충실하게 보냈으며, 자신이 속해 있던 극단을 위해서도 전력을 다했다. 주요 작품에는 「로미오와 줄리엣」, 「베니스의 상인」, 「햄릿」, 「맥베스」 등이 있다.
- 윈스턴 처칠(Winston Leonard Spencer Churchill : 1874. 11. 30~1965. 1. 24) : 영국의 정치가. 1906년 이후 자유당 내각의 통상장관·식민장관·해군장관 등을 역임하였다. 보수당에

복귀해 주류파의 유화정책에 반대하며 영국·프랑스·소련의 동맹을 제창하였다.

- **산업혁명**(Industrial Revolution) : 18세기 중엽 영국에서 시작된 기술혁신과 이에 수반하여 일어난 사회·경제 구조의 변혁.

- **007 시리즈** : 코드넘버 007의 영국 첩보원 제임스 본드가 주인공으로 등장하는 첩보영화 시리즈. 영국의 작가 이안 플레밍(Ian Fleming)이 첫 소설 『카지노 로열』에서 제임스 본드라는 인물을 등장시키면서 시작되었다.

- **영국연방**(英國聯邦·Commonwealth of Nations) : 영국 본국과 함께 캐나다, 오스트레일리아, 뉴질랜드 등 옛날 영국 식민지였던 53개의 나라로 구성된 국제기구이다. 준말로 영연방 이라고도 한다.

- **작위**(爵位·Peerage)**제도** : 귀족의 칭호를 서열화하여 왕권 또는 국가권력이 승인하거나 부여하는 특권 또는 그 지위. 작위는 중세 귀족신분의 후신인데 전통이나 관습에 의해 사회적으로 자연스럽게 인정받은 귀족과는 달리, 권력에 의하여 규정되는 공적인 제도이다. 18세기에는 강력한 왕권 아래 뒤크(duc : 공작)·마르키(marquis : 후작)·콩트(comte : 백작)·비콩트(vicomte : 자작)·바롱(baron : 남작)·슈발리에(chevalier : 기사)·에퀴에(écuyer : 평귀족) 등 옛 봉건영주의 칭호가 단계화되었으며, 이것은 동시에 궁정의 서열까지도 나타내게 되었다.

- **성공회**(聖公會, Anglican Church) : 한자문화권인 중국, 일본, 한국에서 사용하는 교회이름으로, 사도신조의 '거룩한 보편교회'(Holy Catholic Church)를 한자로 옮긴 이름이다. 개혁하는 보편교회(Reforming Catholic Church)라는 정체성을 갖고 있다

9 중요 관광도시

(1) 런던(London) : 잉글랜드 남동부 템스강(江) 하구에서부터 약 60㎞ 상류에 있다. 영국의 정치·경제·문화 그리고 교통의 중심지일 뿐만 아니라, 영국연방의 사실상의 중심도시다. 뉴욕·상하이·도쿄와 더불어 세계 최대 도시의 하나다.

- **대영박물관**(British Museum) : 세계 3대 박물관 중의 하나로 손꼽히는 대영박물관은 영국에서 가장 오랜 역사를 가지고 있으며 세계에서 가장 큰 규모의 박물관 중의 하나로 평가받고 있다. 찬란한 꽃을 피웠던 전성기 때의 그리스 문화와 고대 이집트 문화를 한눈에 볼 수 있는 유일한 곳이기도 하다.

▶ 대영박물관

- **국회의사당**(Houses of Parliament) : 런던의 템스 강변에 있으며, '웨스트민스터 팰리스(Westminster Palace)'라고 한다. 1835년 현상모집에 당선된 찰스 배리의 안을 딴 고딕식 건물로서 1840년에 착공하여 1867년에 완성되었다. 상하 양원 외에 의원과 직원들의 숙사(宿舍)까지 포함해서 총건평은 1만 7,000㎡나 된다.

⬛ 국회의사당

- **로열 앨버트 홀**(Royal Albert Hall) : 1853년에 런던 남서부에 있는 켄싱턴에 문화센터의 부속건물로 착공된 대규모 연주회장이다. 빅토리아 여왕의 남편인 앨버트공의 계획하에 진행되어 1871년에 완공되었다. 로마의 원형경기장에서 영감을 받아 만들어진 앨버트 홀은 원래 30,000명 수용 규모의 거대한 원형 관중석으로 계획되었으나 재정적인 이유로 5,000여 석 규모로 지어졌다.

- **버킹엄궁전**(Buckingham Palace) : 1703년 버킹엄공작 셰필드의 저택으로 건축되었으며, 1961년 조지 3세가 이를 구입한 이후 왕실 건물이 되었다. 1825~1936년 건축가 J. 내시가 개축하였으며, 왕실의 소유가 된 뒤에도 당분간은 왕궁의 하나에 불과하였다.

⬛ 버킹엄궁전

- **빅벤**(Big Ben) : 1859년에 완성된 거대한 시계탑 빅벤은 런던에서 가장 유명한 건조물 중의 하나이다. 언제 봐도 멋지지만 특히 국회의사당의 조명이 빅벤 위로 쏟아지는 모습을 감상할 수 있는 어둠이 내린 밤의 빅벤이 환상적이다. 웨스트민스터 바깥에 자리 잡고 있는 국회의사당을 구성하는 건물 중의 하나이다.

⬛ 빅벤

- **런던타워**(The Tower of London) : 1078년 정복왕 윌리엄 1세 때 착공한 세계에서 가장 유명하고 오랜된 성이다. 궁전, 요새, 감옥, 처형장소, 병기고, 조폐국, 주얼 하우스 등으로 이용되었고, 현재는 값을 매길 수 없을 만큼 귀중한 영국의 왕관과 거기에 박힌 보석들을 전시하고 있어 좋은 볼거리를 제공한다.

⬛ 런던타워

- 타워교(Tower Bridge) : 1894년에 완성되었으며, 양안에서 각각 80m의 현수교 부분과 중앙 60m의 가동(可動) 부분으로 되어 있다. 이들을 받쳐주는 스코틀랜드풍(風)의 대소 4개의 탑과 더불어 특이한 디자인은 런던의 상징물이 되었다. 타워 내부에는 타워 브리지와 관련된 흥미로운 이야기들을 담고 있는 전시관이 있다.

➡ 타워 브리지

- 마담 터소 박물관(Madame Tussaud's Museum) : 프랑스 스트라스부르에서 태어난 Marie Grosholtz가 설립한 마담 터소 박물관은 200년이 넘는 역사를 자랑하는 밀랍인형들이 가득한 박물관이다. 매년 2백만 명의 관광객이 찾아오는 런던 아니 영국을 대표하는 명소로 각광받고 있는 세계 최고의 밀랍인형박물관이다.

- 웨스트민스터사원(Westminster Abbey) : 역대 영국 국왕들이 거처했던 곳으로 찰스 황태자 부부가 묵었던 곳으로도 유명하다. 18세기까지 역대 국왕들이 사저로 사용해 왔다. 이 궁전은 영국 왕실의 숱한 사건을 거쳐 갔던 곳이기도 하다. 템스강 주변에 위치한 궁전의 지독한 안개를 피해 만든 거처이다. 왕실 소유의 미술품들이 전시되어 있다.

➡ 웨스트민스터사원

- 세인트폴대성당(St. Pauls Cathedral) : 세계에서 세 번째로 큰 규모를 자랑하는 런던 사교의 성당이다. 맨처음 이 자리에 세워졌던 교회는 1666년 런던 대화재 때 파괴되었고, 1710년에 지금의 성당이 완공되었다. 크리스토퍼 웨렌(Sir Christopher Wren)경이 디자인한 돔이 인상적인데, 그는 세인트폴성당에 첫 번째로 묻히는 영광을 누린 사람이기도 하다.

➡ 세인트폴대성당

- 템스강(Thames River) : 템스강은 런던의 발전에서 역사적으로 중요한 역할을 해왔는데, 현재도 수운(水運)과 상수도원 등에 이용되며, 템스강 하청(河廳)과 런던 항만청이 템스강의 오염방지와 이용규제를 관할한다. 특히 수운은 런던항(港)을 지탱하는 외에 다른 공업지대와 운하로 연결되어 국내 물자수송에 이용된다.

- **윈저성**(Windsor Castle) : 버밍엄 궁전과 함께 900년 동안 잉글랜드왕의 성으로 사용되어 왔고 현재는 여왕의 공식 거주지이다. 1070년 노르만왕조를 정복한 윌리엄왕(William the Conqueror)이 수도의 서쪽지역을 방어하기 위해 목조의 성채로 설계하였는데, 에드워드 4세에 의해 증축되고, 헨리 8세에 의해 완성되었다.

▶ 윈저성

(2) 그리니치(Greenwich) : 1963년 그리니치와 울리지 2지구를 병합해서 설립하였다. 템스강(江) 남안에 위치하며, 맞은편의 포플러 지역과는 해저터널로 연결되어 있다. 런던에서도 가장 쾌적한 교외 주택도시의 하나로 중세의 역사적인 건물이 많이 남아 있다.

- **그리니치천문대**(Greenwich Royal Observatory) : 런던 교외 그리니치에 설립하여 태양·달·행성·항성의 위치관측에 주력하여 많은 공적을 남겼고, 1884년 워싱턴국제회의에서 이 천문대 자오환(子午環)을 지나는 자오선을 본초자오선으로 지정하여, 경도의 원점으로 삼았다.

- **국립해양박물관**(National Maritime Museum, London) : 그리니치 천문대 주변에 위치한 박물관으로, 박물관 내부에는 다양한 전함 미니어처와 각종 계측기구 등이 전시되어 있으며 넬슨 제독의 유품 또한 전시되고 있다.

(3) 옥스퍼드(Oxford) : 영국 잉글랜드 옥스퍼드셔 카운티(Oxfordshire county)의 도시. 옥스퍼드를 대표하는 대학은 베일리얼·머턴 등과 같이 13세기에 발족한 오래된 것으로부터 1878년 이후의 여러 여자 단과대학 및 금세기에 설립된 것까지 합해서 약 30여 개가 있다.

▶ 옥스퍼드대학

- **크라이스트 처치 칼리지**(Christ Church College) : 1525년 설립된 대학으로 많은 정치가를 배출한 칼리지로 옥스퍼드에 있는 대학 중 최고를 자랑한다. 『이상한 나라의 앨리스』 작가인 루이스 캐럴도 이 학교 졸업생이다. 크라이스트처치 대성당이 있는 곳이기도 하다.

- **유니버시티칼리지**(University College) : 옥스퍼드에서 가장 오래된 칼리지라는 타이틀을 가지고 있는 대학으로 이 학교 출신으로 유명한 사람에는 낭만주의 시인 퍼쉬 비쉬 셸리(Percy Bysshe Shelley)와 물리학자로 '보일의 법칙'을 발견한 보일(Boyle)이 있다.

(4) 케임브리지(Cambridge) : 옥스퍼드와 함께 대
학 도시로 세계적인 명성을 떨치고 있다. 1284년 칼
리지 피터하우스가 개교한 이래 현재 32개의 칼리지
가 여러 분야에서 유능한 인재를 배출하고 있다.

▶ 케임브리지대학

- **킹스칼리지(King's College)** : 1441년에 헨리 6세
  에 의해 설립된 대학으로 케임브리지대학에서
  가장 오래 역사를 보유한 학교 중의 하나이다.
  케임브리지에서 가장 사랑받는 관광지이다. 유니버시티칼리지 등과 함께 런던대학교를
  이루는 영국의 대학이다. 공식 이름은 킹스 칼리지 런던이며, 머릿글자를 따 KCL이라
  고도 한다.

- **피츠윌리엄 박물관(Fitzwilliam Museum)** : 뛰어난 소장품으로 유럽에서 손꼽히는 박물관
  중의 하나이다. 신고전주의 건축양식을 보여주는 박물관 건물은 1848년에 비스카운트
  피츠윌리엄이 그의 소장품을 보관하기 위해 만든 것으로 그의 사후에 유언에 따라 케임
  브리지대학에 증여되었다.

(5) 스트랫퍼드어폰에이번(Stratford-upon-Avon) : 영국 잉글랜드 워릭셔 카운티(Warwick-
shire county)에 있는 타운(town). 문호 셰익스피어와 관련된 관광도시로서 더 유명하다. 시내
에는 그가 태어난 집(현재는 박물관), 만년의 6년간을 지낸 집터(현재는 공원), 그의 아내 A.
해더웨이와 함께 묻혀 있는 묘지 등이 있으며, 19세기에 국가가 대부분 사들여 보존하고
있다.

- **셰익스피어 생가(Shakespeare Birth Place)** : 영국이
  인도와도 바꾸지 않으며 자랑스러워했던 세기의
  문호 셰익스피어가 태어난 곳(1564년)이다. 부유
  한 상인의 집안답게 외관은 물론 내부도 잘 보
  존되어 있어 16세기 중산계급의 생활상을 짐작
  해 볼 수 있다. 셰익스피어의 유품과 책, 당시의
  가구, 생활용품 등을 전시하는 박물관으로 사용
  하고 있다.

▶ 셰익스피어 생가

- **비버리마을(Bibury)** : William Morris(1834~1896)가 잉글랜드에서 가장 아름다운 마을로
  칭하였다. 400년 전 마을 그대로의 모습을 유지하고 있는 아주 작고 아름다운 마을 작
  은 연못에는 송어양식장이 있어 2파운드 정도 내면 얼마든지 낚시를 즐길 수 있다.

- **로열 셰익스피어 극장(Royal Shakespeare Theater)** : 1932년에 설립된 셰익스피어 연극 전문

극장으로 모두 1,412좌석을 보유하고 있다. 11~ 9월까지 셰익스피어 작품이 무대에 올려지는데, 영국에서도 알아주는 유명한 배우들과 연출가들이 공연을 준비하고 무대에 서게 된다.

▶ 비버리마을

(6) 에든버러(Edinburgh) : 스코틀랜드 행정·문화의 중심지이며, '근대의 아테네'라고도 불리는 아름다운 도시로 특히 시의 중앙부에 동서로 뻗어 있는 프린세스 스트리트의 경관은 아름답다. 스코틀랜드의 문인 월터 스콧의 기념상, 왕립 아카데미, 프린세스 스트리트 정원 등이 이어져 있고, 골짜기 너머에는 에든버러 성(城)이 있다.

- **에든버러 성(Edinburgh Castle)** : 12세기에 건축된 위풍당당한 성으로 연간 1백만 명이 넘는 사람들이 찾아오는 영국 최대 관광명소이다. 바다를 앞에 둔 높은 절벽 위에 자리 잡고 있는, 잿빛의 벽돌로 쌓여진 성곽이 인상적인 에든버러 성은 보는 이를 압도한다.

▶ 에든버러 성

- **글라미스 성(Glamis Castle)** : 엘리자베스 여왕이 소녀시절을 보내고, 마가렛 공주가 태어난 곳이며, 셰익스피어의 4대 비극 중 하나인 『맥베스』의 무대가 되기도 했던 곳이다. 그리고 이곳은 스코틀랜드 사람들 사이에서 유령이 나오는 성으로도 유명하다.

- **홀리루드 궁전(Palace of Holyroodhouse)** : 파란만장한 스코틀랜드 과거가 깊숙이 스며들어 있다. 1561년부터 1567년까지 스코틀랜드의 메리여왕이 거주하였고, 그녀의 아들 제임스 6세를 낳은 것을 비롯해 그녀의 인생에서 가장 비극적이라 할 수 있는 사건이 발생했던 곳이다. 여왕이 머물지 않을 때는 일반에 연중 개방되고 있다.

▶ 홀리루드 궁전

(7) 도버(Dover) : 도버 강 하구, 영국과 프랑스를 가르는 영국 해협(도버해협)에서 가장 폭이 좁은 곳에 자리잡고 있는 도시이다. 영국에서 가장 오래된 항구 중의 하나로 손꼽히는 곳으로 영국이 로마의 지배를 받을 때 영국과 유럽 대륙을 잇는 주요 관문 역할을 했었다.

- **화이트 클리프(White Cliffs)** : 석회껍질이 바닷가 가장자리로 밀려가 1년에 0.0015mm, 즉

백만 년에 15m씩 아주 천천히 쌓이기 시작하여 250m 높이가 된 지구의 역사를 고스란히 간직하고 있는 곳이다. 예술가들에게는 자연에 대한 그리고 시간에 대한 순수한 영감을 불러일으키는 곳으로 화이트 클리프를 노래한 시와 노래를 찾을 수 있다.

▶ 화이트 클리프

- 도버 성(Dover Castle) : 옛날부터 '영국 전역을 장악하는 열쇠이며 요새이다'라고 일컬어졌던 곳으로, 2세기경부터 군단(軍團)이 주둔하였다. 1066년 노르망디공 윌리엄 1세가 정복한 후 그 중요성에 비추어 대요새를 건축한 것이 성의 시초이나, 사령탑(司令塔)의 구성, 안뜰(內庭)의 개조 등에 의하여 영국 최강의 성을 형성하였다.

▶ 도버 성

(8) 캔터베리(Canterbury) : 브리튼 시대(로마 침입 이전)부터 거주하기 시작하여 로마 점령군의 거점이 되었으며, 로마 시대의 유물이 많이 발견되었다. 앵글로색슨 시대에는 켄트왕국의 수도였다.

- 캔터베리대성당(Canterbury Cathedral) : 런던 남동쪽 약 85㎞, 스투어강(江) 연안에 위치한다. 브리튼 시대(로마 침입 이전)부터 거주하기 시작하여 로마 점령군의 거점이 되었으며, 로마 시대의 유물이 많이 발견되었다. 앵글로색슨 시대에는 켄트왕국의 수도였으며, 591년에는 로마가톨릭교회가 파견한 성(聖) 아우구스티누스가 켄트에 상륙, 국왕 애설버트를 비롯하여 많은 켄트인을 개종시키고 캔터베리에 교회를 세운 것이 캔터베리대성당의 기원이다.

3.1.2 프랑스(France)

1 국가개황

- 위치 : 서부 유럽
- 수도 : 파리(Paris)
- 언어 : 프랑스어
- 기후 : 해양성, 대륙성, 지중해성 기후
- 종교 : 가톨릭 83%, 개신교 2%,
  유대교2%, 회교 5%
- 인구 : 62,448,977명(20위)
- 면적 : 551,695㎢(47위)
- 통화 : 유로(Euro)
- 시차 : (UTC+1)

삼색기(Le drapeau tricolore)로 불리는 프랑스의 국기는 자유·평등·박애를 상징하는 것으로 유명하다. 이 삼색기는 1789년 프랑스혁명 당시 바스티유를 습격한 다음날인 7월 15일 국민군 총사령관으로 임명된 라파예트가 시민에게 나누어 준 모자의 표지 빛깔에서 유래하였다. 나폴레옹 1세가 워털루전투에서 패한 후 한때 사라졌다가 1830년 다시 라파예트에 의해 등장하였다.

2 지리적 개관

러시아와 우크라이나에 이어 유럽에서 셋째로 큰 나라이다. 서쪽으로는 대서양이, 남쪽으로는 지중해, 북쪽으로는 북해와 접해 있다. 프랑스와 국경을 맞대고 있는 나라로 동쪽은 이탈리아, 스위스, 독일, 북동쪽은 룩셈부르크, 벨기에, 남쪽은 에스파냐가 있다. 또한 대륙을 벗어나 북서쪽으로 영국 해협을 사이에 두고 영국과 마주하고 있다. 해외의 브라질, 수리남, 네덜란드령 안틸레스와도 국경을 접한다.

3 약사(略史)

- 기원전 8세기경부터 켈트족이 현재의 프랑스 영토에 이주, 원주민을 몰아내고 정착함
- BC 121년 남프랑스 해안지역이 로마의 지배를 받음
- BC 58~51년에 걸쳐 Caesar가 로마에 복속됨
- 프랑크(Frank) 왕국 건설(481~843)
- 프랑스대혁명 발발(1789. 7. 14~1794. 7. 28) : 계몽주의 사상의 영향으로 자유주의, 평등주의 사상이 확산되어 귀족, 승려 등 특권층에 대한 피지배 평민계층의 비판의식이 높아지고, 부패한 왕실에 대한 시민의 불만이 고조

- 1791년 10월 1일 헌법을 채택하고 입헌군주제를 채택
- 제1공화국(1792.9.21~1804.5.18)
- 제1제정(1804~1814) : 1799년 쿠데타로 집권한 Napoléon은 근대 민법전(일명 나폴레옹법전) 제정, 근대적인 행정, 사법, 교육, 군사제도를 확립
- 부르봉 왕정복고(1814~1830) : Louis 18세가 1814년 6월에 즉위
- 7월 왕정(1830~1848) : Louis-Philippe가 프랑스 국민의 왕으로 즉위
- 제2공화국(1848~1852) : 1848년 12월 Napoléon 1세의 조카 Louis Napoléon이 대통령에 당선
- 제2제정(1852~1871) : Louis Napoléon은 1852년 12월 황제(Napoléon 3세)로 즉위
- 제3공화국(1870~1940) : 100년에 걸친 단속적인 혁명 끝에 공화제로 정착
- 제4공화국(1946~1958) : 1946년 10월 27일 내각책임제 형태의 제4공화국 수립
- 제5공화국(1958~현재) : 드골(Charles de Gaulle) 대통령 집권(1958~1969)

  퐁피두(Georges Pompidou) 대통령 집권(1969~1974)

  지스카르 데스탱(Valéry Giscard d'Estaing) 대통령 집권(1974~1981)

  미테랑(François Mitterrand) 대통령 집권(1981~1995)

  자크 시라크(Jacques Chirac) 대통령 집권(1995~2007)

  사르코지(Nicolas Paul Stephane Sarkozy) 집권(2007~현재)

4 행정구역

프랑스의 기초지방자치단체는 코뮌이다. 파리, 리옹, 마르세유와 같은 도시도 하나의 코뮌을 이루고 있다. 여러 코뮌들을 묶어 칸톤을 이루며, 여러 칸톤이 모여 아롱디스망이 되고, 아롱디스망이 모인 것은 데파르트망이라 한다. 몇 개의 데파르트망이 모여 레지옹을 이룬다. 2005년을 기준으로 프랑스에는 22개의 레지옹, 96개의 데파르트망, 329개 아롱디스망, 3,879개의 칸톤, 36,568개의 코뮌이 있다.

5 정치 · 경제 · 사회 · 문화

- 프랑스의 정체(政體)는 공화제이다.
- 원자력 · 우주항공 등은 세계 최첨단 수준에 이른다.
- 1946년부터 소위 '모네(Monnet) 플랜'이라 불리는 '근대화 설비계획'에 따라 선진공업국으로 부상하였다.
- 주요 농산물은 밀 · 보리 · 옥수수 · 감자 · 사탕무 · 포도주 · 낙농제품 등이다. 특히 포도

주 생산은 세계 제1위이다.

- 예로부터 '아름다운 나라 프랑스', '사랑스런 프랑스'라고 불리어 왔을 뿐만 아니라, 문화 면에서도 '프랑스의 6각형'은 지협(地峽)으로서 동서 및 남북 양 방향의 교차점을 이룬다.
- 주지주의[13]야말로 프랑스 문화의 근본 모습이다.

6 음식 · 쇼핑 · 행사 · 축제 · 교통

- 레스토랑의 종류로는 가장 서민적인 파리의 모습과 분위기를 느낄 수 있는 비스트로와 비스트로보다 대중적인 브라세리, 카페 등이 있다. 유명 레스토랑은 예약을 꼭 해야 한다.
- 프랑스의 전통요리는 크게 3가지 코스를 거치는데 첫 번째로는 오르되브르와 앙트레로 전채, 수프, 메인 요리 전에 나오는 달걀이나 파이 등의 가벼운 요리이다. 다음에는 주 코스로 생선요리나 고기요리가 나오고 여기에 밥, 파스타, 감자 등을 함께 먹는다. 마지막으로는 치즈와 샐러드, 커피와 파이, 소르베 등으로 입가심을 한다.
- 패션을 창조하는 프랑스는 온 세계의 일류 브랜드를 만날 수 있는 쇼핑의 천국이다. 프랑스에는 1년에 2번 바겐세일 기간이 있다. 여름에는 6월 말~8월, 겨울에는 12월 말~1월 중순인데 이 기간을 활용하면 정품을 30~50% 정도 싸게 구입할 수 있다.
- 보졸레 누보(Beaujolais Nouveau) : 프랑스 부르고뉴주(州)의 보졸레 지방에서 생산되는 포도주로 프랑스 부르고뉴주의 보졸레 지방에서 매년 그해 9월 초에 수확한 포도를 4~6주 숙성시킨 뒤, 11월 셋째 주 목요일부터 출시하는 포도주(와인)의 상품명이다. 원료는 이 지역에서 재배하는 포도인 '가메(Gamey)'로, 온화하고 따뜻한 기후와 화강암 · 석회질 등으로 이루어진 토양으로 인해 약간 산성을 띠면서도 과일 향이 풍부하다.

7 출입국 및 여행관련정보

- 한국민은 프랑스와의 단기체류비자 면제협정에 의해 비자 없이 3개월간 체류할 수 있다.
- 카페의 음료값은 자리에 따라 달라진다. 야외에 나가서 먹으면 원래 가격의 2배나 3배 정도 비싸다.
- EU 국가 국민이 아닌 경우 15세 이상이고 프랑스에 6개월 미만 체류 시 적어도 175유로 이상 구입했을 경우 세금 환불을 받을 수 있다. 가게에서 상품 구입 시 면세 요청을 해서 서류를 작성하고 출국 시 세관원에게 스탬프를 받아서 붙이면 30일 이내에 우편이나 은행송금을 통해 세금을 환급받을 수 있다.
- 화장실에 물 내리는 레버가 없는 경우 나오면서 문을 닫으면 자동세척이 된다. 남성용은 'Hommes' 또는 H, 여성용은 'femmes' 또는 F나 'Dames' 등으로 표시되어 있다.

---

13) 지성 또는 이성이 의지나 감정보다도 우위에 있다고 생각하는 철학상의 입장.

- 파리 같은 대도시에서는 방학 동안 학생 기숙사(Foyer)를 이용할 수도 있다.
- 식당에서 물을 시켜 마시면 보통 미네랄 워터(탄산수)를 주므로 이 물맛이 입에 안 맞는 동양인들은 대부분 네추럴 워터라고 말해야 한다. 미네랄 워터는 유료, 네추럴 워터는 무료이다.
- 파리 대부분의 지하철은 수동식 문이라 사람이 손잡이나 버튼을 작동하여 문을 열지 않으면 열리질 않는다, 역에 도착하고도 손수 문을 열지 않으면 내릴 수 없다.
- Summer Festival(7월 14일~8월 15일)을 비롯하여 Autumn Festival(9월 20일~12월 31일) 등이 있고, 오랑쥬리의 바가텔 공원에서 열리는 쇼팽의 음악세계를 기리는 'Chopin Festival' (6월 21일~7월 14일), 루브르박물관의 까루젤에서 열리는 '음악 페스티벌'(8월 25일~29일)도 볼 만한 행사이다.

8 관련지식탐구

- **샹송**(chanson) : 프랑스어로 된 세속적인 가곡.
- **프레타포르테**(prêt-a-porter) : 오트쿠튀르와 함께 세계적인 양대 의상 박람회의 하나인 기성복 박람회이다. 프레타포르테는 기성품이라는 뜻의 프랑스어인데, 복식용어로는 고급 기성복을 말한다.
- **파리컬렉션** : 파리의 각 '오트쿠튀르(haute couture : 고급 양장점)'가 연 2회(7월과 11월) 개최하는 작품발표회이다. 각각 그 달의 마지막 월요일에 개최되며, 2주간의 개최기간 중 약 100~200점의 신작을 자기 점포에서 발표한다.
- **프랑스 미술가** : 푸케를 비롯하여 푸생, 로랭, 밀레, 루소, 모네, 르누아르, 세잔, 고갱, 쇠라, 마티스에 이르기까지 그 수를 헤아릴 수 없을 정도로 미술가들이 많다.
- **테제베**(TGV) : TGV는 프랑스어 Train a Grand Vitesse의 머릿글자에서 따온 이름이다. 1964년 개통된 일본 신칸센(新幹線)에 이어 세계에서 두 번째 고속전철로 우리나라의 KTX도 이 방식이다.
- **프랑스의 왕조**

왕조명	내　용
메로빙거(Mérovingian)왕조 (481~752)	481년 Frank 부족 중의 하나인 메로빙가(Mérovingiens)의 Clovis가 Frank 왕국을 건설한 이후 Frank왕국은 Wisigoth와 Burgundy족을 물리치고 세를 확장, Gaule지방의 대부분을 차지
카롤링거(Carolingian)왕조 (752~987)	752년 카롤링가(Carolingiens)의 Pépin이 Frank 왕국의 왕으로 추대되어 카롤링거왕조가 수립

왕조명	내 용
카페(Capétiens)왕조 (987~1328)	전형적인 중세 봉건제도가 성립되면서 Gaule족과 Frank족 간의 동화가 가속화됨
발루아(Vallois)왕조 (1328~1589)	백년전쟁(1337~1453) 끝에 영국인들을 축출하는 데 성공하였으나, 영국과의 투쟁 와중인 1348~1360년간 흑사병의 창궐로 인구가 격감하고 국토가 황폐화됨
부르봉(Bourbon)왕조 (1589~1792)	Louis 13세와 Louis 14세에 걸친 30년 전쟁(1618~1648)을 통하여 신성로마제국의 Habsburg왕가와 대륙 패권경쟁을 벌이는 반면, 신대륙에 Louisiana, Canada, Antilles 등 방대한 해외령을 확보하고 인도에도 식민지 개척의 거점을 확보함

- 아름다운 중세 고성 : '프랑스의 정원'이라고 하는 루아르 강변에는 중세와 르네상스 시대의 아름다운 고성들이 밀집되어 있다.

성 이름	내 용
쉬농 (Chinon)	비엔강가의 언덕 위에 세워진 쉬농 성은 비옥한 땅과 아름다운 숲으로 둘러싸여 있는 중세의 성이다. 1154년 영국의 왕이 된 Henri 2세가 현재의 쉬농 성을 세운 뒤 역사와 함께 많은 주인을 거쳐 왔다. 잔다르크가 샤를 7세에게 왕위를 계승하라는 신의 계시를 전했던 곳이기도 하다.
쉬농소 (Chenonceau)	경이로운 아름다움을 뽐내며 셰르강 위에 걸쳐 있는 쉬농소 성은 프랑수아 1세 때 왕실의 국고 관리인이던 Thomas가 1513년에 건축한 것이다. 프랑스 르네상스 시대의 보물인 쉬농소 성은 물과 푸른 정원, 무성한 나무들이 완벽하게 조화를 이룬 자연 속에서 우아하고 화려한 자태를 드러내고 있다.
샹보르 (Chambord)	샹보르 성은 루아르의 고성들 중에서 가장 광대한 성으로 프랑수아 1세 때 건축되었다. 쉬농소가 여성적이라면 샹보르는 남성다운 매력을 가진 성이다. 거대한 규모 면에서 샹보르는 베르사유 궁전을 예고하는 듯하다.
블르와 (Blois)	루아르강 위로 우뚝 솟아 있는 블르와 성은 13세기에 지어진 것으로 르네상스 양식의 가장 화려한 작품 중 하나이다. 특히 이 성은 중세시대부터 17세기까지 프랑스 건축양식의 변화를 완벽하게 보여주고 있다.

- 프랑스혁명(1789. 7. 14~1794. 7. 27) : 이 혁명은 사상혁명으로서 시민혁명의 전형(典型)이라고 불린다. 이 경우에 시민혁명은 부르주아혁명(계급으로서의 시민혁명)을 그대로 의미하지는 않는다. 전 국민이 자유로운 개인으로서 자기를 확립하고 평등한 권리를 보유하기 위하여 일어선 혁명이다.

- 백년전쟁(Hundred Years' War) : 영국과 프랑스의 전쟁으로 프랑스를 전장으로 하여 여러 차례 휴전과 전쟁을 되풀이하면서, 1337년부터 1453년까지 116년 동안 계속되었다. 명분은 프랑스 왕위계승문제였고, 실제 원인은 영토문제였다. 백년전쟁은 1360년의 브레티니-칼레 조약의 체결까지를 제1기, 1415년의 아쟁쿠르 전투 또는 1420년의 트루와

조약의 전과 후를 제2기·제3기로 나눈다.

- **프랑스 와인** : 명주(銘酒)는 프랑스가 제일이며, 그중에서도 보르도와 부르고뉴가 유명하다. 뱅 보르도 루주(Vin Bordeaux Rouge : 영국명은 Claret)는 선홍색(鮮紅色)으로 담백한 맛이 나며, 부르고뉴(Bourgogne : 영국명은 Burgundy)의 적포도주는 암적색으로서 감칠맛이 진하다.
- **르샹피오나**(Le Championnat) : 프랑스의 프로축구 리그로, 1932년부터 시작되었으며 프랑스축구협회(FFF : La Fédération Française de Football)가 주관한다. 르샹피오나는 '선수권'을 뜻한다.
- **역사 속의 인물**

인물 이름	내　용
잔다르크	15세기 전반에 영국의 랭커스터 왕조가 일으킨 백년전쟁 후기에 프랑스를 위기에서 구한 영웅적인 소녀
나폴레옹 1세	프랑스의 군인·황제(재위 1804~1814/1815). 이름은 나폴레옹 보나파르트(Napolon Bonaparte)로 지중해 코르시카섬 아작시오 출생이다.
태양왕 루이 14세	부르봉왕조의 왕(1638. 9. 5~1715. 9. 1). '대왕' 또는 '태양왕'이라고 불렸으며, 부르봉 절대왕정의 전성기를 대표한다. 루이 13세와 안 도트리슈가 결혼한 지 23년 만에 생제르맹앙레에서 태어났다.
마리앙투아네트	프랑스 루이 16세의 왕비(1755. 11. 2~1793. 10. 16). 검소한 국왕 루이 16세와는 대조를 이루어 '적자부인(赤字夫人)'이라는 빈축을 사기도 했으며, 1785년의 '다이아몬드 목걸이 사건'은 그녀의 명성에 상처를 입혔다.
볼테르	본명 프랑수아 마리 아루에(François Marie Arouet)는 필명인 볼테르(Voltaire : 1694. 11. 21~1778. 5. 30)로 널리 알려진 프랑스의 계몽주의 작가이다.
빅토르 위고	프랑스의 시인·소설가·극작가(1802. 2. 26~1885. 5. 22)
샤를 드골	프랑스의 군사 지도자이자 정치인(1890. 11. 22~1970. 11. 9)
로베스피에르	프랑스혁명을 주도한 사람 가운데 하나로 잘 알려진 프랑스의 법학자(1758. 5. 6~1794. 7. 28)로, 공포정치를 행하다가 오히려 반란으로 처형당했다.
몽테스키외	보르도 출생(1689. 1. 18~1755. 2. 10). 계몽사상의 대표자 중 한 사람이다.

9 중요 관광도시

(1) **파리**(Paris) : 프랑스의 정치·경제·교통·학술·문화의 중심지일 뿐만 아니라 세계의 문화 중심지로, '꽃의 도시'라고 불리며 프랑스 사람들은 스스로 '빛의 도시'라고 부른다.
- **에펠탑**(Tour Eiffel) : 프랑스혁명 100주년인 1889년에 세운 높이 320.75m의 탑으로 구스

타프 에펠이 만국박람회를 기념하여 세운 파리의 상징이다. 엘리베이터를 타고 정상의 전망대까지 올라갈 수 있으며, 건너편 샤이오 박물관에서 보는 에펠탑의 야경은 정말 장관이다. 탑에는 3개소에 각각 전망 테라스가 있다. 파리의 경치를 해치는 것이라 하여 심한 반대가 있었으나 그대로 남아 무전탑(無電塔)으로 이용되었다. 탑의 높이는 건설 후 약 40년간 인공 건조물로는 세계 최고였다.

🔁 에펠탑

- 에투알 개선문(l'Arc de Triomph) : 샹젤리제를 비롯해 12개의 대로가 이곳으로부터 출발하는데 이 광장이 에트왈(etoile : 별, 방사형의) 광장으로도 불리는 것은 이런 이유에서이다. 1920년 이래로 1차 대전에서 전사한 무명용사의 시신이 중앙 아치의 밑에 묻혀 있다.

🔁 개선문

- 샹젤리제거리(Avenue des Champs-Elysees) : 세계적으로도 유명한 길이 2km의 대로이다. 개선문을 기준으로 뻗어 있는 12개의 방사형 길 중에 정면으로 있는 가장 큰 길이의 거리이다. 양쪽에 이름난 상점, 식당, 영화관, 여행사가 즐비하며 화려한 거리의 노천카페가 아름다움을 더해 준다. 리도쇼를 볼 수 있는 리도 극장도 이곳에 위치한다.

- 루브르박물관(Musee du Louvre · 루브르미술관) : 루브르미술관은 설립시기 면에서는 애슈몰린미술관(Ashmolean Museum, 1683년)과 드레스덴미술관(Staatliche Kunstsammlungen Dresden, 1744년), 그리고 바티칸미술관(1744년)보다 늦지만 유럽에서 최대 최고의 미술관의 하나로 손꼽히고 있다.

🔁 루브르박물관

- 퐁피두센터(Centre Pompidou) : 1977년, 당시 조르주 퐁피두 프랑스 대통령이 파리에 지은 지하 1층, 지상 6층의 건물로 조각, 회화, 도서, 영화, 비디오, 음악 등 여러 기능이 집결된 건물이다. 1905년 이후에 창작된 예술작품을 4만 5천 점 이상 소장하고 있으며 '문화의 공장'이라고 할 수 있는 대담한 이미지가 돋보이는 건물이다.

🔁 퐁피두센터

- 세느강(Seine River) : 서울의 한강에 비교했을 때

는 폭이 좁은 강이다. 하지만 세느강 좌우로 펼쳐진 고풍스런 건물들, 에펠탑, 노트르담 대성당 등이 아름다운 경관을 만들어내고 아름답게 치장된 다리들은 세느강의 가치를 배가시킨다.

- **노트르담 대성당**(Cathedral Notre Dame de Paris) : 성모마리아를 뜻하는 노트르담(Notre Dame)이란 단어에서 알 수 있듯이 이 성당은 성모마리아를 위해 지어진 성당으로 빅토르 위고의 소설 『노트르담의 꼽추』로 유명하다. 파리의 상징적 건물로 1163년에 기공해 182년 만에 완성되었고, 800년의 프랑스 역사가 담겨 있다.

➡ 노트르담 대성당

- **콩코르드 광장**(La Place de la Concorde) : 원래 이름은 루이 15세 광장이었고 1792년에는 레볼뤼시옹 광장이었다가 지금의 이름이 확정된 것은 1830년이다. 테뢰르 통치하에는 이 광장의 84,000㎡에 달하는 광장이 교수형 장소로 이용되어, 루이 16세와 그의 부인 마리앙트아네트를 포함한 1,119명의 사람들이 비참한 죽음을 맞은 곳이기도 하다.

➡ 콩코르드 광장

- **시청사**(Hôtel de Ville) : 프랑스혁명 당시에 바스티유를 공격하는 시민들이 이 시청사를 거점으로 자치정부를 세웠던 곳이다. 현재의 건물은 1874년에서 1882년에 화재로 소실된 것을 재건한 것이다. 지하철 메트로 Hotel De Ville에서 하차하면 바로다. 시계 밑에는 프랑스혁명의 3대 정신, '자유, 평등, 박애' 3단어가 새겨져 있다.

➡ 파리 시청사

- **사크레 쾨르 사원**(La Basilique du Sacre-Coeur) : 몽마르트르 언덕 위에 있으며, 1876년에서 약 40년의 세월에 걸쳐서 만들어진 교회로 로마네스크와 비잔틴양식으로 지어진 아름다운 교회로, 파리가 프러시아에게 정복당하고 수도를 피로 물들인 시민전쟁이 일어난 1870년 이후 예수에게 바쳐진 사원이다.

➡ 사크레 쾨르 사원

- **몽마르트르 언덕**(Montmartre) : 예술적인 정체성을 간직하고 있는 곳이다. 또한 오늘날, 주거지역이기도 하면서 역사·문화적 중심지이기도 하여 오래된 파리의 전형적인 골목길이 거닐고 싶어 이곳을 방문하는 여행객이 600만 명에 이른다. 창작과 예술의 장소, 이곳에서 관광객들은 항상 계단 한 켠에서 그림을 그리는 무명화가들을 볼 수 있고 또한 영화촬영현장을 발견할 수 있다.

- **라데팡스**(La Defense) : 파리에서 고층빌딩이 밀집해 있는 가장 큰 지역이다. 1958년에 공사가 시작된 복합단지는 사무실로 이용되는 건물들이 주를 이루지만 이뿐만 아니라 호텔, 아파트, 쇼핑점, 레스토랑, 카페 등이 들어서 있다. 파리 외곽에 초현대식 건물이 들어서 있다.

(2) 베르사유(Versailles) : 프랑스 일드프랑스주(레지옹 : Region) 이블린 데파르트망(Department)의 수도. 파리의 남서쪽 22㎞ 지점에 위치하며, 17세기 말~18세기에 지어진 부르봉왕조의 호화스러운 궁전과 정원으로 유명하다. 궁전을 중심으로 질서정연하게 도로가 뻗어 있는데, 특히 3줄의 아름다운 가로수가 있는 큰 도로에서 휘황찬란했던 절대왕정의 자취를 엿볼 수 있다.

- **베르사유 궁전**(Le Chateau De Versaille) : '짐은 곧 국가다'라고 했던 루이 14세가 20년에 걸쳐 세운 궁으로 이후 루이 16세와 왕비 마리앙트아네트가 호사를 누리다가 프랑스대혁명으로 비운을 맞은 곳이기도 하다. 건물의 규모 면에서나 절대왕정의 예술품에서나 세계에서 가장 크고 화려한 궁전이라 할 수 있다.

▶ 베르사유 궁전

(3) 몽생미셸(Mont Saint Michel) : 코탕탱반도의 남쪽 연안에서 크게 만곡(彎曲)한 생말로만(灣)의 연안에 있다. 화강암질의 작은 바위산으로서, 둘레 900m, 높이 78.6m이다. 만조 때가 되면 1875년부터 육지와 연결된 퐁토르송 방파제만 남긴 채 바다에 둘러싸인다.

▶ 몽생미셸 수도원

- **수도원** : 루이 지코지 감독의 1976년 영화 <라스트 콘서트>에서 도입부의 배경이 된 곳이다. 시시이 숲(Foret de Sissy) 가운데 솟아 있던 산이었지만, 노르망디의 거친 해일로 인해 지금 같은 섬이 되었다. 만조 때에는 섬이 되는 몽생미셸의 수도원은 육지로 긴 둑이 연결되어 있다. 1979년에 섬 전체가 유네스코

세계문화유산으로 지정되었다.

(4) 샤모니 몽블랑(Chamonix-Mont-Blanc) : 스위스
와 이탈리아 국경에 인접한 몽블랑 기슭 해발
1,038m에 위치한 프랑스 남동부의 소도시이다. 샤
모니가 사람들의 관심을 끌기 시작한 것은 1786년
8월, 의사 미쉘 파칼과 그의 동료 쟈크 발마에 의
해 몽블랑(Mont-Blanc : 해발 4,807m)이 정복되면서부
터였다.

⏩ 몽블랑 원경

(5) 루아르(Loire) : 프랑스 동쪽 중앙 론알프주(레지옹 : Region)에 있는 데파르트망(Department).
호화로움과 신비로움을 겸비한 고성들의 본고장 루아르는 프랑스에서 가장 긴 루아르강
(1,020㎞)이 흐르는 곡창지대다. 가장 프랑스적이라 할 수 있는 이 지방은 수많은 성들과 풍
부한 유적을 자랑하는 프랑스 역사의 산실이다.

- **카메르셸의 집**(La Maison Kammerzell) : 대성당 앞 광장 16번지에 있는 역사적인 건축물
  로, 알자스에 있는 대표적인 르네상스식 목조건물이라고 할 수 있다.

- **샹보르 성**(Chateau de Chambord) : 프랑수아 1세
  제위시기인 1519년에 착공되어 루이 14세때 완
  공된 샹보르 성은 루아르 지대에서 가장 크고
  가장 많은 관광객들이 찾는 성이다. 이 성은 방
  이 440여 개 되는 거성으로 베르사유 궁전과 비
  견된다. 르네상스식의 좌우대칭을 중시한 건물
  로 내부보다 화려한 외관이 더 볼 만하다.

⏩ 샹보르 성

- **쉬농소 성**(Chateau de Chenonceau) : 프랑스 엥드르
  에루아르 지방 셰르강(江) 연안의 쉬농소에 있는
  성. 이 성을 프랑스에서 가장 아름다운 성이라
  일컫는 것은 결코 과찬이 아닐 것이다. 루아르강
  의 지류인 셰르(le Cher)강 위에 자리 잡고 있는
  이 성은 직사각형의 형태를 띠고 있고 카트린
  드 메디치와 디안느 드 프와티에가 만든 정원이

⏩ 쉬농소 성

성을 둘러싸고 있다. 흔히 쉬농소 성을 '여인들의 성'이라고 부르는데 그것은 이 성의
역사 속에는 여섯 명의 여인들이 중요한 역할을 했기 때문이다. 1560년 건축가 필리베
르 드로르므에 의해서 설계된 성관(城館)의 경관이 뛰어나다.

- **블르와 성**(Chateau Royal de Blois) : 루아르지방의 우뚝 솟은 유명한 고성이다. 중세에서 17세기 말까지의 프랑스 건축의 역사가 그대로 남아 있는 것을 볼 수 있다. 중앙의 유명한 볼거리로는 프랑수아 1세의 계단과 카트리드 메디치의 숨은 서재가 있는 방이 유명하다. 투루역에서 열차로 약 40분 정도 소요된다.

<D> 블르와 성

(6) 아비뇽(Avignon) : 프랑스 프로방스알프코트다쥐르주(레지옹 : Region) 보클뤼즈 데파르트망(Department)의 수도. 론강(江)의 좌안에 있으며, 파리에서 677㎞ 떨어져 있다. 11~12세기에 독립하여 이탈리아와 에스파냐를 잇는 도로의 요충지로서, 지방 상업의 중심지로 번영하였다.

- **아비뇽의 다리**(Pont D'avignon) : 12세기 후반의 로누강에 최초로 세워진 석조식 다리로 22개의 아치로 이루어져 있다. 900m에 달하는 늠름한 이 다리는 약 500년 후반에 홍수에 의해서 대부분 소실되었으며 근래에는 다리의 중간부분이 소실되었다.

<D> 아비뇽의 다리

- **교황청**(le Palais des Papes) : 화려한 외관을 가진 건축물로서, 유럽 고딕양식의 건물 중에서 가장 귀족적인 기념물로 인정받는다. 또한 1400년대에 이미 한 전문가는 세계에서 가장 아름답고 가장 견고한 건축물이라 찬사를 하기도 했다. 이 호화스러운 궁전은 14세기에 기독교의 본거지였고 그 후로 아홉 명의 교황들이 거쳐 갔다.

<D> 교황청

- **로셰 데 돔**(Le Rocher des Domes) : 아비뇽의 요람이라 할 수 있는 로셰 데 돔에서 바라보이는 경치는 이 지역 최고라고 할 수 있다. 이곳은 18세기 중반부터, 즉 새로 정비되기 이전부터 많은 사람들이 찾는 산책로였다. 현재는 돔(des Doms) 지역의 노트르담 성당에서 시작되는 계단이나 론 강가에 있는 계단을 통해 올라갈 수 있다.

<D> 로셰 데 돔

(7) **퐁텐블로**(Fontainebleau) : 프랑스 일드프랑스주(레지옹 : Region) 센에마른 데파르트망(Department)에 있는 도시. 파리에서 남동쪽으로 65㎞ 되는 '퐁텐블로의 숲' 한가운데 있는 휴양지이다. 12세기부터 왕실의 수렵지였으며, 특산물로는 포도와 퐁텐블로치즈가 알려져 있다. 16세기에 프랑수아 1세가 왕의 사냥숙소였던 곳에 궁전을 세우고 프랑스의 르네상스를 꽃피웠다.

- **퐁텐블로궁전** : 이탈리아의 건축가·조각가·화가들을 초빙해 1528년에 착공하였으며, 마니에리스모 양식으로 장식한 '프랑수아 1세의 회랑', 앙리 2세가 만든 '무도회실' 등이 잘 알려져 있다. 이후 19세기 초 나폴레옹 1세가 퇴락해 있던 궁전을 복구하고 안뜰을 개방하여 난간을 설치하는 등 개축하여 애용하였다.

➡ 퐁텐블로궁전

- **샤르트르**(Chartre) : 프랑스 북서부 상트르주(레지옹 : Region) 외르에루아르 데파르트망(Department)의 수도. 파리 남서쪽 92㎞, 외르강(江)이 '프랑스의 곡창'인 보스평원을 가로지르는 지점에 있는 도시이다. 아름다운 샤르트르 거리를 걷노라면 상인과 장인들로 활발히 붐비던 중세시대의 도시를 쉽게 떠올릴 수 있다.

(8) **니스**(Nice) : 모나코공국 및 이탈리아에서 멀지 않은 지중해에 임한 항만도시로 모나코와 더불어 리비에라 지방의 휴양·피한·유람지이다. 기후가 연중 고르게 온난하고(연평균 15℃) 풍경이 아름다워 국내 및 외국의 관광객이 많다.

- **니스 해변**(Nice Beach) : 니스의 해안은 자갈로 되어 있다. 그래서인지 해안이 아름다운 선을 그대로 보여주는 이유가 되기도 한다. 관광객들의 휴양지로 잘 알려진 니스의 해안은 바캉스를 즐기는 내국인들과 외국인들로 여름 한철이 굉장히 붐비며, 영화제에 참석하는 많은 영화인들이 즐겨 찾는 곳이기도 하다.

- **샤갈 미술관**(Musee National Message Biblique Marc Chagall) : 샤갈 미술관은 국립미술관으로서 언덕시미에 지구에 위치한 작고 소박한 미술관으로 세워졌다. 샤갈의 친우인 안드레 말로의 추진으로 설립되었다. 대전시실에 걸린 구약성서의 이야기를 묘사한 17장의 유화는 '샤갈 미술관'에서 반드시 보아야 할 그림들이다.

➡ 샤갈 미술관

- **프롬나드 데 장글레**(Promenade des Anglais) : '영국인의 산책로'라 명명하는 3.5㎞의 중심에 위치한 니스의 주 거리이다. 1820년 영국인이 이곳에서 코트 다쥐르를 개발하고 이

도로의 이름을 지었는데 곳곳의 가로수와 해변의 백사장이 남국의 분위기를 풍기고 있다. 니스를 대표하는 최고급호텔들이 길게 늘어서 있다.

▶ 프롬나드 데 장글레

- **생 폴 드 방스**(Saint Paul de Vence) : 생 폴 드 방스는 칸과 니스 북쪽의 내륙쪽으로 알프스산 끝자락과 이어지는 산줄기 중턱에 툭 튀어나온 지점에 위치한다. 흔히 방스(Vence)라는 마을 옆에 있어서 생 폴 드 방스라고도 불린다. 생 폴 드 방스는 20세기 초반 유명한 화가나 문인들이 이곳에 와서 작품 활동을 한 것으로 유명하다. 이곳을 거친 예술가 중에 가장 유명한 사람은 바로 샤갈이다.

(9) 마르세유(Marseille) : 지중해 리옹만(灣) 내의 크론곶과 크르와제트곶 사이에 있는 천연의 양항으로 프랑스의 무역항이며 대도시이다. BC 600년경부터 그리스의 포카이아시(市)의 식민지가 되어 마살리아(라틴어로는 마실리아)라고 불렀다.

- **카네비에르 거리**(Bld. de la Canebiere) : 마르세유에서 가장 번화한 거리로 구항구로부터 동쪽으로 뻗어 있다. 넓은 거리의 양쪽으로 카페와 레스토랑, 백화점 등이 들어서 있어 항상 많은 사람들로 북적거린다.

- **이프 성**(Chateau d'If) : 알렉상드르 뒤마가 『몽테크리스토백작』에서 몽테크리스토 백작에게 유폐와 탈옥의 일대 활극을 벌이게 만든 성이다. 실제로 철가면을 비롯한 정치범들의 감옥으로 사용된 곳이라 관광객들의 관심이 높다. 1524년 프랑수아 1세가 감옥으로 건립한 이후 실제로 17세기까지 수많은 정치범들이 갇혀 있었다고 한다.

▶ 이프 성

(10) 스트라스부르(Strasbourg) : 독일어로는 슈트라스부르크(Strassburg)이다. 파리의 동쪽 447㎞, 라인강(독일 국경)의 서쪽 약 3㎞ 지점에 위치하며, 알자스의 경제·문화 중심지이다. 또 유럽 전체의 교통의 요지이며, 라인강(江)과 론강(江)·마른강(江)을 잇는 운하가 시의 동쪽에서 합류하여 큰 하항을 이루는 동시에 육상교통도 발달하였다. 알퐁스 도데(Alphonse Daudet)의 『마지막 수업』에서도 자기나라 언어를 잃어버린 상황이 묘사되어 있다.

- **되찾은 다리**(Les Ponts Couverts) : 13세기 초기에서 이미 이 다리로 이어지는 3개의 탑은 시의 남서부방면을 연결시켜 주는 역할을 했다. 그리고 거대한 지붕을 만들어 본체의 다리를 연결하여 그 위에 첨탑을 세워 불치의 병에 걸린 자를 수용하고, 그와 동시에 집

의 지붕으로서의 기능을 했다.

- **대성당**(Cathedrale Notre-Dame) : 공사기간이 1015
년부터 무려 350년이나 걸린 건물이다. 중세건
축의 걸작으로 대성당인 스트라스부르의 상징으
로 중세에 지어진 석조의 광장에 세워져 있으며,
1015년에 세워진 로마식 고대 바지리카에 기초
를 두었다고 한다. 19세기까지 기독교 교국의
최고로 높은 건축물이었다고 한다.

□ 되찾은 다리

□ 스트라스부르 대성당

(11) 칸(Cannes) : 니스와 함께 코트다쥐르(지중해
에 면한 해변지대)의 피한·피서지이다. 겨울철에도
10℃ 안팎의 기온을 나타내기 때문에 종려나무 등
아열대 식물이 많다. 중세에는 작은 마을에 지나지
않았으나 19세기에 해수욕장으로 발전하였으며 특히
제2제정(나폴레옹 3세의 통치시대) 이후 대규모 호텔이 건립되면서 세계적인 관광지가 되었다.

- **피카소 미술관**(Musee Picasso Antibes) : 아크로폴리
스에 지어진 중세의 사교관이 1928년에 안치브
시의 소유가 되어, 미술관으로 그 목적이 바뀌었
다. 1946년에는 파블로 피카소가 성의 일부를
아틀리에로 썼다. 피카소는 수개월을 여기서 체
재한 후 많은 작품을 그렸다고 한다.

□ 피카소 미술관

- **칸 영화제를 개최하는 유명한 회장**(Palais Des Festi-
vals et des Congress) : 칸에 있는 대규모의 회장으로, 칸 영화제를 상연하는 무대로 유명
한 곳이다. 우리나라에서는 피카디리극장에서 유명한 스타의 손도장을 찍었던 것처럼
이곳을 방문하는 영화배우들의 손 모양을 그대로 찍어서 회장의 광장에서 볼 수 있다.

(12) 보르도(Bordeaux) : 프랑스 아키텐주(레지옹 : Region) 지롱드 데파르트망(Department)의
수도. 프랑스 유수의 농업지대를 이루는 가론강 유역은 곡류·채소·과실 등이 풍부하게
생산되고, 특히 보르도와인은 세계적으로 유명하다. 보르도 거주민들을 '보르들레(프랑스어
: Bordelais)'라고 한다.

- **구시가지** : 13세기부터 17세기에 이루어진 구시가지는 프랑스 전체로 볼 때 옛 건축물
들이 잘 보전된 구역 중의 하나로 유명하다. 특히 ▲place de la bourse, ▲Place du
palais, ▲la porte cailhou, ▲Basilique Saint-Michel 등이 유명하다.

- **포도주의 집**(Maison du Vin) : 포도주 제조과정에서부터 포도주에 관한 모든 것을 볼 수 있다. 각 지역의 특산 포도주를 시음해 볼 수도 있다.
- **메독**(Medoc) : 보르도에서 강을 따라 북쪽으로 한참 달리면 나오는 와인생산지대로 이 일대는 가론강(Garonne)과 도르도뉴(Dordogne)강의 물과 대서양이 서로 결합하는 지롱드(Gironde)강의 모래톱 지역이다.

(13) 생드니(Saint-Denis) : 프랑스 일드프랑스주(레지옹 : Region) 센생드니 데파르트망(Department)에 있는 도시. 파리 북쪽 11㎞ 지점에 있다. 성(聖)드니(잘린 자기 목을 들고 이곳까지 왔다는 전설로 유명한 3세기경의 주교)의 무덤에 다고베르트 1세가 7세기경 건립한 수도원을 중심으로 발전하였으며, 중세에는 랑디(lendit)라고 하는 정기시장이 서던 곳이다.

- **생드니수도원**(Abbaye Saint-Denis) : 현재는 부속 성당만 남아 있는데, 1966년에 대성당(Cathedrale)이 되었다. 475년경 파리의 초대 주교였던 드니의 묘 위에 성당이 세워졌는데, 거기에 627년 메로빙거왕조의 마지막 왕 다고베르트 1세 때 수도원도 세워졌다.

(14) 리옹(Lyon) : 프랑스 남동부 론알프주(레지옹 : Région) 론 데파르트망(Département)의 수도. 론강(江)과 손강(江)의 합류점에 있다. BC 43년 손강 우안의 푸르비에르 구릉에 건설된 로마의 식민도시 루그두눔에서 기원한다. 아우구스투스 시대에는 갈리아 지방의 수도로서 번영하였으며, 민족 대이동기에 부르군트족의 침략을 받았다.

- **리옹직물박물관**(Musee des Tissus de Lyon) : 동양과 서양의 직물을 한데 모아놓은 공간으로 에스파냐, 이탈리아, 영국, 독일, 프랑스의 직물에서 시작해 콥트 태피스트리, 사산조 페르시아의 직물, 비잔틴과 무슬림의 천, 소아시아의 카펫, 중국과 일본의 텍스타일 등 동양 문명의 역사를 보여주는 직물들까지 소장하고 있다.

🔁 리옹직물박물관

- **벨쿠르광장**(Place Bellcour) : 리옹에서 가장 큰 광장으로 중앙에는 신고전주의 조각가 프랑수아 레모(Francois Lemot : 1772~1827)가 만든 루이 14세의 기마상이 있다. 예전에는 루아얄광장(Place Royale)이라고 불렸으며 리옹 시민들이 자주 이용하는 곳이다.

3.1.3 독일(Germany)

1 국가개황

- 위치 : 유럽 중부
- 수도 : 베를린(Berlin)
- 언어 : 독일어
- 기후 : 해양성, 대륙성 기후
- 종교 : 개신교 33%, 천주교 32%,
  회교 3%
- 인구 : 82,438,000명(14위)
- 면적 : 357,050㎢(63위)
- 통화 : 유로(Euro)
- 시차 : (UTC+1)

위에서부터 검정·빨강·노랑(금색)인 3색기이다. 공식명칭은 '연방기'라는 뜻의 'Bundesflagge'이며, 독일어로 3색을 뜻하는 'Schwarz, Rot, Gold'라고도 부르나 독일인들은 일반적으로 간단히 독일 국기라는 뜻으로 'Deutschlandfahne'라고 부른다. 검정은 인권 억압에 대한 비참과 분노를, 빨강은 자유를 동경하는 정신을, 노랑은 진리를 상징한다.

2 지리적 개관

독일은 중부유럽의 나라이다. 1990년 10월 3일에 서독(西獨)과 동독(東獨)이 통일한 이후, 통독(統獨)이라고도 한다. 북쪽으로 덴마크와 북해, 발트 해, 동쪽으로 폴란드와 체코, 남쪽으로 오스트리아와 스위스, 서쪽으로 프랑스, 룩셈부르크, 벨기에, 네덜란드와 접한다.

3 약사(略史)

- 게르만민족의 대이동과 로마제국의 멸망 : AD 9년 독일 역사 시작
- 375년경 중앙아시아의 유목민족인 훈족의 동고트족에 대한 공격으로 게르만족의 본격적인 이동 시작
- 395년 동서분리
- 496년 서로마제국 멸망 : 대부분의 게르만 왕국들은 수적·문화적 열세, 종교적 갈등으로 대개 단명하고, 프랑크 왕국만이 혼란을 수습, 새로운 유럽 세계 형성의 중심으로 부각
- 메로빙거(Merovinger)왕조(481~751) : 왕조 창시자인 클로비스(Clovis, 재위 481~511)는 프랑크 부족을 병합하고 갈리아 지방을 통합하는 등 업적을 이루나, 클로비스 사후 분열

이 계속되어 왕권은 유명무실

- 카롤링거(Carolinger)왕조(751~843) : 롤루스 마르텔의 아들 피핀(재위 751~768)이 메로빙거 왕가 마지막 왕인 킬데리히 2세(재위 742~752)를 폐위시키고 즉위
- 프랑크(Frank) 왕국의 분열 : 카를루스 대제 사후 골육상쟁이 전개되었으며 이에 따라 지방 제후들이 실권을 장악하는 등 왕권이 급격히 약화
- 신성로마제국(제1제국 : 962~1806)의 성립 : 중부유럽의 패권을 확립하고, 962년 교황 요하네스 12세(재위 955~963)로부터 신성로마황제의 관을 받음.
- 신성로마제국의 해체 : 1806년 나폴레옹에 의해 해체
- 프로이센의 등장과 독일 통일 : 17세기 초에는 라인강변에 영토를 얻어 급속히 성장, 30년전쟁 이후부터 국가의 형태를 갖추기 시작
- 프로이센의 발전 : 프로이센이 유럽의 강대국으로 발전하는 기틀 마련
- 프로이센에 의한 독일 통일 : 오스트리아를 제외한 프로이센 중심의 통일(소독일주의)을 주장하면서 오스트리아, 프랑스와의 전쟁을 각각 승리로 이끌어 독일 통일을 이룩함
- 독일제국의 성립(1871)
- 독일제국과 제1차 세계대전(1914~1918) 발발 : 1918년 11월 제1차 세계대전에서 패배, 독일제국은 붕괴되고 바이마르공화국(Weimar Republik) 성립
- 바이마르공화국의 수립(1919~1933) : 바이마르(Weimar) 헌법을 제정하여 18개 공화국으로 구성된 연방공화국임을 선포
- 나치즘의 등장과 제2차 세계대전 : 히틀러(Adolf Hiltler : 1889~1945)가 이끄는 나치(Nazis)당(국가 사회주의 독일 노동당)이 전후 독일의 강력한 정치세력으로 대두
- 제2차 세계대전 발발(1939~1945) : 오스트리아 체코슬로바키아 등 인근국가 점령
- 제2차 세계대전 패전 : 패전 후 독일은 미·영·프·소 4대 전승국에 의해 분할 점령
- 동·서독 분단의 시대(1945~1990)
- 아테나워(Konrad Adenauer) 총리시대(1949. 9~1963. 10) : 친서방정책 적극 추진
- 에르하르트(Ludwig Erhard) 총리시대(1963. 10~1966. 10) : 대동구권 관계개선 시도
- 키싱어(Kurt Georg Kiesinger) 수상시대(1966. 10~1969. 10) : 적극적인 동방정책 추구
- 동·서독 간 교류협력과 독일 통일 : 1969년 10월 사회민주당(SPD)의 브란트 총리 등장으로 서독정부는 '동방정책(Ostpolitik)'에 의한 소련, 동구권과의 관계개선
- 브란트(Willy Brandt) 총리(사민당) 시대(1969. 10~1974. 5) : 1970. 8 소련과 불가침조약 체결
- 슈미트(Helmut Schmidt) 총리(사민당) 시대(1974. 5~1982. 10) : 폴란드와 관계 정상화조약 체결
- 콜(Helmut Kohl) 총리(기민당) 전반기(1982. 10~1990. 10) : 1990년 10월 3일 동·서독 간

통일 달성

- 콜(Helmut Kohl) 총리(기민당) 후반기(1990. 10~1998. 10) : 신연방주의 재건과 독일의 내적 통일 완성
- 통일독일시대 : 베를린시대의 개막
- 슈뢰더(Gerhard Schröder) 총리(사민당) 시대(1998. 10~2005. 10) : 2002년 1월 1일부터 유로화시대 개막
- 앙겔라 메르켈(Angela Dorothea Merkel) 총리 시대(2005. 10~현재) : 친미주의 표방

4 행정구역

바덴-뷔르템베르크주(Baden-Württemberg), 바이에른주(Bayern), 베를린(Berlin) 브란덴부르크주(Brandenburg), 브레멘주(Bremen), 함부르크주(Hamburg), 헤센주(Hessen), 메클렌부르크-포어포메른주(Mecklenburg-Vorpommern), 니더작센주(Niedersachsen), 노르트라인-베스트팔렌주(Nordrhein-Westfalen), 라인란트-팔츠주(Rheinland-Pfalz), 자를란트주(Saarland), 작센주(Sachsen), 작센-안할트주(Sachsen-Anhalt), 슐레스비히-홀슈타인주(Schleswig-Holstein), 튀링겐주(Thüringen) 등 16개 주(Land. 정식 명칭은 연방주 Bundesland)로 구성되어 있다.

5 정치 · 경제 · 사회 · 문화

- 독일은 전통적인 권력 배분에서 탈피하여 헌법에 의한 연방제와 헌법재판소의 강화로 권력을 보다 광범위하게 분산, 규제하고 있다.
- 이른바 '서독 경제의 기적'이라고 일컬어졌던 경제부흥기를 거쳐 오늘날 세계경제를 좌우할 만한 경제력을 축적했다.
- 언론의 자유가 보장된 나라로, 현재 약 430종 이상의 일간지, 60종 이상의 주간지, 2만 종 이상의 각종 잡지가 발간되고 있다.
- 문화중심지는 특정한 몇 개 도시에 국한되어 있는 외국의 경우와는 달리 지난날의 분권주의 역사적 배경을 반영하여 전국적으로 퍼져 있다. 각각 독특한 지방색을 보이면서 세계적으로 높은 수준의 문화 · 예술을 유지하고 있는 것이 독일문화의 특색이다.
- 독일은 출판과 도서의 나라로서 매년 10월에 세계에서 가장 규모가 큰 프랑크푸르트도서전이 열린다.

6 음식 · 쇼핑 · 행사 · 축제 · 교통

- 독일의 요리를 얘기할 때 빠뜨릴 수 없는 것이 소시지와 감자이다. 독일의 소시지는 '부

어스트'라고 하는데 지방마다 그 맛과 종류가 다양하다. 우리나라에는 '프랑크소시지'로 알려진 '프랑크푸르터 부어스트'는 붉은 돼지 살코기를 파슬리나 향신료로 양념한 것이다.

- 감자를 이용한 대표적인 요리는 '카르토펠잘라트'인데 감자 샐러드를 말하는 것이다. 독일 사람들은 주요리를 먹을 때 우리나라의 김치처럼 소금에 절인 양배추를 곁들여 먹는데 이것을 '싸우어크라우트'라고 한다. 독일은 맥주로 유명하지만 맥주 못지않게 많은 종류의 포도주를 생산하는 국가이다. 특히 모젤지방의 백포도주는 독특한 향으로 유명하다.

- 독일의 대표적 쇼핑품목은 ▲휘슬러 주방기구(한국의 주부들 사이에서 아주 인기가 높은 휘슬러 압력밥솥을 생산하는 곳이다), ▲라이카 카메라(독일의 카메라 렌즈 기술은 세계적으로 정평이 나 있다. 그중에서도 세계적인 카메라브랜드인 라이카 카메라는 찍었을 때 색감이 예쁜 것으로 유명하다), ▲헹켈의 쌍둥이칼(전 세계적으로 유명한 헹켈의 쌍둥이칼은 날이 쉽게 무뎌지지 않고 견고하다. 현지에서 구매하면 한국에서보다 조금 싸게 구매할 수 있고, 바로 면세액만큼 현금으로 돌려주는 상점들도 많다), ▲도자기(대표적인 브랜드로는 마이센, 로젠탈, 님펜부르크) 등이 있다.

7 출입국 및 여행관련정보

- 60일 이내 체류 시에는 비자 없이 6개월 이상 유효한 여권만 있으면 된다.

- 입국 시 면세받을 수 있는 물품의 범위는 담배 200개비, 시가 50g, 가는 시가는 100g, 원두커피 500g, 인스턴트 커피 200g, 기타 선물은 180유로까지 허용된다.

- 장거리를 여행하려면 독일의 장거리 여행버스인 코치를 이용할 수 있다. 로만틱 가도, 고성 가도, 검은 숲 지방을 여행하려면 유로버스를 이용하는 것이 좋고 매년 4~10월까지 운행한다.

- 독일통일 후 외국인에 대해 적대적인 신나치주의자(스킨헤드족)들이 많아졌다. 간혹 동양인에게 시비를 거는 경우가 있으므로 유의해야 한다. 특히, 밤에 프랑크푸르트·뮌헨·베를린 등의 기차역이나 맥주홀 같은 곳에서 난동이 일어나기도 한다.

- 한 상점에서 구입한 물품의 금액이 75유로가 넘으면 출국세관에서 부가가치세를 면세받을 수 있다. 다른 EU국가를 여행하고 한국으로 돌아올 예정이라면 마지막 경유 국가에서 환불받으면 된다. 포장을 뜯으면 환불을 못 받으므로 주의해야 한다.

- 화장실은 'Toilette'라고 표시하고, 여자화장실은 F(Frauen), 남자화장실은 H(Herren)라고 표기한다.

- 독일의 유스호스텔은 '유겐트헤어베르게'라고 하며 가장 저렴한 가격에 머물 수 있는 곳이다. 독일 유스호스텔의 매력은 오래된 성이나, 아름다운 저택 등의 건물을 유스호스

텔로 사용하고 있는 경우가 많다.

8 관련지식탐구

- **철학의 나라 독일** : 독일의 철학은 음악이나 문학 등과 함께 독일인이 세계문화에 기여한 것 중 가장 중요한 위치를 차지한다. 독일 철학의 역사는 바로 독일인이 그때그때 처한 역사적 상황 속에서 생활태도를 깊이 반성하고, 또 인간을 에워싼 갖가지 수수께끼에 대한 해답을 줄곧 찾아온 노력의 발자취이다. 독일이 배출한 대표적 철학자로는 칸트(Immanuel Kant : 1724. 4. 22~1804. 2. 12), 쇼펜하우어(Arthur Schopenhauer : 1788. 2. 22~1860. 9. 21), 하이데거(Martin Heidegger : 1889. 9. 26~1976. 5. 26), 야스퍼스(Karl Theodor Jaspers : 1883. 2. 23~1969. 2. 26), 니체(Friedrich Wilhelm Nietzsche : 1844. 10. 15~1900. 8. 25), 헤겔(Georg Wilhelm Friedrich Hegel : 1770. 8. 27~1831. 11. 14), 마르크스(Karl Heinrich Marx : 1818. 5. 5~1883. 3. 14) 등이 있다.

- **맥주** : '맥주의 나라' 독일은 세계 1위의 맥주 소비국일 뿐만 아니라 독일에서 생산되고 있는 맥주의 종류만도 4,000종이 넘는다. 부족한 식수로 인해 독일 국민들에게 맥주는 술이라기보다는 일상적인 음료에 가깝다.

- **그림형제의 발자취** : 형은 야코프(Jacob Grimm : 1785~1863), 동생은 빌헬름(Wilhelm Grimm : 1786~1859)이다. 『그림동화 Kinderund Hausmärchen』(1812~1875), 『독일전설 Deutsche Sagen』(1816~1818), 『독일어 사전 Deutsches Wörterbuch』(1852~1960) 등 공동 저작도 많다. 특히 『독일어 사전』은 1854년에 제1권을 낸 후, 여러 학자가 계승하여 1861년에 완성하였다.

- **세계적인 명차(名車)의 고향** : 슈투트가르트 지역에서 생산되는 다임러벤츠, 뮌헨 지역에서 생산되는 BMW, 니더작센주의 하노버-브라운슈바이크-볼프스부르크 지역에서 생산되는 폴크스바겐, 경기용 자동차 포르셰 등은 세계적으로 유명하다.

- **독일의 문호 괴테**(Johann Wolfgang von Goethe : 1749. 8. 28~1832. 3. 22) : 독일의 시인·극작가·정치가·과학자. 독일 고전주의의 대표자로서 세계적인 문학가이며 자연연구가이다. 바이마르 공국(公國)의 재상으로도 활약하였다. 주저는 『빌헬름 마이스터의 편력시대』(1829), 『파우스트』 등이 있다.

- **독일의 음악가들** : 슈만(Robert Alexander Schumann, 1810. 6. 8~1856. 7. 29), 베토벤(Ludwig van Beethoven : 1770. 12. 17~1827. 3. 26), 브람스(Johannes Brahms : 1833. 5. 7~1897. 4. 3), 바흐(Johann Sebastian Bach : 1685. 3. 21~1750. 7. 28), 베버(Carl Maria von Weber : 1786. 11. 18~1826. 6. 5), 멘델스존(Jacob Ludwig Felix Mendelssohn-Bartholdy : 1809. 2. 3~1847. 11. 4), 바그너(Wilhelm Richard Wagner : 1813. 5. 22~1883. 2. 13) 등이 있다.

- 헤르만 헤세(Hermann Hesse : 1877. 7. 2~1962. 8. 9) : 독일의 소설가·시인. 단편집·시집·우화집·행기·평론·수상(隨想)·서한집 등 다수의 간행물을 썼다. 주요 작품으로『수레바퀴 밑에서』(1906), 『데미안』(1919), 『싯다르타』(1922) 등이 있다. 『유리알유희』로 1946년 노벨문학상을 수상하였다.

- 분데스리가(Bundesliga) : 2부로 구성된 독일 프로축구 리그이다. 독일어의 'Bundes(연방)'와 'Liga(리그)'가 합해진 말로, 독일이나 오스트리아에서 개최되는 모든 스포츠 종목의 리그를 뜻하나, 일반적으로는 독일의 축구 리그를 가리킨다.

- 한자동맹(Hanseatic League) : 중세 중기 북해·발트해 연안의 독일 여러 도시가 뤼베크를 중심으로 상업상의 목적으로 결성한 동맹.

- 로만틱 가도(Romantische Strasse) : 독일 중남부의 뷔르츠부르크에서 남쪽으로 오스트리아와의 국경에 가까운 퓌센까지의 약 350㎞에 이르는 도로의 호칭이다. 원래는 알프스를 넘어 로마로 이어지는 거리였기 때문에 로만티크라는 이름이 붙여진 것이라고 한다.

9 중요 관광도시

(1) 베를린(Berlin) : 베를린은 15C 브란덴부르크 제국의 수도였으며 이후 18C 초 프로이센 왕국, 19C 후반 비스마르크의 제2 독일제국의 수도였다. 2차 세계대전 이후 폐허가 된 베를린은 프랑스의 코르뷔지 등의 유명한 건축가에 의해 이루어져 현대적 도시로서의 면모를 갖추게 되었으며, 20C 들어 학문 예술의 전성기를 맞아 유럽 최대의 도시로 성장하고 있다. 독일 통일과 더불어 다시 독일의 수도가 된 베를린은 신생 독일의 중추로서 자리를 잡아가고 있다.

- 제국의회 의사당(Reichstag) : 19세기 말에 만들어진 의회 의사당은 1945년 연합군 폭격으로 완전히 무너졌다가 전쟁 뒤 돔을 빼고 재복원된 건물이다. 연방의회(하원) 의사당으로 사용되고 있다.

- 브란덴부르크 문(Brandenburger Tor) : 냉전시대에 분열된 동서 베를린의 유일한 관문이었던 브란덴부르크문은 오랜 역사를 베를린과 함께해 온 베를린의 상징이다. 아테네 아크로폴리스의 프로폴리아를 본떠 만든 고전주의 양식의 건축물로서 18세기 말에 세워졌다.

▣ 브란덴부르크 문

- 샤를로텐부르크 궁전(Schloss Charlottenburg) : 프리드리히 1세의 부인인 소피샤를로테 왕비의 여름별장으로 지어졌으며, 1695년 이후 100

여 년에 걸쳐 증축되어 본관의 길이가 무려 505m에 달한다. 베를린의 대표적인 바로크 양식의 건축물로 영국식으로 꾸며진 아름다운 정원과 도자기 전시실이 볼 만하다.

▣ 샤를로텐부르크 궁전

- **카이저빌헬름교회**(Kaiser Wilhelm Gedaechtniskirche) : 1895년 초대 독일황제 빌헬름 1세를 기리기 위하여 지어진 교회이다. 제2차 세계대전 당시 폭격에 의해 거의 다 파괴되고 63m의 탑 잔해만이 남아 있는데 전쟁의 참혹성을 기념하기 위해 복원하지 않았다. 전쟁 후 교회가 있던 자리에 기념관을 세우고 교회 안에 있던 유물들을 옮겨서 전시하고 있는데, 교회 역사에 대한 상세한 기록을 살펴볼 수 있다. 내부에 있는 스테인드글라스가 매우 아름다우며, 주말에는 파이프 오르간 연주회도 열린다.

▣ 카이저빌헬름교회

- **운터 덴 린덴**(Unter den Linden) : 베벨광장, 젠다르멘 마르크트, 독일역사박물관(초이크하우스) 등이 있는 거리로, 베를린에서 가장 유명한 산책로이다. 베를린의 역사적인 지역에 위치한 이 거리는 1734년에 그 이름이 붙여졌으며 폭은 60m에 1.5㎞ 정도 이어지는 화려한 거리로 '보리수나무 아래'란 뜻이다.

▣ 운터 덴 린덴

- **쿠담 거리**(Kurfuerstendamm) : 쿠담이라 불리는 거리로 카이저 빌헬름 교회와 오이로파 센터를 중심으로 뻗은 대로이다. 서울의 대학로에 해당하는 거리라고 할 수 있다. 시내 중심부에서 4㎞에 달하는 대로로 베를린의 생활중심지이다. 고급호텔, 일류 전문점, 백화점, 자동차 전시장, 레스토랑, 영화관 등의 시설이 밀집해 있으며, 날씨가 좋으면 거리의 예술가들이 몰려 나와 운치 있는 거리를 만든다.

- **포츠담 광장**(Potsdamer platz) : 포츠담 광장은 베를린 장벽이 처음으로 철거된 역사적 장소로 유명한 곳으로 1989년 11월 11일 밤부터 12일에 걸쳐 수천 명의 동·서 베를린 시민들이 만장의 박수와 함께 지켜보는 가운데 이곳에서 베를린장벽 일부를 들어내는 상징적인 철거작업이 이루어졌다.

- **TV타워**(Fernsehturm) : 베를린 동쪽에 위치한 TV타워(Fernsehturm : 페른제투름)는 높이가

365m이며, 203m에 있는 전망대에 오르면 베를린 시가지가 한눈에 들어온다. 위층에 카페가 있는데, 1시간에 1바퀴씩 천천히 돌아간다. 베를린의 시내전망을 감상하고 싶어 하는 분들에게 추천할 만한 장소다.

- **보데 박물관**(Bode Museum) : 섬 위에 지은 네 번째 박물관으로 1879~1904년 사이에 건설. 에른스트 폰 이네가 섬의 북서쪽 끝 쐐기 모양에 맞추어 건물을 설계했다. 내부는 미술사가이자 당시 베를린 국립박물관장이었던 빌헬름 폰 보데의 조언에 따라 설계됨. 박물관의 하이라이트는 3만 점에 달하는 파피루스 컬렉션과 1층의 고대 이집트 전시실이 있다.

▣ 보데 박물관

- **훔볼트대학**(Humboldt Universität zu Berlin : HUB) : 1748~1766년에 세운 궁에서 개교를 한 베를린 최초의 대학이다. 현재 2만 명에 가까운 학생들이 다니고 있는 훔볼트대학의 정문에는 양쪽에 훔볼트의 석상(Wilhelm von Humboldt)이 서 있다. 훔볼트대학은 세계에서 가장 많은 노벨평화상 수상자를 배출한 것으로도 유명하다.

▣ 훔볼트대학

(2) 쾰른(Koeln) : 쾰른은 라틴어의 콜로니아(식민지라는 의미)에서 유래한다. 한때 로마의 식민지였기 때문이다. 그러나 현재는 미디어의 본거지로서 국제적 수준의 다양한 박람회를 개최하는 국제산업도시로서의 면모를 갖추고 있다.

- **라인**(Rhein)**강** : 1,320㎞ 길이의 라인강은 스위스를 시작으로, 프랑스와 독일의 국경, 그리고 독일 내륙을 흐른 다음, 네덜란드를 거쳐 북해로 들어간다. 빙겐에서 코블렌츠까지는 다양한 경치가 다채롭게 펼쳐지는 로맨틱라인으로 불리는 가장 아름다운 곳이다. 2002년에 이곳의 아름다운 자연경관이 유네스코 세계유산에 등록되었다.

- **로마-게르만 박물관**(Roemisch-Germanisches Museum) : 쾰른과 주변 지방에서 발견된 선사시대부터 중세 초기까지의 고고학적 유물을 전시하고 있는 쾰른의 대표적인 박물관. AD 220~230년대에 제작된 것으로 여겨지는 디오니소스 모자이크(Dionysos Mosaic)와 AD 40년경에 제작된 포블리키우스(Poblicius) 무덤이 유명하다.

- **쾰른대성당**(Dom) : 독일 최대의 고딕양식 건축물로 높이 157m, 건물의 안의 길이만도 144m에 달하는 대성당이다. 외관뿐만 아니라 내부의 스테인드글라스와 유서 깊은 제단화, 조각물, 그중에서도 '세왕의 성관'은 중세 황금 세공의 최고 걸작으로 여겨지고 있

다. 의례용품 등을 전시한 보물전시관도 개방되
고 있다.

▶ 퀼른대성당

- 로렐라이(Loreley/Lorelei) : '요정의 바위'라는 뜻
으로, 이 매혹적인 바위를 맨 처음 소재로 다룬
문학작품은 작가 C. 브렌타노(1778~1842)의 설
화시(說話詩)인데, 라인강을 항행하는 뱃사람들이
요정의 아름다운 노랫소리에 도취되어 넋을 잃
고 그녀의 모습을 바라보고 있는 동안에 배가
물결에 휩쓸려서 암초에 부딪쳐 난파한다는 줄
거리이다.

▶ 로렐라이

(3) 뮌헨(Muenchen) : 독일 제3의 도시이자, 남부
독일의 중심도시이다. 12세기 이래 700년 동안 독
일에서 가장 화려한 궁정문화를 꽃피웠던 바이에른왕국의 수도였으며, 16세기 이후에 번
성하던 르네상스와 바로크, 로코코 양식의 문화유산이 곳곳에 남아 있다. 바이에른은 풍부
한 문화적·역사적 유산과 아름다운 자연의 매력으로 관광객들을 끌고 있다.

- 님펜부르크 궁전(Schloss Nymphenburg) : 독일에서
가장 큰 바로크양식 건물이다. 1664년 건축되기
시작하였으나 정원과 연못 등 증축이 계속하여
이루어져 20세기에 들어서야 완공되었다. 이 궁
의 좌익에 있는 미인 갤러리는 36점에 이르는
뮌헨 미인들의 초상화로 유명한데 실제로 루트
비히 1세가 사랑했던 여인들이라고 한다.

▶ 님펜부르크 궁전

- 신 시청사(Neues Rathaus) : 1867~1909년에 걸쳐
건축된 것으로 네오고딕양식의 건축물이다. 시
계탑은 글로켄슈필이라 하여 매일 11시(5월~10월
에는 낮 12시와 저녁 9시)에는 사람 크기만한 큰 인
형들이 나와 인형극이 펼쳐진다. 시계탑은 엘리
베이터를 타고 올라갈 수 있는데 올라서면 뮌헨
시가 한눈에 들어온다.

▶ 뮌헨시청사

- 알테피나코텍(Alte Pinakothek) : 미술관으로 독일에서 가장 큰 규모를 자랑하고 있다. 또
한, 세계 6대 미술관 중에 하나인데 미술관 건물은 19세기에 건설된 르네상스 양식이다.

중세부터 로코코 시대 말까지 총 4,000여 점 정도의 고전미술작품을 소장하고 있는데 루벤스의 컬렉션이 가장 유명하다.

- **옥토버페스트**(Octoberfest) : 1810년 10월 바이에른공국왕국의 초대 왕인 빌헬름 1세의 결혼에 맞추어 5일간 음악제를 곁들인 축제를 열면서 시작되었다. 이후 1883년 뮌헨의 6대 메이저 맥주회사가 축제를 후원하면서 4월 축제와 함께 독일을 대표하는 국민축제로 발전하였다. 매년 9월 셋째주 토요일 정오부터 10월 첫째 일요일까지 16일간 열린다.

- **뮌헨올림픽공원**(Olympiapark) : 1972년 뮌헨올림픽을 위해서 만들어진 것으로 각종 운동시설, 호수, 자전거도로, 공연장 등을 갖추고 있다. 이곳은 천막형태의 지붕으로 매우 유명하다. 20세기 독일 건축물의 대표작이라고 할 수 있다.

(4) 프랑크푸르트암마인(Frankfurt am Main) : 금융과 상업의 도시로 독일 최대공항이 있고 현대적인 건물들이 즐비한 도시이다. 8세기 샤를마뉴 황제에 의해 많은 건물이 세워지기 시작하여, 12세기에 들어서 유럽 각국의 상인들이 모여들어 견본 시장을 세우기에 이르렀다.

- **괴테하우스**(Goethehaus) : '넓고 밝고 즐거운 집'이라고 괴테가 말한 대로 훌륭한 집이며 18세기 프랑크푸르트 상류계급의 생활상을 엿볼 수 있는 곳이다. '프랑크푸르트 시민의 위대한 아들'이라는 호칭을 받았던 대문호 괴테가 1749년에 태어나 대학 입학까지 16년을 보낸 집이다. 전

⬆ 괴테하우스

쟁 후에 재건된 것으로 괴테가 태어난 방은 기념관으로 구성되어 있으며, 집필하던 방은 옛 모습을 그대로 보존하고 있다. 『파우스트』와 『젊은 베르테르의 슬픔』이 집필됐던 괴테하우스는 제2차 세계대전 중 파괴되었으나, 전후 충실히 복원돼 현재는 자필원고와 초상화를 전시한 박물관으로 이용되고 있다.

- **뢰머 광장**(Roemerplatz) : '뢰머(로마인)'라는 이름을 가지게 된 것은 고대 로마인들이 이곳에 정착하면서부터인데 15~18세기의 건물들이 몰려 있다. 광장 주변에는 구시청사와 오스트차일레가 있다. 구시청사는 신성로마제국 황제가 대관식이 끝난 후에 화려한 축하연을 베풀었던 유서깊은 곳이며, 프랑크푸르트 최초의 박람회가 열린 곳이기도 하다.

⬆ 뢰머 광장

(5) 마인츠(Mainz) : 독일 남서부 라인란트팔츠주(州)의 주도(州都). 마인강이 라인강과 합

류하는 지점의 서안(西岸)에 위치한다. 로마시대에 건설되어 모군티아쿰(Mogontiacum)이라 불렸다. 주(州)의 정치·경제·문화의 중심지이며, 인쇄술의 발명자 J. 구텐베르크의 출생지이기도 하다. 그를 기념하여 지은 마인츠대학교와 인쇄박물관이 있다.

- 마인츠 대성당(Mainzer Dom) : 975년 오토 2세가 착공하여 1037년에 완공하였으며, 1081년에 불타버린 것을 12세기 말~13세기 초에 재건하였다. 이때 일부 구조물 등에 고딕양식이 도입되었다. 십자형 구조로 동서에 내진(內陣)이 있고, 내진을 양쪽에서 끼고 있는 2개의 소탑(小塔) 외에 2개의 대탑(大塔)이 있다.
- 구텐베르크(Johannes Gutenberg)박물관 : 1900년에 처음 만들어진 구텐베르크 박물관은 구텐베르크의 작업장 모습을 그대로 재현하고 있으며 구텐베르크의 초기 작품들도 여러 점 전시하고 있다.

(6) 뷔르츠부르크(Würzburg) : 독일 남중부 바이에른주(州)에 있는 도시. 마인강(江)에 면하여 있는 도시로 원래 켈트족(族)의 정착지였으며 704년 피르테부르흐(Virteburch)로 문헌에 처음 언급되고 있다. 741년 보니파키우스(Bonifacius)에 의하여 주교 관구가 되었다. 10세기경 프랑켄공국이 해체된 뒤 주교가 신성로마제국의 영주로서 마인강 양안의 광대한 영지를 관할하였다.

- 뷔르츠부르크 주교관(Würzburg Residence) : 바로크 양식의 영주 주교 관저로서 유럽의 건축가와 화가들이 1720~1744년에 건설하였다. 남쪽과 북쪽에 익동(翼棟)을 가진 ㄷ자 모양의 평면으로 구성되어 있다. 건물 안에는 홀 5개와 방 300여 개가 있으며 남익동에는 18세기의 성당 가운데 가장 아름답다고 손꼽히는 궁정 예배당이 있다.

▣ 뷔르츠부르크 주교관

- 마리엔부르크 성(Festung Marienberg) : 1201년 처음 건축되기 시작한 것으로 원래는 게르만족의 성채가 있던 자리였다. 당시 이 지역의 통치권을 가지고 있었던 대주교가 자신의 권위를 세우기 위한 목적으로 세웠다. 성 주변은 중세의 성벽으로 둘러싸여 있고 성벽 안쪽으로는 이 지역 특산물인 프랑켄 와인과 각종 생활용품들을 전시한 프랑켄 박물관이 있다.

▣ 마리엔부르크 성

(7) 퓌센(Füssen) : 독일 바이에른(바바리아)주에 있는 도시. 독일과 오스트리아 국경지대

인근의 알게우알프스산맥 동쪽 끝 레히강(江) 연안에 있다. 옛 로마제국의 국경초소가 있던 지역이며 628년에 세워진 베네딕투스회 성마그누스수도원을 중심으로 도시가 발달했다. 1294년 자치시가 되었다. 1745년 이곳에서 오스트리아 왕위계승전쟁에서 바이에른군대를 철수시키는 조약이 체결되었다.

- 베네딕토회(Benedictiner Ordern) : 535~540년경, 성(聖)베네딕토가 창립한 수도회. 수도회칙에 따르는 모든 수도회를 가리키나, 좁은 의미로는 솔렘연합회·수비아코연합회·몬테카시노연합회·오딜리아연합회·올리베타노연합회·카말돌리연합회·실베스트로연합회·발룸브로사연합회 등 약 15개 수도원의 총체를 가리킨다.

- 호엔슈반가우 성(Schloss Hohenschwangau) : 낡은 슈반슈타인(Schwanstein) 성을 바이에른 왕가의 황태자이며 루드비히 2세의 아버지인 막시밀리안 2세가 1832~1836년에 걸쳐 신고딕양식으로 재건축한 성이다. 성은 노란색을 띠고 있으며 언덕 위에 세워져 있어 노이슈반슈타인 성과 알프스 호수를 내려다보고 있다.

▶ 호엔슈반가우 성

- 노이슈반슈타인 성(Neuschwanstein) : 1869년부터 짓기 시작하였으나 1886년 루트비히의 죽음으로 공사가 중단된 채 남아 있다. 루트비히가 1867년에 방문한 바 있는 발트부르크 성채와 베르사유궁전 등을 그 전형으로 삼았다. 독특하고도 낭만적인 느낌을 주는 성으로, 이 성을 본떠 만든 것이 바로 디즈니랜드성이다.

▶ 노이슈반슈타인 성

(8) 하이델베르크(Heidelberg) : 1196년 처음으로 쇠나우 수도원의 문서에 하이델베르크라는 말이 나타났다. 1386년 제국의 7대 선제후 중의 하나였던 궁중백 루프레히트 1세가 하이델베르크대학을 설립하기 시작하면서 하이델베르크는 젊음이 가득한 대학 도시로 발전하기 시작했다.

▶ 하이델베르크 성

- 하이델베르크 성(Schloss Heidelberg) : 13세기에 최초 건축된 이래 거듭 증축되어 고딕, 바로크, 르네상스 등의 다양한 양식이 복합되어 있다. 지하에는 시음을 즐길 수 있는 22만 리터의 큰 와인통이 있으며 포도주를 마시면 유리로 만든 잔을 기념으로 준다.

- **카를 테오도르 다리(Karl Thedor Bruecke)** : 네카강에 놓여 있는 가장 오래된 다리로 '철학자의 길'에서 슈랑겐 골목으로 내려오는 길에 자리하고 있다. 카를 테오도르가 1786~1788년에 개축하여 이 다리의 본래 이름은 카를 테오도르 다리이지만, 시민들은 그냥 구다리(舊橋)라는 애칭으로 부른다. 완만한 곡선을 이루는 산과 아름다운 조화를 이룬다.

⯈ 카를 테오도르 다리

- **학생감옥(Studentenkarzer)** : 대학 뒤편의 아우구스티너가세에 위치하고 있는 유명한 하이델베르크의 학생감옥은 1778년부터 1914년까지 격렬한 결투, 소란, 또는 다른 싸움과 같은 범죄를 저지른 학생들을 가두기 위한 곳이었다. 이 시대에 대학은 대학 자체에 재판권이 있어서 법관은 학생들에게 죄에 따라 3일에서 4주 동안의 감옥행을 선고할 수 있었다.

- **철학자의 길(Philosophenweg)** : 노이엔하임 교외에 있는 베르크 거리에서 출발하여 기슭으로 올라가는 거리이다. 도보로 약 1시간가량 소요되며, 정상에서는 시내와 하이델베르크 성의 아름다운 모습을 볼 수 있다. 이곳에서 남쪽을 보면, 강 건너 장엄한 아름다움을 즐길 수 있다. 헤겔, 야스퍼스, 괴테 등 많은 철학자들이 이 길을 걸으면서 철학적인 사색에 잠겼다고 한다.

⯈ 철학자의 길

- **하이델베르크대학(Ruprecht Karls Universitaet)** : 독일 바덴뷔르템베르크주 하이델베르크시(市)에 있는 국립 종합대학. 독일에서 가장 오래된 유서 깊은 대학으로 루프레히트 1세에 의해 1386년에 설립되었다. 근래에도 노벨상의 각 분야에서 계속 수상자를 배출하는 학문적인 공헌이 지대하다. 설립자 이름을 따서 루프레히트 카를대학이라고도 한다.

⯈ 하이델베르크대학

(9) 프라이부르크(Freiburg) : 환경선진국 독일의 환경수도이자 흑림의 도시. 프라이부르크 대성당을 중심으로 중세풍 건물이 아름다운 독일 남서부의 프라이부르크는 바덴-뷔르템베르크주(州)의 중심도시 중 하나다. 프라이부르크는 흑림(슈바르츠발트 : Scharzwald)의 시

작 지점이자 화창한 날씨로 와인 생산지로도 명성이 높다. 또한 프라이부르크대학이 소재해 있어 젊은 기운이 넘치는 도시이기도 하다.

- 프라이부르크 대성당(Freiburg Munster) : 혹자의 말에 의하면 도시 어디에서건 이 성당의 독특한 첨탑이 보이기 때문에 좋은 이정표가 된다고 한다. 성당은 1200년에 짓기 시작했고 모든 부속건물의 완공을 본 것은 1513년에 이르러서라고 한다. 그러나 아직도 보수가 진행되고 있다.

프라이부르크 대성당

- 쉴리어베르크(Schlierberg) 태양마을 : 독일에서 '환경수도'로 불리는 프라이부르크는 도시 정책적으로 환경오염을 줄이기 위해 화석에너지, 원자력에너지를 사용하지 않고 오래전부터 태양에너지 이용 정책을 꾸준히 펼쳐왔다. 그 일환의 하나로 조성된 마을이 태양에너지로 생활하는 쉴리어베르크 태양마을이다. 도시 남쪽으로 3㎞ 떨어진 보봉지역(Vauban)에 조성된 쉴리어베르크는 태양에너지만으로 살아가는 150여 개 가구로 이루어져 있다.

- 오이로파(Europa) 파크 : 독일에서 가장 큰 테마공원으로 프라이부르크에서 차량으로 30분 거리에 대형 테마공원 오이로파 파크가 있다. 유럽에서는 파리의 유로 디즈니랜드에 이어 두 번째로 큰 테마공원이다.

(10) 함부르크(Hamburg) : 독일 최대의 항구도시로 정식 명칭은 '자유 한자 도시 함부르크'이다. 엘베강 하구 110㎞ 상류의 양안에 걸쳐 있는 이곳은 베를린 다음가는 제2의 도시로서 유럽 교통의 요지로서 역할을 하고 있다. 13세기에 시작된 한자동맹시대 이래 자유와 독립의 상징으로 자리를 잡아가고 있다.

- 함부르크 시립미술관(Hamburger Kunsthalle) : 중앙역 앞에 있는 미술관으로 고딕에서 현대에 이르는 다양한 회화를 소장하고 있다. 룬게의 '아침'과 프리드리히의 '빙해'라는 로마파의 걸작이 유명하다.

- 노이어 발(Neuer Wall) : 융페른슈티크 남서쪽으로 길게 뻗어 있는 거리로 고급 부티크가 줄지어 있다. 거리는 알스터호와 엘베강을 잇는 샛강을 따라 나 있으며, 오랜 벽돌건물과 현대적인 인테리어가 멋지게 조화를 이룬 가게가 즐비하다.

- 성 미카엘 교회(St. Michaelskirche) : '미카엘'이라는 시민의 이름에서 친숙한 브루클린의 아름다운 교회, 탑의 전망대에 서면 도심의 알스터 호수, 엘베강, 함부르크 항구 등을 한눈에 볼 수 있다.

- 시청사(Hamburg City Hall) : 시청광장의 정면에 있으며, 1886년부터 1897년에 걸쳐 세워진 신 르네상스식(Neo-renaissance)의 사암벽돌로 만든 건물이다. 시계탑의 높이는 112m

이며, 외부의 조각이나 내부의 장식은 이루 말할 수 없이 정교하여 눈길을 끈다.

- **브람스 기념관**(Brahms Gedenkraum) : 1883년 브람스의 삶과 음악을 기념하기 위해 1971년 8월에 설립되었다. 슈펙 거리(Speck Str.)에 있는 브람스의 생가는 1943년 전쟁 당시 파괴되었고 이곳은 브람스가 청년기를 보낸 집이다. 현재는 브람스의 생가였음을 알리는 비석이 그의 생가 자리에 세워져 있다. 브람스의 편지와 사진, 자필 서명과 콘서트 프로그램, 낙서, 자필 악보, 그가 사용했던 책상과 피아노 등이 전시되어 있다.

(11) 드레스덴(Dresden) : 독일 남동부 작센주(州)의 주도(州都). 엘베강(江) 연안의 마이센과 피르나의 중간, 베를린 남쪽 약 189㎞ 지점에 위치하여, 엘베강에 의해서 좌안(左岸)의 구시가(舊市街)와 우안의 신시가로 나뉘며, 7개의 교량에 의해 연결되어 있다. '독일의 피렌체'라고 불릴 만큼 아름다운 도시로, 1711~1722년에 건립된 바로크 양식의 츠빙거궁전을 비롯하여 왕성(王城)·드레스덴미술관 등 유명한 건축물과 회화 등 많은 문화재가 있고, 드레스덴 교향악단·국민극장 등이 있어 예술의 도시, 음악의 도시로서 알려져 있다.

- **츠빙거**(Zwinger)**궁전** : 독일 바로크 양식의 최고 걸작이라 불리는 건축물로 1732년 아우구스트 1세의 여름별장용으로 건축되었다. 내부에는 다섯 개의 미술관, 박물관이 있으며 특히 역사박물관과 라파에르의 <시스티나의 마돈나>가 있는 고전거장 회화관이 주요 볼거리이다.

➡ 츠빙거궁전

- **젬퍼 오페라**(Semper Oper) : 바그너가 직접 지휘한 <방황하는 네덜란드인>과 <탄호이저>가 초연된 유서깊은 곳이다. 젬퍼 오페라는 19세기 말 젬퍼가 설계한 르네상스 양식의 건축물이다. 밤에 조명이 비춰진 모습이 매우 인상적이다.

- **바스타이**(Bastei)**국립공원** : 독일 드레스덴과 체코 국경에 위치한 이 국립공원은 산 곳곳에 바위기둥이 우뚝우뚝 솟아 미를 뽐내고 있으며 일명 '모래바위 돌기둥'이 아름다운 경관을 이루고 있다. 중국의 장자지에를 가 본 사람들은 장가계의 풍경과 비슷하다고 하고, 미국의 그랜드캐니언을 가 본 사람은 푸르름이 있는 그랜드캐니언이라고 한다.

➡ 바스타이국립공원

- **드레스덴 성**(Dresdner Schloss) : 12세기부터 역대 작센군주가 살던 성으로 증축과 복원을 거듭해 복합적인 스타일의 건축물이 되었다. 대공습으로 파괴된 후 현재도 복원작업이

계속되고 있다. 르네상스양식의 성으로 한때 왕가의 거주지였으며, 성 안에는 교통박물관, 프라우엔 교회, 브릴의 테라스 등이 있다.

- **드레스덴 대성당** : 18세기에 건축된 바로크 양식의 교회로 성주 아우구스트가 작센지방을 다시 가톨릭화하려는 목적으로 로마식으로 건축한 바로크양식의 교회이다. 질버범의 오르간과 작센가의 납골당이 함께 마련되어 있다. 오페라하우스 바로 옆에 있으며 5천㎡에 높이 85m로 작센지방에서 가장 큰 성당이다.

▶ 드레스덴 성

3.1.4 스페인(Spain)

1 국가개황

· 위치 : 유럽 남부의 이베리아반도 · 수도 : 마드리드(Madrid) · 언어 : 에스파냐어 · 기후 : 대륙성기후 · 종교 : 천주교 99% · 인구 : 45,200,737명(28위) · 면적 : 50만 6,030㎢ · 통화 : 유로 · 시차 : (UTC+1)	위로부터 빨강·노랑·빨강이 배치되어 있고 노랑은 빨강의 2배 크기이며 노랑에는 문장(紋章)이 있다. 노랑은 국토를, 빨강은 국토를 지킨 피를 나타낸다. 헤라클레스의 기둥이 든 문장은 옛날 에스파냐에 있었던 5왕국의 문장을 조합한 것이다. 이 나라의 각 자치주는 별도의 자치주 기(旗)를 제정하여 공식행사에서 사용하는 것이 허락된다.

2 지리적 개관

에스파냐 왕국은 유럽 서남부 이베리아반도에 있는 나라이다. 북쪽으로는 안도라와 프랑스 서쪽으로는 포르투갈에 마주한다. 유럽 연합에서 두 번째로 영토가 넓은 나라이다.

3 약사(略史)

- BC 3세기 카르타고, 이베리아반도 대부분 정복
- BC 264~146 로마, 카르타고 격파, 지중해 제패(포에니전쟁)
- BC 2세기~AD 5세기 초 로마제국의 지배
- AD 5세기 서고트왕국(419~711) 건설
- AD 8세기 무어족이 이베리아반도 점령(711)

- AD 13세기 중엽 기독교 세력, 남부 Andalucia 지방 일부를 제외한 이베리아반도 전역 탈환
- 1492년 이슬람세력 완전 추방, 영토회복 완수, 통일스페인왕국 건설, 미주대륙 발견
- 1496년 포르투갈과 세계 양분 합의
- 16세기 브라질을 제외한 중남미 대부분을 정복, 지중해 제패, 대제국 건설
- 1580년 무적함대가 영국에 패배한 이후 국력 쇠퇴
- 1808~1814년 나폴레옹이 지배
- 19세기 중엽 중남미 식민지 대부분 독립
- 1898년 미·서 전쟁에서 패배. 쿠바, 필리핀 및 푸에르토리코를 미국에 양도
- 1931년 총선에서 공화파 승리, Alfonso 13세 폐위, 공화국 선포
- 1939년 프랑코 측 승리, 독재체제 확립
- 1975년 11월 프랑코 총통 사망(11. 20), Juan Carlos I 왕세자 국왕 즉위(11. 22)
- 1978년 12월 서구식 의회민주주의 신헌법 국민투표 통과
- 1982년 5월 NATO 가입
- 1986년 1월 EC 가입

4 행정구역

스페인은 17개의 자치 지방으로 구성되며, 2개의 자치시인 세우타와 멜리야가 있다. 17개의 자치 지방은 50개의 주로 다시 나뉜다. 단 아스투리아스 지방을 비롯한 발레아레스 제도, 칸타브리아 지방, 라리오하 지방, 마드리드 지방, 무르시아 지방, 나바라 지방은 그 자체가 주이자 자치 지방이다.

5 정치 · 경제 · 사회 · 문화

- 스페인은 입헌군주제 국가이다. 양원제 국회를 갖추고 있으며, 입법부가 있이 분권체제를 갖추고 있다.

- 스페인의 경제 규모는 세계 8위이며, 유럽에서는 다섯 번째로 규모가 크다. 2007년 기준 국내 총생산(GDP)은 1조 438억 달러(월드 팩트북 기준)이며, 1인당 구매력 환산 지수(PPP)는 33,700달러(2007년)로서 이탈리아에 앞서며 33,800달러의 수치를 보인 프랑스와 일본과도 비슷한 수준이었다.

- 스페인은 근대공업의 발전이 늦었기 때문에 중산층이 제대로 성장하지 못하였으며 빈부의 차가 크다.

- 국민의 일상생활은 종교의 규제를 크게 받고 있으며 일반적으로 가정교육이 엄격하다.

- 과거 번영하였던 대제국에 대한 긍지가 대단하며, 문화의 모든 면에서 민족적 전통의 보존·발전이 중요시되고 있다.

- 우리나라와는 1974년 사증면제협정 체결을 시작으로 1994년 범죄인인도조약, 이중과세방지협정, 투자보장협정, 경제협력협정, 문화협력협정, 2001년 운전면허 상호인정협정이 체결되었다.

6 음식 · 쇼핑 · 행사 · 축제 · 교통

- 스페인의 대표적인 음식 중의 하나인 '파에야'는 우리나라의 해물볶음밥과 비슷한 것으로 마늘과 양파로 향을 낸 후 닭고기·홍합·새우·조개 등을 볶아 쌀 위에 넣어 밥을 지은 것이다.

- 남쪽 지방인 안달루시아 지방에서 차갑게 먹는 수프인 '가스파초'도 별미 중의 하나이다. 토마토·피망·오이·양파·빵·올리브유 등을 넣고 갈아서 만든다.

- 생후 2주 정도 된 새끼돼지를 통째로 구운 요리인 '코치니요 아사도'는 마드리드의 대표적인 요리로 세고비아가 유명하다.

- 여러 재료들로 속을 채운 긴 롤빵인 '보카디요' 역시 인기있는 간식거리이다.

- 스페인은 가죽제품이 유명하다. 스페인 국적의 브랜드인 로에베(Loewe)는 유럽의 3대 피혁 메이커 중의 하나로 최고급의 가죽제품을 자랑한다.

- 스페인의 바겐세일은 레바하(Rebaja)라고 하는데 기간은 여름(7~8월)과 겨울(1~2월)에 크게 2번 있다.

- 스페인 여행 중에 반드시 만나게 되는 엘 코르테 잉글레스(El Corte Ingles)는 스페인 전 지역에 체인점을 가지고 있는 대표적인 백화점이므로 한 번 들러 보도록 한다.

- 스페인에는 매년 200여 개가 넘는 축제가 지방별로 대대적으로 벌어진다. 7월에 열리는 세계적으로 유명한 산 페르민 축제, 8월 발렌시아 지방에서 열리는 토마토 전투, 바르셀로나 지방의 인간 탑 쌓기 대회, 9월 Sitges 연안의 도시에서 열리는 포도수확축제가 유명하다.

- 기차의 종류는 탈고(Talgo, ELT), TER, EXPRRESOS, RAPIDOS 등이 있는데, 기차마다 요금이 다르다. 탈고는 고속열차로, 요금은 완행열차의 두 배이다.

7 출입국 및 여행관련정보

- 여행자 자격으로 스페인에서 법적으로 머물 수 있는 체류기간은 3개월이며 그 이상은 체류할 수 없다. 입국 시 면세로 반입 가능한 물품은 와인 1병, 양주 1병, 향수 50㎖, 담배 200개비이다. EU 국가 내에서 입국 시에는 와인 2ℓ와 양주 1ℓ를 가지고 들어갈 수 있다.
- 화장실은 남성용은 카바예로스(Caballeros), 여성용은 세뇨라스(Senoras)로 표기된다.
- 스페인에는 시에스타(Siesta)라는 오후 1시부터 4시까지 낮잠을 자는 관습이 있다. 거의 모든 사람들이 상점이나 사무실의 업무를 중단하고 잠을 잔다.
- 카나리아제도에서는 때때로 사하라사막의 모래열풍이 불어오며, 이로 인해 특히 아이들이 기관지천식이나 인후계통의 병에 걸리는 예가 많으므로 주의가 요구된다.
- 상점들은 보통 오전 9시 내지 9시 30분에서 1시 30분까지, 다시 오후 4시 30분 내지 5시에서 오후 8시나 8시 30분까지 문을 열고 장사를 한다.
- 스페인에서는 유스호스텔을 'ALBERGUE'라고 한다. 전국적으로 100여 개 정도의 유스호스텔이 있다.
- 호텔은 규모나 시설에 따라 5등급으로 나뉘며 별의 수가 많을수록 고급이며 요금이 비싸다.
- 스페인의 물품에는 16%의 부가가치세가 붙는데, 한 상점에서 90.15유로 이상의 물품 구입 시 세금을 환불받을 수 있다. 구입한 물건들은 3개월 동안 EU 국가로 가지고 나갈 수 있다. 상점에서 '유럽 세금 면제 구매 수표(Europe Tax-Free Shopping Cheque)'에 필요한 사항을 기입하고 스페인 또는 EU 최종 출발국가의 공항 또는 항구 세관에 제시하면 된다.

8 관련지식탐구

- 플라멩코(flamenco) : 스페인의 독특한 민속무용이다. 5세기 초 안달루시아 지방에 들어온 집시(스페인에서는 '히타노'라고 한다)의 춤과 노래가 안달루시아의 전통적인 춤과 어울려 형성되었다고 한다.
- 투우(corrida de toros) : 스페인어로 코리다 데 토로스(Corrida de Toros)라고 한다. 그 근원은 목축과 농업의 풍요를 기원하기 위하여 황소의 죽음을 신에게 바치는 의식에서 비롯되었다고 한다. 따라서 투우는 단순한 도살 오락이 아니라 소와 인간의 죽음을 건 의식이며 예술이다.
- 스페인의 3대 화가 : 벨라스케스(Diego Rodríguez de Silva Velázquez : 1599. 6. 6~1660. 8. 6) 고야(Francisco José de Goya y Lucientes : 1746. 3. 30~1828. 4. 16), 그레코(El Greco : 1541?~1614. 4. 7)를 말한다.

- **건축가 가우디**(Antoni Gaudi i Cornet : 1852. 6. 25~1926. 6. 10) : 에스파냐의 건축가. 벽과 천장의 곡선미를 살리고 섬세한 장식과 색채를 사용하는 건축가였다. 미로와 같은 구엘공원, 구엘교회의 제실 등이 유명한 작품이다. 그중에서도 사그라다 파밀리아교회는 그의 역작이다.

- **스페인의 이슬람문화** : 스페인의 남부지역인 안달루시아는 8세기 초부터 약 800년간 이슬람세력의 지배를 받았다. 이슬람의 지배는 이 지방의 문화에 큰 영향을 끼쳤고, 그 결과 다른 유럽에서는 볼 수 없는 이슬람의 문화유산을 만날 수 있다. 또한 이 과정에서 로마네스크건축과 고딕건축이 이슬람풍과 섞여 다른 유럽 국가에서는 볼 수 없는 스페인 고유의 기독교 건축양식이 만들어졌다. 대표적 건물로는 히랄다 탑, 세비야 대성당, 세비야 알카사르, 알람브라궁전, 코르도바 메스키타 등이다.

- **프리메라리가**(Primera Liga) : 4부로 구성된 스페인의 프로축구 리그 가운데 1부 리그를 가리키며, 정식 명칭은 프리메라디비전(Primera Division)이다. 영국의 프리미어리그, 이탈리아의 세리에 A와 함께 세계 3대 프로축구 리그로 꼽힌다.

- **알카사르**(Alcazar) : 스페인에서만 볼 수 있는 알카사르는 732년부터 8세기 동안의 이슬람 지배 이후, 스페인에서 무어인들을 몰아내기 위해 축조한 건축물이다. 알카사르는 에스파냐어로 성(城)이라는 뜻인데, 이 말은 같은 뜻을 가진 아랍어에서 유래하였다.

- **돈키호테**(Don Quixote de La Mancha) : 스페인의 작가 미겔 데 세르반테스(1547. 9. 29~1616. 4. 23)가 지은 소설이자 주인공의 이름이다. 최초의 근대 소설로 평가된다.

- **토르데시야스 조약**(Treaty of Tordesillas) : 스페인과 포르투갈 간의 유럽 대륙 외 지역에 대한 영토 분쟁을 해결하기 위해 로마 교황의 중재로 1494년 6월 7일 스페인의 토르데시야스에서 맺은 조약이다. 대서양 및 태평양상에 새로운 분계선을 정한 기하학적 영토 분할 조약이며, 영토 분쟁을 평화롭게 마무리지은 몇 안 되는 사례 중 하나다. 경계선은 카보베르데섬 서쪽 서경 43도 37분 지점을 기준으로 남북 방향으로 일직선으로 그어져, 조약상 경계선의 동쪽으로는 모두 포르투갈이, 서쪽의 아메리카 지역은 스페인이 차지하기로 하였다. 이 조약으로 인해 인도산 후추를 독점할 수 있게 됐다는 점에서 포르투갈에게 유리한 측면이 있었고, 남미 대륙에서 브라질만이 유일하게 포르투갈어를 사용하게 된 것도 이 조약으로 인한 것이다.

9 중요 관광도시

(1) **마드리드**(Madrid) : 에스파냐의 수도. 마드리드는 400여 년간 스페인의 정치, 경제, 문화의 중심지로 유럽 타 국가의 수도 중 가장 높은 지대인 해발 646m에 자리하고 있는

고원도시이다. 유럽 문명과 오리엔트적 요소가 잘 결합되어 있어 그 매력을 더하고 있으며, 고색창연한 건축물과 미술관, 박물관, 유적들이 많이 남아 있고, 거리에는 옛날 모습이 곳곳에 남아 있다.

- **스페인광장**(Plaza de Espana) : 마드리드를 구시가와 신시가로 나누는 기준로인 그란비야 대로의 끝 쪽에 위치한 광장으로 1916년,『돈키호테』를 쓴 스페인의 대표적인 작가 세르반테스의 사후 300주년을 기념하여 만들어진 것이다. 광장의 중앙에는 말을 타고 있는 돈키호테와 나귀 위에 올라탄 산초판사의 상이 세워져 있고 마치 자신이 만든 소설의 주인공들을 내려보기라도 하듯 그 위쪽에는 세르반테스의 상이 있다.

- **왕궁**(Palacio de Oriente) : 유럽의 가장 아름다운 바로크식 왕궁 중의 하나로 9세기경 아랍인들이 지배할 당시 요새화된 왕궁을 개조하여 오스트리아왕가의 성으로 사용하였다. 베르사유궁전을 모델로 하여 화재를 예방하기 위해 돌과 화강암으로만 건축, 1764년 완공되었고 1931년까지 역대 스페인 국왕들의 공식 거처로 사용되었다.

▶ 일명 동쪽 궁전인 왕궁

- **프라도미술관**(Museo del Prado) : 파리의 루브르박물관, 런던의 대영박물관과 함께 세계적으로 유명한 미술관이며, 회화관으로는 세계 최대의 미술관이다. 마드리드문화관광의 최고 명소이기도 하다. 비야누에바에 의해 1819년 신고전주의 양식으로 건축된 미술관으로 소장품은 약 6,000점으로 전시되는 것은 3,000점에 이른다.

▶ 프라도미술관

- **국립고고학박물관**(Museo Arqueologico Nacional) : 구석기시대의 유물부터 15C까지 이베리아반도에서의 스페인 문화의 발전상을 한눈에 볼 수 있는 스페인 문화의 보고를 간직하고 있는 박물관으로 1895년에 완성되었다. 약 20만 점에 달하는 유물들이 시대별로 구분·전시되어 있다.

▶ 국립고고학박물관

- **푸에르타 델 솔**(Puerta del sol) : '태양의 문'이라는 뜻으로 16세기까지 태양의 모습이 새겨진 문이 있었으나 현재는 성문이 없다. 마드리드의 중심으로 이곳을 마드리드 관광의 출발지점으로 선택하면 좋다. 다양한 음식점과 상

점, 카페테리아, 많은 사람들로 늘 복잡하다. 솔(sol) 광장에는 카를로스 3세의 동상과 시원하게 물을 뿜는 동상이 있다.

- **라스 벤따스 투우장**(Las Ventas) : 약 23,000개의 관중석을 가지고 있으며 스페인 사람들의 투우에 대한 열정을 가장 가까이 느낄 수 있는 곳이다. 세계적인 추세가 점점 투우를 동물학대로 간주하고 주변의 많은 유럽 국가들의 반발을 사고 있는데도 불구하고 투우시즌이 시작되는 5월이면 어김없이 이곳은 사람들로 넘쳐나고 있다.

▶ 라스 벤따스 투우장

(2) 바르셀로나(Barcelona) : 에스파냐 카탈루냐 자치지방(autonomous community) 바르셀로나주(州)의 주도(州都). 지중해 연안의 항구도시이며, 항만규모와 상공업 활동에 있어서는 에스파냐 제1의 도시이다. 교외지역을 포함한 바르셀로나는 비옥한 해안평야에 펼쳐져 있으며, 천연의 양항(良港)과 더불어 에스파냐 최대의 미술·대학도시를 이룬다.

- **바르셀로나 대성당** : 일명 성 가족 교회(Sagrada familia)는 1298년 건축하기 시작하여 150년 만인 1448년에 완성했다. 1913년에 완성한 현관 정면은 500년 전인 1408년의 설계도에 의한 건축물이다. 대성당의 크기는 좌우 40m, 길이 93m이다. 완성은 앞으로 100~200년이 걸릴 것으로 예측된다. 아름다운 곡선을 자랑하는 4개의 탑과 그리스도의 강탄을 그린 살아 있는 듯한 조각들이 이색적이다. 건물 내부에는 엘리베이터가 있어 그것을 타고 오르내릴 수 있다. 지하 예배당은 현재 박물관으로 이용되고 있으며 교회 건축에 관한 자료들이 전시되어 있으며 스페인이 자랑하는 건축가 가우디의 묘도 이곳에 마련되어 있다.

▶ 바르셀로나 대성당

- **콜럼버스 기념탑**(Columbus Monument) : 1888년에 만국박람회를 위해 지어졌으며 콜럼버스의 아메리카 대륙 발견을 기념하기 위해 만든 것이다. 철제기둥의 내부로 들어가면 60m 위로 올라갈 수 있는데 이곳은 바다부터 산으로 이어지는 바르셀로나 도시 전경이 아름답게 보이는 최고의 전망대 역할을 하고 있다.

- **올림픽경기장** : 1992년 바르셀로나 올림픽의 개막전과 폐막전을 비롯하여 다양한 경기가 열린 곳으로 우리에게는 황영조 선수의 마라톤 세계제패로 더욱 잘 알려진 곳이 되었다.
- **몬주익**(Montjuic) **언덕** : 고도 213m로 도시 전경을 한눈에 볼 수 있으며, 바르셀로나 서부의 상업지구에 위치하고 있다. 이곳에는 다양한 아트 갤러리, 박물관, 각종 행사, 장미 정원이 있는 야외무대가 있어서 관광객들을 오랜 시간 동안 즐겁게 해주는 장소 중 하나이다.
- **카사 밀라**(Casa Mila) **저택** : 카사 밀라(Casa Mila)는 1905년 가우디의 설계로 5년 동안에 걸쳐 완성된 저택. 이 저택은 가우디가 자신의 설계 이미지를 작공들에게 석고로 만들어 설명을 하여 그대로 조각하게 하는 등 온갖 정성을 쏟은 건축물이다. 벽면의 소재가 석회암이라는 점이 특이하다.

▷ 카사 밀라 저택

(3) 세비야(Sevilla) : 안달루시아 지방 내 세비야주(州)의 주도. 옛이름은 히스팔리스(Hispalis)이다. 도시를 북에서 남으로 가로지르는 과달키비르강(Guadalquivir)의 상류 연안에 있다. 세비야에서는 범세계적 규모의 박람회들이 개최되었는데 1929년에 개최된 남미 엑스포를 통해 도시는 크게 번영하게 되었고, 콜럼버스 신대륙 발견 500주년을 기념해서 1992년에는 세계 엑스포가 열리기도 하였다.

- **에스파냐 광장**(Piazza di Spagna) : 스페인 광장(에스파냐 광장)은 마리아 루이사 공원에 인접해 있으며, 대성당 동쪽으로 약 10분 거리에 위치하고 있는 세비야의 가장 인상적인 장소이다. 이 광장은 반나절을 충분히 보낼 수 있는 매우 이상적인 공간이다.
- **대성당**(Magna Hispalensis) : 세계에서 가장 큰 고딕양식의 건축물로 로마의 성베드로 성당, 런던의 세인트 폴 사원에 이어 유럽에서 3번째로 큰 교회이다. Giralda로 알려진 The Almohade Minaret은 르네상스 부흥시기인 1568년에 만들어졌고 대성당은 1401년에 건축이 시작되어 수 세기에 걸쳐 완공되었다.

▷ 세비야 대성당

- **히랄다탑**(Torre de la Giralda) : 12세기 말 이슬람교도 아르모아드족이 만들었다. 원래는 회교사원의 첨탑이었으나 헐지 않고 그대로 사용하다

▷ 히랄다탑

가 16세기에 기독교인들이 플라테스코 양식의 종루를 설치했다. 28개의 종과 신앙을 상징하는 여성상을 세워 풍향계 역할을 하게 했으며, 탑의 이름을 풍향계를 뜻하는 히랄다라고 불렀다.

- **알카사르**(Sevilla Alcazar) : 세비야의 알카사르는 무데하르 양식의 대표적 건물로 페드로왕에 의해 14세기에 완성되었다. 회랑 기둥의 섬세한 장식 무늬가 매우 아름다우며 정원에는 외국의 희귀한 초목이 있다. 세비야에서는 절대 놓쳐서는 안 될 볼거리로 안달루시아 역사와 문화를 볼 수 있는 곳이다.

➡ 세비야 알카사르

- **마에스트란자 투우장**(Real Maestranza de Caballeria) : Las Ventas 투우장과 쌍벽을 이루는 세계적인 투우장이다. 약 14,000개의 관중석을 가지고 있으며 이곳을 효과적으로 둘러보기 위해서는 영어가 조금 되는 여행자라면 가이드 투어를 신청하는 게 좋다. 대부분의 투우 비평가들은 La Maestranza에서 승리하지 못하면 진정한 투우사가 아니라고까지 말할 정도이다.

➡ 마에스트란자 투우장

- **세비야 예술박물관**(Sevilla Museo de Arte) : 원래 수도원 건물이었던 이곳은 화려한 예술품들을 다양하게 소장한 박물관이다. 시내 중심에서 약간 떨어져 있으며 1612년에 지어진 건물로 Juan de Oviedo라고 하는 스페인의 건축가에 의해 만들어졌다.

- **마리아루이사 공원**(Park of Maria Luisa) : 1893년 산 텔모 궁전의 정원의 반을 도시에 기증한 마리아루이사 왕비의 이름을 따서 만든 큰 공원이다. 1929 이베로 아메리카 박람회가 열렸던 곳으로 많은 흥미 있는 건물들이 들어서 있다. 특히 고고학박물관이 눈여겨볼 만하다.

➡ 마리아루이사 공원

- **황금의 탑**(Torre del Oro) : 1220년 이슬람교도가 건설한 탑으로 당시에는 탑 위가 황금색의 타일로 덮여 있었기 때문에 황금의 탑이라고 불렀다.

➡ 황금의 탑

이곳에서 마젤란이 세계일주 항해를 떠났다는 인연으로 현재에는 해양박물관이 되었다. 강 건너편에 있던 8각형의 은색 탑과의 사이에 쇠줄을 매어 놓고 통행하는 배를 검문했다.

- **필라토스의 집**(Casa de Pilatos) : 필라토스의 집은 타리파 후작이 지은 집이다. 그는 1518년부터 2년 동안 유럽여행을 하고 돌아와 이탈리아 건축의 르네상스에 반해 세비야에 그의 집을 지었는데 예루살렘에 있는 빌라도의 집을 본떠 만들어서 필라토스의 집(Casa de Pilatos)이라는 이름을 갖게 되었다.

▶ 필라토스의 집

(4) 그라나다(Granada) : 에스파냐 남부 안달루시아 자치지방(autonomous community)의 그라나다주(州)의 주도(州都). 옛 그라나다왕국의 수도였다. 시에라네바다 산맥의 북쪽과 과달키비르강(江)의 지류 헤닐강과 다르로강이 합류하는 높이 670m 지점에 있다. 기후는 연중 온화하며, 하늘이 청명하다. 주변에는 비옥한 농업지대를 이루어, 곡물류·채소류·아마(亞麻) 재배와 양잠이 성하고, 포도주·올리브유 생산이 많다.

- **왕실예배당** : 이슬람교도들로부터 국토회복을 이룬 두 왕인 이사벨과 페르난도의 명령으로 지어졌다. 두 왕은 죽은 후 이곳에 묻혔다. 그 뒤 두 왕의 위업을 기리기 위하여 다시 확장하여 지금의 모습이 되었다. 안으로 들어가면 화려한 장식을 한 황금색 울타리가 눈에 띄는데, 이것이 왕의 묘소이다.

- **알람브라궁전**(La Alhambra) : 아랍어로 '붉은 성'이라는 뜻으로 알람브라궁전(La Alhambra)의 성벽은 2km이고 길이가 740m, 넓이가 220㎡에 달하고 있다. 나사리 왕조의 번영기였던 14세기에 지어진 이 건물은 주로 세 개의 정원, 즉 맞추카의 정원, 코마레스의 정원, 그리고 라이온의 정원을 기본 축으로 하여 설계된 정원 형식의 건축물이다.

▶ 알람브라궁전

- **대성당**(Granada Cathedral) : 1523년에 시작되어 1703년에 완성되었다. 처음에는 고딕양식의 설계로 건축이 진행되었으나, 완성 시에 르네상스양식이 가미되었다. 주예배당은 스페인에서 가장 화려한 건축물의 하나로 손꼽힌다. 특히 14개의

▶ 그라나다 대성당

창에 끼운 아름다운 스테인드글라스에는 신약성서를 주제로 한 그림이 그려져 있다.

- **카르투하 수도원**(Monasterio de la Cartuja) : 1517년 부터 300년 걸려 완성되었다. 수도원의 사제관, 본부 등은 엄격한 수도원 분위기를 지니지만 에스파냐 바로크양식의 진수를 보여주는 성물실(聖物室)은 18세기 중엽에 만들어진 것으로 '기독교판 알람브라궁전'이라 불릴 만큼 화려하고 아름답다.

➡ 카르투하 수도원

(5) 코르도바(Cordoba) : 에스파냐 남부 코르도바 주(州)의 주도(州都). 과달키비르강(江) 중류, 안달루시아 지방의 중앙에 위치한다. 8세기에 세워진 이슬람교 대사원이 상징하는 바와 같이 중세에는 이슬람의 지배를 받았기 때문에 오늘날에도 이슬람교 색채가 남아 있다.

- **메스키타**(Mezquita) : 세계에서 3번째로 큰 회교사원이며 로마, 고딕, 비잔틴, 시리아, 페르시아 요소들이 혼합된 칼리프 스타일로 모든 아라비안-라틴 아메리카 건축물의 시작점이기도 하다. 후기 우마이야 왕조를 세운 아브드 알라흐만 1세가 바그다드의 이슬람 사원에 뒤지지 않는 규모의 사원을 건설할 목적으로 785년에 건설하기 시작했다.

➡ 메스키타

- **알카사르**(Alcazar, 성채) : 1328년 알폰소 11세가 세웠다. 그 뒤 가톨릭의 이사벨과 페르난도 두 왕이 개축하였고, 이곳에서 이슬람교도에 대한 국토회복전쟁을 지휘하여 1494년 드디어 그라나다를 함락시켰다. 1490~1821년에는 330년간 종교재판소가 설치되어 있었다.
- **로마교**(Roman Bridge) : 로마시대에 축조된 돌다리로 과달키비르강에 놓여 있다. 길이 233m의 이 다리는 여러 차례 전쟁으로 파괴되었지만 그때마다 개축되었다.
- **포트로 광장**(Plaza del Potro) : 어린 망아지(포트르)에서 유래되어 이름 지어졌다. 주변엔 역사적인 건축물들이 서 있고 15세기부터 있었던 세르반테스의 『돈키호테』에 나오는 오래된 여관도 관광객들의 눈길을 끈다. 그 시절에 포트로 광장은 코르도바의 생동감 넘치는 광장이었으며 상인, 게으름뱅이, 행운을 노리는 모험가를 위한 집합소이기도 했다.
- **유대인 거리**(La Judería) : 옛날 유대인이 살았던 메스키타 주변으로 꼬불꼬불한 좁은 길과 하얀 벽의 집들, 창문을 장식한 가지각색의 화분들이 친근함을 준다. 알모도바르문에

서 유대인 거리로 들어가면 오른쪽에 14세기 무렵에 건조한 유대교회가 있고, 그 가까이에 엘소코가 있다. 엘소코는 스페인식의 안뜰인 파티오를 둘러싸는 것처럼 타블라오와 민예품이 늘어선 건물이다.

▶ 포트로 광장

(6) 발렌시아(Valencia) : 에스파냐 동부 발렌시아 주(州)의 주도(州都). 상공업뿐만 아니라 정치·군사·종교·교육·문화의 중심지이며 후스티시아궁전·예술 및 도자기박물관·식물원·고생물박물관 등이 있다. 또한 기후가 쾌적하여 관광객이 찾아든다.

- 대성당 : 1262년에 지어진 이 성당은 세 가지의 다른 양식의 출입문을 가지고 있는 특색 있는 성당으로 가장 오래된 출입문은 로마네스크양식으로 Puerta del Palau이고 메인 출입구는 18세기의 바로크양식인 Puerta de los Hierros이다. 나머지 하나는 고딕스타일의 Puerta de los Apostoles이다.

- 라 론하(Lonja) : 이 건물은 발렌시아 고딕양식이 가진 특징을 가장 잘 보여주는 좋은 예가 되는 곳으로 유네스코에 의해 문화유산으로 지정되었다. 이곳은 세 부분으로 나뉘어 있는데, 현재 전통 실크 마켓으로 쓰이고 있는 Lonja, 내부 정원, 영사관으로 쓰였던 건물이다.

▶ 라 론하

- 아유타미엔토 광장(Ayuntamiento) : 발렌시아의 구시가를 관광하는데 시작점으로 추천되는 장소이다. 여행사에서 이루어지는 대부분의 시내 관광도 이곳에서 시작하며 이곳은 구시가와 다양한 쇼핑가들이 밀집하여 있는 곳이다. 특히 'Fallas' 같은 축제가 있을 때면 엄청나게 많은 사람들이 떼로 몰려 있으며 불꽃놀이와 같은 다양한 행사를 볼 수 있다.

- 미겔레떼(El Miguelete) 종탑 : 구시가의 중심에 자리 잡고 있는 카테드랄에 위치한 이 종탑은 'El Micalet' 혹은 'El Miguelete'(영어로는 Mikey)라는 이름으로 잘 알려져 있다. 이것은 매우 크며 실제로 이 도시에서 가장 높은 건물일 것이다. 8각형의 모양을 하고 있는데, 건축 당시 8이라는 숫자는 신성함을 상징하였다고 한다.

▶ 미겔레떼 종탑

(7) 세고비아(Segovia) : 에스파냐 카스티야지방 세고비아주의 주도(州都). 마드리드 북서쪽 60㎞ 지점에 있는 과다라마산맥 기슭 해발 1,000m 지점에 있다. BC 700년 무렵부터 이베리아인이 거주하였으며 BC 1세기 말에 로마의 식민시가 되었다. 11세기에 이슬람교도가 침입하여 도시가 파괴되었으나 카스티야왕국의 알폰소 10세는 이곳을 수도로 정하였다.

- **알카사르**(Alcazar) : 이 성은 월트디즈니의 영화 <백설공주>에 나오는 성의 무대로 사용했다. 기록에 의하면 옛날 전략상 요새가 있던 곳이며, 14세기 중엽 처음으로 성이 축성된 뒤 수세기에 걸쳐 알카사르에 살았던 왕들에 의하여 증축과 개축이 거듭되었다고 한다.

➡ 세고비아 알카사르

- **로마 수도교**(Acueducto Romano) : 1세기에 로마인들이 돌을 쌓아 건설하였다는 수도교(水道橋)는 고대 로마인의 정교한 솜씨를 볼 수 있는 거대한 건축물이다. 20,400개의 돌 벽돌을 쌓아 올린 것으로 석회 성분이나 콘크리트 성분이 전혀 포함되지 않은 순수한 돌이다.

➡ 로마 수도교

- **대성당**(Segovia Cathedral) : 스페인 후기 고딕 양식의 건축물이며, 세련된 모양 때문에 '대사원 중의 귀부인'이라고 불린다. 1525년에 짓기 시작하여 1768년에 완성되었다. 사원의 부속 박물관에는 회화·보물과 함께 유아의 묘비가 있다.

(8) 톨레도(Toledo) : 에스파냐 톨레도주(州)의 주도(州都). 수도 마드리드 남서쪽 70㎞ 지점에 위치하는 관광도시이다. 타호강(江) 연안에 있으며 역사·미술적으로는 마드리드를 능가하기도 한다. BC 2세기에 로마의 식민도시가 되었고 8~11세기에 고트의 중심지로서 발전하였다.

- **대성당**(Catedral de Toledo) : 프랑스 고딕양식의 이 대성당은 페르난도 3세가 1227년 건설을 시작하여 266년이 지난 1493년에 완성되었다. 그 뒤 여러 차례 증축과 개축이 되풀이되었다. 현재도 이곳은 스페인 가톨릭의 총본산이며 건물의 규모는 길이 113m, 폭 57m, 중앙의 높이 45m의 장대한 공간이다.

➡ 톨레도 대성당

- 알카사르 : 성채(Alcazar)는 처음 14세기에 지어졌으며 톨레도의 가장 아름다운 유적으로 서고트인, 무슬람, 기독교인들에 의해서 수차례 재건설되었던 곳이다. 또한 스페인 내란 동안 이곳은 파시스트들에 의해 작전 베이스로 사용되어 많이 파괴되었다. 성채는 총 네 개의 탑을 가지고 있어서 더욱 아름답고 드라마틱한 모습이다.

- 엘 그레코(El Greco)의 집 : '엘 그레코'는 이탈리아어로 '그리스 사람'이라는 뜻이다. 말 그 대로 엘 그레코는 그리스 태생의 화가로 젊은 시절은 이탈리아에서 보내고 톨레도로 옮긴 후부터 죽을 때까지 톨레도를 떠나지 않았다. 엘 그레코의 집이지만 실제 그가 살았던 집 은 아니고 부근의 폐가를 구입하여 중세풍으로 개축하여 그레코의 집으로 만들었다.

- 산토 토메교회(Iglesia de Santo Tome) : 1586년에 완성된 엘 그레코(El Entierro)의 <오르가스 백작 의 매장(The Burial of the Count of Orgaz)>이라는 그림이 있어 유명한 산토 토메교회(Igesia de Santo Tome)는 세계의 관광객들이 그림을 보기 위해 많이 찾는 곳이다. 이 그림은 상하 2단으로 나뉘 어 있으며 상단부는 천상계를 하단부는 지상계를 상징하고 있다.

➡️ 산토 토메교회

- 알칸타라 다리(Alcantara Bridge)와 산마르틴 다리(Puente de San Martin) : 타호강을 건너 톨 레도로 들어가는 다리는 알칸타라 다리와 산마르틴 다리가 있다. 산마르틴 다리의 이름 은 산마르틴의 교구와 가깝다고 하여 붙여진 이름이다. 알칸타라는 아랍어로 '다리'라는 뜻으로 톨레도에서 가장 오래된 다리이다.

(9) 빌바오(Bilbao) : 에스파냐 바스크 자치지방(autonomous community) 비스카야주(州)의 주도(州都). 비스케이만(灣)에서 10㎞ 정도 내륙으로 들어간 곳에 위치하며, 네르비온강에 면한다. 포도주·섬유의 교역도 이루어져, 에스파냐에서 손꼽는 무역항이 되었다. 제철· 제강 외에 금속·기계·화학·유리·도자기·담배·조선 등의 공업이 발달하였다.

- 구겐하임빌바오미술관(Guggenheim Bilbao Museum) : 세계적인 미술재단 구겐하임재단이 1997년 10월 에스파냐 바스크(Basque) 지방의 빌바오(Bilbao)에 개관하였다. 구겐하임재단은 미국 철강계의 거 물 솔로몬 구겐하임(Solomon R. Guggenheim)이 직 접 수집한 현대 미술작품들을 보관·연구·전시 하기 위하여 1937년에 세웠다.

➡️ 구겐하임빌바오미술관

(10) 산티아고 데 콤포스텔라(Santiago de Compostela) : 12세기에 건설된 성(聖)야곱을 모

신 산티아고 데 콤포스텔라대성당을 비롯하여 성(聖)프란체스코회(會)·성아우구스티누스회(會) 수도원, 성당·교회·대학 등 중세의 건물이 많이 남아 있다. '서부 유럽의 메카'라고도 불린다.

3.1.5 포르투갈(Portugal)

1 국가개황

- 위치 : 유럽 서남부 이베리아반도 서부
- 수도 : 리스본(Lisbon)
- 언어 : 포르투갈어
- 기후 : 대륙성기후
- 종교 : 천주교 90%, 기독교 1%
- 인구 : 10,495,000명(76위)
- 면적 : 92,391㎢(110위)
- 통화 : Euro
- 시차 : (UTC+0)

2 : 3으로 분할된 초록과 빨강의 직사각형이 수직으로 배열되었고 분할선 중앙에 포르투갈 문장이 들어 있다. 초록은 희망을, 빨강은 1910년의 10월 혁명의 피를 나타낸다. 문장은 천구의(天球儀)와 방패, 방패 안에는 다시 5개의 작은 방패를 그려넣어 십자가 위의 수난(受難)을 나타냈으며, 그 밖에 무어인(人)과 싸웠던 7개의 성(城)이 그려져 있다.

2 지리적 개관

이베리아반도의 서쪽에 있는 나라로 수도는 리스본이다. 이베리아반도에서는 스페인보다 작은 나라이다.

3 약사(略史)

- BC 2세기부터 로마의 속주(屬州)가 된 뒤 로마화가 시작되어 루시타니아라고 불림
- 8세기 이슬람 세력의 침입으로 국토의 대부분이 그들의 지배하에 있었으나 그리스도교도에 의한 국토회복운동(레콩키스타) 과정에서 포르투갈 왕국 성립
- 1095년 프랑스 왕족 앙리 드 부르고뉴가 포르투갈 백작에 봉해지고, 1143년 포르투갈 왕(王)이 됨
- 14세기 주앙 1세(재위 1385~1433) 때부터

영국과의 동맹관계 시작
- 1580년부터 60년 동안 스페인의 지배하에 들어감
- 1640년 브라간사공(公)이 프랑스·영국과 동맹을 맺어 다시 독립 쟁취
- 1820년 입헌군주제 채택
- 1822년 최대의 식민지인 브라질이 독립을 선언한 뒤부터 포르투갈의 국력쇠퇴
- 19세기에는 사회적·정치적 혼란 계속
- 1976년 4월 제헌의회에서 사회주의 체제로 이행

4 행정구역

포르투갈의 행정구역은 본토의 18개 주(distrito)와 7개 지방((região)으로 구성되어 있다. 해외의 2개 지방인 아소르스 제도와 마데이라 제도는 자치 지방(região autónoma)이다. 본토는 5개 지방(região)으로 나뉘고, 다시 28개 하위지방(subregião)으로 나뉜다.

5 정치 · 경제 · 사회 · 문화

- 대통령제가 가미된 의원내각제 공화국이다. 단원제 국회는 230석의 4년제 국회의원으로 구성된다.
- 포르투갈의 산업·경제 구조는 에스파냐·그리스와 더불어 유럽에서 가장 후진적이다.
- 아직까지 EU 국가 중에서 하위수준인 경제성장률, 재정 건전성 및 공공·의료서비스 악화, 연간평균임금의 최하위 등이 문제이다.
- 가톨릭교회의 영향이 강하며 인간관계도 전근대적 요소가 많다. 사회의 성격과 관습은 에스파냐와 비슷한 점이 많으나 기질 면에서는 에스파냐 사람들보다 온화하다.
- 포르투갈의 대표적인 파두(Fado)는 민요의 여왕으로 널리 알려져 있다.
- 포르투갈은 남북한 동시 수교국의 하나이다.
- 과거 포르투갈의 식민지는 기니비사우(1975년 독립), 마카오(1999년 중국에 반환), 모잠비크(1975년 독립), 브라질(1821년 독립), 상투메 프린시페(1975년 독립), 앙골라(1975년 독립), 카보베르데(1975년 독립) 등이다.

6 음식 · 쇼핑 · 행사 · 축제 · 교통

- 포르투갈 요리는 생선과 쌀을 사용하는 것이 많고 스페인 요리처럼 기름지지 않아, 우리나라 사람의 입맛에도 거부감을 주지 않는다.
- 포르투갈의 정식요리는 수프, 메인 디시인 생선 페이셔와 육류 카르네, 음료, 디저트인

소브레메사로 나뉜다. 바다가 많고 유럽 유수의 해산물 생산국이기 때문에 해물요리는 일찍부터 발달하여 300여 종이 넘는다. 종류로는 링구아두 그렐랴두(송어), 바칼라우, 비프드 아툼(참치 스테이크) 등이 있다.

- 가죽제품, 금은세공품, 와인, 코르크 제품, 도자기류, 바구니 종류, 민속인형, 세공 보석류, 아줄레쥬(파란색과 흰색의 장식용 타일) 등이 유명하다.
- 포우자다라고 하여 옛 성곽이나 수도원을 개조하여 현대적인 시설을 해놓은 국영 호텔이다. 경관이 좋고 집기와 가구도 귀족적이다.
- 코임브라(Coimbra)에서 열리는 케이마 다스 휘따스라는 축제가 유명하며, 일명 코임브라 축제라고 한다.

7 출입국 및 여행관련정보

- 포르투갈과 한국은 비자 면제 협정을 체결하여 60일 이내 체류할 경우에는 비자가 없어도 된다.
- 포르투갈의 면세 범위는 담배 궐련 200개비, 가는 여송연 100개비, 여송연 50개비이며, 주류 와인 2ℓ와 알코올 22% 이상의 주류 1병(1ℓ 이내), 또는 22% 이하의 주류 2ℓ이다. 향수 50g과 오드트왈렛 0.25ℓ, 커피는 500g 또는 엑기스 200g, 선물은 7,500$까지이다. 현금 외화는 100만 달러가 초과되면 신고해야 한다.
- IVA는 상품과 서비스에 부과되는 판매세인데, 17% 정도이다. Tax-Free 간판이 있는 ETS 가맹점에서 1만 700달러 이상을 구입한 경우 세금의 일부를 환급받을 수 있다.
- 포르투갈에는 공중화장실이 흔치 않고, 그다지 깨끗하지 않다. 남자는 오멘, 여자는 세뇨라로 표기되어 있다.
- 포르투갈 사람들이 열광적으로 좋아하는 축구나 포르투갈의 아름다운 경관, 전통음악인 파두, 전통음식 등 부드러운 화제를 준비해 두면 좋다.

8 관련지식탐구

- **파두(fado)** : 포르투갈의 대표적인 민요로 항구도시인 수도 리스본의 번화가에서 많이 불리고 있는 민중적인 노래이다.
- **리스본대지진** : 1755년 11월 1일 아침 세 차례에 걸쳐 포르투갈·에스파냐 및 아프리카 북서부 일대를 강타한 대지진으로 포르투갈의 리스본이 가장 큰 타격을 받았다.
- **포르투갈 문학** : 남프랑스 지중해 연안의 프로방스에서 싹텄으며, 주류는 서정시였다. 가장 오래된 서정시는 음유시인 파이오 소아레스 데 타베이로스의 서정적 연애시(1189)였

으며, 그 후 디니스왕(재위 1279~1325)을 비롯한 많은 음유시인이 배출되었다.

9 중요 관광도시

(1) 리스본(Lisbon) : 포르투갈의 수도. 포르투갈어로는 리스보아(Lisboa)라고 한다. 테주강(타호강)의 삼각 하구 우안(右岸)에 위치한다. 이 나라 최대의 도시이며, 유럽대륙 대서양 연안 굴지의 양항(良港)이기도 하다. 일찍이 페니키아·그리스·카르타고 시대부터 항구도시로서 알려져 왔다.

- **대사원**(Se Cathdral) : 12세기 그리스도교도가 이슬람교도로부터 리스본을 탈환한 뒤, 건축한 로마네스크양식의 견고한 사원으로, 1755년의 대지진 때에도 치명적인 손상을 면했다. 제단을 제외한 성당 내부는 전체적으로 어두운 편이지만, 이 어둠은 정문 입구 위쪽에 있는 스테인드글라스 '장미의 창'의 아름다움을 오히려 돋보이게 한다.

- **에두아르두 7세 공원**(Parque Eduardo VII) : 신시가지 중심거리인 리베르다데 내로 북쪽 끝에 있다. 1902년 영국의 에드워드 7세가 리스본을 방문한 기념으로 만들었다. 중앙에 기학학적인 무늬의 화단이 있어, 4, 5월이 되면 아름다운 꽃이 핀다. 정상을 향하여 오른쪽에 스포츠관이 있고, 정상 왼쪽에 에스투파 프리아라고 불리는 곳이 있다.

- **상 조르제 성**(Castelo Sao Jorge) : 리스본에서 가장 오래된 건물이며 로마시대 이전의 것인 듯하다. 이 성은 군사적 이점이 있는 곳으로 요새로 이용하였다. 성곽 내부는 옛날 궁전으로 사용되던 곳으로 지금은 소공원이 조성되어 있다. 이 성의 최고 매력은 아름다운 전망이다.

▶ 상 조르제 성

- **리스본 발견 기념비**(Padrao dos Descobrimentos) : 대항해시대를 열었던 포르투갈의 용감한 선원들과 그들의 후원자들을 기리는 기념비이다. 엔리케 항해왕 사후 500주년을 기념하여 1960년에 세워졌다. 기념탑이 있는 자리는 바스코 다 가마가 항해를 떠난 자리라고 한다. 항해 중인 범선 모양을 하고 있는데, 위에는 수많은 인물 조각상이 있다. 맨 앞 뱃머리에 서 있는 사람이 앤리케 항해왕이고, 그 뒤에는 신천지 발견에 공이 큰 모험가, 천문학자, 선교사 등이 따르고 있다.

▶ 발견 기념비

- **제로니무스 수도원**(Mosteiro dos Jeronimos) : 대항해시대의 선구자 엔리케 항해 왕자가 세운 예배당에 미누엘 1세가 제로니무스파 수도사들을 위해 수도원으로 건립하였다. 마치 스페인의 알람브라궁전과도 같다. 바스코 다 가마의 해외원정에서 벌어온 막대한 부를 이용하여 건설했다고 한다.

▶ 제로니무스 수도원

- **알파마 지구**(Zona de Alfama) : 로마시대부터 이 고장의 중심지였고, 이슬람교도 지배시대와 대항해시대에는 왕의 여름별장과 귀족, 부호들의 저택이 있던 곳이다. 중세 그대로의 모습을 간직하고 있으며 좁고 꼬불꼬불한 길이 이어지고 있다. 미로 같은 이 골목길을 걸어다니며 오랜 역사의 중심지를 관광하고 소박한 서민들의 삶의 분위기를 느낄 수 있다. 길을 잃을 염려는 없다.

- **벨렘 탑**(Torre de Belem) : 하얀 나비가 물 뒤에 앉아 있는 것처럼 보이는 마누엘양식의 건축물로, 3층 구조이다. 아름다운 테라스가 있는 3층은 옛날 왕족의 거실로 이용되었으며, 지금은 16~17세기의 가구가 전시되어 있다. 2층은 포대로 항해의 안전을 수호하는, '벨렘의 마리아상'이 서 있다.

▶ 벨렘 탑

- **마차박물관**(Museu dos Coches) : 세계 최대 규모를 자랑하는 마차박물관은 제로니무스 수도원 동쪽에 있다. 건물은 1816년 완성한 네오클래식 양식의 건물이다. 1619년경부터 19세기 중엽까지의 유럽 왕실이나 귀족들 사이에서 애용된 화려한 마차를 모은 박물관이다.

  (2) **파티마**(Fatima) : 리스본 북쪽 141㎞ 지점에 있는 인구 약 7,000명의 작은 도시이다. 이 작은 도시가 유명해지고 관광객이 몰려들게 된 것은, 1917년 5월 13일 성모마리아가 발현한 기적 때문이다. 지금은 대성당이 건립되어 해마다 많은 순례자들이 이곳을 찾아 참배한다. 큰 십자가를 꼭대기에 꽂은 높이 65m의 탑이 있다.

- **성모마리아 발현 예배당**(Capela das Aparicoes) : 광장 왼쪽 성모마리아가 발현했던 자리에 세워진 예배당. 원래는 초라한 예배당이었으나 딴 건물을 덧씌워 지었으며, 수많은 참배객을 위하여 스

▶ 성모마리아 발현 예배당

피커 시설까지 해놓았다. 예배당(소성당)에는 왕관을 쓴 로사리오의 여왕(마리아)이 합장하고 서 있는 상과 마리아가 세 어린 양치기를 만나는 성단화가 서 있다.

- **성모마리아 발현 대성당**(Basilica) : 30만 명을 수용할 수 있는 광대한 광장 북쪽에 있는 네오 클래식 양식의 대성당이다. 중앙에 64m 높이의 탑이 있고, 좌우의 주랑에는 그리스도의 수난을 그린 벽화가 있다. 제단 왼쪽에는 자신타마르투와 프란시스코 마르투의 묘가 있다. 휴가철 내내 성지순례객으로 발길이 끊이지 않는 곳이다.

➡ 성모마리아 발현 대성당

(3) 나자레(Nazare) : 포르투갈 레이리아주(州)에 있는 도시로 리스본에서 북쪽으로 100㎞ 떨어진 대서양 연안에 있다. 17세기 중엽부터 어촌으로 알려져 왔으며, 화려한 색상의 독특한 옷차림과 특이한 풍습이 많다. 시내에는 성지순례성당(12세기)이 있으며, 모래펄은 포르투갈 유수의 해수욕장으로 알려져 있다.

(4) 포르투(Porto) : 오포르투(Oporto)라고도 한다. 리스본 북쪽 280㎞ 지점에 위치하며, 리스본에 버금가는 포르투갈 제2의 도시이다. 대서양으로 흘러드는 도루강 하구에 가까우며 예로부터 항구도시로서 알려져 있다.

- **포트 와인**(port wine) : 포르투에서 생산되는 와인은 전 세계적으로 유명하다. 포르투카리아 백작이 최초로 포도 모종을 들여와 포도를 재배하면서 포르투는 포도의 주산지로 알려졌다. 시내 중심을 동에서 서로 흐르는 도우루강에서는 와인을 실어 나르는 작은 배들을 볼 수 있다.

- **불사궁전**(Palacio da Bolsa) : 포르투갈 최초의 철제 건축물로, 현재는 증권거래소로 이용되고 있다. 궁 안에 있는 방 중에서 가장 유명한 곳은 아라베스크 무늬가 화려한 아랍의 방이다.

(5) 코임브라(Coimbra) : 포르투갈 중부 코임브라주(州)의 주도(州都)로 데구강(江) 하구에서 약 50㎞ 상류에 있는 구릉에 있으며 부근 농업지역의 중심지이다. 로마시대에는 아에미니움이라고 하였으며, 9세기 말 코님브리카의 주교좌를 이곳에 옮기면서 코임브라가 되었다. 9세기 말부터 이슬람교도에게 정복되었으나 1064년 카스티야의 페르난도 1세에게 빼앗겼으며, 1260년까지 새로운 포르투갈 왕국의 수도가 되었다. 포르투갈에서 가장 오래된 코임브라대학은 1290년 리스본에서 창건되어 1537년 코임브라로 옮겼다. 시인 L.V.카몽이스 등을 배출하였다.

3.1.6 스위스(Swiss)

1 국가개황

- 위치 : 유럽 중부 내륙
- 수도 : 베른(Bern)
- 언어 : 독일어, 프랑스어, 이탈리아어,
  레토-로만어
- 기후 : 지중해성, 서안해양성 기후
- 인구 : 7,591,400명(95위)
- 면적 : 41,285㎢(135위)
- 통화 : 스위스프랑(CHF)
- 시차 : (UTC+1)

유럽 국가의 국기 중에서 가장 오래된 것에 속한다. 십자는 그리스도교국가임을 뜻한다. 13세기 신성로마제국의 황제 프리드리히 2세가 슈비츠(Schwyz)주(州)에 하사하여 자유의 상징으로 삼은 기에서 유래하였다고 하며, 백십자는 14세기 무렵부터 스위스군(軍)의 기치(旗幟)로 쓰여 왔다.

2 지리적 개관

서쪽으로 프랑스, 북쪽으로 독일, 동쪽으로 오스트리아와 리히텐슈타인 공국, 남쪽으로 이탈리아와 국경을 접하고 있다.

3 약사(略史)

- BC 5세기경 켈트인 정착

- BC 1세기 중반 로마군에 대패한 뒤 급속히 로마화됨
- 5세기 게르만족의 대이동 때 서부지역에 부르군트족, 동부지역에 알라만족이 정착
- 중세에 와서 프랑크왕국, 신성로마제국의 일부가 됨
- 1291년 스위스 지역의 3인 대표가 현재의 수도 베른에 모여 자치 보존을 위해 영구 동맹을 맺음(스위스연방의 기원)
- 1795년 바젤조약에 따라 스위스는 독립을 승인받았음

4 행정구역

스위스연방은 26개의 주(칸톤)로 이루어져 있다. 그라우뷘덴주의 면적이 가장 넓으며, 인구는 취리히주가 가장 많다.

5 정치 · 경제 · 사회 · 문화

- 스위스는 연방공화국이며 23개의 칸톤(州 : 엄밀하게는 20개 주와 6개의 半州)으로 이루어져 있다.
- 연방의회는 내각에 해당하는 연방평의회, 연방법원 판사, 비상사태 시 국방군사령장관을 선출한다.
- 국민총생산은 자본주의국가 중 상위그룹에 속하며, 1인당 국민소득은 3만 4,000달러 (2006년 추정치, 구매력평가(PPP) 기준)로 세계 5~6위권에 속한다.
- 스위스프랑은 국제적으로 가장 안정된 통화 중 하나로 인정받고 있다. 스위스는 이를 바탕으로 세계금융 · 은행업에서 중심지가 되어 외국자본의 가장 안전한 피난처로서 신용을 얻고 있다.
- 스위스의 사회는 자유와 보수(保守)라는 두 요소가 특색이다. 계급적인 차별은 적으나 동업조합(同業組合)과 코뮌(공동체적 지역사회)을 중심으로 단단히 결합되어 있다.
- 스위스는 유럽대륙의 중앙에 있기 때문에 외국문화가 끊임없이 유입되고, 3대 문화권의 언어를 사용하고 있어 다채로운 문화가 형성되었다.
- 제1회 노벨평화상 수상자 앙리 뒤낭(1828~1910)은 국제적십자의 창설자이며, 3대에 걸쳐 8명의 수학자를 낸 바젤의 베르누이가(家)의 수학과, L. 오일러(1707~1783)의 광학 · 기계학 · 항해술은 오늘날 공업국의 기초가 되었다.
- 스위스는 중립국이지만 무장중립의 입장을 취하고 있기 때문에 '지키기 위한 군대'를 두고 있다.

6 음식·쇼핑·행사·축제·교통

- 치즈 퐁뒤, 미트 퐁뒤, 퐁뒤 시누아, 뢰슈티 등의 요리가 유명하다.
- 스위스가 시계의 나라인 만큼 가장 많이 보이고 또 사게 되는 것이 시계이다.
- 알프스가 있는 만큼 등산용품, 하이킹용품들도 우수한 제품을 많이 찾을 수 있고 다른 나라로 수출하지 않는 스위스 와인도 선물용으로 좋다.
- 다양한 맛과 모양의 초콜릿도 스위스에서 유명한 상품 중 하나이고 스위스 국기 표시가 있는 다용도 칼, 일명 군용칼(빅토리녹스사)도 선물하기에 좋다.
- 덥지 않은 날씨라면 스위스산 치즈도 좋은 선물이 될 것이다.
- 취리히, 루체른, 로잔국제페스티벌 및 로잔 포도수확제 등이 유명하다.

7 출입국 및 여행관련정보

- 스위스는 4개 국어를 표준으로 삼고 있으며 각 주마다 표준언어가 모두 다르다.
- 사람들은 대개 보수적이고 내성적인 경향이 있고, 자신들이 세계 최고라는 자부심을 가지고 있다.
- 최소 6개월까지 유효한 여권이 필요하며, 체류기간이 3개월 이내의 경우에는 비자가 필요하지 않다.
- 비자 없이 관광 목적으로 들어온 경우 3개월까지 체류할 수 있다. 면세 범위는 담배 400개비, 술 15% 이하는 2ℓ, 15% 이상은 1ℓ, 선물은 100프랑(스위스프랑) 이하, 담배나 술은 17세 이상만 들여올 수 있다. 무기류, 의약품, 식료품 등의 휴대 입국은 제한된다.
- 스위스 트래블 시스템에서는 광범위한 여행을 하는 사람을 위한 스위스 패스(Swiss Pass)와 한 달 내에 3~8일 동안의 무료 무제한 여행을 제공하는 스위스 플렉시 패스(Swiss Flexi Pass), 그 밖에 스위스 카드(Swiss Card), 스위스 트랜스퍼 티켓(Swiss Transfer Ticket)을 제공한다.
- 스위스의 눈 산을 구경하기 위해서는 선글라스도 필수이다.
- 스위스에 거주하지 않는 여행객의 경우 상점에서 500스위스프랑 이상의 물품을 구입하면 세금을 환불받을 수 있다. 물건을 구입할 때 면세 서류를 받아 작성하여 출국 시 구매한 제품과 서류를 세관에 제시하면 된다.
- 융프라우 등 산악지역 여행 시에는 현지 가이드의 조언에 따라 단체행동을 하고, 무리한 산행, 물놀이 등을 삼가는 것이 좋다.
- 등산열차 및 케이블카를 이용하여 높은 곳에 올라갈 때는 기압차 및 기온차가 크다는

점을 항상 유의해야 한다.

8 관련지식탐구

- **스위스 치즈** : 스위스에는 치즈도 여러 종류가 있는데 그중 에멘탈(에멘탈러, Emmental) 치즈는 스위스의 대표적 치즈로 외국사람들은 흔히 스위스 치즈라고 한다.
- **스위스 초콜릿** : 스위스 최초의 초콜릿 공장을 지은 카이에, 삼각형 모양이 유명한 토브레로네 등 메이커가 많다.
- **시계** : 로렉스와 오메가를 비롯하여 론진, 오데마, 피게, 피아제, 파틱, 피립, 프랑크 유러, 쇼팔 등의 브랜드가 있고 적당한 가격과 캐주얼한 디자인으로 젊은이들에게 인기를 끌고 있는 스와치도 있다.
- **요들과 알펜호른** : 요들은 스위스 민속음악이다. 낮은 흉성(가슴소리)과 높은 가성(팔세토)이 자주 또는 빨리 교체되는 것이 특징이다. 알펜호른은 스위스 · 오스트리아의 알프스 산계(山系) 목장에서 쓰이는 나무나 나무 껍데기를 감은 긴 나팔 모양의 악기로 짧은 것은 목장에서 신호용으로 쓰며, 긴 것은 자연배음(自然倍音)이 풍부하므로 장음계의 선율을 연주할 수 있다.
- **알프스 소녀 하이디**(Heidi, Girl of the Alps) : 스위스의 여류 아동문학가 J. 슈퍼리의 대표작이다. 「하이디의 수업과 편력시절」(1880), 「하이디는 배운 것을 유익하게 사용한다」(1881)의 2부로 되어 있다.
- **알프스** : 산을 뜻하는 켈트어 alb, alp 또는 백색을 뜻하는 라틴어가 어원인데, '희고 높은 산'이라는 의미로 사용된 것으로 추측된다. 또 오스트레일리아알프스 · 일본알프스, 영남알프스와 같이 각국의 산맥 중에도 알프스라는 이름을 붙여 높은 산맥을 나타내는 의미로 사용되는 경우도 있다. 이 중에서도 마터호른, 몬테로사, 아이거, 융프라우, 몽블랑 등이 알려져 있다.
- **영세중립**(Permanent Neutrality) : 국제법상 조약을 체결함으로써 타국으로부터 영토보전과 정치적 독립에 대한 보장을 받고 있는 나라를 영세중립국이라 하고, 이 조약을 영세중립조약이라 한다. 이와 같은 조약에 의하여 성립된 권리 · 의무 관계를 영세중립이라고 한다.

9 중요 관광도시

(1) **베른**(Bern) : 스위스의 수도(首都)이자, 베른주(州)의 주도(州都). 베른은 1191년 도시 건설자로 유명한 체링겐가(家)의 베르톨트 5세가 군사적인 요새로서 건설한 것이 기원이다.

다른 나라의 수도와는 달리 아담함이 느껴지는 도시로 우리나라 안동의 하회마을처럼 강이 한 굽이 크게 휘감아 도는 양상으로 형성되어 있다.

- **베른 구시가**(Old City of Berne) : 이 시가는 베른의 오랜 역사와 전통을 반영하듯 중세의 분위기가 물씬 풍긴다. 대부분의 건물은 본디 이 지방을 지키기 위해 구축했던 성채 자리에 세워져 있어, 지하 1층 통로에는 14세기 후반의 성벽 일부가 그대로 남아 있다. 1983년에는 세계문화유산으로 지정되었다.

- **연방의회 의사당**(Bundeshaus) : 1902년 완성된 건물로 중앙의 돔이 있는 홀과 두 개의 의회장에는 스위스 역사가 상징적으로 표현되어 있다. 초록색 둥근 지붕의 건물이다. 1848년부터 1902년까지 건설되었다. 축제나 의회가 없을 때에는 견학이 가능해서, 가이드의 설명을 들으며 관람할 수 있다.

▶ 연방의회 의사당

- **시계탑**(Zeitglockenturm) : 베른에서 가장 중요한 관광명소 중 하나로 베른에 오는 모든 관광객이 반드시 보고 가는 상징적인 관광명소이다. 베른의 첫 번째 서쪽 성문이었던 곳으로 1191년에서 1256년에 걸쳐 만들어졌다. 현재의 건물은 1770년에 개축한 것이다.

▶ 시계탑

- **곰 공원**(Baerengraben) : 베른을 건축한 체링겐 가의 베르톨트 5세가 곰이라는 뜻의 '베른'을 도시 이름으로 채택하면서 곰은 베른의 상징이 되었다. 본래는 지금의 역 자리에 있다가, 1857년에 현재의 위치로 옮겨졌다.

- **스위스 산악박물관**(Schweizerisches Alpines Museum) : 알프스의 자연이나 빙하지역의 동식물상, 알프스 등반의 역사, 장비, 산악자원의 이용, 산악지대 주민들의 미속(美俗), 스키의 역사, 스위스 산악회의 발자취 등의 자료가 지도나 도판, 사진 등과 더불어 전시되어 있으며, 특히 마터호른 등 산의 축소모형과 인터라켄을 중심으로 한 융프라우 지대의 모형 등이 볼 만하다.

　(2) 취리히(Zürich) : 스위스 취리히주(州)의 주도(州都). 취리히호(湖)의 북안에서 흘러나오는 리마트강(江)과 그 지류인 질강 연안에 위치한다. 스위스 제일의 도시이며, 도로와 철도의 결절점에 해당하여 각 방면으로 직통열차가 발착한다. 또 도심에서 11㎞ 북쪽에 있는 클로텐 비행장은 스위스 최대의 공항으로 세계 각지와 이어져 있다.

- **스위스국립박물관** : 마치 중세기의 성채와 같이 높다란 탑이 보이는 건물로 1895년에 세워졌다. 지하를 합쳐 5층의 공간에 선사시대부터 현대까지 스위스 각지의 문화재가 소

장되어 있다. 주된 전시물은 유사 이전의 석기, 중세기의 종교예술작품, 민속의장, 인형, 오르골 장식품, 완구, 무기, 가구, 민예품, 시계, 스테인 드글라스, 우편마차 등이다. 지하에는 민속용구나 구둣방, 대장간 등이 복원되어 있다.

▶ 스위스국립박물관

- **그로스뮌스터 대성당**(Grossmünster) : 스위스에서 가장 크고 중요한 로마네스크 성당으로 '종교개혁의 어머니 교회'로 일컬어지기도 한다. 이유는 스위스의 종교 개혁가 츠빙글리가 1529년부터 임종할 때까지 이곳에서 설교를 했기 때문이다. 후기 고딕양식의 두 탑과 1903년대의 청동문, 예수의 성탄을 묘사한 스테인드글라스 등이 눈길을 끈다.

▶ 그로스뮌스터 대성당

- **프라우뮌스터**(Fraumünster) : 취리히를 흐르는 리마트강가에 위치해 있는데 원래는 9세기경에 루트비히 2세에 의해 수녀원으로 지어졌다. 12세기 이후로는 고딕양식으로 변형되는데, 18세기쯤 지금의 시계탑까지 완성되었다. 성가대 뒤쪽의 스테인드글라스는 샤갈 작품으로 샤갈 특유의 회화적 표현이 잘 나타나 있다.

▶ 프라우뮌스터

- **마이센**(Missen) **도자기전시관** : 취리히에서 가장 아름답다는 로코코양식의 건물로, 국립박물관의 별관이다. 지금은 전통이 끊겼으나 18세기에 융성했던 취리히산의 선명한 도자기가 전시되어 있으며, 로코코양식의 독특하고 화려한 천장장식이 이들 전시품과 멋진 조화를 이루고 있다.

- **반호프 거리**(Bahnhofstrasse) : 중앙역 앞의 광장에서 취리히 호반에 이르는 1,300m 길이의 거리이다. 스위스뿐만 아니라 유럽 전체에서도 대표적인 고급 상가로서 시계·피혁제품·의상 등의 일류 전문점과 백화점·은행 등이 즐비하여 스위스 경제의 중추라고 할 만하다.

- **성피터 교회**(St. Peter Kirche) : 취리히의 가장 오래된 교구교회로 13세기 로마네스크양식의 거대한 탑이 세워져 있다. 탑에는 문자관이 10m에

▶ 성피터 교회

달하는 유럽에서 가장 큰 시계가 붙어 있다. 이 시계판은 유럽 최대 크기를 자랑한다. 내부에는 핑크·오렌지색의 대리석 기둥이 정교하게 치장된 벽토, 수정 샹들리에와 부드러우면서도 화려한 바로크양식의 회의장이 있다.

(3) 루체른(Luzern) : 스위스 루체른주(州)의 주도(州都). 루세른(Lucerne)이라고도 한다. 루체른호(湖)의 서안 로이스강(江)의 기점에 위치한다. 배후에는 피라투스산이 솟아 있어 알프스의 전모를 바라볼 수 있는 스위스 최대의 관광·휴양지이다. 730~735년에 베네딕트파(派) 대성당 장크트 레오데가르가 설립된 후, 이곳을 중심으로 한 생고타르 고개의 개통에 따라, 지중해 지역과의 무역 중계지로서 급속히 발전하였다.

- **카펠교(Kapellbruecke)** : 1333년에 완성되었으며 기와지붕이 있는 목조건물로 루체른의 상징이다. 길이가 200m에 달하며 지붕을 받치고 있는 기둥에는 모두 112장의 삼각형 널빤지 그림이 걸려 있는데 당시의 중요한 사건이나 루체른 수호성인의 생애 등이 그려져 있다. 17세기의 화가 하인리히 베크만의 작품으로 다리 중간에는 팔각형 수탑이 있다.

⯈ 카펠교

- **사자 기념비(Lowendenkmal)** : 자연석에 새겨져 있는 이 조각은 1792년 프랑스혁명 때 파리에서 루이 16세가 머물던 궁전을 지키다 전멸한 800명의 스위스 병사들을 기리기 위해 만들어졌다. 부르봉 왕가의 문장인 흰 백합의 방패와 스위스를 상징하는 방패를 사수하는 모습이 조각되어

⯈ 사자 기념비

있다. 마크 트웨인은 루체른의 사자상을 "세계에서 가장 슬프고도 감동적인 바위"라고 묘사했다.

- **티틀리스(Titlis)** : 해발 3,020m의 빙하 천국인 티틀리스는 6인승 곤돌라, 80인승 케이블, 세계 최초의 회전 케이블카(로테르 : Rotair)를 번갈아 타고 중부 스위스 최고 높이의 전망대에 오르게 되는데 총 45분 정도가 소요된다.

- **피카소 박물관(Picasso Museum)** : 피카소의 작품을 수집해 놓은 곳이다. 1601년 루체른 월터 암-라인(Walter Am-Rhyn)은 시청의 동쪽에 있는 석조건물을 구입했다. 1616~1618년 푸렌가제에 또 다른 르네상스식 석조건물을 짓고, 4층 회랑을 만들고 안마당을 덮어서 두 건물을 연결하였다. 암린에 의해서 시작된 박물관이기에 피카소 박물관은 암-라인 하우스(Am-Rhyn House)라고도 불린다.

- 빙하공원(Gletschergarten) : 로이스 계곡 및 루체른 일대에 남아 있는 빙하시대의 흔적을 찾아볼 수 있는 곳이다. 수만 년 전에 빙하의 바닥에 깔렸던 사암이 선명하게 드러나 있고, 빙하에 운반되어 닳은 돌이나 빙하에서 녹은 물에 의해 만들어진 이른바 '거인의 냄비'라는 32개의 구덩이 등이, 그 생성과정을 보여주는 움직이는 모형과 함께 전시되어 있다.

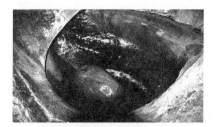
> 빙하공원 내부

- 필라투스(Pilatus) : 루체른의 상징이자 스위스 관광의 백미인 필라투스산은 세계에서 가장 가파른 톱니바퀴 열차를 타고 오르는데 그 경사가 45°나 된다. 정상에는 루체른 일대와 알프스를 조망할 수 있는 레스토랑이 있으며, 기념품 숍에서는 다양한 기념품과 선물용품을 판매하고 있

> 필라투스 정상

다. 하이킹 코스와 여름에만 가동하는 롤러코스터(1,200m)가 있다.

(4) 제네바(Geneva) : 스위스 제네바주(州)의 주도(州都). 영어로는 제네바(Geneva), 독일어로는 겐프(Genf)라고 한다. 레만호(湖)에서 론강(江)이 흘러나오는 유출구에 있으며, 취리히와 바젤에 이어 스위스 제3의 도시이다. 관광지이면서 동시에 각종 국제기관이 모여 있어 국제회의가 자주 열린다.

- 국제연합본부 : 국제연맹의 전신으로, 현재는 국제연합의 유럽 본부가 되었다. 주요한 국제회의가 없는 경우는 견학도 가능하다. 프랑스어·독일어·이탈리아어·스페인어·영어의 5개국으로 안내해 주는 가이드 투어가 있다.

- 종교개혁기념비(Monument de la Reformation) : 뇌브광장 뒤에 위치한 공원에 칼뱅을 비롯하여 파렐, 베즈, 녹스 4명의 위대한 종교 개혁자들의 동상이 서 있다. 도시의 중심부에 위치해 있는 뇌브광장에는 수많은 골동품상과 화랑, 꽃으로 아름답게 장식된 분수가 있다.

> 종교개혁기념비

- 시계박물관(Musee del' Horlogerie) : 제네바에 이주한 위그노들이 개발한 시계산업의 역사박물관이다. 15세기 이래의 모래시계와 해시계를 비롯하여 오르골 시계, 보석장식시계 등 희귀한 시계들이 수집되어 있다. 칠보나 휘황찬란한

보석으로 꾸민 시계를 보고 있노라면, 스위스 시계가 단순한 물건의 영역을 넘어선 뛰어난 예술품이라는 것을 실감하게 된다.

➡ 성피에르 대성당

- **성피에르 대성당(Cathedrale St-Pierre)** : 12세기부터 공사가 시작되어 13세기에 완공되고, 뒤이어 몇 차례 개수되면서 로마네스크양식과 고딕양식이 복잡하게 얽힌 형태를 이룬 건물이다. 그리스 신전 모양을 한 축조물은 18세기에 시공된 것이다.

1976년 대수복 때 건물의 지하에서 2050년 전의 은화가 300매가량이나 발굴되어, 현재 지하의 발굴전시관에 전시되고 있다.

- **영국공원(Jardin Anglais)** : 영국식으로 꾸며진 산책로로 인해 붙여진 이름으로 몽블랑교 옆에 위치하고 있다. 제네바에서 유명한 직경이 4m, 총 6,300송이의 꽃으로 장식된 꽃시계는 제네바가 국제적으로 고품격 시계생산의 본고장임을 말해 준다.

(5) 인터라켄(Interlaken) : 스위스 중부 베른주(州) 남동부에 있는 도시. 관광도시로 베른 남동쪽 26㎞ 지점 툰호(湖)와 브리엔츠호 사이에 위치하며, 지명은 '호수의 사이'라는 뜻이다. 베른알프스산맥의 연봉(連峰)을 바라보는 경승지로 1128년경 건설된 이래 세계적 피서지·등산기지를 이루고, 섬유·고무·시계·리큐어 공업이 활발하다.

➡ 융프라우요흐

- **융프라우요흐(Jungfraujoch)** : 유럽의 지붕인 융프라우 정상은 융프라우요흐(Jungfraujoch)라 부르며 처녀를 뜻하는 융프라우(Jungfrau)와 봉우리를 뜻하는 요흐(Joch)의 합성어다. 이름에서 느낄 수 있듯이 처녀봉인 융프라우요흐는 높이 3,454m에 이르며 눈 덮인 산봉우리와 그림 같은 호수가 몹시도 아름다운 곳이다.

- **얼음궁전(Ice Palace)** : 얼음궁전은 빙하 30m 아래에 위치한다. 거대한 얼음의 강에 굴을 뚫어 만든 얼음 궁전에는 다양한 얼음 조각들이 전시되어 있다.

- **알레치 빙하(Aletschgletscher)** : 길이 16㎞(최대 길이 26.8㎞). 평균너비 1,800m. 면적 115㎢. 알프스에서 가장 크고 긴 빙하이며 두께가 800m나 되는 곳도 있다. 융빙수(融氷水)는 마사강이 되어 론강의 상류부로 흘러들며, 수력발전에 이용된다.

(6) 바젤(Basel) : 스위스 바젤슈타트주(州)의 주도(州都). 프랑스 및 독일과 접경하는 국경도시이다. 바젤이 기록에 처음 나타난 것은 374년이었으며, 7세기에 주교청(主敎廳) 소재지가

되었고, 1501년에 스위스 연방에 가맹하였다. 서쪽으로 흘러온 라인강이 북쪽으로 방향을 바꾸는 스위스 라인란트의 입구에 위치하며, 상업·교통의 중심으로 스위스 제2의 도시이다.

- **바젤 만화미술관**(Cartoon Museum Basel) : 작은 건물이지만 세계의 유명한 만화가의 작품을 2,300점이나 전시하고 있어 인기 있는 미술관이다. 세계 모든 작가들의 작품 중에서 35개국 유명 만화가들의 작품을 전시 중이다.

- **시청사**(Rathaus) : 시장 광장에 위치한 타는 듯한 붉은 사암의 눈에 띄는 건물로 정면은 프레스코화로 꾸며져 있다. 이 시청사는 지금까지도 시정부의 청사로 이용되고 있다. 옛 시청사는 1356년 큰 지진으로 크게 훼손되어 다시 지어졌다가 동맹연방으로 들어선 후 1504년에서 1514년에 걸쳐 새로 건축되었다.

- **바젤 뮌스터**(Das Basler Muenster) : 바젤의 주요 명소로 붉은 사암 건물의 가톨릭 성당이다. 2개의 탑이 솟아난 종교개혁의 생생한 상징물로 1019년에서 1500년에 걸쳐 건축되었으며 처음에는 로마네스크양식으로 지어졌으나 후에 보수·재건하며 고딕양식이 가미되었다. 오랜 역사, 다양한 음악적·종교적 내면을 간직한 건축예술물로 시의 상징적인 건물이다. 12세기에 바젤 대주교에 의해 건축된 후 여러 번 개수되었다.

▶ 바젤 뮌스터

(7) 로잔(Lausanne) : 스위스 서부 보주(州)의 주도(州都). 국제 관광도시로, 레만호(湖)의 북쪽 호안, 쥐라산맥의 남쪽 사면(해발고도 약 380m)에 위치하며, 제네바와 더불어 프랑스어권 스위스의 중심지이다. 스위스 최고재판소, 국제올림픽위원회(IOC) 본부, 로잔대학(1891년 창립) 등이 있고, 13세기의 성당, 15세기의 성 등 역사적인 건물이 많다.

- **국제올림픽위원회**(International Olympic Committee) : 1894년에 근대올림픽대회를 총괄하기 위해서 설립되었다. 2008년 현재 가입국은 205개국이다. 총회는 매년 1회 개최하며 임원선출, 위원선정, 올림픽개최지 선정, 헌장개정 등 올림픽에 관한 중요사항의 최종적인 결정권을 갖는다. 집행위원회는 위원장과 부위원장 3명, 위원 5명으로 구성된다.

▶ 국제올림픽위원회

- **류미누 궁**(Palais de Rumine) : 리퐁누 광장에 위치한 이태리식 궁전으로 19세기 후반 네오르네상

▶ 류미누 궁

스양식의 건축물이다. 1906년에 지어졌으며 사자, 천사, 분홍빛 대리석으로 장식되어 있다. 궁전 안에는 여러 개의 박물관이 들어서 있으며, 궁전 이름은 이 지역 박애주의자의 이름을 따서 지어졌으며 파리 건축가에 의해 디자인되었다.

- **로잔 대성당**(The Cathedral of Note-Dame) : 노트르담 대성당이라고도 한다. 6세기 때 건물을 부수고 13세기에 새로 건립한 스위스의 대표적인 고딕식 건축물이다. 1275년 교황 그레고리 10세가 몸소 방문하고, 그 자리에서 합스부르크 왕가의 루돌프 1세의 대관식도 거행한 유서 깊은 성당으로서, 종교개혁 때 프로테스탄트 교회로 바뀌었다.

로잔 대성당

- **올림픽박물관**(Olympic Museum) : 올림픽의 발전과 조직의 역사를 보여주는 박물관이다. 고대 올림픽에 관한 자료, 근대올림픽의 창시자 쿠베르탱 남작의 유품, 성화 토치, 메달 등과 1896년의 제1회 아테네 대회를 비롯한 각 대회의 기념물 및 각 올림픽 종목 스포츠의 발달사 자료 등을 전시하고 있다.

- **사진 박물관**(Musee de l'Elysee) : 초기 은판 사진에서부터 최신 사진 편집까지 사진에 관해 총망라되어 있는 사진 박물관이다. 역사 깊은 저택에서 사진을 전문으로 전시하는 곳으로, 2개월마다 특별전을 개최하기도 한다. 인물·풍경·예술 사진 등 모든 종류의 사진을 전시한다.

- **레만호**(Leman Lake) : 제네바호라고도 한다. 길이 72㎞. 너비 14㎞. 면적 582㎢. 호안선 길이 195㎞. 호면 해발 372m. 평균수심 154m. 최대수심 310m. 초승달 모양을 한 알프스 산지 최대의 호수로서, 서쪽 끝의 제네바에서 론강(江)에 의하여 배수된다.

- **에르미타주 미술관**(Fondation de l'Hermitage) : 19세기와 20세기 회화 작품들이 주요 전시품으로 세 가지 주요 테마로 이루어져 있다. 로잔 전경이 보이는 언덕에 위치한 Hermitage라 불리는 땅을 사서 건축가 Louis Wenger에게 레지던스를 디자인하게 하였다. 1976년 로잔시에 기증되었고 저택은 원래 모습대로 복원되었다.

에르미타주 미술관

- **시청사** : 15세기에 세워졌다가 17세기에 종각이 달린 지금의 모습으로 바뀌고, 1977~1978년에

시청사

정면이 르네상스양식으로 재건된 건물이다. 당시 10세밖에 안 된 모차르트가 여행 도중 콘서트를 가진 적이 있다고 한다. 앞쪽의 파류광장에는 정의의 여신상의 분수가 있고, 광장과 부근의 거리는 시내에서 가장 번화한 곳이다.

- **생메르성**(Chateau St. Maire) : 구시가의 끝에 있는 성곽으로 14~15세기에 건축되어 본래 대주교의 관저로 세워졌다. 현재는 주청사로 이용되고 있으며 외벽 앞에는 독립 쟁취를 위해 반란을 일으킨 영웅 다벨기념상이 있다. 다벨은 베른으로부터 독립을 쟁취하고자 반란을 일으켰고, 1723년에 참수당했다.

▶ 생메르성

3.1.7 오스트리아(Austria)

1 국가개황

• 위치 : 유럽 중부 • 수도 : 빈(Wien) • 언어 : 독일어 • 기후 : 대륙성, 해양성기후 • 종교 : 천주교 85%, 개신교 7% • 인구 : 8,206,524명(86위) • 면적 : 83,871㎢(113위) • 통화 : 유로 • 시차 : (UTC+1)	위로부터 빨강·하양·빨강이 배치되었는데, 1191년 레오폴드 헬덴섬(Leopold Heldenthum) 공(公)이 십자군 원정 때 프톨레마이스전투(Battle of Ptolemais)에서 적군의 피를 뒤집어써, 갑옷 위에 걸친 흰 겉옷이 벨트 부분을 남기고 빨갛게 물들었다는 고사(故事)에서 유래한다.

2 지리적 개관

중부 유럽, 알프스 산맥 동부에 있는 나라이다. 수도는 빈이며, 남북 길이 300㎞, 동서 길이 약 560㎞이다. 서쪽으로 스위스와 리히텐슈타인, 북서쪽으로 독일, 북쪽으로 체코, 동쪽으로 헝가리, 남동쪽으로 슬로베니아, 남서쪽으로 이탈리아와 국경을 이루고 있다.

3 약사(略史)

- BC 8세기 무렵부터 할슈타트문화의 중심이 되어 정착한 켈트인이 BC 2세기에는 노리쿰왕국 건국
- 1세기 게르만인 오스트리아 지방으로 진출

- 4세기 그리스도교를 전파함
- 훈족의 서진(西進)으로 435~453년 아틸라의 지배를 받음
- 791~796년 오스트마르크 설치
- 962년 신성로마제국 탄생
- 14세기에는 오랜 기간에 걸친 스위스 독립전쟁으로 혼란
- 1453년 대공령으로 승격
- 1618년 30년전쟁(1618~1648) 발발
- 오스트리아 계승 전쟁(1740~1748)
- 1804년 오스트리아제국 건국
- 1867년 오스트리아-헝가리 제국 성립
- 1938년 독일에 병합됨
- 1955년 오스트리아국가조약으로 자유영세중립국으로 주권 회복

4 행정구역

오스트리아는 빈을 비롯하여 니더외스터라이히(장크트푈텐), 오버외스터라이히(린츠), 부르겐란트(아이젠슈타트), 슈타이어마르크(그라츠), 케른텐(클라겐푸르트), 잘츠부르크(잘츠부르크), 티롤(인스브루크), 폴라를베르크(브레겐츠) 등 9개 연방주로 구성되어 있다.

5 정치·경제·사회·문화

- 연방에 기초한 의회 민주주의 국가로 내각책임제를 채택하고 있다.
- 오스트리아의 주요산업은 제철업, 금속가공업, 관광산업이다. 오스트리아 경제체제에서 찾아볼 수 있는 최대의 특색은 자본주의를 기조로 하면서도 주요 기간산업의 국유화·국영화가 추진되고 있다는 점이다.
- 같은 게르만계 민족으로 독일어를 국어로 사용하고 있음에도 불구하고 독일과 오스트리아의 국민성은 차이가 크다.
- 오스트리아 문화 중 음악은 독일 음악을 바탕으로 알프스를 비롯하여 체코·슬로바키아·폴란드·헝가리·유고슬라비아·이탈리아 등 인접국들의 민속음악에서 볼 수 있는 여러 가지 요소를 받아들여 독일 음악에서는 볼 수 없는 변화 있는 리듬이나 밝은 선율을 가졌다.

- 한국과의 공식 관계는 1963년 5월 국교가 수립되면서부터 비롯되었으며, 1974년 12월 북한과 외교관계를 맺음으로써 남북한 동시 수교국이 되었다.

6 음식 · 쇼핑 · 행사 · 축제 · 교통

- 송아지고기나 돼지고기 커틀릿 빈 슈니첼(Wiener Schnitzel)이 가장 유명하다. 또 쇠고기 수육 같은 타펠슈피츠와 구야슈(각종 야채와 고기를 향신료와 함께 끓인 수프) 등도 유명한 요리이다.
- 음료로는 백포도주가 유명하다. 유명한 호이리게(Heurige) 와인은 그 해에 생산한 포도주라는 뜻으로 불티나게 팔린다. 또 라거 맥주도 유명하고 커피의 종류도 매우 다양하다.
- 특산품은 합스부르크 궁정문화가 낳은 미술공예품과 전통 자수품, 아우가르텐 도자기, 크리스틸 제품, 피혁제품, 알프스 골짜기에서 나오는 민예품 등이 있다. 또 악보나 음악서적, 음반 등은 음악의 나라 오스트리아를 느낄 수 있는 상품들이다.
- 모양과 맛이 특이한 과자, 초콜릿류도 좋고 등산 · 스키 등의 스포츠용품들도 여행자들의 시선을 끈다.

7 출입국 및 여행관련정보

- 체재기간이 6개월 이내면 비자나 여행증명서가 필요하지 않으며, 입국신고서도 작성하지 않는다.
- 오스트리아의 면세 범위는 담배 200개비, 시가 50개, 파이프 담배 200g, 와인 또는 22% 이하의 술 2ℓ, 22% 이상의 술 1ℓ, 향수 50g(1.5oz) 등이다.
- 오스트리아에는 체켄(Zecken)이라는 벌레가 있다. 독성이 없는 체켄이 더 많지만 독성 있는 체켄에게 물렸을 경우에는 아주 드물지만 극단적인 경우 사망할 수도 있다. 잔디밭이나 나무 그늘 아래 서식하는 진드기과의 작은 벌레이다. 장기체류 시 예방접종을 하는 것이 좋다.
- 대부분의 상품에는 20% 정도의 세금이 붙는데 EU 지역 외에 거주하는 관광객들은 한 번 구매가 75유로 이상인 경우 세금을 환불받을 수 있다. 돌려받는 금액은 세금의 13% 정도이다. 구입한 물품은 3개월 이내에 오스트리아에서 가지고 나가야 하며 구입한 상점(TAX FREE라고 씌어진 상점)에서 필요한 서류를 받아 출국 시 세관에서 스탬프를 받아야 한다.
- 어느 곳에서든지 쉽게 만날 수 있는 식당 겸 여관인 가스트호프(Gasthof)가 있다.

8 관련지식탐구

- **오스트리아 대표 음악가** : 모차르트(Wolfgang Amadeus Mozart : 1756. 1. 27~1791. 12. 5), 베토벤(Ludwig van Beethoven : 1770. 12. 17~1827. 3. 26), 슈베르트(Franz Peter Schubert : 1797. 1. 31~1828. 11. 19)
- **요한 슈트라우스**(Johann Baptist Strauss, 1804. 3. 14 ~ 1849. 9. 25)
- **사운드 오브 뮤직** : 1959년 11월 브로드웨이의 연극 무대에 올려진 후 1,443회의 장기 공연 기록을 세운 뮤지컬을 영화화한 작품이다.

9 중요 관광도시

(1) 빈(Wien/Vienna) : 오스트리아의 수도이자 도시 자체가 하나의 주 단위로 분류되어 있다. 오스트리아의 북동쪽, 도나우(Donau)강변에 위치한다. 영어로는 비엔나(Vienna), 체코어로는 비덴(Videň), 헝가리어로는 베치(Becs)라고도 한다. 도나우강(江) 상류 우안에 있는 유럽의 고도(古都)로, 지금도 중부 유럽에서 경제·문화·교통의 중심지를 이룬다. 수백 년 동안 대제국의 수도였으며 지리적 이점 때문에 정치의 중심지를 이루었다.

- **슈테판 대성당**(Stephansdom) : 137m에 달하는 첨탑이 있는 거대한 사원으로 오스트리아 최대의 고딕양식 건물이다. 그 웅장함에서 신에 대한 간절한 믿음과 노고의 땀을 엿볼 수 있다. 빈의 상징으로 65년의 공사기간을 거쳐 약 1359년에 완성되었다. '빈의 혼(魂)'이라고 부를 정도로 빈의 상징으로 꼽힌다.

➡ 슈테판 대성당

- **슈베르트생가**(Schubert Geburtshaus) : 1797년 1월 31일에 초기 독일낭만파의 대표적 작곡가인 슈베르트가 태어난 곳이다. 빈의 누스도르퍼슈트라세(Nussdorferstrasse) 54번지에 있는 2층집이며, 옛 모습이 그대로 재현되어 있다. 슈베르트와 동 시대를 산 유명한 작가 아달베르트 슈티프터(Adalbert Stifter)의 기념관이 한구석에 있다.
- **빈대학**(Universität Wien) : 세계에서 가장 오래된 독일어권 대학. 1365년 합스부르크왕가(家)의 루돌프 4세에 의하여 설립되었다. 1520년에는 독일어권 대학 중에서 가장 많은 학생을 수용하기에 이르렀으나 종교개혁의 영향으로 급격히 쇠퇴하여 1623년에 예수회에서 인수하였다.
- **중앙 묘지**(Zentralfriedhof) : 일명 음악가의 묘지라고도 한다. 빈에 있는 시립묘지로, 1874년 조성하였다. 처음에는 시내에 흩어져 있는 5군데의 묘지를 한데 모으려고 하였으나

시민들의 관심이 적어 여의치 않자 1881년 이곳에 루트비히 판 베토벤, 슈베르트 등 유명인들의 묘지 이장을 법으로 정하고 추진하면서 점차 실현되었다.

▶ 중앙 묘지

- **쇤브룬 궁전**(Schloss Schönbrunn) : 합스부르크 왕가의 여름 궁전으로 매우 화려한 외관을 가지고 있다. 쇤브룬이라는 이름은 1619년 마티아스 황제가 사냥도중 아름다운 샘(Schoenner Brunnen)을 발견한 데서 유래하고 있다. 왕궁 정원은 약 1.7㎢에 달하는 바로크양식으로 단장되어 있으며, 아름다운 다수의 분수와 그리스 신화를 주제로 한 44개의 대리석상들이 있다.

▶ 쇤브룬 궁전

- **케른트너 거리**(Kerntner Strasse) : 비엔나 관광의 시작점이라고 할 수 있는 거리이다. 세계적으로 유명한 국립 오페라하우스에서 시작하여 슈테판 대성당 광장에 이르는 비엔나의 중심가로 고품질의 상품들이 진열되어 있는 상점들이 즐비하며 보행자 전용거리인 그라벤과 콜마르크트로 이어진다.

▶ 케른트너 거리

- **국립오페라극장**(Staatsoper) : 유럽 3대 오페라 극장 중의 하나로 공연 횟수는 파리·밀라노보다 약 3배 이상 많은 것으로 알려져 있다. 장려한 외부에 어울리게 내부도 고블란의 태피스트리와 모차르트의 마적을 주제로 한 프레스코화로 장식되어 화려한 분위기를 느낄 수 있다.

- **프라터 공원**(Prater Park) : 빈의 중심지에서 가장 큰 규모의 공원으로 〈비포 썬라이즈(Before Sunrise)〉

▶ 국립오페라극장

영화에 나왔던 대관람차가 있는 곳이다. 앞서 말한 140년의 역사를 가진 schweiaerhaus의 대관람차가 유명하며, 각종 놀이시설을 만날 수 있다. 도나우강가에 있는 넓이 6,144㎢의 도시공원으로, 빈의 중심지에 있는 여러 공원 가운데 규모가 가장 큰 곳이다.

- **벨베데레 궁전**(osterreichische galerie belvedere) : 사보이 오이겐 왕자의 여름저택으로 오스트리아에서 가장 아름다운 바로크양식의 궁전 중 하나이다. 프랑스의 베르사유궁전에

자극되어 당시 독일·오스트리아에 많이 세운 바로크양식의 대표적인 대궁전으로 방이 1,441개나 되며, 그 대부분은 로코코양식의 실내장식으로 꾸며져 있다.

- 빈자연사박물관(The Museum of Natural History) : 영국의 유명한 저널지 *Sunday Times*에서 선정한 전 세계 10개의 박물관 중 한 곳으로 선택된 이곳은 그 일류급 그룹 중에서 유일한 과학박물관이다. 1750년부터 합스부르크 왕가의 수집보관 장소로 사용되었다.

▶ 벨베데레 궁전

▶ 빈자연사박물관

(2) 잘츠부르크(Salzburg) : 오스트리아의 서부에 있는 잘츠부르크주(州)의 주도(州都). 독일과 오스트리아를 잇는 잘차흐(Salzach)강을 끼고 있으며 알프스 산맥의 북쪽 경계에 위치한다. 독일의 뮌헨(München)에서 동쪽으로 약 150㎞ 가량 떨어져 있으며, 오스트리아의 수도 빈(Wien)에서는 약 300㎞ 정도 떨어져 있다.

- 호헨잘츠부르크성(Festung Hohensalzburg) : 1077년 게브하르트 대주교가 창건한 웅장한 중세고 성(古城)이다. 높이는 120m이며, 구시가지 남쪽의 뮌히스베르크 언덕에 우뚝 서 있어 도시 어디에서나 잘 보인다. 가톨릭에 관련된 잘츠부르크의 여러 성과 교회 가운데에서도 중요한 역사적 의미를 지닌다.

▶ 호헨잘츠부르크성

- 모차르트 생가(Mozarts Geburtshaus, Mozart's Birthplace) : 1756년 1월 27일에 '음악의 신동(神童)' 볼프강 아마데우스 모차르트가 태어난 집으로, 잘츠부르크에서 가장 번화한 게트라이데 거리(Getreidegasse) 9번지에 있다. 현재 이곳에는 모차르트가 사용했던 바이올린과 그의 자필 악보, 가족 초상화, 서신 등이 전시되어 있다. 1층에는

▶ 모차르트 생가

그가 생전에 사용하던 침대, 피아노, 악보 등이 2층에는 모차르트와 그의 오페라, 3층에는 모차르트의 가족들, 4층에는 잘츠부르크에서 생활하던 당시의 모습을 소개하고 있다.

- 미라벨 정원(Mirabell Gardens, Mirabellgarten) : 미라벨 궁전은 1606년 볼프 디트리히 대주교가 사랑하는 여인 살로메를 위해 지었으며, 당시는 알트나우라고 불렀다. 후임자인 마르쿠스 시티쿠스 대주교가 지금의 이름으로 바꾸었다. 정원은 1690년 바로크 건축의 대가인 요한 피셔 폰 에를라흐(Johann Fischer von Erlach)가 조성하였다.

➡ 미라벨 정원과 궁전

- 게트라이데 거리(Getreide Strasse) : 잘츠부르크 시내 중심인 슈타츠(Staats) 다리를 지나 동서로 뻗어 있다. 도시의 상징인 호헨잘츠부르크성(城)을 향하여 아름다운 쇼핑가를 이루고 있으며, 잘츠부르크의 문화적 특성과 매력이 함축되어 있다. 거리 양쪽으로 보석가게, 꽃집, 옷가게 등과 레스토랑, 커피숍 등이 즐비하게 들어서 있다.

- 호헨베르펜 어드벤처 요새(Hohenwerfen Abenteuer Festung) : 11세기에 처음 건축된 호헨베르펜 요새는 하겐과 텐넨산줄기가 만들어낸 잘자크 계곡(Salzach Valley) 155m 암반 정상에 자리 잡고 있다. 여러 번의 확장과 보수작업으로 요새는 역사적인 잘츠부르크 매 훈련센터와 매 전문조련사들의 공연, 다양한 이벤트로 명실공히 어드벤처 성의 모습을 갖추게 되었다.

- 옥외농촌박물관(Salzburg Open-Air Museum) : 16세기부터 20세기 잘츠부르크지역의 전원 가옥과 생활방식 등이 전시되어 있는 옥외박물관은 운터르스베르크(Untersberg) 국립보호지역 내에 자리 잡고 있다. 60여 개의 농가, 헛간, 제재소, 기능공의 오두막, 옛 트랙터, 증기엔진, 양조장, 알프스산맥의 목장 등이 전시되어 있으며, 500여 년이 넘은 것도 있다.

➡ 옥외농촌박물관

- 레지덴츠(Residenz) : 볼프 디트리히 주교가 잘츠부르크의 부귀영화를 꿈꾸며 정치와 종교를 이끌어 가던 곳. 레지덴츠는 구시가의 중심으로 12세기에 짓기 시작하여, 16~18세기 동안에 재건되었다. 이 대사교의 궁전 내부에는 사교의 방(Residenz Prunkrame : State Room)과 레지덴츠 갤러리(Resodemz Galerie)가 있다.

- 베르펜(Werfen) : 자연의 신비를 고스란히 간직하고 있는 베르펜은 세계에서 가장 큰 규모의 얼음동굴로 유명한 마을이다. 20m 넓이, 18m 높이의 입구를 통과하면 42㎞ 길이의 동굴이 나온다. 여름에 동굴 내부의 기온은 섭씨 0℃를 유지하기 때문에 한 시간이 넘는 동안 진행되는 동굴 투어를 위해 따뜻한 옷과 신발을 준비해 가는 것이 좋다.

(3) **인스브루크**(Innsbruck) : 오스트리아 서부 티롤주(州)의 주도(州都). 해발 574m 높이에 형성된 도시이고, 잘츠부르크(Salzburg)에서 남서쪽으로 140㎞ 정도 떨어져 있다.

- **개선문** : 마리아 테레지아가 둘째 아들 레오폴트 대공과 스페인 왕녀의 결혼을 기념하기 위해 1765년에 세운 것인데, 때를 같이하여 남편 프란츠 슈테판이 사망하자 북쪽에는 '죽음과 슬픔'을, 남쪽에는 '삶과 행복'을 주제로 하여 각각 조각을 새겨 넣도록 한 것이다.
- **황금지붕**(Das Goldene Dach) : 헤르초크 프리드리히 거리의 막다른 곳에서 인스브루크의 상징인 양 금빛 찬란하게 빛나고 있는 지붕이다. 16세기에 황제 막시밀리안 1세가 광장에서 개최되는 행사를 구경하기 위해 만든 발코니 위에 설치한 지붕이다. 궁전건물의 5층에서 내민 지붕은 2,657개의 금박 타일로 만들어졌다. 발코니에는 여덟 영주의 문장, 황제상, 왕비상 등이 부조되어 있으며 벽은 프레스코화로 장식되어 있다. 내부는 동계올림픽 박물관으로 사용되고 있다.

황금지붕

- **마리아 테레지아 거리**(Maria-Theresien-strasse) : 인스브루크시를 가로지르는 중심 거리로 북쪽에 보이는 인스브루크를 내려다보는 Nordkette산의 바위벽의 풍경이 이 거리에서의 산책을 흥미롭게 한다. 이 거리는 도시는 남북으로 가르고 있으며 시내관광을 시작하기에 좋은 장소이다. 그저 지나가는 티롤지역 복장을 한 행인들을 바라보는 것만으로도 오후 한때를 여유롭게 보낼 수 있는 이 거리에는 많은 17~18세기 양식의 가옥들이 고풍스러움을 더한다.
- **왕궁**(Hofburg) : 1460년에 뮌츠라이히의 대공 지그문트 때 고딕양식으로 세워진 궁전을 1777년에 마리아 테레지아의 명령으로 로코코식으로 개축(1754~1973)한 것이다. 왕궁 내부에 전시되어 있는 마울베르취의 천장 프레스코와 당시 유럽 제일의 미녀로 꼽혔던 오스트리아 왕비 엘리자베트의 등신대 초상화가 특히 기품 있다.

왕궁

- **스와로브스키 크리스탈 월드**(Swarovski Kristallwelten) : 스와로브스키의 매력을 체험할 수 있는 곳이다. 우리가 잘 알고 있는 많은 작가들 – 살바도르

스와로브스키 크리스탈 월드

달리, 케이트 하링, 니키 데상팔레, 그리고 팝아티스트인 앤디 워홀 등 - 의 크리스털 작품들을 만날 수 있다. 기묘한 설계와 건축은 오스트리아를 대표하는 예술가인 앙드레 헬러의 작품이다.

- **헬블링하우스**(Helblinghaus) : 황금지붕 앞에 있는 화려한 꽃무늬의 회반죽장식 건물이다. 원래는 1560년에 세워진 후기 고딕양식의 건물이었는데 1730년에 현재와 같은 로코코식 건축으로 바뀌었다. 귀족의 저택이었으나 가톨릭 교회의 집회소로도 쓰였다. 발코니 장식이 호화로우며 4층 창턱 아래에 성화의 둥근 액자가 화려한 장식 가운데 박혀 있다.

3.1.8 이탈리아(Italy)

1 국가개황

- 위치 : 유럽 중남부
- 수도 : 로마(Rome)
- 언어 : 이탈리아어
- 기후 : 온화한 지중해성 기후
- 종교 : 90% 이상이 가톨릭교도
- 인구 : 58,103,033명(25위)
- 면적 : 301,336㎢(71위)
- 통화 : 유로
- 시차 : (UTC+1)

'이탈리아 3색기'라고 한다. 왼쪽부터 초록·하양·빨강의 3색기로 프랑스의 국기를 모방하여 만들었는데, 의미도 똑같이 '자유·평등·박애'이다. 3색이 아름다운 국토(초록), 알프스의 눈과 정의·평화의 정신(하양), 애국의 뜨거운 피(빨강)를 나타낸다는 설도 있다. 1796년 나폴레옹 1세가 이탈리아에 공화국을 설립한 후 3색기를 국기로 제정하였다.

2 지리적 개관

남유럽의 공화국이며 북쪽으로 스위스와 오스트리아, 동쪽으로 슬로베니아와 아드리아해, 남쪽으로 이오니아 해와 지중해, 서쪽에 티레니아 해와 리구리아 해 및 지중해, 북서쪽으로 프랑스와 닿아 있다. 이탈리아 반도로 이루어진 본토 외에도 사르데냐 섬, 시칠리아섬 등의 섬이 이탈리아 영토이다. 이탈리아 영토로 완전히 둘러싸인 독립국으로 산마리노와 바티칸이 있다. 주요 도시로는 수도인 로마를 비롯하여, 밀라노, 제노바, 나폴리, 베네치아, 토리노 등이 있다.

3 약사(略史)

- 초기 7왕국 시대(BC 753~509) : BC 8세기경부터 라틴과 사비나 도시국가를 병합하여 에투르스키 왕조를 포함한 7왕국 시대 형성
- 로마공화정시대(BC 509~27) : 귀족을 중심으로 원로원을 구성하였으며 원로원이 매년 선

출하는 2명의 집정관(consul)이 통치
- 로마제정시대(BC 27~AD 476)
- 중세 도시국가 시대 : 도시국가의 형성과 르네상스(11~16세기), 도시국가의 쇠퇴(16세기 ~19세기 초)
- 이탈리아 국가통일(19세기 초) : 1870년 이탈리아 반도를 통일
- 파시스트 정권 시대(1924~1944) : 1923년 무솔리니가 이끄는 파시스트 정권 대두
- 1946년 6월 제헌의회 구성, 국민투표 실시 후 1948년 1월 1일 공화국 헌법을 정식 공포

- 기민당 주도 연립정부시대(1948~1994) : 1948년에 공포된 공화국 헌법은 내각책임제를 채택

4 행정구역

이탈리아는 라치오주, 롬바르디아주, 리구리아주, 마르케주, 몰리세주, 바실리카타주, 발레다오스타주, 베네토주, 사르데냐주, 시칠리아주, 아브루초주, 에밀리아로마냐주, 움브리아주, 칼라브리아주, 캄파니아주, 토스카나주, 트렌티노알토아디제주, 풀리아주, 프리울리베네치아줄리아주, 피에몬테주 등 20개의 주(Regione)로 구성되어 있다.

5 정치 · 경제 · 사회 · 문화

- 입법부로서는 의회가 있으며 원로원(元老院)은 국왕이 임명하는 의원으로 구성되고 중의원(衆議院)은 선출직 의원으로 구성되어 있다.
- 의회는 양원제를 취하며 정부의 각원(閣員)은 의회의 신임을 재직(在職)의 조건으로 한다. 대통령은 의회 양원의 의원과 각주 대표자로 이루어진 회의에서 비밀투표로 선출되며 임기는 7년이다.
- 이탈리아는 유럽연합 내에서 프랑스에 이은 제2의 농업생산국이다. 주요 농산물은 육류 · 채소류 · 과일 · 포도 · 사탕무 · 감자 · 콩 · 밀 · 곡류 · 올리브 · 유제품 등이며 특히 포도주와 올리브유가 주요 특산물이다.

- 지형적으로나 지질적으로나 이탈리아의 북과 남은 상이하다. 전자가 유럽 대륙의 일부라고 하면 후자는 아프리카 대륙의 일부를 이루고 있는 것으로 간주된다.
- 예술과 학술은 라틴정신인 리얼리즘을 기조로 하고 가톨릭교의 영향을 받아 발전한 것이 특징이다.
- 이탈리아는 선사, 고대로부터 현대에 이르기까지 전국적으로 풍부한 문화유산을 갖고 있어 이들을 보기 위한 관광객이 전 세계에서 몰려든다. 가는 곳마다 미술관이나 박물관이 있는데 이들 모두가 유적지이다.

6 음식 · 쇼핑 · 행사 · 축제 · 교통

- 북부는 쌀 · 버터 · 치즈를 이용한 요리, 남부는 피자 · 파스타, 올리브 오일을 이용한 요리가 많다.
- 음식점의 종류로는 사람들이 가장 많이 애용하는바, 아이스크림을 파는 젤라테리아, 피자 전문점인 피차리아, 셀프 서비스로 간단한 요리를 먹을 수 있는 카페테리아, 대중식당인 트라토리아, 고급 레스토랑인 리스토란테가 있다.
- 이탈리아는 고급 의류, 가죽제품, 도자기 등이 유명하다.
- 이탈리아 사람들은 가게에 들어가 이것저것 뒤져 보는 것을 별로 좋아하지 않는 편이므로 주의하도록 한다.
- 바카날리아(Bacchanalia), 젠차노의 꽃축제(The Flower Festival at Genzano), 베네치아 카니발(Venezia Carnival), 베로나오페라축제(Arena di Verona Opera Festival), 산레모 음악제 등이 유명하다.

7 출입국 및 여행관련정보

- 이탈리아는 3개월 이내 관광여행의 경우 비자가 필요 없다. 입국 시 여권만 제시하면 된다.
- EU 이외의 지역에서 입국하는 여행객이 면세로 들여올 수 있는 물품은 담배 200개비, 술 1ℓ, 와인 2ℓ, 홍차 100g, 커피 500g, 인스턴트 커피 200g, 향수 60㎖이다.
- 이탈리아의 치안 상태는 좋은 편이 아니다. 이탈리아에는 소매치기와 날치기, 사기꾼이 많다는 것을 알고 조심해야 된다.
- 구입한 모든 상품과 서비스에 19% 정도의 세금이 붙는다. EU 국가가 아닌 다른 나라에서 온 여행자들은 호텔과 차 대여, 오락, 음식, 교통비를 제외하고 환불을 받을 수 있는데 155유로 이상의 상품을 구입한 경우만 가능하다.

- 역의 화장실은 모두 유료이다. 남성은 'Uomini'라고 표기하고, 여성은 'Donue'라고 표기되어 있다. 때로는 남성을 'Signore', 여성을 'Signora'라고 표시하는 곳도 있다.
- 바티칸 관광 때는 소매가 없는 옷이나 배꼽티, 미니스커트, 반바지, 샌들 차림의 복장을 했을 경우 입장이 금지되니 주의해야 한다.

8 관련지식탐구

- **팔라초(palazzo)** : 우리말로는 '궁전'이라고 표시하는데, 팔라초란 중세 이탈리아의 도시국가시대에 세워진 정청(政廳)이나 귀족의 저택을 말한다.
- **마피아(Mafia)** : 마피아는 이탈리아를 그림자처럼 군림해 왔으며 거대한 경제조직으로 국제적으로는 최고의 힘을 유지하고 있다.
- **피자(pizza)** : 토마토소스와 치즈를 얹은 이탈리아 빵요리. '납작하게 눌려진' 또는 '동그랗고 납작한 빵'을 의미하는 그리스어(語) 피타(Pitta)에서 유래되었다는 설과, 'a point'라는 영어 단어에서 유래되었다는 설이 있다.
- **파스타(Pasta)** : 물과 밀가루를 사용하여 만드는 이탈리아 국수요리로 피자와 함께 이탈리아를 대표하는 음식이자 이탈리아 사람들의 주식이다.
- **칸초네(canzone)** : 이탈리아의 포퓰러송을 말한다. 전통적인 칸초네의 특징은 멜로디가 밝고 누구나 쉽게 부를 수 있으며 내용도 단순하고 솔직하게 표현한 사랑의 노래가 많은 데 있다.
- **세리에 A(Serie A)** : 4부로 구성된 이탈리아 프로축구 리그 가운데 1부리그를 가리킨다. 대중적인 인기와 선수들의 실력, 연봉 면에서 세계 최고의 수준을 갖추어 프로축구의 '꿈의 무대'라고 일컬어진다.
- **르네상스 3대 거장** : 라파엘로(Raffaello Sanzio/Raffaello Santi : 1483. 4. 6~1520. 4. 6), 미켈란젤로(Michelangelo Buonarroti : 1475. 3. 6~1564. 2. 18), 레오나르도 다 빈치(Leonardo da Vinci : 1452. 4. 15~1519. 5. 2)를 말한다.
- **포룸(forum)** : 고대 로마 도시의 공공광장으로 공공 건축물에 둘러싸여 그리스의 아고라와 같이 집회장이나 시장으로 사용되었다.
- **로마신화(Roman mythology)** : 고대 로마인이 섬기던 신들에 관련된 설화의 총칭. 엄밀한 의미에서의 로마신화는 없는 것이나 마찬가지이다. 물론 고대 로마 고유의 신화가 없었던 것은 아니지만 그것은 소멸되고 말았다.
- **로마제국의 황제** : 아우구스투스(Gaius Iulius Caesar Octavianus Augustus : 기원전 27년~14년)를 비롯하여 네로(Tiberius Claudius Nero Domitianus Caesar : 54년~68년), 베스파시아누스(Titus Flavius Vespasianus : 69년~79년), 트라야누스(Marcus Ulpius Nerva Traianus : 98년~117년) 등 74명의 황제로 이어진다.

- **베르디**(Giuseppe Verdi : 1813. 10. 10~1901. 1. 27) **오페라** : 그의 오페라는 19세기 전반까지의 이탈리아오페라의 전통 위에서 극과 음악의 통일적 표현에 유의하면서도 독창의 가창성을 존중하고 중창의 충실화와 관현악을 연극에 참여시키는 문제 등에서 남보다 한 걸음 앞서 있었다. 아이다, 리골레토, 라 트라비아타, 일트로바토레, 나부코, 돈카를로스, 가면무도회, 운명의 힘 등 유명작품이 있다.

- **메디치가**(Medici family) : 르네상스시대의 이탈리아를 대표하는 명가(名家). 이탈리아 르네상스의 보호자로서뿐만 아니라, 당시 유럽 굴지의 금융업자로서, 또 피렌체공화국과 토스카나공국(公國)의 지배자로서 유명하다.

9 중요 관광도시

(1) **로마**(Rome) : 이탈리아의 수도. 중부의 아펜니노산맥에서 발원하는 테베레강(江) 하류에 면하며 주로 홍적대지로 이루어진 구릉지대에 자리 잡고 있다. 시의 중심부이며 또 로마가 기원한 티베리나섬 부근은 테베레강 하구에서 약 25㎞ 떨어진 곳에 있다.

- **원형 경기장, 콜로세움**(Colosseum) : 우리나라에서도 많이 알려진 로마의 상징이며 거대한 원형경기장으로 당시 로마인들의 생활상을 엿볼 수 있는 대표적인 건축물이다. 정식으로는 '플라비우스 원형극장'이라고 한다. 플라비우스 황제 때 세워진 것으로 베스파시아누스 황제가 착공하여 80년 그의 아들 티투스 황제 때 완성하였다.

▶ 콜로세움

- **포로 로마노**(Foro Romano) : 포룸은 고대 로마 도시의 공공광장을 말하는데, 공공 건축물에 둘러싸여 그리스의 아고라와 같이 집회장이나 시장으로 사용되었다. 로마의 중심지로서 로마제국의 발전과 번영 그리고 쇠퇴와 멸망이라고 말하는 로마 2500년의 역사의 무대가 되었고, 중심이 되는 곳을 제외한 많은 건물들이 283년에 대화재로 소실되었다.

▶ 포로 로마노

- **트레비분수**(Fontana di Trevi) : 분수의 도시로 알려진 로마의 분수 가운데서도 가장 유명하다. 이 분수에 동전을 던지면 다시 로마로 돌아올 수 있게 된다는 전설을 갖고 있어서, 많은 사람들이 로마로 돌아오길 소원하며 동전 던지는 모습을 쉽게 볼 수 있다. 분수의 아

름다운 배경은 나폴리 궁전의 벽면을 이용한 조
각으로 이루어져 있다.

- **카라칼라대욕장**(Terme di Caracalla) : 3세기 초,
217년에 카라칼라 황제 시대에 지어진 것으로
알려진 이 욕장에는 한번에 1,600명이 들어갈
수 있는 규모로 만들어지고 나서 300년간 사용
되었다고 한다. 냉수, 미온수, 고온수의 욕탕에
사우나, 헬스장에 도서관, 운동장, 오락실, 휴양
실, 정원, 집회실까지 있는 최대크기의 복합시설
이었다고 한다.

- **판테온**(Pantheon) : 판테온은 범신전(汎神殿), 만신
전(萬神殿)으로도 번역되며, 모든 신들을 모시는
신전을 의미한다. 118~128년경 하드리아누스
황제가 세운 로마 최대의 원개(圓蓋) 건축물이다.

- **아피아 가도**(Via Appia) : 고대 로마의 가장 중요
한 도로로 길이 50㎞, 너비 8m인 로마의 켄소르
(감찰관) 아피우스 클라우디우스 카이쿠스가 BC
312년에 건설을 시작한 도로이며, 도로명은 그
의 이름을 따서 붙인 것이다. 처음에는 로마와
카푸아 사이였으나 BC 240년경 브룬디시움(브린
디시)까지 연장되었다.

- **카타콤**(Catacomb) : 초기 그리스도교도의 지하묘
지. 특히 로마 근교에 많다. 카타콤은 원래 그리
스어 '카타콤베'로 '낮은 지대의 모퉁이'를 뜻하
며, 로마 아피아 가도(街道)에 면(面)한 성(聖)세바
스찬의 묘지가 두 언덕 사이에 있었기 때문에 3
세기에 이 묘지의 위치를 표시하기 위해 이 이
름을 사용하게 되었다.

- **진실의 입**(Bocca della Verita) : 코스메딘 산타 마
리아 성당의 입구 한쪽 벽면에 진실을 심판하는
입을 가진 얼굴 모양의 원형석판이 있는데 이것
이 바로 진실의 입이다. 이 원형 석판은 해신 트

⬛ 트레비분수

⬛ 카라칼라대욕장

⬛ 아피아 가도

⬛ 카타콤

⬛ 진실의 입

리톤의 얼굴을 조각한 것이라고 한다. 보카(Bocca)는 입, 베리타(Verita)는 진실을 의미한다. 원형 석판은 해신 트리톤의 얼굴을 조각한 것이라고 한다.

- 바티칸 시티(State della citta del vaticano) : 1929년 라테란(Laterano) 협정을 통해 이탈리아로부터 교황청 주변지역에 대한 주권을 이양받아 안도라, 산마리노와 함께 세계 최소의 독립국이 되었다. 이곳은 전 세계 가톨릭의 총본산이라는 성스러운 의미 외에도 미켈란젤로의 불굴의 명작인 <천지창조>와 라파엘로의 <아테네 학당> 등 책에서만 볼 수 있었던 훌륭한 예술작품들을 직접 감상할 수 있는 이탈리아 미술의 보고이기도 하다.

▶ 바티칸 박물관

- 바티칸 박물관(Musei Vaticani) : 세계 3대 박물관으로 알려져 있으며, 바티칸의 산피에트로 대성당에 인접한 교황궁 내에 있는 박물관이다. 역대 로마 교황이 수집한 방대한 미술품·고문서·자료를 수장(收藏)하였으며, 미켈란젤로, 라파엘로 등의 대화가에 의한 내부의 벽화·장식으로도 유명하다.

▶ 성베드로 대성당

- 산피에트로 대성당(San Pietro Basilica) : 성베드로 대성당이라고도 한다. 가톨릭의 총본산으로서 유럽 역사에 중요한 역할을 하였다. 성당 내부의 6만 명을 수용하는 거대한 홀은 길이가 현관을 포함하여 211.5m이며, 천장 높이는 45.44m이다. 미켈란젤로의 걸작인 베드로 성당의 돔은 전 세계에서 가장 큰 것이다.

▶ 성베드로 광장

- 성베드로 광장(Piazza San Pietro) : 산피에트로 광장이라고도 한다. 이탈리아 바로크양식의 거장인 화가·조각가 베르니니(Giovanni Lorenzo Bernini)가 1656년 설계해, 12년 만인 1667년 완공하였다. 입구에서 좌우로 안정된 타원꼴이며, 가운데서 반원씩 갈라져 대칭을 이룬다. 좌우 너비는 240m로 30만의 군중을 수용할 수 있다.

- 시스티나 예배당(Capella Sistina) : 궁전의 가장 뒤에 있으며 이곳은 교황 궐위 시 새 교황을 선

▶ 최후의 심판 그림

출할 때 추기경들이 모여 선거하는 곳으로 유명한 곳이다. 시스티나 예배당은 1475년에서 1483년 사이에 건축됐다. 율리우스 2세의 명에 의해 미켈란젤로가 천장과 나머지 벽화를 그렸다. 성당의 규모는 길이 40.23m, 폭 13.41m, 높이 20.73m이다.

(2) 나폴리(Napoli) : 이탈리아 캄파니아주(州)의 주도(州都). 영어로는 네이플스(Naples)라고 한다. 로마·밀라노 다음가는 이탈리아 제3의 도시이다. 나폴리만(灣) 안쪽에 위치하는 천연의 양항으로, 배후는 베수비오 화산의 서쪽 기슭까지 이르고 있다.

- 레알레 왕궁(Palazzo Reale) : 성의 서쪽에 있는 궁전으로 1602년에 세워졌다. 하지만 실제로 나폴리왕이 궁전으로 사용한 것은 1734년 부르봉왕가 때부터이다. 내부에는 대대로 내려오는 왕가의 가재도구와 미술품들의 컬렉션을 보존 전시하는 왕궁 미술관이 있으며, 건물의 대부분은 국립도서관으로 사용되고 있다.

▶ 레알레 왕궁

- 산타루치아항구(Porto di Santa Lucia) : 나폴리 민요 산타루치아로 유명한 곳이다. 원래는 한적한 어촌이었으나 지금은 일류 호텔이 늘어선 관광명소이다. 황혼 무렵에 항구를 바라보면 카스텔 델로보가 석양에 반짝이는 모습이 인상적이다.

- 카프리(Capri)섬 : 고대 로마시대에서 아우구스투스제 등 역대의 황제가 별장지로 삼을 정도로 아름다운 섬으로 알려져 있다. 신석기시대부터 인류가 거주한 흔적이 있으며 로마시대에 있었던 등대의 터도 남아 있다. 15세기에 해적을 피하여 고지에 형성된 취락이 현재 섬에 있는 카프리·아나카프리 2개 도시의 기원이다.

▶ 카프리섬

- 플레비시토 광장(Piazza del Plebiscito) : 나폴리 시내 중심부에 있는 반원형의 광장으로 왕궁과 산프란체스코 디 올라 교회의 열주로 둘러싸여 있다. 광장 중앙에는 부르봉왕가의 페르난도와 까를로 3세의 상이 있으며 교회는 1864년에 신고전주의 양식으로 건축되어 있다.

- 산마르티노 국립박물관(Museo Nazionale di San Martino) : 1368년에 세워진 칼트지오 수도원의 승원이었던 것을 개축하여 1866년 박물관으로 개관하였다. 약 80개의 각 방에는 나폴리에 관한 역사와 예술품, 생활상을 그린 자료와 회화, 미술품 등이 전시되어 있다. 특히 그리스도의 탄생장면을 인형으로 묘사한 프레세피오(presepio)가 눈길을 끈다.

- **카스텔 누오보**(Castel Nuovo) : 나폴리의 상징적인 존재로 '새로운 성'이란 뜻이다. 1282년 프랑스 앙주 가문의 샤를이 세운 4개의 탑을 가진 프랑스풍의 성이다. 15세기 때 스페인의 아라곤 왕국이 앙주가문을 격파하고 이 성을 개축하면서 오른쪽의 두 탑 사이에 개선문을 세웠다.

➡ 카스텔 누오보

(3) 폼페이(Pompeii) : 이탈리아 남부 나폴리만(灣) 연안에 있던 고대 도시. 지금은 내륙(內陸)이 되었으나, 당시에는 베수비오 화산의 남동쪽, 사르누스강(江) 하구에 있는 항구도시였다. 비옥한 캄파니아 평야의 관문에 해당하여 농업·상업 중심지로 번창하였으며, 제정(帝政)로마 초기에는 곳곳에 로마 귀족들의 별장들이 들어선 피서·피한의 휴양지로서 성황을 이루었다.

- **대극장**(Great Theatre) : 로마에 남아 있는 콜롬세움과 비슷한 모습이다. 이것은 BC 80년에 지어진 것으로 로마인들이 가장 좋아했던 여흥거리였던 노예 검투사들의 대결장으로 사용되었다. 원형으로 생긴 이곳은 폼페이 전 주민의 숫자인 20,000여 명을 수용할 수 있는 큰 규모였다.

➡ 대극장

- **마리나 게이트**(Marina Gate) : 폼페이로 들어가는 여러 관문 중의 하나이다. 마리나 게이트라는 이름은 이 문을 통과하면 바다가 나오기 때문이다. 보행자들은 계단을 이용해 입구를 통과하고, 마차 등은 오른편의 비탈길을 이용하였다.

- **빅토리아 엠마누엘 2세 아케이드**(Galleria Vittorio Emanuele 2) : 광대한 아케이드로 밀라노의 많은 아케이드의 종합이라고 할 수 있을 정도로 크고 입점한 상점, 식당이 많다. 많은 부티크와 레스토랑, 카페들이 있어, 화려한 유행과 패션의 거리 밀라노임을 실감나게 한다.

- **바실리카**(Basilica) : 폼페이에서 가장 오래되고 중요한 공공건물이다. 초기 시장이나 회합의 장소에서 바실리카는 법원으로 그 기능이 바뀌어 조금 높은 곳에 위치하고 있는 판사 자리를 볼 수 있는데, 이것은 판사가 재판과정에서 일어날 수 있는 소란에서 떨어져 있게 하려는 것이었다.

➡ 바실리카

- **베티의 집**(House of the Vetti) : 폼페이 유적 중에서 제일 유명한 곳으로 두 명의 부유한 상인, 아울루스 베티우스 레스티투투스(Aulus Vettius Restitutus)와 아울루스 베티우스 콘비바(Aulus Vettius Conviva)가 거주했던 곳이다. 비교적 잘 재건된 저택과 잘 보존된 아름다운 프레스코 벽화들이 당시의 높은 예술수준을 잘 보여준다.

➡ 베티의 집

(4) 밀라노(Milano) : 이탈리아 롬바르디아주의 주도(州都). 포강의 지류인 티치노·아다두 하천 사이의 비옥한 평야부에 자리한다. 예로부터 교통의 요지로서 발달한 북이탈리아 공업지대의 중심도시이다. 켈트인의 취락에서 기원하여 로마시대에는 메디올라눔이라고 불리는 북부 이탈리아의 중심지로 번영하였다.

- **밀라노 대성당**(Milano Duomo) : 이탈리아의 성당 건축 가운데 알프스 이북의 고딕적 요소가 가장 짙다. 길이 157m, 높이 108.5m로 바티칸의 성 베드로 대성당, 런던의 세인트 폴, 독일의 쾰른 대성당에 이어 4번째로 큰 규모를 자랑하고 있다. 2245개의 거대한 조각군으로 장식되어 있다. 첨탑에는 도시를 수호하는 황금 마리아상이 세워져 있다.

➡ 밀라노 두오모

- **산타마리아델레그라치에성당**(Santa Maria delle Grazie) : 르네상스양식으로 넘어가는 과도기를 대표하는 건축물로서 성마리아성당이라고도 한다. 1463년 기니포르테 솔라리가 도미니크수도회의 지원을 받아 건설하였으며, 성당의 대식당에 레오나르도 다빈치의 걸작 <최후의 만찬>이 그려져 있는 것으로 유명하다.

➡ 산타마리아델레그라치에성당

- **스칼라 극장**(Teatro alla Scala) : 1778년에 설립된 오페라극장이다. 이탈리아뿐만 아니라 세계의 오페라극장 가운데서도 가장 유명한 오페라극장 중 하나다. 제2차 세계대전 때 파괴되어 1946년에 재건되었다. 19C 이후로 푸치니, 로시니, 베르니 등 세계적인 오페라 작곡가들의 작품이 초연되었

➡ 스칼라 대극장 내부

다. 극장 건물 내에는 스칼라극장 박물관이 있다.

- **스포르체스코성**(Castello Sforzesco) : 15세기 중엽 밀라노 대공 프란체스코 스포르체스코가 세운 것이다. 브라만테, 다 빈치 등이 건축에 관여했으며, 근대 성채의 전형이라고 일컬어졌으나 제2차 세계대전 중 폭격으로 파괴되어 현재의 건물은 그 후 개축한 것이다. 성 안에는 고미술박물관(Museo d'Arte Antica)이 있다.

(5) 베네치아(Venezia) : 이탈리아 베네토주(州)의 주도(州都). 영어로는 베니스(Venice)라고 한다. 베네치아만(灣) 안쪽의 석호(潟湖 : 라군) 위에 흩어져 있는 118개의 섬들이 약 400개의 다리로 이어져 있다. 섬과 섬 사이의 수로가 중요한 교통로가 되어 독특한 시가지를 이루며, 흔히 '물의 도시'라고 부른다.

- **산마르코 대성당**(Basilica San Marco) : 2명의 상인이 이집트의 알렉산드리아에서 가져온 성마르코 유골의 납골당(納骨堂)으로 세워진 것(829~832)이다. 황금의 교회로 이름 붙여진 성당으로 르네상스와 17C에 변형이 가해졌으며 다양한 양식으로 재건되었다. 성당 앞에는 사이프러스, 칸디아, 모레아의 베니스 왕국을 상징하는 세 개의 깃대가 꽂혀 있다.

▶ 산마르코 대성당

- **두칼레 궁전**(Palazzo Ducale) : 베니스에서 가장 멋진 건물로 9세기경, 베네치아공화국의 총독의 성으로 지어졌다. 현재 외관으로 보이는 것은 궁전의 모습으로 14~15세기경에 북방에서 전해진 고딕예술이 베네치아의 동방적인 장식과 융합되어서, 독특한 양식을 탄생시켰고 이것은 베네치안 고딕이라고 불린다.

▶ 두칼레 궁전

- **대운하**(Canal Grande) : 베니스시 중심을 역S자를 그리면서 관통하는 길이 3.8㎞의 넓은 수로로, 대운하를 따라 12~18C에 걸쳐 세워진 대리석 궁정과 산 시메오네 피콜로 교회, 페사로 궁전, 고딕 건축의 카도로, 베니스의 명소 리알토 다리 등을 볼 수 있다.

- **무라노 섬**(Murano Island) : 산호로 된 섬으로 중심 운하를 따라 르네상스 건물이 즐비하다. 1292년 이래 유리세공업의 중심지로 유명하다. 고대부터 현대에 이르는 정교한 유리세공품을 감상할 수 있는 유리 박물관이 있으며, 12C 초 베네치아 비잔틴양식으로 건축된 아름다운 성 마리아와 도나토 교회가 있다. 리도로 알려진 바다를 따라 띠형으로 펼쳐져 있는 무라노를 비롯한 산호섬들은 바포레토(수상버스)를 이용해 여행한다.

- **리알토 다리**(Rialto Bridge) : 16세기 말 안토니오 다 폰테가 설계·건축하였다. 대리석으로 된 아치 다리이며, 아치 부분의 너비는 26m, 길이는 50m 이상이다. 아치의 정점을 향해서 경사가 진 다리 위에는 아름답게 장식된 아케이드의 점포들이 계단으로 줄지어 서 있다. 물의 도시 베네치아를 대표하는 다리이다.

▣ 리알토 다리

- **베네치아 곤돌라**(Venezia Gondola) : 곤돌라는 이탈리아말로 '흔들리다'라는 뜻을 가진다. 관광객 유람용으로 이용되는 곤돌라는 고대의 배 모양을 본떠 만들었는데, 배의 앞과 끝이 휘어져 올라가 있다. 곤돌라는 11세기경부터 시내의 중요한 교통수단으로 사용되었다. 오늘날은 모터보트의 보급으로 겨우 수백 척 정도가 남아 있을 뿐이다.

▣ 베네치아 곤돌라

- **산마르코 광장**(Piazza de San Marco) : 수많은 비둘기 떼와 사람들로 가득한 곳이다. 선착장이 있는 바다에 면한 부분은 피아체타(Piazzetta : 소광장)라고 하는데, 이곳에 멀리 콘스탄티노플에서 옮겨온 흰 대리석으로 만든 2개의 원주가 있다. 원주 위에는 베네치아의 수호신 날개 달린 사자와 성 테오도르상이 있다.

▣ 산마르코 광장

- **리도섬**(Lido Island) : 토마스 만의 소설 『베니스에서 죽다』의 무대가 된 곳으로 유명하다. 20세기 들어 리조트가 개발되어 아름다운 모래사장과 고급 호텔과 최신식 시설이 완비된 레저시설 등 서구의 유수의 리조트지로 발전되었다.

(6) 피렌체(Firenze) : 이탈리아 중부, 토스카나주(州)의 주도(州都). 영어로는 플로렌스(Florence)라고도 한다. 로마 북서쪽 233㎞, 아르노강(江)의 양안(兩岸), 구릉과 선상지상에 있다. 근교의 아르노강 연변의 저지는 신흥공업지대로 상공업의 중심을 이룬다.

- **시뇨리아 광장**(Piazza della Signoria) : 중세 이래로 피렌체의 중심인 시뇨리아 광장은 오늘날까지도 피렌체 사람뿐만 아니라 관광객들을 모으는 정치적인 연설과 시위의 장소로 남아 있다. 광장에는 복제품을 비롯한 많은 예술작품들이 즐비해 있어 사진 찍기에 안성맞춤이다. 곳곳에서 거리의 팬터마임이 열리고 있고 수많은 관광객들이 앉아 휴식을 취

했다는 이 성당은 내부의 직경이 35m이다. 니콜라 피사노의 작품인 설교단은 1260년에 건축되었다. 두오모의 종탑과 어울려 회색빛의 화려하지도 간소하지도 않은 건축이다.

3.1.9 네덜란드(Netherlands)

1 국가개황

- 위치 : 유럽 북서부
- 수도 : 암스테르담(Amsterdam)
- 언어 : 네덜란드어
- 기후 : 서안해양성 기후
- 종교 : 로마가톨릭교 31%, 개신교 14%
- 인구 : 16,407,491명(61위)
- 면적 : 41,526㎢(131위)
- 통화 : 유로
- 시차 : (UTC+1)

위로부터 빨강·하양·파랑의 3색기로서, 3색은 오라녜가(家)의 문장(紋章) 빛깔에서 택했다. 16세기 후반 오라녜가의 윌리엄공(公)이 스페인에 대해 독립운동을 일으키던 때에 처음으로 3색기가 사용되었는데, 윌리엄공을 따서 '공작 기'라는 뜻의 'Prinsenvlag'라는 이름으로 불렀다.

2 지리적 개관

독일, 벨기에 그리고 바다를 사이에 두고 영국에 둘러싸여 있으며, 현재 소유하고 있는 식민지인 아루바 섬과 네덜란드령 안틸레스도 포함한다. 과거에는 본국의 100배도 넘는 땅인 인도네시아도 식민지에 포함되었었다.

3 약사(略史)

- AD 400년경 남부에는 프랑크족이, 동부에는 색슨족이 침입·정착
- 6세기에는 대프랑크 왕국 출현
- 8세기 말 프랑크의 샤를마뉴대제(大帝)가 색슨과 프리지아를 정복하여 네덜란드를 지배
- 13세기 말 현재의 네덜란드·벨기에·룩셈부르크 전역을 지배
- 1515년부터 스페인왕 겸 독일 황제인 카를 5세의 통치를 받음
- 1602년 네덜란드 동인도회사, 1621년 서인도회사 설립
- 1612년에는 현재 뉴욕의 전신(前身)인 뉴암스테르담 건설
- 1641~1855년까지 일본 나가사키(長崎)를 이용 양국 간 무역 개시

- 하멜이 1653년 제주도에 표류, 도착
- 1618~1648년 신교(프로테스탄트)와 구교(가톨릭) 간 30년전쟁
- 1648년 네덜란드의 완전 독립
- 1810~1813년 프랑스의 영토가 됨
- 1830년 벨기에의 분리 독립
- 1946년 벨기에·룩셈부르크와 더불어 베네룩스 3국을 결성
- 1950년 과거 300년간 식민지로서 경영해 온 인도네시아의 독립

4 행정구역

네덜란드는 노르트브라반트주(Noord Brabant)를 비롯하여 노르트홀란트주(Noord Holland), 드렌터주(Drenthe), 림뷔르흐주(Limburg), 오버레이설주(Overijssel), 위트레흐트주(Utrecht), 자위트홀란트주(Zuid-Holland), 제일란트주(Zeeland), 프리슬란트주(Friesland), 플레볼란트주(Flevoland), 흐로닝언주(Groningen), 힐데를란트주(Gelderland) 등 12개의 주(provincie)로 나뉜다.

5 정치 · 경제 · 사회 · 문화

- 입헌군주국으로 행정권과 사법권은 국왕에게 속하지만 입법권은 국왕과 국회에 속한다.
- 국회는 제1원(상원)과 제2원(하원)의 양원제이다.
- 지하자원이 부족하고 인구는 많으나 1인당 GNP는 매우 높다.
- 대학졸업자는 희소가치가 있어서 반드시 법학사(Mr.)·공학사(Ir.) 등의 칭호를 이름 앞에 붙인다.
- 예술적 재능이 뛰어나 일찍이 렘브란트, 반에이크 형제, A. 반다이크, V. 고흐 등의 화가가 배출되었으며, 대부분의 도시에 미술관이 있다.
- 1년의 반이 겨울인데다 산이 없다는 자연조건 등으로 말미암아 축구·스케이트·자전거 경기가 인기가 있으며, 1년 내내 벌어지는 프로 축구리그에서는 도박인 토토칼치오(totocalcio)를 하기도 한다.

6 음식 · 쇼핑 · 행사 · 축제 · 교통

- 세계적인 낙농업 국가답게 독특한 유제품들이 많은데 하우다 치즈는 세계적으로 유명하다.
- 네덜란드 사람들은 빵을 주식으로 하고 감자를 이용한 요리들이 많이 발달되어 있다.
- 네덜란드 요리 중에서 빼놓을 수 없는 것이 하링(청어)요리인데, 이것을 빵에 넣어서 브르제스라는 오픈 샌드위치를 만들어 먹는다.

년대부터 1960년대까지의 포르노 변천사를 담은 사진과 그림 등을 전시한 섹스박물관, 유럽에서 수집한 다양하고 끔찍한 고문기구들을 전시한 고문박물관을 비롯하여 문신박물관, 콘돔박물관, 에로틱박물관 등이 있다.

- **치즈마을 알크마르(Alkmaar)** : 600년이 넘는 전통을 간직한 치즈 시장이 열리는 곳으로 유명하다. 하얀 남방과 바지, 갖가지 색상의 모자를 쓴 남자들 − 치즈 포터(cheese porters)라고 불린다 − 이 커다란 치즈를 실은 수레바퀴를 끌며 달려가는 모습을 여기저기서 발견할 수 있다.

➡ 알크마르

- **왕궁(Koninklijk Paleis)** : 1648년 착공해 1665년 완공한 건축물이다. 1808년 루이스 나폴레옹왕이 암스테르담에서 살려고 이곳을 왕실 궁전으로 그 용도를 바꾸기 전까지 시청으로 사용해 왔다. 반듯하게 균형 잡힌 궁전의 건축 스타일은 네덜란드 고전주의양식이라 불린다. 건물 전체는 하얀 석조를 이용해 지어졌다.

➡ 왕궁

- **홍등가(De Wallen)** : 암스테르담의 홍등가는 네덜란드가 해상무역으로 이름을 떨치던 1600년대 초부터 자리 잡았다. 현재 네덜란드에서 매춘은 합법적인 직업으로 승인되어 있어 있을 만큼 성문화가 개방되어 있고 이를 대표하는 것이 암스테르담의 이곳 월른 홍등가였다.

- **운하(Grachten)** : 부채살모양의 운하 주변에는 17~18C에 지어진 고급주택가가 형성되어 있으며, 섬세한 세공과 정면 장식이 매우 아름답다. 주택의 공통된 독특한 양식은 건물 정면에 도르래가 달린 독특한 양식의 들보가 돌출해 있고 좁고 가파른 계단이 있다는 것이다. 또한 아름다운 운하주변의 풍물들을 유람선을 타고 관광할 수 있다는 게 매력이다.

- **쾨켄호프 공원(Keukenhof)** : 풍차와 튤립의 나라, 네덜란드에서도 아름답게 만개한 꽃들로 유명한 쾨켄호프는 매년 꽃축제가 펼쳐진다. 꽃축제가 열리는 곳은 쾨켄호프의 리세(Lisse) 지역으로 네덜란드인들이 봄이 시작되면 가장 먼저 찾아보고 싶은 곳으로 손꼽힌다. 그 명성에 걸맞는 평생 보기 힘든 장관을 선사한다.

➡ 쾨켄호프 공원

- 하이네켄 맥주 박물관(Heineken Brouwery) : 라거 맥주, 드래프트맥주 등의 브랜드. 1864년에 게라르 아드리안 하이네켄(Gerard Adriaan Heineken)이 설립했으며 본사는 네덜란드의 암스테르담에 있다. 브랜드는 '하이네켄 엑스트라 롱넥(Heineken Extra Long Neck)', '하이네켄 드래프트 케그(Heineken Draught Keg)' 등이 있다.

▶ 하이네켄 맥주 박물관

　　(2) 헤이그(Den Hague) : 네덜란드의 서부에 있는 네덜란드 정부기관 소재지이며, 조이트 홀란트주(州)의 주도(州都). 스흐라벤하허(s-Gravenhage)라 한다. 네덜란드의 정식 수도는 암스테르담이나 실질적인 수도는 헤이그이며 정치의 중심지이다. 헤이그는 세계국제평화조약을 맺은 도시로, 현재 국제평화연맹이 있는 도시로 유명하다.

- 비넨호프(Binnenhof) : 13세기 홀란드 백작의 성이 있던 곳이다. 지금은 국회를 비롯하여 총리실·외무부 등 중앙관서가 모인 정치의 중심지다. 안뜰에 있는 2개의 첨탑이 딸린 건물은 리데르잘(기사의 성관)이라 불린다. 과거 1200년간의 정치사와 네덜란드 민주주의의 발전사를 보여주는 자료와 수많은 기사의 묘를 볼 수 있다.

▶ 비넨호프

- 이준(李儁 : 1859. 12. 18~1907. 7. 14) 열사기념관 : 한말의 항일애국지사. 독립협회에 참여하고, 개혁당, 대한보안회, 공진회, 헌정연구회 등을 조직했다. 보광·오성학교를 세웠다. 1907년 헤이그 만국평화회의에 이상설·이위종 등과 합류했으나, 일본 측의 방해로 참석 못하고 순국했다. 이를 기념하기 위해 헤이그에 열사의 기념관을 개설하였다.

- 마우리츠호이스 왕립미술관(Royal Picture Gallery Mauritshuis) : 오라니에 왕가가 수집한 미술품들을 소장하고 전시한다. 처음엔 나소시헌 백작 요하네스 마우리츠의 저택으로 건립되었으며 암스테르담 국립박물관과 함께 네덜란드 예술의 보고라고 불린다. 렘브란트, 베르메르, 로이스달의 걸작을 볼 수 있다.

▶ 마우리츠호이스 왕립미술관

- 마담두로(Madurodam) : 네덜란드 내의 명소를 실물의 1/25의 크기로 축소시켜 미니어처로 만들어 재현해 놓은 미니어처 타운이다. 5만 개의 미니 램프로 조명되는 야경은 더욱 멋지다. 네덜란드의 공군장교 마두로가 레지스탕스로 활약하다 나치스에 체포되어 강제수용소

계무역(총무역의 68%)이 발달하였다.

- 영국에 이어 유럽에서 두 번째로 산업혁명이 이루어진 곳이다. 따라서 벨기에의 경제에서 가장 중요한 역할을 하고 있는 것은 공업이다.
- 수세기에 걸친 전란의 역사는 도시 단위의 자위적 자치조직을 형성하여 인트라 무로스(성벽의 안쪽)라고 불리는 대소의 도시가 각기 개성이 풍부한 공동체로서 존속한다.
- 벨기에는 유럽 예술의 보고이다. 라틴 문화와 게르만 문화가 융합된 벨기에 문화는 15세기부터 유럽의 미술 및 음악 발전에 중요한 역할을 하여 많은 유산을 남기게 되었다.
- 만화의 인기가 높은데, <스머프>와 <탱탱(Tin Tin) 시리즈>는 세계적으로 매우 유명하다.

6 음식 · 쇼핑 · 행사 · 축제 · 교통

- 가장 대표적인 요리라고 할 수 있는 물르(홍합) 등 다양한 해산물 요리가 있다.
- 아르덴 지방에서는 가을철 별미로 꿩·멧돼지·노루 등 사냥감을 이용한 요리가 유명하다.
- 벨기에의 대표적인 음료는 단연 맥주인데, 종류가 400여 가지에 이르며, 시중의 맥주 브랜드만 해도 80여 개가 넘는다.
- 벨기에 사람들은 프리트라고 하는 튀긴 감자요리와 와플을 즐겨 먹는데 어느 곳에 가든지 프리트를 파는 곳을 발견할 수 있다.
- 벨기에는 초콜릿, 레이스와 맥주 등을 대표적인 특산품으로 꼽을 수 있는데, 초콜릿과 레이스는 고급스러운 만큼 가격이 저렴하지는 않다. 특히, 초콜릿은 세계적으로 그 품질을 인정받는데 'Godiva', 'Praline' 등은 세계적으로도 유명한 초콜릿 상표이다.
- 브뤼셀 최대의 축제 오메강 축제(Ommegang Festival)가 유명하다.
- 트램(Tram)은 버스와 더불어 효율적이고 믿을 수 있는 교통수단이다. 여행안내소에서 노선표를 얻을 수 있으며 도시의 외곽지역으로 갈 때 이용하면 편리하다.

7 출입국 및 여행관련정보

- 벨기에에 사업차, 관광목적 혹은 기타 개인적인 용무로 여행 시, 비자 없이 90일 이내로 체류할 수 있다. 이때, 여행자는 최소한 6개월 이상 유효한 여권을 소지해야 한다.
- 여행 목적으로는 90일까지 체류할 수 있고 3개월 이상 체류하려면 그에 관련된 서류를 주한 벨기에대사관에서 받아야 한다.
- 입국 시 면세받을 수 있는 물품의 범위는 궐련 200개비, 여송연 100개비, 잎담배 500g,

양주 1병, 와인 2병, 향수 50g, 사용하고 있는 것과 별도로 카메라와 8㎜ 카메라 각 2대 씩, 커피 500g, 선물은 3,800BF(벨기에프랑) 혹은 95유로 정도까지이다.

● 벨기에의 수돗물은 석회질이 많이 포함되어 있으므로 미네랄 워터를 사서 마시는 것이 좋다.

● 상점에서 구매한 물품의 액수가 175유로가 넘어야 하며, 3개월 이내에 출국해야 한다는 조건이 있다.

8 관련지식탐구

● 오줌 누는 소년(Manneken Pis) : '꼬마 줄리앙'으로 불리는 벨기에에서 가장 유명한 관광 명소로 불리는 동상이다.

● 베네룩스(Benelux) 3국 : 벨기에 · 네덜란드 · 룩셈부르크 등 3국의 머릿글자를 따서 붙인 3국의 총칭.

9 중요 관광도시

(1) 브뤼셀(Brussels) : 영어로는 Brussels, 프랑스어로는 Bruxelles로 표기한다. 처음에는 비교적 한적한 도시였으나, 지금은 교외에 있던 18 개의 자치시를 병합하여 브뤼셀 대도시권이 이루어 졌다. 비옥한 브라반트 평원의 심장부에 위치한다. 유럽의회 소재지로도 유명하다.

▶ 그랑 광장

● 그랑 광장(Grand Place) : 브뤼셀 시내 중심부에 있으며 이 지역의 사회와 문화를 특징짓는 건축 물과 예술이 잘 융합된 예이다. 광장 주위에는 유럽 중상주의 도시의 전성기를 짐작하게 하는 시청사, 왕의 집, 길드하우스 등 고딕과 바로크 양식의 건축물들이 세워져 있으며 바닥에는 돌 이 촘촘하게 깔려 있다.

● 브뤼셀 시청사(Hotel de Ville) : 그랑 광장으로 갈 때 눈에 띄는 표시가 되는 건물로 높이 96m의 첨탑을 가진 프랑부아얀 고딕양식의 건축물로 13~15세기에 건립되었다. 벨기에의 가장 큰 건 축물 중의 하나로 420개의 계단을 올라가면 시

▶ 브뤼셀 시청사

- **루벤스의 집**(Ruben's house) : 미술가 피터 폴 루벤스가 1611년 Wapper에 있는 건물을 사서 집과 작업실로 쓰던 곳이다. 루벤스의 집은 내부에 정원이 아름다운 곳이다. 정원과 플랑드르-이탈리안 르네상스 가든 사이의 바로크 스타일의 현관은 루벤스 자신이 디자인한 것이다.

▶ 루벤스의 집

3.1.11 룩셈부르크(Luxemburg)

1 국가개황

- 위치 : 서부 유럽
- 수도 : 룩셈부르크(Luxemburg)
- 언어 : 프랑스어, 독일어
- 기후 : 내륙성, 해양성, 대륙성 기후
- 종교 : 가톨릭교 97%, 개신교 1%
- 인구 : 468,571명(162위)
- 면적 : 2,586㎢(167위)
- 통화 : 유로
- 시차 : (UTC+1)

위로부터 빨강·하양·하늘색의 3색기이며 가로세로 비율은 5 : 3 또는 2 : 1로서 2가지 모두 공식적으로 인정하고 있다. 룩셈부르크 대공가(大公家)의 문장(紋章)은 파란 줄무늬가 있는 은(銀)의 대(臺)에 빨간 사자(獅子)를 올려놓은 것이었다. 3색은 여기에서 취하였다. 18세기경부터 사용되었는데, 1845년 6월 12일 채택하였고 1972년 6월 23일 공식 제정하였으며 2001년 9월 14일 수정하였다.

2 지리적 개관

독일, 프랑스, 벨기에 사이에 있는 내륙국가로 독일과 프랑스의 완충국으로서의 의미도 지녔다.

3 약사(略史)

- 로마시대부터 벨기에의 원주민과 같은 종족인 트레베리족이 오늘날의 룩셈부르크에 거주
- 963년 아르덴 백작 지그프리트가 독립 후 15세기 무렵까지 계속 지배
- 1867년 런던조약으로 대공국으로서 중립 인정
- 제1·2차 세계대전 때 독일군에 점령됨
- 1944년 독일로부터 해방

- 1948년 베네룩스(Benelux)를 결성한 뒤 1949년 영세중립국 포기
- 1951년 유럽석탄철강공동체(ECSC조약)에 서명하여 프랑스, 독일, 이탈리아, 네덜란드, 벨기에 등과 함께 EU의 6개 창설 멤버로 참여
- 2005년 EU 가입

4 행정구역

행정구역은 3개 시(districts)로 이루어져 있다.

5 정치 · 경제 · 사회 · 문화

- 룩셈부르크는 세습 왕의 계승권을 가진 입헌군주국으로서 정부형태는 내각책임제이다.
- 1843~1918년 독일과 관세동맹을 맺고, 1921년 이후 벨기에 · 룩셈부르크 경제동맹, 1944년 베네룩스 경제동맹, 1952년 유럽석탄철강공동체(ECSC), 1958년 EEC(European Economic Community : 유럽경제공동체) 등에 가맹함으로써 소국의 불리함을 극복하고 있다.
- 열강 사이에 끼여 있는 소국의 항쟁과 고뇌의 역사적 흔적이 잘 나타나 있다.
- 룩셈부르크인들의 민족성은 돌담에 요약되어 새겨져 있는데, 즉 "우리가 지금 가지고 있는 것들을 보존하기 원한다"라는 말이 그들의 특성을 잘 대변한다.

6 음식 · 쇼핑 · 행사 · 축제 · 교통

- 룩셈부르크의 음식은 사냥한 고기, 돼지고기와 생선을 이용하는 벨기에의 왈로니 지역 음식과 비슷하고 지역에 따라 이웃 국가인 독일의 영향을 많이 받았다.
- 대표적인 요리로는 콩을 곁들인 훈제 돼지고기 요리인 마트 가드보우가 있다.
- 룩셈부르크는 백포도주와 도자기로 유명하다. 백포도주는 모젤 계곡 주변에서 생산되는 포도로 만드는데 단맛이 강하지 않으며 톡 쏘는 맛이 특징이다.
- 룩셈부르크는 작은 나라이지만, 부활절 6주일 전부터 열리는 카니발, 가톨릭축제인 옥타브, 꽃축제, 와인축제 등 도처에서 수많은 축제가 열린다.

7 출입국 및 여행관련정보

- 3개월 이내 체류 시 별도의 비자가 필요하지 않으며 체류기간 동안 유효한 여권만 있으면 된다.
- 입국 시 면세받을 수 있는 물품의 한도는 다른 유럽 국가들과 비슷하다. 담배 200개비, 얇은 여송연 100개비, 여송연 50개비, 위스키 1병, 와인 2병 정도와 향수 50g, 사용하고

있는 것과 별도의 카메라와 8㎜ 카메라 각 2대까지, 커피 500g 정도이다.

- 'Tax Cheque Refund Service'라는 표시가 있는 상점에서 구입하면 영수증에 스탬프를 찍어 주는데 이것을 가져가면 공항에서 현금으로 돌려받을 수 있다.

8 중요 관광도시

(1) **룩셈부르크**(Luxembourg) : 룩셈부르크의 수도. 남부를 흐르는 모젤강(江)의 지류 알제 트강과 페트루세강이 합류하는 지점에 위치하며, 룩셈부르크 대공(大公)의 궁전과 의사당이 있고 정치·문화·경제의 중심지이다. 일찍이 천연의 요새지로서 로마의 인정을 받아 성채 도시로 발전한 곳으로 1000년의 역사를 지니고 있다.

- **헌법광장**(Place de la Constitution) : 페트루세 계곡과 아돌프 다리 등 주위 경관이 아름 다우며, 광장 지하에는 17세기 후반에 건설된 23㎞ 길이의 복포대(Casemates Du Bock)가 복잡한 미로를 이루며 자리 잡고 있다. 중앙에는 전쟁에서 죽은 이들을 기리는 황금의 여신상 (Monument du Souvenir)이 서 있는데, 아래쪽에 4개 국어로 된 설명문이 있다.

- **아돌프 다리**(Pont Adolphe) : 룩셈부르크에서는 뉴 브리지(New Bridge)라고도 부른다. 아치교로, 높 이는 46m, 길이는 153m이며, 룩셈부르크 시가 지의 리베르테 거리를 지나서 페트루세(Petrusse) 계곡의 아르제트강(江)에 있다. 아돌프 대공작이 통치하던 시기인 1889~1903년에 건설되었고, 건설 당시 세계에서 가장 큰 아치교였으므로 세 상의 이목을 끌었다.

➡ 아돌프 다리

- **복포대**(Casemates du Bock) : 룩셈부르크 남쪽의 헌법광장 지하에 있는 포대(砲臺) 유적으로, 천연 적 위치로 인하여 이미 963년부터 요새가 자리 잡고 있었으며, 스페인에 점령되었던 1644년에 는 지하도로 많은 공간들이 연결되어 거대한 지 하 네트워크를 이루었다.

➡ 복포대

- **룩셈부르크 노트르담 대성당**(Notre Dame Cathedral in Luxembourg) : 1613~1621년에 건축된 성당으 로, 도시 남쪽에 있는 기차역과 북쪽에 있는 구

➡ 룩셈부르크 노트르담 대성당

시가를 연결하는 루스벨트 대로(大路) 끝에 있다. 기본적으로 고딕양식으로 건축되었고 입구는 르네상스양식으로 만들어졌다. 첨탑이 높이 솟아 있으며, 건물 안에는 왕실의 거대한 석관, 보물들이 보존되어 있다.

- **룩셈부르크국립역사미술박물관**(National Museum of History and Art) : 고대 로마와 중세시대의 유물, 요새의 모형, 그리고 13세기부터 현대까지의 예술품을 전시하고 있다. 1층에는 룩셈부르크 남부에서 발견된 로마시대의 자기와 브론즈를 모아 놓았고, 2~3층은 현대 회화, 조각 등을 전시하고 있다. 그리고 4층에는 이탈리아의 르네상스 회화를 비롯한 플랑드르파의 회화, 네덜란드의 중세시대 회화를 전시하고 있다.

- **대공궁전** : 룩셈부르크의 시청으로 사용되었던 곳으로, 현재는 대공(大公)[14]의 영빈관과 집무실로 이용되는 곳이다. 다른 나라 궁전에 비해 소박한 느낌을 준다.

(2) 에히터나흐(Echternach) : 수도 룩셈부르크 북동쪽 29km 지점에 위치하며 작은 스위스라고 불릴 정도로 경치가 아름답다. 성령강림절에는 무도행렬이 벌어지며 유럽 각지로부터 관광객이 모여든다. 7세기에 그리스도교를 이곳에 전한 성(聖) 빌리브로르트를 기념하는 웅장하고 화려한 교회가 건립되었으며, 그 안에는 성인의 무덤이 있다.

3.1.12 그리스(Greece)

1 국가개황

- 위치 : 유럽 남동부
- 수도 : 아테네(Athenae)
- 언어 : 그리스어
- 기후 : 지중해성, 대륙성 기후
- 종교 : 그리스정교(국교) 97%, 회교 1.2%
- 인구 : 11,216,708명(74위)
- 면적 : 131,990㎢(96위)
- 통화 : 유로
- 시차 : (UTC+2)

하양과 파랑의 9개 가로줄이 서로 교대로 배치되었고 깃대쪽 상단에는 파랑 직사각형에 하양 십자가가 있다. 파랑과 하양은 이 나라가 맞아들여 왕이 되었던 바바리아공(公)의 오토가문(家紋)에서 유래하였다. 파랑은 바다와 하늘을 나타내고, 십자는 이슬람·터키에 대한 그리스도교국인 그리스 독립의 상징이었다.

2 지리적 개관

알바니아, 마케도니아공화국, 불가리아와 북쪽 국경을 맞대고 있으며, 동쪽에는 터키가 있다. 그리스 본토의 동쪽과 남쪽으로는 에게 해가 있으며, 서쪽은 이오니아 해이다. 지중해 동부에 면한 해안에는 수많은 섬과 바위가 산재한다.

---

14) 대공은 황제보단 낮고, 공작을 포함한 오등작보다는 높고, 왕과는 비슷한 위치의 개념으로 인식된다.

3 약사(略史)

- 전기 크레타문명(혹은 미노스문명, BC 3000~ 1400)과 후기 미케네문명(BC 1400~1200)으로 구분되며, 이 문명의 주인공은 아케아인, 이오니아인, 에올리아인, 도리아인임
- BC 1000년경까지 씨족공동체를 유지하다가 BC 8~9세기에 폴리스(Polis)를 형성, 스스로를 '헬레네'인이라고 지칭하면서 선민의식을 갖게 됨
- 페르시아전쟁(BC 492~479) 후 아테네는 Pericles(BC 495~429) 황금기를 맞이함
- 펠로폰네소스전쟁(BC 431~404) 등 내란 발발
- 헬레니즘시대(BC 323~30)에는 폐쇄적, 자기만족적 폴리스(Polis) 문명에 동방적 요소를 가미함
- 로마 비잔티움 지배 기간(BC 2세기~AD 1453년)
- 오토만제국 지배기간(1453~1830)
- 근대국가 형성기간(1830~1913)
- 양차 세계대전 기간(1914~1949)
- 입헌군주제 기간(1949~1967)
- 군사정권 기간(1967~1974)
- 민주정부 출범(1974년 이후)

4 행정구역

아티키 지역을 비롯하여 중부 그리스 지역(스테레아 엘라다)의 중부 마케도니아 지역, 켄트리키 마케도니아의 크리티 지역, 동 마케도니아 스라키 지역, 아나토이키 마케도니아 카이 스라키의 이피로스 지역, 이오니아 도서 지역, 북 에예오 지역, 펠로폰네소스 지역, 남 에예오 지역, 세살리아 지역, 서 그리스 지역, 서 마케도니아 지역, 디티키 마케도니아 등 총 13개의 지역으로 구성되어 있다.

5 정치 · 경제 · 사회 · 문화

- 그리스는 대통령 중심의 의원내각제 공화국이다.
- 경제는 전통적으로 제조업 기반이 매우 취약하며 관광·해상운수 등 3차 산업 중심의 생산구조(3차 산업 57.2%)를 가지고 있다.
- 유럽의 후진지역으로서 남부 유럽의 여러 나라에 나타나는 공통되는 특색이 뚜렷하고 풍속에는 동양적인 요소가 상당하다.
- 고대문학의 유산은 시, 희곡, 철학적이고 역사적인 논문 등에 잘 나타난다. BC 4세기 후반부터 시작된 서사문학에서는 호메로스의 『일리아스』, 『오디세이아』, 헤시오도스의 『신통기』, 『일과 나날』 등이 널리 알려져 있다.
- 그리스는 6·25전쟁 참전국으로, 1961년 4월 5일 한국과 단독 수교하였으며, 한국 상주 공관이 설치되어 있다.

6 음식 · 쇼핑 · 행사 · 축제 · 교통

- 정식요리를 하는 레스토랑 외에 타베르나(Taverna : 선술집 형식의 식당)라고 하는 향토요리와 술을 파는 식당이 있다.
- 그리스에서는 피혁제품, 고대문양의 도기, 민속의상을 입은 인형, 털스웨터, 스툴, 리넨 블라우스와 스커트 등이 선물로 좋은 상품들이다.
- 양고기요리 아르니 프리카세(Arni Frikase)가 유명하다.
- 무사카는 고기에 가지·토마토·치즈·감자 등을 넣고 기름에 볶아 오븐에 찐 요리이다.
- 수블라키는 시시카바브라고도 하는데 양고기·쇠고기·피망 등을 꽂이에 꽂아 구운 것이다.

7 출입국 및 여행관련정보

- 3개월 이내의 관광 목적으로 입국할 경우 비자가 필요 없다. 공항에서 여권과 입국 카드만 제시하면 된다.
- 그리스의 면세범위는 담배 200개비, 시가 50개비, 술 1ℓ(와인 2ℓ), 향수 50g, 카메라, 필름 등이다.
- 에게 해의 여러 섬에는 본토의 각지에서 정기선(페리)이 다니고 있다. 그러나 한 배로 여러 섬을 주유하려면 에게 해의 유람선을 이용해야 한다.
- 시에스타라는 낮잠 자는 습관이 있다. 14:00~17:00는 낮잠 자는 시간이다.

- 레스토랑에서는 식대에 서비스 요금이 포함되었더라도 별도로 5~10%의 팁을 주는 것이 상식이다.
- 세금은 약 18%로 비EU국에서 와서 3개월 미만으로 체류하는 방문자들은 117유로화 이상을 구매하면 세금을 환불받을 수 있다. 상점에서 증서를 작성하여 출국 시 복사본을 제출하면 된다.
- 그리스의 시골집이나 옛날 집들은 하수구 배관이 시원치 않아 변기에 화장지를 넣으면 막히기 때문에 화장지는 쓰레기통에 버려야 한다.

8 관련지식탐구

- 그리스신화 : 모든 민족의 신화와 마찬가지로 그리스신화도 많은 초자연적 요소를 가지고 있으며, 그 내용도 매우 복잡하다. 고대 그리스인들은 신들의 이야기나 영웅전설, 그밖의 내용이 담긴 이야기를 미토스(mythos)라고 하였다.

등장인물	내 용
제 우 스	어원적으로는 천공(天空)을 의미하며, 로마신화에서는 같은 어원인 유피테르와 동일시되었다.
아 폴 론	올림포스 12신 중 하나로, 제우스와 레토의 아들이다. 여신 아르테미스와는 쌍둥이 동기간이다.
아프로디테	베누스라고도 한다. 원래는 로마신화에 나오는 채소밭의 여신이었으나, 그 특성이 그리스신화의 아프로디테와 일치하므로 아프로디테와 동일시되었다.
헤 라	크로노스와 레아의 딸로, 올림포스의 주신(主神) 제우스의 누이이자 세 번째의 정식 아내이기도 하여 올림포스 여신 중 최고의 여신이다.
아 테 나	아테네의 수호신이다. 제우스와 해신(海神) 오케아노스의 딸 메티스 사이에 태어났으며, 올림포스 12신(神) 가운데 하나이다.
헤파이토스	올림포스 12신의 하나로, 신들의 무기와 장구(裝具)를 만들었다. 주신(主神) 제우스와 그의 아내 헤라와의 사이에 태어났다고 하고, 제우스와 관계없이 헤라 혼자서 낳았다는 설도 있다.
데 메 테 르	인류에게 최대의 은혜를 베푼다고 하여 올림포스의 신들 중 특히 숭배되었다. 크로노스와 레아의 딸로, 제우스의 누이이면서 제우스와의 사이에 딸 페르세포네를 낳았다.
디오니소스	바쿠스·바커스 등으로도 불린다. 어머니가 둘인 자라는 뜻이다.
헤 르 메 스	사자(使者)로서의 역할이 크다. 주신(主神) 제우스와 거인 아틀라스의 딸 마이아 사이에 태어났다.
포 세 이 돈	주로 바다를 지배하고, 제우스 다음가는 유력한 신이다.
아르테미스	제우스와 레토의 딸, 아폴론과는 쌍둥이 남매이다.
아 레 스	제우스와 헤라의 아들로, 올림포스 12신의 하나이다. 사나운 성미 때문에 부모의 사랑도 받지 못하였다.

- **그리스철학** : BC 585년 밀레토스의 탈레스가 활동을 시작한 때부터 유스티니아누스 황제의 명령으로 아카데미학원이 폐쇄된 529년까지 1000년 이상 지속된 고대의 철학을 말한다. 소크라테스, 플라톤, 아리스토텔레스, 에피쿠로스, 디오게네스, 피타고라스, 프로타고라스 등 많은 철학자들이 배출되었다.

- **아고라(Agora)** : 정치적인 광장과 시장을 겸한 독특한 것으로 그 주변에는 관청과 신전 (神殿) 등 공공건물이 많이 세워져 있었다. 어원은 아고라조(모이다)로서, 사람들의 모임이나 모이는 장소를 의미하였다.

- **올리브(Olive)** : 그리스는 올리브의 대수출국답게 다양한 종류의 올리브를 생산하고 그리스 사람들의 음식에서도 올리브는 다양하게 사용되는 재료이다.

- **올림픽(Olympic)** : 본래 올림픽 경기는 고대 그리스인들이 제우스신에게 바치는 제전경기 (祭典競技)의 하나로, 종교·예술·군사훈련 등이 삼위일체를 이룬 헬레니즘 문화의 화려하고도 찬란한 결정체였다.

- **그리스과학** : 일반적으로 고대 그리스를 과학의 탄생지라고 한다. 철학적 과학인 자연철학을 비롯하여 음향학, 화학·생물학, 의학에 있어서도 큰 공헌을 했다.

- **그리스정교** : 동방 정교회는 콘스탄티노폴리스 총대교구를 중심으로 설립된 기독교 종파 가운데 하나이다. 동방 정교회에서는 자신들을 초대교회로부터 이어져 온 정통 기독교 (Orthodox)라는 뜻이다. 성공회, 로마 가톨릭, 신교 등의 서방 교회에서는 동방 교회, 중립적인 의미로는 동방 정교회라고 부른다.

- **헬레니즘(Hellenism)** : 그리스 문화와 오리엔트 문화가 서로 영향을 주고받아 질적 변화를 일으키면서 새로 태어난 문화이다.

- **지중해 크루즈투어(Mediterranean Sea Cruise Tour)** : 지중해는 알래스카와 함께 우리나라 사람들이 제일 선호하는 크루즈 여행지다. 주요 기항지는 이태리(베니스/제노바/나폴리), 스페인 (바르셀로나/팔마), 프랑스(마르세유)이다.

9 중요 관광도시

(1) 아테네(Athenae) : 고대 그리스어(語)로는 아테나이(Athénai), 현대 그리스어로는 아티나이(Athínai), 고어로는 Athenae이다. 이름은 시(市)의 수호신 아테나 여신과 관계가 있다. 그리스 본토의 남동부 살론만의 아티카 평야에 위치하며, 2개의 강을 끼고 동, 서, 북의 3방향이 산으로 둘러싸여 있으며, 남쪽은 아테네의 피레우스로 향해 있다.

- **아크로폴리스(acropolis) 유적** : 아테네뿐 아니라 그리스의 상징인 아크로폴리스 언덕이 아테네시 한복판에 있다. 파르테논(Parthenon) 신전을 비롯해서 수많은 신전들이 2500년 전의 영화를 꿈꾸듯 푸른하늘을 이고 서 있다. 고대 그리스 시대에는 올림포스의 신들을

제사하는 성역으로 숭배되어 일반시민은 물론 지도자들조차 자유롭게 출입하지 못했다.

- **고대 아고라**(agora) : 아크로폴리스 북서쪽에 있는 고대 그리스 시대의 유적지로, '시장'이라는 의미이지만 고대에는 물건을 사고파는 일뿐 아니라 정치 이야기, 웅변가의 연설 등 갖가지 정보를 얻는 장소였다. 오늘날에는 공적인 의사소통이나 직접민주주의를 상징하는 말로 널리 사용된다.

▷ 파르테논 신전

- **신타그마 광장**(Syntagma Square) : 아테네 중심이 되는 곳으로 아테네에서 그리스 각지로 뻗는 거리는 이곳을 기점으로 삼고 있다. 신타그마는 헌법광장이라는 뜻인데 이 이름은 1843년 이곳에서 최초의 헌법이 공포되었기 때문에 지어진 것이다.

▷ 고대 아고라

- **국립고고학 박물관**(Ethniko Archaiologiko Mousio) : 1891년에 문을 연 이 박물관은 그리스 각지에서 출토된 신석기시대로부터 비잔틴 시대까지의 유물과 미술품을 수장하고 있는 세계 10대 박물관 안에 들 정도로 잘 알려진 곳이다. 에게문명 후기의 미케네의 출토품, 아르카이크기에서 고전기에 걸친 조상(彫像)·묘비·도기 등 전시품이 많다.

▷ 국립고고학 박물관

- **소크라테스 감옥**(Socrates' Prison) : 필로파포스 언덕 필로파포스 기념유적 근처에 위치하며 소크라테스가 재판을 받은 후 이곳에 억류되어 있다가 죽음을 맞이했다고 한다.
- **올림픽스타디움**(Olympic Stadium) : 1896년 제1회 국제올림픽대회가 이곳에서 개최되었다. 경기장은 BC 331년판 아테네 대축제의 경기용으로 조성되었다. 당초에는 관객석이 없었고, 로마시대의 부호 헤로데스 아티쿠스가 대리석으로 된 관객석을 기증했으나 현재는 남아 있지 않다.

(2) 델포이(Delphi) : 올림피아와 함께 고대 그리스 최대의 성지였던 델포이는 태양신 아폴론의 신전 유적이 있는 작은 도시다. 그리스 민족의 정신적 고향인 이 유적은 아테네에서 북서쪽으로 170km 떨어진 포키스의 산 속에 있다.

- **아폴론 신전**(The Temple of Apollo in Ancient Delphi) : 아폴론 신전은 BC 6세기 무렵에

처음 세워져 아폴론의 신앙과 신탁이 전 세계로 퍼져 나갔다. 하지만 현재 남아 있는 유적은 BC 4세기의 것이다. 전실의 지하에 현재는 델포이 박물관에 있는 옴파로스(대지의 배꼽)라는 돌이 있고 내실에는 아폴론상이 놓여 있다.

▶ 아폴론 신전

- **델포이고고학미술관**(Archaeological Museum of Delphi) : 그리스 전역의 각 도시국가에서 바친 수많은 조상(彫像)이 진열되어 있다. 이 신역은 1893년 아테네의 프랑스 고고학연구소에 의해 발굴되었다. 각 시대에 걸친 여러 유파의 작품이 이를 증명하고 있으며, 이 점이 델포이 고고학미술관의 특색이다. 방대한 수의 대리석 비명(碑銘)이 발견되어 고대 그리스 연구의 귀중한 자료가 되고 있다.

- **카스탈리아의 샘**(Kastalian Spring) : 신성하게 여겨지는 샘. 피티아 여사제가 신탁을 전하기 위해서나, 아폴론 신전으로 들어가기 전이나 운동선수나 사제와 순례자들이 성역에 들어가기 전에 몸을 깨끗이 씻어야 했다. 이 샘의 유적들은 후기 헬레니즘 혹은 초기 로마시대 때 지금의 모습으로 건설된 것으로 추정된다.

   (3) 코린토스(Korinthos) : 코린트(Corinth)라고도 한다. 그리스 남북육상교통의 요지인 동시에 이오니아해(海)와 에게해를 잇는 해상교통의 요지였다. 호메로스의 시(詩)에는 중요한 도시로 되어 있지 않으나, 시(市)의 유적에서 미케네 시대 전기의 도기(陶器)가 발견된 것으로 보아 먼 옛날부터 번영해 온 도시임을 알 수 있다.

- **코린토스 유적** : BC 44년 로마제국의 카이사르가 도시국가 유적에 재건한 로마시대의 유적이다. 신석기시대에 만들어진 이 도시는 BC 146년에 로마인들에 의해 파괴되었다가 약 100년 후에 다시 건설되었다. 유적은 1896년 미국고고학회에 의하여 발굴되었다. 현재의 코린트에서 7㎞ 정도 떨어진 아크로코린트 산기슭에 있다.

- **코린토스 운하**(Corinth Canal) : 길이 6.3㎞. 바닥 너비 21m. 표면 너비 25m. 깊이 7m. 프랑스 자본으로 1882~1893년에 굴착되었다. 이 운하가 완성됨으로써 아테네의 외항 피레에프스와 이탈리아의 브린디시 사이의 항로를 320㎞ 단축하였다. 수위(水位)가 일정하여 갑문이 없다.

- **아크로코린트**(Acros Corinth) : 고대 코린트의 아크로폴리스 유적지이다. 코린트인들이 고대 그리스시대부터 높은 이 지역에 올라가 요새를 지어 외부로부터의 침입을 막았다. 그렇기 때문에 이

▶ 코린토스 운하

곳에서는 다양한 양식의 건축물을 볼 수 있다. 입구는 산의 서쪽에 있고 그 문은 3개가 있는데 각각 투르크식, 프랑크식, 비잔틴 양식이다.

(4) 올림피아(Olympia) : 펠로폰네소스반도 북서쪽 그리스 엘리스 지방에 있는 제우스의 신역(神域). 고전시대에는 제우스의 신역으로서 4년마다 개최되는 대제(大祭) 때의 경기(올림픽경기)가 유명하였다.

- 헤라신전(Heraion) : 그리스 남부 펠로폰네소스반도 북서쪽 엘리스에 있는 신전. 제우스의 아내 헤라여신을 모신 신전으로 BC 7~6세기에 건립되었다. 그리스 신전 중에서 가장 오랜된 것에 속한다. 여러 번 파괴되고 수복되어 지금 남아 있는 34개 기둥의 크기와 모양이 갖가지이다.

➡ 헤라신전

- 팔라에스트라(Palaestra at Olympia) : 레슬링, 복싱 등 격투기의 연습장. BC 3세기 말에 세웠다. 회랑을 따라 있는 방은 선수대기실, 운동기구실로 사용되었다. 운동장 주위의 주랑들은 복원된 것이다.

- 레오니다이온(Leonidaion) : 올림피아 최대의 건물로 BC 4세기경 낙소스섬의 부호 레오니다스가 기증한 건물인데 당시엔 초대 손님을 모시는 숙박소로 사용되었다. 건물 가운데에는 연못이 있는 정원이 있었다.

- 제우스 신전(Temple of Zeus) : BC 468~457년에 건축가 리보가 세운 웅장한 신전. 지금은 지름 2m나 되는 기둥이 넘어져 있을 뿐이지만, 옛날에는 올림피아 신역에서 가장 웅대한 건물이었다. 다른 신전과 마찬가지로 정면은 동향이고, 내부는 전실, 신실, 후실로 나뉘어 있다.

➡ 제우스 신전

- 올림피아 박물관(Olympia Museum) : 1982년에 개관된 박물관. 올림피아의 역사를 알 수 있는 유물을 수집한 박물관이다. 유적지와 길을 사이에 두고 마주 서 있다. 입구의 방에는 올림피아 전체의 복원 모형이 있다. 중앙 홀에는 제우스 신전에서 나온 유물들을 전시해 놓았다.

➡ 올림피아 박물관

(5) 테살로니키(Thessaloniki) : 테살로니카(Thessalonica)라고도 한다. BC 315년 마케도니아의 왕 카산도로스가 건설하였고, 그의 왕비인 데살로니카의 이름을 따서 시의 이름을 지

었다. BC 146년 이후 로마시대에는 속령(屬領) 마케도니아의 제일 큰 문화 도시로 번영하였다.

- **화이트 타워**(White Tower at Thessaloníki) : 테살로니키에서 가장 유명한 건물 중 하나로, 높이 30m 정도이다. 15세기에 베니치아인이 세운 도성의 일부였으며, 18~19세기 터키시대에는 감옥으로 사용되었다. 당시 이곳에서 대량학살이 벌어져 '피로 물든 탑'이라 불리기도 했다.

▶ 화이트 타워

- **테살로니키 고고학 박물관**(Archaeological Museum) : 1963년에 개관된 박물관으로 동서 마케도니아의 유적에서 출토된 유물뿐 아니라 1977년에 베르기나에서 발굴된 알렉산더 대왕의 아버지 필리포스 2세의 묘에서 나온 보물까지 전시되어 있다. 별관에는 고대 마케도니아의 금장식품들이 전시되어 있다.

- **아기오스 디미트리오스**(Agios Dimitrios) : 그리스 최대의 교회라고 불린다. 1971년의 화재로 많이 손실되었지만 1926~1948년에 걸쳐 남은 자재로 재건하였다. 제단 아래쪽의 지하실에서 테살로니키의 수호성인 디미트리오스가 고문당하다 순교하여 매장되었다. 10월 26일은 성 디미트리오스의 순교기념일로 기념행사가 화려하게 펼쳐진다.

(6) 미케네(Mycenae) : 그리스 펠로폰네소스반도 아르골리스에 있던 고대 성채도시. 미케나이(Mykenai)라고도 한다. 1876년 독일 고고학자 H. 슐리만이 발견·발굴하고, 뒤이어 영국인 A. 웨이스 및 그리스인이 조사하였다. 미케네문명의 중심지로 BC 1400~1200년경까지 번영을 누렸다.

- **사자문**(Lion Gate of Mycenae) : 성벽 정면에 있는 높이 3m의 문. BC 13세기에 세워진 것이다. 이 조각은 미케네 왕가의 상징으로 가문(家紋) 중에서 가장 오래된 것이다. 그러나 아쉽게도 머리 부분은 남아 있지 않다.

- **아트레우스의 보고**(Treasury of Atreus) : 미케네의 왕 아트레우스의 보고로서 9기(基)의 묘지 가운데 하나다. 길이 34m, 너비 6m의 묘도를 나아가면 내부의 묘실은 반구형의 돔으로 되어 있다. 미케네시대에 만들어진 궁륭식 분묘 가운데 가장 대규모이며 보존상태가 양호하다. 미케네의 전설적 왕 아트레우스에 연유하여 명명(命名)되었다.

- **미케네 궁전**(Mycenaean Palace) : 원형묘지에서 언

▶ 아트레우스의 보고

덕을 올라가면 궁전 터에 이른다. 궁전 동북쪽에 99계단의 층계가 있는데, 이것을 내려가면 비밀 지하우물이 있다. 적의 공격에 대비하기 위해서 만든 것인데, 외부에서는 전혀 보이지 않는다. 그 밖에도 잘 보이지 않는 뒷문, 뒷길 등 공격에 대비한 전술적 연구를 많이 한 성채 형식이다.

▶ 미케네 궁전 입구

(7) **크레타섬**(Creta Island) : 에게해 남단부 중앙에 있는 그리스령의 섬. 크리티(Kriti)섬이라고도 하고, 영어로는 크리트(Crete)섬이라고 한다. 면적은 8,247㎢, 행정상 카니아·레팀논·이라클리온·라시티의 4개 주(州)로 나누어져 있다. 이곳의 음식이 건강에 최고라고 알려져 있다.

(8) **산토리니섬**(Santorini Island) : 에게해 남쪽 그리스령의 키클라데스 제도(Kyklcdhes Is.) 남쪽 끝에 있는 섬. 미코노스섬과 함께 관광객이 많이 찾는 곳

▶ 산토리니섬

으로, 단애 위에 달라붙듯 하얀 집과 교회가 늘어선 풍경이 독특하다. 피론(Firon) 항구에서 티라(Thira) 마을까지 580계단은 보통 나귀를 타고 올라가며, 고대 티라 마을에서 출토된 도기와 조각 등이 많다.

(9) **미코노스섬**(Mykonos Island) : 에게해의 220개 섬으로 이루어진 그리스령 키클라데스 제도 가운데 하나로서, 북서쪽에 티노스(Tinos)섬, 남쪽에 낙소스섬과 파로스섬이 있고, 델로스섬에서 2㎞ 떨어져 있다.

3.2 동유럽(Eastern Europe)

3.2.1 러시아(Russia)

1 국가개황

- 위치 : 동부 유럽
- 수도 : 모스크바(Moskva)
- 언어 : 러시아어
- 기후 : 대륙성, 지중해성, 몬순성 기후
- 종교 : 러시아정교
- 인구 : 142,400,000명(8위)
- 면적 : 17,075,400㎢(1위)
- 정체 : 공화제
- 통화 : 루블(ISO 4217 : RUB)
- 시차 : (UTC+2 ~ +12)

위로부터 하양 · 파랑 · 빨강의 3색기로서, 하양은 고귀함과 진실 · 고상함 · 솔직 · 자유 · 독립을, 파랑은 정직 · 헌신 · 순수 · 충성을, 빨강은 용기 · 사랑 · 자기 희생을 나타낸다. 또는 전통적인 해석에서는 3색을 위로부터 각각 천상세계, 하늘, 속세를 가리키는 우주적 개념으로 설명하였고, 이후에는 3개 동(東)슬라브국가인 백러시아(지금의 벨라루스) · 우크라이나 · 러시아의 통합을 상징하기도 하였다.

2 지리적 개관

세계 최대의 면적을 가진 러시아의 영토는 유라시아 대륙 북부와 발트해 연안으로부터

태평양까지 유럽과 아시아 2개 대륙에 걸쳐 동서로 뻗어 있다. 북쪽으로 북극해, 동쪽으로는 태평양에 면한다. 남쪽으로 북한·중국·몽골·카자흐스탄·아제르바이잔·그루지야, 서쪽으로는 우크라이나·벨로루시·라트비아·폴란드·리투아니아·에스토니아·핀란드·노르웨이 등에 닿아 있다. 동서 길이 약 9,000㎞, 남북 길이 약 4,000㎞에 이르는 지역을 차지한다.

3 약사(略史)

- 4~6세기 : 러시아인의 선조인 동슬라브족이 정착
- 6~8세기 : 드네프르강 중상류 유역 및 일리메니 호수 유역에 몇 개의 종족동맹을 형성
- 882년 바랑고이족의 올레그(Oleg)에 의해 최초의 국가 형태인 키예프공국으로 통합되어 역사에 등장한다.
- 9세기 후반 바이킹족인 루릭이 노브고로드 지방의 동슬라브족을 정복하여 노브고로공국을 수립하고 그 후 다시 남부지역을 정복하여 키예프대공국을 수립
- 10세기 블라디미르 대공은 기독교를 국교로 수용하여, 11세기 비잔틴 문화가 부흥하였으나, 블라디미르 사후 100년간 계속된 권력 다툼으로 키예프 러시아는 분열
- 1238~1480 : 몽골의 지배
- 1480~1613 : 러시아 부흥기
- 1613~1917 : 로마노프왕조
- 1917년 10월 소비에트정권 수립
- 1917년 혁명 이후

시 대	중요 내용
레 닌 (1917~1924)	• 1918년 3월 독일과 '브레스트·리토프스크' 강화조약을 체결 • 상트 페테르부르크에서 모스크바로 수도를 이전 • 1922년 소비에트사회주의연방공화국 성립
스탈린 (1924~1953)	• 스탈린 독재체제 확립 • 1939년 독·소 불가침조약 체결
후르시초프 (1953~1964)	• 스탈린식의 전제정치 부인 • 1963년 쿠바에서의 미사일 철수사건
브레즈네프 (1964~1982)	• 브레즈네프 독트린에 의한 동유럽 이탈방지에 주력 • 체코 침공(1968)

시 대	중요 내용
안드로포프 (1982~1984)	• 기업 독립채산제 및 농업집단 청부제 도입 • 페레스트로이카정책의 전제조건을 구축
체르넨코 (1984~1985)	• 집단지도체제에 의존하는 등 과도적 역할만 수행
고르바초프 (1985~1995)	• 페레스트로이카 노선을 본격화함 • 한 · 소 수교 • 1991년 8월 쿠데타 발발로 실각
옐 친 (1991~2000.5)	• 소련 붕괴 • 1991년 국민의 직접선거에 의해 러시아공화국 대통령으로 당선 • 민주주의와 시장경제제도 도입
푸 틴 (2000~2008)	• 연방정부 부처를 30개에서 18개로 통폐합 • 사회보장 혜택을 대폭 축소하는 연금제도를 개편
메드베데프 (2008~2012)	• 석유 및 가스의 무기화

4 행정구역

21개 공화국, 6개 지방, 1개 자치주를 포함한 50개 주, 10개 자치구, 모스크바 및 상트 페테르부르크의 2개 특별시 등 89개의 행정단위로 이루어져 있다. 1991년 12월 31일 구소련이 해체되면서 완전한 독립국가가 되었으며, 국가연합체인 독립국가연합(CIS)에 속하여 있다.

러시아의 행정구역은 21개 공화국을 비롯하여 6개 지방(krai), 49개 주(oblast), 1자치주, 10개 자치구(okrug), 2개 연방특별시(모스크바, 상트페테르부르크) 등 총 89개로 이루어져 있으며, 21개 공화국은 다음의 그림과 같다.

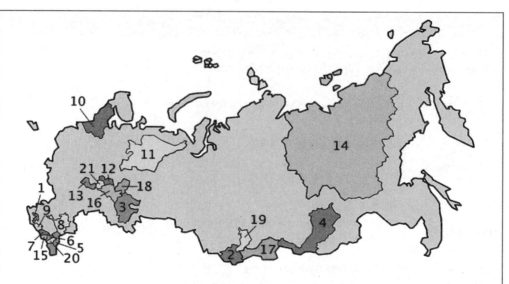

1. **Adygeya**(Республика Адыгея / 아디게야 공화국)

2. **Altai**(Республика Алтай / 알타이 공화국)

3. **Bashkortostan**(Республика Башкортостан / 바슈코르토스탄 공화국)

4. **Buryatia**(Республика Бурятия / 부리야트 공화국)

5. **Dagestan**(Республика Дагестан / 다게스탄 공화국)

6. **Ingushetia**(Республика Ингушетия / 잉구셰티아 공화국)

7. **Kabardino-Balkaria**(Кабардино-Балкарская Республика / 카바르디노-발카르 공화국)

8. **Kalmykia**(Республика Калмыкия / 칼므키아 공화국/ 칼뮈크)

9. **Karachay-Cherkessia**(Карачаево-Черкесская республика / 카라차이-체르케씨아 공화국)

10. **Karelia**(Республика Карелия / 카렐리아 공화국)

11. **Komi**(Республика Коми / 코미 공화국)

12. **Mariy El**(Марий Эл / 마리-엘 공화국)

13. **Mordovia**(Мордовия / 모르도비아 공화국)

14. **Sakha**(Республика Саха / 사하 공화국)

15. **North Ossetia-Alania**(Республика Северная Осетия-Алания / 북오세티아 공화국)

16. **Tatarstan**(Республика Татарстан / 타타르스탄 공화국)

17. **Tuva**(Республика Тыва / 투바 공화국)

18. **Udmurtia**(Удмуртия / 우드무르티아 공화국)

19. **Khakassia**(Хакасия / 하카시아 공화국)

20. **Chechnya**(Чеченская Республика / 체첸 공화국)

21. **Chuvashia**(Чувашская республика / 츄바쉬 공화국)

5 정치 · 경제 · 사회 · 문화

- 구소련이 공산당 1당 독재국가였던 데 비해 러시아는 다당제 민주국가이다.
- 1998년 모라토리움(Moratorium)[15] 선언 이후 '러시아 재건'을 외치며 강력한 중앙집권정책으로 에너지 무기화 정책이 실효를 거두며 발전하고 있다.
- 대학진학 희망률이 매우 높으며, 대학졸업 학력소지자의 숫자도 미국에 비해 훨씬 많다.
- 러시아에서는 인간관계가 아주 중시된다. 한국의 '백(back)'과 유사한 의미를 가지는 블라트(Blat)가 있으면 안 되는 일이 없을 정도이다.
- 러시아의 문명화는 문학, 음악, 발레 등 예술의 모든 분야에서 나타난다.
- 물리학 · 생물학 · 화학 · 수학 등 기초 순수과학분야와 우주공학 · 생물공학 · 화학공학 등 일부 첨단과학분야는 세계적 수준이다.

6 음식 · 쇼핑 · 행사 · 축제 · 교통

- 색다른 수프와 여러 가지 고기로 만든 솔얀카가 유명하다.
- 러시아 사람들은 수프에 넣고 끓인 작은 시베리안 고기파이인 펠메니를 즐겨 먹는다.
- 스코틀랜드에는 위스키, 포르투갈에는 포트가 있듯 러시아에는 밀 보드카가 세계 최고이다.
- 소프트 음료로는 크바스가 가장 잘 알려진 음료이다. 갈색 빵이나 호밀가루 엿기름으로 만들어진 음료는 무더운 여름날 마시기 좋은 음료이다.
- 털모자, 보드카, 나무나 금속으로 만든 조각품, 캐비어, 악기 종류 등이 좋은 쇼핑상품이다.
- 러시아는 백야제(白夜祭 · White Night Festival), 메이데이(May Day), 말레, 오페라, 클래식 등 예술행사가 유명하다.

7 출입국 및 여행관련정보

- 러시아는 비자없이 60일간 체류 가능하다.
- 고속도로 이외에는 이정표가 거의 없다.
- 11시 이후에는 동네 마트에서도 대개 술을 팔지 않는다(지역에 따라 다르나 대개는 PM 11:00~AM 8:00).

---

15) 전쟁 · 천재(天災) · 공황 등에 의해 경제계가 혼란하고 채무이행이 어려워지게 된 경우 국가의 공권력에 의해서 일정기간 채무의 이행을 연기 또는 유예하는 일.

- 영업용 택시 잡기가 힘들다.
- 220V 50Hz. 우리나라 플러그보다 조금 작기 때문에 콘센트를 구입해야 한다.
- 경찰의 불심검문을 주의해야 하는데 이들은 주로 동양인들의 여권이나 비자 검사를 목적으로 접근하는데 법적으로 외국인에 대한 불심검문이 정당하기 때문에 가능하면 문제를 만들지 않는 것이 좋다. 이때 제일 먼저 확인하는 것이 여권과 거주등록증이다.
- 유학이나 사업 등 상주를 목적으로 러시아에 입국한 경우는 물론 관광차 입국한 외국인은 입국일로부터 7일을 초과하여 체류할 경우 숙박지가 호텔로 정해졌다면 거주등록은 자동으로 이루어지지만 민박을 하게 된 경우라면 반드시 해당 초청기관을 통해 거주등록을 해야 한다.

8 관련지식탐구

- **보드카**(vodka) : 러시아어의 물(바다)에서 나온 말로, 14~15세기에 이미 애음되고 있었다고 하니 증류주로서는 오랜 역사를 가지는 술이다.
- **마트료시카**(Матрёшка) : 나무로 만든 인형이다. 몸체 속에는 조금 작은 인형이 들어가 있다. 몇 회를 반복하는 상자구조로 되어 있다. 6중 이상인 경우가 많다.
- **러시아혁명**(Russian Revolution) : 1917년 10월 러시아에서 발생한 프롤레타리아혁명. 그러나 일반적으로는 1905년의 제1차 러시아혁명과 1917년의 2월혁명을 포함하는 러시아의 사회변혁혁명을 일컫는다.
- **러시아 발레** : 러시아에서는 피터대제(大帝)가 무용을 민중의 오락으로 채용한 서구화(西歐化) 정책에서 비롯되어 예카테리나 여황제 때 발레예술의 기초가 다져졌다고 한다. 대표작으로는 <잠자는 숲속의 미녀>, <호두까기 인형>, <백조의 호수>, <불새>, <목신의 오후> 등이 있다.
- **러시아의 작가와 작품**

작 가	작 품
도스토예프스키 (1821. 11. 11~1881. 2. 9)	『카라마조프의 형제들』, 『가난한 사람들』, 『죄와 벌』, 『죽음의 집의 기록』, 『지하생활자의 수기』, 『학대받은 사람들』, 『백치』, 『악령』, 『미성년』
톨스토이 (1828. 9. 9~1910. 11. 20)	『전쟁과 평화』, 『부활』, 『안나카레니나』, 『어둠의 힘』, 『바보 이반』, 『크로이처소나타』, 『유년시대』
푸시킨 (1799. 6. 6~1837. 2. 10)	『삶이 그대를 속일지라도』, 『대위의 딸』, 『예브게니오네긴』, 『보리스 고두노프』
고리키 (1868. 3. 28~1936. 6. 14)	『어머니』, 『유년시대』, 『밤주막』, 『첼카슈』

작 가	작 품
고골리 (1809. 3. 31~1852. 3. 4)	『죽은 넋』, 『외투』, 『타라스불바』, 『검찰관』, 『광인일기』
투르게네프 (1818. 11. 9~1883. 9. 3)	『귀족의 보금자리』, 『루딘』, 『아버지와 아들』, 『첫사랑』, 『사냥꾼의 수기』, 『처녀지』, 『그 전날 밤』
솔제니친 (1918. 12. 11~2008. 8. 3)	『암병동』, 『이반 데니소비치의 하루』, 『수용소군도』

- 러시아정교회(Russian Orthodox Church) : 그리스도교의 한 파로서, 동방 정교회(東方正敎會)의 중핵을 이루는 러시아의 자치(自治)교회.
- 레닌(Vladimir Il'ich Lenin : 1870. 4. 22~1924. 1. 21) : 러시아의 혁명가·정치가. 러시아 11월혁명(볼세비키혁명, 구력 10월)의 중심인물로서 러시아파 마르크스주의를 발전시킨 혁명이론가이자 사상가이다.
- 페레스트로이카(Perestroika) : 1985년 4월에 선언된 소련의 사회주의 개혁 이데올로기. 페레스트로이카는 소련의 정치·경제·사회·외교 분야에서의 스탈린주의의 병폐로부터 시작된다.
- 데카브리스트(Dekabrist) : 1825년 12월 러시아 최초로 근대적 혁명을 꾀한 혁명가들로 12월당원(黨員)이라고도 한다. 러시아어(語)로 12월을 데카브리라고 한 데서 유래한 명칭이다.
- 시베리아 횡단철도(TSR : Trans-Siberian Railroad) : 러시아 서(西)시베리아 지방의 첼랴빈스크에서 블라디보스토크까지를 연결하는 대륙횡단철도로 이 철도는 1850년대 극동지방의 군사적 의의(意義)의 증대, 시베리아 식민, 대(對)중국무역 등을 목적으로 계획되었다. 철도의 예정선은 종래의 시베리아 가도(街道)를 따라 건설하기로 계획하고 1887년에 조사를 시작하여 1891년부터 다음해에 걸쳐 착공하였으며 1916년에 전 구간이 개통되었다.

9 중요 관광도시

(1) 모스크바(Moskva) : 러시아의 수도. 영어로는 모스코(Moscow)라고 한다. 유럽러시아 중부, 오카강(江) 지류인 모스크바강 유역에 자리 잡고 있다. 볼가강과 오카강 사이에 있어 수운(水運)의 중계지로 유리한 위치를 차지했기 때문에, 일개 한촌(寒村)으로 발족하여 모스크바공국(公國)의 수도가 되고, 다시 러시아제국(帝國)의 수도가 되어 크게 발전하였다.

- 크렘린(Kremlin) : 크렘린은 모스크바의 심장부로 러시아의 역사를 엿볼 수 있는 곳이다. 러시아어로 요새를 의미하는 크렘린 안에는 15세기의 장대한 교회에서부터 현대적인 의

회까지 다양한 건물이 있다. 1918년 이후 정부의
본거지가 되었다. 대부분의 건물은 15~16세기에
이탈리아 건축가들이 설계하여 지은 것이다.

▶ 크렘린

- 붉은광장(Красная Площадь) : 러시아 연방 모스
크바의 중앙부, 크렘린 성벽의 북동쪽에 접한 광
장. 다갈색의 포석(鋪石)이 깔려 있으며, 가장 넓
은 부분의 너비는 100m, 길이는 500m가량이다.
남동단의 화려한 바실리블라제누이 성당(16세기), 크렘린 쪽의 레닌묘, 북서단의 역사박
물관 등 아름다운 역사적 건물과 유명한 굼 백화점 등으로 둘러싸여 있다.

- 레닌묘 : 러시아혁명의 지도자 레닌의 유해가 안치되어 있는 영묘이다. 1930년에 완성된
벽돌빛 화강암 건물의 계단을 내려가면 레닌의 유해가 커다란 유리상자 속에 정장 차림
으로 누워 있다.

- 상크트바실리 대성당(St. Basil's Cathedral) : 9개의
양파형 돔 지붕으로 이루어진 이 그리스정교 사
원은 가장 러시아적이면서도 그 어디에서도 찾아
보기 힘든 특색 있는 건축물로 정평이 나 있다.
오늘날에는 박물관으로 이용되고 있다. 러시아
황제 이반 4세가 전승(戰勝)을 기념하여 봉헌한
성당으로, 1555년 기공되어 1560년에 완성하였다.

▶ 상크트바실리 대성당

- 모스크바국립대학교 : 학자 라마노소프가 창설한 모스크바대학은 스탈린 양식의 캠퍼스
를 가지고 있는 러시아 최고의 학부이다. 중앙에는 30층짜리 건물의 관리 탑이 있고, 올
라가면 모스크바 시내를 조망해 볼 수도 있다.

- 모스크바 굼 백화점(GUM in Moskva) : 붉은광장을 사이에 두고 레닌의 묘와 마주보고 있는
백화점이다. 1890~1893년에 세워졌으며 1953년에 지금과 같이 개조하였다. 러시아 최고급
백화점으로 손꼽히고 있다.

- 노보데비치 수도원(Ensemble of the Novodevichy Convent)
: 러시아정교회의 수도원으로 16~17세기에 건립
되었다. 1524년 모스크바 대공(大公) 바실리 3세
가 폴란드령이었던 스몰렌스크를 탈환하자 이를
기념하여 건립한 것으로, 전쟁 중에는 요새의 역
할을 겸했다. 모두 16~17세기 러시아 건축을 대
표하는 건물들이라 할 수 있다.

▶ 노보데비치 수도원

- **볼쇼이 극장**(Bolshoi Theatre) : 모스크바에서는 세계 일류의 발레, 오페라, 클래식 음악을 감상할 수 있다. 1776년에 건립되어 200여 년이 넘는 세월 동안 러시아는 물론 전 세계의 발레, 오페라, 그리고 연극예술에 지대한 공헌을 해 온 볼쇼이 극장에서는 순회공연을 떠나는 여름 시즌을 제외하고는 항상 최고 수준의 공연을 감상할 수 있다.

▶ 볼쇼이 극장

- **트레치야코프 미술관**(Gosudarstvennaya Tret'yakovs-kaya Galereya) : 고르키 공원 근처에 위치한 트레치야코프 미술관은 1892년, 트레치야코프라는 상인이 수집한 약 4,000점의 작품들을 진열용 건물과 함께 정부에 기증한 것을 시작하여 현재는 약 5만 점이나 되는 명작들이 50개가 넘는 전시실에 소장되어 있다.

▶ 트레치야코프 미술관

(2) **상트페테르부르크**(Sankt Peterburg) : 러시아 북서부, 핀란드만(灣) 안쪽에 있는 도시. 제정(帝政)러시아 때는 페테르스부르크라는 이름으로 불렸고, 1914년 페트로그라드(Petrograd)로 개칭되었다가, 1924년 레닌이 죽자 그를 기념하여 레닌그라드라 불렸다. 그 후 1980년대의 개방화가 진전되면서 1991년 러시아어(語)의 옛이름인 상트페테르부르크를 되찾았으며, 페테르부르크로 약칭하기도 한다.

- **그리스도 부활 교회**(Cathedral of the Resurrection of Christ) : 알렉산더 2세 암살 기도가 있었던 바로 그곳에 1883~1907년에 걸쳐 세워졌기 때문에 사람들에게는 '피의 사원'이라는 별칭으로 더 잘 알려져 있다. 건물 모습이 모스크바에 있는 상크트바실리 대성당과 닮았다.

- **상트페테르부르크대학교**(Sankt Peterburg Universitet) : 1819년 상트페테르부르크 중앙사범학교를 모체로 상트페테르부르크대학으로 설립되었다. 사회과학 연구를 탄압하던 제정 러시아의 사회정세 때문에 주로 자연과학분야에서 빛나는 전통을 세웠으며, 지금도 그 경향이 남아 있다.

- **에르미타주 국립박물관**(The State Hermitage Museum) : 영국의 대영박물관이나 프랑스의 루브르박물관과 더불어 세계 3대 박물관에 손꼽힌다. 본래는 예카테리나 2세 전용의 미술관으로, 프랑스

▶ 에르미타주 국립박물관

어로는 '은둔지'를 의미하는 '에르미타주'라고 하는 명칭도 거기에서 유래되었다. 1,056개의 방과 117개의 계단, 2,000여개가 넘는 창문으로 이루어져 있다.

- 여름궁전(Peterhof) : '러시아의 베르사유', 표트르 대제의 명령으로 1714년 착공된 이래 9년이 지나서야 완공이 되었다고는 하나 실제로 공사가 끝난 것은 150년이나 지난 후였다. 1,000헥타르가 넘는 부지에 20여 개의 궁전과 140개의 화려한 분수들, 7개의 아름다운 공원이 만들어진 것이다. 일명 표트르 궁전이다.

▶ 여름궁전

- 카잔성당(Kazan Cathedral) : 로마의 산피에트로 대성당을 본뜬 네오클래식양식의 건물이다. 스트로하노프 백작의 농노 출신 건축가 바로니킨(A. Varonikhin)에 의해 1801년부터 10년에 걸쳐 지어졌다. 네프스키 대로(Nevsky Prospekt) 쪽으로 넓혀진 반원형의 회랑에는 94개의 코린트식 기둥이 늘어서 있다.

▶ 카잔성당

- 성 이삭 성당(St. Isaac's Cathedral) : 1818년에 공사를 시작하여 1858년에야 완공했다. 공사기간만 40년이 걸렸으며 공사에 동원된 사람은 50만여 명이라고 한다. 황금빛 돔을 만드는 데에는 100kg 이상의 금이 들어갔다고 하며 도시의 랜드마크 역할을 하고 있다. 전망대가 설치되어 있어 상트페테르부르크 시내를 한눈에 볼 수 있다.

▶ 성 이삭 성당

- 페트로파블로프스크 요새(Peter and Paul Fortress) : 적의 급습으로부터 도시를 지키기 위해 1703년 세워진 요새이다. 18세기 중반부터는 형무소를 겸하였다. 이 복합 구조물은 Peter와 Paul 대성당 또한 포함하고 있다. 요새에는 대성당 이외에도 러시아 해군의 아버지로 불리는 사람의 집과 페터 1세의 작은 보트의 사본을 보관하고 있다.

▶ 페트로파블로프스크 요새

(3) 이르쿠츠크(Irkutsk) : 바이칼호의 남단에 위치하고 있으며, 앙가라강과 이르쿠트강의 합류점이 되는 이르쿠츠크주의 주도(州都)이다. 기후는 대륙성 기후로 엄동설한의 시기가

길고, 8할 이상이 러시아인으로 나머지는 몽골계의 민족 등으로 되어 있다.

- **바이칼 호수(Lake Baikal)** : 길이 636㎞, 최대 너비 79㎞, 면적 3만 1,500㎢이다. 타타르어로 '풍부한 호수'라는 의미로 담수호로서는 세계 최대의 크기와 수심, 오래된 역사(약 3000만 년 정도)를 가진 세계 제일의 귀중한 문화유산이라고 할 수 있는 호수이다. 지구 담수의 20%를 차지하고 있는 장대한 스케일의 호수이다.

- **즈나멘스키 수도원(Znamenskiy monastery)** : 이르쿠츠크의 대표적인 건축물로서, 목조로 된 첫 번째 건축물은 18세기 후반에 석조로 된 건축물로 대체되었다. 수도원의 이름은 성모를 묘사하는 성상에서 비롯되었다고 하며 그리스정교에서 제일 오래된 성상들 중 하나인 로마에 있는 성모의 성상과 그 모양이 매우 비슷한 것으로 알려져 있다.

⏩ 즈나멘스키 수도원

- **데카브리스트(Dekabrist)기념관** : 데카브리스트난의 주역 중 처형당한 5명의 약력과 데카브리스크난의 자료들을 전시하고 있으며, 1층에는 그들이 사용했던 생활용품들을 전시하고 있다.

- **바이칼박물관(Museum of Baikal)** : 바이칼호에 살고 있는 생물들의 자료와 표본을 전시하고 있으며 호수의 생태와 주변 생물학·지리학·지질학 등을 연구하고 있는 연구소도 있다.

(4) 소치(Sochi) : 러시아 크라스노다르 지방의 휴양도시. 흑해(黑海)의 북동 해안에 위치하며, 배후에 대(大)캅카스 산맥이 있기 때문에 겨울에도 따뜻하고, 아열대성 식물이 자란다. 연평균 강수량은 1,400㎜이며, 러시아연방에서도 가장 유명한 휴양지·피한지이다.

- **아훈산 전망대** : 정식 이름은 볼쇼이 아훈 마운틴 엔 타워(Bolshoi Akhun mountain and tower)로 도시의 서쪽에 위치하고 있으며 타워가 있는 가장 높은 지점은 579m이다. 날씨가 좋은 날이면 멀리 터키까지 볼 수 있을 정도로 소치 관광의 명물이다.

- **마체스타 온천(Matsesta Spa)** : 궁전 같은 분위기의 오래된 유황온천으로 마체스타(Matsesta)라는 이름은 '불타는 물(fire water)'을 의미하며 고대부터 뜨거운 유황온천장으로 유명했던 곳이다.

- **소치의 예술박물관(Sochi Art Museum)** : 소치 근교 지역뿐만 아니라 러시아 전체, 더하여 국제적인 예술가들의 다양한 작품이 전시되어 있는 규모가 큰 박물관이다. 이곳에서는 특히 다양한 골동품을 발견할 수 있으며 근교 지역의 유명한 예술가들의 작품을 직접 보고 구입할 수도 있다. 박물관은 소치의 손꼽히는 역사적인 건물로 매우 아름답다. 또

한 이곳에는 다양한 이벤트와 박물관 투어 등도 진행하고 있다.

(5) 노보시비르스크(Novosibirsk) : 러시아 노보시비르스크주(州)의 주도(州都). 1925년까지는 노보니콜라예프스크라고 불렸으나, 그 후 노보시비르스크라고 개칭하였다. 1893년 시베리아 철도가 오비강(江)을 횡단하는 지점에 소도시가 생긴 것에서 비롯되며, 그 뒤 농산물의 유통, 교통의 중심지로 발달하였다.

● **아카뎀고로도크**(Akademgorodok) : 핵물리학·지질학에서부터 고문서학(古文書學)에 이르기까지 20개 이상의 학술연구기관과 통합기관인 러시아 과학아카데미 시베리아 총지부가 있다. 시베리아의 연구개발 및 연구자 양성의 중심지이며, 전원 기숙제(寄宿制)의 고등교육기관과 초빙 외국교수의 숙박시설 등이 완비되어 있다. 지명은 '과학아카데미 도시'라는 뜻이다.

● **향토박물관**(Museum of Regional Studies) : 1911년 지어진 아름다운 역사적 건물을 자랑하는 곳이다. 이 박물관은 1920년 개관하였으며 시베리아의 15만 년 역사 대변하는 약 170,000여 점의 전시품을 소장하고 있다. 이곳의 전시품들은 고고학 유적, 시베리아 민족 특유의 유적(옷, 가제도구 등), 역사적인 공문서, 그림 등 다양한 시대의 다양한 물품들이며, 때때로 시베리아의 다른 박물관에서 유적들을 빌려와 특별 전시도 하고 있다.

➡ 향토박물관

(6) 블라디보스토크(Vladivostok) : 동해 연안의 최대 항구도시 겸 군항이다. 북극해와 태평양을 잇는 북빙양 항로의 종점이며, 시베리아 철도의 종점이기도 하다. 블라디(vladi : 정복하다) + 보스토크(vostok : 동쪽)라는 지명 그대로 블라디보스토크는 1860년 7월 2일 러시아 극동정책의 일환으로 건설된 도시이다.

● **블라디보스토크 철도역** : 시베리아 횡단열차의 시발역으로 혁명 전에 지어진 건축물로는 가장 아름다운 것 중의 하나로 잘 알려져 있다. 1912년에 세워져 수차례 복원과정을 거친 이곳에서는 오늘날에도 모스크바, 북경, 몽골 등 횡단열차 주요 정차지의 티켓을 구입할 수 있다.

● **독수리 전망대** : 블라디보스토크에는 도시의 전경을 한눈에 바라볼 수 있는 전망 좋은 곳이 있다. 독수리 둥지라 불리는 Orlinoye Gnezdo산이

➡ 블라디보스토크 철도역

그곳이다. Orlinoye Gnezdo산은 블라디보스토크에서 가장 높은 산으로 정상의 높이가 214m이다.

- 향토박물관(Primorsky Krai Museum) : 자연, 민족지학, 고고학, 역사박물관을 겸하고 있는 이 박물관은 1890년 문을 열었다. 20만 가지 이상의 전시물이 있으며 블라디보스토크가 있는 Primorye 지방의 동식물 표본관과 이 지방의 고대에서 현대까지의 역사가 담겨 있다. 특기할 것은 이 박물관에 발해 관련 유물들이 있다는 것이다. 또한 이 지역에 거주하고 있고 거주했던 소수민족에 대한 유물과 역사도 많이 전시하고 있다.

▷ 향토박물관

- 잠수함 박물관(Memorial Submarine S-56 Museum) : 제2차 세계대전 기간 동안 11대의 독일 선함을 침몰시킨 유명한 소련 잠수함이다. 현재는 전투상황들을 재현한 물품 및 사진들을 전시해 놓은 박물관으로 이용되고 있다. 이 잠수함에 탔던 승무원들은 대서양과 태평양을 항해했던 영웅이 되었다.

▷ 잠수함 박물관

(7) **하바로프스크**(Khabarovsk) : 러시아연방 동부 하바로프스크지방의 행정중심도시. 인구 60만 4,300명 (2003). 아무르강의 오른쪽 연안, 지류 우수리강과의 합류점 근처에 있다. 이 나라 극동 제2의 도시이며 교육·문화의 중심지이기도 하다.

- 하바로프스크 향토사박물관(Khaarovsk Regional Lore Museum) : 러시아지리학회박물관으로 1895년에 설립되었다. 1975년에 발견된 매머드와 아무르호랑이, 곰, 순록 등의 박제가 전시되어 있으며, 시베리아 극동 탐험사가 전시되어 있다. 예전에는 이 땅의 주인이지만 지금은 소수민족으로 살아가는 민족들의 생활과 역사를 볼 수 있다.

▷ 향토사박물관

- 국립 극동박물관(Far East Art Museum) : 하바로프스크에서 가장 아름다운 건축물 중 하나인 박물

▷ 국립 극동박물관

관은 12,000여 점의 미술품을 소장하고 있으며, 15세기부터 20세기에 이르는 러시아 고
미술품을 비롯하여 15세기부터 19세기의 서유럽지역 미술품을 소장하면서 박물관기금
으로 지속적인 러시아 미술을 보존, 관리하고 있다.

- 아무르강(Amur River) 유람 : 러시아연방과 중국 국경을 이루는 동북아시아 최대의 강. 길
  이 4,350㎞. 러시아연방·중국·몽골의 3국에 걸쳐 흐르며 중국에서는 헤이룽강(黑龍江·
  흑룡강) 또는 헤이허(黑河·흑하)라 한다.

(8) 예카테린부르크(Ekaterinburg) : 러시아연방 중부 예카테린부르크주의 주도. 우랄산맥
의 동쪽 사면, 이세티강가에 있는 대도시이며, 우랄의 공업·문화·교통의 중심지이다.
1723년에 철야금공장이 건설된 이후 지리적 위치의 혜택으로 중부우랄의 광업을 감독하는
광산국이 설치되었으며 상업도 발전했다. 오레라 발레극장, 우랄대학교 등 관광지가 있다.

(9) 야로슬라블(Yaroslavl) : 러시아연방 서부 도시이며 야로슬라블주의 주도. 볼가강 상
류의 하항도시이고 철도의 연결점이다. 연대기의 1071년에 기록이 나타나는 러시아 고도
(古都)의 하나이며, 볼가강 수운(水運)의 거점으로서 발전하였다. 1750년 건축된 러시아 최
초의 극장을 비롯하여 16~17세기의 건축기념물이 남아 있다. 블라디미르(Vladimir), 수즈
달(Suzdal)과 더불어 황금의 고리로 잘 알려져 있다.

(10) 푸쉬킨(Pushkin) : 상트페테르부르크에서 남쪽으로 24㎞ 떨어져 있다. 1708년 핀란
드인 마을 지역에 표트르 1세가 건설하였으며, 러시아 왕실의 여름궁전을 중심으로 발전했
다. 18세기에 예카테리나 1세가 지은 이 별궁은 후에 러시아 바로크양식으로 확장·개축
했다. 지명은 '차르의 마을'이라는 뜻의 차르스코예셀로라고 명명하였다가 러시아혁명 후
A. 푸쉬킨의 이름을 따서 개칭하였다.

- 예카테리나궁전(Ekaterina Palace) : 1756년 건축가
  B. F. 라스트렐리에 의해 건설되었다. 18세기 러
  시아의 바로크양식을 대표하는 건축물로, 당시
  의 수도인 상트페테르부르크 남쪽 교외의 푸쉬
  킨에 있다. 명칭은 표트르 1세의 황후인 예카테
  리나 1세의 이름을 그대로 딴 것이다. 궁전 길이
  는 306m이며, 방이 55개 있다.

⬛ 예카테리나궁전

(11) 울란우데(Ulan-Ude) : 러시아 부랴티야 공화국의 수도. 하마르다반 산맥과 차간다반
산맥 사이의 깊은 계곡 가운데, 바이칼호(湖)에 흘러드는 셀렝가강(江)과 우다강(江)의 합류
점에 위치한다. 부랴티야공화국의 행정 중심지이며, 시베리아 철도와 울란바토르를 지나

베이징(北京)으로 연결되는 국제철도의 분기점이기도 하다. 아사갓 브랴트 전통마을, 레닌 두상, 말르이 가스니찌이 시장, 울란우데 민속박물관 등이 있다.

(12) 옴스크(Omsk) : 옴스크주의 주도. 오비강(江)의 큰 지류인 이르티시강과 그 우안(右岸)으로 흘러드는 옴강과의 합류점을 중심으로 시가가 전개되어 있다. 하항(河港)과 시베리아 철도의 역이 있고 공항도 있다. 시의 기원은 1716년에 옴강의 좌안(左岸)에 건설되었던 러시아의 요새이며, 1760년대에 우안에도 새 요새가 생기고, 1804년에 시가 되었다.

(13) 유즈노 사할린스크(Yuzhno-Sakhalinsk) : 수수야강(江) 연안의 사할린섬 남부지역에 위치하며, 코르사코프에서 북쪽으로 42㎞ 떨어져 있다. 원래 도요하라라는 일본인 거주지였으나 1945년 소련에게 양도되어 1946년부터 유즈노사할린스크로 불리게 되었다. 교통 중심지로서 코르사코프에서 북상하여 동해안을 달리는 철도와 서해안의 홀름스크에 이르는 철도의 분기점이다. 일제시대에 압송된 조선인 징용자가 아직도 고국에 돌아오지 못하고 살고 있다.

● **예술박물관** : 도서관에 인접해 있는 미술관은 구 타쿠쇼쿠(拓植)은행의 건물이다. 현재는 미술관으로 사할린의 내외 예술가들의 작품을 전시하고 있고 미술공예품 등이 판매되고 있다.

● **전망대** : 고르누이 보스토프라고 불리는 표고 600~800m의 전망대이다. 스스나이스 카야 저지에 펼쳐 있는 유즈노사할린스크 마을이 한눈에 들어온다. 오른편에 작게 보이는 것이 브라지미로프촌으로 1882년에 만들어진 사할린 최초의 마을이다. 전망대 근처에는 70~90m의 캠프대가 있고 겨울에는 스키를 타러 오는 방문객으로 번잡한 리조트가 된다.

● **향토박물관** : 일본의 통치시대인 1937년에 건설된 구 가라후토(樺太)박물관이다. 석조건축으로 일본의 성을 연상시킨다. 사할린의 자연, 역사, 경제, 문화에 관하여 약 8만 점의 풍부한 수집품을 전시하고 있다.

🔁 향토박물관

● **가가린(Gagarin) 공원과 아동철도** : 아이들이 운전지시를 하는 실물크기 철도이고 동물원과 연못이 있어 시민의 휴식장소가 되고 있다. 안쪽의 산으로 1시간 정도 올라가면 버섯을 채집할 수 있다. 여기서 채집하여 자유시장에서 파는 사람도 있다.

(14) 캄차카반도(Kamchatka Peninsula) : 면적 37만㎢. 행정적으로는 캄차카주(州)와 코랴크자치구로 이루어져 있다. 북동쪽에서 남서쪽으로 돌출해 있으며, 길이 1,200㎞, 최대 너

비 480㎞, 반도와 연결되는 지협부(地峽部)의 너비 100㎞이다. 화산 트레킹, 래프팅, 낚시, 헬기관광, 크루즈 등 다양한 여행상품이 나와 있으나 접근성이 좋지 않은 편이다.

▲코로노츠키 생물권 자연보호구역, ▲비스트린스키 자연공원, ▲날리체보 자연공원, ▲남서 툰드라 자연보호구역, ▲남부 캄차카 자연공원, ▲클리우체프스코이 자연공원 등이 있다.

(15) 수즈달(Suzdal) : 모스크바의 동북쪽으로 220㎞ 지점에 있는 러시아의 고도로, 수즈달까지의 가로변에는 다차라고 불리는 자그마한 별장이 군데군데 자리 잡고 있다. 끝도 없이 이어지는 곧게 뻗은 길이 인상적이다. 수즈달에 닿으면 화석처럼 남아 있는 50여 개의 수도원과 교회가 있으며, 도시 그 자체가 박물관이라 해도 좋을 정도이다.

(16) 블라디미르(Vladimir) : 모스크바 북동쪽 약 180㎞, 클랴즈마강(江)에 면한 항구도시이며, 1108년 블라디미르 모노마흐공(公)이 요새를 축조함으로써 건설된 러시아의 고도(古都)이다. 1157년 블라디미르 수즈달리 공국의 수도가 되면서 발전하여 당시 러시아 수도인 키예프를 대신하는 새로운 정치적 중심지가 되었다.

3.2.2 폴란드(Poland)

1 국가개황

- 위치 : 중부 유럽 발트해 연안
- 수도 : 바르샤바(Warszawa)
- 언어 : 폴란드어
- 기후 : 해양성, 대륙성 기후
- 종교 : 로마가톨릭교 95%, 동방정교 등
- 인구 : 38,518,241명(33위)
- 면적 : 312,679㎢(69위)
- 통화 : 즈워티(ISO 4217 : PLN)
- 시차 : (UTC+1)

하양과 빨강으로 구성되어 있다. 흰색과 빨간색은 1831년 11월혁명을 계기로 폴란드를 상징하는 색이 되었고 1919년 다시 독립을 획득하면서 공식적으로 국가 색이 되었다. 하양은 환희를, 빨강은 독립을 상징하나, 국민의 결백성·성실성을 나타내는 흰색과 국가를 위해 흘린 피를 상징하는 빨간색을 조합(調合)한 것이라는 설도 있다.

2 지리적 개관

국토 대부분이 유럽의 평야지대에 위치해 있어 지형은 대체로 완만한 편이다. 국토는 동서로 689㎞, 남북으로 649㎞ 뻗어 있는데 북쪽은 발트해와 접한다. 동쪽은 러시아연방·리투아니아·벨로루시·우크라이나, 서쪽은 독일, 남쪽은 체코·슬로바키아에 접해 있는 유럽에서 8번째로 큰 나라이다. 화려한 문화를 지녔으나, 수많은 고난의 역사를 겪었다.

3 약사(略史)

- 피아스트 왕조시대 : 6세기경 계급 사회가 발생, 9세기에는 비슬라인의 부족공국(部族公國)이 대모라비아 왕국과 접촉

- 야기에우워 왕조시대 : 1400년에는 크라쿠프대학이 부활되었고, 1410년에는 역사상 유명한 그룬발트(타넨베르크) 전투에서 독일군을 격파하여 최성기 구축

- 폴란드 분할시대 : 17세기에는 투르크와의 전쟁 및 발트해를 둘러싼 스웨덴과의 전쟁 등으로 국력이 쇠퇴함에 따라 마침내 프로이센·러시

아·오스트리아의 3국은 점진적으로 폴란드를 침범하여 1795년에는 폴란드를 완전히 분할지배

- 독립과 제2차 세계대전 : 1918년 11월 독립국가로 재등장하면서 1939년까지 독립유지

- 기에레크정권 : 1947년 1월 총선 실시 결과, 폴란드노동자당과 폴란드사회당이 중심이 된 인민전선이 압승, 공산당정부 수립

- 자유노조와 민주화개혁 : 바웬사가 이끄는 자유노조연대에는 1,000여 만 명의 노동자가 참가하여 폴란드 민주화운동의 태동

- 민주화 이후의 정치적 변동 : 1993년 구공산당 집권, 1995년 자유노조 집권

- 1999년 3월 NATO, 2004년 5월 1일 EU에 가입

4 행정구역

폴란드의 행정구역은 16개 주(폴란드어 : województwo)로 구성되어 있다.

5 정치·경제·사회·문화

- 폴란드의 정치체제는 기본적으로 행정부, 입법부, 사법부의 삼권분립에 기초한다. 폴란드의 행정부는 대통령과 각료회의로 구성된다.

- 현재 폴란드의 산업이 GDP에서 차지하는 비중은 농업 3%, 공업 32%, 서비스업 66%

이다. 2006년 기준 수출액은 1,124억 달러, 수입액은 1,162억 달러이며, 최대 교역국은 독일이다.

- 인구의 약 98.7%가 폴란드인이다. 이전에는 다민족국가였으나, 제2차 세계대전의 결과 현재와 같은 거의 단일민족국가가 되었다. 그 외 소수파로 독일인, 벨라루스인, 우크라이나인, 유대인 등이 있다.

- 코페르니쿠스, 쇼팽, 마리 퀴리, 요한 바오로 2세 등이 폴란드 출신이다. 마리 퀴리를 비롯하여 다수의 노벨상 수상자를 배출하였다.

- 폴란드의 문화가 유·무형을 막론하고 동유럽 국가 중에서 가장 앞선 것은 독립을 지향하는 역사적 배경에서 배양된 불굴의 국민정신에서 연유한다.

- 폴란드는 남북한 동시수교국이다. 한국과는 외교관계 없이 약간의 무역거래만 하다가 1989년 4월에 주(駐)바르샤바 무역관과 5월에 주(駐)서울 무역사무소가 교환·개설되었고, 11월 1일 정식으로 대사급 외교관계가 수립되었다.

6 음식 · 쇼핑 · 행사 · 축제 · 교통

- 폴란드의 요리는 뜨겁고 달고 시다. 폴란드 요리를 만들기 위해 반드시 들어가는 재료는 소금에 절인 양배추와 과일, 건조버섯, 생버섯 등이다.

- 폴란드의 메인 요리에는 항상 고기가 사용되는데 돼지고기가 폴란드에서 주로 사용하는 고기이다.

- 잉어과의 물고기 요리가 인기가 많은데, 이것은 폴란드의 전통 크리스마스 요리에 등장한다.

- 폴란드는 금이나 은세공품, 호박(Amber)세공품이 유명하다. 호박 목걸이나 브로치 등을 싼 가격에 구입할 수 있다. 이 밖에도 은(Silver) 식기 세트, 크리스털, 골동품, 수공예품 등이 유명하다.

- 8월에는 1260년부터 시작된 그단스크 주변 마을에서 어거스트 도미니칸 페어(August Dominican Fair)가 열린다. 매년 열리는 이 행사에서는 많은 볼거리를 제공하고 예술작품, 기념품, 벼룩시장 품목들을 할인하여 판다.

7 출입국 및 여행관련정보

- 폴란드와 한국정부 사이에 체결된 무비자 협정에 따라, 90일을 넘지 않게 체류하는 경우 비자가 필요없다.

- 폴란드 입국 시 면세 범위는 18세 이상인 경우 담배 250개비 혹은 250g, 와인 2ℓ, 보

드카 0.5ℓ, 맥주 1ℓ, 100US$ 이하의 선물용 상품이다.

- 폴란드는 저지대이기 때문에 편두통이 있을 수 있다.
- 폴란드에 거주하지 않는 외국인들은 한 상점에서 200PLN(미국 달러로 50달러 정도) 이상 구입했을 경우 세금환불이 가능하다. 물건을 구입한 후 3개월 이내에 세관원에게 도장을 받아야만 한다.
- 화장실을 사용한 후에는 팁을 주게 되어 있다. 남성용 화장실은 붉은색과 '▽', 여성용은 푸른색과 'O'로 표시되어 있다.

8 관련지식탐구

- **솅겐(Schengen)조약** : 유럽 각국이 공통의 출입국관리정책을 사용하여 국경시스템을 최소화해 국가간의 통행에 제한이 없게 한다는 내용을 담은 조약을 말한다.
- **쇼팽(Chopin : 1810. 3. 1~1849. 10. 17)** : 폴란드의 작곡가이자 피아니스트. 자유롭고 시대를 앞서 나가는 독자적인 양식의 작품을 많이 남겼으며 특히, 약 200곡에 이르는 피아노곡으로 유명하다.
- **마주르카(mazurka)** : 폴란드의 민속무용과 그 무곡. 이 춤은 12세기경부터 존재하였던 것으로 전하나, 유행하기 시작한 것은 1600년대에 상류사회에 보급되면서부터이다.
- **폴로네즈(polonaise)** : 폴란드의 대표적인 민족무용, 또는 그로부터 발생한 기악곡의 명칭.
- **바웬사(Lech Wałesa : 1943. 9. 29~)** : 폴란드의 노동운동가 · 정치가. 공산 폴란드 최초의 자유노조인 '연대(Solidarity)'의 전국위원회 의장을 지냈다. 1983년에 노벨평화상을 받았으며 초대 직선 대통령에 당선되었다.

9 중요 관광도시

  (1) 바르샤바(Warszawa) : 폴란드의 수도로 바르샤바 평야의 중심부인 비슬라강(江)의 중류 양안에 있다. 13세기에 건설되고, 14세기부터는 그 지방을 차지한 여러 제후령(諸侯領)의 중심도시가 되어 오다가 1596년부터 폴란드왕국의 수도가 되었다.

- **성십자가교회(Kosciol Swietego Krzyza)** : 바르샤바 남쪽 크라쿠프에 있다. 1655년 스웨덴의 침공으로 파괴된 것을 1679~1696년에 다시 지었다. 정면에 우뚝 솟은 2개의 쌍둥이 첨탑은 그보다 훨씬 뒤인 1760년에 완성된 것이다. 금과 은을 많이 사용해 전체적으로 화려하면서도 장중한 느낌을 준다.
- **문화과학궁전(Palac Kultury i Nauki)** : 1955년 건립된 건물로 데필라트 광장에 있으며 바르샤바의 주요 명소 중 하나이다. 이 건물은 폴란드와 구소련의 우정에 대한 구소련 연

방의 선물로 건물 안에는 3개의 영화관, 4개의 극장, 2개의 박물관과 연구소, 그리고 스포츠센터와 같은 편의시설이 들어서 있다.

▷ 문화과학궁전

- **쇼팽 생가**(Chopin's House) : 바르샤바에서 서쪽으로 54㎞ 정도 떨어진 작은 마을 젤라조바 볼라(Zelazowa Wola)에 있다. 이 마을 출신인 폴란드의 작곡가·피아니스트인 쇼팽을 기리기 위해 1945년 그의 생가를 개조해 박물관으로 만들었다. 박물관 안에는 쇼팽이 평소 사용하던 악보·악기·가구를 비롯해 가족사진, 쇼팽 자화상 등이 전시되어 있다.

▷ 쇼팽 생가

- **바르샤바역사박물관**(Historical Museum of Warszawa) : 직사각형 형태의 4층 건물로, 60여 개의 홀이 있고, 바르샤바의 역사를 일목요연하게 알 수 있도록 체계적으로 유물을 전시해 놓았다. 1952년부터 1989년에 걸쳐 발굴한 바르샤바의 초기 유적을 비롯해 바르샤바 역사와 관련된 각종 문서·회화·조각·건축·고고학 유적 등이 시대별·종류별로 전시되어 있다.

- **퀴리부인박물관**(Museum of Marie Skłodowska Curie) : 폴란드 출신의 물리학자·화학자인 마리 퀴리를 기념하기 위해 바르샤바에 있는 그의 생가를 개조해 만든 박물관. 퀴리가 사용하던 각종 실험기구와 기념사진 등을 소장하고 있으며, 박물관 안의 기념품점에서는 여러 언어로 인쇄된 퀴리와 관련된 소책자·책자를 비롯해 편지봉투·우표·메달 등을 판매한다.

- **국립박물관**(Musium Narodowe) : 13세기에 지어진 고딕양식의 성으로 16세기에 르네상스양식으로 재건되었다. 1596년 폴란드의 수도가 크라카우에서 바르샤바로 이전된 후 이 성은 왕의 거주지로 이용되었다. 세계대전 중 폭격당해 화재로 피해가 매우 컸으나 꾸준히 복구되어 1974년 지금의 모습을 갖추게 되었다.

▷ 국립박물관

(2) 크라쿠프(Krakuw) : 1320년부터 1609년까지는 폴란드의 수도가 되었으며, 특히 카지미에시 3세 시대에는 상업·수공업의 중심지로서 중부 유럽에서는 가장 세력이 큰 도시의 하나가 되었다.

- **바벨성**(Wawel Castle) : 로마네스크·고딕·르네상스·바로크 등 다양한 양식이 혼합된 건축물로, 1000년 크라쿠프 주교에 의해 처음으로 건설되었다. 1504년부터 1535년까지 전면적으로 개조되면서 르네상스양식이 많이 가미되었고, 이때 비로소 현재와 같은 모습을 갖추었다. 11세기 중반부터 17세기 초까지 폴란드 통치자들의 거주지로 사용되었다.

⏩ 바벨성

- **비엘리치카 암염광산**(Wieliczka Salt Mines) : 현재까지 채굴이 계속되고 있는 가장 오래된 암염광산으로서, 13세기 무렵부터 암염 채굴이 본격화하여 폴란드왕국의 수입 가운데 큰 비중을 차지하였다.

- **아우슈비츠수용소**(Auschwitz Concentration Camp) : 제2차 세계대전 중에 폴란드 남부 오슈비엥침(독일어명은 아우슈비츠)에 있었던 독일의 강제수용소

⏩ 아우슈비츠수용소

이자 집단학살수용소. 나치 학살의 생생한 현장으로 400만 명을 죽음으로 몰고 간 가스실, 철벽, 군영, 고문실 등이 있다.

(3) 그단스크(Gdańsk) : 폴란드 포모르스키(Pomorskie)주(州)의 주도(州都). 독일어로는 단치히(Danzig)이다. 원래 비스와강(江)의 하항(河港)이었기 때문에 시가지의 중심부와 항만시설의 일부는 하구에서 3㎞ 거슬러 올라간 위치에 있고, 하구부에 새로 건설된 항구는 노비포르트(Nowy Port : 새 항구)라고 한다.

- **그단스크 조선소 자유노조**(Solidarnosc, Solidarity) **기념 연대비** : 1980년 8월 레닌 조선소의 노동자였던 바웬사가 노조를 결성하고 자유를 쟁취하기 위해 투쟁한 곳이다. 자유의 상징 레닌 조선소(1989년 그단스크 조선소로 이름이 바뀜) 앞에 있는 3개의 기둥은 민주화를 외치다 희생당한 이들의 이름이 적힌 자유노조 기념비가 있다.

⏩ 자유노조 기념 연대비

- **성모마리아 교회**(Kosciol Najswietszej Marii Panny) : 14~16세기에 160년을 걸쳐서 만들어진 건물로 폴란드에서 가장 큰 교회이고, 벽돌 건물로는 세계 최대이다. 제2차 세계대전으로 인해 완전히 파괴되었으나 전후 복구되었다. 탑의 높이는 78m이고 이곳에서 연주회 등 문화행사가 열리기도 한다.

● 두우기 광장(Dlugi Targ) : 구시가지의 대표적인 광장으로서, 예로부터 많은 행사가 개최되던 곳이다. 주위에는 옛 귀족들의 저택이 있고, 외국인용 노점상들이 즐비하다.

3.2.3 헝가리(Hungary)

1 국가개황

- 위치 : 유럽 중동부
- 수도 : 부다페스트(Budapest)
- 언어 : 헝가리어
- 기후 : 대륙성 기후
- 종교 : 천주교 68%, 칼뱅 20%, 루터 5%
- 인구 : 10,074,000명(80위)
- 면적 : 93,030㎢(108위)
- 정체 : 공화제
- 통화 : 포린트(ISO 4217 : HUF)
- 시차 : (UTC+1)

빨강·하양·초록이 수평으로 배치된 3색기이다. 빨강은 힘, 하양은 성실함, 초록은 희망을 상징한다. 1848~1849년 오스트리아와의 독립전쟁 때 처음으로 사용하였다. 기본 패턴은 프랑스혁명 때 사용된 프랑스의 3색기에서 기원했다고도 하나, 빨강·하양·초록의 기본색은 9세기 말경부터 나타났고 1608년 마티아스 2세의 통치기간 때 처음으로 사용하였다.

2 지리적 개관

중부 유럽에 있는 내륙국이며 수도는 부다페스트이다. 오스트리아, 슬로바키아, 우크라이나, 루마니아, 세르비아, 크로아티아, 슬로베니아와 국경을 맞대고 있다. 폴란드, 슬로바키아, 체코와 함께 비셰그라드(Visegrad)그룹16)의 일원이자, 유럽연합의 정회원국이다.

---

16) 헝가리, 폴란드, 체코, 슬로바키아의 4개국 협력회의.

3 약사(略史)

- 896년 추장 아르파트의 지도 아래 현재의 헝가리 지역(당시의 판노니아 지방)에 정착
- 아르파트가(家)의 게저(재위 972~997)시대에 이르러 봉건국가 형성
- 1241~1242년에는 몽골군 침입
- 코르비누스왕(재위 1458~1490) 치세 시 중부 유럽 제일의 강국이 됨
- 1526년의 약 2세기에 걸쳐 국토의 대부분이 오스만투르크에 의해 점령됨
- 대규모 민족반란(1703~1711)
- 1867년 오스트리아 – 헝가리화약(和約 : 아우구스라이히)이 성립됨으로써 이중제국(二重帝國)의 일원이 되어 정치적 안정 획득

4 행정구역

총 19개 주로 되어 있으며, 수도는 부다페스트로, 주 정부로부터 독립되어 있다. 부다페스트는 1873년에 부다와 페스트를 합쳐서 정해진 이름이다.

5 정치 · 경제 · 사회 · 문화

- 1989년 10월 개정된 신헌법에 따라 의원내각제에 대통령제가 가미된 절충형태의 정치체제 채택.
- 단원제 의회인 국민회의는 1구 1인 소선거구에서 선출.
- 제2차 세계대전 이전 전형적인 농업국이던 헝가리는 상당한 수준의 공업국으로 변모.
- 1인당 GDP는 유럽연합 25개국 평균소득의 3분의 2수준인 17,300달러임.
- 헝가리는 무료의료제도 · 연금 · 가족수당 등 사회보장제도가 잘 되어 있다.
- 오스만터키의 지배 아래 국민문학이 침체상태에 빠지기도 하였으나 18세기 말부터 19세기 전반까지 독립을 향한 민족주의의 열풍이 불어 뛰어난 시인과 작가가 배출되어 국민문학의 전성기를 맞이하게 되었다.

6 음식 · 쇼핑 · 행사 · 축제 · 교통

- 헝가리의 음식은 기름기가 많은 것이 특징이다. 헝가리의 전통음식으로는 굴라시(goulach)가 있는데, 이는 파프리카를 넣은 걸쭉한 고기 스튜이다.
- 디저트로는 도버스 토르테(Torte)라고 하는 캐러멜을 입힌 스펀지케이크가 있다. 또한 헝가리 와인도 유명하다.

- 헝가리에서는 민속공예품, 자수, 가죽세공품, 유리제품, 도자기제품 등이 쇼핑하기 좋은 품목들이다. 같은 물품이라도 부다페스트 같은 도시에서는 가격이 훨씬 비싸고 시골 마을은 저렴하다.
- 부쇼아라슈(Busojaras) 축제 : 헝가리 남부도시 모하치에서 열리는 축제이다. 축제 때가 되 면 수많은 람이 모하치로 모여들며 10시 정도가 되면 자유의 거리, 세체니 광장 주변에서 가면을 쓰고 양의 털가죽을 입은 BUSO가 행진을 시작하여 축제가 본격적으로 시작된다. 이 밖에 부활절(Husvet)이나 승마의 날(Lovasnapok)이 유명하다.

7 출입국 및 여행관련정보

- 관광목적일 경우에는 3개월 동안 비자 없이 체류할 수 있다.
- 헝가리의 면세범위는 담배 250개비(또는 시가 50개비), 와인 2ℓ, 양주 1ℓ, 물품 개당 5,000포린트(Ft) 이내 2개까지이다.
- 관광객을 상대로 한 관광사기, 소매치기, 절도사건이 많이 일어나는 편이다. 대중교통 이용 시나 바치 거리를 다닐 때는 특히 주의해야 한다.
- 헝가리에서는 영어가 통하지 않을 때가 많으므로 간단한 헝가리어는 익히는 것이 좋다.
- 헝가리에서 구입한 상품에는 세금이 부과되는데 여행객의 경우 5만 포린트 이상의 물품을 구입하면 세금을 환불받을 수 있다. 상점에서 세금환불 서류를 받아, 출국 전 세관에서 도장을 받아 우체통에 넣으면 된다.

8 관련지식탐구

- 마자르인(Magyars) : 우랄어족 핀우고르 어파의 마자르어를 사용하는 헝가리의 기간주민(基幹住民).

9 중요 관광도시

(1) **부다페스트**(Budapest) : 헝가리 평야의 북서부, 도나우강 양안(兩岸)에 걸쳐 있으며, 우안의 부다와 좌안의 페스트로 이루어져 있다. 부다는 대지(臺地) 위에 자리하며, 왕궁(王宮)의 언덕·겔레르트 언덕 등이 강기슭 근처까지 뻗어 있고, 역사적인 건축물이 많다.

- **부다왕궁**(Kiralyi palota) : 바르헤지 언덕에 서 있는 네오바로크양식의 궁전. 13세기 때 지어진 궁

▶ 부다왕궁

전인데 제2차 세계대전 때 파괴되어 새로 복구되었다. 왕궁이 있는 언덕 북쪽에는 빈의 문광장이 있는데 문은 1896년에 파괴되었으며 1936년에 터키로부터의 독립 250주년을 기념하여 세운 것이다.

- **성이슈트반 대성당**(St. Stephen Basilica) : 부다페스트 최대의 성당으로 건국의 아버지라 불리는 성이슈트반 대왕을 기리기 위해 세운 성당으로 특이한 점은 이 성당 중앙 돔의 높이는 96m인데, 이는 헝가리인의 조상인 마자르족이 처음으로 이 지역에 자리 잡은 해인 896년을 기념하기 위해서라고 한다.

▶ 성이슈트반 대성당

- **국회의사당** : 도나우강변의 페스트지구에 있는 네오고딕양식의 건축물. 1896년 이 의사당에서 처음 국회가 열렸다. 내부에는 벽화와 조각, 고블랭 직물 등으로 장식되어 있고 문카치 홀이라는 국회의장실에는 문카치 미하일의 동상이 걸려 있다. 개인적으로는 관람이 불가능하며 단체관광을 이용해야만 내부 의사당을 관람할 수 있다.

- **바치거리**(Vaci Utca) : 체인교와 엘리자베스교 사이에 있는 페스트지구에 위치한 이 거리는 서방의 어느 거리에도 뒤지지 않는 화려함을 지닌 부다페스트의 번화가다. 보행자 거리인 이곳에는 각종 상점과 레스토랑들이 늦게까지 불을 밝히고 있으며, 공항과 열차역 등에서도 가까운 중심거리라 할 수 있다. 또한 이곳은 모든 지하철 노선이 통과하고 있으며, 근처에 데악광장역이 가까이 있다.

- **마차시 사원**(Matthias Templon) : 13세기에 지어진 고딕식 건물로 역대 헝가리 왕들이 대관식을 올렸던 곳이다. 마차시라는 이름은 1470년 마차시 왕의 명령으로 교회 첨탑이 증축되면서 붙여진 이름이다. 16세기에 부다가 터키에 점령당하면서 모스크로 변했다가 17세기에 다시 가톨릭 교회로 돌아왔고 18세기에 바로크양식으로 재건축되었다.

▶ 마차시 사원

- **어부의 성채**(Halaszbastya) : 네오 로마네스크 양식으로, 뾰족한 고깔 모양의 일곱 개의 타워로 설계되어 있고 각 타워들은 수천 년 전에 나라를 세운 일곱 개의 마자르족을 상징한다. 하얀색의 화려한 성벽과 마차시 교회까지 뻗어 있는 계단

▶ 어부의 성채

은 관광객으로 하여금 그냥 지나칠 수 없게 만들 정도로 아름답다.

- **겔레르트 언덕**(Gellert hegy) : 서울의 남산처럼 부다페스트 시내를 내려다볼 수 있는 곳으로, 왕궁의 언덕 남쪽에 있는 해발 235m의 바위산이다. 왕궁의 언덕이라 불리는 곳에는 겔레르트 언덕 외에도 마차시 언덕, 마르노티비치 언덕 등의 완만한 언덕들이 있는데, 그중 이곳 겔레르트 언덕은 역사적인 의미가 담겨 있는 가장 전망 좋은 곳으로 꼽힌다.

▶ 겔레르트 언덕

- **세체니 다리**(Szechenyi lanchid) : 서울의 한강처럼 부다와 페스트 사이를 흐르는 다뉴브강에 놓인 8개의 다리 중 가장 아름다운 다리라 불리는 이곳은 다리 건설에 공헌한 세체니 공을 기리기 위해 건설된 헌수교로 세체니 다리라 불린다. 부다페스트의 야경에서 빼놓을 수 없는 아름다운 다리로 자리하고 있다.

▶ 세체니 다리

- **영웅광장**(Hosok Tere) : 헝가리 정착 1000년을 기념하여 1896년에 세워진 기념비가 있는 광장이다. 조각가 Gy. Zala과 건축가 Schickedanz에 의해 디자인되어 1929년에 완성되었다. 36m의 원주기둥 꼭대기에는 천사 가브리엘이 서 있고 밑의 받침대에는 헝가리의 각 부족을 이끄는 7명의 지도자들이 있다.

3.2.4 체코(Czech)

1 국가개황

- 위치 : 유럽 중부
- 수도 : 프라하(Prague)
- 언어 : 체코어
- 기후 : 서안해양성, 대륙성 기후
- 종교 : 로마가톨릭교 39%, 신교 5%
- 인구 : 10,381,130명(78위)
- 면적 : 78,866㎢(117위)
- 정체 : 공화제
- 통화 : 코루나(ISO 4217 : CZK)
- 시차 : (UTC+1)

보헤미아와 모라비아는 예전의 대(大)모라비아 제국의 문장(紋章)에서 유래한 빨강과 하양이 국민색이었다. 1920년 2월 29일 슬로바키아 지방을 병합하여 독립했을 때 슬로바키아의 문장 색에서 딴 파랑색의 삼각형을 붙여 새 국기로 삼았다. 당시는 삼각형이 가로길이의 1/3까지만 왔으나 3월 30일에는 1/2까지 늘렸다. 파랑 삼각형의 뾰족한 부분은 아름다운 카르파티아 산맥을 나타낸다.

2 지리적 개관

동유럽에 위치한 공화국이다. 북서쪽과 서쪽은 독일, 남쪽은 오스트리아, 남동쪽은 슬로바키아, 북동쪽은 폴란드와 닿아 있다. 수도는 프라하이고, 주요 도시로 브르노, 오스트라바, 즐린, 플젠 등이 있다. 크게 체히, 모라바, 슬레스코 세 지방으로 나뉜다. 체히는 라틴어로 '보헤미아', 모라바는 '모라비아', 슬레스코는 영어식으로 '실레지아' 또는 독일어로 '슐레지엔'으로 불리기도 한다.

3 약사(略史)

- BC 5세기경 켈트인, 최초 거주
- AD 5세기경 슬라브인, 정착 시작
- 625~658년 : 최초의 슬라브족 국가인 Samo왕국 건설
- 9세기 : Moravia왕국 건설(907년 마자르족에 의해 멸망)
- 보헤미아 왕국(10세기~1526)
- 합스부르크가 지배(1526~1867)
- 오스트리아 – 헝가리제국 지배(1867~1918)
- 체코슬로바키아공화국 시대(1918~1939)
- 독일 나치 지배 및 공산정권 시대(1939~1989)
- 1968년 : 개혁운동(프라하의 봄) 좌절
- 자유화 시대(1989~현재)
- 1993년 체코슬로바키아 연방 분리, 체코공화국 탄생
- 1999년 NATO 가입
- 2004년 EU 가입

4 행정구역

수도 프라하를 비롯하여 이호체스코주, 이호모라프스코주, 카를로비바리주, 호라데츠크랄로베주, 리베레츠주, 모라바·슬레스코주, 올로모우츠주, 파르두비체주, 플젠주, 스트르셰도체스코주, 우스티나트라벰주, 비소치나주, 즐린주 등 14개의 주로 구성되어 있다.

5 정치 · 경제 · 사회 · 문화

- 체코는 자유민주주의 정치체제이며, 헌법상 국가수반은 대통령, 주권의 최고 대표기관은 상·하원으로 구성된 의회, 최고행정기관은 총리가 이끄는 내각이며, 최고사법기관은 대법원이다. 정당은 다당제가 인정되고 있다.
- 주요 수출품은 유리제품, 초자공예품, 기계강관, 자동차부품, 전동축 등이고, 주요 수입품은 기계·수송용 기기, 공산품, 연료, 화학품 등이다.
- 체코의 교육은 취학 전 교육(3세~6세), 기초학교(6세~14세), 중등교육(14세~18세), 고등교육(18세~23세)으로 나누어진다.
- 스메타나(1824~1884)를 비롯한 음악가들을 역사 속에 남겼다. 스메타나의 대표적 작품으로는 <몰다우>를 들 수 있다.

6 음식 · 쇼핑 · 행사 · 축제 · 교통

- 체코 요리 중이 가장 유명한 것은 크네드리키인데 양배추를 익힌 후 으깨서 만두처럼 빚은 것이다.
- 돼지고기를 튀겨 머스타드 소스에 찍어 먹는 요리인 스마제니 마소도 있다.
- 체코의 음료로는 맥주가 유명한데 보통 식사할 때도 기름기가 많은 음식을 맥주와 곁들여 먹는다. 체코의 맥주는 맥주 최고 생산지인 독일에 비교해도 뒤떨어지지 않을 정도이다.
- 전통의상이나 보석류, 보헤미아 크리스털 제품이 유명하다. 값도 저렴하고 세공도 정교하다. 그 밖에 도자기나 골동품, 수예공품 등이 좋은 선물이 된다.
- 베스트르(제야), 부활제, 오픈 에어(Open-air) 페스티벌 등의 축제가 유명하다.

7 출입국 및 여행관련정보

- 한국과는 사증 면제 협정을 체결하여 비영리 목적으로 3개월 이하 체류할 때에는 비자가 필요없다.
- 기차로 들어갈 경우 여권심사만 하고 통과할 수 있다. 체코의 면세 범위는 1인당 포도주 2ℓ, 술 1ℓ, 담배 250개비, 20만 코루나(5,700US$) 정도의 외화이다. 20만 코루나가 넘는 현금은 입국 시 신고해야 한다.
- 동유럽의 화폐는 서유럽에서 환전하지 못하므로 동유럽을 떠나기 전에 남은 돈은 꼭 환전하도록 한다.

- 체코의 국민이 아니고 한곳에서 산 물품의 가격이 체코 화폐로 일정액이 넘으며, 구입한 날로부터 30일 이내에 물품을 가지고 나갈 경우는 세금 환불을 받을 수 있다. VAT 환불은 구입한 날로부터 3개월 후에는 만기된다.

8 관련지식탐구

- **카프카**(Franz Kafka : 1883. 7. 3~1924. 6. 3) : 유대계의 독일인 작가. 인간 운명의 부조리, 인간 존재의 불안을 통찰하여, 현대 인간의 실존적 체험을 극한에 이르기까지 표현하여 실존주의 문학의 선구자로 높이 평가받는다. 『변신(變身)』(1916년 간행) 등을 썼다.
- **밀란쿤데라**(Milan Kundera : 1929. 4. 1~) : 체코의 시인이자 소설가로 시·평론과 희곡·단편·장편 등 어느 장르에서나 뛰어난 작품을 발표하였고 번역작품으로도 유명하였다. 대표작으로 장편소설 『참을 수 없는 존재의 가벼움』, 『느림』 등이 있다.
- **성 네포묵**(Saint John Nepomuk : ?~1393. 3. 20) : 프라하에서 가장 존경받는 가톨릭 성인. 1393년 왕의 고문을 받아 죽었고 시체는 블바타강에 던져졌다. 프라하의 유명한 다리 카를교 중간에 그의 청동상이 있는데 만지면 행운이 깃든다는 전설이 있다.
- **마리오네트인형** : 실로 매달아 조작하는 인형극. 르네상스 때부터 19세기에 걸쳐 성행하며 인기를 끌었다. 소형무대를 설치하고 조작하는 사람이 무대 상부에서 인형을 움직인다.
- **프라하의 봄**(The Unbearable Lightness of Spring) : 1968년 체코슬로바키아에서 일어난 민주 자유화운동. 이 운동을 막기 위하여 불법침략한 소련군의 군사개입사건을 포함하여 '체코사태'라고도 한다.

9 중요 관광도시

(1) **프라하**(Praha) : 영어·프랑스어로는 프라그(Prague), 독일어로는 프라크(Prag)라고 한다. 체코 중서부, 블타바강(몰다우강) 연변, 라베강(엘베강)과의 합류점 가까운 곳에 있다. 체코 최대의 경제·정치·문화의 중심도시이다.

- **프라하 성**(Prazsky Hrad) : 체코를 대표하는 국가적 상징물이자, 유럽에서도 손꼽히는 거대한 성이다. 9세기 말부터 건설되기 시작해 카를 4세 때인 14세기에 지금과 비슷한 모습을 갖추었고, 이후에도 계속 여러 양식이 가미되면서 복잡하고 정교한 모습으로 변화하다가 18세기 말에야

▶ 프라하 성

현재와 같은 모습이 되었다.

- **구시가지 광장** : 구시가지 광장은 10세기 이래 프라하의 심장부와 같았던 곳으로 무역과 상업의 중심지이자 고딕, 르네상스, 바로크 등 각종 건축양식들이 잘 보존되어 있는 장이기도 하다. 이곳은 특히 낮과 밤 가릴 것 없이 계속되는 활기찬 분위기와 프라하 역사에 길이 남을 주요 사건들의 발생지로서 더욱 잘 알려져 있다.

- **카를교**(Karluv most) : 강 서쪽의 왕성(王城)과 동쪽의 상인거주지를 잇는 최초의 다리로 보헤미아왕 카를 4세(1346~1378) 때에 건설되었기 때문에 이 이름이 생겼다. 후에 양쪽 난간부에 상인들의 석상을 세웠고, 다리 양쪽에는 탑이 있는데 그 사이의 다리 길이는 약 500m이다.

▶ 카를교

- **황금소로**(Zlata ulicka) : 16세기의 후기 고딕으로 지어진 작은 집들이 모여 있는 동화에 나올법한, 허리를 굽혀야 겨우 들어갈 수 있을 정도의 작은 집들이 다닥다닥 붙어 있는 길인데, 원래 이곳은 성에서 일하던 집사와 하인들이 살던 곳이었으나 이후 연금술사들이 모여 살면서 황금소로라는 이름이 붙었다 한다.

▶ 황금소로

- **성 비투스 성당**(St. Vitus Cathedral) : 총길이 124m, 폭 60m, 천장 높이 33m, 탑높이 100m의 프라하에서 가장 크고 가장 중요한 건축물 중 하나로 현재 대통령궁으로 쓰이고 있는 프라하성곽 안에 위치해 있다. 교회의 건축이 시작된 것은 600여 년 전인 1344년이나 증개축이 계속되어 체코 역사와 함께 했다.

▶ 성 비투스 성당

- **스트라호프 수도원** : 플라디슬라프 2세 때인 1140년에 건립되었으나, 그 뒤 전쟁과 화재 등으로 인해 소실되거나 파괴되어 본래의 모습은 많이 남아 있지 않다. 지금의 건물은 17~18세기에 다시 지어진 것이다. 따라서 중세부터 근대에 이르기까지 여러 건축양식이 혼합된 복합건축양식을 띠고 있다.

- **화약탑**(Powder Tower) : 고딕양식의 탑으로, 높이는 65m이며, 총 186개의 계단으로 이루어져 있다. 프라하 대부분의 건축물들이 화려한 장식과 다양한 색상으로 구성되어 있는 것과 달리 어둡고 칙칙한 느낌을 준다. 그러나 옛날에는 왕과 여왕의 대관식을 거행하

는 장소이자, 외국 사신들이 프라하성(城)으로 들어올 때는 꼭 거쳐야 하는 관문으로 이용될 만큼 중요한 역할을 하였다.

(2) 체스키 크룸로프(Cesky Krumlov) : 체스키 크룸로프는 블타바강 만곡부(灣曲部)에 있는 도시로서, 봉건귀족 비데크가(家)의 보호를 받아 14~16세기에 수공업과 상업으로 번영하였다. 옛 시가지에는 체스키 크룸로프 성을 중심으로 중세의 자취를 간직하고 있는 고딕양식과 르네상스양식의 건축물들이 잘 보존되어 있다.

● **체스키 크룸로프 성**(Zamek) : 고도로서의 체스키 크룸로프를 상징하는 중요한 상징물이며, 이 도시의 역사를 그대로 보여주는 유적이다. 하늘을 찌를 듯한 둥근 탑과 기다랗게 늘어져 있는 옛 건물들은 중세의 모습을 그대로 보여준다. 옛 왕궁으로 쓰였던 이 건물은 두터운 돌을 쌓아 만든 것으로, 중세 귀족들의 생활상을 느낄 수 있다.

▶ 체스키 크룸로프 성

● **블타바강**(Vltava River) : 전장 약 435㎞. 독일 명칭으로는 몰다우강이라고 한다. 1,300m 내외의 보헤미아 산맥고지에서 발원하여 남동쪽으로 흐르다가 북쪽으로 방향을 바꾸므로 보헤미아 분지에 골짜기가 생긴다. 프라하 시가를 관통하고, 그 북쪽 30㎞ 지점에서 엘베강과 합친다.

● **망토 다리**(Cloak Bridge) : 망토 다리는 버스주차장에서 구시가지로 갈 때 가장 먼저 만나게 되는 곳으로 이곳을 통과해야 아름다운 도시를 만나게 된다. 사람들이 다니는 다리 아래쪽 길은 처음에 해자였으며 다리는 서쪽 성(城)을 연결하는 부분이다.

▶ 망토 다리

● **부데요비체 문**(Budejovicka Gate) : 1598년에 세워진 부데요비체 문은 현재 이곳에 남아 있는 9개의 문 중 하나다. 4면 2층 구조로 탑 부분의 외관이 거대한 성벽과 윗부분에 흙벽으로 그 얼굴을 가린 북이탈리아 요새의 건축스타일과 비슷하다. 또 문 안쪽은 프레스코로 장식되어 있고, 2층에는 해시계가 놓여 있다.

▶ 부데요비체 문

3.2.5 슬로바키아(Slovakia)

1 국가개황

- 위치 : 유럽 중부
- 수도 : 브라티슬라바(Bratislava)
- 언어 : 슬로바키아어
- 기후 : 대륙성 기후
- 종교 : 로마가톨릭교 60.3%,
  무신론자 9.7%
- 인구 : 5,431,363명(111위)
- 면적 : 49,036㎢(128위)
- 통화 : 유로(Euro)
- 시차 : (UTC+1)

위로부터 하양·파랑·빨강의 3색기이다. 중앙에서 약간 왼쪽으로 이 나라의 국장(國章)을 배치하였다. 국장은 방패 모양으로 빨강과 파랑 바탕에 흰색의 십자가가 있다. 체코슬로바키아에 속하기 전인 1848년의 국기는 현재의 기에서 국장이 없는 3색만으로 이루어졌다. 1918년부터 베르사유조약에 따라 체코슬로바키아로 합병되었고, 1940년 런던의 망명정부 때에도 1848년의 3색기를 사용하였다.

2 지리적 개관

서쪽으로 체코, 북쪽으로 폴란드, 동쪽으로 우크라이나, 남쪽으로 헝가리, 남서쪽으로 오스트리아와 접해 있다. 수도는 브라티슬라바이며 슬로바키아어가 공용어이다.

3 약사(略史)

- 5~7세기경 슬라브족(族)이 현재의 체코와 슬로바키아 지역에 이주·정착
- AD 833년 일종의 연방국인 대(大)모라비아 제국 건설
- 906년 헝가리의 침략으로 이후 천여 년간 헝가리 지배
- 1918년 체코슬로바키아공화국 탄생

- 1939~1945년 독일의 지배하에 놓임
- 1960년 '체코슬로바키아 사회주의공화국' 선포
- 1968년 '프라하의 봄'으로 불리는 자유화개혁운동의 실패
- 1990년 국명을 '체코슬로바기아연방공화국'으로 변경
- 1993년 체코와 슬로바키아의 2개의 독립국으로 분리됨

4 행정구역

행정구역은 블라티슬라바주, 트르나바주, 트렌친주, 니트라주, 질리나주, 반스카비스트리차주, 프레쇼프주, 코시체주 등 8개 주(kraj)로 되어 있다.

5 정치 · 경제 · 사회 · 문화

- 정치체제는 내각책임제이며 대통령과 행정부인 내각, 입법부인 의회, 그리고 사법부로 나누어져 있다. 대통령은 의회에서 다수결로 선출되며 임기는 5년이다.
- 체코슬로바키아 당시에는 체코에 많은 공장들과 산업들이 편중되어 있어 슬로바키아 지역은 뒤처져 있었다. 하지만 1993년 체코로부터 독립한 이후, 광업과 제조업에 집중적 투자와 무역확대 등을 통하여 안정적으로 발전하고 있는 추세에 있다.
- 초등학교 교육기간은 의무교육이고 중등교육(14~18세)은 4년 과정으로 대학 진학을 대비하는 일반교육과정(김나지움)과 특수교육과정인 산업 및 직업학교와 예능학교 교육과정으로 나누어진다.
- 슬로바키아 국민은 전통음악에 대한 자부심이 강하다. 전통음악의 원류는 슬라브족과 유럽인들의 민속음악이며, 15~16세기 종교음악의 기원인 모라비아왕국의 예배식에서도 그 전래를 찾을 수 있다.

6 음식 · 쇼핑 · 행사 · 축제 · 교통

- 슬로바키아 음식은 기본적인 중앙 유럽의 것이다. 고기, 만두, 감자 또는 걸쭉한 소스를 얹은 밥과 잘 익힌 야채, 또는 양배추 김치 등이다.
- 양념으로는 리씨, 베이컨, 그리고 다량의 소금이 일반적이다.
- 점심이 정찬이며, 저녁에는 찬 음식 정도만 먹는다. 슬로바키아인들은 체코인들과는 달리 맥주보다는 와인을 많이 마시는 것으로 알려져 있다.
- 블라티슬라바 대관식(8~9월), 살라만다제, 블라티슬라바세계그림책 원화(原畵)전, 블라티슬라바음악제, 아우토 살론(Auto Salon : 자동차 전시회) 등이 유명하다.

7 출입국 및 여행관련정보

- 슬로바키아는 사증면제협정 체결로 비영리 목적일 경우엔 최대 3개월까지 비자 없이 체류가 가능하다.
- 솅겐협정 가맹국으로서 한국 등 협정가맹국 이외의 나라에서 입국하는 경우 최초로 도착하는 가맹국에서 입국·세관심사를 받는다.
- 면세범위는 담배 200개비, 술 1ℓ 혹은 와인 2ℓ, 향수 50g 또는 오데콜론 0.5ℓ.
- 화장실 표시는 M 또는 ▼가 남성, Z 또는 ●가 여성. 공중화장실은 대부분 유료이다.
- 슬로바키아에는 우리 공관이 상주하고 있지 않으며 여권 분실 시 문제가 있을 수 있으므로 여권 관리에 유의를 해야 한다. 혹시라도 여권을 분실했을 경우에는, 체코대사관에서 여행증명서를 발급받고, 인편이나 우편을 통하여 수령할 수도 있다.
- 동유럽 대부분의 공중화장실은 지하에 있으며, 화장실 입구에는 노인들이 앉아 있다. 화장지는 따로 준비되어 있는 곳이 거의 없기 때문에 별도로 구입해야 하며 노인들에게 팁을 주는 것이 관례이다.

8 관련지식탐구

- 헝가리와의 민족감정 : 1차 세계대전 이후 50만 명에 달하는 슬로바키아 내 소수 헝가리인에 대한 차별문제로 대두되기 시작하여 최근 슬로바키아 내 헝가리 학교의 교과서 지명표기 문제 등으로 대립하고 있다.

9 중요 관광도시

(1) 브라티슬라바(Bratislava) : 헝가리어로 포쪼니, 독일어로 프레스부르그는 슬로바키아 최대의 도시이자 1969년 이래로 수도로 지정되었다. 슬로바키아의 정치·경제뿐 아니라 문화·교육의 중심지이며, 코멘스키대학(1467)을 비롯하여 슬로바키아 공과대학·음악대학 등 여러 교육기관, 과학아카데미·극장 등이 있고, 헝가리가 불과 16㎞ 떨어진 곳에 위치한다.

- 브라티슬라바성(Bratislava Castle) : 이 성은 대모라비아왕국 시대에는 중요한 정치적인 업무를 수행하였으며, 대모라비아왕국 소멸 이후 헝가리 정부의 국경요새로 역할을 했다. 1811년 완전히 소실되어 폐허가 되었다가 1953년 재건되었다. 현재에도 일부분은 슬로바키아 의회로 사용되고 있다.

◪ 브라티슬라바성

(2) 타트리-포프라드(Tatry-Poprad) : 타트라국립공원으로 유명한 곳이다. 타트라(2,663m)
산맥은 폴란드와 슬로바키아 국경지대에 걸쳐 있는 알프스산맥 중 하나이다. 총면적의 3/4
이 슬로바키아에, 나머지 1/4이 폴란드령에 속한다. 양측 타트라는 모두 국립공원으로 지
정되어 보호받고 있다.

(3) 반스크 비스트리카(Banska Bystrica) : 슬로바키아 중부의 도시로 슬로바키아 가장 큰
SNP 광장이 있고, 구시가지를 갖춘 도시다. 몇 년 전에 슬로바키아 수상은 서쪽에 치우쳐
있는 현재 수도 브라티슬라바를 이곳 반스크 비스트리카로 옮겨야 한다고 제안하기도 했
을 만큼 반스크 비스트리카는 슬로바키아에서 비중이 큰 도시다.

3.2.6 루마니아(Rumania)

1 국가개황

- 위치 : 유럽 남동부
- 수도 : 부쿠레슈티(Bucuresti)
- 언어 : 루마니아어
- 기후 : 대륙성기후
- 종교 : 루마니아정교 87%, 가톨릭교 5%,
  프로테스탄트 3.5%
- 인구 : 22,329,977명(49위)
- 면적 : 238,391㎢(78위)
- 통화 : 레우(ISO 4217 : RON)
- 시차 : EET(UTC+2)

왼쪽으로부터 파랑·노랑·빨강의 3색기로서, 국기 이름도 3색이라는 뜻의 '트리쿨로리(Triculori)'라고 한다. 파랑은 자유를, 빨강은 국가를 위해 희생한 애국자들의 피를, 노랑은 풍요를 상징한다. 3색은 예로부터 이 나라의 전통적인 깃발 색으로 이용되어 왔으며 1940년대의 공산화 후에도 저항의 상징으로서 사용되었다. 3색을 국기에 처음 사용한 것은 프랑스혁명에 영향을 받아 일어난 1848년의 혁명 때이다.

2 지리적 개관

동유럽의 공화국이다. 북동쪽으로 우크라이나와 몰도바, 서쪽으로 헝가리와 세르비아, 남쪽으로 다뉴브강을 끼고 불가리아와 국경을 접한다. 흑해와 접하며, 국토 중앙으로 카르파티아 산맥이 지나간다.

3 약사(略史)

- 기원전 1세기경에 트란실바니아·왈라키아·몰다비아를 통일하여 강대한 노예제국인 다

치아 왕국을 건설

- 4~14세기 무렵까지 루마니아인은 역사의 표면에서 자취를 감춤
- 몰다비아공국과 왈라키아 공국이 1861년에 합방하여 루마니아공국이 됨
- 1859년 쿠자(Alexandru Ioan Cuza)를 양 공국 공동의 군주로 선출함으로써 민족통일 성취
- 1877년 투르크로부터 독립을 선언
- 1947년 왕정을 폐지하고, 루마니아 인민공화국 수립
- 1965년 루마니아사회주의공화국(The Socialist Republic of Romania)으로 국명을 개칭
- 1989년 국명을 루마니아사회주의공화국에서 루마니아(Romania)로 환원

4 행정구역

수도는 부쿠레슈티이다. 1~2차 세계대전 당시의 임시 수도였던 자씨시, 콘스탄차 등의 주요 도시가 있다.

5 정치 · 경제 · 사회 · 문화

- 1861년부터 20년간 공작이 통치하였으며 1881년부터 1947년까지 왕이 통치했다. 그리고 1948년부터 1989년까지는 국가 수반이 통치하였다. 1989년부터 현재까지 대통령제를 실시한다.
- 주요 수출품목은 섬유류(22.3%), 각종 기계류 및 전기제품(17.6%), 철강 및 금속류(15.4%), 광물 및 석유자원(7.2%)이며, 수입품은 각종 기계류 및 전기제품(23.8%), 광물 및 석유자원(13.4%), 섬유류(12.6%), 차량 및 운송장비(9.3%), 철강 및 금속류(8.4%)이다.
- 루마니아는 충실한 사회보장제도를 자랑하고 있으며 완전 무료의 의료보험제도를 실시하고 있으나, 의료기술은 서유럽에 비해 낙후된 것으로 알려져 있다.
- 루마니아에는 일찍이 세르비아와 불가리아를 거쳐 비잔틴 예술이 전래되어 중세의 유품들 중에 볼 만한 것이 많다.
- 스포츠로는 축구 · 체조 · 요트가 인기 종목인데, 루마니아는 전통적인 요트강국이며 여자 체조에서는 특히 1976년 몬트리올올림픽의 영웅 나디아 코마네치를 배출하였다.

6 음식 · 쇼핑 · 행사 · 축제 · 교통

- 루마니아 요리는 독일, 세르비아, 헝가리의 요리와 흡사한 면모가 많은 편이다. 가장 흔한 요리로 마말 리가(mămăliga)가 있는데 옥수수로 만든 죽이다.
- 돼지간을 이용해서 소시지를 만들어 먹기도 한다. 토카투라(tocătură)라는 수프를 곁들여

먹는 것도 흔하다.

- 세계에서 9번째로 가장 많은 와인을 생산하는 국가이며 2천 년간 사랑받아 온 가장 흔한 음료이다.
- 공예품, 화장품, 보석, 모피류, 의류, 카펫, 도자기 및 크리스털 등이 있으며 루마니아민속의상인 블라우스, 소박한 목가공품 등이 현지 토산품으로 손꼽힌다. 또 루마니아의 자수는 세계적으로 유명하다.
- 머르찌쇼르(Martisor : 봄축제), 루살리(Sarbatoarea Rusaliilor) 등의 축제가 유명하다.
- 자수제품, 테이블크로스, 양가죽제품 등이 중요 쇼핑품목이다.

7 출입국 및 여행관련정보

- 90일 이내의 체재면 비자 필요 없음.
- 여권의 잔존유효기간은 입국 시 6개월 이상 남아 있어야 함.
- 고가품, 귀금속, 미화 1만 달러 이상을 소지하는 경우 입국 시 신고해야 함. 이때 작성하는 세관신고서는 출국 시 필요하므로 분실해서는 안 됨.
- 시내 곳곳에 환전소가 있으나 환전소마다 차이가 있어 몇 곳을 들러 비교한 후 환전하는 것이 좋다. 공정환율보다 유리한 환율이므로 은행의 환율을 이용하는 것이 손해이며 화폐의 가치하락으로 조금씩 환전하는 것이 유리하다.

8 관련지식탐구

- 나디아 코마네치(Nadia Comaneci : 1961. 11. 12~) : 루마니아 출신의 전 체조선수. 제21회 몬트리올올림픽 경기대회의 이단평행봉에서 체조사상 첫 10점 만점을 기록하였고 7차례나 10점 만점 연기를 펼쳐 3관왕과 동시에 5개의 메달을 획득하였다.
- 미하일 에미네스쿠(Mihail Eminescu : 1850. 1. 15~1889. 6. 15) : 루마니아의 시인으로 로맨티시즘의 향기 높은 서정시와 철학시를 발표하여 루마니아 최대의 국민시인으로 칭송받았다. 작품에는 <황제와 프롤레타리아>, <제3서한>, <칼린> 등이 있다.

9 중요 관광도시

(1) 부카레스트(Bucharest) : 루마니아의 수도. 영어명은 부카레스트이다. 루마니아 남부 도나우강변에 전개되는 루마니아 평야의 중앙부에 위치하며, 도나우강의 지류인 딤보비차강이 시내를 흐른다. 이 지명은 이곳에 처음 거주한 양치기 BUCUR에서 유래한다고 하며 발라키아왕 시대(15세기)에 이렇게 부르게 되었다.

● **의회궁**(Palace of the Parliament) : 1981년에서 1988
년에 걸쳐 루마니아의 유명한 건축가인 Anca
Petrescu에 의해 설계되었다. 265,000㎡ 넓이의
부지에 높이 85m, 가로 270m, 세로 240m, 지상
11층, 지하 3층으로 만들어진 단일 건물로서 그
규모가 세계에서 꼽을 만큼 대단한 규모이다.

➡ 의회궁

● **부카레스트 역사박물관** : 시의 창건에서부터 오늘날에 이르기까지 고고학적 유물, 각종도
구, 지도, 의상, 군복, 무기 등이 소장되어 있다.

● **농촌박물관** : 유럽에 있는 민속박물관 중에서도 그 규모와 보존상태가 좋은 것으로 유명
하다. 루마니아의 각지에서 옮겨온 200여 채에 가까운 민가, 교회, 물레방아 등이 넓은
부지에 점재한다.

● **스쿤테이 국영인쇄소** : 일반 여행자에게는 흥미가 없는 곳이지만 루마니아 전체 출판물
의 70%가 여기서 인쇄된다고 한다. 제2차 세계대전 후에 모스크바대학을 모방하여 만
들었으며 오른쪽에는 루마니아에서는 진기한 레닌상이 있다.

(2) 브라쇼브(Brasov) : 독일어로는 크론슈타트(Kronstadt)라고 한다. 카르파티아 산맥의
북쪽 기슭에 위치하는 도시이며, 몰다비아·왈라키아·트란실바니아의 세 지방을 잇는 교
통·상업의 중심지이다. 기계공업의 중심지 중 하나로, 트랙터·자동차·베어링 등을 제조
하는 공장이 있는 동시에 섬유·제재(製材)·식품 등의 공업이 발달하였다.

● **브라쇼브 미술관**(Brasov Art Museum) : 18세기
부터 현재까지 트란실바니아 지역의 회화작품을
소장하고 있다. 1층에는 뛰어난 루마니아 풍경
화와 초상화를 다수 소장하고 있다. 2층에는 20
세기 루마니아 미술계의 거장인 테오도르 팔라
디, 니콜라에 그리고레스쿠, 스테판 루키안, 호
리아 베르네아의 작품이 전시되어 있다.

➡ 브라쇼브 미술관

● **흑색교회**(The Black Church) : 1385년에 착공해 1477년에 완성하기까지 100여 년이 걸
린 브라쇼브의 상징적인 건축물로, 유럽 전역에서 가장 규모가 큰 독일식 고딕양식 교
회에 속한다. 원래 이곳에 있던 교회는 1242년에 몽골의 침략으로 파괴되었다. 14세기
착공 당시에는 로마 가톨릭 양식으로 지어진 성모교회였으나 16세기에 개신교로 개축
되었다. 1689년 합스부르크가(家) 군대의 공격으로 큰 화재가 발생했는데, 그때 검게 그
을린 벽 때문에 '검은 교회'라는 이름을 얻게 되었다.

(3) 콘스탄차(Constanta) : 루마니아 콘스탄차주(州)의 주도(州都). 부쿠레슈티에서 동쪽으로 200㎞ 떨어져 있는, 흑해연안의 항구도시이다. BC 7세기에 그리스의 식민도시 토미스로서 건설되었고, 4세기 콘스탄티누스 1세가 재건하여 명칭도 콘스탄티아나로 개칭하였다.

● **콘스탄차 국립역사고고학박물관**(National History and Archaeology Museum) : 부싯돌, 석기, 철기, 무기, 조각, 유리 공예품, 보석류, 동전 등 이 지역 역사와 관련된 각종 유물이 전시되어 있다. 시대적으로는 선사시대, 그리스, 로마, 비잔틴, 중세는 물론 현대까지 모든 시대를 망라한다.

(4) 툴체아(Tulcea) : 루마니아 툴체아주(州)의 주도(州都). 당시 도시명칭은 설립자인 다키아인 '카르피우스 아에지수스(Carpyus Aegyssus)'에서 유래한 '아에지수스(Aegyssus)'로 불렸다. 툴체아(Tulcea)고고학박물관의 비문에는 '아에지수스'라는 이름이 새겨져 있다. 기원전 12~15년 로마제국에 의해 지배받았고, 그들의 기술 및 건축술에 따라 도시가 새롭게 조성되었다.

(5) 시비우(Sibiu) : 루마니아 중부에 있는 알시비우주(州)의 주도(州都). 카르파티아산맥에 위치한다. 로마의 속령 다키아의 식민도시로서 건설된 후 12세기에는 작센인(人)의 이주에 이어, 14세기에는 독일계 주민의 행정·상업의 중심지로 번영하였다. 기계·섬유·인쇄·화학·피혁·식품 등의 공업이 활발하며, 주변지구에서는 모직물·모자·융단 등을 생산한다.

● **시비우 아트하우스**(Sibiu Arts House) : 15세기 건물로 과거에는 정육점 길드의 소유였다. 아름다운 중세건물들로 둘러싸인 소광장에서도 단연 돋보이는 건물이다. 1층에 8개의 아치가 일렬로 늘어선 주랑이 있고, 다갈색 지붕이 특징적인 깔끔하면서도 아름다운 건축물이다.

● **시비우 시의회탑**(Sibiu Council Tower) : 시비우 구시가 소광장과 대광장 사이에 우뚝 솟아 있는 탑이다. 특별히 꾸미지 않은 모습에 깔끔한 흰색으로 칠해진 탑은 13세기에 건설되었으며, 역사도시 시비우의 명물 중 하나다.

3.2.7 불가리아(Bulgaria)

1 국가개황

- 위치 : 유럽 동남부
- 수도 : 소피아(Sofia)
- 언어 : 불가리아어
- 기후 : 대륙성기후
- 종교 : 그리스정교 83.5%, 이슬람교 13%, 천주교 1.5%
- 인구 : 7,640,238명(93위)
- 면적 : 110,910㎢(112위)
- 통화 : 레프(ISO 4217 : BGN)
- 시차 : EET(UTC+2)

위로부터 하양·초록·빨강의 3색기이다. 1877년 S. 파라스케보프(S. Paraskevov)에 의해 만들어졌으며 비슷한 시기인 오스만투르크로부터의 해방투쟁 때 게양되기 시작하였다. 당시에는 중앙에 사자와 'BULGARIA'라는 글씨가 씌어 있었으며, 1879년 4월 16일 헌법 23조에 의하여 국기로 제정하였다.

2 지리적 개관

동부 유럽 발칸반도의 남동부에 있는 나라로서, 북쪽은 루마니아, 서쪽은 세르비아와 마케도니아공화국, 남쪽은 그리스와 터키, 동쪽은 흑해에 접해 있다.

3 약사(略史)

- BC 15년부터 로마의 영역에 속하여 지배를 받음
- AD 6~7세기경 북쪽에서 이주하여 온 슬라브인이 발칸반도 전체를 점유
- 7세기 후반에 불가리아와 슬라브 두 민족의 혼합국가인 제1불가리아제국(681~1018) 탄생
- 865년 보리스 1세 때는 비잔티움 그리스도교를 받아들임
- 시메온 제왕(893~927) 시절에 제국(帝國)의 최성기를 맞이함
- 1018~1185년 동안에는 비잔티움제국에 정복
- 제2불가리아제국(1186~1396) 수립
- 1393년부터 투르크의 지배하에 들어감. 이후 500년간의 암흑시대 시작
- 제정러시아-투르크의 전쟁(1877~1878)의 결과로 오스만투르크의 지배에서 벗어남
- 1912년 오스만투르크에 대항하는 발칸동맹 성립

- 1944년 소련 진주
- 1990년 국명이 불가리아인민공화국에서 불가리아공화국으로 변경
- 2007년 유럽연합의 일원이 됨

4 행정구역

1987년부터 1999년까지 불가리아는 아홉 개의 주(oblast)로 구성되었으나, 1999년에 총 28개 주로 분리되었다. 수도는 소피아이다. 각 주의 이름은 해당 주의 대표하는 도시 이름에서 따왔다.

5 정치 · 경제 · 사회 · 문화

- 1991년 7월 12일에 의회민주주의와 대통령직선제를 골격으로 하는 민주적 헌법이 동유럽 국가 최초로 채택됨
- 국내총생산 가운데 농·임업이 13.6%, 공업이 32.1%, 서비스업이 54.3%를 각각 차지하였다. 불가리아의 농업은 전체 경제에서 차지하는 비중이 점점 감소하고 있으나 아직까지 경제에서 주요한 역할을 한다.
- 2007년 1월 1일부로 유럽연합(EU)의 정회원국이 되면서 '경제부흥'에 고무되어 급변하는 사회 변동을 경험하고 있다.
- 불가리아의 고문학(古文學)에는 9세기 무렵 모라비아에서 추방된 키릴과 메토디오스 제자들에 의한 성자전(聖子傳)·우화(寓話) 등이 있다.
- 국민성은 대체로 온순하며 성실한 편이나 지리적으로 동양과 서양의 사이에 있고 예로부터 이민족의 침입과 지배를 받은 경우가 많았다. 따라서 보호 본능이 강하고 상대적으로 강한 자존심을 나타내는 경우가 종종 있다.

6 음식 · 쇼핑 · 행사 · 축제 · 교통

- 불가리아 등 동유럽지역에는 발효식품을 만들어 먹고 있다. 특히 콩을 삶아 발효시켜 소스를 만들어 빵에 찍어먹는 방식은 우리가 메주를 만들어 된장 만드는 것과 유사하다.
- 요구르트의 발생지가 불가리아이며 특히 채소 열매를 생선류와 함께 삭혀 만든 조글이란 소스는 우리나라 식혜(가재미, 곡물인 조, 무채 등을 섞어 만든 반찬류)와 흡사하다.
- 세계 장미 생산의 80%를 담당하고 있을 정도로 장미가 많은 나라이다. 권할 만한 선물로는 '장미향수'가 있는데 보통 상점이나 호텔 등지에서 흔히 구입할 수 있다. 작은 유리병에 향수가 담겨 있고 다시 나무 덮개로 싸인 것이 일반적이다.

- 4월에 개최되는 이스터, 5월 6일 성게오르규의 날, 쿠케리축제, 장미축제, 코프리브시티사 민속축제 등이 유명하다.

7 출입국 및 여행관련정보

- 관광목적 30일 이내 체재의 경우 비자는 필요 없다.
- 여권은 입국 시 잔존유효기간 60일 이상이어야 하며, 귀국 항공권이 있어야 한다.
- 공중화장실은 대개 유료이다.
- 술·담배 구입은 18세 이상이어야 가능하다.
- 프라이빗 룸이란 것이 있는데, 이는 여행사에 등록한 일반 가정의 방 하나를 빌려 묵는 것으로 화장실이나 욕실 등은 집주인 가족들과 공동으로 사용해야 한다.
- 불가리아에서는 머리를 끄덕이면 No, 가로저으면 Yes라는 뜻이므로 주의해야 한다.

8 관련지식탐구

- 무살라산(2,925m) : 높이 2,925m. 1949~1962년에는 스탈린산이라고도 불렀다. 릴라산맥의 동부에 있는 발칸반도의 최고봉이다.
- 프로테우스 불가리스(Proteus Vulgaris) : 프로테우스(Proteus) 속의 변형균으로 단백질을 분해하는 육류 부패균이다.
- 콘스탄트 비르질 게오르규(Constant Virgil Gheorghiu : 1916~) : 루마니아의 망명작가·신부. 대표작『25시』(1949)에서 나치스와 볼셰비키 학정과 현대 악을 고발, 전 세계에 반향을 일으켰다. 그 외『제2의 찬스』, 『단독여행자』 등과 한국에 대한 애정으로『한국찬가』를 출간하였다.

9 중요 관광도시

(1) **소피아**(Sofia) : 불가리아의 수도. 불가리아 서부 소피아 분지에 있으며, 해발고도 550m 지점에 위치한다. 도나우강(江)으로 흘러드는 이스쿠르강의 두 지류가 시내를 흐르며, 배후에 산을 등지고 있어 경치가 아름답고, 푸른 숲이 우거진 공원이 많아 '녹색의 도시'로 알려져 있다. 유럽에서도 가장 오래된 도시의 하나로, 고대에는 트라키아인(人)의 식민지였다.

- 바냐바시 모스크(Banya Bashi Mosque) : 1576년 오스만투르크제국 지배 당시에 지어진 유럽에서 가장 오래된 이슬람 사원 중의 하나이다. 소피아에는 과거 70개에 달하는 이슬람 사원이 있었으

🔲 바냐바시 모스크

나, 현재는 바냐바시 모스크만이 이슬람 사원의 명맥을 유지하고 있다. 바냐바시라는 이름은 공중목욕탕을 의미하는 경구로부터 유래되었다고 한다.

- **국립역사박물관**(Natzionalen Istoricheski Musei, Sofia) : 수천의 각종 전시물과 서류들은 세계의 역사와 문화의 형성과 흐름을 보여준다. 1층에는 주제별, 연대별로 8,700여 종의 전시물이 40여 개의 방을 꽉 채우고 있으며, 2층에는 불가리아의 역사적 문물을 알기 쉽게 전시해 놓고 있다.

➡ 국립역사박물관

- **비토샤 국립공원**(Vitosha National Park) : 소피아 남쪽 교외에 솟아 있는 높이 2,290m의 비토샤 산을 중심으로 하는 국립공원이다. 소피아 관광의 하이라이트이며 소피아 시민의 휴식처라고 할 수 있다. 중턱의 코피토토(Kopitoto)까지는 자동차로 20분 거리이며, 여기서 바라보는 소피아 시가지의 경관이 특히 아름답다.

- **릴세르디카의 유적**(Serdica) : 공산당 본부 앞 광장의 지하도 공사 때 발견된 고대도시의 유적이다. 2~14세기에 이 근처에는 세르디카라는 도시가 있었는데, 발굴된 유적은 세르디카의 동문에 해당하는 성벽과 2개의 5가형 탑이다. 지금은 완성된 지하도를 지나가면서 구경할 수 있게 되어 있다. 지하도 한쪽에는 당시의 모습을 보여주는 성곽의 모형과 발굴 작업의 기록사진, 발굴된 단지 같은 것들이 전시되어 있다.

➡ 릴세르디카의 유적

- **릴라의 승원**(Rilski Manastir) : 소피아 남쪽으로 128㎞ 떨어진 곳의 깊은 산속, 표고 1,147m 지점에 위치한 불가리아인의 성지이다. 침엽수림에 둘러싸인 골짜기에 세워진 흰 벽과 붉은 지붕의 이 승원에는 14세기 불가리아 문화를 전해주는 벽화가 남아 있다. 과히 릴라의 승원은 발칸반도에 있는 모든 정교회 수도원의 총본산이라고 할 수 있다.

➡ 릴라의 승원

- **세인트 페트카 지하교회**(Underground Church of St. Petka of the Saddlers) : 터키 지배 시대에 그들의 눈을 속이기 위하여 세운 반 지하식 교회인데,

➡ 세인트 페트카 지하교회

외관은 창문도 없이 조촐하나 내부는 눈부실 만큼 아름답게 장식되어 있다. 피지배 민족의 감추어진 인고의 역사를 보는 듯한 느낌이다.

- 게오르기 디미트로프의 묘(Georgi Dimitrov Mausoleum) : 게오르기 디미트로프는 제2차 세계대전 때 조국전선을 조직하여 싸웠으며 1946년 9월 15일 구체제가 쓰러지고 불가리아인민공화국이 성립되자 초대 대통령이 되었다. 묘 안에는 그의 유해가 안치되어 있는데 희미한 빛 속에 유해가 떠 있는 것처럼 보인다. 입구와 묘 안에는 정장한 위병이 서 있다.

게오르기 디미트로프의 묘

3.2.8 크로아티아(Croatia)

1 국가개황

- 위치 : 유럽 아드리아해 동부해안
- 수도 : 자그레브(Zagreb)
- 언어 : 세르보크로아티아어
- 기후 : 지중해성기후
- 종교 : 로마가톨릭 76.5%, 세르비아정교 11.1%
- 인구 : 4,496,869명(117위)
- 면적 : 56,542㎢(124위)
- 통화 : 쿠나(Kuna)
- 시차 : (UTC+1)

위로부터 빨강·하양·파랑의 3색기로, 중앙에 빨강과 하양의 체크무늬로 된 국장(國章)을 3색에 걸치도록 배치하였다. 가로세로 비율은 2 : 1이다. 1945년 이래 유고슬라비아연방의 공화국이었다가 1990년 12월 21일 독립하면서 제정하였다.

2 지리적 개관

크로아티아는 발칸반도에 있는 나라로, 서쪽에는 지중해의 일부인 아드리아해가, 북서쪽에는 이스트리아반도가 있다. 서해안에는 여러 섬이 있다. 지중해성기후이다.

3 약사(略史)

- 기원전 3세기에 해안지방에서는 로마와 접촉을 가짐
- 4세기 초에 고트족, 5세기 전반에 훈족

의 침입을 받음

- 6세기에는 북쪽에서 슬라브인과 아바르인이 들어옴
- 7세기에는 슬라브인이 대량으로 이주하여 왔으나 당시 이들에 의한 사회적·정치적 통일은 실현되지 않음.
- 9세기에 들어와 슬라브라는 이름과 함께 크로아티아라는 이름이 처음으로 나타나기 시작.
- 925년 크로아티아의 트미슬라브공(公)이 왕위에 오르면서 비로소 크로아티아왕국의 통일 달성
- 1102년 헝가리왕을 통치자로 하는 헝가리 – 크로아티아 국가가 성립
- 1867~1918년까지 헝가리가 지배
- 1918~1990년까지 세르비아인이 지배
- 1991년 유고슬라비아로부터 독립선언

4 행정구역

크로아티아는 발칸반도에 있는 나라로, 서쪽에는 지중해의 일부인 아드리아해가, 북서쪽에는 이스트리아반도가 있다. 서해안에는 여러 섬이 있다. 지중해성기후이다. 행정구역은 20개 주와 1개 시로 이루어져 있다.

5 정치 · 경제 · 사회 · 문화

- 2001년에 개정된 헌법에 따라 독립 이후 최초의 대통령 선거가 실시됨. 의회는 상·하 양원제였으나 2001년 3월 상원을 폐지하고 단원제로 하였다.
- 농업과 목축을 기반으로 하였으나 유전 발견 이후 공업국으로 변모하였다. 주요 산업은 섬유, 화학, 기계, 조선 등이며 농업과 목축도 동부의 사바강 중심의 평원에서 이루어지고 있다.
- 계속되는 인플레이션과 인접국인 보스니아-헤르체고비나로부터 난민이 계속 유입하여 사회적으로 불안정한 상태이다.
- 아드리아 해안도시인 스플리트와 두브로브니크에 있는 중세교회 건축물이 국제적으로 유명하다.

6 음식 · 쇼핑 · 행사 · 축제 · 교통

- 노란빛이나 흰빛이 도는 옥수수 가루로 만든다. 대개는 지역에서 많이 나는 생산물을 주재료로 한 폴렌타(Polenta)라는 수프가 유명하다.

- 크로아티아의 자그레브, 두브로브니크 등은 유명한 휴양지이자 관광지로서 유럽 어느 국가 못지않게 물가가 비싼 편이다.
- 간혹 민족분쟁이 있으므로 주의가 필요함.
- 공중화장실의 수가 적고, 2쿠나 정도의 사용료가 필요함. 레스토랑이나 카페의 화장실은 대개 무료. 화장실의 표시는 Gospode 또는 Dame가 여성, Gospoda 또는 Muski가 남성임.
- '크로아티아' 하면 생각나는 것이 바로 축구의 강국이라는 것이다.

7 출입국 및 여행관련정보

- 90일 이내의 관광이라면 비자 필요 없음.
- 여권의 잔존유효기간은 귀국 시까지 유효일자가 만료되지 않으면 됨.
- 담배 200개비, 알코올 도수가 높은 술 1ℓ, 와인 2ℓ, 향수 50g, 쿠나의 반출한도는 15,000Kn까지, 캠핑용품, 보트, 기계류를 지입하는 경우에는 신고 필요.

8 관련지식탐구

- 아드리아해(Adriatic Sea) : 지중해 북부 이탈리아반도와 발칸반도 사이에 있는 좁고 긴 해역. 길이 800㎞. 너비 95~225㎞. 면적 약 13만 1,050㎢. 오트란토해협을 거쳐 이오니아해(海)에 연결된다. 이탈리아·유고슬라비아·알바니아·크로아티아·슬로베니아 등 5개국으로 둘러싸였으며, 북서쪽에서 남서방향으로 길게 전개되어 있다.

9 중요 관광도시

(1) **자그레브**(Zagreb) : 크로아티아의 수도. 도나우강(江)의 지류 사바강에 면한 하항(河港)이다. 기계·섬유·전기·목재가공·제지·피혁·담배 등 공업이 성하며, 빈·부다페스트·베오그라드 방면과 연결되는 철도의 요지이다.

- **사냥박물관**(Hunting Museum) : 오늘날 유럽에서 가장 특이한 종류의 중요 박물관으로 손꼽힌다. 조류, 포유류 등을 포함한 2,000여 개가 넘는 수집품과 크로아티아에서 펼쳐지는 사냥대회에서 우승한 이들에게 수여되는 특이한 모양의 트로피, 1세기부터 현재까지 사용되는 사냥도구들과 무기류를 구경할 수 있다.

◘ 사냥박물관

- **미마라박물관**(Mimara Museum) : 1987년 처음 문을 연 미마라박물관은 안테 토피치 미마라(Ante Topic Mimara)가 소유하고 있던 조각작품과 그림, 공예품들을 크로아티아 국민들을 위해 기증한 것들을 기반으로 하여 다양한 문화와 문명, 지역, 재료로 제작된 3,700여 작품을 소장하고 있다.

➡ 미마라박물관

- **반옐라치치 광장**(Ban Jelačić Square) : 17세기에 건설된 오스트로 – 헝가리 스타일의 광장으로 시내 중심부에 있다. 광장 주변에는 클래식양식과 모던양식 등 서로 다른 건축양식의 건물들이 조화롭게 들어서 있다.

- **막시미르 공원**(Maksimir Park) : 유럽 최초의 시민공원이고 호수와 정자가 함께 있는 거대한 문화공간이다.

(2) 스플리트(Split) : 달마티아지방 중부해안의 작은 반도 앞 끝에 있으며, 아드리아해에 면해 있다. 주민의 대부분은 세르비아인과 크로아티아인이다. 북쪽 이탈리아 국경에 리예카 다음가는 제2의 항구가 있고, 후배지(後背地)와 철도·도로·항공로로 연결되어 아드리아해의 관광중심지이기도 하다.

- **구시가지** : 디오클레티안 궁전을 감싸고 있는 성벽 안쪽에 자리 잡고 있는 곳으로 스플리트에서 가장 오래된 지역이다. 초기 중세시대 때 디오클레티안 궁전을 중심으로 마을이 생기게 되었는데, 그것이 바로 지금의 구시가이다. 시간이 흐르면서 마을이 성벽 바깥으로 확대되어 갔다.

- **디오클레티안 궁전**(Diocletian's palace) : BC 295년에 로마황제 디오클레티아누스의 명령으로 지어진 궁전으로 그는 퇴위 후 이곳에서 숨을 거둔 AD 305년까지 거주했다. 1979년 유네스코는 이곳을 세계문화자연유산지역으로 지정하여 그 중요성과 뛰어남을 공식적으로 인정하였다.

➡ 디오클레티안 궁전

(3) 두브로브니크(Dubrovnik) : 강한 방위벽으로 둘러싸여 있고 관공서와 광장, 좁은 중세 거리의 주택들은 로마와 고딕시대 스타일을 띠고 있다. 유네스코의 세계문화유산으로 지정된 이 시의 출중한 문화수준은 현대에도 이어져 매년 7월 10일부터 8월 25일까지 열리는 여름 축제는 각종 show와 이벤트로 삶의 풍요를 더해주고 있다.

- 두브로브니크 대성당(Dubrovnik Cathedral) : 이탈리아 건축학자 버팔리니의 설계로 1713년 완공된 건축물로 대지진으로 폐허가 된 로마네스크 성당이 있었던 자리에 세워졌다. 원래 성당 건물은 1981년에 재건축을 하려 했지만, 고고학자들이 성당의 하층에 고대 7세기에 지어진 것으로 추정되는 성당의 흔적을 발견하여 그대로 두게 되었다.

▶ 두브로브니크 대성당

- 프란체스코 수도원(Franjevacki Samostan) : 두브로브니크에서 많은 장서와 초판본, 고대 필사본들을 가장 많이 소장한 도서관으로 유명하다. 이러한 연유로 1860년대 많은 유명 문학·역사가들이 이 도서관으로 몰려들었다. 한 번쯤 이곳에서 연구해 보고 싶은 꿈을 가진 도서관 관련분야에서 일하는 사람들이 많다. 또한 이곳은 유럽에서 가장 먼저 생겼던 것으로 추정되는 약국 중의 하나가 있던 곳으로 유명하다.

▶ 프란체스코 수도원

- 렉터 궁전(Rector's Palace) : 단아한 아름다움을 간직하고 있다. 여러 번 피해를 받았다. 몇 번 폭격을 받아 파괴되기도 했고, 지진으로 건물이 붕괴되는 시련을 겪기도 했다. 15세기 중반에 두브로브니크 정부에 소속되어 있었던 나폴리 건축가 Onofrio di Giordano de la Cava에 의해 완공되었다.

▶ 렉터 궁전

3.3   북유럽(Northern Europe)

3.3.1 노르웨이(Norway)

1   국가개황

- 위치 : 스칸디나비아반도 서부
- 수도 : 오슬로(Oslo)
- 언어 : 노르웨이어
- 기후 : 냉대기후
- 종교 : 복음루터교 94%, 기독교 4%
- 인구 : 4,641,500명(114위)
- 면적 : 324,220㎢(68위)
- 통화 : 크로네(ISO 4217 : NOK)
- 시차 : (UTC+1)

덴마크 국기의 하양 십자 안에 청십자를 겹쳤다. 노르웨이는 14세기 말부터 1814년까지 덴마크의 지배를 받았다. 가로세로 비율은 22 (6:1:2:1:12):16(6:1:2:1:6)이다. 1821년 7월 13일 국회에서 처음 채택하였으나 동군연합(同君聯合)이라는 형태로 스웨덴에 합병되면서 사용하지 못하였다.

2   지리적 개관

북유럽 스칸디나비아반도의 서쪽 지방이다. 거대한 피오르 지형이 나타나는데 인근에 5만 개 이상의 섬이 있고 2,500㎞ 이상이 이에 해당한다. 노르웨이는 스웨덴과 2,542㎞의 국경을 접하며 동쪽으로는 핀란드와 러시아가 있다. 남서쪽으로는 노르웨이해, 북해가 있다.

3   약사(略史)

- 기원전 6천 년 전부터 사람이 거주
- 9~11세기까지 바이킹의 대대적인 해상원정
- 10세기 초 하랄 1세가 등장하여 국가 통일의 기반을 조성
- 1217년 호콘 4세가 즉위하여 절대왕정의 기반 구축
- 1397년 포메른의 에리크 3세가 노르웨이왕으로 즉위함과 동시에 덴마크와 스웨덴의 왕 겸임
- 1814년 스웨덴왕이 노르웨이왕 겸임

- 1905년에야 독자적인 왕을 갖게 됨
- 1940년 2차 세계대전의 발발로 독일에게 일시적으로 점령당함

4 행정구역

노르웨이의 행정구역은 세 단계로 이루어져 있다. ① 왕국. 노르웨이 본토와 스발바르제도 및 얀마옌으로 이루어져 있다. 스발바르제도는 외교 등의 일부 자치권을 가지고 있으며, 얀마옌은 행정구역상 노를란주에 속한다. ② 19개 주(노르웨이어 : fylke). ③ 31개 기초자치단체(노르웨이어 : kommune).

5 정치 · 경제 · 사회 · 문화

- 노르웨이는 입헌군주제이며, 국가원수는 국왕이다.
- 산림의 80% 이상이 침엽수림으로 목재 및 제지 원료가 되며, 임산물과 관련된 물품의 수출이 총수출액의 14%를 차지한다.
- 북대서양의 대어장(大漁場)으로 대구 · 청어 · 정어리 · 새우 등의 어획이 많다. 노르웨이는 근대 포경업(捕鯨業)을 이끈 나라였으나, 근래 국제적인 포경의 제한으로 인해 쇠퇴했다.
- 스웨덴 등과 더불어 사회보장제도가 잘 갖추어진 나라로 유명하다.
- 북유럽신화를 담은 고시집(古詩集) 『에다 Edda』가 아이슬란드에서 발견되었는데, 내용의 절반가량이 9~11세기에 걸쳐 노르웨이에서 써진 것으로 여겨지고 있다.
- 노르웨이는 1959년 3월 한국과 외교관계를 수립하고, 북한과도 수교하고 있다. 6 · 25전쟁 중에는 한국에 병원선(病院船)을 파견하여 의료지원을 하였다.

6 음식 · 쇼핑 · 행사 · 축제 · 교통

- 노르웨이 요리로 가장 유명한 것은 바이킹 요리로 알려진 콜보르(Koldbord)이다. 식초에 절인 청어, 고기 경단, 치즈 등이 나오는 요리로 북유럽 국가 어디에서나 맛볼 수 있는 음식이기도 하다.
- 노르웨이만의 독특한 음식으로는 산양 젖으로 만든 야이토스트라는 갈색 치즈와 퇴르피스크라는 말린 대구, 스페케마트라는 소금에 절인 양고기 등이 있는데 이것은 과거의 바이킹들이 식량을 오래 저장하기 위해서 만든 음식이라고 한다.
- 노르웨이 사람들은 다양한 해산물로 된 음식과 호밀빵, 감자를 많이 먹는다. 여름이 제철인 연어요리와 가재요리, 장어요리 등이 유명하다.

- 산양 스테이크는 노르웨이에서 맛볼 수 있는 별미 중의 하나이다.
- 유리제품, 북유럽 지역 문양의 스웨터, 모피제품, 금은세공품 등으로 유명하다.
- 눈의 결정이나 순록 무늬를 아름답게 엮은 노르웨이의 전통적 스웨터는 관광객들이 선물로 많이 구입하는 품목 중 하나이다.
- 오슬로에서 열리는 재즈 축제와 홀멘콜른 스키 축제(Holmenkollen Ski Festival)가 유명하다.
- 복잡한 해안선과 수많은 섬을 가진 노르웨이에서는 페리가 아주 큰 역할을 담당하고 있다. 특히 유명한 피오르드지역을 둘러보려면 반드시 페리를 이용해야 하는데, 해안의 도시들을 연결하는 노선과 피오르드 내의 마을들을 도는 노선이 있다.

7 출입국 및 여행관련정보

- 한국과는 비자면제협정이 체결되어 3개월 이내 체류 시에는 특별히 비자가 필요하지 않고 6개월까지 유효한 여권만 있으면 된다.
- 담배는 400개비, 술은 강한 술 2ℓ와 와인 1ℓ이거나, 와인 2ℓ와 맥주 2ℓ이다. 그 밖에 향수는 50g이고, 선물은 3,500Nkr(노르웨이 크로네)까지 면세받을 수 있다.
- 여름철이라도 쌀쌀할 때가 많으므로 긴옷을 반드시 준비하도록 한다.
- 노르웨이는 보통 23%의 부가가치세가 붙는데 'Tax Free'라고 표시된 점포에서 308크로네(한 점포에서만) 이상을 구입한 경우 상점에서 면세서류를 작성하면 출발할 때 공항에서 11~18%의 면세를 받을 수 있다.
- 화장실은 대부분 유료이기 때문에 동전을 소지해야 한다. 화장실 표시는 남자의 경우 'H', 여자의 경우는 'D'이다.

8 관련지식탐구

- 바이킹(Viking) : 원래는 고국땅인 스칸디나비아에서 덴마크에 걸쳐 많이 있는 vik(峽江)에서 유래한 말로 '협강에서 온 자'란 뜻이다. vig(전투)·wik(성채화된 숙영지)·viking(해적) 등에서 유래하였다는 설도 있으나 아직 정설은 없다.
- 피오르드(fiord, fjord) : 피오르드는 제4기의 빙기(氷期)에 해안에서 발달한 빙하가 깊은 빙식곡을 만들었고, 간빙기(間氷期)에 빙하가 소멸한 다음, 그곳에 바닷물이 침입하였다가 해면이 다시 상승하여 형성된다. 노르웨이·그린란드·알래스카·칠레 등의 해안에 널리 발달되어 있다.
- 노르웨이의 탐험가 : 난센(Fridtjof Nansen : 1861~1930), 아문센(Roald Engelbregt Gravning Amundsen : 1872~?), 헤위에르달(Thor Heyerdahl : 1914. 10. 6~2002. 4. 18) 등이 있다.

- **노르웨이의 예술가** : 입센(Henrik Ibsen : 1828~1906), 비겔란(Adolf Gustav Vigeland : 1869~ 1943), 그리그(Edvard Hagerup Grieg : 1843~1907), 뭉크(Edvard Munch : 1863~1944) 등이 있다.
- **노벨상**(Novel Prize) : 스웨덴의 A. B. 노벨의 유언에 따라 1896년 그의 유산을 기금으로 제정한 세계에서 가장 권위 있는 상인데, 평화상만큼은 오슬로에서 수여하고 있다.

9 중요 관광도시

(1) 오슬로(Oslo) : 노르웨이의 수도. 스카게라크 해협으로부터 약 100㎞나 만입한 오슬로 피오르드 깊숙이 있으며, 풍광이 아름답기로 유명하다. 노르웨이의 정치·문화·상공업의 중심지이며 부동항이다.

- **바이킹 박물관**(Vikinghuset) : 노르웨이 오슬로 뷔그되위(Bygdøy)에 있는 바이킹선 전시를 하는 박물관. 피오르에서 발견된 오세베르그호, 고크스타호, 투네호 등 3척의 바이킹선을 복원해 전시하고 있는 박물관이다.
- **뭉크미술관**(Edvard Munch : 1863. 12. 12~1944. 1. 23) : '뭉크 탄생 100주년'을 기념하여 1963년 오슬로시에서 설립하여 개관한 미술관이다. 미술관의 구조는 지하 1층과 지상 1층으로 되어 있으며, 직선구조의 단조로운 조형미를 이루었으나 전시장·판화전시장 등과 그 밖의 시설들이 짜임새 있게 잘 갖추어져 있다.
- **비겔란 조각공원**(Vigelandpark) : 프로그네르공원이라고도 한다. 노르웨이 출신의 세계적인 조각가 비겔란의 작품으로 조성되어 있는 공원이다. 1900년 비겔란이 분수대 조각을 작은 규모로 만들어 오슬로시에 기증했다. 시위원회에서는 국회 앞에 비겔란의 작품을 세웠다가 반응이 좋자, 이전의 프로그네르공원과 연계시켜 조각공원으로 조성하였다.

🔲 비겔란 조각공원

- **아케르후스 성**(Akershus Slott) : 중세의 성채로 노르웨이왕이 거처하던 곳이기도 했다. 호콘 5세가 지었으나 그 후 전쟁으로 파괴된 것을 17세기에 크리스티안 4세가 르네상스양식으로 개수하였다. 제2차 세계대전 당시에는 나치가 이곳을 감옥과 사형장으로 사용하기도 했다. 현재는 박물관으로 사용되고 있다.

🔲 아케르후스 성

- **국립극장**: 1899년 입센의 연극을 공연하기 위해 지은 로코코양식의 극장이다. 현재 이 곳에서는 고전극부터 현대극까지 폭넓은 작품이 공연된다. 건물 입구에는 노르웨이 현 대극을 확립시킨 입센과 뵈르손의 동상이 있다.

- **오슬로 대성당**: 노르웨이의 국교인 복음주의 루터파의 총본산이다. 1649년에 착공된 후 몇 번의 보수공사를 거쳤다. 청동제 문, 스테인드글라스, 천장화 등 예술적 가치가 있는 것이 많고, 특히 6,000개의 파이프와 음계가 104단인 파이프오르간이 유명하다.

- **시청사**: 오슬로시(市) 창립 900주년을 기념하기 위해 지은 것이다. 1931년에 착공했으 나 제2차 세계대전으로 중단되었다가 1950년에 완공하였다. 시청사 안에는 노르웨이의 대표적인 예술가들에 의한 그림과 벽화들로 장식되어 있다. 특히 독일군 점령하의 고뇌 를 표현한 것이 많다.

- **노르웨이 민족박물관**(Norsk Folk Museum): 1894 년에 설립된 노르웨이 최대의 야외 박물관이다. 광대한 부지에는 노르웨이 각지에서 모아온 전 통적인 목조가옥이 흩어져 있다. 이들 가옥은 건 물뿐만 아니라 실내의 가구와 집기까지 동 시대 의 것이므로, 중세에서 근세에 이르는 노르웨이 인의 생활과 문화를 접할 수 있다.

▶ 노르웨이 민족박물관

(2) 베르겐(Bergen): 노르웨이 남서부에 있는 항구도시. 수도 오슬로에 이어 노르웨이 제 2의 도시이다. 비피오르드만(灣) 깊숙한 곳에 있으며, 서쪽 연안은 쇠고르섬이 외해를 가로 막아주고 있다. 시가지는 해발고도 700m 이하의 일곱 언덕으로 둘러싸여 있다.

- **송네 피오르드**(Sognefjord): 총길이 205㎞에 달하 는 세계에서 가장 긴 송네 피오르드는 플롬을 출발하여 구드방겐에 이르는 페리여행으로 그 아름다움을 가까이에서 즐길 수 있다. 빙하시대 에 빙하의 압력으로 깎여진 U자형 협곡으로 계 곡 상단에서 떨어지는 폭포는 북극의 오로라를 연상시킬 정도로 환상적이다.

▶ 송네 피오르드

- **한자 박물관**(Hanseatisk Museum): 브리겐 거리에 있는 박물관으로 16세기에 건립된 시 내에서 가장 오래된 목조건물이다. 베르겐은 어업과 해외무역으로 부를 축적하고 14 세기에 한자동맹에 가입했는데, 여기서는 당시 한자 상인들의 생활과 활약상을 볼 수 있다.

- **브리겐**(Bryggen) : 베르겐의 오래된 부두로 14~16
세기 한자동맹의 무역활동 중심지이다. 유네스코
가 지정한 세계문화유산에 등록되어 있다. 중세시
대의 목조건물이 15채가량 남아 있는데, 이는 한
자동맹 시대에 독일 상인들이 살던 집으로 주거와
일터인 창고가 한 지붕 아래 있다. 현재 건물 안
에는 당시의 생활모습을 보여주는 박물관이 있다.

▶ 브리겐

- **그리그의 집**(Troldhaugen) : 트롤하우겐(Troldhaugen)
이라 불리는 그리그의 생가는 바닷가 근처의 언
덕에 자리하고 있다. 트롤은 보는 사람에 따라
선인과 악인으로 변하는 숲속의 요정으로 트롤
하우겐은 트롤이 살고 있는 언덕이란 뜻이다. 베
르겐 출신의 작곡가 그리그가 1885년에 세워
1907년에 죽을 때까지 살면서 수많은 걸작을 작
곡한 집이다.

▶ 그리그의 집

- **플뢰엔산**(Mount Fløien) : 해발 320m의 산으로 후니쿨라와 전망대에서 내려다보는 베르겐의
경치가 아름답다. 플뢰엔산에는 등산을 하거나 케이블카 또는 차를 타고 올라갈 수 있다.

(3) 스타방게르(Stavanger) : 베르겐의 남쪽 160㎞, 보크나협만에서 갈라져 나온 스타방게
르협만에 면한 중요한 어항이다. 오래된 도시로 8세기에 창건되었다. 1150년경에 건립되
어 성(聖)스비틴에게 봉헌된 아름다운 노르만풍의 교회가 유명하다.

3.3.2 스웨덴(Sweden)

1 국가개황

- 위치 : **스칸디나비아반도 동남부**
- 수도 : **스톡홀름(Stockholm)**
- 언어 : **스웨덴어**
- 기후 : **냉대기후**
- 종교 : **복음루터교 87%, 천주교 1.5%**
- 인구 : **9,047,752명(84위)**
- 면적 : **449,964㎢(55위)**
- 통화 : **크로네(ISO 4217 : SEK)**
- 시차 : **(UTC+1)**

1157년 국왕 에릭이 핀란드를 공
격하기 전에 파란 하늘에서 금십
자(金十字)를 보았다는 고사에서
유래하며, 옛 포르쿤가 왕조의 문
장(紋章)에 기원한다는 설도 있다. 십자는 그리스도교
국가임을 나타내며 십자기는 스칸디나비아제국 공통의
디자인이다. 가로세로 비율은 16 : 10이다. 칼마르동맹
으로부터 독립한 1523년 구스타브 바사가 구스타브 1
세로 즉위하면서부터 사용한 것으로 전해지고 있다.

2 지리적 개관

스칸디나비아반도에 위치하는 국가이다. 스웨덴은 스칸디나비아반도에서 동쪽에 있으며 서쪽에는 노르웨이, 아이슬란드가 있다. 스웨덴 동쪽에는 핀란드가 있고 남쪽에는 덴마크가 있다.

3 약사(略史)

- 기원전 12000년경 남부지방의 브로메 문화(Bromme Culture)로부터 시작
- 기원전 4천 년경의 푼넬 비커 문화(Funnel-beaker Culture)에서는 농사와 가축 길들이기가 시작
- 기원전 1700년경에 청동기문화 시작
- 서기 98년 타키투스의 게르마니아에 등장
- 1397년 포메라니아의 에릭(에릭 13세)이 스웨덴 – 노르웨이 – 덴마크의 왕이 되어 1439년까지 스웨덴을 통치
- 1523년 스웨덴 왕으로 즉위한 구스타브 1세 바사(재위 1523~1560)는 1718년까지 계속된 바사 왕조의 계보를 확립
- 입헌군주제는 1849년에 실현됨
- 1946년에 국제연합의 회원국이 됨
- 1950년 한국전쟁 때 대한민국에 야전병원부대를 지원

4 행정구역

스웨덴은 고틀란드주(Gotlands län) 등 21개의 주(렌, län)로 나누어져 있다.

5 정치 · 경제 · 사회 · 문화

- 정치체제는 입헌군주제에 입각한 삼권분립제이다.
- 기업을 복지의 재원으로 생각하는 친기업적 정서, 우수한 산학연계시스템, 무료 공교육을 기초로 한 저임금 · 고학력 노동자의 양산이 기초가 되어 경제발전을 거듭하였다.

- 사회민주주의의 국가이자 '요람에서 무덤까지'로 상징되는 복지국가가 된 것은 노동조합과 협동조합이 발달하고 사회보장제도가 완비되었기 때문이다.
- 표현의 자유, 문화시설 향유의 특정지역 및 계층 편중을 막기 위한 지방분산을 내용으로 하는 문화정책을 1974년 국회에서 채택하였다.
- 문학사의 두드러진 존재는 스트린드베리이며, 자연주의 비극 <줄리 아가씨>, 상징주의적 작품 <몽환곡(夢幻曲)>으로 명성을 얻었다.

6 음식 · 쇼핑 · 행사 · 축제 · 교통

- 해산물을 이용한 다양한 음식을 맛볼 수 있다. 청어를 식초나 소금에 절인 전통요리뿐만 아니라, 가재요리, 새우 등의 요리가 있다. 스웨덴 사람들은 일반식으로 호밀빵, 로스트치킨, 스튜, 미트볼 등을 즐겨 먹는다.
- 훌륭한 도자기와 유리수공예품으로 유명하다. 유리제품 판매점이나 백화점 등지에서 다양한 종류의 유리공예품과 유리제품을 구입할 수 있다. 도자기는 직접 자기공장에서 구입할 수도 있고 백화점이나 유리제품판매점에서도 판매한다.
- 북부지역에서는 목재공예품으로 유명하다. 목재공예품뿐만 아니라 다양한 종류의 목재상품을 현지나 백화점 등지에서 구입할 수 있다.
- 상크트한스(Sankt Hans)축제는 전통 신앙시대의 하지제에서 유래된 것으로 짧은 여름기간에 태양을 동경하는 북유럽인의 심정을 잘 드러내고 있다.

7 출입국 및 여행관련정보

- 출 · 입국 카드는 작성하지 않으며, 유효한 여권만 있으면 입국허가 스탬프를 찍는 것으로 입국심사는 매우 간단하다. 3개월간 체류 시에는 비자가 면제된다.
- 출입국 시에 면세받을 수 있는 범위는 다음과 같다. 샴페인 2병이나 위스키 등은 1병, 와인은 1ℓ와 맥주 2ℓ, 담배 200개비, 가는 연송연 200개비, 연송연 50개비, 잎담배는 250g, 향수 25㎖ 정도, 500g의 커피, 100g의 차 등이다.
- 'Tax Free' 표시가 있는 상점에서 물건을 구입하면 부가가치세를 돌려받을 수 있다. 상점마다 차이가 있기는 하나, 관광객의 경우 101~200Skr(스웨덴크로네) 이상의 물건을 구입했을 때, 세금을 환불받을 수 있다.

8 관련지식탐구

- 실자라인(Silja Line) : 총길이 203m, 너비 31.5m, 58,000톤급 호화유람선으로 전체는 12층으로 구성되어 있다. 최대 탑승객은 2,853명이며, 985개의 선실에 침대가 2,980개 있다.

- **노벨상**(Nobel Prize) : 세계에서 가장 권위 있는 국제적인 상으로, 알프레드 베르나르드 노벨의 유언에 따라 설립된 기금으로 운영되는 상이다.
- **볼보**(Volvo Aktiebolaget) : 안전한 자동차를 생산하기로 유명한 스웨덴의 자동차 제조업체.
- **아바**(Abba) : 스웨덴 출신의 보컬 쿼테트(Quartette) 그룹인 아바(ABBA)는 두 쌍의 부부 그룹으로서 1974년에 유로비전 송 콘테스트에서 'Waterloo'란 곡이 그랑프리를 수상하면서 세계적인 스탠더드 팝 그룹으로 발전했다. 1975년에는 'S. O. S'와 'Mamma Mia'로, 다음해인 1976년에는 'Fernando', 'Dancing Queen', 'Honey, Honey', 1977년에는 'Knowing Me, Knowing You', 'Name of The Game', 1978년에는 'Summer Night City', 1979년에는 'Voulez Vous', 'Gimme, Gimme, Gimme' 등 발표하는 수많은 곡마다 전 세계 팝 팬들을 매료시켰으며, 영국, 미국 등 각국의 인기 차트에서는 이들의 이름이 떠날 줄 몰랐다.

9 중요 관광도시

(1) 스톡홀름(Stockholm) : 스웨덴의 수도. 발트해로부터 약 30㎞ 거슬러 올라온 멜라렌호(湖) 동쪽에 있으며, 시가는 많은 반도와 작은 섬 위에 자리 잡고 있다. 넓은 수면과 운하 때문에 흔히 '북구의 베네치아'라는 별명으로 불린다.

- **바사 박물관**(Vasa Museum) : 스웨덴에서 가장 오래된 전함으로, 바사왕가의 구스타브 2세(Gustav II)가 재위하였던 1625년에 건조되어 1628년 8월 10일 처녀항해 때 침몰한 전함 바사호(號)가 전시된 곳으로, 총길이 69m, 최대폭 약 11.7m, 높이 52.2m, 배수량 약 1,210t, 적재 대포 64문, 탑승 가능인원은 450명(300명의 군인)이다.

⬛ 바사 박물관

- **감라스탄**(Gamla Stan) : 스톡홀름 구시가로 오래된 건물들이 빽빽이 들어서 있다.
- **왕궁**(Kungliga Slottet) : 이탈리아 바로크양식의 건물로 역대 국왕의 거성이었지만, 지금은 외국의 귀빈을 위한 만찬회장으로 쓰이고 있다. 3층 건물 안에는 608개의 방이 있는데 베르나도트의

⬛ 왕궁

방, 영빈의 방, 보물의 방, 대관식과 왕실의 행사에 쓰이는 마차와 의상 등을 볼 수 있는 무기관등이 볼 만하다. 매일 낮 12시에는 위병 교대식이 있다.

- **밀레스 조각공원**(Millesgarden) : 스톡홀름시내 북동쪽의 리딩외(lidingo)섬에 위치해 있으며 스웨덴의 세계적인 조각가 카를 밀레스의 저택에 만들어진 조각공원이다. 밀레스의 조각품은 그리스와 북유럽의 신화를 주제로 하고 있으며, 발트해를 배경으로 서 있는 바다의 신 포세이돈의 조각에서는 넘치는 기운을 느낄 수 있다.

- **세르겔 광장**(Sergels Torg) : 스톡홀름 중심지에 위치해 있다. 세르겔 광장을 중심으로 모든 길이 뻗어 나가고 있어 여행자들에게는 휴식처이자 이정표 같은 곳이다. 광장 중앙에는 8만 개의 유리로 된 타워가 있으며, 길이 160m의 유리로 만들어진 문화회관(Kulturhuset)이 남쪽에 자리하고 있다.

- **스톡홀름 시청사**(Stockholm City Hal) : 라구날 오스트베리가 설계하고 800만 개의 벽돌과 1,900만 개의 금도금 모자이크를 사용하여 1923년에 완공시킨 건물로 스톡홀름의 상징적 건물이다. 이곳의 '푸른 방'에서는 해마다 노벨상 수상식 후 만찬회가 열린다. 서청사의 탑에 오르면 스톡홀름의 시가를 한눈에 바라볼 수 있다.

▶ 스톡홀름 시청사

- **스칸센**(Skansen) **민속원** : 1891년에 스웨덴 민속학자이며 교육자인 A. 하셀리우스(A. Hazelius)가 설립한 세계 최초의 야외박물관이다. 스칸센은 '요새'의 의미로서, 명칭은 스톡홀름 중앙에 있는 스칸센 유적에 설립된 데서 유래한다. 스웨덴 사람들의 과거 생활을 보여주는 건물과 농장으로 구성되어 있으며, 이곳에서 개최되는 다양한 이벤트로 유명하다.

▶ 스칸센 민속원

(2) 읍살라(Uppsala) : 스웨덴 중동부에 있는 읍살라주(州)의 주도(州都). 스톡홀름 북서쪽 65㎞ 지점에 위치한다. 1270년 대주교좌의 소재지가 되었으며, 18세기까지 스웨덴의 수도로서 문화와 학술의 중심이 되었다.

- **읍살라대학교** : 1477년에 설립되어 북유럽에서는 가장 오래된 대학이다. 설립은 당시 덴마크 지배하의 연합왕국이던 스웨덴의 문화적 독립을 상징한다는 의미를 가지고 있었다.

- **린네박물관**(Linnaeus Museet) : 세기의 세계적인 스웨덴 식물학자 린네가 1743~1778년에 식물을 연구하던 집이다. 현재는 박물관이 되어 그의 유품과 읍살라 출신 화가들의 그림을 전시하고 있다.

- **읍살라 대성당** : 13세기 후반에 착공하여 150년 후에 완공된 스웨덴 루터 교회파의 총본산이다. 2개의 첨탑은 1702년의 화재로 불타고, 오늘날의 것은 19세기 후반에 복원된

것이다. 성당 내부의 석관에는 스웨덴의 국부 구
스타브 1세와 두 왕비가 잠들어 있다.

- **웁살라성**(Uppsala Castle) : 스웨덴왕국의 창시자
  구스타브 바사의 명령으로 1540년대에 지어진
  요새이자 성. 왕실의 주거지이기도 했다. 또한
  스웨덴 왕들은 성의 앞쪽 언덕 아래에 있는 웁
  살라 대성당에서 대관식을 하고 이곳에서 연회나 축하파티를 했다.

▶ 웁살라성

3.3.3 핀란드(Finland)

1 국가개황

- 위치 : 북유럽 발트해연안
- 수도 : 헬싱키(Helsinki)
- 언어 : 핀란드어, 스웨덴어
- 기후 : 냉대기후
- 종교 : 복음루터교 89%, 러시아정교 1.1%
- 인구 : 5,261,008명(110위)
- 면적 : 338,145㎢(65위)
- 통화 : 유로
- 시차 : (UTC+2)

하양 바탕에 파랑의 십
자가가 가장자리까지 뻗
쳐 있으며, 파랑은 이
나라에 유난히도 많은
호수를, 하양은 눈을 나타낸다. 십자기(十字
旗)는 스칸디나비아의 일원임을 상징한다.
제정러시아로부터 독립한 지 6개월 만인 1918
년 5월 29일 제정하였고, 일부 수정된 현재의
형태는 1978년 5월 26일에 제정하였다.

2 지리적 개관

북유럽에 있는 나라이다. 서남쪽은 발트해,
남쪽은 핀란드만, 서쪽은 보트니아만 등의 바
다로 둘러싸여 있고, 스웨덴과 노르웨이, 러시
아와 국경이 닿아 있다. 본토 서남쪽에 위치한
올란드제도는 핀란드 통치 아래서 상당한 자
치를 누리고 있다.

3 약사(略史)

- 기원후 1세기 지금의 핀란드 남부에 정착
  한 것으로 추정
- 12세기 중엽, 스웨덴 왕 에리크 9세의 십자

군이 핀란드에 진입해 옴으로써 스웨덴이 지배

- 1397년 포메라니아의 에리크가 스웨덴 – 노르웨이 – 덴마크의 연합왕으로 즉위 시 핀란 드 편입
- 1523년 구스타브 1세 바사는 스웨덴을 안정된 독립왕국으로 만들면서 핀란드를 이에 포함시킴
- 17세기 초에 스웨덴 왕 구스타브 2세 아돌프는 핀란드를 동방 전초 기지로 활용함
- 대북방 전쟁(1700~1721)에서 핀란드의 국토는 러시아의 대대적 침공으로 일대 타격을 입음
- 1809년 러시아가 핀란드를 점령, 대공국이라는 이름으로 통치
- 1917년 독일제국으로부터 책봉을 받는 형식상의 제후국이 됨
- 1939~1940 : 소련과의 전쟁(Winter War)
- 1941~1944 : 소련과의 전쟁(Continuation War)
- 제1차 세계대전이 끝나고 공화국으로 독립

4 행정구역

오늘날 핀란드는 남핀란드주, 서핀란드주, 동핀란드주, 오울루주, 라피주, 올란드주 등 6개의 주(래니 lääni, 복수 래닛 läänit)로 나누어진다.

5 정치 · 경제 · 사회 · 문화

- 1919년 7월 17일 제정된 현행 헌법에 따르면 대통령의 임기는 6년으로 직접선거에 의 하여 선출된다.
- 2003년 현재 이원집정제(대통령제+의원내각제)로서 중도당, 사회민주당, 스웨덴인당의 연 립내각으로 구성되어 있다.
- 주산업인 임산업이 해외 수요 감퇴로 70~75%의 가동률에 그치고 있어 중화학공업분 야의 개발을 시도하고 있다. 최근의 경제성장은 IT산업이 주도하고 있다.
- 사회보장제도는 복지국가를 자랑하는 다른 북유럽 국가들과 마찬가지로 오래 전부터 발 달해 왔다.
- 유로화 출범 시 북유럽에서는 최초로 유일하게 참여한 국가이다.
- 칸텔레(kantele : 현악기의 일종) 반주로 불리는 구전(口傳)가요가 대대로 전해오고 있다.
- 고전(古典)으로서의 <칼레발라>는 이 나라의 민족주의정신을 일깨우고 근대화를 촉진하 여 국민문화의 기초가 되었다.

6 음식 · 쇼핑 · 행사 · 축제 · 교통

- 주식은 호밀빵과 같은 검은 빵과 감자이다.
- 대표적인 요리인 칼라쿠코라는 담수어와 돼지고기를 채워넣어 구운 빵이다.
- 찬 고기와 생선요리 중심의 바이킹 고기도 음식점이나 호텔에서 점심식사로 많이 제공하고 있다.
- 순록을 이용한 진귀한 음식으로도 유명한데 순록의 혀, 순록고기 로스트, 순록 소시지 등 다양한 요리가 있다.
- 유리제품과 도자기가 유명하다.
- 핀란드 지역에서만 자라는 열매로 만든 술과 보드카 역시 유명하고, 핀란드 고유 문양으로 장식된 금속세공품 등도 관광객들에게 인기가 좋다.
- 하지(Juhannus)축제, 사보린나 오페라 축제, 쿠모(Kuhmo)에서 열리는 실내악축제 등이 유명하다.

7 출입국 및 여행관련정보

- 우리나라와는 사증면제 협정을 체결하고 있으므로 관광, 단기상용 및 단기종합 목적으로 입국하는 경우 90일 이내는 사증 없이 체류할 수 있다. 여권은 6개월까지 유효한 것이어야 한다.
- 1개월 이상 체류하는 경우(단순여행 목적 제외) 체류신고를 해야 한다.
- 입국 시 면세한도는 16세 이상의 입국자에 대하여 담배 400개비나 잎담배 500g이고, 20세 이상의 입국자는 맥주 2ℓ와 약한 술 및 기타의 술 1ℓ까지 면세받을 수 있다.
- 남북한 동시 수교국이므로 주의가 필요하다. 우리나라 대사관에 갈 때는 반드시 'South Korea'라고 밝혀야 한다.
- 'EUROPE TAX-FREE SHOPPING'이라고 씌어 있는 상점에서 물품을 구입하면 부가세를 면세받을 수 있다. 핀란드의 부가세는 보통 22%이고, 최소 40유로 이상의 물품을 구매한 후 간단한 서류를 작성하면, 출국 시 공항에서 돌려받을 수 있다.

8 관련지식탐구

- 사우나(sauna) : 핀란드어로 '목욕', '목욕탕'이라는 의미를 지닌다. 사우나는 핀란드인들의 오래된 생활습관이다. 뜨거워진 몸을 찬 강이나 물에 식히는 것이 특징이다.
- 시벨리우스(Jean Sibelius : 1865~1957) : 핀란드 작곡가. 헤멘린나 출생. 어려서부터 바이올린과 작곡에 재능을 보였고, 독학으로 몇 곡의 실내악곡을 썼다.

- **칼레발라(Kalevala)** : 핀란드 민족서사시. 이교시대(異教時代)부터 그리스도교 시대에 걸쳐 핀란드 각지에 전승되고 있는 구비(口碑)전설·가요 등을 집대성, 이를 한 편의 서사시로 만든 것으로 50장(章), 2만 2,795행으로 되어 있다.

- **자일리톨(xylitol)** : 추잉껌·제과·의약품·구강위생제 등에 사용되는 당알코올계(系) 천연 감미료이다. 자작나무·떡갈나무·옥수수·벚나무·채소·과일 등의 식물에 주로 들어 있다.

- **산타클로스 마을(Santa Claus Village)** : 핀란드 로바니에미(Rovaniemi)에 있는 산타클로스 마을. 로바니에미에서 8㎞ 떨어진 곳에 있는 산타마을. 세계 각지에서 산타클로스에게 보내는 우편은 이곳으로 배달되며, 답장도 이곳에서 해준다. 산타클로스가 사는 마을은 노르웨이의 오슬로를 비롯해서 전 세계에 여러 곳이 있으나 핀란드 로바니에미의 산타마을이 가장 인정받고 있다.

9 중요 관광도시

(1) 헬싱키(Helsinki) : 핀란드의 수도. 스웨덴어로는 헬싱포르스(Helsingfors)라 하며, 일명 '발트해의 처녀'로 일컬어진다. 처음에는 핀란드만으로 흐르는 강의 끝 쪽에 있었으나, 1640년 지반 융기와 겨울철 결빙 때문에 곶의 앞쪽인 현재의 위치로 항구와 시가지가 이전되었다.

- **수오멘린나 요새(Fortress of Suomenlinna)** : 핀란드가 스웨덴 영토였던 1772년 스웨덴 왕 프레데릭 1세가 러시아의 공격에 대비하기 위하여 건설하였다. 이소 무스타사리·피쿠 무스타사리·렌시 무스타사리·수시사리·쿠스탄미에카·세르켄린나의 6개 섬을 연결하여 총길이 7.5㎞에 이르는 성벽을 둘러쳤고 보루와 장갑실(裝甲室)도 설치하였다.

▶ 수오멘린나 요새

- **우스펜키 성당(Uspensky Cathedral)** : 핀란드가 러시아의 지배를 받고 있던 1868년에 러시아 건축가 고르노스타예프가 비잔틴 슬라브 양식으로 지었다.

- **세우라사리 민속촌(Seurasaaren Ulkomuseo)** : 핀란드 곳곳에서 볼 수 있는 옛 가옥과 농장, 특히 17세기의 교회와 풍차 등의 목조건물이 한곳에 모여 있는 세우라사리는 헬싱키에서 가장 인기 있는 야외 민속촌이다. 섬 전체가 푸른 숲이 무성한 자연공원으로 잘 보존되어 있다.

- **암석교회(Temppeliaukion Kirkko)** : 템펠리아우키오(Temppeliaukion Kirkko) 교회로 1969년 티오모와 투오모 수오마라이넨 형제의 설계로 바위산 위에 세워져 있다. 기존의 교회의 모

습을 완전히 깨뜨린 최첨단의 교회로, 교회 내부는 천연암석의 특성을 살린 독특한 디자인으로 되어 있으며, 암석 사이로 물이 흐르고, 파이프오르간이 이색적이다.

▶ 암석교회의 내부

- 시벨리우스 공원(Sibelius Park) : 24톤의 강철을 이용해 1967년 에일라 힐투넨에 의해 만들어진 파이프오르간 모양의 시벨리우스 기념비와 시벨리우스의 두상이 인상적이다. 시벨리우스는 평생을 조국 핀란드에 대한 사랑과 용감한 사람들의 생애를 주제로 작곡하였으며, 교향시 <핀란디아>는 그의 대표작이다.

- 대성당 : 핀란드 루터파 교회의 총본산으로 국가적인 종교행사가 거행된다. 밝은 초록색의 돔과 흰 주랑이 조화된 건물로 1830년에 착공하여 1852년에 완공되었다.

▶ 시벨리우스 공원

- 에스플라나디 거리(Esplanadikatu) : 항구의 관광선 발착장에서 서쪽으로 뻗은 약간 언덕진 공원 같은 길이다. 도심답지 않게 나무가 우거져 시민의 산책로로 애용되고 있으며, 길 가운데 카페테리아와 무대시설이 있어서 여름에는 콘서트와 쇼도 열린다.

- 헬싱키 원로원 광장(Helsinki Senate Square) : 약 40만 개에 달하는 화강암이 깔려 있는 정사각형의 광장으로 중앙에는 러시아의 황제 알렉산드르 2세의 동상이 서 있다. 광장 정면에는 핀란드 루터파의 총본산인 대성당이 자리하고 있으며, 밝은 녹색을 띠고 있는 산화된 구리 돔과 흰색 주랑이 조화를 이루고 있는 아름다운 건물이다. 1830년에 착공되어 22년 만인 1852년에 완공되었으며, 각종 국가의 종교행사와 파이프오르간 연주회가 이곳에서 열린다.

- 핀란디아홀(Finlandia Hall) : 핀란디아홀은 헬싱키 해안의 아름다운 경관을 배경으로 세워진 우아하면서도 뛰어난 기능성을 살린 현대적인 건축물로 여유 있는 공간배치와 완벽한 시설로 국제회의나 예술공연을 하기에 최적의 장소이다. 디자이너인 알바르 알토(Alvar Aalto)의 설계로 1965년에 착공하여 1971년 개관한 문화센터이다.

▶ 핀란디아홀

(2) 투르쿠(Turku) : 스웨덴어로는 오보라고 한다. 핀란드 제3의 도시로서 헬싱키 북서쪽

160㎞ 지점에 있다. 러시아-스웨덴 전쟁을 종식시킨 오보조약이 체결된 곳으로, 1812년 까지 핀란드의 수도였다.

- 투르쿠 성(Turku Castle) : 스웨덴이 핀란드를 통치 하기 위해 세운 성으로 스웨덴 국왕이 거처하였 다. 화재를 당하기도 하였으나 지속적으로 재건 하여 1885년 이후에는 역사박물관이 되었다. 1946~1961년에 대대적인 복원작업 끝에 현재는 과거 궁정생활과 중세시대의 투르쿠를 볼 수 있 는 일용품과 의상 등을 전시한다.

➡ 투르쿠 성

- 투르쿠대성당(Turku Cathedral) : 1200년대에 세워 진 북유럽 고딕양식의 석조건물이다. 그 이후에 도 몇 차례에 걸쳐 확장되었으며, 내부에는 스테 인드글라스와 30년전쟁의 영웅비 등이 있다. 핀 란드 루터파 교회의 어머니격인 교회이자 국가 의 성소와 같은 곳이다. 카우파 광장 동쪽 아우 라(Aura) 강변에 있다.

➡ 투르쿠대성당

- 약국박물관과 퀜셀하우스(Pharmacy Museum and the Quensel House) : 1700년대에 지어진 투 르쿠에서 가장 오래된 자급자족 형태의 부르주아 저택으로 투르쿠 시내에서 가장 오래 된 목조건물이다. 스웨덴 지배 당시 핀란드 상류층의 생활을 보여준다. 또한 내부는 약 국박물관으로 19세기 상반기의 약병, 의료기구 등을 전시하고 있다

(3) 탐페레(Tampere) : 스웨덴어로는 탐메르포르스(Tammerfors)이다. 헬싱키 북서쪽 약 187㎞, 네시호(湖)와 퓌헤호 사이의 지협상(地峽上)에 위치하며 두 호수를 연결하는 타메르코스키강 의 급류가 시가지를 흐른다. 1918년 핀란드 독립전쟁에서 적군(赤軍)을 대파한 격전지이다.

- 엘리부오리(Ellivuori) : 탐페레 남서쪽 46㎞ 지점, 라우타벤호의 사론사리 섬에 조성되어 있는 휴양지이다.
- 퓌니키(Pyynikki) : 퓌헤호 북쪽 언덕의 자연을 이용하여 조성해 놓은 산림공원이다.
- 헤메 박물관(Hameen museo) : 헤메 지방의 향토미술품을 수집·전시해 놓은 박물관으로, 시민공원 안에 있다. 헤메 지방에서 생산된 민예품을 위시하여 태피스트리와 깔개 등 3 만여 점이 수집되어 있으며, 실내장식은 르네상스양식으로 되어 있다.
- 세르켄니에미(Sarkanniemi) : 시가지 북서쪽 네시호에 돌출한 반도에 조성된 공원이다. 가 족이 함께 즐길 수 있는 놀이시설이 완비된 유원지를 비롯하여, 수족관, 돌고래관, 미술 관, 어린이동물원 등이 들어서 있다.

3.3.4 덴마크(Denmark)

1 국가개황

- 위치 : 유럽의 유틀란트반도
- 수도 : 코펜하겐(Copenhagen)
- 언어 : 덴마크어
- 기후 : 해양성기후
- 종교 : 복음루터교 95%, 기타 5%
- 인구 : 5,475,791 명(108위)
- 면적 : 43,094㎢(134위)
- 통화 : 크로네(ISO 4217 : DKK)
- 시차 : (UTC+1)

현존하는 국기 중에서 가장 오래되었다. '덴마크의 힘'이라는 뜻의 '단네브로그(Dannebrog)'라는 이름으로 부른다. 1219년 6월 15일 이교도인 에스토니아와의 싸움 때 출정하던 십자군에게 로마교황이 수여한 기에서 유래한다. 가로세로 비율은 37(12 : 4 : 21) : 28(12 : 4 : 12)이다.

2 지리적 개관

스칸디나비아반도 사이에 스카게라크·카테가트·외레순해협을 끼고 북해와 발트해를 가르는 곳에 위치한다. 483개의 섬과 유틀란트반도로 이루어진다. 빙하 침식에 의해 산이 별로 없으며, 평야가 많다. 예전에는 황무지가 많았으나 개간되었다.

3 약사(略史)

- 약 20만 년 전 순록을 사냥하는 유목민들이 정착했던 것으로 추정됨.
- AD 500년경 농경을 주로 하는 'Angles' 및 'Jutes'라는 부족이 처음으로 집단마을 형성
- AD 6~10세기 동안에 바이킹(Viking)이 유틀란트반도를 중심으로 원시왕정국가를 형성
- Estrith 왕조시대(1047~1447) : 칼마르동맹(Kalmar Union)을 구성함으로써 영토는 노르웨이, 스웨덴, 발트연안 지역까지 확대
- Oldenburg 왕조시대(1448~1863) : 1523년에 스웨덴이 독립, 1720년대에 들어와 그린란드를 식민지로 합병, 1814년 Kiel 조약에 따라 노르웨이를 스웨덴에 할양
- Glüksburg 왕조시대(1863년~현재) : 1901년 내각을 구성함으로써 실질적으로 근대 입헌정치 개막
- 2차 세계대전 이후 시대(1940년~현재) : 1940~1945년 독일에 점령당함

4 행정구역

덴마크의 행정구역은 5개 지방(region)과 98개 자치체(kommune)로 이루어져 있다. 5개 지방은 2007년 1월 1일, 기존의 13개 주(amt)를 대체하여 만들어졌다. 동시에 자치체도 270개에서 98개로 통합되었다. 그린란드와 페로제도는 덴마크 왕국의 일부이나 독자적인 자치권을 가지고 있다.

5 정치 · 경제 · 사회 · 문화

- 덴마크는 1849년 6월 자유민주주의 헌법 채택으로 입헌군주국이 됨
- 2005년의 1인당 국민소득은 4만 7,600달러에 달하여, 국민은 세계 최상위의 생활수준을 누리고 있다.
- 덴마크는 세계에서 가장 먼저 실업자 · 병자 · 노인 · 장애인에 대한 사회보장을 법으로 규정한 나라로서 오늘날 모든 국민이 폭넓은 사회보장 혜택을 받고 있다.
- 덴마크의 문학은 민족이동이나 침략전쟁에 관한 구전전설(口傳傳說)에서 비롯된다. 12세기 말 삭소 그라마티쿠스는 전설 · 서사시 등이 포함된 라틴어의 대저(大著)『덴마크인의 사적(事績)(Gesta Danorum)』을 펴냈다.
- 동화작가 한스 크리스티안 안데르센(1805~1875)이 있다. 덴마크와 노르웨이는 오랫동안 같은 군주 밑에서 연합으로 묶여 있었기 때문에 형제의식이 강하다.

6 음식 · 쇼핑 · 행사 · 축제 · 교통

- 덴마크 요리에는 육류 · 생선 · 감자를 이용한 것들이 많다.
- 덴마크에서 가장 유명한 요리는 샌드위치 종류의 '스뫼르레브뢰'인데 글자 그대로는 '버터를 바른 빵'이라는 뜻으로, 얇게 썬 빵에 버터를 듬뿍 바르고 그 위에 청어 · 토마토 · 훈제연어 · 쇠고기 · 달걀 · 새우 · 햄 등 다양한 재료를 얹어 먹는 것이다.
- 덴마크는 세계적인 낙농국답게 150여 가지나 되는 치즈 종류가 있는데 그중에서도 '크레마 다니아'는 덴마크 최고의 치즈로 손꼽힌다.
- 덴마크 사람들도 맥주를 즐겨 마시는데 '칼스버그' 맥주가 가장 유명하다.
- 덴마크의 도자기와 은제품, 유리공예제품, 핸드 메이드 스웨터 등은 세계적으로 유명하다. 세계적으로 유명한 도자기 브랜드인 '로열 코펜하겐'의 본점이 코펜하겐에 있는데, 이곳에서는 시중가보다 조금 저렴한 가격으로 구매할 수도 있고 공장견학도 할 수 있다.
- 덴마크는 장난감과 가구, 인테리어 소품 등으로도 유명한데 세계적인 장난감 브랜드인 '레고'가 대표적이라고 할 수 있다.

- 로실드(Roskild)를 비롯하여 많은 음악축제와 음악과 연극이 혼합된 오르후스(Orhus) 축제 등이 유명하다.

7 출입국 및 여행관련정보

- 체류기간이 90일 이내인 경우에는 특별히 비자가 필요하지 않으며, 유효기간이 6개월 이상인 여권만 있으면 된다.
- 입국심사가 까다롭지 않은 편이며, 현금 반입에도 한도는 없다. 담배 200개비, 위스키는 1병, 와인 혹은 맥주 2병 정도, 향수 50g, 커피 500g, 1,350Dkr(덴마크 크로네) 이하의 선물용 상품은 입출국 시 면세받을 수 있다.
- 덴마크의 부가가치세는 25%이며, 'Tax Free'라고 표시된 상점에서 한 점포당 300크로네 이상을 구입한 경우, 12.5~19%를 면세받을 수 있다. 수속방법은 점포에서 면세에 관련된 서류를 작성한 후 공항세관에서 승인 스탬프를 받으면 된다.
- 덴마크에서는 남자화장실은 'H', 여자화장실은 'M'이라고 표시되어 있다.
- 일시적으로 덴마크를 방문하고 있는 모든 외국인이 갑작스런 사고나 재난을 당했을 경우 무료로 의료서비스를 받을 수 있다. 대부분의 호텔이나 캠핑장, 지방여행 사무소 등에서도 직접적인 의료서비스를 제공한다.

8 관련지식탐구

- 안데르센(Hans Christian Andersen : 1805~1875)동화 : 안데르센의 동화전집은『동화와 이야기』라는 제목에서 보이는 바와 같이, 동화 이외에 청소년들을 위한 이야기도 포함하고 있다.『성냥팔이 소녀』,『빨간 구두』,『인어공주』,『그림 없는 그림책』등이 있다.
- 세계적인 덴마크 기업 : 현대적 디자인의 Audio를 생산하는 뱅앤올룹슨사(Bang & Olufsen), 맥주의 칼스버그(Carlsberg), 조립식 완구의 레고(Lego), 풍력발전기의 베스타스(Vestas), 도자기의 로열 코펜하겐(Royal Copenhagen) 등이 있다.

9 중요 관광도시

(1) **코펜하겐**(Copenhagen) : 덴마크 수도. 외레순해협에 임하는 셸란섬과 아마게르섬에 걸쳐 있다. 코펜하겐은 영어이며, 원음으로는 쾨벤하운(Kbenhavn)에 가깝다. 덴마크 전체인구의 1/4이 집중되어 있는 이 도시는 국내는 물론 북유럽 최대의 상공업도시이다.

- **프레데릭스보르 성**(Frederiksborg Slot) : 3개의 조그만한 섬 위에 세워진 프레데릭스보르 성은 프레데릭 2세에 의해 처음 세워진 이후, 그의 아들 크리스티안 4세(Christian IV) 때

까지 세워진 성으로 두세 번의 재건축이 이루어진 고성이다. 프레데릭스보르 성은 힐레르외드 중앙에 있는 캐슬호수 내 3개의 섬 위에 자리 잡고 있다.

▷ 프레데릭스보르 성

- **티볼리공원(Tivoli Gardens)** : 공원의 모델이 이탈리아 티볼리시에 있는 에스테가(家)의 정원이었으로 티볼리라는 이름이 붙여졌다. 한편 왕가의 공원을 시민공원으로 조성하도록 허가한 데는 주변 국가와의 분쟁으로 불안한 상태에 놓여 있던 당시 코펜하겐 시민들의 마음을 위로해 주려는 배려도 작용하였다.

- **시청사(City Hall)** : 1905년 건축된 붉은 벽돌의 중세풍 건물로, 내·외부가 정교한 조각으로 장식되어 있다. 정면 입구에 있는 상은 코펜하겐의 창설자 압살론 주교이고, 내부에는 옌스올센이 설계한 독특한 천체시계, 안데르센의 상 등이 있다. 높이 106m의 탑 위에 오르면 코펜하겐 시내가 한눈에 들어온다. 탑의 종은 15분마다 시간을 알려준다.

- **인어공주 동상(Den Lille Havfrue)** : 안데르센의 『인어 공주』에서 영감을 얻은 조각가 에릭센이 자신의 부인을 모델로 하여 1913년에 만들었다. 그동안 페인트를 뒤집어쓰는 등 여러 차례 수난을 겪기도 했으며, 유명한 동상이긴 하지만 브뤼셀의 오줌싸개 동상, 독일의 로렐라이와 함께 유럽의 3대 썰렁 명소의 하나로 꼽히기도 한다.

▷ 인어공주 동상

- **크론보르 성(Kronborg Slot, 햄릿성)** : 세계적인 작가 셰익스피어의 4대 비극 중 하나인 햄릿(덴마크 왕장)의 배경으로 사용되었던 성으로 그로 인해 더욱 유명해졌고 햄릿성으로 불리기도 한다. 성의 메인 출입구에 셰익스피어의 초상이 새겨진 석조 현판이 자리하고 있다.

▷ 크론보르 성

- **스트뢰에(Strøget)** : 시청가 광장에서 콩겐스 광장까지 이어지는 1.2㎞의 거리고, 보행만 할 수 있는 거리이다. 스트뢰에 거리는 오래된 건물을 개조한 상점들이 즐비하게 이어진다. 거리의 악사나 퍼포먼스를 하는 사람들을 볼 수도 있다.

- **니하운(Nyhavn)** : 운하 주변 지역으로 니하운은 새로운 항구라는 의미이다. 운하는 1673년에 개통

▷ 니하운

되었다. 운하 남쪽에는 18세기의 고풍스러운 건물들이 즐비하고, 북쪽에는 네모난 창이 많이 달린 파스텔 색조의 건물이 화려하게 이어진다. 크루즈투어를 통해 운하의 풍경을 감상할 수 있다.

- **로센보르 궁전**(Rosenborg Slot) : 왕립공원 안에 있는 붉은 벽돌의 궁전이다. 17세기에 크리스티안 4세의 지시로 지어졌으며 그 후 증축하여 지금의 네덜란드 르네상스 스타일의 성으로 바뀌었다. 왕실 일가가 아말리엔보르로 옮긴 후에는 이용하지 않으며 1838년에 덴마크 왕실 소장품을 전시하는 미술관으로 개장하였다.

🔁 로센보르 궁전

- **시청사광장**(Copenhagen City Hall Square) : 코펜하겐의 대표적인 두 개의 메인 광장 중 하나로, 매해 신년축하를 위해 덴마크 사람들이 이곳에 모여 성대한 축제를 벌이는 곳으로도 유명하다.

- **게피온 분수대**(Gefionspringvandet) : 게피온의 분수는 북유럽 신화에 등장하는 여신이 황소 4마리를 몰고 가는 역동적인 모습을 하고 있다. 이 분수는 1908년에 제1차 세계대전 당시 사망한 덴마크의 선원들을 추모하기 위해 만들어졌다. 4마리의 황소를 몰고 있는 여신의 조각상은 수도 코펜하겐이 위치한 질랜드(Zealand) 섬의 탄생 신화에서 나온 것이다.

🔁 게피온 분수대

(2) 오덴세(Odense) : 유틀란트반도와 셸란섬 사이에 있는 핀섬의 중심도시. 덴마크 제2의 공업도시이다. 1966년 오덴세대학이 설립되어 핀섬의 문화적 중심지가 되었다. 도시이름은 북유럽 신화의 주신(主神) 오딘의 이름을 딴 '오딘의 성지(聖地)(Othensve)'에서 비롯되었다.

- **안데르센 박물관**(Hans Christian Andersen Museum) : 오덴세 최고의 관광명소로 손꼽히는 곳으로 1805년 4월 2일 안데르센이 태어난 생가를 박물관으로 사용하고 있다. 안데르센의 생애에 관한 다양한 자료와 전 세계에서 번역·출판된 그의 작품을 포함한 많은 작품을 소장하고 있는 도서관, 그의 삽화작품 등을 감상할 수 있다. 많은 안데르센 초상화들도 즐거운 볼거리이다.

- **안데르센 유년시절 생가**(Hans Christian Andersen Childhood Home) : 안데르센 박물관 중의 하나인

🔁 안데르센 박물관

이곳은 오덴세에서 태어난 안데르센이 1807년에서 1819년까지 살면서 그의 유년시절을 보냈던 곳이다. 몇 개의 방에 안데르센의 어린시절과 관계된 소규모의 전시물이 전시되고 있다.

- 이에스코우 성(Egeskov Castle) : 핀섬을 대표하는 명소 중의 하나이다. 총 1,100에이커 면적을 차지하고 있는 성 주변에는 여러 종류의 식물과 꽃들이 자라고 있는 여러 정원과 미로, 커다란 해시계, 박물관이 들어서 있다. 성 건물은 두꺼운 벽에 의해 두 부분으로 나뉘어 있으며 루이 16세의 가구들로 꾸며진 옐로 룸(Yellow Room)이 있다.

➡ 이에스코우 성

- 칼 닐슨 박물관(Carl Nielsen Museum) : 오덴세를 빛낸 또 한 명의 유명인인 작곡가 칼 닐슨과 그의 부인이자 여류 조각가였던 앤 마리 칼 닐슨의 생애와 작품을 전시하고 있는 박물관이다. 영상자료를 통해 더욱 많은 것을 볼 수 있다.

아메리카주

CHAPTER_4

아메리카주(America)

면적 약 4,221만㎢로 세계 육지면적의 28%, 인구 7억 6,280만 명(1994)으로 세계 총인구의 14.1%를 차지한다. 인구밀도는 18.1/1㎢. 남·북아메리카는 좁은 지협으로 연결되어 있으며, 인종 및 어족을 기초로 북아메리카를 앵글로아메리카라 하고, 중앙·남 아메리카를 라틴아메리카라고 한다. 또한 지리적으로 북아메리카·중앙아메리카·남아메리카로 구분한다. 아메리카는 좁은 뜻으로 아메리카합중국, 특히 알래스카·하와이를 제외한 48주(州)를 가리킨다. 아메리카는 신대륙(新大陸) 혹은 신세계(新世界)라고 하는 경우가 많다.

4.1 북아메리카(Northern America)

4.1.1 미국(United State of America)

1 국가개황

- 위치 : 북아메리카 대륙
- 수도 : 워싱턴(Washington D.C.)
- 언어 : 영어
- 기후 : 온대 또는 냉대
- 종교 : 개신교 52%, 가톨릭 24%
- 인구 : 301,154,000명(3위)
- 면적 : 9,372,615㎢(4위)
- 통화 : 달러(ISO 4217 : USD)
- 시차 : (UTC-5~-10)

'성조기(Stars and Stripes)'라고 하며, 미국의 국가(國歌) 또한 같은 명칭으로 부르고 있다. 특징은 미합중국을 구성하는 주(州)의 수만큼 별이 있어서, 주가 증가할 때마다 별의 수가 증가된다는 점이다. 주의 증가가 결정되면 성급하게 새 국기의 디자인을 발표하는 시민도 있지만, 정식으로는 대통령이 임명한 국가위원회에서 디자인을 심의 결정하고 다음해 독립기념일(7월 4일)에 공식 발표한다.

2 지리적 개관

　북아메리카를 반으로 나눈다고 가정하면 캐나다는 북쪽의 절반, 미국은 남쪽의 절반을 차지하고 있다고 볼 수 있으며, 남쪽으로 중앙아메리카의 꼭지를 이루는 멕시코와 국경을 마주하고 있다. 미국은 서쪽으로는 태평양, 동쪽으로는 대서양에 접해 있으며 남서쪽으로는 카리브해를 내려다보고 있다.

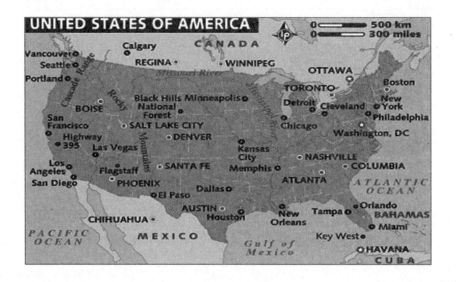

3 약사(略史)

- 식민지 시대(1493~1776) : 미국 땅에는 주로 영국 식민지와 네덜란드 식민지가 위치함
- 신생 국가(1776~1789) : 1776년 6월 7일 독립선포
- 성장과 갈등(1800~1861) : 남북전쟁(the Civil War) 발발
- 내전의 시기(1861~1865) : 4년에 걸친 격전 끝에 남부는 패하여 다시 연방(聯邦)으로 복귀
- 신 산업혁명(1866~1900) : 철도 선로, 전화선, 많은 건물들이 세워짐
- 제1차 세계 대전(1900~1920) : 1917년 4월 6일, 독일과 오스트리아－헝가리 제국에 선전 포고
- 세계 경제대공황(1920~1939) : 1929년의 위대한 몰락(The Great Crash) 발생
- 제2차 세계대전(1939~1945) : 1941년 일본제국이 하와이 진주만을 공습
- 냉전과 흑인해방 운동(1945~1964) : 1960년대는 마틴 루터 킹이 흑인해방 운동 시작
- 격동의 시대(1964~1980) : 베트남전쟁에 참전 후 패배, 1971년대 초반에는 우주정거장 건설
- 현대(1980~현재) : 세계 평화를 위협하는 국가들에 대항하여 걸프전쟁, 이라크전쟁, 아프가니스탄을 점령, 테러와의 전쟁을 선포

4 행정구역

미국은 50개의 주(State)와 워싱턴 D.C.로 이루어져 있다. 각 주는 County(군)로 나누어져 있다. 루이지애나주에서는 County 대신 Parish를 쓰고 알래스카주에서는 Borough 또는 Census Area를 쓴다. Census Area에는 군청이 없다. 각 County는 City(시)·Town(읍)·Village(리)로 나누어져 있다. 컬럼비아 특별구를 포함한 50개 주의 지도는 다음과 같다.

5 정치·경제·사회·문화

- 미국의 헌법은 세계 최초의 성문헌법으로, 헌법 조안 시 정치·사회·경제 상황에 따라 수정이 가능하다는 조항이 삽입되어 있었다. 비준 이후 최초로 수정된 10개 조항은 권리선언(The Bill of Rights)이라고 불린다.

- 1950년대 후반부터 독일 등 유럽 여러 나라와 일본의 경제부흥이 진전됨에 따라 전후와 같은 미국 경제의 압도적 지배력은 약화되고, 1958년 이후에는 국제수지도 적자로 전락하였다.

- 외국으로부터 계속되는 이주자와 그 2~3세가 주민의 대부분을 차지하고 있는 다민족국가이다.

- 다인종·다민족의 혼합에서 생기는 심한 인종차별과 독점자본주의사회에 필연적으로 뒤따르게 마련인 빈부계층 간의 대립이 미국 국내문제의 근원이 되고 있다.

- 인종문제는 흑인, 히스패닉, 인디언과 아시아 인종에 대한 차별이 주요 이슈이며, 그 밖에 유대인 등이 있다.

- 건축, 미술, 문학, 음악 등 다방면에서 미국적인 사고와 양식이 표출되었으며, 특히 지금까지 전 세계적으로 영향력을 가지는 것은 대중음악과 영화를 들 수 있다.

6 음식 · 쇼핑 · 행사 · 축제 · 교통

- 햄버거, 피자 등의 패스트푸드와 스테이크를 비롯하여 유럽, 중국, 일본, 한국, 베트남 요리까지 거의 없는 음식이 없을 정도로 음식의 종류가 풍부하다.
- 패스트푸드점이 가장 찾기도 쉽고 가격도 저렴하다.
- 소비의 천국이라고 할 수 있을 정도로 모든 상품이 풍부하다. 명품 브랜드에서 싸구려 티셔츠까지 원하는 가격대에 맞추어 쇼핑을 할 수 있다.
- 한국에서 비싸게 팔리는 미국 브랜드 상품들도 현지에서는 싸게 살 수 있다는 것이 하나의 매력이다. 같은 물건이라도 상점에 따라 또 시즌에 따라 가격이 다르다.
- 주마다 세금이 붙는 곳이 있고 안 붙는 곳이 있으므로 잘 알아보고 쇼핑할 곳을 정하도록 한다. 가죽제품이나 실용품은 한국에 비해 싼 편이다.
- 10월 12일 Columbus Day, 10월 31일 Halloween Day, 11월 넷째 목요일은 Thanksgiving Day, 12월은 Christmas 축제가 유명하다.

7 출입국 및 여행관련정보

- 미국입국비자면제 프로그램(VWP : Visa Waiver Program)
  ① 전자여권(2008년 8월부터 발행된 여권 포함) 소지자.
  ② 미국 내 90일 이내 체류(출발일 기준 3개월 이내 귀국일이 명시된 왕복 항공권 필요).
  ③ 관광 및 상용 목적인 자.
  ④ 사전 인터넷 ESTA(Electronic System for Travel Authorization)에 접속하여 필요사항을 입력 후 최종 Authorization Approved(허가승인)를 받은 자.

위의 4가지 조건이 충족되면 미국에 비자 없이 입국할 수 있다. 그러나 위 조건 중 하나라도 충족되지 않으면 현행과 동일하게 미국 대사관 인터뷰를 통해 비자를 받아야 한다. 또한 ESTA 신청 후 Travel Not Authorized(여행 미승인)를 받을 경우, 현행과 같이 비자를 받아야 하기 때문에 ESTA 신청은 최소한 한 달 정도 여유를 두는 것이 좋다.

- 미국입국비자 발급 대상자
  ① 90일 이상 체류할 경우
  ② 유학, 취업, 취재, 이민 등 여타의 목적으로 방문하는 경우
  ③ 미국 비자 발급이 거절되었거나, 입국 거부 또는 추방된 적이 있는 경우
  ④ ESTA를 통해 비자 발급이 필요하다는 통보를 받은 경우

- 입국 시 지문·사진 검색 시스템을 거쳐야 한다.

- 반입 품목은 동식물·과일·채소·총기·마약류·도검 등이다. 술은 1ℓ, 담배는 궐련 200개비(10갑), 시가 50개, 파이프 담배 250g, 향수는 2온스 이내인 경우에만 면세되고, 20세 이하의 경우에는 소지하고 있는 술과 담배를 모두 신고해야 한다.

- 장거리 버스터미널은 버스 디포(Bus Depot)라고 한다. 미국 전역을 연결하는 버스는 그레이하운드가 있고 그레이하운드에서 발행하는 아메리패스(Ameripass)를 잘 이용하면 좀 더 편리하고 저렴하게 이용할 수 있다.

- 팁을 줄 때는 지폐를 사용해야 하며 동전을 주면 서비스가 마음에 안 들었다는 표시로 여기기도 한다. 레스토랑에서는 금액의 10~20% 정도, 호텔에서는 짐 1개당 1$, 택시는 요금의 10~15% 정도를 주는 것이 적당하다.

- B&B(bed & breakfast) : 침대와 아침식사가 제공되는 곳이다. 보통 민박과 비슷한 형태로 이루어져 미국 가정의 분위기를 느낄 수 있다. 시골 지역에 많이 있다.

8 관련지식탐구

- 미국의 국립공원 : 옐로스톤(Yellowstone), 요세미티(Yosemite), 데스밸리((Death Valley), 그랜드캐니언(Grand Canyon), 아치(Arches), 빅벤드(Big Bend), 브라이스캐니언(Bryce Canyon) 등이 유명하다.

- 아메리패스(Ameripass) : 순회여행용 버스패스로서 그레이하운드社 이외에 35사가 제휴하여 운행되고 있다.

- 암트랙(Amtrack) : American과 track의 합성어이다. 1971년 이전에 항공기의 등장과 자가용의 보급으로 사양세가 되어 가던 여객철도 영업을 국가가 책임지기 시작한 것이 창립원인이다. 회사본부는 워싱턴 DC에 있다.

- 미국의 수량단위 방식
  - 길이 → 1inch(인치) = 2.54cm, 1feet(피트) = 12inches = 30.48cm, 1mile(마일) = 1.61㎞
  - 무게 → 1oz(온스) = 28.3g, 1lb(파운드) = 454.0g
  - 용량 → 1gal(갤런) = 3.785㎖, 1floz(온스) = 30㎖
  - 온도 → 화씨(°F) = (섭씨℃ × 9/5) + 32, 섭씨(℃) = (화씨°F − 32) × 5/9
    예를 들면, 100°F는 38℃이고, 70°F는 21℃, 50°F는 10℃, 37°F는 0℃이다.

- 메이저리그야구(Major League Baseball) : 미국 프로야구의 아메리칸리그(American League)와 내셔널리그(National League)를 아우르는 말로, 빅리그(Big League)라고도 한다. 아메리칸리그 소속 14개 팀, 내셔널리그 소속 16개 팀으로 이루어져 있으며 각각 동부지구, 중부지구, 서구지구로 나뉘어 정규 시즌을 치른다.

- PGA선수권대회 : US프로선수권대회라고도 한다. 1916년 시작된 권위 있는 프로골프

대회로, 미국PGA(Professional Golf Association of America : 미국프로골프협회)가 주관한다. PGA골프투어의 하나이며 마스터즈골프대회, US오픈골프선수권대회, 전영오픈골프선수권대회와 함께 4대 메이저대회에 속한다.

- **미식축구**(American football) : 신대륙이 발견된 뒤에 개척자들이 유럽에서 가지고 들어온 축구·럭비를 바탕으로 하여 미국에서 독자적으로 만들어진 축구경기. 슈퍼볼(Super Bowl)은 NFC 우승팀과 AFC 우승팀이 서로 싸우는 NFL의 챔피언십이다. 가장 큰 미식축구 대회이며, 미국에서 가장 큰 스포츠 행사이다.

- **그라운드 제로**(ground zero) : 원자폭탄이나 수소폭탄 등 핵무기가 폭발한 지점 또는 피폭 중심지를 뜻하는 군사용어.

9 중요 관광도시

(1) 워싱턴(Washington D.C.) : 미국의 수도. 정식명칭은 '워싱턴·컬럼비아 특별구'이며, 워싱턴 D.C.로 약칭된다. 포토맥강(江) 연안의 메릴랜드주(州)와 버지니아주(州) 사이에 있는 연방직할지이며, 어느 주에도 속해 있지 않다.

- **백악관**(White House) : 미국 대통령 공관. 2대 애덤스 대통령 때 완성, 1814년 영국군에게 불태워진 뒤 재건되어 외벽을 하얗게 칠한 데서 화이트하우스라 하였다. 관저에서 사진 촬영은 금지로 되어 있어 주의해야 한다. 관광객에게는 8개의 방만이 개방되어 있지만, 내부는 132실이나 되는 큰 규모이고, 검소하게 꾸며져 있다.

▶ 백악관

- **스미스소니언박물관**(Smithsonian Institution) : 영국인 과학자 제임스 스미스슨(James Smithson)의 기부금으로 1846년에 설립된 종합박물관이다. 그 자신은 미국에 온 일이 없으나, 1829년 사망 시 55만 달러의 유산과 "인류의 지식을 넓히기 위한 시설을 워싱턴에 세우고 싶다."는 유언을 남겼다. 박물관에는 총 140만 점의 수공예품과 견본들이 전시되고 있다.

▶ 스미스소니언박물관

- **워싱턴기념탑**(Washington Monument) : 이집트의 오벨리스크를 본떠 만든 것으로 백악관 인근에 168m의 높이로 솟아 있는 석조탑이다. 1884년에 완공되었으며 꼭대기에 전망대가 설치되어 있다. 탑의 주위에는 미국 50개 주를 상징하는 국기가 둘려져 있다.

- **알링턴국립묘지**(Arlington National Cemetery) : 1864년 설립되었으며 매장자 수는 약 16만이다. 반달 모양의 대리석으로 된 무명용사의 묘를 비롯하여 국가를 위해 죽은 사람들(대부분 전사자)의 무덤이 있다. 1963년 11월 22일 텍사스주 댈러스에서 암살된 케네디 대통령의 무덤도 이곳에 있다. 꺼지지 않는 영원한 불꽃이 계속 타오르는 모습을 볼 수 있다.

➡ 알링턴국립묘지

- **한국전쟁 참전용사 기념관** : 미국은 한국전쟁에 150만 명이 참전하여 5만 4,000명이 사망하고 11만 명이 잡히거나 부상당했으며, 8,000명이 실종되었다. 가운데 게양되어 있는 성조기 아래에는 "조국은 그들이 전혀 알지도 못하는 나라와 한번도 만나 본 적 없는 사람들을 지키기 위해 조국의 부름에 응한 아들 딸들에게 경의를 표한다(Our Nation honors her sons and daughters who answered the call to defend a country they never knew and a people they never met)"라고 적혀 있다.

- **링컨기념관**(Lincoln Memorial) : 링컨 대통령이 생존해 있었던 1867년에 계획하여 1922년에 완공되었다. 총 36개의 기둥으로 구성되어 있는데, 각각의 기둥에는 링컨 대통령 임기 중에 있던 36개의 미국 주 이름을 새겨놓고 있다. 기둥 위로 보이는 위쪽은 1922년 완공을 기리며 미국 48개 주의 이름이 새겨진 프리즈(조각을 한 소벽)로 꾸며져 있다.

➡ 링컨기념관 내부

- **토머스제퍼슨기념관**(Thomas Jefferson Memorial) : 로마의 판테온과 유사한 형태의 건물로서 지붕이 돔형으로 되어 있고 돔을 받치는 기둥은 이오니아양식이다. 미국의 제3대 대통령인 토머스 제퍼슨의 탄생 200주년을 기념하여 1943년에 세워진 건물이다. 건물 내부에는 회의를 주관하는 제퍼슨기념상이 서 있다.

➡ 토머스제퍼슨기념관

- **케네디예술센터**(J. F. Kennedy Center) : 원어로는 'John F.Kennedy Center For the Performing Arts'라고 표기한다. 1971년에 개관한 무대예술의 전당으로 아름다운 포토맥 강변에 위치한다. 센터의 내부에는 오페라하우스, 콘서트홀, 아이젠하워 극장, 필름 극장 등

다양한 장르의 예술을 관람할 수 있다.

- **포토맥 공원**(Potomac Park) : 워싱턴 운하와 포토맥강 사이에 자리 잡고 있는 워싱턴 시민의 휴식공간이다. 타이달 베이즌(Tidal Basin)을 경계로 동과 서 2개의 공원으로 나뉘어 있다. 자연 센터(Nature Center)와 트레일(Trail)을 이용할 수 있고, 콘서트 등의 다양한 프로그램과 행사에 참여할 수 있다.

- **국립자연사박물관**(National Museum of Natural History) : 인류와 동물, 자연의 발달을 선사시대에서 현재까지 전시품과 자료들을 일목요연하게 정리해 보여주고 있다. 이곳의 가장 큰 강점은 1억 2,400만 점이 넘는 화석, 박제 동물, 표본, 뼈 등을 통해 먼 옛날의 동물사를 가늠해 볼 수 있다는 것으로 세계에서 가장 거대한 규모이다.

➡ 국립자연사박물관

- **국회의사당**(United States Capitol) : 1793년 9월에 착공하여 1800년 11월에 완공되었다. 건축물 가운데 돔이 우뚝 솟은 네오클래식양식의 웅장한 건물은 보는 이를 압도하기에 충분하다. 돔의 정상에는 청동으로 제작된 자유의 여신상이 위치하고 있다. 이곳은 백악관과 함께 워싱턴 관광의 가장 중요한 포인트이며 해마다 수많은 관광객이 이곳을 방문한다.

➡ 국회의사당

- **미국국방부**(The Pentagon) : 세계 최대의 관청빌딩으로 건물모양이 5각형(Pentagon)인 데서 이름 붙여진 미 국방부의 통칭이다. 여기서 일하는 인원과 거주하는 사람만도 23,000명에 이른다. 초대형 선박 모형이 전시되어 있으며 복도에 많은 군사 예술품이 전시되어 있다. 일반 방문객에게 부분적으로 개방된다.

➡ 펜타곤

(2) 뉴욕(New York) : 미국 최대의 도시로서, 1790년 이래 수도로서의 지위는 상실했으나, 미국의 상업·금융·무역의 중심지로서, 또 공업도시로서 경제적 수도라 하기에 충분한 지위에 있으며, 많은 대학·연구소·박물관·극장·영화관 등 미국 문화의 중심지로도 중요한 위치를 차지하고 있다.

- 메트로폴리탄박물관(Metropolitan Museum of Art) : 뉴욕시에 있는 미국 최대의 미술관. 1866년 7월 4일 독립기념일에 외교관 J. 제이(1817~1894)가 파리에서 한 연설을 발단으로 설립운동이 구체화되었으며, 뉴욕 시민의 노력으로 1870년 임대 건물에서 소규모로 개관하였다가 1880년 센트럴파크의 지금 위치로 옮겼다.

▶ 메트로폴리탄박물관

- 자유의 여신상(Statue of Liberty) : 뉴욕항의 리버티섬에 세워진 거대한 여신상. 프랑스 국민이 미국 독립 100주년을 기념해서 기증한 것으로, 두꺼운 동(銅)을 늘여서 만든 연판제(延板製) 동상으로 1884년 프랑스에서 완성하여 해체해서 미국으로 옮겨졌고, 1886년 10월 28일 미국 대통령 클리블랜드의 주재로 헌정식을 하였다.

▶ 자유의 여신상

- 센트럴파크(Central Park) : 뉴욕시 맨해튼에 있는 공원. 면적 3.4㎢. 사각형의 길쭉한 시민공원으로 세계에서 가장 유명한 도시공원이다. 숲·연못·잔디·정원·동물원·시립미술관 등이 있으며, 시민들의 휴식처가 되고 있다. 1850년 시장선거 때부터 공원 건설의 움직임이 활발해졌으며, 그 후 1960년대에 완성되었다.

- 엠파이어스테이트빌딩(Empire State Building) : 엠파이어스테이트는 뉴욕시의 별명이다. 102층에 높이 약 381m인 이 빌딩은 1971년까지 세계에서 가장 높은 건물이었으며, 지금도 뉴욕시의 명소로 되어 있다.

- 카네기 홀(Carnegie Hall) : 1898년 철강왕(鐵鋼王) A. 카네기의 출자로 개축된 이래 카네기 홀로 불리게 되었다. 클래식에서 재즈, 포크에 이르는 다양한 장르의 콘서트가 열리는 미국에서 가장 유명한 공연장으로 일 년에 100여 번이 넘는 콘서트와 행사가 펼쳐지고 있다.

- 구겐하임미술관(Guggenheim Museum) : 미국 현대미술 중심의 미술관. 미국 철강계의 거물이자 자선사업가인 솔로몬 구겐하임(Solomon R. Guggenheim)이 수집한 현대미술품들을 기반으로 설립되었다. 원래는 1937년 비대상회화미술관(Museum of Non-objective Painting)이란 이름으로 개관하였으나 1959년 구겐하임미술관으로 개칭하였다.

▶ 구겐하임미술관

● 휘트니미술관(Whitney Museum of American Art) : 이 미술관의 소장품은 영문명칭대로 미국 미술에 한하고 있으며 원래 생활에 곤란을 겪는 유능한 작가의 구제를 목적으로 그들의 작품을 사들이기 시작한 만큼, 지금도 회화·조각·소묘·판화 등의 분야에서 현존 작가의 우수작 수집을 원칙으로 하고 있다.

● 세계무역센터(World Trade Center) : 미국대폭발테러사건 당시 항공기 자살테러에 의해 폭파된 110층의 쌍둥이 초고층 빌딩.

● 타임스 스퀘어(Times Square) : 뉴욕 최고의 번화가. 타임스 스퀘어는 7번가와 브로드웨이, 42번가가 맞닿은 삼각지대를 포함하고 한다. 브로드웨이의 극장가, 화려한 네온사인, 거리의 공연예술가로 가득한 이 지역에는 수많은 볼거리와 즐길거리를 찾는 많은 사람들로 붐빈다.

● 국제연합본부(United Nations) : 국제연합은 전쟁을 방지하고 평화를 유지하며, 정치·경제·사회·문화 등 모든 분야에서 국제협력을 증진시키는 역할을 하는 국제기구이다. 1946년 붕괴된 국제연맹을 계승한 것으로 유엔이라고도 한다. 건물의 내부는 150여 회원국이 기증한 예술작품들로 꾸며져 있다.

▶ 국제연합본부

(3) 보스턴(Boston) : 미국 매사추세츠주의 주도. 매사추세츠주 동부에 있다. 매사추세츠만에 면해 있고 뉴잉글랜드지방에서 가장 큰 도시이다. 미국의 독립과 발전에 항상 중요한 역할을 하였으며 지금도 경제·상업·교육·문화의 중심지이고, 세계 최대의 항만도시 중 하나이다.

● 하버드대학교(Harvard University) : 매사추세츠 주 케임브리지에 있는 사립대학교이다. 아이비리그(Ivy League)[17] 대학 중의 하나이며, 1636년에 창립된 미국 최고의 대학으로, 케네디를 비롯한 5명의 대통령과 33명의 노벨상 수상자 등 각계각층의 걸출한 인물들을 배출해 낸 곳이다. 1,500㎢의 부지에 400여 개 이상의 건물로 구성되어 있으며 하버드 야드라고 부른다.

▶ 하버드대학교

---

17) 미국 동부에 있는 8개 명문 사립대학의 총칭. 브라운(Brown)·컬럼비아(Columbia)·코넬(Cornell)·다트머스(Dartmouth)·하버드(Harvard)·펜실베이니아(Pennsylvania)·프린스턴(Princeton)·예일(Yale) 대학이 포함된다.

- **매사추세츠공과대학**(MIT : Massachusetts Institute of Technology) : 1861년 창립 이래 공학, 이학, 건축학, 인문과학 분야에서 공적을 쌓은 세계 유수의 과학자들을 배출해 낸 세계 제일의 대학이다. 총 면적이 546㎢에 달하는 캠퍼스는 동, 서로 나뉘어 있고, 80여 개의 현대적인 외관의 건물에서는 1만여 명이 넘는 학생들이 수학하고 있다.

▶ 매사추세츠공과대학

- **프리덤 트레일**(Freedom Trail) : 3마일에 이르는 미국 혁명과 관련된 역사 유적지를 돌아보는 관광코스. 보스턴 코먼에서 시작하여 찰스톤 소재 벙커힐 기념탑을 끝으로 총 16개 지역을 돌아볼 수 있다.

- **보스턴 코먼**(Boston Common) : 미국에서 가장 오래된 공원으로 울창한 숲과 넓은 잔디밭, 호수 등으로 이루어져 있다. 보스턴 초기시절에는 소를 키우는 전형적인 방목장이었다.

- **존 F. 케네디 박물관** : 매사추세츠대학교와 인접한 부지에 건립되어 있으며, 박물관 내부에는 존 F. 케네디와 그의 동생인 로버트 케네디의 유품이 전시되어 있다. 케네디 대통령과 관련된 기록영화를 상영하고 있으며 뉴잉글랜드 악센트가 강한 케네디 대통령의 연설 테이프를 들을 수 있다.

- **주청사**(Massachusetts State House) : 당대 유명 건축가 찰스 불핀치(Chales Bullfinch)의 디자인으로 1789년 1월 11일 완공된 금빛돔이 인상적인 매사추세츠 주청사 건물은 비콘힐 꼭대기에 있는 보스턴 코먼 건너편, 보스턴 스트리트에 자리 잡고 있다. 프리덤 트레일 코스에 포함되어 있는 16개의 명소 중 하나인 주청사 건물은 비콘힐에서 가장 오래된 건물로 기록되어 있다.

▶ 매사추세츠 주청사

- **퀸시마켓**(Quincy Market) : 170년의 전통을 자랑하는 보스턴 최고의 관광명소로 꼽을 수 있는 곳이다. 언제나 많은 이들로 북적거리는 사람 냄새나는 활기찬 곳으로 보스턴을 방문한 이들이 빠뜨리지 않고 들른다. 1906년대까지는 식품 도매 공급처로 이용되었고 현재는 견고해 보이는 화강암 건물에는 일일이 다 열거할 수 없는 다양한 종류의 음식들을 구경하고 맛보려는 사람들이 하루 천여 명 이상 방문한다.

- **마블 하우스**(Marble House) : 1892년에 반더빌트

▶ 마블 하우스

부부(Mr. and Mrs. William K. Vanderbilt)가 여름별장으로 사용하기 위해 만든 건물로 총 2백만 달러를 투자해 완성하였다. 전체적인 분위기는 17, 18세기의 프랑스 성을 연상시키는 인상적인 하얀 저택이다. 황금과 대리석으로 장식된 마블 하우스에서 가장 정교하게 공들여 만든 곳은 황금의 무도장이다.

(4) 로스앤젤레스(Los Angeles) : 미국 캘리포니아주 남부의 상공업도시. 면적 약 1,200㎢, 서남부 미국을 대표하는 대도시이며, 주변의 패서디나·컬버시티·잉글우드·샌타모니카·롱비치 등의 위성도시를 끼고 있어서 뉴욕 지역에 이어 미국 제2의 거대한 대도시권을 형성한다.

- 디즈니랜드(Disney Land Park) : 1955년 만화영화 제작자 월트 디즈니가 로스앤젤레스 교외에 세운 대규모 오락시설이다. 개장 당시 부지면적이 730.5㎢(테마파크 면적 300㎢)였으나 그 뒤에도 부지와 시설을 확충하여 현재는 총면적이 약 920 ㎢에 이르게 되었다. 전부를 대충 둘러보는 것만도 최소한 6시간은 필요할 것이다.

➡ 디즈니랜드

- 유니버설스튜디오(Universal Studios Hollywood) : 미국 유명영화를 주제로 구성한 테마파크로서 미국 디즈니랜드에 이어 세계 2대 테마파크로 불린다. 미국에는 로스앤젤레스와 올랜드 등 두 지역에 있고 일본 오사카에도 진출해 있다. 관광객의 발걸음이 끊이지 않는 곳으로 LA 관광명소 중에서 반드시 들러야 할 명소이다.

➡ 유니버설스튜디오

- 스타의 거리(Hollywood Walk of Fame) : 할리우드 블러버드(Hollywood Boulevard), 약 5㎞에 이르는 거리에는, 영화배우, TV 탤런트, 뮤지션 등 약 2,000여 명의 전설적인 스타들의 이름이 별 모양의 브론즈로 쭉 깔려 있다. 유명인들은 분야별로 다섯 개의 로고로 나뉘어 있다. 카메라는 영화, 마이크는 라디오, TV세트는 TV, 레코드는 음악 등을 상징한다.

- 코리아타운(Korea Town) : 다운타운 서쪽의 올림픽거리를 기점으로 동쪽의 버몬트거리, 북쪽의 비벌리 거리, 서쪽의 웨스턴 거리를 연결하는 지역이 한국인이 모여 사는 곳이다. 로스앤젤레스에 거주하는 한국인의 약 40%가 이 지역에 거주하고 있어, 영어를 구사할 수 없어도 생활이 가능할 정도로 한국인과 한국 상점이 즐비하다.

- 차이나타운(China Town) : 뉴욕과 샌프란시스코의 차이나타운과 비교해 규모 면에서는 조

금 뒤질지 몰라도 중국 문화의 유산을 고스란히 보여준다는 점에서는 어느 곳에도 뒤지지 않는다.

- 비벌리 힐스(Beverly Hills) : 할리우드의 서쪽으로 이어진 비벌리 힐스는 미국 할리우드 영화스타들을 비롯한 대부호들이 많이 살고 있는 이름난 고급 주택지이다. 실제 인구는 약 3만 5,000명으로 행정적으로도 독립된 구역이므로 경찰과 학교를 별도로 가지고 있다. 캘리포니아대학 로스앤젤레스 분교(UCLA)도 이곳에 위치하고 있다.

▶ 비벌리 힐스의 저택

(5) 시카고(Chicago) : 일리노이주(州) 북동부에 있는 도시로서 미시간호로 흘러드는 시카고강의 하구에 자리 잡고 있다. 시어스타워를 비롯하여 마리나시티, 존 핸콕센터 등 현대 건축계를 주도하는 건물들이 즐비하다.

- 시어스타워(Sears Tours) : 1970년 8월 착공해 1974년에 완공된 높이 443m, 110층 규모의 사무용 빌딩으로, 세계에서 두 번째로 높은 빌딩이다.

- 링컨 공원(Lincoln Park) : 미시간호 연안에 약 9㎞나 이어진 시카고 최대의 공원이다. 미시간호를 매립하여 만든 넓이 480ha에 달하는 공원 안에는 동물원과 박물관, 식물원, 요트항, 골프장, 테니스장, 수영장 등이 있고 푸른 산책로를 따라 링컨의 동상 등이 세워져 있다. 시민의 주말휴식처로 인기가 높다.

- 시카고역사협회(Chicago Historical Society) : 남북전쟁에 관한 자료와 링컨의 유품, 시카고 대화재 때의 자료 등을 전시하고 있다. 1층에 있는 Life Gallery는 초기 개척민들의 삶의 모습을 보여주는 베틀, 사탕수수를 자르는 도구 등을 포함한 다양한 생활도구를 전시하고 있다. 그리고 시카고 지역에 처음으로 정착했던 이들이 운송수단

▶ 시카고역사협회

으로 이용했던 대형 포장마차(Conestoga wagon) 미니어처도 볼 수 있다. 1, 2층은 전시공간으로 꾸며져 있고 3층은 도서관, 기록보관소, 연구원 갤러리 등이 있다.

- 과학산업 박물관(Museum of Science and Industry) : 8,000여 점의 인터랙티브 전시물들이 마련되어 있다. 1893년 세계박람회 때 건설된 박물관으로 과학산업에 관한 전반적인 자료를 수집하여 전시하고 있다.

- 트리뷴 타워(Tribune Tower) : 시카고 최대의 신문사이고 미국 3대 신문사에 속하는 시카

고 트리뷴지의 본사이다.

- **라 살르 스트리트** : 시카고의 월 스트리트라고 불리는 금융과 경제의 중심이 되는 거리를 말한다. 거리의 양쪽에는 미드웨스트 증권거래소와 은행과 기업체의 고층빌딩이 즐비하게 늘어서 있다.

  (6) 샌프란시스코(San Francisco) : 태평양 연안에서는 로스앤젤레스에 이은 제2의 대도시이다. 샌프란시스코만(灣)에 면한 천연의 양항(良港)으로, 골든게이트에서 남쪽 서안(西岸)에 위치한다.

- **금문교**(Golden Gate Bridge) : 1937년 완공된 단일 경간(교량아치 등의 지주에서 지주까지)으로 세계에서 가장 길고 아름다운 다리로 이 다리를 보지 않으면 샌프란시스코를 보았다고 말할 수 없을 정도이다. 길이는 2,825m, 너비는 27m이다. 붉은색의 아름다운 교량은 주위의 경치와 조화를 잘 이루고 있다.

▶ 금문교

- **요세미티국립공원**(Yosemite National Park) : 캘리포니아주 중부 시에라네바다(Sierra Nevada) 산맥 서쪽 사면에 위치한 산악지대로, 빙하의 침식으로 만들어진 절경으로 유명하다. 면적 3061㎢, 해발 고도 해발 671~3,998m다. 약 1백만 년 전 빙하의 침식작용으로 화강암 절벽과 U자형의 계곡이 형성되어 호수, 폭포, 계곡 등이 만들어졌다.

▶ 요세미티국립공원

- **피셔맨스 워프**(Fisherman's Wharf) : 이 지역은 해산물 레스토랑, 노천 상점들, 상점, 쇼핑 센터가 가득 들어서 있다. 과거의 향수와 낭만을 느낄 수 있는 독특한 곳이다. 아침 일찍 일어나 떠오르는 태양을 바라보고, 신선한 새벽 공기를 마시며 산책을 즐기며 피셔맨스 워프의 정취를 흠뻑 느낄 수 있다.

- **스탠퍼드대학교**(Stanford University) : 넓고 아름다운 캠퍼스로도 유명한 곳이다. 야자수가 우거져 마치 휴양지 같은 분위기를 느낄 수 있다. 이곳을 졸업한 명사로는 후버 대통령, HP의 창업자인 윌리엄 휴렛과 데이빗 팩커드, 한국계 캐나다인으로 힙합음악가인 타블로가 졸업한 곳으로도 잘 알려져 있다.

▶ 스탠퍼드대학교

- **텔레그라프 힐**(Telegraph Hill) : 샌프란시스코 노스비치(North Beach) 주변의 작은 지역. 높이 약 90m의 언덕으로 샌프란시스코의 전경과 골든게이트교 등이 내려다보여 전망이 뛰어난 곳이다. 언덕 정상에는 원기둥 모양의 코이트타워(Coit Tower)가 세워져 있다.
- **베이 브리지**(Bay Bridge) : 금문교, 그리고 철교인 리치몬드 산 라파엘과 Carquinez Straits이다. 이 네 개의 다리 모두 세계에서 가장 뛰어난 교각 건축물로 평가받고 있다.
- **알카트라스섬**(Alcatraz Island) : 스페인어로 팰리컨이라는 뜻이다. 1854년 처음으로 등대가 세워지고 남북전쟁 당시에는 연방정부의 요새로 사용되었다. 이곳은 높이 41m의 절벽으로 이루어져 있고, 주변의 조류는 흐름이 빠르고 수온이 낮아 탈옥이 불가능하다는 이상적인 감옥의 섬이었다.

▶ 알카트라스섬

(7) 마이애미(Miami) : 플로리다주(州)에 있는 도시. 플로리다반도 남동부, 비스케인만(灣) 연안에 있는 항구도시이자 관광·상공업 도시이다.

- **마이애미비치**(Miami Beach) : 플로리다반도의 남동안(南東岸) 마이애미 앞바다에 있는 섬에 있다. 비스케인만(灣)을 사이에 두고 마주보는 마이애미와는 3개의 다리로 연결되어 있다.
- **비즈카야박물관**(Vizcaya Museum) : 10에이커에 달하는 광대한 부지에 비즈카야라는 이태리양식의 호화저택이 있다. 이 집은 인터내셔널 하베스터 회사의 부사장 제임스 디얼링의 겨울주택으로 사용하기 위하여 만들어졌다. 3명의 설계자와 1,000명의 기술자를 동원하여 2년에 걸쳐 완성시킨 미국에서 가장 호화로운 개인저택이다.

▶ 비즈카야박물관

- **마이애미 해양수족관**(Miami Seaquarium) : 아열대성 바다동물이 많으며, 내부에는 원형으로 만들어진 3층 규모의 거대한 수족관이 있어 바닷속 생물을 관찰할 수 있다. 열어대를 모아놓은 산호수족관, 돌고래쇼장 등 총 17개의 특징 있는 수족관으로 구분되어 관람의 재미를 더한다. 특히 이곳에서 공연되는 범고래와 상어의 쇼가 볼 만하다.
- **아르데코 지구**(Art Deco District) : 마이애미비치 6번가에서 23번가에 걸친 오션드라이브 지역을 말한다. 1930년대에 건설된 아르데코 양식의 건축물 800개가 늘어서 있다. 건축물의 외벽이 파스텔풍의 색조로 칠해져 있어 한눈에 독특함을 알

▶ 아르데코 지구

수 있다. 오션드라이브 건너편에 마이애미비치가 위치하고 있다.

● **패럿정글가든**(Parrot Jungle & Gardens) : 희귀 조류보호지역으로 야생동물 서식지와 식물원 등이 있다. 잉꼬, 플라멩코, 앵무새 등을 포함한 80여 종, 1천여 마리의 조류가 서식하고 있다.

● **에버글레이즈 국립공원**(Everglades National Park) : 그레이터 마이애미의 총면적보다 큰 면적을 차지하고 있다. 공원 내에서 다양한 스포츠를 즐기면서 대자연의 아름다움을 만끽할 수 있다. 보트투어나 트램투어, 그리고 삼림경비원과 함께 공원 내를 탐험하는 Ranger-Led Activities에 참가해 볼 수도 있다.

(8) 애틀랜타(Atlanta) : 미국 남동부의 최대도시이며, 애팔래치아산맥의 산록부, 채터후치강 연안에 위치한다. 하구로부터 애틀랜타까지는 배의 운항이 가능하며, 식민지시대에도 급류의 수력을 이용하여 경공업이 발달하였다. 1996년 7월 제26회 올림픽게임이 개최되었다.

● **코카콜라 박물관**(World Coca-Cola Pavilion) : 애틀랜타는 110년의 역사를 자랑하는 세계인의 음료를 탄생시킨 다국적 기업 코카콜라의 탄생지이다. 그것을 기념하기 위해 코카콜라의 역사와 현재, 미래의 자료와 전시물들을 모아놓은 현대적인 박물관이 애틀랜타의 옛날 모습을 재현해 놓고 있는 언더그라운드 애틀랜타와 인접해 자리잡고 있다.

➡ 코카콜라 박물관

● **마틴 루터 킹 주니어 국립역사지구**(Martin Luther King Jr. Historic Site) : 미국의 흑인해방운동 지도자였고 노벨평화상 수상자인 킹 목사를 기념하는 구역이다. 이곳에는 그의 생가와 교회, 묘지 등의 유적지가 남아 있으며 그와 관련된 유물을 전시하는 기념관이 있다. 유적지의 기념품점에서는 유명한 그의 연설문인 'I have a Dream' 연설 녹음 테이프를 판매하고 옆에서는 그의 생애를 그린 다큐멘터리 영화가 상영된다.

● **조지아주 의사당**(Georgia State Capital) : 1889년에 세워진 대리석 건물로서 지붕이 화려한 금박의 돔으로 되어 있다. 주의사당에 부속된 조지아주 과학산업박물관에는 역사기념물, 항공기, 조지아주에 서식하는 동물·광물·화석 등이 전시되고 있다. 의사당은 야간을 제외하고는 항상 공개된다.

➡ 조지아주 의사당

● **스톤마운틴 공원**(Stone Mountain Park) : 대평원의 숲 한가운데 거대한 돌산인 스톤마운틴

이 솟아 있고, 이 거대한 바위를 중심으로 공원이 조성되어 있다. 스톤마운틴은 세계 최대의 화강암 노출광으로 높이 251m의 바위 꼭대기까지 올라가는 스카이 리프트가 있다.

□ 스톤마운틴 공원

- **스완 하우스**(Swan House) : 스톤마운틴과 더불어 애틀랜타의 유명한 관광지로 1928년에 고전주의 양식으로 건축된 매우 호화로운 저택이다. 다운타운 북서쪽의 벅헤드 지역의 한가로운 주택가에 위치한다.

(9) 필라델피아(Philadelphia) : 펜실베이니아주(州)의 동쪽 끝에 있는 도시. 애팔래치아산맥의 동쪽 기슭에 있다. 뉴욕과 워싱턴의 거의 중간, 델라웨어강(江)의 우안(右岸)에 위치하며 미국 메갈로폴리스의 중심 도시 가운데 하나이다.

- **펜스 수중동굴과 사파리투어**(Penn's Cave) : 미국에서 유일하게 동굴의 총연장이 물로 이루어져 있는 곳으로 펜실베이니아주 라이온 카운티에 위치해 있다. 종유석과 석순은 흡사 자유의 여신상의 형상처럼 보인다. 물로 인해 바위가 패인 모습, 작은 계곡, 거대한 기둥 뒤로 펼쳐지는 병풍 같은 갖가지 동굴 기암괴석의 모습은 경탄할 만하다.

□ 펜스 수중동굴

- **베치시 로스의 집**(Betsy Ross House) : 미국 국기인 성조기를 처음으로 만든 벳시 로스의 집으로 미국 펜실베이니아주(州) 필라델피아에 위치한다. 성조기는 하나의 주가 미합중국에 편입할 때마다 별이 늘어나므로, 이제까지 몇 번의 변경이 있었다. 그런데 그 원형이 된 성조기를 만든 사람이 벳시 로스이다.

- **페어마운트 공원**(Fairmount Park) : 도시 안에 있는 자연공원으로는 세계 최대의 넓이를 가지고 있는데, 그 규모가 3,230ha에 이른다. 공원 안에는 18세기 로코코풍의 대저택이 산재해 있는데, 그들 중 몇 채는 일반에 공개되고 있다. 독립 100주년을 기념하여 열린 세계 최초의 만국박람회장이었던 곳이기도 하다.

- **미국독립기념관**(Independence Hall) : 미국 펜실베이니아주(州) 필라델피아 중심부에 있는 독립기념관으로 1979년 유네스코에서 세계문화유산으로 지정하였다. 붉은 벽돌건물로서 1732~1749년에 세웠다. 전형적인 영국 건축양식을 띠며 이전에는 펜실베이니아주 의사당으로 사용하였다.

□ 미국독립기념관

- 필라델피아미술관(Philadelphia Museum Of Art) :
1875년에 설립되었으며, 펜실베이니아미술관이
라 불렸으나 1938년에 현재의 이름으로 개칭하
였다. 건물은 거의 뉴욕의 메트로폴리탄미술관에
필적하는 크기이며 역사도 길어 미국의 7대 미술
관 가운데 하나로 꼽혀 왔다. 대표적 소장품으로
는 브랑쿠시의 석회암 조각 <입맞춤> 등이다.

➡ 필라델피아미술관

- 커티스음악원(Curtis Institute of Music) : 미국 필라
델피아시에 있는 미국의 대표적인 음악학교.
1924년 메리 루이스 커티스에 의해 설립되었다.
일반 음악대학과는 달리 어렸을 때부터 고도의
기술교육을 시키는 점이 이 학교의 특색이며 설
립 이후 스카렐로, 제르킨, 플레시, 아워 등과 같
은 세계적으로 저명한 음악가가 지도를 해왔다.

➡ 커티스음악원

(10) 샌디에이고(San Diego) : 멕시코 국경 북쪽 20㎞ 지점에 위치한다. 겨울에 따뜻하고
여름에 선선한 지중해성 기후이며 연평균기온 13~20℃의 쾌적한 기후 때문에 미국 굴지
의 관광지, 임해(臨海) 휴양도시로 알려져 있다.

- 발보아공원(Balboa Park) : 1915년 중앙아메리카 대
륙을 관통하는 파나마운하의 개통을 기념하기
위한 캘리포니아박람회 개최지로 사용된 곳이다.
박람회 당시에 건립된 건물들은 박물관과 전시
관으로 개조되어 이용되고 있는데 샌디에이고
동물원, 미술관, 자동차박물관, 항공우주박물관
을 비롯하여 전시관만 14개가 있다.

➡ 발보아공원

- 시월드(Sea World) : 캘리포니아에서도 매우 유명한 테마파크로 항상 관광객이 붐비는 곳
이다. 이곳에 설치된 98m 높이의 스카이 타워에 오르면 샌디에이고항을 한눈에 조망할
수 있다. 이곳의 가장 큰 자랑거리는 범고래쇼로
압도적인 인기를 차지한다.

- 샌디에이고 항공우주박물관(San Diego Aerospace
Museum) : 세계 최초로 대서양을 횡단한 린더버
그의 '스피리트 오브 세인트 루이스'호가 이곳에
서 제작되었다. 린더버그를 기념하는 특별 전시

➡ 샌디에이고 항공우주박물관

공간이 마련되어 있는데, 그의 비행에 관련된 풍부한 자료가 소개되고 있다. 초기의 비행기부터 첨단의 항공기까지 항공기의 역사를 관찰할 수 있다.

- **레드우드 국립공원**(Redwood National State Parks) : 1994년 캘리포니아의 주립공원들을 하나로 합쳐서 Redwood National State Parks란 이름으로 다시 태어났다. 세계에서 가장 큰 키의 나무들을 볼 수 있는 이곳은 세계유산지역으로 그리고 생물 보호지역으로 지정된 곳이기도 하다. 30층이 넘는 건물과 같은 높이의 나무를 올려다보고 있으면 성스러운 기분마저 느끼게 된다.

- **샌디에이고 오토모티브박물관**(San Diego Automotive Museum) : 발보아파크 내부에 있는 자동차와 모터사이클 전문박물관이다. 자동차 개발 초기의 클래식 모델부터 페라리, 람보르기니, 포르셰 등 슈퍼카도 즐비하게 전시되고 있다.

- **매리타임박물관**(Maritime Museum of San Diego) : 19세기 상선으로 사용된 대형범선인 '스타 오브 인디아'호를 박물관으로 개조하여 일반에게 공개하고 있다. 내부에는 당시의 선박과 관련된 여러 가지 장비와 장치들이 전시되고 있으며, 옆에는 수송선인 버클리호가 전시되고 있다.

(11) 라스베이거스(Las Vegas) : 관광과 도박의 도시로 네바다주 최대의 도시이다. 에스파냐어(語)로 '초원'이라는 뜻의 지명은 라스베이거스계곡을 처음으로 발견한 에스파냐인들이 지은 것이다.

- **기네스 레코드 박물관**(Guinness World Of Records Museum) : 세계 기네스북에 오른 다양한 기록들을 번갈아가며 전시하고 있다. 60명의 학생들이 230만 개의 도미노를 세워 1998년 10월 28일 16만 개가 넘는 도미노를 넘어뜨린 영상이나, 냉장고 같은 곳에 붙이는 자석을 29,000개나 모은 여인의 사진과 그중 7,000개의 자석 등 많은 것들이 전시되어 있다.

- **미라지 호텔**(Mirage Hotel) : 뜨거운 사막의 기운이 가시지 않는 라스베이거스에 더더욱 뜨거운 열기를 뿜어내게 하는 미라지 호텔의 화산쇼는 언제 봐도 장관을 이룬다.

- **화산폭발쇼**(Volcano Eruption Show) : 오후 6시~밤 11시 30분. 정글 속의 분화구에서 화산이 터지고 높이 올라가는 불기둥, 호수로 흘러내리는 용암들을 볼 수 있다. 길가 인도가 넓으므로 어느 장소에서든지 멋진 광경을 쉽게 볼 수 있다.

- **더 스트립과 카지노 센터**(The Strip & Casino Center) : 라스베이거스의 화려한 모습을 대표하는 현대적인 분위기의 유흥지역으로 시내가 사선으로 길게 이어지고 있는데, 거리 양쪽으로 다양한 형태의 호텔들이 즐비하게 늘어서 있다. 호텔에는 대형 카지노뿐 아니라 개성을 자랑하는 테마공원이 꾸며져 있어 라스베이거스 관광의 하이라이트로 꼽힌다.

- **MGM그랜드호텔**(MGM Grand Hotel) : 객실 수 5,500개로 세계 최대를 자랑한다. 거대한 카지노, 16,525석의 MGM 그랜드가든 아레나와 MGM 그랜드 어드벤처 테마파크, 세계적으로 유명한 콘서트에서부터 복싱 타이틀매치가 열리는 곳으로 텔레비전에서 수없이 MGM 그랜드 호텔을 보았을 정도로 유명하다.

➡ MGM그랜드호텔

- **주빌리쇼**(Jubilee Show) : 주빌리쇼는 특정한 즐길거리가 있는 일종의 드라마 같은 쇼라고 할 수 있다. 간간이 보여주는 마술도 신기하고 멋지다.

- **후버댐**(Hoover Dam) : 미국 남서부 콜로라도강(江) 유역의 종합개발에 의해서 건설된 높이 221m, 기저부 너비 200m, 저수량 320억㎥의 아치형 콘크리트 중력댐으로, 1936년에 완성되었으며 '볼더댐'이라 불리다 제31대 대통령 후버를 기념해서 개칭되었다.

- **그랜드캐니언**(Grand Canyon National Park) : 애리조나주 북부에 있는 협곡이다. 대부분의 지역이 그랜드캐니언 국립공원에 포함되어 있다. 1979년에 세계유산에 등록되었다. 수억 년 동안 콜로라도강의 급류에 깎이고 고원이 융기하는 대변화를 겪은 끝에 탄생한 장엄한 자연 앞에 인간이라는 존재가 너무 작고 하찮게 느껴지기 때문이다.

➡ 그랜드캐니언

- **데스퍼라도**(Desperado) : 세계에서 가장 높고 빠른 롤러코스트. 노란색 강철구조물로 수마일 밖에서도 보이는 세계에서 가장 높고, 가장 빠르고, 가장 길고, 가장 가파른 롤러코스트이다. 길이는 1,780m, 높이는 64m, 타는 시간은 2분 45초에 달하는 메가톤급 롤러코스터이다. 심장이 약한 사람에게는 권할 수 없는 것이 안타깝다.

(12) 뉴올리언스(New Orleans) : 루이지애나주(州)의 최대 도시로 미시시피강 어귀에서 160㎞ 상류에 위치한다. 도시 대부분의 지역이 해수면보다 낮고 저습한 삼각주로, 홍수나 허리케인의 피해를 종종 입어 왔다.

- **잭슨 광장**(Jackson Square) : 지금은 항상 꽃이 피어 있는 평화로운 광장이지만, 프랑스와 스페인 통치 시대에는 피비린내 나는 처형장이었다고 한다. 광장 중앙에는 '뉴올리언스의 전투'의 영웅 앤드루 잭슨 장군의 기마상이 있고 아름다운 철책 주위에는 거리의 화가들이 그림을 전시하고 있다.

➡ 잭슨 광장

- **카빌도(Cabildo)** : 1795년부터 1799년에 걸쳐 세워
졌으며, 스페인의 정부 청사로 사용되면서 스페인
왕조에 의한 식민지 지배의 총본산으로 사용되었
다. 1803년 미국이 영국의 식민지였던 루이지애
나를 사들일 때에는 이곳에서 조인식을 했으며,
1858년까지 시의 의사당으로 사용되었다. 현재는
루이지애나 주립박물관의 일부로 사용되고 있다.

➡ 카빌도

- **프렌치 쿼터(French Quarter)** : 에스플러네이드 애버뉴와 노스 램파트 스트리트, 캐럴 스트
리트, 미시시피강으로 둘러싸인 구시가지가 프렌치 쿼터이다. 18세기 초에 프랑스인들
에 의해 건설된 거리로, 유럽풍의 분위기가 감도는 곳이다.

- **가든 디스트릭트(Garden District)** : 이 일대는 19세
기 중반부터 후반에 걸쳐, 남부 특유의 플랜테이
션양식으로 지은 저택들이 나란히 서 있다. 특히
프리태니아 스트리트에는 유서 깊고 아름다운
저택들이 많다. 핑크, 블루, 그린 등 각기 개성을
나타내는 색들로 칠해져, 아주 동화적인 분위기
를 간직한 집들도 볼 수 있다. 또 매거진 스크리

➡ 가든 디스트릭트

트를 따라서는 골동품을 취급하는 상점가가 이어져 있다.

- **세인트루이스 대성당(St. Louis Cathedral)** : 1794년에 완공된 미국에서 가장 오래된 교회로
세 개의 첨탑이 있는 스페인식 건축양식으로 만들어진 건물이다. 그림으로 장식된 천장
과 벨기에제 제단이 볼 만하다.

(12) 시애틀(Seattle) : 미국 북서부 최대의 도시로, 캐스케이드산맥 서쪽 기슭 퓨젓사운드
의 엘리엇만(灣)에 면한 아름다운 도시로 태평양안 북부의 중심을 이룬다. 미국의 도시 중
아시아 및 알래스카에 이르는 최단거리에 위치하기 때문에 이들 양 지역에 대한 미국의
문호(門戶)가 되고 있다.

- **시애틀 모노레일(Seattle Monorail)** : 1962년 세계박
람회 때 만들어진 것으로 다운타운과 시애틀센
터를 연결한다. 전체 길이 1.2마일의 짧은 구간
이지만 차량의 측면이 모두 유리창으로 되어 있
어 시애틀 시내 조망이 뛰어나다.

- **시애틀 센터(Seattle Center)** : 1962년에 열렸던 세
계박람회장 자리에 당시 사용된 건물을 개조하

➡ 시애틀 센터

여 만든 종합문화센터이다. 이곳의 최대 관심거리는 높이 180m의 스페이스 니들이다. 오페라 하우스, 스페이스 니들, 조각공원, 퍼시픽 사이언스센터, 어린이 극장, 테마파크, 모노레일 등 다양한 시설로 구성되어 있다.

- 워터프런트(Water Front) : 언제나 사람들이 붐비는 변화한 곳이다. 해안가에 있는 관광지답게 해산물을 전문으로 하는 레스토랑이 모여 있으며, 일식을 전문으로 하는 식당도 많이 생겨났다. 그 외 바다조망이 뛰어난 카페와 선물점이 밀집해 있는데, 인디언과 에스키모인들의 토속 공예품과 해양생물의 박제 등이 전시·판매되기도 한다.

- 파이크 플레이스 마켓(Pike Place Market) : 파이크 스트리트에 형성된 재래시장으로 해산물을 주로 취급하는 시장이다. 80년 이상의 역사를 가진 곳으로 내부에는 퍼블릭 마켓 등 3개의 구역으로 나누어져 있다. 특히 이곳은 좋은 물건과 저렴한 가격으로 시민들에게 인기가 높으며 외지의 관광객들도 많이 찾는 곳이다.

- 레이니어산 국립공원(Mt. Rainier N. P.) : 시애틀의 남동쪽 약 170㎞, 높이 4,392m의 레이니어산은 1년 내내 눈으로 덮여 있다. 롱마이어, 나라다폭포, 원더랜드 트레일, 복스 캐니언 등의 볼거리가 있다.

- 틸리컴 빌리지(Tillicum Village) : 시애틀에서 서쪽으로 약 13㎞ 떨어진 곳에 위치한 1959년 주립공원으로 지정된 블레이크섬(Blake Island)에 자리하고 있는 인디언 마을이다. Tillicum이라는 단어는 북미에서 살았던 치누크 인디언족의 방언으로 '친절한 사람들'이란 뜻을 가지고 있다.

▶ 틸리컴 빌리지

(14) 버팔로(Buffalo) : 나이아가라강의 최상류, 이리호(湖)의 북동 연안에 있으며, 나이아가라강을 사이에 두고 캐나다와 접한다. 뉴욕주의 바지 운하와 5대호의 접속점에 자리한 수상·철도교통의 거점이고, 미국 내 최대의 내륙항이기도 하다. 기후는 온화·건조하고 배수가 잘 되어, 아름다운 도시의 하나로 꼽힌다.

- 나이아가라 폭포(Niagara Falls) : 캐나다와 미국 국경 사이에 있는 대폭포. 5대호 중에서 이리호(湖)와 온타리오호로 통하는 나이아가라강에 있다. 폭포는 하중도(河中島)인 고트섬(미국령) 때문에 크게 두 줄기로 갈린다. 고트섬 북동쪽의 미국폭포는 높이 51m, 너비 320m에 이른다. 나이아가라 강물의 94%는 호스슈 폭포로 흘러내린다.

▶ 나이아가라 폭포

(15) **앵커리지**(Anchorage) : 미국 알래스카주(州)에 있는 도시이자 자치단체이다. 알래스카주 최대 도시이자 인구가 가장 많은 곳으로, 알래스카 전체 인구의 40%가 살고 있다. 알래스카주 남부 쿡만(灣) 입구에 자리 잡았으며, 추가치산맥이 있다.

- 매킨리산(Mt. McKinley) : 인디언 말로 '위대한 자'라는 뜻을 가지고 있는 이 산은 데날리 국립공원 내에 자리하고 있으며, 해발 6,194m로 북미에서 가장 높다. 헬리콥터 투어가 인기가 있다.

- 내수면 항해(Cruising Inside Passage) : 5월 말~9월 초에 캐나다의 밴쿠버에서 남동쪽 알래스카까지 약 1,000여 마일의 거리를 선박을 이용, 이동하는 것으로 18세기 초기 밴쿠버 개척자들과 금광업자들에 의해 주로 이용되던 항로였다.

- 앵커리지 박물관(Anchorage Museum of history and art) : 1968년에 오픈되어 알래스카 작가들의 회화 작품 60점과 역사적인 유물 2,500점을 전시해 놓고 있다. 알래스카 갤러리 2층에는 알래스카 역사에 관한 작품이 전시되어 있으며 알래스카의 에스키모, 인디언 등에 관한 약 1,000여종의 작품이 전시되어 있다.

▶ 앵커리지박물관 내부

- 오로라(aurora) : 태양에서 방출된 대전입자(플라스마)의 일부가 지구 자기장에 이끌려 대기로 진입하면서 공기분자와 반응하여 빛을 내는 현상. 북반구와 남반구의 고위도 지방

에서 흔히 볼 수 있다.

- **후드 호수**(Lake Hood) : 세계 최대의 수상비행장이다. 이곳에서는 개인소유의 경비행기, 에어택시(Air Taxi) 등이 이륙하고 착륙하는 모습을 볼 수 있으며, 낚시와 사냥 등을 즐길 수 있는 곳이다.

- **허버드빙하**(Hubbard Glacier) : 길이는 122㎞로 스캐 그웨이(Skagway) 서쪽에 위치해 있다. 1986년부터 조금씩 이동을 시작, 하루에 약 130피트를 이동하 는 '움직이는 빙하'로 불리고 있다. 움직이는 얼음 벽을 크루징하면서 빙하의 아름다움을 가까이서 즐길 수 있으며, 지척거리에서 빙하의 장대함을 감상할 수 있는 절호의 기회를 가질 수 있다.

➡ 허버드빙하

- **데날리국립공원**(Denali National Park) : 알래스카 내부에 위치하며 북미에서 가장 긴 매킨리산(데 날리)을 포함한다. 공원의 면적은 24,585㎢이다. 알래스카에 있는 국립공원 중 글래이셔 베이 국 립공원과 함께 가장 많은 관광객을 유치하는 이 공원은 하늘까지 치솟는 맥킨리 봉과 그 주위의 산, 빙하, 그리고 야생동물로 유명하다.

➡ 데날리국립공원

(15) 호놀룰루(Honolulu) : 하와이주(州) 오아후섬 남동부에 있는 하와이주의 주도(州都). 아열대 기후인 데다가 와이키키해변·다이아몬드헤드 등의 경승지가 있고, '세계의 낙원도 시'라는 별명을 가진다.

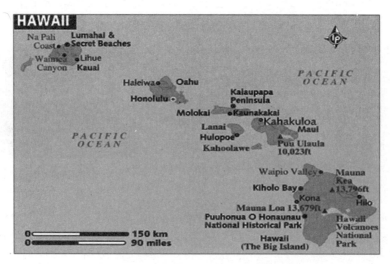

- **폴리네시안 문화센터**(Polynesian Cultural Center) : 하와이, 타히티, 사모아, 피지, 마퀘사스(Marquesas), 뉴질랜드, 통가 등의 다양한 민족의 문화와 생활을 재현해 놓은 민속촌이다. 센터 곳곳에서는 각종 쇼와 실연회 등이 펼쳐지고 있어 언제나 활기가 넘쳐난다. 이 센터의 구경거리는 대극장과 소극장에서 공연되는 여러 가지 쇼이다.

▶ 폴리네시안 문화센터

- **와이키키비치**(Waikiki Beach) : 세계적으로 유명한 해변이 있는 와이키키는 다이아몬드 헤드 언덕에서 알라와이운하까지 약 4.23㎞에 이르는 지역이다. 낮의 해수욕과 일광욕은 말할 나위 없으며, 해질 무렵에 아름다운 석양을 배경 삼아 백사장을 산책하는 것도 낭만적이다.

- **팔리전망대**(Nuuanu Pali Lookout) : 일명 바람산으로 알려져 있다. 일반 패키지 관광 시 공항에서 가이드와 만난 후 제일 먼저 들르는 곳이 바로 이곳이다. 이곳은 안경, 동전이 날아갈 정도로 거센 바람이 부는 지역으로 주변이 아무리 고요해도 바람의 언덕 중심에만 가면 거센 바람이 몰아치기 때문에 관광객이 흥미를 갖게 한다.

▶ 팔리전망대

- **다이아몬드 헤드**(Diamond Head) : 높이는 232m이다. 미국 하와이주 오아후섬에 있다. 일반인에게 잘 알려진 와이키키 해변의 동쪽에 인접해 있으며, 다이아몬드 해변공원 서쪽에 있는 경승지이다. 강력한 화산폭발로 화산의 몸체가 날아가고 널따란 분지와 같은 절구 모양의 화산으로 중앙에 큰 화구가 있으나, 바닥 면적에 비해서 높이가 낮다.

▶ 다이아몬드 헤드

- **이올라니 궁전**(Iolani Palace) : 하와이 왕조의 칼라카우아(Kalakaua) 왕이 1882년에 창건한 장중한 궁전이다. 1893년 최후의 여왕 릴리우오칼라니(Liliuokalani)가 퇴위할 때까지 살았던 곳이다. 빅토리아 피렌체풍(風)의 궁전으로 미국 내에 있는 유일한 궁전이다. '이올라니'란 '신성한 새'라는 뜻으로 현재 궁전 내부는 박물관으로 쓰인다.

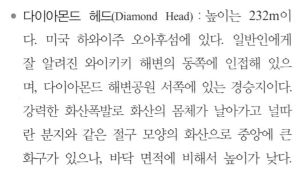

▶ 이올라니 궁전

- 하나우마 베이(Hanauma Bay) : '하나우마'라는 말은 '굽혀진' 또는 '팔씨름을 하는'이라는 뜻으로 알려져 있는데 '굽혀진 만'이라는 뜻은 이 비치의 모양을 보고 생긴 이름이고, '팔씨름 하는 만'이란 옛적 오아후섬의 귀족들의 놀이터로서 이곳에서 팔씨름을 즐긴 데서 유래되었다.

▶ 하나우마 베이

- 카메하메하 대왕 동상(King Kamehameha Statue) : 하와이를 최초로 통일시킨 카메하메하 왕을 기리기 위해 제작된 것으로 이올라니 궁전이 있는 킹 스트리트 맞은편에 위치하고 있다. 동상의 목과 어깨, 팔을 감싸고 있는 5m가 넘는 긴 꽃목걸이가 인상적이다.

- 한국지도마을(Marina Bridge) : 하와이카이 고급 주택가 위에 위치하고 있으며 휴전선, 태백산맥, 포항만 등 한반도의 지형을 쏙 빼닮은 모양을 하고 있다. 실제 마을 이름은 마리나 브리지이다. 하와이카이는 해양스포츠의 요람으로 유명하며 자가용 요트들이 항상 정박해 있다.

▶ 한국지도마을

- 카할라(Kahala) 고급 주택가 : 별장처럼 아름다운 고급 주택가로, 할리우드의 유명 스타들과 유럽의 부호들이 별장으로 이용했으나 근래에는 일본인들의 소유로 변해가고 있다. 바다를 접하며 집들이 그림처럼 아름답게 지어져 있어 전망이 뛰어나고 쾌청한 조망을 자랑하는 세계적으로 유명한 주택가이다. 하와이의 비벌리 힐스라고 할 수 있는 곳이다.

▶ 카할라 리조트

- 펀치볼 국립묘지(National Memorial Cemetery of the Pacific) : 높이 150m의 원뿔 모양 사화산에 있는 펀치볼 분화구 내에 위치하기 때문에 펀치볼 묘지라고도 하고 흔히 줄여서 펀치볼이라고도 한다. 미군에 복무했던 사람들을 기념하기 위해 1949년에 건설되었으며 제1·2차 세계대전에서 베트남전쟁까지의 전몰용사 약 2만 명이 잠들어 있다.

- 진주만(USS Arizona Memorial) : 태평양전쟁의 진원지로, 1941년 12월 7일 일요일 아침 360대의 일본 전투기가 1시간 55분 동안 진주만에 정박하고 있는 90여 척의 군함을 공격하였고 이때 침몰한 애리조나호는 인양하지 않고 그대로 두었다가 1962년에 선체 위에 기념관을 세웠는데 아직도 기름이 보글보글 새어나오고 있다.

4.1.2 캐나다(Canada)

1 국가개황

- 위치 : 북아메리카 대륙 북부
- 수도 : 오타와(Ottawa)
- 언어 : 프랑스어, 영어
- 기후 : 냉대, 한대
- 종교 : 로마가톨릭교 46%, 프로테스탄트교 36%
- 인구 : 32,623,490명(36위)
- 면적 : 9,984,670㎢(2위)
- 통화 : 캐나다달러(ISO 4217 : $)
- 시차 : UTC(UTC-3.5 ~ -8)

 단풍잎 모양 때문에 흔히 '메이플리프 플래그(Maple Leaf Flag)'라고 한다. 양쪽의 빨강은 태평양과 대서양을 나타내고, 12개의 각이 있는 빨간 단풍잎은 이 나라의 상징이다. 빨강과 하양은 영국의 유니언 잭의 색에서 따온 것이며 1921년부터 국가색으로 사용하였다.

2 지리적 개관

남쪽과 서쪽으로 미국과 세계에서 가장 긴 국경선을 사이에 두고 있다. 동쪽의 대서양부터 서쪽의 태평양까지 뻗쳐 있으며, 북쪽으로는 북극해에 접한다. 공식적으로 캐나다의 영토는 북극까지 뻗어 있다.

3 약사(略史)

- 10세기경 노르만인(人)에 의해 세상에 알려짐
- 14세기 전반까지는 덴마크인이 거주하였으나 그 후 소멸
- 1497년 영국 국왕 헨리 7세의 명을 받은 이탈리아인 지오반니 카보토가 뉴펀들랜드 등 캐나다 동해안을 탐험
- 1628년 영국에 의한 노바스코샤 식민지의 설립과 동시에 본격화하였으며, 그 뒤 150년간 뉴펀들랜드, 뉴브런즈윅, 프린스에드워드섬, 허드슨만(灣) 지방에 많은 식민지가 만들어짐
- 1608년부터 프랑스인에 의한 세인트로렌스강(江) 연안에 퀘벡·몬트리올 등의 식민지 설립
- 1756~1763년 영국·프랑스 양 식민지 간 7년전쟁에서 영국군이 퀘벡·몬트리올을 점령하여 캐나다에서 영국의 승리가 최종적으로 확정됨
- 1763년의 파리조약에서 영국은 프랑스로부터 캐나다에 있는 식민지와 미시시피에서 동쪽의 루이지애나에 이르는 지역을 빼앗음. 이리하여 캐나다는 완전한 영국의 식민지 지배를 받게 됨
- 1867년의 '영국령 북아메리카 조례(BNA ACT : The British North America Act)'에 따라 캐나다는 자치령으로서 정치적 통합이 인정됨. 처음에는 퀘벡주·온타리오주·노바스코샤주·뉴브런즈윅주 4개 주만으로 구성되었으나 그 후 매니토바주(1870)·브리티시컬럼비아주(1871)·프린스에드워드섬(1873)·앨버타주(1905)·서스캐처원(1905)·뉴펀들랜드주(1949)가 합쳐져 현재는 이상 10개 주와 유콘·노스웨스트·누나부트 3개 준주(準州)로 구성됨
- 1926년의 영국제국회의는 캐나다 및 기타 자치령의 완전자치를 인정
- 1931년에는 웨스트민스터 조례에 의하여 주권국가로서 영연방을 구성하는 것이 법제화됨
- 1949년에 캐나다 헌법인 '영국령 북아메리카 조례'가 수정되어 캐나다의 완전독립이 법적으로 완성됨
- 1951년 12월 정식 국명을 캐나다자치령에서 캐나다로 변경
- 1982년 4월 17일 캐나다 최초의 헌법이 선포되었고 그 결과 영연방의 일원으로 존속하기는 하나 영국과의 법적 예속관계는 종지부를 찍고 주권국가의 면모를 갖추게 됨

4 행정구역

캐나다의 주는 노바스코샤주(주도 핼리팩스), 뉴브런즈윅주(주도 프레더릭턴), 뉴펀들랜드 래브라도주(주도 세인트존스), 매니토바주(주도 위니펙), 브리티시컬럼비아주(주도 빅토리아), 서스

캐처원주(주도 리자이나), 앨버타주(주도 에드먼턴), 온타리오주(주도 토론토), 퀘벡주(주도 퀘벡시), 프린스에드워드아일랜드주(주도 샬럿타운) 등 모두 10개로 구성되어 있다. 또한 준주(準州)는 노스웨스트준주(주도 옐로나이프), 누나부트준주(주도 이칼루이트), 유콘준주(주도 화이트호스)가 있다.

5 정치 · 경제 · 사회 · 문화

- 캐나다는 연방제에 바탕을 둔 입헌군주국의 형식을 취하고 있지만 실질적으로는 내각책임제의 연방공화국이다.
- 캐나다는 2005년 국내총생산이 1조 1,050억 달러에 달하며, 자유세계 제7위의 공업국가인 동시에 광대한 토지와 풍부한 자원을 가진 세계 유수의 농업 및 임업국이다.
- 국민의 3/4 이상이 미국과의 국경에서 160㎞ 이내인 최남부에 살고 있다.
- 캐나다 문화의 일반적 특징은, 같은 이민의 나라인 미국이 인종의 도가니라고 하는 데 반하여 캐나다는 인종의 모자이크라는 점이다.
- '다문화주의'는 캐나다 사회를 잘 나타내 주는 말이다. 1971년 각 인종들의 다양성을 인정하는 다문화주의정책을 세계에서 처음으로 채택했다.
- 캐나다는 남 · 북한 동시수교국으로, 1963년 1월 14일 한국과 외교관계를 맺었으며, 1965년 캐나다 대한민국대사관이, 1974년 주한 캐나다대사관이 각각 설치되었다.

6 음식 · 쇼핑 · 행사 · 축제 · 교통

- 다양한 이민자들로 구성된 나라이기 때문에 음식 역시 다양하다. 거의 각국의 음식을 모두 접할 수 있다는 것이 캐나다 음식의 특징 중 하나라고 할 수 있다. 음료수로는 맥주를 즐긴다.
- 메이플 시럽(Maple syrup) : 쇼핑 품목으로 가장 대중적인 것으로 국기에도 단풍이 그려져 있는 나라인 만큼 캐나다 사람들은 단풍나무의 수액인 메이플 시럽을 즐겨 먹는다.
- 연어, 훈제식품 : 캐나다 남서해안에서 나오는 연어는 맛이 좋기로 유명하다. 그 밖에 앨버타산 쇠고기로 만든 육포나 훈제고기 등도 인기가 많다.
- 스웨터 : 북쪽에 위치한 추운 캐나다 지역에서는 겨울의류가 발달되어 있는데 그중 코위찬족의 수공예품인 스웨터가 유명하다.
- 그 밖에도 초콜릿이나 가전제품, 캐릭터 상품 등도 좋은 쇼핑 품목이다.
- 퀘백 겨울 카니발(Quebec Winter Carnival)이나 꽃송이 세기 축제, 개썰매경주 선수권대회 등이 유명하다.

7 출입국 및 여행관련정보

- 한국 국민이 관광객으로서 캐나다를 방문하는 경우 방문비자가 필요치 않다.
- 입국심사 때에는 여권과 함께 6개월 이내에 출국한다는 증거로 출국 항공권 출입국신고서, 세관신고서를 출입국관리 담당관에게 제시한다. 입국 시 궐련 200개비, 여송연 50개비, 잎담배 1kg, 술 1.1ℓ, 와인 1.1ℓ, 맥주 8.5ℓ까지 면세이다.
- 담당관이 입국목적, 체류기간, 소지금 총액 등 간단한 질문을 하는 경우도 있다. 심사가 끝나면 여권에 입국 스탬프를 찍고 세관신고서를 돌려준다.
- 최근에 캐나다 보건당국은 모든 입국자들에게 'Traveller Contact Information' 양식을 제출하도록 하고 있으므로 입국심사 시 함께 제출하도록 한다.
- 캐나다에서 상품과 서비스를 구입할 경우 연방소비세 7%와 주세가 부과된다. 해외여행자들은 이 중 연방소비세를 환급받을 수 있다.
- 반환 조건은 캐나다 현지에서 구매한 상품과 숙박비로, 영수증 하나당 세금을 제외한 가격이 C$ 50 이상이고, 총 C$ 200 이상일 때 가능하다.
- 캐나다에서 한국으로 돌아올 때 공항에서 Tax Refund 양식을 받고 출국하기 전에 캐나다 세관의 출국 확인(Proof of Export Validation)을 받아야 세금환급신청을 할 수 있다.

8 관련지식탐구

- 퀘벡(Quebec)문제 : 퀘벡은 1763년의 파리조약에 의해 영국이 프랑스로부터 할양받은 옛 프랑스 식민지이다. 지금도 이 지역에는 프랑스계 주민의 80% 정도가 살고 있다. 이들 프랑스계 주민은 소수민족으로 소외되기 쉬운 상태에 놓여 있기 때문에 중앙정부는 영어 외에 프랑스어도 공용어로 하는 등 각종 융화정책을 취하고 있으나, 분리독립문제 등 문제를 내포하고 있다.

- 캐나다의 국립공원

이 름	내 용
밴 프 (Banff)	앨버타주(州)에 있는 국립공원이다. 면적 6,640㎢. 로키산맥의 동쪽 비탈면에 있으며 1885년에 캐나다 최초의 자연공원으로서 개설되었다. 공원 내에 루이즈호, 페이토호, 민네완카호 등이 유명하다.
재스퍼 (Jasper)	앨버타주(州)의 서부에 있는 캐나다 로키산맥 속의 대자연공원이다. 면적 1만 1,800 ㎢. 1907년에 설정되었으며, 최고봉인 컬럼비아산(3,750m)를 비롯하여 3,000m급의 빙하로 덮인 고봉들이 늘어서 있다.

이 름	내 용
글레이셔 (Glacier)	브리티시컬럼비아주(州) 셀커크산맥에 있는 국립공원이다. 1886년 국립공원으로 지정되었다.
퍼시픽림 (Pacific Rim)	브리티시컬럼비아주 밴쿠버섬의 남서해안 쪽으로 길게 위치한 캐나다 최초의 국립공원이다. 태평양 연안의 지역이라서 붙여진 이름이며, 한국의 한려해상국립공원과 자매결연을 맺은 곳이다.
몽트랑블랑 (MontTremblant)	퀘벡주 로렌시아산맥에 있는 국립공원으로 캐나다에서 가장 큰 스키 리조트를 가지고 있는 곳이다.
요 호 (Yoho)	면적 1,313㎢. 1886년에 지정되었으며, 밴프 국립공원의 서쪽에 인접해 있다. '요호'는 인디언어(語)로 '훌륭한·굉장한'이란 뜻으로, 요호 계곡을 중심으로 빙하가 있으며, 웅장하고 아름답기로 유명한 태커코 폭포와 요호호(湖)·에메랄드호(湖) 등이 있다.

9 중요 관광도시

(1) 오타와(Ottawa) : 캐나다 수도. 이 나라 중남부의 온타리오주 남동단, 세인트로렌스강 지류인 오타와강과 리도강 합류점에 있다. 캐나다의 정치·경제·문화의 중심지이며 영국계와 프랑스계 양 캐나다인의 쌍방 거주지역에 접하는 지리적 위치에 있다.

• **리도 홀**(Rideau Hall) : 붉은 제복을 입은 위병들이 정문을 지키고 있는 리도 홀은 총독의 관저로 사용되던 곳이다. 현재는 이 리도 홀에서 각종 공식행사가 열린다. 공식적 행사가 있는 날에는 관광객의 출입이 통제되며, 그렇지 않은 날에는 리도 홀 내부까지 관람할 수 있다.

➡ 리도 홀

• **국회의사당**(Parliament of Canada) : 고딕양식의 웅장한 건물이다. 건물 중앙에는 영국의 빅벤과 흡사한 89m의 시계탑이 있다. 1919~1927년에 지어져 제1차 세계대전에서 전사한 캐나다의 6만 명 군사의 명복을 비는 탑으로 '평화의 탑'이라고 부른다. 중앙에는 캐나다 고딕양식의 도서관 건물이 위치하고 있다.

➡ 국회의사당

• **리도운하**(Rideau Canal) : 1832년 군사적인 목적을 위해 건설된 운하로, 오타와에서 킹스턴까지 이어지는 운하로 길이는 202㎞이다. 19세기 운하의 형태를 고스란히 보존하고 있으며, 2007년 유네스코(UNESCO : 국제연합교육과학문화기구)에서 세계문화유산으로 지정하였다.

- 캐나다 자연사박물관(Canadian Museum of Nature)
  : 캐나다 온타리오주 오타와에 있는 자연사박물
  관으로 캐나다 일대에서 발견할 수 있는 공룡에
  서부터 동식물 등의 역사를 알 수 있는 자료를
  전시하고 있다. 특히 공룡 화석을 전시하고 있는
  전시관이 인기 있으며 우주광물을 전시한 미네
  랄 갤러리도 이곳만의 특징이다.

▶ 캐나다 자연사박물관

- 바이워드 재래시장(Byward Market) : 오타와에 있는 최대 규모의 재래시장으로 한국의 남
  대문시장과 비슷한 시장이다. 160년의 전통을 가지고 있는 시장으로 오타와 인근에서
  생산되는 농산물이 집결하는 곳이다.

- 캐나다 문명 박물관(Canadian Museum of Civilization) : 이곳은 캐나다라는 한 나라에 속해
  있는 다양한 문화를 가진 인종들 간의 이해와 화해를 실현시키고 캐나다의 과거를 바로
  알고 그들의 정체성을 확립시키려는 목적을 가지고 탄생하였다.

(2) **토론토**(Toronto) : 캐나다 남동부 온타리오주의 주도. 캐나다 제2의 도시이다. 캐나다
와 미국의 국경을 이루는 온타리오호 북쪽 연안에 있다. 1750년 프랑스인들이 교역소를
세우고 포르루이예라 부르다가 1793년 영국인들이 도시를 건설, 이곳을 어퍼캐나다지방의
새 식민지 수도로 정하고 요크라 불렀다.

- CN 타워(CN Tower) : 토론토의 상징건물로 온
  타리오 호반의 CN철도 부지 안에 있다. 높이는
  533m이다. 타워 351m에는 전망대가 설치되어
  있는데, 전망대가 서서히 360도 회전을 하기 때
  문에 한곳에 서서 토론토 전망을 모두 볼 수 있
  다. 날씨가 맑은 날에는 120㎞나 떨어져 있는
  나이아가라 폭포의 장관도 볼 수 있다.

▶ CN 타워

- 로열 온타리오 박물관(Royal Ontario Museum) : 거대한 세계문화·자연사 관련 종합박물관
  이다. 1857년 자연사·현대미술박물관으로 개관하였고 1912년 현재의 박물관으로 바뀌
  었다. 규모 면에서 북아메리카에서 5번째, 캐나다에서 가장 크며, 600만 점 이상의 자료
  와 40개의 전시실을 갖추고 있다.

- 스카이 돔(Rogers Centre) : 지붕이 개폐되는 세계 최초의 스타디움으로 캐나다 야구팀인
  토론토 블루 제이스 팀이 홈구장으로 사용하는 경기장이다. 바람이 많이 불거나 비가
  오는 날이면 레일 위에 설치된 돔형 지붕이 움직이면서 지붕이 닫힌다. 이곳에서는 야
  구경기뿐만 아니라 토론토의 주요 음악회나 행사가 열리기도 한다.

● **토론토 신 시청사**(Toronto New City Hall) : 토론토에서 가장 돋보이는 건축물 중의 하나로 99m 높이의 이스트 타워와 20층, 79m 높이의 웨스트 타워, 이렇게 두 개의 타워로 구성되어 있다. 두 개 빌딩의 생김새는 마치 지구가 아닌 다른 세계에서 만들어진 것 같은 느낌을 주고 있다.

▶ 토론토 신 시청사

● **카사로마**(Casa Loma) : 중세 유럽의 고성을 연상케 하는 붉은색의 지붕과 벽돌로 이루어진 대저택이다. 나이아가라 폭포의 수력발전사업으로 재산을 모은 헨리 펠라트가 건립한 것으로 토론토의 명물로 손꼽힌다. 건물 내부의 인테리어는 호화스러운 가구와 장식으로 가득 차 있으며, 당시의 의상과 소품들이 전시되어 있다.

▶ 카사로마

● **나이아가라폭포**(Niagara Falls) : 5대호 중에서 이리호(湖)와 온타리오호로 통하는 나이아가라강에 있다. 폭포는 하중도(河中島)인 고트섬(미국령) 때문에 크게 두 줄기로 갈린다. 고트섬과 캐나다의 온타리오주와의 사이에 있는 폭포는 호스슈(말발굽) 폭포, 또는 캐나다 폭포라고도 하며 높이 48m, 너비 900m에 이르고 있고, 중앙을 국경선이 통과하고 있다.

▶ 나이아가라폭포

(3) 몬트리올(Montreal) : 캐나다 퀘벡주(州)에 있는 도시. 프랑스어로는 몽레알이라고 한다. 남부의 세인트로렌스강(江) 어귀의 몬트리올섬에 있는 캐나다 최대의 도시이다. 1976년에는 올림픽이 개최되었다.

● **성요셉 성당**(Saint Joseph's Oratory) : 전 세계에서 가장 많은 사람들이 찾는 성당 중의 하나이다. 돔의 높이가 97m에 이르는데 이 크기는 로마에 있는 성피터 성당에 이어 세계에서 두 번째 규모이다. 10,000여 명의 예배자를 수용할 수 있는 교회당과 성가 예배당, 성당 지하실 등으로 구성되어 있다.

▶ 성요셉 성당

- 몬트리올 예술박물관(Montreal Museum of Fine Arts) : 캐나다에서 가장 오래된 예술관으로 1860년에 세워졌으며, 34개의 전시실은 중세 이전에서 현대에 이르는 작품을 다양하게 전시하고 있다. 캐나다 작가들의 작품이 주류를 이루고 있으며, 세계적으로 유명한 피카소, 샤갈 등의 작품도 전시되어 있다.

- 매코드 캐나다 역사박물관(McCord Museum of Canadian History) : 캐나다의 역사와 문화를 이해하는 데 가장 인기 있는 박물관이다. 퀘벡주에 최초로 설립된 뉴프랑스의 풍부한 역사자료와 당시의 생활상을 보여주는 방대한 자료가 전시되고 있다. 화려한 당시의 의상과 신발, 생활공예품, 인디언들의 유품 등이 있으며 100만 점에 가까운 역사 기록사진이 전시되고 있다.

(4) 퀘벡(Quebec) : 세인트로렌스강 어귀에 내만(內灣)이 갑자기 좁아진 지점에 발달한 항구도시이다. 지명은 인디언어로 해협(海峽) 또는 갑자기 좁아진 지점을 뜻한 것에서 유래되며, 인디언 시대에는 스태더코나라고 불렸다.

- 샤또 프롱트낙 호텔(Le Chateau Frontenac) : 세인트로렌스강이 내려다보이는 절벽 위에 자리 잡고 있는, 퀘백시에서 가장 아름다운 전망을 보유하고 있는 곳으로 유명하다. 기차역과 시타델(요새)에서 1마일, 공항에서 11마일 정도 떨어져 있는, 19세기 성의 외곽을 하고 있는 호텔로 퀘백시의 주요 관광명소 중의 하나이다.

▶ 샤또 프롱트낙 호텔

- 퀘벡 성채(La Citadelle) : 캐나다 퀘벡주 퀘벡시티는 북아메리카 유일의 성채로 이루어진 도시로 로어타운, 어퍼타운, 신시가지, 구시가지가 성벽으로 구분되어 있다. 1957년 국가 역사지구로 지정되었다. 총길이가 4.6km이며 구시가지를 지나 생루이 성문을 기점으로 둘러싸여 있다. 개별 관광객은 방문할 수 없고 그룹으로만 관광이 가능하다.

▶ 퀘벡 성채 시타델

- 퀘벡 프레스코 벽화(Fresque des Quebecois) : 현대와 근대를 아우르는 생활상이 프레스코화로 그려져 있다. 정교하게 그려진 그림 때문에 실제 모양으로 얼핏 보면 착각하기 쉽다. 이 벽화에는 캐나다 역사상 중요한 인물들이 그려져 있고 인물들을 자세하게 설명하는 안내판이 설치되어 있다.

- 슈발리에 저택(Mansion Chevalier) : 구시가인 로어타운 루아얄 광장에 있는 저택으로

이 건물의 주인이었던 슈발리에의 이름을 따서 부르고 있다. 붉은색 지붕과 회색의 돌로 지어진 집으로 18~19세기 생활상을 보여주는 가구와 소품들을 전시하고 있는 박물관이다.

● **뒤프랭 테라스**(Terrasse Dufferin) : 샤또 프롱트낙 호텔에 부속되어 있는 곳으로 호텔과 시타델의 중간에 자리 잡고 있다. 강과 선박, 산이 조화를 이루고 있는 퀘백시의 전경을 감상하기에 가장 좋은 전망대로 경치를 바라보며 휴식을 취하기에 더할 나위 없이 좋은 장소이다.

(5) 위니펙(Winnipeg) : 캐나다 중남부 매니토바주의 주도. 캐나다의 동서를 잇는 중요한 관문의 도시이다. 특히 엔터테인먼트, 예술, 스포츠 등을 즐기기에 최상의 도시로 각광받고 있다.

● **위니팩 미술관**(Winnipeg Art Gallery) : 북아메리카 에스키모의 예술 컬렉션으로 유명한 미술관이다. 유럽과 아시아 등지의 미술과는 다른 독특한 에스키모 예술을 접할 수 있는 미술관으로 이곳을 찾는 관광객들이 많이 둘러보는 곳이다. 극한지방에서 생활하는 에스키모들의 샤머니즘적 미술품들을 감상할 수 있다.

● **폭스 국립 역사 지역**(Forks National Historic Site) : 위니펙의 중심에 위치한 녹음 지대. 인상적인 조형물과 돌로 만든 다양한 이정표, 다양한 역사적인 공간 등이 매우 잘 정리되어 있으며 Heritage Adventure Playground와 다년생 식물들이 자라는 대초목지대는 다양한 역사적 조경을 제공한다.

▶ 폭스 국립 역사 지역

● **매니토바 인류자연사박물관**(Manitoba Museum of Man and Nature) : 캐나다에서 가장 가볼 만한 박물관으로 알려진 곳이다. 북아메리카의 자연과 인간의 역사를 볼 수 있는 곳으로 7개의 전시관으로 테마별로 구분되어 있다. 단순 소품들을 전시하는 것과 대형 모형을 이용한 디오라마 등 전시 수준이 상당히 높은 곳이다. 대형 전시물로는 북아메리카의 모피 무역선을 실물 크기로 복원한 범선모형이 압권인데 범선에 승선하여 내부를 둘러볼 수도 있다. 특히 1920년대 위니펙의 시가지 일부를 재현한 곳은 관람객의 탄성을 자아내게 한다.

(6) 밴쿠버(Vancouver) : 태평양과 접해 있는 대륙에서 돌출한 작은 반도지역에 자리 잡고 있는 캐나다 제3의 도시로, 현대적 감각과 자연의 웅장함이 공존하는 풍요로움과 아름다움으로 유명한 도시이다.

- 캐나다 플레이스(Canada Place) : 1986년 밴쿠버 엑스포가 개최되었던 전시장으로, 현재는 개조하여 국제회의장으로 사용한다. 지붕은 범선의 마스트와 돛을 형상화한 독특한 형태이며, 밴쿠버 해안선의 이채로운 풍경을 연출하는 데 중요한 역할을 한다.

- 개스타운(Gas Town) : 캐나다 밴쿠버에 있는 올드타운 지역. 1867년에 건설된 밴쿠버의 발상지로 알려져 있다. 당시 영국 상선의 선원이었던 존 데이튼이라는 사람이 최초로 이곳에 정착하였는데 그의 별명인 개시 잭(Gassy Jack)이 알려지면서 개스타운으로 불리게 되었다. 술통 위에 서 있는 그의 동상이 개스타운 거리에 있으며 초창기 개스타운의 풍물들이 거리 곳곳에 남아 있어 당시의 모습을 엿볼 수 있다.

- 스탠리 공원(Stanley Park) : 밴쿠버 최대, 북미에서 세 번째로 큰 규모의 공원으로, 공원의 총면적이 405에이커이며, 원시림으로 구성되어 있다는 것이 특징적이다. 태평양과 접하고 있는 빼어난 경관, 80㎞에 이르는 원시림 산책로가 인상적이다.

4.1.3 멕시코(Mexico)

1 국가개황

- 위치 : 북아메리카 남서안
- 수도 : 멕시코시티(Mexico City)
- 언어 : 에스파냐어
- 기후 : 열대성, 건조기후
- 종교 : 가톨릭교 92.6%
- 인구 : 108,700,000명(11위)
- 면적 : 1,972,550㎢(15위)
- 통화 : 페소(ISO 4217 : MXN)
- 시차 : (UTC-6 ~ -8)

왼쪽부터 초록·하양·빨강의 3색기이며, 중앙에 문장(紋章)이 들어 있다. 3색은 여러 가지를 상징하는데, 초록은 독립과 희망과 천연자원 등을, 하양은 종교의 순수성과 통일과 정직 등을, 빨강은 백인·인디오·메스티소의 통합과 국가 독립을 위해 바친 희생 등을 나타낸다. 문장은 "독수리가 뱀을 물고 앉아 있는 호숫가의 선인장이 있는 곳에 도읍을 세워라"라는 아스텍 건국전설이 그려져 있다.

2 지리적 개관

멕시코는 북쪽으로는 미국과, 남쪽으로는 벨리즈, 과테말라와 국경이 맞닿아 있다. 바하 칼리포르니아 반도는 멕시코 서쪽의 1,250㎞짜리 반도로서 캘리포니아만을 형성한다. 동쪽에는 멕시코만과 멕시코의 또 다른 반도인 유카탄반도에 의해 만들어지는 캄페체만이 있다. 멕시코 중부는 광대하고 높은 고원지대이다.

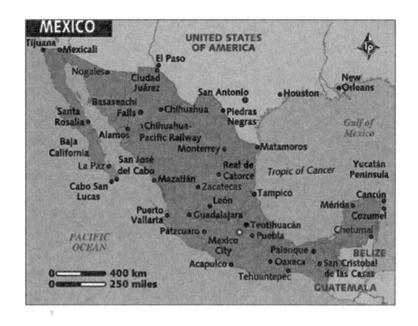

3 약사(略史)

- 멕시코 원주민은 지금으로부터 약 3~4만 년 전 빙하기에 아시아로부터 이주한 황색인 종으로 추정
- 기원전 Olmeca인들이 최초로 조직적인 문화권을 형성, 번영을 누린 후 1519년 스페인에 의해 정복되기까지 Maya, Tolteca, Azteca 등 인디안 문화 발달
- 1519년 스페인의 Hernan Cortes가 함선 11척, 군사 500명을 이끌고 정복 시작
- 1521년 스페인 원정군에 의해 Azteca의 수도 Tenochititlan(현 멕시코시티)이 점령당한 이후 300년간 스페인 통치
- 1810년 Miguel Hidalgo 신부(멕시코 독립의 아버지), 독립운동 개시
- 1822년 공화국 수립, Guadalupe Victoria 장군 초대 대통령 취임
- 1836년 텍사스 분리 독립
- 1846년 미국－멕시코 전쟁 발발, 패전의 대가로 멕시코는 Arizona, New Mexico, California 상실
- 1858년 최초의 원주민 출신 Benito Juarez 대통령 선출
- 1864년 프랑스군 멕시코 점령, Napoleon 3세가 내세운 Maximilian 황제 통치
- 1867년 멕시코군에 의해 Maximilian 황제 처형, 국부로 존경받는 Benito Juarez 대통령을 종신 대통령으로 추대
- 1876년 Porfirio Diaz 군사독재정권 수립, 35년간 통치

- 1910년 독재집권에 대항하는 노동자, 농민 중심의 멕시코혁명 발발
- 1942년 제2차 세계대전 중 독일, 일본, 이태리 등 추축국에 선전포고
- 1988년 과감한 시장개방(NAFTA 체결 등) 및 민영화 정책시행으로 멕시코 경제의 세계경제 통합 가속화
- 2000년 71년 만의 여·야 정권교체 실현

4 행정구역

멕시코의 행정구역(Organización territorial de México)은 아과스칼리엔테스 주 등 31개의 주(Estado)와 1개의 연방구(Distrito Federal)로 이루어져 있다.

5 정치·경제·사회·문화

- 멕시코의 정치는 대의제도(代議制度)를 기본으로 하는 삼권분립제(三權分立制)와 연방제(聯邦制)를 2대 원칙으로 하는 공화체제이다.
- 멕시코의 경제는 대외 수출의 75% 이상이 미국에 집중되어 있는 대미 의존형이며, 의존도는 지속적으로 감소하는 추세이다.
- 멕시코의 산업은 식품 및 음료, 담배, 화학제품, 철강, 석유, 광업, 섬유, 의류, 차량, 내구소비재, 관광업 등이다.
- 멕시코는 1910~1917년의 혁명에 의해서 다소간 사회평준화가 이루어졌다고는 하나 아직도 사회계급 간 격차가 현저하다.
- 멕시코는 멕시코 마야(Maya)·아스텍(Aztecan)·톨테크 문명 등 아메리칸 인디오의 찬란한 토착 문명을 지니고 있으며, 스페인 식민통치를 통해 서구문명이 유입되어 혼합문명이 형성되어 있다. 현재는 미국의 영향으로 점차 미국화되고 있다.

6 음식·쇼핑·행사·축제·교통

- 멕시코 요리의 맛은 고추의 맛이라고 할 수 있다. 고추 자체가 많이 생산되기도 하여 여러 가지 고추를 사용한 소스, 살사(Salsa)가 있는데, 기호에 따라 요리에 쳐서 먹는다.
- 칠리 고추는 그 색상도 다양하고 크기도 다양하여 거의 100가지 이상의 종류가 있다.
- 아보카도를 갈아 만든 녹색이 나는 소스, 구아카몰 소스도 유명하다.
- 전통 멕시코 요리인 토틸라는 옥수수로 만든 부드럽고 납작한 빵인데 요리와 함께 구워서 식기 전에 먹는다.
- 옥수수 껍질 또는 바나나의 잎에, 옥수수가루 뭉친 것을 싸서 찐 것인 타말레스

(Tamales), 껍질을 벗겨 부드럽게 한 옥수수의 알맹이를 주원료로 하고, 양념으로 고추와 양파를 잘게 썰어 넣은 수프인 포솔레(Posole) 등이 있다.

- 멕시코는 쇼핑장소가 많다. 백화점이나 쇼핑몰을 이용할 수도 있고, 동네마다 서는 장에서 쇼핑하는 것도 색다를 것이다. 멕시코에서는 멕시코 오팔, 토파즈 등의 보석류, 은제품, 직물제품, 가죽제품, 민예품 등이 유명하다.
- 디아 데 무에르토스(Da de Muertos · 죽은 자의 날), 겔라게차(Guelaguetza), 에키녹시오(Equinoccio) 축제 등이 유명하다.

7 출입국 및 여행관련정보

- 한국인의 경우 관광 목적으로 입국 시에는 3개월 동안 비자가 면제된다.
- 중남미 나라에서 도착하는 경우에는 화물 검색이 심하므로 마약으로 오인되는 것은 절대 반입을 삼가야 하며 음식류 반입도 할 수 없다.
- 면세 범위는 궐련 400개비, 엽궐련 50개비, 250g의 담배, 와인과 술 3ℓ, 적당량의 향수, 그 밖에 개인 소유의 카메라, 비디오카메라 등이 있다. 가공되지 않은 음식물은 반입 금지이다.
- 수하물을 찾은 후 세관통과 시 버튼을 누르면 빨간 불 또는 파란 불이 들어온다. 빨간 불은 수하물 검사를 받아야 하고, 파란 불은 그냥 통과하면 된다.
- 수돗물은 마실 수 없고 가급적 물은 사먹는 것이 좋다.
- 멕시코-미국 국경 지방을 여행할 때는 일반 멕시코 입국비자 또는 서류로는 불가하기 때문에 이런 지역을 여행하려면 특수비자나 서류를 받아야 한다. 특수비자 없이 다니다가 멕시코 경찰에게 잡혀 수용소에 감금되는 사례가 많다.
- 멕시코에서는 팁을 주는 것이 일반화되어 있다. 레스토랑에서는 15% 팁을 주는 것이 적당하다. 보통 택시는 팁을 받지 않는다.
- 멕시코의 상점들은 점심시간으로 2시간 정도 영업을 하지 않는다.
- 멕시코에는 여행객을 상대로 하는 세금환불제도가 없다.
- 멕시코의 남부 해안지대를 여행할 예정이라면 모기향과 벌레 물린 데 바르는 약을 필수적으로 준비해야 한다.

8 관련지식탐구

- 테킬라(Tequila) : 멕시코 특산의 다육식물인 용설란(龍舌蘭)의 수액을 채취하면, 자연히 하얗고 걸쭉한 풀케라는 탁주가 된다. 이것을 증류한 것이 테킬라이다.

- **멕시코 벽화미술의 거장** : 리베라(Diego Rivera : 1886. 12. 8~1957. 11. 25), 시케이로스(David Alfaro Siqueiros : 1888~1974), 타마요(Rufino Tamayo : 1899. 8. 26~1991. 6. 24), 오로스코(1883. 11. 23~1949. 9. 7) 등이다.

- **솜브레로(Sombrero)** : 멕시코·페루 등 라틴아메리카 국가에서 남녀가 함께 쓰는 챙이 넓고 춤이 높으며 뾰족한 모자.

- **마리아치(Mariachi)** : 현악기, 트럼펫, 기타 등의 악기를 갖춘 멕시코의 소규모 악단 또는 그들이 연주하는 노래와 음악을 말한다.

9 중요 관광도시

(1) 멕시코시티(Mexico city) : 정식명칭은 시우다드데메히코(Ciudad de México)이다. 에스파냐어(語)로는 메히코라고 한다. 멕시코의 정치·경제·문화의 중심지이다. 멕시코고원 중앙부의 해발고도 2,240m에 있는 고지(高地)도시이다.

- **소칼로 광장(Zocalo)** : 정식명칭은 헌법광장이다. 멕시코시티의 중앙에 있는 광장으로서 중심부라고 하면 이 소칼로 일대를 가리키는 말이다. 이곳은 일찍이 아스테카 제국의 수도 테노치티틀란이 있었던 곳이다. 소칼로란 이름을 가진 광장은 멕시코 도시들의 중앙에 있는 광장의 일반적인 이름이다.

▶ 소칼로 광장

- **국립 인류학 박물관(Museo Nacional de Antropologia)** : 멕시코의 자랑거리이자 현 멕시코의 대표적인 건축물로서도 평판이 높은 곳이다. 우선 1층에는 주로 고대 인디오 문화의 뛰어난 문화유물을 모아놓은 12개의 전시실이 있다. 2층에는 지금도 멕시코 전역에 살고 있는 토착집단인 인디오 전시관이 있다.

▶ 국립 인류학 박물관

- **차풀테펙 공원(Chapultepec Park)** : 수목이 울창한 대공원이다. 그 안으로 레포르마 대로가 통과하고 있다. 유원지와 동물원, 인공호수, 각종 박물관이 있고, 숲속으로 들어가면 시가의 소음이 들리지 않아 시민들에게 좋은 휴식처가 되고 있다. 아스테카 말로 '메뚜기의 언덕'이라는 뜻의 차풀테펙은 700년의 역사를 가진 중요한 지역이다.

- **알라메다공원(Alameda Central)** : 스페인 식민지시대에는 종교재판이 행해졌던 곳이지만 지금은 멕시코 시민들을 위한 휴식처로 이용되고 있다. 노인, 연인, 어린이 등 가족단위

의 이용자가 많으며 타일로 만들어진 아담한 벤치에서 휴식을 취하는 사람들을 쉽게 볼 수 있다. 후아레스 대로 쪽에는 멕시코 근대화의 아버지로 추앙받는 베니토 후아레스의 기념비가 세워져 있다.

- **테오티우아칸**(Teotihuacan Archeological Zone) : 멕시코에서 가장 보존이 잘된 아메리카 대륙 원주민 도시로 손꼽힌다. 북미대륙 끝자락에 위치하고 있는 멕시코의 동쪽에 위치한 거대한 고대도시이다. AD 150년경에 세워져 1908년 복원된 70m 높이에 248계단인 해의 피라밋미드를 비롯해 많은 피라미드들이 산재해 있다.

➡ 테오티우아칸의 피라미드

- **과달루페 사원**(Basilica de Guadalupe) : 아메리카 대륙 전체 가톨릭 신자들의 수호성인이라는 과달루페의 성모를 모시고 있어 늘 참배객이 넘쳐나고 있다. 기원하는 사람들이 문에서 계단까지 무릎걸음으로 나아가는 광경을 볼 수 있는데, 멕시코인의 신앙이 두터움을 느끼게 해준다.

➡ 과달루페 사원

- **대통령궁**(Palacio Nacional) : 1562년에는 스페인 총독의 거주지였으며, 1927년에는 재설계되어 3층이 추가되었다 이후부터 대통령실로 사용하게 되었으며 중요한 대통령의 연설은 이 건물의 발코니에서 이루어진다. 이곳에는 특히 Diego Rivera의 벽화가 유명한데, 1929년에 그리기 시작한 이것은 그의 생애에 있어서 최고의 작품이다.

➡ 대통령궁

- **탁스코**(Taxco) : 작은 도시이며 정식 명칭은 탁스코데알라르콘(Taxco de Alarcon)이다. 중앙고원 남사면의 해발고도 1,755m에 위치하며 기후가 온화하다. 1529년에 발견된 은광에서 에스파냐에 처음으로 은을 수출하였다. 식민지시대의 면모를 그대로 간직한 시가지는 정부에서 보호하고 있으며, 새로운 건축을 금지하고 있다. 은제품·보석·민예품 등이 알려져 있고, 광업도 활발하다. 목화·커피·잎담배·곡물 등의 농산물도 산출된다.

(2) **아카풀코**(Acapulco) : 정식 명칭은 '아카풀코 데 후라레스(Acapulco De Juárez)'이다. 멕시코시티 남서쪽 400㎞, 외양(外洋)으로부터 보호된 내만(內灣)에 있으며, 해안은 아름다운 모래사장과 절벽으로 이어져 있다.

- **라 케브라다**(La Quebrada) : 게레로주(州) 아카풀코에서 가장 유명한 관광명소 중 하나이다. 여기서는 높이 55m의 단애에서 바닷물에 뛰어드는 '죽음의 다이빙'을 볼 수 있다. 다이버는 성모마리아상에서 기도를 드린 다음 파도가 후미에 몰려들어 수위가 높아지는 순간 뛰어내린다. 관광객들은 다이버의 용기에 갈채를 보내며 환성을 지른다. 두 손에 횃불을 들고 다이빙하는 것을 볼 수 있는 밤의 쇼가 볼 만하다. 하루에 다섯 번 다이빙쇼가 있는데, 처음 12 : 45pm에 쇼가 있고, 나머지는 저녁 때 이루어진다. 마지막 두 쇼에서는 다이버들이 횃불을 들고 뛰어내린다. El Mirado 호텔에서 쇼를 구경할 수 있다.

➡ 라 케브라다

- **라스 브리사스**(Las Brisas) : 아카풀코만 일대를 한눈에 바라볼 수 있는 전망대가 있는 곳이다. 푸른 바다와 해안선을 따라 열지어 서 있는 현대적인 호텔들이 즐비한데, 이 모습이 특히 아름다운 곳이다.

- **산디에고 요새**(Fuerte de San Diego) : 17세기 초에 만들어진 해안요새로서 아카풀코 근해에 횡행하던 해적을 방어하기 위하여 구축했던 것이라고 한다. 현재는 많이 훼손되었지만 자취와 일부가 남아 있다. 요새 안에는 조그만 박물관이 있어 당시의 역사를 전해준다. 아카풀코 구시가의 중심인 소칼로에서 가까운 곳에 있다.

➡ 산디에고 요새

- **로케타 섬**(Rocchetta) : 칼레타 해변에서 작은 페리로 15분가량 떨어진 섬이다. 최근에 관광객들로 혼잡해지기는 했지만, 해변의 모래사장이 매우 아름다운 곳이다. 흰 모래의 해변에서 느긋하게 휴식을 즐기는 곳으로 적당하다. 유람선이 자주 왕래하기 때문에 교통의 불편함이 없다.

(3) **오악사카**(Oaxaca) : 정식 명칭은 오악사카데 후아레스로서 해발고도 1,545m에 자리잡고 있다. 시가지는 1529년에 에스파냐인들이 건설하였는데, 바둑판 모양으로 구획되어 있으며 한 변이 84m의 정사각 모양으로 도로가 나 있다.

- **베니토후아레스의 집**(Benito Juárez House) : 베니토 후아레스는 멕시코 역사상 유일한 인디오 출신

➡ 베니토후아레스의 집

대통령이며 그가 생활하던 집을 그의 기념관으로 만든 곳이다. 현관 옆에는 1818~1828년 후아레스가 12~22세 사이에 생활하였던 집이라고 기록되어 있다. 지금은 역사박물관으로 되어 있는데 내부는 19세기의 부유한 민가 모습을 간직하고 있다.

● **산토도밍고 성당**(Church of Santo Domingo) : 오악사카에 있는 바로크식 성당. 오악사카 시내 중심부인 소칼로에 있는 이 성당은 16세기 후반부터 약 1세기에 걸쳐 완성된 건물이며 멕시코가 자랑하는 귀중한 문화유산으로 지정되어 관리되고 있다. 성당 내부의 장식은 바로크양식의 걸작으로 평가되고 있다.

➡ 산토도밍고 성당

● **루피노타마요박물관**(Rufino Tamayo Museum) : 멕시코의 예술가인 Rufino Tamayo가 20년 동안 모은 그의 작품과 고고학 유물을 보존하기 위해 지어진 박물관이다. 다섯 개의 특징을 가진 전시관으로 나누어 작품을 배열했다. Fernando Gamboa가 박물관 디자인을 맡았다. 이곳은 정식으로 1974년 1월 29일 개관하였으며, 멕시코의 선사시대를 대표하는 약 1,000여 개의 유물을 전시하고 있다.

● **미틀라**(Mitla) : 13세기경 성립한 것으로 짐작되며, 몬테 알반과 더불어 사포텍족(族)의 중요한 종교 중심지이다. 현재 4개 유적군(遺蹟群)이 남아 있으며, 그중 가장 중요한 것은 '주랑군(柱廊群)' 건물이다. 점토 칠한 벽 위에 작은 돌로써 기하학적 아라베스크무늬를 만들었는데, 그 의장(意匠)에서 믹스텍문화의 영향을 엿볼 수 있다.

➡ 미틀라

● **몬테알반**(Monte Albán) : BC 700년경부터 AD 1400년경까지의 오랜 역사를 가진 대규모의 것으로, 구릉 위에는 길이 약 300m, 너비 약 200m의 광장을 중심으로 해서 몇 개의 거대한 신전이 있어 장관을 이루고 있다. 피라미드형 신전 외에도 중요한 것으로는 '춤추는 사람'이란 이름으로 알려진 석조가 있다.

➡ 몬테알반

(4) 소치밀코(Xochimilco) : 멕시코시티 남쪽 20㎞ 지점에 있는 소치밀코 호반에 있다. 14~16세기 아

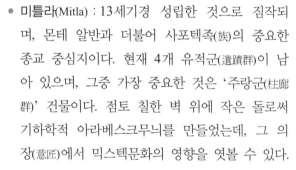

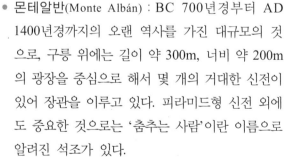

➡ 소치밀코의 꽃배

스텍 왕조시대 수도였던 테노츠티틀란의 흔적이며 당시 귀족들의 본거지였다. 많은 운하에 임대 보트가 있으며, 시민과 관광객으로 붐빈다. 흙으로 쌓은 뗏목에서 꽃과 과일이 재배되며, 수상화원(水上花園)으로 유명하다.

(5) 테오티우아칸(Teotihuacan) : 아메리카 역사상 최대 규모의 도시국가 테오티우아칸이 세워졌던 곳으로 멕시코시(市)에서 북동쪽으로 52㎞ 떨어져 있다. 멕시코에서 가장 큰 도시유적으로 태양과 달의 피라미드가 있다. 아스테크 이전의 것으로 400~800년경에 축조했다고 한다.

- 태양 피라미드(Piramide del sol) : 아메리카대륙의 피라미드 중 가장 유명하며 테오티우아칸 중앙을 가로지르는 '죽은 자의 길'이라는 도로에 세워져 있다. BC 2세기 무렵 햇볕에 말린 1억 개의 벽돌을 쌓아 만든 것으로 높이는 66m, 한 변의 길이가 약 230m이다. 총 5층의 계단식으로 되어 있다.

▶ 태양 피라미드

- 달 피라미드(Piramide de la luna) : 테오티우아칸 중앙을 가로지르는 '죽은 자의 길' 끝부분에 자리 잡고 있으며 달에 대한 제사를 목적으로 건축하였다. 건축양식은 태양 피라미드와 같은데, 규모가 더 작고 태양 피라미드보다 약 200년 후인 BC 2세기 후반에 건립한 것으로 추정된다. 높이 46m, 한 변의 길이 146m이며 태양 피라미드보다 경사가 완만하다.

▶ 달 피라미드

(6) 칸쿤(Cancun) : 유카탄반도의 북동부에서 카리브해에 면해 있는 멕시코가 자랑하는 대규모 휴양지이다. '칸쿤'이란 말은 마야어로 뱀을 뜻한다. 1970년대에 멕시코 정부가 본격적으로 개발해서 너비 400m 정도의 좁고 긴 L자형 산호섬 위에 설비가 완비된 초현대적 호화호텔들이 해변을 따라 늘어서면서 훌륭한 휴양지가 되었다.

- 치첸이트사(Chichen Itza) : 유카탄반도 북서부의 도시 메리다의 동쪽 약 110㎞ 지점에 있는 마야문명의 대유적지이다. 쿠쿨칸 피라미드(Kukulcan Pyramid), 전사(戰士)의 신전, 촘판틀리(Tzompantli

▶ 쿠쿨칸 피라미드

· 骨柱) 등 유적지가 있다. 칸쿤에서의 1일 관광이 가능하며 매일 2회 일반인에게 공개하므로 시간을 맞춰서 가는 것이 좋다.

- 스카렛(Xcaret) : 생태학적 테마파크이다. 고고학적으로 가치가 있으며 관광객들에게 매우 인기있는 곳이다. 이곳에서는 스노클링을 하며 돌고래와 아름다운 물고기로 넘쳐나는 바다를 관찰할 수 있으며 말을 타고 고대 마야의 유적지를 둘러보고, 조류사육장과 나비농장도 관람할 수 있다.

- 마얀 리베라(The Mayan Riviera) : 유카탄 동부 해변은 대표적인 휴양지이며, 하얀 모래 사장과 따뜻한 바닷물, 세계에서 두 번째로 긴 산호초로 유명하다. 스노클링과 다이빙을 하기에 최상의 조건을 갖추고 있다

- 이슬라 무헤레스(Isla Mujueres) : 칸쿤 북방에서 8km 떨어진 무헤레스만에 있는 경치가 아름다운 섬으로 가라폰해상국립공원이 내부에 있다. 해양스포츠와 레저를 위한 시설이 훌륭하게 갖추어져 있다. 소규모의 조각공원이 있어 볼거리를 제공한다. 이 지역은 고대유적이 드문 곳이지만 마야유적인 여신 익스첼의 신전이 남아 있다.

▶ 이슬라 무헤레스

(7) 과달라하라(Guadalajara) : 멕시코 제2의 도시로 해발고도 1,567m에 있으며, 기후가 온화하여 휴양지로서도 유명하다. 1530년경부터 식민이 시작된 곳으로, 그 시대의 경관(景觀)이 남아 있어 '서부의 진주'라는 별명을 가지고 있다. 명주(銘酒) 테킬라(tequila)의 생산으로 유명하다.

(8) 과나후아토(Guanajuato) : 멕시코 중앙부 멕시코 고원에 있으며 1554년에 건설되었다. 식민지시대에는 세계에서 가장 풍부한 은광의 하나로 명성을 얻었으며 19세기 초에는 멕시코 독립운동의 한 무대가 되었다. 좁은 산골짜기에 건물들이 빽빽이 들어차 있고, 그 사이로 구불구불한 미로와 같은 길이 나 있다.

- 미라 박물관(Museo de las Momias) : 이곳은 벽에 기대고 유리 케이스가 줄을 서서 진열되어 있으며 근처의 공동묘지로부터 발굴한 약 100개가 넘는 미라들이 전시되어 있다. 모든 미라들은 원래는 땅속에 묻혀 있던 것이었다. 특별 입장료를 지불하면 Salon del Culto a la Muerte에 들어갈 수 있는데 이곳은 귀신의 집 같은 분위기이며 실제 같은 이미지를 늘어놓았다.

- 알혼디가 데 그라나티타스(Alhóndiga de Granaditas) : 과나후아토에서 가장 중요한 기념관이다. Diego Rivera박물관의 서쪽에 위치하고 있다. 원래 이곳은 곡창이었으며 이후에

는 감옥이었다. 이곳은 첫 번째 전쟁의 장소였으며, 멕시코 독립을 위한 전쟁 동안 가장 많은 피를 흘린 살육의 장소였다. 벽은 독립과 혁명을 주제로 한 Chavez Morado가 그린 벽화들로 가득하다.

▶ Alhóndiga de Granaditas

- 광산마을(La Valenciana) : 멕시코 과나후아토주(州)의 주도(州都). 16세기 초 스페인에 의해 건설된 식민도시다. 18세기에는 세계 최대 은 생산지로 번영을 누렸다. 식민지시대에 만들어진 아름다운 중세풍 건축물과 이제는 대부분 문을 닫은 은 광산들이 남아 있다. 1988년 유네스코 세계문화유산으로 지정되었다.

4.2 남아메리카(South America)

4.2.1 브라질(Brazil)

1 국가개황

- 위치 : 남아메리카
- 수도 : 브라질리아(Brasilia)
- 언어 : 포르투갈어
- 기후 : 열대우림, 아열대, 온대기후
- 종교 : 로마가톨릭교 80%, 신교 11%
- 인구 : 186,757,608명(5위)
- 면적 : 8,514,877㎢(5위)
- 통화 : 레알(ISO 4217 : BRL)
- 시차 : (UTC -3 ~ -5 (공식 : -3)

초록 바탕에 노랑 마름모가 있고 그 안에 파랑 원이 있으며 원 안에는 흰색 리본이 가로질러 있다. 초록은 농업을, 노랑은 광업을, 초록은 산림자원을, 노랑은 광물자원을, 파랑은 하늘을 나타낸다. 천구의(天球儀)의 별자리 그림은 독립일인 1889년 11월 15일 8시 30분 리우데자네이루 하늘에 펼쳐진 것이라고 하는데, 26주(州)와 1개의 연방자치구를 의미하는 27개의 별이 있다.

2 지리적 개관

남아메리카 최대의 나라로서 대륙의 48%를 차지하고 있다. 프랑스령 기아나, 수리남, 가이아나, 베네수엘라, 콜롬비아, 페루, 볼리비아, 파라과이, 아르헨티나 및 우루과이와 국경을 접하고 있다. 북부는 아마존강이 흐르는 세계 최대의 열대우림지대이며(아마존고원), 남부에는 브라질고원이 펼쳐져 있다.

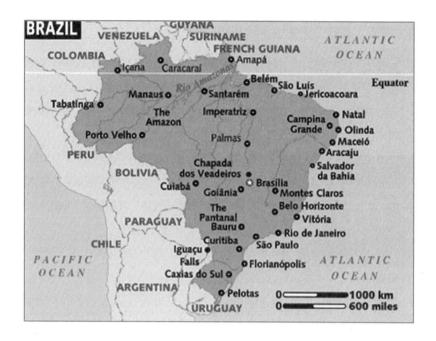

3 약사(略史)

- 1500년 포르투갈인 P. 카브랄에 의해 발견됨
- 1531년 포르투갈은 북동부에 식민을 시작
- 1549년 포르투갈 국왕직할의 총독부 설치
- 17세기 현재의 국경을 확정
- 1769년 독립의 꿈 태동
- 1822년 9월 브라질의 독립선언
- 1889년 무혈쿠데타에 의한 공화제 채택
- 1888년 노예제도 폐지
- 1889년 무혈반란(無血反亂)으로 왕제(王制)를 폐지하고 공화제를 채택
- 1937년 바르가스에 의한 전체주의적인 독재제(獨裁制) 수립
- 1946년 브라질의 역사상 가장 민주적인 헌법 채택
- 1990년 3월 국민의 직접선거로 대통령 선출

4 행정구역

브라질은 26개의 주(포르투갈어 : estados)와 1개의 연방구(포르투갈어 : distrito federal)로 이루어져 있는 연방국가이다.

5 정치 · 경제 · 사회 · 문화

- 브라질의 헌법은 1824년에 제정헌법(帝政憲法) 이후, 1891년의 제1공화국 헌법부터 1988년까지 7차에 걸쳐서 새로운 헌법이 제정 · 공포되었다.
- 친서방노선을 견지하고 개도국의 입장에서 아프리카, 아시아, 중동 등 제3세계와의 유대강화를 외교정책의 기본 목표로 삼고 있다.
- 국내총생산 기준으로 세계 10위권에 포함되는 경제대국이다.
- 천연자원이 풍부하여 광업 · 임업도 성하다. 브라질에는 풍부한 광물자원이 매장되어 있으나 대부분이 미개발지역에 있어 국내총생산에서 광업이 차지하는 비중은 아직 미약한 편이다.
- 최근 이농민의 도시이주가 늘어나면서 '파벨라'라고 하는 도시빈민가를 형성, 새로운 사회문제가 되었다.
- 브라질은 각국의 인종이 모여 있는데 각기 자기 나라의 문화를 가지고 와서 그것들이 전통적인 포르투갈의 문화와 뒤섞여 점차로 독자적인 브라질 문화를 형성하고 있다.

6 음식 · 쇼핑 · 행사 · 축제 · 교통

- 요리의 종류가 매우 다양하고 각국의 음식을 맛볼 수도 있지만 브라질 고유의 음식도 많다.
- 유명한 요리로는 페이조아다(Feijoada)와 슈라스코가 있다. 페이조아다는 콩을 불려 하루 종일 삶아 돼지고기, 소시지, 훈제고기, 마늘을 넣어 푹 끓인 스튜의 일종으로 밥과 같이 먹거나 브라질 감자의 일종인 마니옥과 같이 먹는다.
- 슈라스코(Churrasco) 전문점에 가면 웨이터들이 꼬챙이째로 들고 다니면서 테이블마다 손님이 원하는 만큼 고기를 잘라준다.
- 한국에서 접할 수 없는 과일은 물론 쉽게 먹어 보지 못한 구와바, 망고, 타마린드 등의 색다른 열대 과일들이 많다.
- 음료로는 맥주가 유명하고 '구아라나'라고 불리는 브라질만의 독특한 음료도 있다.
- 브라질은 보석류가 싼 편이다. 사파이어, 루비, 다이아몬드 등의 보석류가 많이 생산되고 쉽게 구할 수 있다.
- 커피도 역시 빼놓을 수 없는 상품 중의 하나이고, 그 외에는 손으로 만든 가죽제품과 민예품, 수공예품들도 좋은 선물이 될 것이다.
- 세계적 축제의 하나인 리우데자네이루의 카니발이 유명하다.
- 상파울루 등 대도시에서는 시내~공항 간 헬리콥터 서비스가 있다.

7 출입국 및 여행관련정보

● 우리나라 국민은 여행 목적으로 방문하는 경우에는 비자가 필요하지 않다. 하지만 여권이 적어도 6개월 동안 유효해야 하며 체류할 수 있는 기간은 90일이다.

● 방문지에 따라서는 황열병 접종이 요구될 수도 있다. 면세 범위는 US$ 500 정도의 물품과 술 2ℓ, 카메라 1대, 라디오 1대 등이다.

● 브라질에서는 운전자들이 신호를 무시하는 경우가 많으므로 유의해야 한다.

● 길거리에서 만날 수 있는 환전상은 주의하지 않으면 강도로 돌변하는 경우가 종종 있으므로 은행에서 환전하도록 한다.

8 관련지식탐구

● **삼바**(samba) : 브라질 흑인계 주민의 4분의 2박자 리듬을 지닌 춤, 또는 그 음악.

● **파벨라**(favela) : 이농민의 도시이주가 늘어나면서 생긴 도시빈민가.

● **브릭스**(BRICs) : 2000년대를 전후해 빠른 경제성장을 거듭하고 있는 브라질·러시아·인도·중국 등 신흥경제 4국을 일컫는 경제용어.

9 중요 관광도시

(1) 리우데자네이루(Rio de Janeiro) : 약칭으로 리우라고도 한다. 대도시로 1763~1960년까지 브라질의 수도였으며, 자연미와 인공미의 조화로 세계 3대 미항(美港)의 하나이다. 동쪽은 대서양 연안의 구아나바라만(灣)에 면하고, 서쪽은 해발고도 700m가 넘는 가파른 산지가 시의 배경을 이루고 있다.

● **코파카바나 해안**(Praia De Copacabana) : 리우데자네이루를 상징하는 가장 유명한 해변이며 1년 내내 세계 각국에서 모여드는 관광객과 대담한 노출의 수영복을 입은 사람들로 붐비는 곳이다. 해변 길이는 무려 5㎞에 걸쳐 활처럼 휘어 있으며 해변의 끝이 보이지 않는다. 주변에는 세계 최고의 관광지답게 고급 호텔과 레스토랑, 쇼핑가 등이 즐비하다.

● **코르코바도 언덕**(Mountain of Corcovado) : 리우데자네이루 어디에서나 보이는 거대한 그리스도상이 있는 곳으로 유명하며 해발고도 710m의 코르코바도 언덕 위에 있다. 1931년 브라질 독립 100주년을 기념하여 세워진 기념상으로 높이 30m, 좌우 길이 28m, 손바닥과 머리의 크기 각 3m, 무게 1,145t의 거대한 조각상이다.

▶ 코르코바도 언덕 정상

- 팡 데 아수카르(Pao de Acucar) : 과나바라만에 면해서 우뚝 솟아 있는 화강암의 원추형 바위산이다. 높이 396m의 산정과 그 아래 프라이아 베르멜랴역이 길이 1,400m의 공중 케이블카로 연결되어 있다. 리우데자네이루의 전경이 한눈에 보이는 곳이다. 이곳에서 바라보는 경관은 코르코바도에 뒤지지 않는다.

▶ 팡 데 아수카르

- 마라카낭 축구경기장(Maracanã Soccer Stadium) : 정식 명칭은 에스타디오 마리오 필료이다. 1950년대에 건설된 세계 최대의 축구경기장으로 경기장 지름 944m, 높이 32m, 좌석수 15만 5,000석이지만 실제 입장 가능한 인원은 22만 명을 넘는다. 관객석과 그라운드 사이에는 열광적인 관객을 갈라놓기 위한 깊은 도랑이 패어 있다.

- 스턴 보석박물관(H. Stern Jewelry Factory and Museum) : 브라질에서 가장 큰 보석공장이 운영하는 보석박물관이다. 정교하고 우아한 보석들이 전시되어 있으며, 보석 디자이너들이 보석을 세공하는 모습도 생생하게 볼 수 있다. 이곳의 보석들은 대부분 브라질을 대표하는 보석 디자이너들에 의한 것이며, 공장과 함께 있어 맘에 드는 보석이 있으면 싸게 구입할 수도 있다.

- 인디오박물관(Indio Museum) : 팔메이라스 거리에 있으며 브라질 원주민의 민속공예품 등 약 2만여 점의 유물이 전시되어 있다. 1953년 인디오의 날 제정을 기념하여 개관했으며, 인디헤나의 민예품 판매장도 마련되어 있다.

- 퍼레이드 거리(Parade Street) : 시내 중심부에서 조금 떨어져 있으며 브라질 각지에서 벌어지는 카니발 때에 최고 수준의 퍼레이드가 행해지는 곳이다. 평소에는 학교의 교정으로 사용되며, 축제 시는 학교교사와 지붕이 관람석으로 사용된다. 이곳의 수용인원은 무려 10만 명이나 된다.

(2) 상파울루(Sao Paulo) : 리우데자네이루 남서쪽 약 500㎞ 지점, 해발고도 약 800m의 고원지대에 있으며, 부근의 20여 개 위성도시를 포함하여 인구 900만이 넘는 남아메리카 최대의 도시이다. 여름은 서늘하고 쾌적한 기후로 연평균기온 18.2℃, 연강수량 1,247㎜이다. 연중기온의 변화가 적은 것이 특색이다.

- 리베르다데(Li berdade) 거리 : 도시의 남쪽에 자리 잡은 리베르다데(자유대로) 거리는 동양인의 거리로 한국, 일본, 중국인 등 동양인들의 커다란 공동체가 있다. 동양인 식당, 동양보석상점, 의류점 등이 즐비하며, 일본 이민박물관도 있다. 이곳에 정착한 동양인들은 초기에는 대부분 커피농장을 경영하였다.

- 브라질독립기념 공원(Parque da Independência) :
1822년에 만들어진 공원이며 돈 페드로 1세 대
로의 막다른 곳에 있다. 이피랑가 공원이라고도
부른다. 1822년 포루투갈 황태자 돈 페드로 1세
가 말 위에서 칼을 빼들고 "독립이냐, 죽음이냐"
라고 부르짖고, 브라질 독립선언을 행한 자리에
독립기념상이 세워져 있다.

▶ 브라질독립기념 공원

- 메트로폴리타나 대성당(Catedral Metropolitana) :
1544년에 처음 건립되었으나, 현재의 건물은 20
세기에 들어와 40년간의 대공사 끝(1954)에 완공
된 것이다. 정면에 솟아 있는 2개의 고딕양식의
첨탑은 높이가 65m에 이른다. 첨탑 사이의 원형
돔은 지름이 27m에 이르는 거대한 규모의 성당
이다. 역대 상파울루 사제들의 시신이 안치되어
있다.

▶ 메트로폴리타나 대성당

(3) 브라질리아(Brasilia) : 대서양 연안으로부터 약 1,000㎞ 내륙, 라플라타 수계·아마존
수계·상프란시스쿠 수계의 분수계 지대인 해발고도 1,100m의 브라질 고원에 위치하며,
1960년 4월 약 900㎞ 떨어진 옛 수도 리우데자네이루로부터 천도해 왔다.

- **삼부광장**(Praca dos Tres Poderes) : 대통령 청사, 국
회, 연방최고법원이 모여져 있다고 하여 3권 광
장으로 호칭되며, 브라질리아 도시 모형이 있는
루시오 코스따 기념관과 도시 박물관(Museu da
Cidade)이 있다. 군사정권 시절에 100m 높이의
브라질 국기 철탑을 삼부광장에 설치하였는바,
이는 삼부광장 내에 유일하게 Oscar Niemeyer
가 설계하지 않은 건축물로 알려졌다.

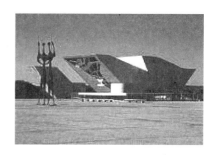

▶ 삼부광장

- **파울리스타 대로**(Av. Paulista) : 브라질 경제의 중심지 상파울루를 상징하는 비즈니스의
거리이다. 대로에는 상파울루의 대회사 건물을 비롯하여 외국의 영사관, 파울리스타 미
술관, 은행과 각종 회사들의 고층 빌딩들이 편도 2차선 대로에 들어차 있다.

- **파라노아호**(Parano) : 인공호수로 총면적은 약 44㎢, 이곳에서는 요트, 보트, 낚시 등을
즐길 수 있으며, 주변에는 대통령 관저, 제외공관, 브라질리아대학, 주택가, 남부호텔 지
구가 가까이에 위치해 있다.

- **브라질리아 대성당**(Catedral Brasilia) : 콘크리트 골조의 쌍곡면 양식으로 건설된 대성당으로, 브라질 출신의 세계적인 건축가이며 새 수도인 브라질리아의 건축주임 설계자였던 오스카르 니마이어(Oscar Niemeyer)의 작품이다. 지붕이 유리 소재의 돔 구조로 되어 있어 원형의 거대한 왕관을 연상케 하며 하늘로 솟아오르는 듯한 형상을 하고 있다.

▶ 브라질리아 대성당

- **국회의사당**(Pakacio do Congreeo Nacional) : 국회는 오늘날 브라질리아를 상징하는 대표적인 건물로서, 30만m² 건평면적을 보유하고 있다. 균형과 조화를 이루도록 남쪽에는 위로 향한 접시모양의 하원건물과 북쪽에는 아래로 향한 접시모양의 상원건물이 있으며, 가운데에는 사무실 용도로 27층 높이의 쌍둥이 건물이 있다.

▶ 국회의사당

- **자부루궁**(Palacio do Jaburu) : 자부루궁은 브라질 부통령의 관저로서 대통령궁과 가까운 곳에 위치하고 있다. 별로 알려지지 않은 곳으로 앞을 지나칠 때는 넓은 정원이 보이며, 4면의 피라미드 모양과 시원한 느낌을 준다.

(4) 마나우스(Manaos) : 아마존 분지의 열대우림 지대, 아마존강(江)의 지류 니그로강(江) 좌안(左岸)에 위치한다. 연평균 기온 27℃, 연평균 강수량 1,900㎜이다. 아마존강(江) 하구에서 약 1,450㎞ 떨어진 지점에 있으나, 대형 외양선이 소항(遡航)할 수 있으며, 최대의 항만시설을 갖추고 있다.

- **아마조나스 극장**(Amazon Theatre) : 도심 북쪽의 상세바스티앙 광장에 있는 네오클래식양식의 극장이다. 1896년에 완성된 것으로 고무경기가 번창하던 시대의 대표적인 건물이다. 황금과 청색타일로 장식된 돔, 내부의 벽화, 이탈리아제 대리석 계단 등은 왕년의 마나우스 황금시대를 말해 준다.

▶ 아마조나스 극장

- **인디오 박물관**(Museu do ndio) : 네그로강 유역에서 생활하고 있는 인디오의 생활용품, 종교의식에 쓰이는 물품, 악기 등이 전시되어 있다. 브라질의 여러 지역에 만들어져 있는 인디오 박물관 중에서 충실하게 전시관을 운영하고 있는 곳 중의 하나이다.

- **마나우스 중앙시장**(Mercado Municipal de Manaus) : 마나우스항 동쪽 도스 바레스 거리에 있다. 파리의 레알 중앙시장을 본떠서 만든 곳으로 일단 파리에서 건물을 만든 뒤 이를 다시 해체

하여 마나우스로 운반하여 재조립한 건물이다. 육류, 야채, 어류, 잡화류 등이 가득하고, 특히 이른 아침에는 아마존 특유의 기괴하고 거대한 물고기와 정글의 과일들을 볼 수 있다.

● **솔리모에스(Solimoes)강** : 콜롬비아의 고지에서 발원하여 이가호라 불리는 침엽수림을 지나 검은 강 네그로강과 회색을 띤 황토색의 아마존 본류인 솔리모에스강이 합류된 후 약 10㎞에 걸쳐 신비한 광경이 펼쳐진다. 검은색과 황토색의 강이 전혀 합쳐지지 않고 계속 흘러가게 되는 경이로운 광경을 목격할 수 있다. 정오쯤에 구경하는 것이 가장 좋다.

▶ 솔리모에스강

(5) 이과수(Iguazu) : 녹색의 정글지대를 가르며 지나온 거대한 물길이 떨어지며 장관을 이루는 곳이다. 300여 개의 물기둥과 높이는 100m를 넘는다. 이곳은 브라질과 아르헨티나, 파라과이가 만나는 접경지대이며 폭포의 80%는 아르헨티나에 속해 있

▶ 이과수폭포

다. 그러나 폭포의 전경은 브라질 쪽에서 바라보는 모습이 가장 아름답다.

(6) 벨렘(Belem) : 파라강(江) 하구에서 약 130㎞ 상류 우안에 위치하는 항구도시로 상업과 교통의 중심을 이룬다. 아마존 유역에서 생산되는 생고무·카카오·주석·경목·우피·주트(jute : 황마 섬유) 등의 집산지이며, 기계·조선 등의 공업과 제재업이 활발하다.

● **파스 극장** : 1878년에 지어진 이곳은 벨렘에서 가장 아름다운 장소로 인정받고 있다. 모든 건물은 그리스식 기둥을 가진 네오클래식 스타일로 지어졌다. 극장은 커다란 로비와 귀족 스타일의 인테리어가 특징이며, 특히 아라만도 발로니(Aramando Balloni)가 그린 아마존의 주제를 가진 그림들이 벽을 장식하고 있다.

● **에밀리오 고디엘 박물관(Museu Paraense Emílio Goeldi)** : 이곳은 정원과 동물원까지 가지고 있는 광대한 박물관이며, 특히 정원은 산책하기에 안성맞춤이다. 다양한 식물과 동물, 새, 인디언 예술 조각품 등이 정원 곳곳에 있다. 특히 박물관에는 다양한 인디언 유적들이 전시되어 있다. 1866년에 세워졌다.

▶ 에밀리오 고디엘 박물관

● **베르오페소(Ver-o-peso) 시장** : 1688년에 생겨난 이 시장은 포르투갈 사람들이 아마존강 유역에서 무역활동을 하면서 남겨진 물건들을 모으면서 나타나기 시작하였다. 이곳의 다양한 칼라와 냄새, 물건들은 관광객들을 매료시킨다.

4.2.2 아르헨티나(Argentina)

1 국가개황

- 위치 : **남미 대륙 남동부**
- 수도 : **부에노스아이레스(Buenos Aires)**
- 언어 : **에스파냐어**
- 기후 : **아열대, 온대, 건조**
- 종교 : **로마가톨릭교 92%**
- 인구 : **40,060,000명(30위)**
- 면적 : **2,766,890㎢(8위)**
- 정체 : **공화제**
- 통화 : **페소(ISO 4217 : ARS)**
- 시차 : **(UTC-3)**

하늘색과 하양은 대(對) 스페인 독립운동을 추진했던 애국자인 장군 마누엘 벨그라노(Belgrano)의 복장에서 취했으며 각각 하늘과 땅을 나타낸다. 문장(紋章)은 '5월의 태양(Sun of May)'이라 하며 인간 얼굴 모습의 빛나는 태양인데, "최후의 승리를 거둔 날에 하늘은 개이고 태양이 상냥하게 축복을 보냈다"는 이야기에서 연유한다. 국내에서는 문장이 들어 있지 않은 국기도 함께 사용한다. 1816년 2월 25일 제정하였다. 우루과이 국기에도 '5월의 태양'이 들어 있다.

2 지리적 개관

남아메리카 대륙의 최남단부에 위치하며, 브라질에 버금가는 넓은 국토를 가진 남아메리카 제2의 큰 나라이다. 북쪽은 볼리비아, 동북쪽은 우루과이·브라질·파라과이, 서쪽은 칠레에 접하고, 동남쪽은 대서양에 잇닿아 있다. 남쪽의 최장거리는 3,700㎞, 동서의 최대거리는 1,700㎞라는 넓은 국토의 서부를 안데스산맥이 남북으로 관통하고 있다.

3 약사(略史)

- 16세기 중엽 이후 에스파냐 사람들에 의해 식민 시작
- 17세기까지 13개의 에스파냐인 도시 형성
- 1776년 아르헨티나 총독 임명
- 1810년 5월 독립선언 및 임시정부 수립
- 1816년 7월 부에노스아이레스를 수도로 하는 중앙집권적 공화국(라플라타 合州國)의 수립 선언

- 1825년 아르헨티나공화국 최초의 헌법 제정
- 1943년 페론 군사정권 탄생
- 1983년 일폰신 민간정권 탄생

4 행정구역

부에노스아이레스(자치시)를 비롯하여 24개 주로 구성되어 있다.

5 정치 · 경제 · 사회 · 문화

- 현재 아르헨티나의 정치체제는 지방분권체제를 운용하면서도 강력한 대통령제를 유지하고 있는 독특한 성격을 갖고 있는바, 이는 오랫동안의 역사적 경험과 지정학적 환경 하에서 만들어진 결정체로 볼 수 있다.
- 아르헨티나는 브라질, 멕시코와 더불어 중남미 지역경제의 삼각 중심축을 형성하고 있는 국가이다. 브라질과 함께 전체 남미지역 국민총생산의 70%를 차지하고 남미 최대 경제블록인 메르코수르의 리더역할을 수행하고 있다.
- 아르헨티나의 교육체제는 유아교육(2~5세), 일반 기초교육(9년), 중등교육(3년), 대학(5년)으로 나누어진다.
- 아르헨티나는 중남미 속의 유럽(유럽 문화 중심)이라 불린다. 문화적으로 에스파냐 문화를 주로 계승했으나 이탈리아, 독일, 프랑스의 생활양식도 섞여 있다.
- 스포츠는 축구 · 승마 · 수영 등이 널리 보급되어 있으며, 특히 축구는 많은 프로팀이 있고 각지에 훌륭한 경기장이 있다. 1978년에는 월드컵 축구대회가 개최되었다.

6 음식 · 쇼핑 · 행사 · 축제 · 교통

- 아르헨티나는 소고기가 유명한 나라이다. 대표적인 요리로는 아사도(Asadi)와 파리샤라는 요리가 있다. 아사도는 소고기에 소금을 뿌려 구워먹는 바비큐 요리이고, 파리샤는 이와 비슷한 것으로 소의 내장고기를 소금을 뿌려 구워먹는 바비큐 요리이다.
- 아르헨티나의 특산품은 주로 피혁제품이다. 종류는 코트 · 백 · 구두 · 지갑 · 담뱃갑 등이 있다. 무두질이나 디자인 등도 훌륭한 편이다. 밍크 · 뉴트리아 · 아스트라칸 · 여우 등의 모피 코트도 싸게 살 수 있고, 수달피 장갑 등도 있다. 은장식품, 핑크빛 마블 스톤, 판초, 손으로 짠 벽걸이 등도 특산물로 꼽힌다.
- 부활절(Jueves Santo)과 새해전야제 등이 유명하다.

7 출입국 및 여행관련정보

- 아르헨티나 대사관이나 영사관에서 비자를 받아야 입국이 가능하다.
- 현재 우리나라에서 연결되는 직항편은 없다. 아메리카항공 등을 이용해 미국을 경유하여 갈 수 있다.
- 특별히 접종이 요구되지는 않지만 자신이 가는 지역에 따라 황열병 예방주사 등 접종을 한 가지 이상 하고 가는 것이 좋다.
- 또한 말라리아 예방약도 현지 도착 1~2주일 전부터 복용하도록 한다.
- 아르헨티나의 면세범위는 궐련 400개비나 엽궐련 50개비, 술 2ℓ, 식료품 5kg, US$ 300이다. 동물·고기·유제품·과일 등의 반입이 금지되어 있다.
- 여행자들이 구입한 상품에는 일반적으로 21%의 세금이 붙는다. 창문에 'TAX FREE'라고 씌어 있는 상점에서 $200 이상의 물건을 구입한 경우 세금을 환불받을 수 있다.
- 정글지역을 여행할 목적이라면 황열병, 말라리아 예방접종을 여행 전에 하도록 한다. 밀림지역을 여행할 때에는 진드기 등의 벌레가 있으므로 사전에 해충방지용 스프레이를 준비하는 것이 좋다.

8 관련지식탐구

- **메르코수르(Mercosul)** : 남부공유시장은 2005년 12월부터 결합과정에 있으며 아르헨티나, 브라질, 파라과이, 우루과이와 베네수엘라를 포괄하는 경제블록이다.
- **아르헨티나 탱고** : 기원은 쿠바의 무곡 하바네라라고 한다. 이것이 19세기 중엽 부에노스아이레스에 들어와 쿠바무곡이라는 이름으로 보급되었다. 그리고 아르헨티나의 색채가 가미되어 밀롱가로 변했다.
- **팜파스(Pampas)** : 아르헨티나를 중심으로 하는 대초원. 인디오 말로 평원(平原)을 뜻한다.
- **체 게바라(Che Guevara, 1928. 6. 14 ~ 1967. 10. 9)** : 본명은 에르네스토 라파엘 게바라 데 라 세르나(Ernesto Rafael Guevara de la Serna)이다. 아르헨티나 출생의 쿠바 정치가·혁명가. 피델 카스트로를 만나 쿠바혁명에 가담하였고 라틴아메리카 민중혁명을 위해 싸우다 볼리비아에서 사망하였다.

9 중요 관광도시

(1) **부에노스아이레스**(Buenos Aires) : 라플라타강(江) 어귀에서 240㎞ 상류 지점에 위치한다. 아르헨티나의 정치·경제·교통·문화의 중심지이며, 세계적인 무역항이기도 하다. 스페인의 귀족출신인 페드로 데 멘도사(Pedro de Mendoza)에 의해서 1536년에 건립되었다.

- 5월 광장(Plaza De Mayo) : 부에노스아이레스의 심장부에 위치하고 있는 유서 깊은 곳이다. 스페인 식민지 지배에서 벗어나기 위한 아르헨티나 독립의 첫 걸음이 된 18세기 초의 5월혁명을 비롯하여 파란만장한 정치적 사건의 무대가 되어 왔다. 현재도 이곳에서는 대통령 취임식 등 다양한 정치적 주요 행사가 열린다.

▶ 5월 광장

- 산텔모(San Telmo) : 식민지시대의 분위기가 물씬 풍기는 이곳은 역사적으로 유서 깊은 빌딩들이 줄지어선 좁은 돌길 옆에 위치한다. 또한 이곳에서는 거리탱고 공연이 자주 열리곤 한다. 광장을 둘러싼 많은 카페나 바 등지에서 구경하며 쉴 수도 있다. 또한 이곳에는 골동품상이나 연기학원들도 매우 많다.

- 라 보카(La Boca) : '입'이란 뜻을 가진 부에노스아이레스에서 가장 컬러풀한 지역이다. 항구를 따라 위치하며, 이곳에는 다양한 색으로 페인트를 칠한 작은 집들이 매우 많아, 마치 스칸디나비아의 작은 마을에 온 듯한 느낌을 준다. 많은 공예가와 미술가들의 시장, 탱고쇼, 전형적인 이탈리안 술집들이 가장 재미있는 볼거리이다.

▶ 라 보카

- 대통령궁(Palacio Presidencial) : 장밋빛 집(Casa Rosada)으로 불리는 대통령궁은 핑크빛 내부로 유명하며, 대통령궁답게 화려하고 사치스런 가구로 채워져 있다. 이곳의 지하에는 역대 대통령들의 유물이 전시되어 있는 박물관이 있다. 주변에는 산마르틴 근위병들이 그들의 빨갛고 파란 유니폼을 입고 보초를 서고 있다.

▶ 대통령궁

- 국회의사당(Congreso) : 지상에서 80m 높이의 구리 돔 지붕이 인상적인 국회의사당은 착공한 지 8년 만인 1906년에 완공되었으며, 군정 동안 폐쇄되었다가 1983년 민정이양 이후에 다시 의사당으로 쓰이고 있다. 의사당 앞의 광장에는 분수와 로댕의 생각하는 사람의 복제품, 콘도르와 천사를 조합한 기념비 등이 서 있다. 광장의 동쪽, 5월 대로와 리바다비아 대로가 만나는 지점이 아르헨티나의 지리적 중심점이다.

- 떼아뜨로 콜론(Teatro Colon) : 유명한 부에노스아이레스의 오페라 극장이다. 세계에서 가장 훌륭한 시설을 가진 오페라 극장 중 하나로, 이곳에서는 Maria Callas, Toscanini, Stravinsky,

Caruso 등이 공연을 하였다. 월요일부터 금요일까지, 오전 11부터 오후 3시 까지 가이드 투어가 있으며 관광객들은 방청석, Golden Hall, 박물관 등을 구경할 수 있다.

➡ 떼아뜨로 콜론

(2) 마르 델 플라타(Mar del Plata) : 마르 델 플라타는 스페인어로 은빛 바다라는 뜻을 가지고 있는 해변도시로, 아르헨티나 사람들이 여름 휴가 때 가장 많이 찾는 도시이다. 부에노스아이레스에서 400㎞ 떨어진 곳에 위치한 대서양 해안이다. 이곳에는 남아메리카에서도 아름답기로 소문난 해변이 매우 많다.

➡ 마르 델 플라타 해변 전경

(3) 코르도바(Córdoba) : 아르헨티나 중북부 코르도바주(州)의 주도(州都). 팜파스의 서부에 있는 농업·목축업의 중심지이며 안데스산맥 동쪽 기슭의 휴양지이다. 1573년에 창립되어 예수회(會) 교단이 계획한 격자모양의 도시가 보존되어 있다. 서·북·남쪽에 안데스 산계의 전산(前山)을 이루는 코르도바산맥이 보이고, 옛 시가(아르타코르도바)의 중심인 산마르틴 광장을 비롯하여 성당·박물관·구(舊)총독 관저 등 식민지시대의 건조물이 주택가를 이룬다.

- **코스킨**(Cosquin) : 고원의 리조트인 코스킨은 코르도바의 북서쪽으로 약 60㎞ 떨어져 있는 곳에 위치해 있다. 매년 1월 중순부터 하순까지 펼쳐지는 민속 페스티벌(Nacional de Folklore)이 유명한테 아르헨티나 전국의 사람들이 몰려들어 매우 붐빈다.
- **대성당**(Catedral) : 1697년에 건축되기 시작하여 87년 만인 1784년에 완성을 보았다. 밤에는 조명을 비추어 그 운치를 더해 주고 있으며, 대성당 옆으로 자리하고 있는 18세기의 건물은 옛 시의회 건물이었으며, 현재는 주경찰청으로 쓰이고 있다.

(4) 바릴로체(Bariloche) : 아르헨티나의 스위스로 잘 알려져 있다. 리오 네그로 지방의 남서쪽에 위치하고 있으며, 나우엘 우아피 호수가 흐르고, 같은 이름의 국립공원이 도시 전체를 둘러싸고 있다. 이곳은 여행자들에게 널리 알려져 있으며, 아르헨티나의 주요한 여행지로 각광받고 있다.

➡ 바릴로체 마을

- **바릴로체 마을**(Bariloche Village) : 도시 앞으로는 나우엘우아피호가 있고, 뒤로는 카테드랄산을 비롯한 2,000~3,000m급 산들을 우러르고 있는

아름다운 지역이다. 거리의 호텔과 상점들은 모두 목조식 샬레풍 건물이다. 주변 경치와 조화되어 '남미의 스위스'에 어울리는 풍경을 만들어 내고 있다.

- **카테드랄산**(Cerro Catedral) : 빙하에 깎인 뾰족한 봉우리들이 인상적인 산으로 남봉의 높이는 2,388m, 북봉의 높이는 2,140m로 대성당을 연상시키는 산의 모습 때문에 대성당이라는 이름이 붙여졌다. 바릴로체 시내에서 23㎞ 떨어진 거리에 위치해 있으며, 정상 바로 밑까지 케이블카와 리프트가 운행되고 있다.

➡ 카테드랄산

- **나우엘우아피 호수**(Nahuel Huapí Lake) : 아르헨티나 최초의 국립공원이 되었다. 울창한 숲으로 덮여 있고, 많은 호수와 물살이 빠른 강·폭포·눈 덮인 봉우리·빙하 등이 있다. 야생동물로는 여우·푸마·구아나코·사슴·콘도르 등이 서식한다. 나우엘우아피호 남쪽 연안에 있는 산카를로스 데바릴로체가 관광기지이다.

4.2.3 페루(Peru)

1 국가개황

- 위치 : 남아메리카 중부
- 수도 : 리마(Lima)
- 언어 : 에스파냐어, 케추아어
- 기후 : 열대성기후
- 종교 : 로마가톨릭교 90%
- 인구 : 28,220,764명(41위)
- 면적 : 1,285,220㎢(20위)
- 정체 : 공화제
- 통화 : 누에보솔(ISO 4217 : PEH)
- 시차 : (UTC -5)

빨강·하양·빨강이 세로로 배치되어 있고, 관공서용에는 하얀 띠에 문장이 들어 있으며 민간용 국기에는 문장이 들어 있지 않은데 모두 공식 국기이다. 최초의 국기인 1820년대의 것은 파랑 바탕에 노랑 태양이 들어 있는 전혀 다른 모습이었으나 이후 몇 년간 빨강과 하양을 기본으로 하여 수차례 형태가 바뀌었다. 그러다가 1825년에 독립하여 국민의회가 시작될 때 현재의 새로운 국기를 제정하였다.

2 지리적 개관

멕시코 면적의 3분의 2 정도이다. 에콰도르와 콜롬비아가 북쪽에 있고 브라질이 동쪽, 남동쪽으로 볼리비아, 남쪽으로는 칠레와 접한다. 태평양 연안을 끼고 있다.

3 약사(略史)

- BC 2만 년에서 BC 10세기까지 안데스 산악지대를 중심으로 몽골계 원주민이 거주
- 15세기경 잉카제국이 강력한 세력으로 등장
- 1532년 프란시스코 피사로가 잉카제국 정복 300년 동안 에스파냐의 식민지가 됨
- 1821년 7월 '페루의 보호자'로 불리는 아르헨티나의 산마르틴 장군이 페루의 독립을 선포
- 1824년 시몬 볼리바르가 독립 달성
- 1879~1883년 태평양전쟁에서 페루는 칠레에 패배
- 1968년 후안 벨라스코 알바라도 장군에 의한 쿠데타 발발
- 1990~2000년 일본계 후지모리 대통령 통치
- 2006년 알란 가르시아 대통령 선출

4 행정구역

라리베르타드, 람바예케, 로레토, 리마, 마드레데디오스, 모케과, 산마르틴, 아레키파, 아마소나스, 아야쿠초, 아푸리막, 앙카시, 우아누코, 우앙카벨리카, 우카얄리, 이카, 카야오, 카하마르카, 쿠스코, 타크나, 툼베스, 파스코, 푸노, 피우라, 후닌 등 25개의 주로 나뉘어 있다.

5 정치 · 경제 · 사회 · 문화

- 국가형태는 공화국, 정치체제는 대통령 중심제로, 행정부 · 입법부 · 사법부의 3권분립 형태를 취한다.
- 국민총생산이나 1인당 국민소득, 산업구조 등으로 볼 때 개발도상국에 속하며, 전체 산업구조에서 국영 부문이 차지하는 비중이 높다.
- 인종 간 빈부 차가 극심한데, 이러한 현상은 의식주에서도 나타난다. 도시의 중산층 이상은 유럽식 의복을 착용하지만, 산악지대의 인디오들은 손으로 짠 전통 모직옷을 주로 입는다.
- 토착 문화와 에스파냐 문화가 서로 융합하거나 병존하는 특이한 사회구조를 가지고 있으며, 라틴아메리카에서 유일하게 4천여 년의 문화유산을 간직하고 있는 나라이다.

6 음식 · 쇼핑 · 행사 · 축제 · 교통

- 페루의 음식은 많은 경우 고추를 써서 매운맛이 강하다.
- 로모 살타도(Lomo saltado : 양념을 한 기름진 스테이크 요리), 카우사(Causa : 옥수수와 감자, 야채 등을 층층이 쌓아올려 만든 요리), 세비체(Ceviche), 피스코(Pisco), 마테 데 코카(Mate de Coca) 등의 요리가 유명하다.
- 페루에서는 금, 은, 잉카 지팡이, 나무제품, 가죽제품, 손으로 만든 미니 조각상, 알파카 울 스웨터, 금은 세공품, 깔개, 태피스트리, 안데스 유화 등이 살 만한 물품이다. 리마의 수많은 상점들이 여행자들을 위한 기념품을 팔고 있다. 시장에서는 가격을 깎는 것이 일반화되어 있지만 호텔에서는 정해진 가격이 있다. 문화유물, 골동품, 특별한 새의 깃털로 만든 수공예품들은 수출할 수 없다.
- 물싸움 축제인 카르나발(2~3월), 잉카축제인 인티라이미(6월), 만령제(11월) 등이 유명하다.

7 출입국 및 여행관련정보

- 1982년 비자면제협정을 맺어 90일간 무비자로 체류할 수 있다.
- 전자제품, 광학기기 등과 농수산물, 고가품 등은 무관세통관 불허품목으로 검사 후에 수입품목인 경우에는 세금을 지불하고 반입할 수 있지만, 수입품목이 아닌 경우에는 반입할 수 없다.
- 페루의 고산지대에 가면 사람에 따라 고산증을 느낄 수 있다. 호흡곤란 · 두통 · 무기력증 등이 나타난다. 보통 시간이 지나면 완화된다. 수분섭취를 많이 하고 활동량을 줄이는 것이 도움이 된다.

- 여름철에 콜레라가 발생하고 있으므로 음식은 꼭 익혀서 먹도록 한다. 수돗물은 석회질이 많이 섞여 있으므로 식수로 사용할 수 없고 식수는 사서 마셔야 한다.
- 생활고 등으로 강도나 절도 등이 많이 일어나고 있으나 야간에 돌아다니는 것은 삼가도록 한다. 길거리에서 소매치기도 조심해야 한다.
- 관광경찰제를 운영하여 관광객의 안전도모뿐만 아니라 각국의 언어에 능통해 다양한 관광정보를 제공해 준다.

8 관련지식탐구

- **잉카(Inca)문명** : 잉카는 15세기부터 16세기 초까지 남아메리카의 중앙 안데스 지방(페루 · 볼리비아)을 지배한 고대제국의 명칭으로서 여기서 발생한 문명이다.
- **페루의 일본대사관 인질사건** : 1996년 12월 17일 아키히토 일본왕의 생일을 축하하는 파티가 열리고 있던 리마의 페루 주재 일본대사관에 극좌파인 투팍아마루 해방운동(MRTA) 소속 게릴라 14명이 수류탄과 총으로 무장하고 난입한 사건이다.
- **안데스 산맥(Andes Mts.)** : 남아메리카 서쪽에 있는 산맥으로 해발고도가 6,100m 이상이고 고봉이 50여 개에 이른다. 아시아의 히말라야 다음으로 높은 산맥으로 세계에서 가장 높은 취락지가 있다. 또한 길이가 7,000㎞로 세계에서 가장 긴 산맥이다.
- **코카와 코카인** : 코카는 쌍떡잎식물 쥐손이풀목 코카나무과의 상록관목으로서 남아메리카가 원산지이다. 코카잎에서 추출되는 알칼로이드인 코카인은 사람의 점막을 통하여 흡수되어 지각 신경 말단에 작용함으로써 통증과 미각 등의 감각을 마비시킨다.
- **페루신화** : 현재의 페루와 볼리비아 서부를 중심으로 남아메리카의 안데스산지(山地)와 태평양 연안에 살던 토착민족의 신화.
- **박만복** : 1988년 서울올림픽 페루 국가대표팀 감독. 페루 사람이면 거의 모르는 사람이 없을 만큼 유명해진 우리나라의 배구감독으로서 서울올림픽 때 페루의 여자배구팀을 이끌고 와서 은메달을 획득하였다.
- **알베르토 후지모리(Alberto Fujimori, 1938. 7. 28~)** : 페루 출생의 일본계 이민 2세로, 1990년 라틴아메리카 사상 아시아계 최초로 페루 대통령에 당선되었다. 취임 후 경제 재건에 착수하였으며 정치적 안정도 이루었다. 그러나 연임을 위한 각종 부정비리로 집권 10년만에 물러나 2000년 일본으로 도주하였다가 2005년 칠레에서 체포되어 2010년 25년 징역형이 선고되었다.

9 중요 관광도시

(1) 리마(Lima) : 페루 중앙부 카야오항(港)에서 약 10㎞, 태평양 연안(沿岸)에 면한 산크리스토발 대지(臺地)의 기슭에 자리 잡은 아름다운 고도(古都)이다. 19세기 초 남아메리카 각국이 에스파냐로부터 독립할 때까지 남아메리카에 있는 에스파냐 영토 전체의 주도(主都)가 되었다.

- **리마 국립인류고고학박물관**(Museo Nacional de Antropologia Arqueologia e Historia del Peru) : 기원전 수백 년의 차빈문명에서부터 잉카문명에 이르기까지의 출토품을 시대별로 전시 · 해설해 놓았는데, 양적인 면에서는 페루 최대의 규모이다. 잉카, 마야문명뿐 아니라 Chavin, Paracas, Mochica, Huari, Chimu 문명의 역사와 문화를 재현해 보이고 있다.

▶ 리마 국립인류고고학박물관

- **대통령궁**(The Palacio de Gobierno) : 리마의 대통령궁은 19세기 초에 지어졌으며, 스페인의 정복자인 Pizarro의 집과 매우 가깝게 위치하고 있다. 내부는 다른 스타일의 홀과 거실이 매우 사치스럽게 꾸며져 있다. 방문을 위해서는 하루나 이틀 전 서면을 통해 알려야 한다. 입구를 지키고 있는 근위병들은 1824년 독립전쟁 때 입었던 군복과 똑같은 유니폼을 입고 있다

▶ 대통령궁

- **황금박물관**(Museo de Oro) : 저명한 실업가인 미겔 가요의 컬렉션을 공개하고 있다. 세계 각국의 옛 무기들도 전시되어 있고 프레잉카, 잉카 시대의 금은보석을 많이 쓴 장식품, 식기 등이 전시되어 있다. 모치카, 치무, 비쿠스문화의 유산인 전시물들은 고대 페루의 발전된 금세공과 야금기술을 증명하고 있다.

▶ 황금박물관

- **대성당** : 현재 페루에서 가장 오래된 성당으로 1746년의 대지진으로 거의 대부분이 파괴되었으나 1758년 새롭게 증축되어 현재의 모습이 되었다. 이곳의 내부는 바로크양식의 예배당으로 나무로 조각된 성가대 의자가 인상적이며 Martinez Montanez가 조각한

상아 예수상도 매우 유명하다. 성물실은 종교 예술 박물관(Museum of Religious Art)으로 이용되고 있고, 17세기와 18세기의 종교 유물, 전례 용품 및 미술품들이 전시되어 있다.

- **토레 타글레 저택**(Torre Tagle Palace) : 1735년에 페루의 세력가였던 토레 타글레 후작을 위해 세워진 세비야풍의 저택이다. 리마에 남아 있는 스페인 식민지시대 건축 중 가장 아름다운 건물로 평가받는다. 지금은 페루 외무부 청사로 쓰인다.

⏩ 토레 타글레 저택

- **리마 바실리카 성당**(Cathedral de Basilica, Lima) : 마요르 광장에 면해 있는 페루에서 가장 오래된 성당이다. 1535년 1월 리마 건설 당시에 스페인인 정복자 프란시스코 피사로가 자신의 손으로 주춧돌을 놓았다고 한다. 1625년 준공된 뒤 지진으로 붕괴되었다가 재건되었다. 피사로의 미라가 안치되어 있는 유리관과 회화·장식품 등을 전시하는 종교박물관이 있다.

⏩ 리마 바실리카 성당

- **미라플로레스**(Miraflores) : 미라플로레스 지역은 리마에서 가장 번화한 나이트 라이프의 정점으로 수많은 카페와 상점들이 즐비하다. 이 지역은 쇼핑과 식사, 음료를 즐기는 것 외에도 많은 볼거리와 즐길거리로 꽉 찬 곳이다.
- **라파엘 라르코 에레라 박물관**(Museo Rafael Larco Herrera) : 모치가를 중심으로 나스카·치무·잉카 유적에서 출토된 토기·직물 등을 전시하고 있는데, 모두가 본고장 독지가인 라파엘 라르코의 개인 컬렉션이다. 사립이지만 소장품은 엄청나다.

(2) 마추픽추(Machu Picchu) : 페루 남부 쿠스코시(市)의 북서쪽 우루밤바 계곡에 있는 잉카 유적. 해수면으로부터 2,430m에 위치한 마추픽추는 열대우림이며 아름다운 절경을 자랑하는 잉카제국의 창조물이다. 잉카가 거점으로 삼았던 성채도시로 알려져 있다. 그 시대에 세운 건조물이 주체를 이루고 있으나, 정복 전의 잉카시대에 속하는 부분도 있는 것으로 알려지고 있다.

- **왕녀의 궁전**(Aposento de la Nusta) : 태양의 신전 옆에 있는 2층으로 된 것이 왕녀의 궁전으로 추측된다.
- **인티와타나**(Intihuatana) : 해시계를 의미하는 것으로 큰 돌을 깎아서 만들었다.
- **콘도르의 신전과 감옥**(Grupo del Condor) : 콘도르의 모양을 본떠 만든 콘도르의 신전이 있고, 그 밑의 지하는 감옥으로 사용하였다. 어둡고 눅눅한 이 지하에서 죄수들은 죄에

▶ 왕녀의 궁전

▶ 인티와타나

▶ 콘도르의 신전과 감옥

따라 독거미에 의해 죽기도 하고 돌 의자를 이용해 죽음을 맞이하기도 하였다.

- **능묘**(La Tumba Real) : 삼각형의 석실로 제단에는 제물을, 벽에 있는 홈에는 미라를 안치했을 것으로 추정하고 있다.

- **태양신전**(Templo del Sol) : 능묘 위에는 태양의 신전이 있는데 이곳은 완벽하게 연마해 놓은 자연석의 큰 바위 위에 세워진 반원형의 구조물이다. 이 구조물은 안쪽과 바깥쪽으로 가볍게 굽어진 탑이다. 이 탑의 아래에는 왕의 무덤이 있으며, 신전의 벽은 잘 다듬어져 있다. 그 안에는 2개의 창문이 있는데 각 구석에 하나씩 총 4개의 구멍이 있다.

▶ 태양신전

- **계단식 밭**(Andenes) : 계단처럼 끝없이 펼쳐졌다고 해서 붙여진 계단식 밭은 그야말로 장관이다. 엄청난 규모의 계단이 층층이 있는데 이곳은 마추픽추나 잉카의 길을 연결하는 곳에 약 5천 명에서 만 명 정도의 사람들이 생활하고 있었다.

- **오두막 전망대**(Viviendas de los Guardianes) : 오늘날의 감시초소 역할을 했던 곳으로 파악되고 있다.

(3) 쿠스코(Cuzco) : 리마의 동남쪽 580㎞, 해발고도 3,400m의 안데스 산 중의 쿠스코 분지에 위치하여 기후가 쾌적하다. 13세기 초에 건설되어 16세기 중반까지 중앙 안데스 일대를 지배한 잉카제국의 수도였다. 쿠스코라는 이름은 현지어로 배꼽, 중심을 뜻한다.

- **올란타이탐보**(Ollantayambo) : 쿠스코에서 88㎞ 떨어져 있는 성스러운 계곡의 중심 잉카제국시대의 역참 또는 요새터로 이용되었다는 올란타이

▶ 올란타이탐보

탐보는 케추아어로 여행 가방이라는 의미이다. 기록에 의하면 1536년 스페인 정복자들에게 반기를 든 망코 잉카가 잉카 군사와 함께 올란타이탐보에 잠입해 끝내는 스페인들을 격퇴시켰다고 한다.

- **코리칸차(Qoricancha)신전** : 잉카시대의 건축을 잘 볼 수 있는 곳으로 당시에는 태양신전으로 사용되었던 곳이다. 스페인 정복자들이 코리칸차의 일부를 허물고 이곳에 산토 도밍고 교회를 세웠다. 이곳도 역시 유서 깊은 성당으로 현재까지 남아 있다. 신전 내부는 광장을 중심으로 태양, 달, 별, 무지개의 신전의 방이 자리하고 있다.

▷ 코리칸차신전

- **사크사우아만(Sacsayhuaman)유적** : 쿠스코를 방어하는 성새(城塞)이다. 1440년 파차쿠티 황제 때 축조를 시작한 것으로 전시(戰時)에 시민의 피난소로 하기 위한 것이었다는 설도 있다. 3중의 테라스(Terrace)로 된 지그재그형의 3단식 돌벽으로 높이 18m, 가장 밑단의 돌벽 길이는 500여m, 가장 큰 돌은 5×4.2×3.6m로 무게가 20t이다.

▷ 사크사우아만

- **켄코(Quenko)** : '미로'라는 뜻의 바위산 유적으로 신께 제물을 바치고 제사를 지내던 곳이다. 거대한 돌기둥과 정교하게 다듬어진 돌로 만든 벽 등이 있다. 또 제물을 바치는 바위도 남아 있는데 당시에 살아 있는 사람을 제물로 바쳤다는 이야기도 전해진다.

▷ 켄코

- **탐보 마차이(Tambomachay)** : 성스러운 샘이 흐르는 잉카제국의 목욕터였던 곳이다. 체격이 그리 크지 않았던 잉카인들이 제를 지내기 전 몸을 정결하게 할 수 있도록 위에서 흐르는 샘이 세 단계로 거쳐 밑으로 흐르게 만들어 놓았다. 건기나 우기에 상관없이 항상 일정량의 물이 흐르는 것으로 알려져 있다.

▷ 탐보 마차이

- **로레토 골목(Loreto Alley)** : 아르마스 광장 남동쪽에 있는 La Compania 성당 옆에 있는 골목길을 부르는 명칭으로 잉카시대에 쌓은 칼로 잰 듯이 반듯한 벽돌담이 골목 양쪽으

로 이어진다. 오른쪽은 Huayna Capac왕의 궁정이었고 왼쪽은 선택받은 여자들이 살던 곳이다.

(4) 푸노(Puno) : 라마・알파카 등의 모피 집산지이며 쿠스코~아레키파 간 철도의 종점에 해당하여 남(南)페루비안 안데스 지방의 상업・교통 중심지 구실을 한다. 티티카카호 대안(對岸)에 있는 볼리비아의 과키와의 사이에 정기항로가 있다.

🔳 로레토 골목

● **티티카카호**(Titicaca Lake) : 페루와 볼리비아 국경지대에 있는 호수. 면적 8,135㎢. 해발고도 3,810m, 최대수심 281m, 안데스 산맥의 알티플라노 고원 북쪽에 있는 남아메리카 최대의 담수호이다. 호반에서는 원주민인 인디오가 농업에 종사하며 호수의 남쪽에서는 어업과 수상생활이 이루어진다.

🔳 티티카카호의 갈대배

● **타킬레 섬**(Isla Taquile) : 이곳은 주로 털실로 만든 수공예품을 만들고 있는데 직물의 정교함이나 무늬, 색의 배합 등이 세계적이다. 타킬레의 남자들은 모두 모자를 쓰고 있는데, 모자의 무늬 또는 색깔 하나하나에도 다 의미가 있다. 즉, 총각은 밑에는 빨간 계열 무늬에 흰색 모자를, 유부남은 전체가 빨간 무늬의 모자를 쓴다.

● **우로스 섬**(Islas Los Uros) : '또르또라'라는 갈대를 겹쳐 쌓은 섬이다. 호수에 떠 있는 40여 개의 섬 중에서 우로스섬은 인디오의 생활터전이며 석탑묘로 잘 알려진 시유스타니 유적 등이 있다. 이 섬에는 약 350명 정도가 생활하고 있으며 이 섬에는 학교와 교회도 있다. 이 섬에 사람들은 우루족이라고 불리며 티티카카호수에서 서식하는 물고기, 물새 등을 잡고, 밭에서 감자 등을 재배하며 생활하고 있다.

(5) 나스카(Nazca) : 인리마 동남쪽 약 370㎞ 지점에 있다. 나스카강(江) 유역에 전개되는 산간 오아시스의 중심지로 팬아메리칸 하이웨이 연변에 있어 가축・목화의 집산지를 이룬다. 해발고도 700m에 위치하며 시 근교에는 9세기경에 가장 번영했던 프레잉카의 유적이 있어서 남아메리카 고고학 연구의 중심지가 되고 있다.

🔳 나스카 라인

● **나스카 라인**(Nazca Line) : 잉카와 나스카 계곡의 중간에 자리 잡고 있는 넓은 광야에는 인간이

그렸다고 하기에는 너무나 거대한 규모의 그림과 선들이 펼쳐져 있다. 이것을 나스카라인(Nasca Lines)이라고 부른다. 그 그림들은 땅 위에서는 절대 볼 수 없고, 비행기를 타고 높은 하늘에서만 볼 수 있다. 리마에서 7시간 정도가 소요된다.

(6) 이키토스(Iquitos) : 아마존강 상류에 있는 하항도시로 인구밀도가 희박한 열대우림지역에 위치한다. 아마존강의 가항종점(可航終點)이 되고 있으며, 감수기(減水期)에도 2,000t급의 해항선(海航船)이 소항할 수 있다.

● **벨렌**(Belen)**마을** : 아마존 안에서 생활하는 사람들과 접할 수 있는 곳.

● **아마존 정글 탐험** : 현재는 거의 3,000㎞나 되는 강을 벨렘으로부터 이키토스를 향하여 거슬러 올라가면서 항해할 수 있다. 아마존의 보트 탐험은 천천히 진행되나 때로는 거칠기도 하다.

(7) 아레키파(Arequipa) : 수도 리마의 남동쪽 740㎞ 지점, 해발고도 2,300m의 고원에 있다. 1540년에 에스파냐의 정복자 F. 피사로가 잉카의 도시가 있던 곳에 건설하였다. 1868년에 대지진으로 파괴되었으나 그 후 중심부는 복구되었다. 응회암을 사용한 백색 건축물이 많아서 시우다 드 블랑카(흰 도시)라고도 부른다.

● **아레키파 역사지구**(Historical Centre of the City of Arequipa) : 페루 남부에 있으며, 에스파냐인(人)들이 건설한 도시이다. 유럽 문화와 토착 문화를 성공적으로 결합한 식민지 시대의 건축물이 많다. 2000년 세계문화유산으로 지정되었다. 흰색 화산암인 실라로 지은 건축물이 많아서 흰색 도시라는 뜻의 '시우다 드 블랑카'라고도 한다.
아레키파 대성당, 콤파니아 대성당, 산타 카탈리아 수도원 등의 건물들이 대표적이다.

● **콜카캐니언**(Colca Canyon) : 페루 남부 아레키파주(州)의 주도인 아레키파 북쪽에 있는 협곡으로, 수도 리마로부터 남쪽으로 1,030㎞, 쿠스코로부터 170㎞ 거리에 있다. 아레키파에서는 자동차로 5시간 정도 걸린다. 세계에서 가장 깊은 협곡으로 미국 애리조나주에 있는 그랜드캐니언보다 2배나 깊다.

🔲 콜카캐니언

오세아니아·남태평양

CHAPTER _ 5

오세아니아 · 남태평양
(Oceania · South Pacific Ocean)

오세아니아는 대양(大洋)이라는 뜻을 가지고 있어 대양주(大洋洲)라고도 한다. 넓은 뜻으로는 오스트레일리아 · 뉴질랜드 · 멜라네시아 · 미크로네시아 · 폴리네시아를 포함하는 대부분의 태평양 지역의 섬을 뜻한다. 좁게는 오스트레일리아와 뉴질랜드를 제외한 멜라네시아 · 미크로네시아 · 폴리네시아 지역을 의미하기도 한다.

5.1 오세아니아(Oceania)

5.1.1 호주(濠洲 · Australia)

1 국가개황

- 위치 : 오스트레일리아 대륙
- 수도 : 캔버라(Canberra)
- 언어 : 영어
- 기후 : 온대기후, 사막기후, 반건조기후
- 종교 : 그리스도교 73%
- 인구 : 21,260,000명(53위)
- 면적 : 7,741,220㎢(6위)
- 통화 : 달러(ISO 4217 : AUD)
- 시차 : (UTC+8~11)

깃대 쪽의 영국 국기(유니언 잭)는 이 나라가 영국연방의 일원임을 나타내고, 그 아래의 커다란 7각 별은 '연방별(Star of Federation)'이라고 불리는데 독립 이전의 7개 지역이 오스트레일리아 연방으로 통일되었음을 나타낸다. 기 오른쪽에 있는 5개의 크고 작은 별은 남십자자리를 표시하는데, 4개는 7각 별이지만 하나는 5각 별이라는 점이 특이하다.

2 지리적 개관

오스트레일리아는 오스트레일리아 대륙 본토 그리고 태즈메이니아 섬, 그 외의 많은 작은 섬으로 이루어져 있다. 총면적은 7,686,850㎢로 세계에서 6번째로 넓은 나라이다(대한민국의 78배). 호주 대륙은 평균 고도가 340m로 전 대륙 중 가장 낮다. 고도별 빈도 분포에서는 200~500m에 해당하는 면적이 42%에 이른다. 즉, 호주 대륙은 낮은 대지가 넓게 퍼져, 기복이 적다고 할 수 있다.

3 약사(略史)

- 6~5만 년 전 아시아 대륙으로부터 이동해 온 것으로 추측되는 원주민(Aborigines) 거주
- 1600년대 이전 호주 원주민과 인도네시아, 토레스해협 원주민들이 무역활동
- 1600년대 초 포르투갈, 스페인, 네덜란드인들에 의해 호주 대륙의 존재 인지
- 1606년 스페인인 Luis Vaez de Torres가 토레스해협 항해, 같은 해 네덜란드인이 유럽인 최초로 호주 상륙
- 1642년 네덜란드인 Abel Tasman 태즈메이니아 도착
- 1688년 영국인 William Dampier가 영국인 최초로 상륙
- 1770년 영국해군 James Cook 선장(Endeavour호), 호주 대륙 동해안의 보타니 베이(Botany Bay) 도착

- 1788년 1월 미국의 독립으로 새로운 죄수 유배지 필요 및 경제적, 전략적(해군기지) 필요에 의하여 영국은 Arthur Phillip 선장 인솔하에 11척의 선박으로 1,530명(이 중 736명이 죄수)의 영국인을 이주시켜 현 시드니 지역에 죄수 유배지를 건설
- 1840년대 죄수노동을 점차 자유이민 노동으로 대체
- 호주 대륙이 시드니 · 멜버른 등 수개의 식민지역으로 분리되어 각 식민지별로 독자적인 행정 조직 · 조세 체계 보유
- 1851년 뉴사우스웨일스에서 금이 발견됨으로써 시작된 골드러시에 의한 경제호황으로 이민 급격 증가
- 1855~1959년 영국, 호주 내 각 식민지 헌법 및 자치정부 승인
- 1887년 골드러시에 의한 노동력 수요 충족을 위해 저임금 중국인 노동자가 대량 유입되어 임금 경쟁이 초래됨. 백인 노동자는 유색인종에 대한 배척운동 시작(백호주의 · 白濠主義의 기원)
- 1890년대 경제발달로 무역, 관세, 교통 및 체신의 통합운용 필요성, 저임금 유색인종의 유입저지, 국방문제 및 백색 단일인종의 공동운명체 의식 고조 등으로 연방제 운동 본격화

4 행정구역

호주의 행정구역은 뉴사우스웨일주(NSW)를 비롯한 빅토리아주(VIC), 퀸즐랜드주(QLD), 사우스오스트레일리아주(SA), 웨스턴오스트레일리아주(WA), 태즈메이니아주(TAS) 등 6개 주와 노던준주(Northern Territory, NT), 오스트레일리아 수도 준주(Australian Capital Territory, ACT) 등 2개 준주가 있다.

5 정치 · 경제 · 사회 · 문화

- 오스트레일리아는 6개 주(뉴사우스웨일스 · 빅토리아 · 퀸즐랜드 · 사우스오스트레일리아 · 웨스턴오스트레일리아 · 태즈메이니아)의 연합체이며 연방의회와 각 주의회를 갖는다. 연방은 국내의 정치와 대외관계를 스스로 장악하는 완전한 독립국이다. 동시에 영국연방의 일원이며 그 안에서의 지위는 캐나다 · 뉴질랜드 등과 마찬가지로 자치령이다.
- 종래 농 · 목축업 위주의 오스트레일리아 경제에 광업의 중요성이 크게 부각되었다. 현재 오스트레일리아는 세계 최대의 흑탄 · 철광 · 다이아몬드 · 아연광 · 납의 수출국이며, 그 밖에 금 · 우라늄 · 구리 · 원유 · 천연가스 · 니켈 등도 세계적 수준의 생산 · 수출국이다.

- 주민의 대부분이 연안지대, 특히 남동부에 편재하는 여러 도시에 살고 있다. 제2차 세계 대전 전후로 집단이주한 유럽계가 대부분을 차지한다.
- 1901년 독립 이후 백호주의정책을 고수해 오다가 1973년 이를 폐지하였다. 이후 아시아계 이민이 급증하자 경계심이 고조되어 1991년 투자이민을 제한하고, 자영업 기술이민을 촉진하였다.
- 기본적으로는 다민족·다문화사회(multicultural society)를 지향하나, 예술은 오랫동안 유럽의 전통에 기초해 왔으며 부분적으로는 환경, 역사, 원주민의 문화 및 이웃나라들과의 관계에도 영향을 끼쳤다.

6 음식 · 쇼핑 · 행사 · 축제 · 교통

- 다민족 국가인 호주는 고유의 음식이 없다. 그러나 양고기, 악어고기, 캥거루고기, 노루고기 등을 맛볼 수 있으며, 가재·굴 등 싱싱한 해산물 요리를 즐길 수도 있다. 호주는 세계적인 와인의 산지이기도 하다.
- 오스트레일리아에서는 풍부한 천연자원을 바탕으로 한 다양한 특산품을 구입할 수 있는데, 건강식품, 울 제품, 가죽제품, 귀금속류 등은 전 세계적으로 인기 있는 상품들이다.

천연제품과 건강식품	호주산 로열젤리와 스쿠알렌은 한국의 주부들 사이에서 매우 인기가 높다. 호주에서는 천연원료를 이용한 화장품 등을 구매할 수 있다.
보 석	호주는 세계 최고의 오팔 생산지인 만큼 질 좋은 오팔을 구입할 수 있다. 오팔뿐만 아니라 부름 지역의 진주, 킴벌리의 다이아몬드도 유명하다.
애 보 리 진 기 념 품	호주 원주민인 애보리진의 예술품과 공예품은 기하학적인 문양과 독특한 색감으로 유명하다.

- 시드니 축제, 퍼스 국제예술 축제, 캔버라에서 열리는 다문화 축제, 멜버른 뭄바 축제 등이 유명하다.

7 출입국 및 여행관련정보

- 3개월 이내 여행이나 업무상의 목적으로 오스트레일리아를 방문하려면 ETA 전산비자(전산방문비자)를 발급받아야 한다. ETA는 여행사나 항공사에서 항공권 예매 시 신청할 수 있는데, 별도의 수수료는 없다. 절차는 간단하지만, 비자 발급에 문제가 생길 수도 있으므로 출발 최소 5일 전에는 ETS 발급 신청을 하는 것이 좋다.
- 호주 관광비자의 경우 속칭 딱지비자(미국비자의 예로 스티커 식으로 되어 있음)에서 ETA VISA 시스템으로 바뀐 지 대략 2년 정도가 된다. ETA 시스템은 전산상으로 항공권 발권 시 받을 수 있는 비자이다.

```
►TIETAR◄
►TIETAA                    ETA APPLICATION
PASSPORT NUMBER        ..........    FROM PASSPORT TITLE PAGE
NATIONALITY           ..            1-3 CHARACTER CODE
DATE OF BIRTH         .........     DDMONYYYY/--MONYYYY/-----YYYY
SEX                   .             M/F
COUNTRY OF BIRTH      ...           1-3 CHARACTER CODE
EXPIRY DATE           .........     DDMONYYYY
FAMILY NAME           ...................    FULL NAMES-NO TITLES
GIVEN NAMES           ...................    SPACE BETWEEN NAMES
TYPE OF TRAVEL        ..            V/BL/BS
```

▶ 호주비자 ETA 단말기 입력화면

- 술 125㎖, 담배 250개비, 250g의 담배 제품은 입국 시 면세받을 수 있다. 현금은 1만 호주달러 혹은 그에 달하는 금액은 입국 시 신고해야 한다. 선물로 반입하는 물품에 대해서는 18세 이상의 경우 1인당 400호주달러, 18세 미만의 경우 200호주달러까지 면세된다.

- 오스트레일리아는 자외선이 강하기 때문에 여행 시 모자와 선글라스, 자외선 차단제를 준비하는 것이 좋다. 또한, 낮과 밤의 일교차가 큰 편이기 때문에 옷차림에 신경을 써야 한다.

- 출국하기 30일 전에 한 점포에서 $300 이상 구입했을 때 세금을 환불받을 수 있는데, 해당 점포에서 세금계산서를 미리 받아야 한다. 세금을 환불받기 위해서는 구입한 물품의 포장을 뜯으면 안 되지만, 옷이나 장식품 등은 착용하여도 무관하다. 총 환불금액이 $200 이하일 때는 출국 시 현금으로 바로 돌려받을 수 있고, 카드나 계좌로 입금하는 것도 가능하다.

- 호주에서 가장 주의해야 할 것 중의 하나가 열차 역을 찾는 것이다. 열차 역은 대체로 찾기 어려운 경우가 많은데, 시내 지하철역이나 국철역의 역사 내에 설치되어 있는 경우가 많기 때문이다. 예를 들면 시드니의 터미널은 센트럴역 안에, 멜버른의 터미널은 스펜서역에 있다.

- 같은 역이라도 이용하려는 열차에 따라서 다르게 표시되는 경우도 있다. 예를 들면 시드니에서 주를 넘어서는 장거리용 열차는 시드니역으로 표시되고, 시드니 근교를 달리는 단거리용 열차는 센트럴역으로 표시되는데, 시드니역은 센트럴역 안에 있다.

8 관련지식탐구

- **호주의 동물** : 호주에는 다른 대륙에서 거의 볼 수 없는 특수한 동물들이 있는데 대표적 동물로는 캥거루(kangaroo), 코알라(koala), 왈라비(wallaby), 에뮤(emu), 웜뱃(wombat) 등이다.

- 백호주의정책(白濠主義政策·White Australia Policy) : 주로 연방 형성 당시 오스트레일리아에서 백인 이외의 인종, 특히 황색인종의 이민을 배척하고 정치·경제에서뿐만 아니라 사회적·문화적으로도 백인사회의 동질성을 유지하여야 한다는 주장과 운동이다.
- 인디언 퍼시픽 열차(Ride the Indian Pacific Train) : 오스트레일리아 퍼스에서 시드니까지 구간을 운행하는 열차. 시베리아횡단철도와 더불어 65시간 — 사흘 낮 사흘 밤 — 동안 4,352㎞를 주파하는 세계에서 가장 긴 철도 노선 중 하나이다. 도중에 야생 낙타, 에뮤, 캥거루, 웜뱃, 앵무새 등 다양한 야생동물을 구경할 수 있다.

9 중요 관광도시

(1) 시드니(Sydney) : 호주에서 가장 오랜 역사를 가진 도시로 호주 개척의 출발점이 된 도시로 뉴사우스웨일스(New South Wales)주의 주도이다. 포트잭슨만 남쪽 연안의 도심부(좁은 의미의 시드니)를 중심으로, 북쪽으로는 호크스 베리강의 하구, 남쪽으로는 보터니만의 남쪽 연안, 서쪽으로는 블루산지의 동쪽 기슭에 이르는 광활한 면적을 가지고 있다.

- 오페라하우스(Opera House) : 국제공모전에서 1등으로 당선된 덴마크의 건축가 이외른 우촌(Jm Utzon)이 설계한 것으로 1973년 완공되었다. 역동적이고 상상력이 풍부하지만 건축하는 데 여러 문제가 발생하여 논란이 많았음에도 불구하고 영국 여왕 엘리자베스 2세가 개관 테이프를 잘랐다.

▶ 오페라하우스

- 시드니 수족관(Sydney Aquarium) : 호주의 수중생물관 중 가장 다양한 어족을 보유하고 있는 시드니 수족관은 그 종류만 약 5,000종 된다. 투명한 아크릴로 만들어진 수중 터널을 걸어가면서 수족관을 관람할 수 있다. 터널에는 두 종류가 있는데 하나는 시드니 근해의 해양생태를 보여주는 것이고 다른 하나는 먼 바다의 어류들이다.
- 본다이비치(Bondi Beach) : 시드니 중심부에서 동쪽으로 10㎞쯤에 위치한 해변으로 태즈먼해(海)를 따라서 아름다운 백사장이 10㎞ 정도 이어져 있다. 해변은 높은 파도가 계속 밀려들기 때문에 서핑의 명소로 알려져 있다.
- 페더데일 야생동물원(Featherdale Wildlife Park) : 자연에서 서식하고 있는 캥거루, 코알라, 왈라비, 에뮤 등을 비롯한 야생동물의 생활을 엿볼 수 있는 곳이다. 야생동물원은 호주를 대표하는 동물을 가까이에서 보고 만질 수 있는 기회를 제공하고 있다. 특히, 캥거루와 코알라는 방문객의 인기를 독차지하고 있으며, 넓은 크로커다일 전시관은 이곳만의 볼거리이다.

- **시드니 하버 크루즈**(Sydney Harbor Cruises) : 아름다운 시드니항을 보다 더 즐겁게 만끽할 수 있는 프로그램으로, 시드니 오페라하우스와 하버 브리지, 시드니 항만의 전경을 선상에서 여유롭게 만끽할 수 있다.

- **하버 브리지**(Sydney Harbour Bridge) : 오페라하우스와 함께 시드니를 대표하는 상징물로서, 시드니시(市)의 중심부와 북부를 잇는다. 1923년에 착공되어 완성되기까지 10년이나 걸렸는데, 길이가 1,149m이고, 바다에서의 높이가 59m, 아치 부분만 503m나 된다. 마치 옷걸이 같은 모양을 하고 있어서 '낡은 옷걸이'라는 애칭을 가지고 있다.

➡ 하버 브리지

- **블루마운틴**(Blue Mountains) : 시드니 서쪽에 있는 해발고도 1,000m 전후의 산지이다. 최초의 개척자를 거느리고 도착한 필립이 이 산맥을 멀리서 바라보았을 때 새파란 빛깔을 띠고 있었기 때문에 '블루산맥'이라고 명명하였다. 그레이트디바이딩산맥의 일부에 해당하며, 산지의 대부분이 중생대 수평 사암층(砂岩層)으로 구성되어 있다.

➡ 블루마운틴

(2) 캔버라(Canberra) : 오스트레일리아 남동쪽 오스트레일리아 수도주(오스트레일리아 캐피털 테리토리)를 흐르는 몰롱글로강(江) 연안에 위치한다. 기복이 완만한 평원으로, 산으로 둘러싸여 있으며, 해발고도 450~480m 지점에 있어 연평균기온은 13℃이다. 기하학적 가로망이 뻗어 있는 전형적인 계획도시이다.

- **국회의사당**(Parliament House) : 캔버라의 중심부인 캐피틀 힐(Capital Hill)에 위치한 국회의사당은 미국의 유명한 건축가 그리핀이 설계했다. 1988년 오스트레일리아 건국 200주년 기념건물로 지어졌는데 높이가 81m나 되는 국기게양대는 세계 최고 높이를 자랑한다. 건물 대부분이 땅 밑에 있고 극히 일부분만이 땅 위에 나와 있는데, 20세기 최고의 건축기술로 지어진 건물로 손꼽힌다.

➡ 국회의사당

- **의회 삼각지대**(The Parliamentary Triangle) : 이곳은 국회가 있는 캐피털힐(Capital Hill)에서 방사형으로 뻗어져 나와 벌리 그리핀 호수(Lake Burley Griffin)와 두 개의 긴 가로수길인 커먼웰스 애비뉴(Commonweath Avenue)와 킹스 애비뉴(Kings Avenue)가 서로 만나 삼각지

대를 이루는 곳이다. 이 삼각지대에는 새 의사당과 옛날 의사당뿐만 아니라, 국립도서관(National Library), 호주국립미술관(Australian National Gallery), 고등법원(High Court), 퀘스타콘－국립과학 기술센터(Questacon-National Science and Technology Centre) 등이 있다. 이 지역은 걸어서 편안하게 돌아볼 수 있다.

- 호주 전쟁기념관(Australian War Memorial) : 오스트레일리아가 참전한 모든 전쟁의 전사자들을 기념하기 위해 1941년에 지어진 건물이다. 기념관 내에는 전리품, 제2차 세계대전 때 실제로 사용되었던 무기류 등 전쟁에 관련된 자료들이 많이 전시되어 있다. 기념홀에는 70색, 600만 조각으로 된 모자이크 벽화가 있고, 인상적인 스테인드 글라스 창문이 있다.

➡ 호주 전쟁기년관

- 벌리그리핀 호수(Lake Burley Griffin) : 캔버라 중심부에 있는 호수로 도시계획하에 만들어진 인공호수이다. 호수 주변에는 공원이 조성되어 있고, 캔버라 시가지를 남북으로 나누는 역할을 한다. 캔버라의 건축계획을 세운 미국의 건축가 벌리 그리핀의 이름에서 유래한다. 호수에는 캡틴 쿡 기념분수가 있다.

➡ 벌리그리핀 호수

- 블랙마운틴(Black Moutain) : 국립식물원 서쪽에 위치한 높이 800m의 나지막한 산이다. 정상에 오스트레일리아 전신전화회사의 통신시설인 텔레콤 타워가 서 있다. 텔레콤 타워는 총높이가 195m이며 80m 정도에 전망대가 있는데, 회전하고 있다. 이곳 전망대에 오르면, 캔버라의 전경을 한눈에 내려다볼 수 있을 뿐만 아니라 멀리 서든알프스 산맥의 산들도 볼 수 있다.

(3) 멜버른(Melbourne) : 깊이 만입한 포트필립만(灣)의 북안(北岸) 야라강(江)의 저지 및 구릉지에 있다. 기후가 온화하여 연평균기온이 14.7℃이며, 가장 더운 달(2월)의 평균기온 19.9℃, 가장 추운 달(7월)은 9.6℃이다. 연강수량은 691㎜이며, 월평균강수량이 50～70㎜로 고르다. 세계 4대 테니스대회인 호주오픈테니스대회가 열리는 곳으로 유명하다.

- 단데농(Dandenongs) : 멜버른에서 자동차로 약 1시간가량 동쪽 방향으로 가다 보면 넓은 산림공원이 펼쳐진다. 단데농 지역은 사시사철 멜버니언(멜버른 시민을 일컫는 말)과 여행자들의 휴식공간으로 인기를 끌고 있는 곳으로 계절마다 색깔을 달리하여 그 매력을 뽐내

고 있다.

- **빅토리안 아트센터**(Victorian Arts Centre) : 미술관과 극장, 콘서트홀로 이루어진 종합예술단지로, 멜버른 예술활동의 중심지 역할을 하고 있다. 빅토리안 아트센터를 더욱 유명하게 만드는 것은 독특한 모양의 백색 철탑인데 발레리나의 모습을 형상화한 것이라고 한다.

▣ 단데농으로 향하는 꼬마열차

- **피츠로이 정원**(Fitzroy Gardens) : 한 해에 5번씩 꽃의 종류를 바꾸는 온실화원과 동화 속 요정이야기가 조각되어 있는 나무, 귀여운 모형 마을인 튜터 빌리지 등은 이곳을 찾는 이들에게 즐거움을 준다. 뿐만 아니라 정원 구석구석에는 다양한 조각상들과 분수가 있다. 정원의 오솔길은 영국 국기인 유니언 잭(Union Jack)의 모양을 따서 만들었다.

▣ 피츠로이 정원

- **리알토전망대**(Rialto Towers) : 콜린스 스트리트와 킹 스트리트 모퉁이에 자리 잡고 있는 리알토 타워스 빌딩 55층에 설치된 전망대는, 멜버른 시내를 한눈에 볼 수 있는 곳으로 유명하다. 전망대에서 도시 전체를 360도로 조감할 수 있으며, 지평선에 이르는 60여㎞까지 내려다볼 수 있다.

- **코모하우스**(Como House) : 1840~1870년 사이에 건설된 호화주택이다. 실제로 이곳에서는 멜버른의 상류계층이 거주했는데 넓은 정원과 아름답게 꾸며진 방들은 볼 만하다.

(4) 브리즈번(Brisbane) : 퀸즐랜드주(州)의 주도(州都). 모턴만(灣)으로 흘러드는 브리즈번강(江)의 하구로부터 22㎞ 상류에 위치한다. 기후는 다소 아열대적이며, 연평균기온 20.6℃, 연평균강수량 1,052㎜이다. 시가지는 강으로 양분되나, 스토리교(橋)를 비롯한 4개의 다리로 연결되어 있다.

- **브리즈번 식물원**(Brisbane Botanic Gardens) : 1976년에 세워진 이곳은 전 세계에 분포하고 있는 5,000종에 이르는 20,000개가 넘는 식물이 52헥타르에 자리하고 있다. 원래 1828년에 브리즈번 중심 강변에서 채소와 과수농원으로 시작하여, 강 범람을 이유로 공식적으로 마운트 쿡사로 옮겼으나 원래 위치했던 곳에도 여전히 식물원으로 남아 있다.

- **시청사**(Brisbane City Hall) : 브리즈번의 상징격인 시청사는 1930년에 사암(砂巖)으로 지어진 르네상스 양식의 건물이다. '100만 파운드의 시청사'라고도 불리는데 이것은 건설 당시 들어간 돈이 98만 파운드나 되기 때문이라고 한다. 중앙에 있는 92m 높이의 시계

탑에 엘리베이터를 타고 올라가면 브리즈번 시
내의 전경을 한눈에 내려다 볼 수 있다.

브리즈번 시청사

- 뉴스테드 하우스 : 1946년에 총독 관저로 세워진
목조건물로, 뉴스테드 공원 안에 위치하고 있다.
건물 밖과 내부장식, 가구들이 복원되고 있는데
당시 상류층의 호사스러운 생활을 엿볼 수 있다.
- 마운트 쿠사 전망대(Mt. Coot-tha Lookout) : 비즈니
스 중심지구에서 서쪽으로 8㎞ 떨어진 곳에 자
리하고 있는 마운트 쿠사 전망대는 시내의 아름다운 경관들을 조망할 수 있는 곳이다.
- 사우스 뱅크 파크랜드(South Bank Parklands) : 조경이 매우 아름다운 곳으로 열대우림 보
호구역(Gondwana Rainforest Sanctuary), 사우스 뱅크 나비와 곤충 하우스(South Bank
Butterfly & Insect House) 등의 테마공원, 바닷물을 끌어당겨 만든 인공 해변 브레카 비치,
탈의실, 산책로, 자전거 전용도로, 카페테리아와 레스토랑, 그리고 바비큐 시설 등이 있다.

(5) 애들레이드(Adelaide) : 오스트레일리아 사우스오스트레일리아주(州)의 주도(州都). 세
인트빈센트만(灣)의 동안(東岸), 마운트로프티산맥의 서쪽 기슭에 위치하며, 토렌스강에 의
해 남북으로 양분되어 있다. 시가지는 강의 남안에 있으며, W. 라이트의 도시계획(1836)에
따라 바둑판 모양으로 반듯하게 구획되어 있다.

- 캥거루 섬(Kangaroo Island) : 캥거루 섬은 South Australia 해안에서 16㎞ 떨어진 곳에 위
치해 있는 천연동물원 같은 곳이다. 총면적은 4,500㎢로 싱가포르의 8배 크기이며, 호주
에서 3번째로 큰 섬이다. 캥거루 섬의 동물들은 사람을 무서워하지 않아 가까운 곳에서
야생의 모습 그대로를 볼 수 있는 것이 특징이다.
- 에이어스 하우스(Ayers House) : 노스테라스 동쪽 끝에 있는 건물로, 식민지시대에 구리광
산으로 큰 부자가 되고 주정부의 총리를 7번이나 했던 헨리 에어스의 저택이다. 블루스
톤을 재료로 써서 지은 호화저택으로 당시의 상류층 생활을 엿볼 수 있다. 가구들은 철
저한 고증을 통해서 복원해 놓았다.
- 바로사 밸리(Barossa Valley) : 애들레이드에서 둘째가라면 서러워할 세계적인 와인 생산
지대다. 이곳 바로사 밸리 포도밭 지대의 수확시기는 3~4월이다. 이 시기에 이곳을 방
문하는 것이 가장 좋겠지만 꼭 이 시기가 아니더라도 와인 시음, 고풍스런 와인숍 건물,
포도밭 지대를 둘러보기 위해 연중 어느 때나 투어로 참가하는 여행객들이 많은 곳이다.
- 남호주 박물관(South Australian Museum) : 노스 테라스에 있는 이곳은 자연사 및 문화사
박물관으로서, 남호주의 역시, 지질학, 인류학과 관련된 중요한 가공품들이 소장되어 있

다. 특히 중요한 것은 호주 원주민 문화와 초기 태평양 문화에 대한 유품들이 소장되어 있다. 영국인들이 오기 전에 살았던 오스트레일리아 원주민들의 생활상을 전시한 갤러리이다.

(6) 골드코스트(Gold Coast) : 오스트레일리아 퀸즐랜드주(州)에 있는 도시. 북쪽의 사우스포트에서 시작하여, 서퍼스파라다이스·벌리헤즈·쿨랑가타 등 4개 시로 이루어진 연합도시(聯合都市)이다. 즉 퀸즐랜드주 남동해안 쪽으로 30㎞에 걸쳐 있고, 주도(州都) 브리즈번의 남쪽 교외에 위치하는 해변 관광휴양도시이다.

▶ 바로사 밸리

- **커럼빈 야생조류 보호구역**(Currumbin Wildlife Sanctuary) : 20만㎡에 달하는 야생동물보호구역으로 로리키트, 앵무새, 펠리컨 등의 조류를 비롯하여 캥거루, 코알라, 딩고, 웜뱃 등 오스트레일리아에서만 볼 수 있는 동물들을 볼 수 있다. 야생조류 보호구 내에서는 미니 철도를 무료로 운행하므로 보호구역 전체를 쉽게 돌아볼 수 있다.

▶ 남호주 박물관

- **시월드**(Sea World) : 오스트레일리아 최대의 해양공원이다. 입장료가 조금 비싼 편이나 화려한 수상 스키쇼, 돌고래와 물개의 귀여운 곡예 등 다양하게 펼쳐지는 쇼프로그램을 즐길 수 있으며,

▶ 시월드

수상제트 코스타, 속도를 측정할 수 있는 점보 슬라이딩, 동물과 함께 즐길 수 있는 수영장 등 이색적인 레저시설이 갖추어져 있다.

- **히든 팰리스 쇼**(Hidden Palace Show) : 관객의 시선을 압도하는 웅장한 라스베이거스 스타일의 무대 쇼로서 스펙터클한 무대장치와 화려한 의상, 놀라운 특수효과가 특징으로 일상생활의 단조로움을 깨는 이국적인 장소로 관객들을 이끌어 간다. 무대의 배경은 이집트제국으로 이집트 고대 전성기의 문화와 제국시대의 호화로움이 배어나오고 내용은 이집트의 신화와 숨겨진 보물들에 대한 이야기이다.

▶ 서퍼스 파라다이스

- **서퍼스 파라다이스**(Surfer's Paradise) : 골드코스트

의 중심이며 해변 휴양지로서 5㎞에 걸친 해안선은 골드코스트의 많은 비치 가운데서도 가장 길다. 해안 거리(The Esplanade)에는 서핑 숍을 시작으로 아이스크림, 티셔츠, 선물 용품 가게들이 있다. 나이트 클럽과 디스코테크가 몰려 있어 저녁 시간을 즐기기에 좋은 곳이다.

(7) 퍼스(Perth) : 웨스턴오스트레일리아주(州)의 주도(州都). 스완강 어귀에서 16㎞ 상류에 위치한다. 이 도시는 지중해성 기후에 속하여 살기에 좋다. 따라서 대륙에서는 남동해안 다음가는 인구 집중시대의 중심지 구실을 하며, 배후에 밀·양모·광산 지대를 끼고 있다.

- 피나클사막(The Pinnacles) : 남붕(Nambung) 국립공원의 중심부에 자리한 피나클사막은 수천 개에 달하는 거대한 석회암 기둥이 붉은 사막 위에 황량하게 드러나 우뚝 서 있다. 석회암 기둥들은 그 높이가 3.5m에 달하고 톱날같이 삐죽삐죽한 형태, 예리한 모서리가 있는 기둥형태 등의 모습과 묘비를 연상케 하는 모습을 지니고 있다.

▷ 피나클사막

- 킹스공원(Kings Park) : 시의 중심가에서 가까운 곳에 위치한 자연공원으로, 총면적이 400ha이다. 엘리자산 기슭에 위치하고 있는데 스완강과 퍼스 시가지를 내려다보는 경관이 훌륭하다. 식물원, 정원, 산책로, 야외레스토랑 등의 시설이 잘 갖추어져 있어서 시민들이 즐겨 찾는다.

- 웨이브 록(Wave Rock) : 퍼스 남동쪽 하이덴 근처에 있는 거대한 물결 모양의 암석이다. 높이는 15m, 길이 110m의 규모이며 과거의 화산이 폭발하면서 만들어졌다. 밀려오는 큰 파도가 일순간에 굳어 버린 것 같은 형상에서 그 이름이 붙여졌다. 몇 세기에 걸친 긴 시간 동안 표면 밑의 부드러운 바위가 점차 침식되면서 생성된 것으로 추정된다.

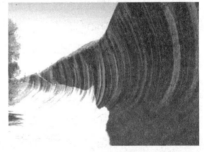
▷ 웨이브 록

- 퍼스민트(The Perth Mint) : 오스트레일리아 최초의 화폐주조국으로 지금은 더 이상 그 기능을 하고 있지는 않지만 관광객들을 위해서 개방되어 있다. 이곳에서는 금괴를 만드는 과정을 실제로 볼 수도 있고 자신의 이름이 새겨진 금화를 만들 수도 있다. 전시실에는 19세기 골드러시

▷ 퍼스민트

때부터의 각종 동전들이 전시되어 있다.

(8) 호바트(Hobart) : 오스트레일리아 테즈메이니아주(州)의 주도(州都). 태즈메이니아섬 남부, 스톰만(灣)으로 흘러들어가는 더웬트강의 깊은 익곡(溺谷) 서안에 위치하며, 서쪽 배후에 테이블 모양의 웰링턴산(1,270m)이 솟아 있다.

- **캐스케이드 양조장**(Cascade Brewery) : 남호바트 (South Hobart)의 캐스케이드 로드(Cascade Road)에 있는 캐스케이드 양조장(Cascade Brewery)은 호주에서 가장 오래된 양조장이다. 호주 최고의 맥주를 생산하는 이 유서 깊은 공장의 견학 중 이곳에서 생산되는 술도 시음해 볼 수 있다.

▶ 캐스케이드 양조장

- **태즈메이니아 박물관과 미술관**(Tasmanian Museum & Art Gallery) : 식민지시대의 미술품들이 훌륭하게 소장되어 있고, 태즈메이니아의 문화사와 자연사를 보여주는 전시장이 있다.

- **캐드베리 슈웹스 초콜릿 공장**(Cadbury Schweppes Chocolate Factory) : 호바트에서 4㎞ 떨어진 이 공장은 호주 최대의 과자 제조공장이다. 1921년에 설립된 이 공장은 15헥타르의 부지에 펴져 있는 거대한 공장이다. 관광객들은 캐드베리 공장의 역사를 상세하게 보여주는 비디오를 관람한 다음, 공장 견학을 하는데, 제조 중에 있는 초콜릿 샘플도 받을 수 있다.

- **살라만카 플레이스**(Salamanca Place) : 호바트를 정말 잘 알고 싶다면 이곳을 거닐어 보는 것은 큰 도움이 된다. 이곳은 한때 고래잡이 배들이 창고로 사용했었던 오래된 사암 건물들을 이제는 미술 공예품, 화랑, 카페, 식당 등으로 개조하여 사용하고 있는 곳이다.

(9) 앨리스스프링스(Alice Springs) : 오스트레일리아 노던주(州)에 있는 도시. 동서로 뻗어 있는 맥도널 산맥의 골짜기에 있으며, 해발고도는 약 540m이다. 대륙 남안의 애들레이드와 북안의 다윈을 잇는 국도의 중간지점에 위치하며, 남쪽에서 올라오는 철도의 종점이기도 하다. 또 '붉은 사막의 심장부'로 가는 관광거점이기도 하다.

- **울루루**(Ulruru) : 오스트레일리아 노던주(州) 남서쪽에 있는 거대한 바위이며 원주민들에게 신성한 공간으로 여겨진다. 사암질의 거대한 바위로 해발고도가 867m이며, 바닥에서의 높이 330m, 둘레 8.8㎞이다. 앨리스스프링스 남서쪽 약 400

▶ 일명 에어즈록인 울루루

㎞ 지점에 있다. 수억 년 전 지각변동과 침식작용으로 생성된 것으로 추정하며 단일 바위로는 세계에서 가장 크다.

- **구 전신중계소**(Telegraph Station Historical Reserve) : 건조하고 거친 호주의 한가운데에 전신전화국을 세우는 것은 결코 쉬운 일이 아니었을 것이다. 앨리스스프링스의 북쪽으로 약 2㎞ 정도 떨어진 곳에 있는 전신중계소는 하나의 작은 박물관과 같은 느낌을 준다. 1895~1905년 사이에 애들레이드에서 다윈까지 연결하는 대륙 전신망의 중계소 역할을 하였다.

➡ 구 전신중계소

- **센트럴 오스트레일리아 박물관**(Museum of Central Australia) : 자연적 역사물을 전시해 놓은 환상적인 전시물들이 비치되어 있다. 아름답고 신기한 유성과 별똥별을 모아놓은 전시관과 애보리진 문화전시관, 예술전시관이 있다.

(10) 케언스(Cairns) : 퀸즐랜드주(州)의 북동쪽 기슭에 있는 도시. 애서턴 고지의 동쪽 끝에 위치한 좁다란 해안저지에 있는 항구도시이다. 1870년대에 오스트레일리아 정부에서 관세를 징수하기 위하여 건설하였으며, 시의 명칭은 1875~1877년 퀸즐랜드 주지사를 지낸 윌리엄 웰링턴 케언스의 이름에서 비롯되었다.

- **대보초**(Great Barrier Reef) : 오스트레일리아의 북동해안을 따라 발달한 세계 최대의 산호초이다. 경관이 아름답고 다양한 해양생물이 서식한다. 1981년 유네스코(UNESCO : 국제연합교육과학문화기구)에서 세계자연유산으로 지정하였다. 가장 경이로운 점은 옥색빛 파란 바다가 2,000㎞ 이상 펼쳐져 있다는 것이며, 이는 세계에서 가장 광대한 산호 암초이기도 하다.

➡ 그레이트 배리어 리프

- **레스플러네이드 라군**(The Esplanade Lagoon) : '산책로'라는 뜻으로 알려진 이 길은 케언스 관광의 중심이라고 해도 과언이 아니다. 그중에 구르듯 경쾌한 이름의 이곳에는 놀랄 만한 또 하나의 바다가 펼쳐져 있다. 2003년에 오픈한 4,800㎡의 규모의 모래사장을 갖춘 인공수영장으로 누구나에게 개방되는 무료 수영장이다.

➡ 레스플러네이드 라군

- **쿠란다(Kuranda) 민속마을** : 쿠란다 민속마을은 스카이레일 쿠란다 종착역 옆에 위치하고 있으며, 종착역에서 400m 떨어진 언덕 쪽에 마을 중심부가 있다. 쿠란다 마을에는 새공원, 야행성 동물원, 호주나비 보호공원을 비롯하여 상점, 시장, 카페 및 레스토랑 등이 있어 다양한 볼거리와 매력이 넘치는 곳이다.

▷ 쿠란다 민속마을 공연

- **쿠란다 국립공원(Kuranda National Park)** : 호주의 대표적인 국립공원으로 케언스 북서쪽 27㎞ 지점, 울창한 열대우림을 배경으로 하는 그림 같은 마을이다. 타조의 일종으로 날지 못하는 캐소워리, 원시 사향 쥐캥거루, 럼홀츠 나무타기 캥거루, 원시 양치식물 등 멸종 위기에 놓인 동식물 83종과 식물 3,000여 종, 희귀동물 25여 종이 서식하는 세계 최고의 열대우림지이다.

(11) 울런공(Wollongong) : 오스트레일리아 뉴사우스웨일스주에 있는 도시. 현재 뉴캐슬과 어깨를 겨루는 제철도시로 성장하였다. 석탄 적출항으로도 알려져 있으며, 부근 일대에서 낙농과 밀 재배가 활발한 일라와라 지방의 중심지이다.

- **일라와라 플라이 트리 탑 워크(Illawarra Fly Tree Top Walk)** : 아름답기로 소문난 일라와라(Illawarra) 숲과 해안선의 절경을 상공 25m 높이, 500m 길이의 철재 산책로로 즐길 수 있는 곳이다. 2008년 2월에 시작한 이곳은 울런공 지역에 새로 생겨 각광받는 관광지로서 자연을 사랑하는 호주인들이 현대적이자 환경친화적으로 지은 산책로이다.

▷ 일라와라 플라이 트리 탑 워크

- **키아마 블로우 홀(Kiama Blow Hole)** : 바위 틈 사이로 바닷물이 엄청난 소리를 내며 분수처럼 무려 60m 높이로 솟구치는 블로우 홀(Blow Hole : 파도에 의한 공기의 압력이 상단의구멍으로 물을 솟구치게 하는 현상)로 유명한 곳이다.

5.1.2 뉴질랜드(New Zealand)

1 국가개황

- 위치 : **남태평양, 남반구**
- 수도 : **웰링턴(Wellington)**
- 언어 : **영어, 마오리어**
- 정체 : **입헌군주제**
- 기후 : **서안해양성기후**
- 인구 : **4,252,000명(122위)**
- 면적 : **268,680㎢(75위)**
- 통화 : **달러(ISO 4217 : NZD)**
- 시차 : **UTC+12~13**

진한 파랑 바탕의 왼쪽 위에 있는 유니언 잭은 영국 연방의 일원임을 나타낸다. 흰색 테두리의 빨강 5각별 4개는 남십자성이며, 진한 파랑은 남태평양을 나타내고 별들의 위치는 남태평양에서의 이 나라 위치를 나타낸다. 1840~1901년에는 유니언 잭을 국기로 사용하였다. 현재는 영국의 상선에 게양하는 기를 기본으로 하였다.

2 지리적 개관

뉴질랜드는 2개의 큰 섬으로 이루어져 있다. 남섬의 면적이 더 크지만, 인구의 75% 이상(300만 명 이상)은 북섬에 살고 있다.

3 약사(略史)

- 600~1000년 전 폴리네시아부터 마오리(Maori) 이주 및 정착
- 마오리인들은 뉴질랜드를 Aotearoa(길고 하얀 구름의 나라)로 명명
- 18세기 말 유럽인 이주 시까지 석기시대 문화만 발전되었으며 목공예, 옥장신구 등의 예술 발전

- 마오리인들은 문자가 없어 구전문학과 웅변이 발달되었으며, 영국인 이주 이후 로마자를 이용, 언어 기록
- 현재 뉴질랜드 학교에서 마오리어를 가르치며, 정부기관 명칭은 영어와 마오리어로 동시 표기
- 1642년 네덜란드인 아벨 타스만(Abel Tasman)이 유럽인으로서는 최초로 뉴질랜드를 발견
- 1769년 영국의 제임스 쿡(James Cook) 선장이 3차례에 걸친 항해 끝에 해안선을 정밀

조사하고 영국과의 교역·이주 시작
- 1840년 2월 6일 영국정부는 마오리족 추장들과 사유재산을 인정하는 대신 주권을 양도 받는 조약(Waitangi 조약)을 체결하고 뉴질랜드 척식회사를 통해 식민지 개척
- 1907년 영국자치령(Dominion) 지위 획득
- 1931년 영연방 회원국(British Commonwealth) 가입
- 1947년 Statute of Westminster Adoption Act 통과로 영국의회로부터 완전 분리

4 행정구역

오클랜드, 웰링턴, 크라이스트처치, 해밀턴, 더니든, 타우랑아, 파머스톤 노스, 헤이스팅스, 넬슨, 네이피어, 로토루아, 뉴플리머스, 황아레이, 인버카길, 황아누이, 기스본, 타우포 등 17개 지역으로 나뉜다.

5 정치·경제·사회·문화

- 정치체제는 입헌군주국으로, 임기 5년의 총독은 국가원수인 영국 국왕의 대행자이며 의회와 입법권을 공유한다. 그러나 이는 명목일 뿐 실질적인 권한은 총리가 이끄는 내각이 가지고 있다.
- 농목업이 고도로 발달한 나라이며, 특히 양모·낙농품·육류의 생산과 수출이 경제의 뼈대가 된다. 양·고기소·젖소 등을 주로 사육하고 있으며, 양모·버터·육류의 생산량은 세계적이다.
- 인구가 적지만 넓은 국토를 효과적으로 이용함으로써 고도의 경제발전을 이룩하였고, 그 결과 국민생활이 매우 풍요롭다. 또한 인구가 적기 때문에 산업의 기계화가 진전되고 생산성이 향상되어 완전 고용이 실현되었다.
- 건전한 중산층의 나라로, 일상생활이 검소한 편이다. 주류(酒類) 소비에는 엄격한 규제가 있으며, 음주를 수반한 오락시설은 거의 없다. 반면에 크리켓·럭비·스키·골프 등의 옥외 스포츠는 매우 활발하며, 특히 럭비는 뉴질랜드의 '국기(國技)'적 지위를 차지하고 있다.

6 음식·쇼핑·행사·축제·교통

- 세계적 낙농업국인 뉴질랜드는 섬으로 이루어져 있기 때문에, 풍부한 해산물과 소·양·사슴 등을 이용한 다양한 요리가 발달했다. 그 대표적 요리는 아래와 같다.

- 크레이피시 : 뉴질랜드산 새우요리로, 회로 먹거나 삶아서 레몬이나 타르타르소스를 얹어서 먹는다.
- 피시 앤 칩스(Fish and chips) : 뉴질랜드 사람들이 많이 먹는 음식으로서, 흰살 생선요리에 감자칩을 곁들여 먹는 음식이다. 전국 어디서나 쉽게 접할 수 있으며 가격도 저렴하다.
- 항이 : 마오리족의 전통음식으로 뜨거운 온천수에 고기, 계란 같은 것들을 넣고 익혀 먹거나, 땅에 구멍을 파고 뜨겁게 구운 돌을 넣은 다음 그 위에 나뭇잎에 싼 고기나 채소를 놓고 흙을 얹어 익힌 음식이다.
- 마누카라고 하는 뉴질랜드 꽃에서 추출한 꿀은 보통 꿀보다 성분이 좋다고 한다.
- 뉴질랜드의 양모제품은 그 품질이 매우 훌륭하다. 우리나라와 디자인이 많이 다르긴 하지만 나름대로의 멋이 있다.
- 뉴질랜드도 세계적인 와인 생산국 중 하나이다. 또한 키위를 이용한 키위 와인도 구입해 볼 만하다.
- 뉴질랜드에서 빼놓을 수 없는 것이 마오리족의 공예품이다. 마오리족의 목공예품은 전통문양 등이 새겨져 있고, 그 조각도 정교해서 기념품으로 구입하기에 좋다.
- 부활절, 마오리 축제, 와인 말보로 등이 유명하다.
- 북섬의 웰링턴과 남섬의 픽턴을 연결하는 주요 교통수단은 단연 페리이다. 이 두 섬 사이에는 쿡 해협이 있는데 세계적으로 아름다운 절경을 자랑한다.

7 출입국 및 여행관련정보

- 한국과 비자협정 체결로 3개월까지 비자 없이 체류할 수 있다. 그러므로 6개월까지 유효한 여권과 귀국 비행기표만 소지하고 있으면 입국할 수 있다.
- 입국 시 면세받을 수 있는 물품의 한계는 궐련 200개비, 여송연 50개비, 담배 250g 또는 이들 종류를 합쳐 250g까지, 위스키 40온스와 와인 또는 맥주 4.5ℓ까지이다. 또한 12개월 이상 착용하고 있는 개인사용 모피 코트, 카메라 1대와 적량의 필름, 비디오카메라 1대와 적량의 비디오카세트, 과세로 구입한 물건은 총액 NZ$700까지 면세이다.
- 농업국인 뉴질랜드는 반입을 금지하고 있는 것들이 있는데, 달걀 및 관련품, 팝콘, 민물 생선, 화환 등이다.
- 마오리 원주민들은 '홍이'라고 하여 코를 서로 맞댄다.
- 인구가 적기 때문에 어려움에 처할 경우 도움을 청할 행인이나 순찰하는 경찰의 수가 적은 것에 유념해야 한다.

8 관련지식탐구

- **뉴질랜드 4무(三無)** : ① 성차별이 없다. ② 인종차별이 없다. ③ 뱀과 해충이 살기 힘들다. ④ 산불이 없다.

- **와이탕이조약 문서(The Treaty of Waitangi)** : 뉴질랜드의 주권을 영국에 이양하고, 마오리인의 토지 소유를 계속 인정하지만 이후 토지 매각은 영국 정부에게만 하며, 마오리인은 앞으로 영국 국민으로서의 권리를 인정받는다는 3가지 조항으로 이루어진 간단한 내용이었다.

- **마오리족(Maori)** : 폴리네시아계의 해양종족으로 유럽인의 내항(來航) 전에는 20~50만으로 추정되었다. 유럽인과의 접촉 이후 인구가 19세기 말에는 약 4만 명으로 격감하였으나, 현재는 20만 명까지 회복되어 뉴질랜드의 총인구 중 약 7.5%를 차지하며, 말레이-폴리네시아어족에 속한다.

- **키위(Kiwi)** : 뉴질랜드 특산이다. 1속 3종으로 나뉘며 세로무늬키위(Apteryx australis)는 뉴질랜드의 남북 양 섬과 스튜어트섬에서 살고, 큰얼룩키위(A. haastii)와 작은얼룩키위(A. owenii)는 남섬에서 산다. 몸길이 48~84cm, 몸무게 1.35~4kg에 암컷이 더 크다.

- **쿡 선장(1728. 10. 27~1779. 2. 14)** : 캡틴 쿡(Captain Cook)이라고도 한다. 요크셔의 빈농에서 출생하여, 1755년에 일개 수병으로 해군에 입대, 프랑스와의 7년전쟁 때에는 캐나다로 출동하였고, 퀘벡 공략에도 종군하였다. 본명은 제임스 쿡(James Cook)이다.

- **뉴질랜드의 국립공원**

피오르드랜드국립공원	남섬의 남서부 해안에 발달한 피오르드랜드는 빙하의 침식으로 이루어진 날카로운 계곡과 깎아지른 절벽이 이어지는 뉴질랜드 최대의 국립공원이다.
파파로아국립공원	'팬케이크 바위'로 유명하다. 이 석회바위는 층층이 부식되어 팬케이크를 쌓아 둔 듯한 신기한 모양 때문에 붙여진 이름이다.
마운트 쿡 국립공원	높이 3,764m. 이 나라의 최고봉이고, 부근에는 3,000m가 넘는 높은 산이 많다. 빙하지형도 많이 나타난다.
마운트 어스파이어링 국립공원	뉴질랜드 서던 알프스의 남쪽 끝에 있는 마운트 어스파이어링 국립공원은 경관이 빼어난 등산로로 유명하다.
통가리로국립공원	3개의 화산이 남북으로 늘어서 있다. 관광객이 가장 많이 찾는 루아페후 화산은 풍화, 침식 작용으로 지표의 일부가 깎여 발달한 새로운 지형과 겨울철 스키장으로 유명하다.
웨스틀랜드국립공원	산과 빙하가 어우러져 만들어 낸 아름다운 풍광으로 유명하다. 특히 폭스 빙하, 프란츠 조셉 빙하 등 유명한 빙하가 탐험 코스 관광상품으로 개발되어 빙하를 보러 오는 관광객이 많다.

9 중요 관광도시

(1) 오클랜드(Auckland) : 뉴질랜드 북섬에 있는 뉴질랜드 최대 상공업도시. 전체 뉴질랜드 인구의 1/4 이상의 인구가 살고 있는 뉴질랜드 최대의 도시이자 교통, 경제, 문화의 중심지이다.

- **에덴동산**(Mt. Eden) : 높이 196m의 사화산 정상에서 시가지를 내려다볼 수 있는 전망대의 하나이다. 정상의 성채는 12세기에 마오리족이 요새로 쓰던 곳이다. 근처에 울창한 숲으로 이루어진 이든 가든이 있다. 오클랜드에서 가장 높은 화산 분화구로 산 정상에서는 휴화산과 분화구를 볼 수 있고, 이곳은 오클랜드항과 시내를 한눈에 볼 수 있는 전망대이기도 하다.

➡ 에덴동산

- **하버 브리지**(Auckland Harbor Bridge) : 1959년에 건설된 길이 1,020m의 철교로, 오클랜드의 상징이라고 할 수 있다. 밀물 때 다리의 높이는 43.3m나 되며, 8차선 다리 위에서 내려다보는 와이테마타 항구와 다운타운의 경치가 환상적이다.

➡ 하버 브리지

- **켈리 탈턴스 언더워터 월드**(Kelly Tarltons Underwater World) : 뉴질랜드 최고의 수족관으로, 와이테마타만의 바닷가 타마키 드라이브에 위치하고 있다. 뉴질랜드 근해에 서식하는 모든 어족을 관찰할 수 있는 곳이다. 120m의 통로가 모두 통유리로 되어 있고, 관람객은 머리 위로 움직이는 바다생물을 관찰할 수 있다.

- **앨버트 공원**(Albert Park) : 퀸 거리 동쪽 시가지 중심부에 있는 아름다운 공원이다. 꽃시계와 화단으로 잘 꾸며져 있으며, 오클랜드 시민들이 즐겨 찾는 곳이다.

- **웬더홀름 국립공원**(Wenderholm National Park) : 거대한 포후투카와(Pohutukawa) 피크닉 지역이 있는 웬더홀름은 특히, 아름다운 해변에서의 산책으로 대표되는 가족단위 소풍지로 유명하다. 푸호이(Puhoi)와 와이웨라강(Waiwera Rivers), 숲으로 둘러싸인 돌출부, 거대한 모래사장, 해수 소택지 등이 웬더홀름 국립공원을 구성하고 있으며 특히, 벼랑 끝에서 내려다 보이는 와이웨라(Waiwera)의 절경은 압권이다.

(2) 웰링턴(Wellington) : 북섬의 남쪽 끝에 있으며, 쿡 해협에 면한 천연의 양항이다. 10세기에 폴리네시아의 쿠페가 발견하였으며, 1839년 영국인이 시가를 건설하기 시작하였다.

지역은 좁았으나 해상교통편이 좋기 때문에 1865년 오클랜드를 대신하여 수도가 되었다.

- **국회의사당**(New Zealand Parliament Buildings) : 1980년에 완성된 현대식 건물로 벌집 모양의 외관 때문에 '벌집'이라는 별명을 가지고 있다. 이 건물은 총리와 각료들의 집무실로 쓰이고 있고, 오른쪽으로 의사당과 국회도서관이 붙어 있다. '벌집' 지하는 요새로 꾸며져 있어서 어떠한 비상사태에도 모든 각료들이 10일 동안 버틸 수 있다고 한다.

▶ 국회의사당

- **빅토리아산**(Mount Victoria) : 바다에 둘러싸인 웰링턴 시가지를 한눈에 내려다볼 수 있는 곳이다. 높이는 196m에 불과하지만 먼 바다까지 보이는 조망과 센 바람으로 유명하다. 산꼭대기까지 차로 오를 수 있으며, 야경도 매우 아름답다. 마오리어로는 '마타이 랑기'라고 하는데 '하늘을 바라볼 수 있는 곳'이라는 뜻이다. 산꼭대기에는 남극 탐험으로 이름난 버드의 기념비가 있는데, 밤에 그 능선을 따라 하늘을 바라보면 남십자성이 보이도록 만들어졌다고 한다.

- **국립박물관과 미술관**(National Museum Te Papa) : 1층은 박물관이고, 2층은 미술관이다. 건물 정면에 서 있는 커다란 종루에는 전몰용사들에게 바치는 49개의 종이 들어 있다. 박물관은 쿡 선장이 처음 내항했을 때 동행했던 G. 뱅크스의 컬렉션을 중심으로 초기 식민지시대 유물, 마오리족의 예술품 등을 전시하고 있다.

▶ 국립박물관/미술관 테 파파

- **오타키**(Otaki) : 웰링턴 북쪽 74㎞ 지점에 있는 마오리족 마을로, 전통적인 마오리족의 생활양식이 남아 있는 유일한 곳이다. 이곳에는 기아테아 마오리 교회가 있는데 교회터의 흙이 마오리의 고향인 하와이섬에서 가져왔다는 전설이 있어 매우 신성시되고 있다.

(3) 로토루아(Rotorua) : 뉴질랜드를 대표하는 관광지이다. 로토루아 부근은 아직도 화산활동이 활발하여, 골짜기마다 지열지대가 형성되어 김이 무럭무럭 솟아오르며, 온천과 간헐천이 많이 있다. 또한, 지난날의 화산활동으로 조성된 많은 화산호와 한가로운 목장풍경 등 풍부한 자연경관이 펼쳐진다. 게다가 마오리족이 많이 살고 그들의 문화가 잘 보존되어 있어서 많은 관광객들의 발길을 끌고 있다.

- **와이오타푸 지열지대**(Wai-O-Tapu Thermal Wonderland) : 마오리어로 '신성한 물'이라는 뜻으로 화산 폭발 후에 형성된 분화구에 온천 물이 고이고, 다양한 광물들이 온천 물에 녹

아 오묘한 물빛을 만들면서 형성되었다. 이곳에서 간헐천, 진흙 풀(Mud Pools), 광물지대, 컬러풀한 냉천과 온천, 스팀을 뿜어내는 화산 호수 등을 관광할 수 있다.

▶ 와이오타푸 지열지대

- 오히네무투 마오리 마을(Ohinemutu Maori Village) : 로토루아 호반에 있는 마오리족 마을이다. 일찍이 로토루아 호반에서 제일 큰 마오리 마을이 있었던 곳이라고 한다. 화카레와레와와 마찬가지로 마오리족이 온천을 이용하여 요리와 세탁, 난방을 하고 있다. 이 마을에서 가장 볼 만한 것은 마오리식으로 지은 앵글리칸 교회이다.

▶ 앵글리칸 교회

- 와이망구 계곡 : 로토루아 남쪽 26㎞ 지점에 위치하고 있는데, 타라웨라호 바로 남쪽의 로토마하나호로 흘러들어가는 하우미강에 생성된 계곡이다. 1886년 타라웨라산의 분화 때 생성되었는데, 열탕이 들끓는 화구호와 뜨거운 김을 내뿜는 절벽, 열탕의 급류 등이 관광객의 눈길을 끈다. 또한 이 지역은 멸종위기에 처한 식물들이 대거 서식하고 있어 이곳 생태계를 지키기 위한 노력들이 끊이지 않고 있다.

- 화카레와레와(Whakarewarewa) : 시가지 중심부에서 남쪽으로 약 3㎞ 정도 떨어진 광대한 삼림공원에 이어지는 지역이다. 유명한 간헐천의 활동 이외에도 마오리 마을, 마오리 공예학교 등 마오리문화의 진수를 볼 수 있는 곳이기도 하다. 중앙에는 7개의 간헐천이 솟아오르는데, 그중에서도 2개가 가장 크고 높이 솟는다.

▶ 화카레와레와

- 갈라티아 캐대쉬 타조농장(Galatea Kadesh Ostrich Ranch) : 뉴질랜드 최대 관광지인 로토루아에서 약 50분 거리(75㎞)인 갈라티아(Galatea)에 위치한 캐대쉬 타조농장은 국립공원인 우레웨라(Urewera)를 배경으로 990,000㎡(30만 평)의 넓은 초원에서 타조 3,000마리, 젖소 200마리 이상을 사육하는 뉴질랜드 최대의 타조농장이다.

- 레드우드 수목원(Redwood Grove) : 뉴질랜드 임업 시험장이 있으며, 아름드리나무들이 하늘을 가릴 정도로 빽빽하게 들어차 있다. 2차 세계대전 당시 목숨을 바친 뉴질랜드 병사들을 위해 산림청 직원에게 비공식적으로 준 미국 캘리포니아산 레드우드를 육종하기 시작하여, 지금의 레드우드 수목원이 되었고, 뉴질랜드 정부의 초청을 받은 한국인 소장

이 책임자로 있다.

- **로토루아호수**(Lake Rotorua) : 주위가 총 42㎞이며, 타우포호와 테아나우호에 이어 뉴질랜드에서 세 번째로 큰 호수이다. 스카이라인 스카이라이드를 타고 아래쪽에 펼쳐지는 호수를 내려다 볼 수 있다. 이름은 14세기경 Iheuga라는 마오리가 Rotorua를 발견하고 이 호수를 로토루아 호수라고 이름을 붙였는데 로토루아는 마오리말로 '2번째 호수'라는 뜻을 갖고 있다.

➡ 로토루아호수

- **아그로돔**(Agrodome) : 시가지 북쪽 10㎞ 지점에 위치한 아그로돔은 여러 종류의 양들을 구경할 수 있을 뿐만 아니라 목양견들이 양떼를 모는 모습을 볼 수 있다. 또한 하루에 3번 귀여운 양들의 쇼를 볼 수 있고, 양털깎기 쇼와 목양견들의 양몰이쇼도 펼쳐진다. 한국어 통역으로 설명해 주기 때문에 언어적인 문제도 없다.

➡ 아그로돔

- **와이토모 동굴**(Waitomo Caves) : 뉴질랜드 북섬(北島) 중북부에 있는 석회암 동굴이다. 와이토모·루마쿠리·아라나우이 동굴로 이루어져 있다. 해밀턴 남쪽 80㎞ 지점의 와이파강 지류에 면한다. 반딧불이의 서식지로서 알려져 있다. 동굴 내부는 수많은 광장과 작은 방으로 나누어지며 천장은 종유석, 바닥에서는 석순이 마치 숲을 이루듯 늘어

➡ 와이토모 동굴

서 있다. 특히 반딧불이의 유충이 발하는 미광(微光)이 땅속에 선경(仙境)을 이루어 각지에서 많은 관광객이 모여든다.

(4) 크라이스트처치(Christchurch) : 1850년 영국에서 건너온 이주자들이 외항(外港) 리틀턴에 거주하기 시작한 뒤 점차 도시로 발전하였다. 장대한 교회와 캔터베리대학교 및 박물관 등이 중후한 영국적인 분위기를 자아낸다. 한편 시가지 중심부에 있는 해글리 공원은 뉴질랜드에서 가장 아름다운 공원으로 알려져 있으며, 그 안에 크라이스트처치 식물원이 있다.

- **대성당**(Christchurch Cathedral) : 크라이스트처치의 상징적인 건물로서 영국 고딕양식으로 지어졌다. 1864년에 건축이 시작되었지만, 40년 만인 1904년에 완성되었다. 화려한 스

테인드글라스로 장식된 내부에는 런던의 웨스트 민스터 사원에서 증정한 세례쟁반이 있고, 훌륭한 조각이 되어 있는 설교단은 뉴질랜드 최초의 주교에게 헌정된 것이다.

▶ 대성당

- 식물원(Botanic Gardens) : 크라이스트처치에서 가장 명성이 있는 정원으로 뉴질랜드의 어느 곳에서도 볼 수 없는 가장 특이하고 아름다운 식물들로 가득 채워진 곳이다. 이 정원은 연간 많은 이벤트를 준비하여 시민들이 자주 보러 올 수 있도록 흥밋거리를 제공해 준다.

- 해글리 공원(Hagley Park) : 시가지 서쪽 에이번 강변에 펼쳐진 면적 180ha의 광대한 공원이다. 리카턴 거리를 중심으로 하여 남북으로 나뉜다. 공원 안에는 크리켓장, 테니스장, 럭비장, 골프장 등이 있어 시민들의 휴식처로 사랑받고 있다. 이 밖에 산책로와 잔디밭, 숲이 조성되어 있으며 특히 자전거를 타기에 좋다.

- 아트센터(The Arts Centre) : 캔터베리 박물관 맞은편에 있으며, 이전의 캔터베리대학 교서였던 고딕식의 석조건물에 들어 있다. 여러 분야의 예술가들이 모여서 창작활동을 벌이고 있으며, 전통 공예품을 만드는 모습을 실제로 볼 수 있다. 이 역사적 건물은 원래 1873년에 지어진 캔터베리 대학으로서 크라이스트처치의 역사를 담고 있다.

▶ 아트센터

(5) 퀸스타운(Queenstown) : 세계에서 최초로 상업적인 번지점프가 시작된 곳이며, 4계절 동안 스키를 즐길 수도 있다. 퀸스타운(Queen's town)이라는 지명은 '여왕의 도시'라는 뜻인데, 빅토리아 여왕과 그 모습이 어울린다고 하여 이러한 이름을 얻었다고 한다.

- 와카티푸 호수(Lake Wakatipu) : 뉴질랜드에서 세 번째로 크고, 남섬에서 가장 긴 호수로 마오리족들은 비취호수라고 불렀다. 그림 같은 호수와 산의 모습을 가장 잘 감상하기 위해서는 하루에 세 번 운항하는 증기선 언슬로호(TSS Earnslaw)를 타거나 경비행기를 타고 관광하는 방법이 있다.

- 애로우 타운(Arrow Town) : 뉴질랜드 최고의 소형 박물관이라고 일컬어지는 레이크 디스트릭트 박물관(Lakes District Museum)이 있다. 이 지역은 역사적인 유산을 보존하려는 노력을 통해서 예스러운 건물들이 중심가를 따라 늘어서 있다.

- 가와라우 번지점프대(Kawarau Bungy Center) : 퀸스타운의 가장 일반적인 번지점프 장소는 카와라우강(Kawarau River)과 스키퍼스 캐니언(Skippers Canyon)이다. 이곳 카와라우 다리

의 번지점프 높이는 43m이다. 한국영화 <번지
점프를 하다>의 마지막 장면에서 실제 번지점프
를 했던 곳으로 유명한데 마지막 장면 촬영을
위해 6번 정도 번지점프를 했다고 한다.

▶ 카와라우 번지점프대

- **포도주 길**(Wine Trail) : 세계 최남단에 위치한 포
도재배 단지이다. 이 지역의 포도주는 그 우수한
품질로 여러 차례 관련 상도 수상하였다. 이 지
역에서 포도가 처음 재배되기 시작한 것은 1800
년대 말 골드러시 때부터라고 한다.

- **스키퍼스 캐니언**(Skippers Canyon) : 1860년대부터 최근까지 스키퍼스 캐니언은 퀸스타운
지역의 중요한 금광지역이었으며, 그 역사의 흔적을 지금도 확인할 수 있다. 이곳은 각
종 레저 스포츠를 즐길 수 있는 것으로도 유명하다. 이외에도 현재 초기 금광작업장도
볼 수 있다.

(6) 타우포(Taupo) : 뉴질랜드 북섬(北島) 타우포호(湖) 연안에 있는 소도시. 로토루아와
더불어 북섬 관광의 중심지이다. 타우포호는 뉴질랜드 최대 크기의 호수이자 뉴질랜드에서
가장 긴 와이카토강의 발원지이다. 화산구조성의 함몰로 만들어진 호수 주변의 아름다운
경관이 유명해서 관광객들이 많이 찾는다.

- **타우포 호수**(Lake Taupo) : 뉴질랜드 최대 크기이며, 그 둘레 길이가 무려 42㎞에 이르고
면적은 606㎢로 서울시의 면적과 비슷할 정도로 엄청난 크기다. 뉴질랜드에서 가장 긴
와이카토강이 바로 이 타우포 호수에서 발원한다.

- **후카폭포**(Huka Falls) : 높지는 않으나 물빛이 아름답기로 유명하다. 고운 옥색의 물이 부
서지며 자아내는 장쾌한 물빛은 무어라 형용할 수 없이 아름답다. 원래 후카는 마오리
어로 '물거품'이란 뜻이다.

(7) 밀포드사운드(Milford Sound) : 지금으로부터 약 1만 2천 년 전 빙하에 의해서 주위의
산들이 1,000m 이상에 걸쳐서 거의 수직으로 깎여서 바다로 밀려들었다는 장대한 전망으로
뉴질랜드를 대표하는 풍경으로 자주 소개되고 있다.
이 풍경을 만끽하려면 크루즈가 좋을 것이다. 해면
의 높이에서 올려다보는 단애(斷崖)는 압도적이다.

▶ 거울호수

- **거울호수**(Mirror Lake) : 바닥에 낀 투명한 이끼가
반사되어 물빛을 더욱 맑게 하여 거울처럼 풍경
이 반사되어 거울호수(Mirror Lake)라고 이름을

붙였다고 한다. 30m 정도의 짧은 거리지만 고풍스런 나무다리로 거울호수를 엿볼 수 있고, 날이 맑기만 하다면 Mirror Lake라고 거꾸로 적힌 팻말이 물빛에 반사되어 바라보이는 사람에게는 제대로 읽히는 것을 볼 수 있다.

🔜 피오르드랜드 국립공원

- **피오르드랜드(Fiordland) 국립공원** : 120만 헥타르의 광활한 자연야생구역으로 뉴질랜드 최대 규모의 국립공원이다. 따뜻한 바람이 부는 빙하지대부터 만년설의 아름다움을 간직한 등산로까지 남반구의 사계절을 체험할 수 있는 이곳은 폭포 수가 수백m 아래의 원시계곡으로 흐르고, 빙하에 의해서 깎인 피오르드는 경이로움을 자아내는 아름다운 해안선을 연출한다.

- **폭포지대(Cascade Range)** : 깎아지른 듯한 절벽의 측면에서 그 이름이 유래된 이 불모 지대는 비가 온 후 더욱 장관이 되는데 그 절벽면을 따라 수백 개의 폭포가 흘러내린다.

- **마이터봉(Mitre Peak)** : 해수면에서 곧장 1,710m 솟아오른 마이터봉은 바로 밀포드사운드의 절정이다. 이 봉우리는 바다에서 수직으로 솟아오른 산들 중에서는 세계에서 가장 높은 것 중의 하나이며 주교관의 모양을 닮았다 하여 이렇게 이름 붙여졌으며, 이 봉우리 아래 부분의 물 깊이는 피오르드 지역 중 가장 깊은 265m에 달하고 있다.

5.2 태평양 도서국가(Islands of Pacific Ocean)

5.2.1 괌(Guam)

1 국가개황

- **위치** : 서태평양 마리아나제도의 중심
- **수도** : 아가나(Hagatna)
- **종족** : 차모로인(37.1%), 필리핀인(26.3%) 한국인(2.6%)
- **언어** : 영어, 차모르어
- **종교** : 가톨릭
- **인구** : 170,000명(186위)
- **면적** : 543.52㎢(192위)
- **통화** : 달러(ISO 4217 : USD)
- **시차** : (UTC+10)

정열의 빨강과 태평양을 나타내는 진한 블루의 땅에, 유용성과 인내를 상징하는 야자나무, 용기와 기능을 나타내는 카누, 성실함을 상징하는 연인곶, 보호와 내구력을 나타내는 괌 고대의 투석기(投石器)가 나타나 있다.

2   지리적 개관

　곰은 13°28′N, 144°45′E에 있고 섬의 넓이는 546㎢로 우리나라 거제도와 크기가 비슷하다. 섬의 북쪽에는 숲으로 뒤덮인 산호석회암 고원이 있으며 남쪽에는 숲과 초원이 깔린 화산 봉우리들이 있다. 섬의 해안선은 거의 산호초로 되어 있다. 인구는 대부분 섬 북부와 중부에 밀집해 있다. 이 섬은 마리아나제도의 최남단 섬이자 미크로네시아에서 가장 큰 섬이다.

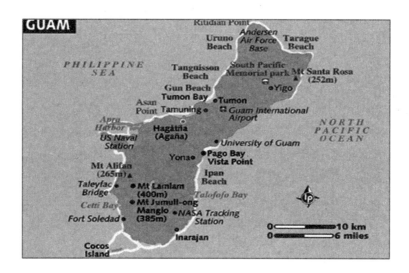

3   약사(略史)

- 곰이 미국령이 되기 전부터 이곳에는 차모로족이라는 원주민이 살았음
- 1521년 최초로 곰이 서구사회와 접촉
- 1565년 스페인왕 미겔 로페즈 데 레가스피에 의해 점령됨
- 1668년 산 빅토레즈 경이 가톨릭을 전파하고 무역을 하려는 목적으로 곰을 방문
- 1898년 당시 미국 대통령이었던 윌리엄 매킨리는 곰을 해군의 행정관할로 함
- 1941년에 일본의 진주만 공습 이후 곰은 일본군에게로 넘어감
- 1944년 7월 21일, 미군이 곰에 상륙
- 1949년 미국 트루먼 대통령은 곰의 제한적 자치를 허용
- 1962년 미국은 곰 여행에 대한 제한 해제

4   정치 · 경제 · 사회 · 문화

- 곰은 국민투표로 선출된 지사와 15인으로 구성된 일원제 국회가 다스린다. 곰은 미국

하원의 대의원(발언권은 있으나 투표권이 없는 연방 하원의원)을 한 사람 선출한다.

- 괌의 경제는 한국, 일본, 중국, 미국 등에서 오는 관광객들을 중심으로 이루어지고 있다.
- 공용어는 영어와 차모르어이지만, 일본인이나 한국인 관광객에 의한 수입이 섬의 대부분의 수입을 차지하고 있고, 일본어와 한국어도 사용되고 있어서 일본어나 한국어를 이해할 수 있는 주민이 꽤 많다.
- 한국 교민은 약 4,500명이 거주하며 주로 관광업, 요식업, 건설업 등에 종사한다.
- 1990년 10월 1일부터 한국 여행객이 무사증으로 괌을 입국할 수 있게 되었다.

5 음식 · 쇼핑 · 행사 · 축제 · 교통

- 괌에서는 세계 각국의 음식을 맛볼 수 있다. 태국, 한국, 일본, 중국, 이탈리안 레스토랑도 어렵지 않게 찾을 수 있다.
- 괌의 향토요리라고 하면 차모로 요리가 있는데 레스토랑에서도 먹을 수 있지만 마을축제 기간에 찾아가면 대접받을 수 있다.
- 차모로 요리에는 레드 라이스(붉은 열매를 이용해 밥을 붉게 물들인 것), 코코넛 밀크로 조리된 타로(Taro)잎, 닭 요리, 갈비구이, 켈라구엔(kelaguen) 등이 있다.
- 켈라구엔은 살짝 익힌 닭고기, 혹은 경우에 따라 새우, 쇠고기, 난지 등에 레몬즙, 코코넛 밀크, 고추 등의 재료를 얹어 간장, 고추, 양파 소스 등에 절여 맛을 낸 요리이다.
- 괌은 세계 각국의 유명 브랜드를 만날 수 있는 곳이다. 괌의 쇼핑몰은 데데도에 있는 괌 최대 규모의 쇼핑몰, 미크로네시아 몰을 비롯하여 아가나 쇼핑센터, 아간타 몰, 투몬 샌드 프라자 등이 있고, 면세점으로는 DFS 갤러리아, 하쿠보탄 등이 있다. 투몬 근처의 데데도 지역에서는 매주 토, 일요일에 대규모의 벼룩시장이 열린다.
- 괌에는 미크로네시아의 전설과 풍습에 기원을 둔 토산품이 많다. 코코넛 나무로 만든 목각인형인 티키(Tiki)는 문 앞에 놓으면 재앙이 들어오는 것을 막는다는 이야기가 있고, 머리를 위로 묶은 여인 모습의 인형은 원래 결혼식을 앞둔 신부의 친구가 신부에게 직접 만들어 주는 인형이었다.
- 목각인형류와 섬나라인 만큼 산호로 만든 다양한 소품들이 인기 있는 선물용품이다.
- 괌은 축제의 천국이다. 연중 각종 축제가 개최된다. 이 가운데에서도 1월에 열리는 성 니노 페르디도 기념 축제를 비롯하여 가톨릭 성인(聖人) 축제가 많다.

6 출입국 및 여행관련정보

- 1990년 10월 1일, 괌 입국 후 15일간 비자 없이 여행할 수 있다.

- 괌의 면세 범위는 판매를 목적으로 하지 않는 소지품, 화장품, 보석, 카메라, 서적 등과 담배는 10갑, 주류는 1ℓ이다. 현금도 허용한도가 있어 1만 달러 이상인 경우는 신고를 해야 한다. 인삼, 더덕, 도라지류, 한약재, 살아 있는 동물, 어패류, 과일 및 야채 등은 반입에 제한이 있다.

- 괌에서는 현지에서 사용할 수 있을 정도의 현금을 제외하고는 여행자 수표를 쓰는 것이 좋다. 거의 모든 업체에서 여행자 수표와 신용카드를 사용할 수 있다.

- 괌 해변에는 구조요원이 없다. 비치에 설치되어 있는 안내표지판을 보고 알아서 주의해야 한다.

- 괌은 수입품에 세금이 붙지 않는 자유 무역항이다.

- 괌은 팁을 주는 문화가 일상화되어 있다. 보통 음식점에서는 음식의 10% 정도를 주면 적당하다. 신용카드로 결제 시 전표 팁(Service Charge)란에 있는 만큼의 팁을 주면 적당하다.

- 한국에서 출발할 때, 여행지에 도착해서 간단하게 먹을 스낵 및 물, 음료수 등을 준비한다. 도착 시간이 새벽이며 음료수 등은 호텔에 있으나 비싼 편이므로, 간단하게 먹을 소량의 스낵 및 물 한 병 정도는 가방에 넣어 가는 것이 절약의 지름길이다.

- 한국에서 가능한 한 국제전화카드를 구입해서, 한국으로 전화를 하는 것이 경제적이며 현지 호텔에서는 국제전화요금이 비싼 편이다.

- 호텔 내에 있는 성인 비디오는 잘 알고 사용해야 한다. 채널을 선택할 때마다, 부과되는 경우가 있으니 사용 설명서를 잘 읽고 사용해야 한다. 호텔 체크아웃 시 경우에 따라 많은 비디오 시청료가 부과되어 문제가 생기는 경우가 종종 있다.

- 바다에 갈 때는 산호에 발을 다칠 염려가 있기 때문에 신발이나 비치 슈즈를 신고 가도록 하며, 바닷속 산호는 따서 가져갈 수 없도록 법으로 금지되어 있다.

- 살아 있는 산호를 맨손으로 잘못 만지면 산호 독이 옮는 경우가 가끔 있으니 조심하도록 하고, 만일 옮았으면 몸이 부을 수 있다.

7 관련지식탐구

- **차모로(Chamorro)족** : 기원전 2000년 무렵부터 괌 지역에는 차모로족들이 거주했던 것으로 알려져 있다. 아직도 그 기원에 대해서는 확실히 알 수 없지만 많은 학자들은 언어와 문화 등의 이유로 인도·말레이시아인의 후손으로 보고 있다.

- **괌의 비치** : 투몬 비치, 건 비치, 이파오 비치, USO 비치, 니미츠 비치 등이 있다.

- **괌섬전투** : 제2차 세계대전 중 괌섬(島)에서 미군과 일본군이 벌인 공방전(攻防戰). 미군 전사자는 약 1,400명, 일본군은 약 2만 명이었다.

- **북마리아나제도**(Northern Mariana Is.) : 오가사와라(小笠原)제도와 괌섬을 연결하는 마리아 나제도는 길이 560㎞이며, 16개의 화산성 섬으로 이루어져 있다. 아그리한섬을 비롯하 여 사이판, 티니안, 로타, 파간 섬 등이 있다.

8 중요 관광도시

- **괌박물관**(Guam Museum) : 총독 관저의 건물 일부를 개조하여 조성한 것인데, 입구 옆에 는 산호바위로 만든 라테(돌기둥)가 놓여 있다. 고대 차모로인의 생활용구와 무기, 스페 인 시대의 가구와 생활용품, 생활상의 스케치, 미크로네시아의 미술 공예품과 동식물 표 본 등이 볼 만하다.

- **연인의 절벽**(Two Lovers' Point) : 높이 123m의 절 벽이다. 전망대에서 바라보는 투몬만 전경도 아 름답지만 석양의 환상적인 풍경은 평생 잊을 수 없을 것이다. 사랑하는 차모로족의 두 청춘남녀 가 부모의 강제 결혼 요구를 거부하고 달아나다 가 이 절벽에서 투신자살하였다는 전설이 얽힌 이곳에는 두 연인의 동상이 서 있다.

➡ 연인의 절벽

- **라테스톤 공원**(Latte Stone Park) : 라테는 '하레게' 라는 모기둥 위에 '타사'라는 반석을 얹어놓은 것을 말하는데, 북마리아나 각지에서 볼 수 있는 고대의 유물이다. 기원전 약 500년경 차모로족 들이 이 돌기둥 위에 집을 짓고 살았다고 전해 진다. 유사 이전의 석조유물로 8개의 돌기둥이 두 줄로 서 있는 것을 말한다.

➡ 라테스톤 공원

- **마리아 대성당**(St. Mary's Cathedral) : 스페인 광장 동쪽에 있는 괌 최대의 가톨릭 교회. 17세기에 차모로의 대추장 키프하가 로마 가톨릭 교회에 기증한 땅에 서 있는 희고 아름다운 건물이다. 성당 입구에는 '아가냐의 마음'이라는 성모마리 아상이 안치되어 있고, 내부의 모자이크 무늬가 아름다운 스테인드글라스가 돋보인다.

➡ 마리아 대성당

- **스키너 광장**(Skinner Plaza) : 1950년 괌 최초의 민간인 지사가 된 스키너의 이름을 따서 명명한 광장이다. 광장 중앙에는 커다란 분수가 솟고, 제2차 세계대전에서 괌 해방을 위

해 싸운 괌의 용사를 기리는 기념비가 서 있다.

- **스페인 광장**(Plaza de Espana) : 1년 내내 잔디가 푸르고, 중앙에는 6각형의 하얀 음악당이 서 있다. 1736~1898년에 스페인 총독 관저가 있었던 곳이다.

- **아푸간 성채**(Fort Santa Apugan) : 정식 명칭은 산타 아구에다 성채이다. 1671년 스페인군이 축조하였으며, 1800년 차모로족이 반란을 일으키자 스페인군의 거점이 되었던 곳이다. 지금도 당시의 탄약고가 지하에 남아 있는데, 처음에는 아가냐 해상을 항해하는 선박 감시용으로 쓰였던 것 같다. 성채에서는 아가냐의 거리, 파세오 공원 및 바다 등이 한눈에 내려다보인다.

- **코코스섬**(Cocos Island) : 산호초에 둘러싸인 7.8㎢의 작은 섬은 열대수림이 우거진 휴양지이다. 괌 관광의 하이라이트라고 할 수 있는 코코스섬은 윈드서핑, 수상스키, 다이빙 등 해양 스포츠와 정글 탐험을 즐길 수 있는 최적의 장소이다. 옥색 바다에 펼쳐진 산호무리는 대자연이 준 아름답고 놀라운 절경의 하나이다. 메리조 배리어리프(Merizo Barrier Reef) 안에 위치한다.

▶ 코코스섬

- **이나라한**(Inarajan) : 괌 동해안 남부의 오랜 마을이다. 스페인시대의 모습이 남아 있는 마을로 성요셉 교회를 중심으로 민가가 모여 있다. 차모로의 생활을 복원해 놓은 민속촌 란천 안티고로 유명하다. 이는 고대의 마을이라는 뜻인데, 차모로의 가옥을 재현해 놓고 당시의 생활문화를 소개하기도 한다.

▶ 이나라한

- **주지사 관저**(Governor's Office) : 괌 주지사의 관저 및 괌 정보의 사무실로 사용되고 있는 곳으로 아델럽 콤플렉스(Adelupe Complex) 또는 아델럽 포인트(Adelupe Point)로 일컬어지기도 한다. 단지 내 뒤편에는 아름다운 바다가 보이는 괌 박물관(Guam Museum)이 언덕 위에 위치하고 있어서 아가냐만을 비롯해 시 전체를 조망할 수 있다.

▶ 주지사 관저

- **허머 리무진**(Hummer Limousine) : 차량가치가 무려 10억 원에 이르는 세계 최고의 리무진 자동차로 내부에는 탑승객을 위해 여러 대의 LCD모니터와 TV, 칵테일 바(Cocktail Bar),

전화기 등이 비치되어 있고, 럭셔리한 분위기에 최고급 인테리어 요소들을 갖추고 있다. 괌 최고의 운송회사에서 운영하는 허머 리무진은 외관과 실내가 매우 뛰어나 모두가 한 번쯤 타 보고 싶어 하는 꿈의 자동차로 이색적인 경험을 제공한다.

● 샌드캐슬 쇼(Sand Castle Show) : 라스베이거스 스타일쇼와 마술을 맛볼 수 있는 곳이다. 세계 최고의 연예인들이 펼치는 노래와 춤의 뮤지컬과 함께 믿을 수 없는 마술의 경지를 직접 경험하며, 괌에서 가장 현대식 시설을 갖춘 디스코텍도 무료로 입장할 수 있다.

5.2.2 사이판(Saipan)

1 국가개황

* 위치 : 서태평양 북마리아나제도 남부
* 명칭 : Commonwealth of the Northern Mariana Islands
* 주도 : 사이판
* 통화 : 미국 달러
* 언어 : 영어, 차모로, 카롤리니안
* 종교 : 가톨릭
* 인구 : 65,000명
* 면적 : 115.39㎢
* 시차 : (UTC+10)

블루의 땅 중심에 회색의 라테스톤과 하얀 별을 그리고, 그 주위에 화환이 장식되어 있다.

2 지리적 개관

정식명칭은 북마리아나제도 연방이다. 주도(主都)는 사이판섬 찰란카노아이다. 1976년 괌섬을 제외한 마리아나제도가 자치령화를 결정하고, 1978년 자치정부를 수립하여 미국 자치령 북마리아나제도 연방이 되었다. 오가사와라(小笠原)제도와 괌섬을 연결하는 마리아나제도는 길이 560㎞이며, 16개의 화산성 섬으로 이루어져 있다.

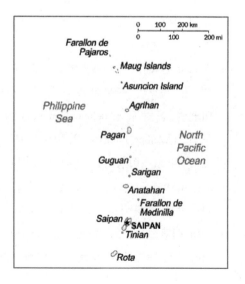

3 약사(略史)

- 스페인 통치시대(1521~1899)
- 일본 통치시대(1899~1944)
- 미국 자치연방시대(1945~현재)

4 정치 · 경제 · 사회 · 문화

- 미국 자치령으로 주지사와 상/하의원을 선출하며 그 법적 지위를 보장받고 있다. 또한 이 지역은 국제투자지역으로 외국인의 투자와 소유가 인정되며 최근에는 한국의 투자가 증가하고 있다.
- 은행이나 대부분의 사무실 등은 월요일에서 금요일까지 업무를 하고 토·일요일은 쉰다. 관광객을 상대로 하는 대부분의 상점은 영업을 한다.
- 계절은 크게 우기와 건기로 나누는데 대략 7월과 9월 사이인 우기에는 우리나라와는 달리 잠깐씩 뿌려지는 열대성 폭우인 '스콜'이 자주 오는 정도이므로 여행하는 데 문제가 없다.

5 음식 · 쇼핑 · 행사 · 축제 · 교통

- 사이판의 전통 요리를 찾자면 차모로족 요리가 있다. 차모로 요리에는 레드 라이스(붉은 열매를 이용해 밥을 붉게 물들인 것), 코코넛 밀크로 조리된 타로(Taro)잎, 닭 요리, 갈비구이, 켈라구엔(kelaguen) 등이 있다.
- 사이판은 자유 무역항으로 다양한 일류 브랜드 상품을 풍부하게 만날 수 있다.
- 해양 스포츠가 발달한 나라인 만큼 해양 스포츠용품과 수영복들도 쇼핑하기 좋은 상품이다.
- 사이판의 토산품은 코코넛으로 만든 인형인 보조보, 산호나 조개 등으로 만든 세공품, 목각인형 등이다.
- 1월에 개최되는 루루드의 성모축제를 비롯하여 가톨릭 관련 축제가 대종을 이룬다.

6 출입국 및 여행관련정보

- 유효한 여권과 출국 비행기표를 가지고 있을 경우, 30일 동안의 방문이 허가된다.
- 사이판은 북마리아나제도에 동식물 해충이 들어오는 것을 방지하기 위해 과일을 포함한 식물, 동물의 반입은 엄격하게 규제한다. 이런 물건을 들여올 경우에는 입국 시 신고하

여 검역을 받아야 한다.

- 사이판의 면세범위는 담배 10갑, 주류 3병 등이고 현금이 5,000달러 이상일 경우는 신고해야 한다.
- 대규모의 쇼핑센터에서 운행하는 무료 혹은 유료버스를 이용하는 것도 좋은 교통수단이 된다.
- 사이판은 대중교통이 발달되어 있지 않기 때문에 대부분의 관광객들이 렌터카를 이용한다. 21세 이상이면 한국 운전면허증을 가지고도 차를 빌릴 수 있다.
- 날카로운 산호에 베일 수 있으니 바다에 들어갈 때는 샌들이나 바다용 신발을 신어야 하고 스쿠버다이빙이나 스노클링을 할 때는 비늘이 날카로운 열대어들이 있으므로 만지지 않는 것이 좋다.
- 사이판에서는 수돗물에 석회질이 포함되어 있으므로 마시지 않는 것이 좋다. 물은 생수를 사서 마시도록 한다.
- 사이판은 수입품에 세금이 붙지 않는 자유 무역항이다.

7 관련지식탐구

- **차모로족** : 괌의 원주민과 마찬가지로 사이판의 원주민도 차모로족이다. 미크로네시아의 원주민은 차모로족과 카나카족으로 나뉜다. 1668년 초 에스파냐가 점령할 무렵에는 4만 명이었으나 최근에는 급격한 감소현상을 보이고 있다.
- **라테스톤**(Latte Stone) : 기둥모양으로 된 '할라기'와 버섯모양의 '타사'로 이루어져 있다. 기원전 약 500년경 차모로족들이 라테석으로 알려져 있는 돌기둥에 그들이 거주할 집을 지었다.

8 중요 관광도시

- **만세절벽**(Banzai Cliff) : 사이판 북쪽 끝에 있는 절벽. 1944년 7월 7일, 일본군은 자살공격으로 전멸당하고, 미군의 제지에도 불구하고 노인과 부녀자 1,000여 명이 80m 높이의 절벽에서 몸을 날려 자살한 곳이다. 영화 <빠삐용>에서 유배생활로 늙어 버린 주인공이 바다로 탈출하는 장면이 바로 이곳에서 촬영되었다.

▶ 만세절벽

- **일본군 최후사령부**(Japan Army Last Command Post) : 마피산 기슭에 있는 동굴 모양의 토

치카로 마피산 기슭까지 퇴각한 일본군 최후의 사령부이다. 기관총 진지에 불과했으나 실제로 일본군의 마지막 사령부가 있었던 곳은 타나파그 근처 '지옥의 골짜기'에 있는 동굴이라는 것이 밝혀졌다.

▶ 일본군 최후사령부

- **한국인위령평화탑**(Korean Peace Memorial) : 제2차 세계대전 당시 일본에 의해 강제로 끌려와 희생된 한국인들을 추모하기 위하여 1981년에 '해외희생동포추념사업회'의 주도로 만들어졌다. 회색빛 5각 6층의 기단 위에 탑신이 얹혀진 형태로 되어 있고 탑의 방향은 한국을 향하고 있다.

▶ 한국인위령평화탑

- **마나가하섬**(Managaha Island) : 섬 둘레가 1.5㎞ 정도밖에 안 되어 걸어서도 15분이면 한 바퀴 돌

수 있는 작은 섬이다. 그러나 열대수목이 우거지고 백사장에 둘러싸인 아름다운 섬이라 사이판의 진주라고 불린다. 이곳에서는 스노클링, 제트스키 등의 각종 해양스포츠를 즐길 수 있다.

- **타포차우산**(Tapotchau Mt.) : 해발 473m. 사이판에서 가장 높은 산이다. 산 정상에는 예수의 상이 서 있고 정상에서 내려다보면 산호초로 쌓인 마나가하섬과 동해안, 수수페 호수, 티니안섬, 로타섬 등을 볼 수 있다.

- **가라판**(Garapan) : 사이판에서 가장 번화한 유흥가로, 괌에 수용되었던 차모로족이 돌아와 최초로 건설한 거리이다. 일본 통치시대에는 정치, 경제의 중심지였다. 약 1㎞에 달하는 백사의 마이크로 비치를 중심으로 대형 리조트 호텔과 관공서, 관광객들을 위한 선물 판매점, 쇼핑센터, 레스토랑 등이 들어서 있다.

- **사이판 열대식물원**(Saipan tropical botanic garden) : 크로스 아일랜드 로드 연변에 있는 넓이 330,000㎡ (10만 평)의 식물원. 하지만 일반인에게 개방되는 곳은 66,000㎡(2만 평) 정도이다. 구내에는 사진박물관도 있는데, 전쟁 전의 사이판, 티니안, 로타에 관한 귀중한 사진자료가 전시되어 있다.

▶ 사이판 열대식물원

- **사이판 박물관**(Saipan Museum) : 사이판 중부, 가라판의 중심지역 설탕왕 공원 인근에 자리하고 있는 아담한 규모의 박물관이다. 제2차 세계대전에 관한 자료와 민속자료, 생활용품 등 사이판의 과거와 현재를 아는 데 도움

이 되는 자료들이 전시되어 있다. 제2차 세계대전 당시에 쓰이던 전차와 대포도 전시되어 있어 눈길을 끈다.

☞ 사이판 박물관

- **설탕왕공원**(Sugar King Park) : 일본 통치시대에 사탕수수 재배와 제당사업으로 성공한 남해개발주식회사 회장인 일본인 하루지 마츠에를 기념하여 세운 공원이다. 1934년에 세워진 그의 동상이 있으며 이 공원에는 재건축된 일본 신사가 있고 다양한 열대 나무들도 주위에 울창하다.

☞ 설탕왕 공원

- **마운트 카멜교회**(Mt. Camel Church) : 찰란카노아의 중심지인 비치로드 연변에 있는 사이판 최대의 가톨릭 교회이다. 스페인시대에 세워졌으나 제2차 세계대전 때 파괴된 것을 전후에 재건하였다. 스페인식 건물이 적은 사이판에서는 귀중한 건물이며, 정면 안뜰에는 케네디 대통령의 흉상이 있다.

☞ 마운트 카멜교회

- **티니안섬**(Tinian Island) : 면적 약 101㎢, 최고 높이 166m이다. 미국 자치령인 북마리아나제도의 일부인 섬으로 사이판섬에서 남쪽으로 5㎞, 괌섬에서 북쪽으로 160㎞ 떨어진 곳에 있다. 평균 기온 27℃이며, 연평균 기온차가 2~3℃인 열대성 기후이다.

- **로타섬**(Rota Island) : 면적 96㎢이며, 태평양 북서부의 미국 자치령 북마리아나제도 연방에 속한 섬이다. 사이판섬·티니안섬과 함께 제도의 주요 섬이다. 화산활동으로 생긴 섬으로 그 위에 산호 석회암이 덮여 계단 모양의 단구(段丘) 지형을 이루며, 서식하는 식물상과 동물군이 다양하다. 면적이 가장 큰 마을은 송송(Songsong)이며, 인구도 시나팔로(Sinapalo)에 이어 두 번째로 많다.

5.2.3 피지(Fiji)

1 국가개황

- 위치 : 남태평양 서부
- 수도 : 수바(Suva)
- 언어 : 영어
- 기후 : 고온다습
- 종교 : 그리스도교
- 인구 : 893,354명(153위)
- 면적 : 18,270㎢(151위)
- 정체 : 공화제
- 통화 : 달러(ISO 4217 : FJD)
- 시차 : (UTC+12)
- 독립 : 1970년

깃대 상단 쪽으로 영국연방에 속해 있음을 나타내는 영국 국기(유니언 잭)가 기 1/4 크기로 있고 오른쪽 가운데에는 하늘색 바탕에 방패 모양의 문장이 있다. 1970년 10월 10일 독립일에 당시 영국령 시대의 기를 조금 수정하여 국기로 제정하였다. 1908년 7월 4일 제정된 문장에는 하양 바탕에 세인트 조지(Saint George)의 적십자, 영국왕실을 상징하는 왕관을 쓴 사자, '노아의 홍수'에서 유래한 비둘기·사자·바나나·코코야자 등이 그려져 있다.

2 지리적 개관

피지는 총면적 18,272㎢가량의 섬나라이다. 남태평양 한가운데에 위치해 있기 때문에 교통의 요지이기도 하다. 피지에는 약 3,300여 개의 섬이 있는데, 대부분은 화산섬이다. 피지에서 가장 높은 곳은 비티레부섬에 있는 빅토리아산으로 해발 1,322m이다.

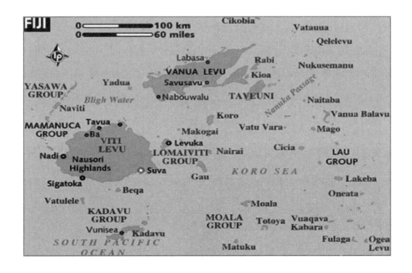

3 약사(略史)

- 1643년 네덜란드인 탐험가 타스만(Abel Janszoon Tasman)에 의하여 발견됨

- 1774년 영국 James Cook 선장에 의해 재발견
- 19세기 중엽 여러 추장들의 패권 다툼으로 내전 발생
- 1874년 영국이 섬 전체를 식민지화
- 1966년에 자치기구를 확립.
- 1970년 10월 영연방(英聯邦) 가맹국으로서 독립
- 1987년 공화국을 선언하고 영국연방 탈퇴

4 정치 · 경제 · 사회 · 문화

- 1990년 7월 25일 채택된 신(新)헌법에 따르면 정체는 다원주의와 다당제를 표방하는 내각책임제 공화국이다.
- GDP의 산업별 구성은 농업 8.9%, 광공업 13.5%, 서비스업 77.6%(2004년 추산)이지만, 설탕이 수출 총액의 절반을 차지할 정도로 가장 큰 산업으로 사탕수수 등 농업에 종사하는 노동력의 비율이 70%에 이른다.
- 피지는 인도계 민족이 경제적 실권을 쥐고 있으나 토지의 대부분은 피지인들이 가지고 있기 때문에 경제적 지배를 둘러싼 사회구조가 조화를 이루지 못하고 있을 뿐만 아니라 문화 · 종교 면에 있어서 뿌리 깊은 대립상태가 계속되고 있다.
- 부족 간의 정교한 서임식, 결혼식, 서열 높은 추장들을 위한 의식 등에서 피지인의 전통적인 생활 모습이 뚜렷하게 나타난다. 대부분의 원주민 여성은 아직도 금, 은의 전통적인 장신구를 걸치며 술루라는 전통의상을 입는다.
- 이색적인 풍습으로 카바 의식(얀고나 의식 : Yaqona)이 있는데 얀고나라고도 불리는 카바(kaba)는 남태평양에서 자생하는 후추나무과에 속하는 파이퍼 메시스티컴(Methysticum)이라는 관목의 뿌리를 으깨어 말린 후 그것을 물로 적셔 짜낸 즙이다.

5 음식 · 쇼핑 · 행사 · 축제 · 교통

- 피지에서는 세계의 다양한 음식을 맛볼 수 있다는 것이 특징 중의 하나이다. 인도요리, 중국요리, 한국요리, 일본요리, 유럽식 음식 등 원하는 음식을 골라먹을 수 있다.
- 피지는 섬나라인 만큼 신선한 생선과 랍스터, 조개 등의 해산물을 풍부하게 먹을 수 있다.
- 피지의 전통 음식은 해물류와 코코넛을 이용한 것이 많고 돼지고기, 닭고기, 식물뿌리도 즐겨 먹는다. 요리로는 카사바(Cassava-Bread fruit : 주식으로, 순무 형태의 감자 같은 모양), 코콘다, 타로토란 잎으로 싼 쇠고기 요리인 파루사미(Palusami), 돼지고기와 타란토란, 생선 등을 로보로 구운 대표적인 연회 요리인 망기티(Magiti) 등이 있다.

- 피지는 수입품에 관세가 붙지 않는 자유 무역항이다.
- 면세점에서는 피지의 전통공예품을 구입할 수 있고, 수제 바구니, 태피스트리 제품, 타노아(카바 의식에 사용하는 커다란 나무그릇)를 포함한 목각 공예품, 조개껍질 세공품, 흑진주와 코코넛 비누, 설탕 등 피지의 특산품도 볼 만한 것이 많다.
- 피지의 대표적인 토산품점인 잭스 공예점(Jack's Handicraft)에서는 전통 공예품 외에 상아와 산호보석류, 다이아몬드 등을 취급하고 있으며, 난디, 싱가토카, 쉐라톤 호텔 내에 지점을 두고 있다.
- 모든 피지 촌락에는 전통시장이 있어, 이곳에서 과일·생선·채소를 비롯하여 기념품·수공예품도 살 수 있다. 수바·라우토카·싱가토카·난디에서 장이 열리며 가장 큰 장은 토요일 아침에 열린다. 식품은 낱개가 아닌 뭉치로 팔며 값도 저렴하다.
- 태평양상의 다른 섬과 마찬가지로 종교적인 축제가 많다.

6 출입국 및 여행관련정보

- 3개월 이상 유효한 여권과 왕복 비행기 티켓이 있으면 피지 입국 시에 관광 비자가 발급된다. 연장 시에 6개월까지 체류할 수 있다.
- 유제품과 고기의 반입이 금지된다. 피지의 면세 품목은 담배 20갑, 잎담배 500g, 양주 2ℓ, 와인·맥주 4ℓ, 향수 4온스, 다른 면세품 F$ 400까지이다.
- 리조트와 관광지만을 연결하는 수단인 코치는 난디공항에서부터 이용이 가능하다.
- 피지 사람들은 머리를 만지면 영혼이 빠져 나간다는 믿음을 가지고 있으므로 머리를 만지는 것은 금기사항이다.
- 피지에서 원주민 마을이나 현지인을 방문할 때 모자를 쓰고 있는 것은 결례로 여겨진다. 따라서 필히 모자를 벗어야 한다.
- 피지에는 말라리아나 황열별 등 풍토병은 없다. 그러나 모기는 위력적이다. 한국에서 모기약을 준비해 가는 것이 좋다.
- 리조트의 경우 하나의 섬이 통째로 리조트로 사용되는 아일랜드 리조트도 있다.

7 관련지식탐구

- **탄부아**(tabua) : 섬세하게 갈아서 모양을 낸 고래의 이빨로, 피지 원주민들은 선조의 영혼과 교감할 수 있는 성스러운 물건이라고 믿는다.
- **피지 문화** : 피지인의 다양한 전통적 생활모습이 오늘날에도 남아 있는데 정교한 서임식, 결혼식, 서열 높은 추장들을 위한 여러 의식들에서 뚜렷이 나타난다. 이러한 의식을 치

르면서 전통적인 공예가 함께 발달하였는데 뽕나무 껍질로 만든 마시(Masi), 타파(Tapa) 같은 옷감이나 멍석짜기, 나무조각하기, 카누만들기 등이 있다.

8 중요 관광도시

(1) **난디**(Nandi) : 난디는 비티레부섬 서쪽에 있는 도시로, 난디국제공항이 있기 때문에 피지의 관문이자 관광 기점이다. 많은 호텔과 리조트들이 몰려 있어 숙박시설과 해양스포츠 시설을 편하게 이용할 수 있다. 또한 힌두교와 이슬람교의 사원을 볼 수 있다.

- **힌두교 사원** : 남반구에서 가장 큰 사원으로 인도를 제외하고는 처음으로 지어진 사원이다. 피지 인구의 반 정도가 인도인이기 때문에 중요한 장소이다.

- **재래시장** : 난디 시내 중간에 있는 시장으로 피지의 생활모습을 볼 수 있다. 각 마을에서 온 상인들이 자신들의 상품을 늘어놓고 판다.

- **분다포인트**(Vuda Lookout) : 난디 공항에서 약 12 ㎞ 정도 북쪽으로 떨어져 있는 지점으로 난디만과 라우토카, 그리고 리조트 아일랜드까지 계속되는 360도의 파노라마를 즐길 수 있는 곳으로 피지인의 선조 멜라네시아인이 최초로 상륙한 지점이기도 하다.

▶ 잠자는 거인 정원

- **잠자는 거인 정원**(Garden of Sleeping Giant) : 난디 북쪽 슬리핑 자이언트 산기슭에 조성된 세계적인 난초 정원이다. 산의 모양이 거인이 누워 잠을 자는 형상이라고 해서 붙여졌다. 온 세계에서 모은 난초가 사철 아름다운 꽃을 피우고 향기를 풍긴다. 미국의 배우 버(Raymond Burr)가 난을 좋아하여 세계 각국에서 모은 난을 정원에 심기 시작하면서 조성되었다.

- **비세이세이 마을**(Viseisei Fijian Village) : 피지 원주민 발상의 땅이다. 마을 안에는 지난날의 추장들 무덤이 있고, 약 600명가량의 피지인들이 살고 있다. 피지 정계의 거물들 중에는 이 마을 출신들이 많다. 유럽에서 온 선교사들도 복음을 전할 때 이 마을에 처음으로 들어왔다. 마을 중앙에 교회와 광장이 있고, 남자들은 야자잎으로 1년 내내 지붕을 잇기에 바쁘다.

▶ 비세이세이 마을

- **스리 시바 수브라마냐 사원**(Sri Siva Subrahmanya) : 약 100만의 피지 인구 중 절반(약 46%)을 차지

하고 있는 인도인들에게는 매우 의미있는 곳이다. 남반구에서 제일 큰 사원으로 인도 밖에서는 처음으로 시도된 수천년 전의 고대양식으로 지어져 남태평양 한가운데서 인도의 멋을 느낄 수 있다.

▶ 스리 시바 수브라마냐 사원

- 나우소리 고지대(Nausori Highlands) : 비티레부섬의 내륙으로 난디(Nandi)로부터 정동쪽에 위치한 나우소리 하이랜드(Nausori Highlands)는 피지에서 가장 경관이 뛰어난 곳으로 정평이 있다. 이곳에 있는 나발라(Navala) 촌락은 피지에서 가장 그림같이 아름다운 곳이다. 대부분의 피지 촌락이 조립식 콘크리트나 골함석으로 바뀌어 가고 있지만 이곳 나발라 촌락의 모든 가옥과 건물들은 전통가옥의 모습을 그대로 갖추고 있다.

(2) 수바(Suva) : 1883년도부터 피지의 수도이며, 남태평양의 섬 국가들 중에서 가장 큰 도시이다. 문화·정치·경제의 중심지로서 역할을 하고 있으며, 인구는 약 9만 명가량 된다. 수바 시내는 2층 현관이 바깥에 걸리도록 되어 있는 식민지적 형태의 목조 2층 건물과 현대식 빌딩들이 섞여 있다.

- 오키드섬 피지문화센터(Orchid Island Fijian Cultural Centre) : 수바 서쪽으로 10분 거리에 위치해 있으며 피지의 역사, 전통을 한눈에 볼 수 있는 곳이다. 50피트에 이르는, 웅장하면서도 화려한 부레 칼로우(Bure Kalou) 사원은 물론 조그만 동물원이 있어 피지와 통가에서만 볼 수 있는 희귀한 이구아나를 볼 수 있다.

▶ 오키드섬 피지문화센터

- 피지박물관(Fiji Museum) : 식물원인 터스턴 가든(Thurston Gardens) 안에 위치해 있다. 피지의 역사와 공예품 등이 전시되어 있으며 3700년 전의 고대생활상을 재현해 놓은 코스가 있다. 매주 목요일과 금요일에는 피지 전통 도자기 제작과정이 진행된다.

- 돌로 이 수바 공원 : 수바 중심부에서 11㎞ 정도 떨어졌으며, 가는 길에 수바 항구와 거주 지역을 내려다볼 수 있다. 본토 초목과 피지에 이식된 혼두라스 마호가니목이 혼합된 공원이다. 수영장과 바비큐 시설이 있으며 공원에서 밤을 보내고 싶을 경우엔 캠핑 장소를 이용할 수 있다.

- 피지 정부 청사(Fiji Government Buildings) : 영국 식민지 시대(Colonial Times)에 만들어진 건물로 지금은 정부 청사로 사용되고 있다. 건물에 솟아 있는 시계탑은 수바의 상징이기도 하다.

(3) 코럴코스트(Coral Coast) : 난디와 수바를 잇는 퀸즈고속도로를 지나는 약 190㎞의 해안선인 코럴코스트는 관광, 하이킹, 쇼핑 등 본토에서의 관광과 다른 섬으로의 투어가 가능하다. 해안선 도로를 따라 숍들이 들어서 있으며, 빌리지 숍에서는 수공예품을 판매하고 있다.

▶ 코럴코스트

- **퍼시픽하버**(Pacific Harbour) : 코럴코스트 동쪽 가장자리와 만나는 곳, 수바에서 서쪽 50㎞ 지점에 자리 잡고 있다. 이곳에는 나피지 문화센터(Na Fijian Cultural Centre)와 전통춤 극장(Dance Theatre) 등의 유명한 볼거리가 있으며, 가까이에 있는 불 위를 걷는 퍼포먼스의 본고장 베카 섬(Beqa island) 관광을 할 수 있다.

- **마나섬**(Mana Island) : 난디에서 유람선으로 1시간 30분 거리. 전형적인 산호섬으로 작지만 아름다운 섬이다. 피지에서는 관광객들에게 잘 알려진 천혜의 관광지로서 잠수함관광, 수상관광, 낚시 등 다양한 레포츠를 즐길 수 있다.

- **비치콤버섬**(Beachcomber Island) : 피지에서 가장 많이 알려진 섬 중의 하나이다. 특히 젊은이들이 즐겨 찾는 아름다운 원형의 섬이다. 특히 해양스포츠 활동을 할 수 있도록 잘 준비되어 있고, 섬이지만 모기가 없다는 장점이 있다. 난디에서 배로 45분 거리이다. 섬 주변으로 아름다운 개펄비치 방갈로가 잘 정비되어 있다.

5.2.4 기타 도서국가(Other Islands of Pacific Ocean)

국가명	개 요
통 가	남태평양 폴리네시아 최서단에 있는 왕국. 정식명칭은 통가왕국(Pule'anga Fakatu'i'o Tonga). 면적 748㎢. 인구는 10만 8,000명(2003). 뉴질랜드에서 북동쪽으로 약 1,900㎞ 지점, 남위 15°~23°, 서경 173°~177°사이에 있다. 통가해구(海溝)를 따라 서쪽에 남북으로 이어진 150개의 섬들을 통가제도라 하고, 이를 합쳐 1970년에 통가왕국이 공식적으로 독립하였다. 수도는 누쿠알로파.
나 우 루	태평양 서부에 있는 공화제의 섬나라. 미크로네시아에 속하는데, 적도의 남쪽에 있는 외딴섬으로, 제일 가깝다는 오션섬에서도 서쪽으로 300㎞나 떨어져 있다. 남북 약 5km, 동서 약 4km인 타원형으로, 둘레 19km, 면적 21㎢, 인구 1만 2,570명(2003)밖에 안 되는 작은 섬나라이다. 수도는 야렌. 산호초(珊瑚礁)의 섬으로, 제일 높은 곳도 69m밖에 되지 않는다. 이른바 미니스테이트(소독립국 · 小獨立國)의 하나. 옛 칭호인 플레즌트섬(Pleasant島)은 1798년 이를 발견한 영국의 항해자 J. 피언이 이름을 지어 붙인 것으로, '기분이 상쾌하다', '날씨가 좋다' 등의 뜻이다.
투 발 루	남태평양 중부 폴리네시아 서쪽에 있는 섬나라. 면적 26㎢. 인구 1만 1,305명(2003). 1978년 10월 옛 영국령 길버트 · 엘리스제도 가운데 엘리스제도 9개 섬이 독립, 형성되었다. 국명은 '8개 섬의 결합'을 뜻한다. 수도는 푸나푸티.

국가명	개 요
서 사 모 아	남태평양 중부 폴리네시아의 서쪽 끝에 있는 섬나라. 정식이름은 사모아독립국(Independent State of Samoa). 영국연방 가운데 하나이다. 사모아제도의 서부를 차지하며 동쪽의 미국령 사모아와 마주하고 있다. 수도는 아피아.
아 메 리 칸 사 모 아	미국령 사모아는 면적 199㎢, 인구 7만(2003)이며, 투투일라섬·마누아제도(타우섬·오푸섬·올로세가섬)·스웨인스섬 등이 있다. 사모아(옛 서사모아)는 면적 2,934㎢, 인구 17만 8,173명(2003)이며, 우폴루섬·사바이섬 및 기타 작은 섬으로 이루어져 있다.
바 누 아 투	태평양 남서부 멜라네시아에 있는 나라. 정식명칭은 바누아투공화국(Ripablik blong Vanuatu). 면적 1만 4,760㎢. 인구 19만 9,414명(2003). 수도는 빌라. 솔로몬제도와 누벨칼레도니섬 사이에 있는 뉴헤브리디스제도가 1980년 독립해 이루어졌다.
파푸아뉴기니	남태평양 멜라네시아 서부에 있는 나라. 면적 46만 1,690㎢, 인구 529만 5,000명(2003). 남위 1~12°, 동경 143~156°에 위치하며, 뉴기니섬 동반부의 뉴브리튼섬·뉴아일랜드섬·부건빌섬 등이 그 영역에 든다. 수도는 포트모르즈비.
키 리 바 시	태평양 중부에 있는 공화국. 정식명칭은 키리바시공화국(Republic of Kiribati). 면적 719㎢. 인구 9만 8,000명(2003). 마셜제도의 남남동쪽, 솔로몬제도의 북동쪽에 있다. 키리바시란 국명은 길버트(Gilbert)의 현지 사투리 발음에서 유래하였다. 수도는 바이리키.
마 셜 제 도	태평양 중서부에 있는 나라. 정식명칭은 마셜제도공화국(Republic of the Marshall). 면적 181.3㎢, 인구 5만 6,429명(2003). 괌 남동쪽 약 2,100㎞, 하와이 남서쪽 약 3,200㎞의 서태평양에 위치한다. 크고 작은 섬 1,200여개가 약 46만 6,000㎢의 면적에 걸쳐 흩어져 있다. 수도는 마주로.
미크로네시아	태평양 중서부에 위치한 섬나라. 면적 702㎢, 인구 10만 8,143명(2003). 정식명칭은 미크로네시아연방공화국(Federated States of Micronesia). 캐롤라인제도의 대부분을 차지하고 있으며, 미크로네시아 서부 해역에 동서 방향으로 펼쳐져 있는 957개 섬들로 이루어져 있다. 수도는 팔리키르.
타 히 티	남태평양 프랑스령 폴리네시아 소시에테제도의 중심 섬. 면적 1,057㎢. 인구 22만 3,000명(1996). 섬 북서쪽 해안에 프랑스령 폴리네시아의 수도 파페에테가 있다. 크고 작은 2개의 화산 섬이 타라바오지협으로 이어졌으며, 북서쪽의 큰 섬을 타히티 누이라 하는데 중앙의 오로헤나산은 해발고도 2,241m이다.
뉴칼레도니아	남서태평양 멜라네시아 최대의 섬으로 프랑스령의 하나. 영어명으로 뉴칼레도니아(New Caledonia)이다. 북서-남동 방향으로 가로 누운 가늘고 긴 섬이며 길이 약 400㎞, 폭 약 50㎞이다. 면적 1만 8,575㎢, 인구 21만 명(2003). 행정수도는 누메아(Noumea)이며 섬의 남서안에 있다.
솔 로 몬 제 도	남태평양 서쪽 멜라네시아에 있는 나라. 면적 2만 9,785㎢. 인구 50만 9,190명(2003). 뉴기니섬 북동쪽 비스마르크제도 남쪽에 있다. 동쪽의 슈아죌·산타이사벨·말라이타·플로리다키스제도, 서쪽의 산크리스토발·뉴조지아·러셀제도·쇼틀랜드제도·과달카날섬과 같이 모두 북서쪽에서 남동쪽으로 이어진 두 줄의 화산 섬들과 동쪽 끝의 산타크루즈·리푸·더프의 여러 섬이 합쳐져 독립국 솔로몬제도를 구성하고 있다. 수도는 과달카날섬의 호니아라.

자료 : 네이버 '국가컨텐츠 검색'을 이용하여 재구성함.

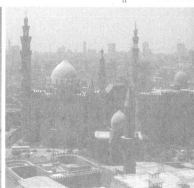

아프리카주

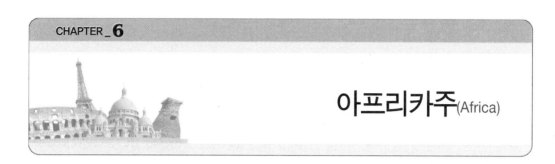

CHAPTER _ **6**

아프리카주(Africa)

면적 약 3,036만㎢, 동쪽으로 인도양, 서쪽으로 대서양, 북쪽으로 지중해에 면한다. 대륙으로서 아프리카라는 이름으로 불린 것은 16·17세기 네덜란드의 항해자들이 이곳이 독립된 대륙이라는 사실을 알고 난 뒤부터이다. 아프리카의 어원은 고대 그리스인들이 리비아라고 부른 지중해 남안(南岸)에서 원주민이 사용한 지명에서 비롯된다.

6.1 북아프리카(Northen Africa)

6.1.1 이집트(Egypt)

1 국가개황

- 위치 : 아프리카대륙 북동부
- 수도 : 카이로(Cairo)
- 언어 : 아랍어
- 기후 : 건조기후, 지중해성기후
- 인구 : 78,887,007명(15위)
- 면적 : 1,001,449㎢(30위)
- 정체 : 공화제
- 통화 : 파운드(ISO 4217 : EGP)
- 시차 : (UTC+2)

위부터 빨강·하양·검정의 3색기이며 하양에 '살라딘(Saladin)의 독수리'라고 하는 문장(紋章)이 있다. 빨강은 혁명과 투쟁의 피를, 하양은 평화 또는 밝은 미래를, 검정은 칼리프 시대의 영광 또는 지난날의 암흑시대를 나타낸다.

2 약사(略史)

(1) 고대 이집트(파라오왕조)

① 개 요

- BC 8000년부터 나일강 유역에서 농경생활을 시작하여 최초의 고대문명을 탄생시켰으며 BC 3100년(Menes왕이 최초로 남·북 이집트 통합, Memphis에 도읍)부터 BC 332년(Alexander 대왕의 이집트 정복)까지 약 2800년간 지속
- 고대 파라오왕조는 30개 왕조가 흥망을 거듭하였으며 통상 고왕조 시기, 중왕조 시기 및 신왕조 시기의 3기로 시대 구분
  - 고왕조 시기(BC 3100~2040년, 약 1000년간) : 10개의 왕조(1~10 왕조)가 변천하는 기간 중 약 40명의 왕이 통치
  - 중왕조 시기(BC 2040~1567년, 약 500년간) : 7개의 왕조(11~17 왕조)가 변천하는 기간 중 약 30명의 왕이 통치
  - 신왕조 및 후기왕조(BC 1567~332 약 1200년간) 시기 : 13개의 왕조(18~30 왕조)가 변천하는 기간 중 약 80명의 왕이 통치

② 고왕조 시기(BC 3100~2040)

- 1왕조의 Menes왕은 최초의 파라오로서 남·북 이집트 통합 후, Memphis에 도읍(BC 3100년경)
- 3왕조 Zozer왕은 공사장 Imhotep의 도움으로 Saqqarah 지역에 최초의 피라미드(계단식)를 건축하고, 시나이반도 정벌
- 4왕조 Khufu왕, Khafre왕, Memdaure왕은 Giza 피라미드 건축
- 5왕조 Unas왕부터 피라미드에 문자기록(Pyramid Text)을 남기기 시작
  - 5왕조 기간 중 리비아, 누비아, 시나이 등을 정벌한 기록
  - 태양신 Ra를 숭배한 기록 등
- 6왕조부터 왕권이 쇠퇴하여, 7~10왕조 기간 중에는 지방세력들이 할거

③ 중왕조 시기(BC 2040~1567)

- 11왕조 Menthuhotep 2세는 남·북 이집트를 재통합
- 12왕조는 국가체제를 정비하고, 국력을 신장
  - Senusert 3세는 지방 족벌들을 평정하고 강력한 중앙집권 확립
  - 12왕조 기간 중 리비아, 누비아, 시나이, 시리아, 푼트 지역을 정벌
  - 12왕조 시대부터 왕과 왕위 계승자 간 공동 통치(Co-Regency) 관행 발생

- 13~17왕조는 힉소스 등 외적의 침입으로 쇠퇴기

④ 신왕조 및 후기왕조 시기(BC 1567~332)

- 18왕조부터 국력이 다시 번성하여 동쪽으로 유프라테스강, 남쪽으로 수단지역까지 지배
  - Hatshepsut여왕은 Thebes(Luxor) 지역에 최초의 신전 건축
  - Tuthmosis 3세(Hatshepsut 여왕의 조카)가 통치기간 중 영토 최대 확장
  - Amenhotep 3세는 Luxor신전, Memnon 거상 등 건축
  - Amenhotep 4세는 Akhetaten(Amarnah) 지역으로 일시 천도하고, 전통적 Amun신 숭배
    에서 벗어나 Aten신을 숭배(기존의 제사장 그룹과 갈등을 피하고 정치에도 무관심)
  - Amenhotep 4세와 왕비 Nefertiti 사이에서 태어난 Tutankhamun왕이 요절하고, 그 뒤
    를 이은 Ay왕도 단명함에 따라 Horemheb, Ramses 1세 등 장군 출신들이 왕위를 승
    계(18왕조 멸망)
- 19왕조는 국력을 정비하고, 신전 건축 등을 통해 고도의 문화 창달
  - 19왕조 Seti 1세는 아시아 지역을 정벌하고, Abydos신전 등을 건축
  - Ramses 2세(Seti 1세의 아들)는 Hittites의 침입을 격퇴(Kadesh 전토)하고, Abu Simbel신
    전 등을 건축
- 20왕조는 아시아 지역에 대한 지배권을 상실함에 따라 왕권이 약해진 반면 제사장의 권
  한이 강화됨
- 22왕조에 이르러 왕권은 Delta(나일강 하류)지역에만 미치고, Upper Egypt(나일강 상류)는
  제사장들이 관할
- 25왕조 시기에 Assyria의 침입을 받은 후 국력이 급격히 쇠퇴
- 27~30왕조 기간은 Persia의 속국으로 전락
  - Persia 출신 파라오가 지배

(2) 그리스, 로마 시대

① Ptolemies왕조(BC 332~330)

- Alexander대왕은 이집트 정복 후 Ptolemy 장군을 이집트 총독으로 임명하고, Alexandria
  에 새로운 수도 건설
  - Alexandria는 Hellenism 문명의 중심지로 발전
  - Fayyum을 농업 중심지로 개발
  - Ptolemies왕조의 해군은 지중해 및 홍해의 해상활동 지배
- Ptolemies왕조는 국가 통합 차원에서 파라오왕조시대의 건축양식을 답습한 신전을 건축
  하고(Dendarah, Philae, Edfu 지역), 파라오왕조시대의 이집트 신들을 모방한 그리스신화 도입

② 로마 제국시대(BC 30~AD 337)

- 로마 황제 Octavian이 로마 장군 Antony와 이집트 여왕 Cleopatra의 연합군을 Actium 해전에서 물리치고, 이집트를 정복하여 로마의 속국으로 합병(BC 30)
  - 이집트는 로마의 식량 공급기지 및 로마와 인도 간의 중계 무역장소 역할 수행
  - Philae, Dendarah, Esna 지역에 신전 건축
- 기독교의 유입으로 콥틱어 사용이 유행하고, 수도원이 창설됨(전통종교 몰락)
  - Constantine황제, 기독교 포교를 승인(312)
  - 성 마가 이집트 포교(4세기 초)
- 이집트에 대한 지배권이 동로마제국(Constantinople)으로 넘어간 후 리비아, 누비아, 페르시아 등의 침입이 5~6세기까지 지속됨

(3) 이슬람시대

① 이슬람군의 이집트 정복(AD 640~969)

- Khalif(이슬람 수장) Umar의 명령에 따라 Amr Ibn Alas가 지휘하는 이슬람군이 동로마 제국의 지배하에 있던 이집트를 정복(AC 640)
- 이후 Ummayya(다마스커스)왕조 및 Abbasid(바그다드)왕조 등으로부터 파견된 이슬람 총독이 이집트를 지배
  - 이 기간 중 많은 콥틱 교도들이 이슬람으로 개종하고 아랍어가 콥틱어를 대체
  - Tulun 총독 시기에는 바그다드의 지배로부터 벗어나 반독립적 세력 형성(Tulun왕조)

② Fatimah왕조의 이집트 지배(969~1171)

- Fatimah왕조는 예언자 Muhammad의 사위인 Ali(예언자의 딸 Fatimah와 결혼)를 정통 Khalif로 인정하는 시아파 이슬람왕조로서 순니파 Ummayya 및 Abbasid 왕조의 Khalif 승계에 도전하였으며, 969년 이집트를 정복
  - 초기에는 Fatimah왕조의 Khalif들이 이집트를 직접 통치하였으나, 후기에는 군 출신 총독을 파견
  - 알렉산드리아에서 카이로로 천도

③ Ayyub왕조(1171~1252)

- 이집트를 침입한 십자군에 대항하기 위해 Saljuk Turkey의 Sultan이 파견한 Salah Al Din이 십자군을 물리친 후 이집트 지역을 실질적으로 지배
  - Fatimah왕조를 폐지하고 Abbas왕조를 전통 Khalif 승계자로 인정(시아파 척결)
  - 십자군의 공격에 대해 카이로 주변에 Citadel 축조(십자군은 Damietta, Mansurah 지역 점령)

④ Mamluk왕조(1250~1517)

● Ayyub왕조는 십자군에 대항하기 위해 터키계 노예출신인 Mamluk족을 수비대로 활용하였으나, Mamluk족의 반란으로 몰락(1250)

● Mamluk 장군 Baybar(후에 Sultan직 승계)는 몽골군의 침입을 격퇴하고, 십자군 세력, Ayyub왕조 잔당, 아르메니아, 누비아 등을 정벌한 후 순니회교의 보호자 역할 수행

● Mamluk왕조 시대에는 터키어가 널리 사용되었으며, 내정은 불안하였으나 대외적인 관계는 강력한 군사력을 바탕으로 대체로 안정 유지

⑤ Ottoman Turkey의 지배(1516~1805)

● Ottoman왕조의 Salim 1세가 Mamluk왕조를 멸하고, 이집트를 정복(1517)

- Ottoman왕조에서 파견한 총독 Pasha가 이집트 지배(후기에는 군출신 귀족 Bay들이 사병의 힘을 토대로 Pasha의 권위에 도전)

- 이집트는 문화 중심지로서의 역할이 쇠퇴하였으나, 이슬람 종교 중심지로서의 중요성 확보

(4) 근대 이후

① 19세기의 변천

● 프랑스의 이집트 지배(1798~1801)

- 나폴레옹의 이집트 정복(1798)

- 프랑스 학자들에 의한 'Rosetta Stone' 발견(1799) 등 많은 고고학적 유물 및 유적 발굴

● 이집트 근대 왕조 성립

- 무하마드 알리(Muhammad Ali : 1769-1849)는 원래 프랑스의 이집트 침입에 대항하기 위해 터키왕조에서 파견한 장군이었으나 이집트 정착 후 정치, 군사, 경제개혁 단행, 근대 이집트 건설의 기초를 닦고, 수단 정벌(1820), 팔레스타인 지역 및 아라비아반도 파병 등을 통해 세력 확장

- Ali의 장손 이스마일(Ismail the Magnificent : 1863~1879)은 대규모 국토개발계획(수에즈운하 건설, 철도, 통신, 공장, 관개수로 등)을 추진함으로써 외채가 누적(1875년 영국 정부의 수에즈운하 주식 43% 매입)

- 1876년 외채 상환이 정지됨에 따라 공채정리위원회(영, 불, 독, 이, 오)에 의한 국가 재정 관리 실시(식민지화의 길)

● 영국의 군사 점령과 통치(1882~1936)

- 1882년 영국군의 알렉산드리아 상륙(Arabi 등 민족주의 그룹이 주도한 알렉산드리아 반영 폭동 진압) 및 카이로 점령 이후 영국 총영사에 의한 실질상의 국정 수행

- 1914년 영국 보호령 선포(1차 세계대전 중)
- Wafd당(Saad Azgloul 등이 주도)의 범이슬람주의, 입헌제 운동(1919 혁명)
- 1922년 영국으로부터 독립 쟁취, 국제연맹 가입(1936년까지 영국의 실질적 지배 지속)

② 독립 이후
● 2차 세계대전 당시 영국을 도와 연합군에 참전
- 1942년 Al Alamayn전투에서 독일군 침공 저지
● 1948년, 제1차 중동전쟁 참전
- 이스라엘 독립국가 건설(1947년 UN의 팔레스타인 분할 결의안)에 반대한 아랍국가들이
 이–팔간 내전에 개입, 이스라엘을 공격하였으나 결과적으로 패배
● 1952년 Nasser 중령 휘하의 자유장교단 혁명
- 왕정 폐지, 이집트 아랍공화국 건립
- BC 341년 이래 약 2300년에 걸친 이민족 지배 종지부
● 1956년 Nasser 대통령, 수에즈운하 국유화
- 영·불 및 이스라엘의 이집트 공격으로 제2차 중동전쟁 발발, 유엔(미·소)의 중재로 휴전
 (아랍의 자존심 회복, Nasser 대통령은 아랍 민족주의의 영웅으로 부상)
● 1958년 이집트–시리아 아랍연방공화국 결성(1961년 시리아 탈퇴)
● 1967년 6일전쟁(제3차 중동전쟁)
- 소련의 지원을 받은 시리아, 이집트, 요르단 등이 군사동맹을 체결하고 팔레스타인 지
 원, 이스라엘의 Tiran항 봉쇄 조치 등을 취하자, 미·영의 지원을 받은 이스라엘이 이
 집트 등을 기습 공격
- 이스라엘은 시나이반도, 가자지구, 요르단 서안 및 골란고원 점령
● 1970년 사다트 대통령 취임(나세르 대통령 병으로 사망)
- 친서방 온건노선 추구
● 1973년 10월전쟁(제4차 중동전쟁)
- 시나이반도 등 회복을 위해 이집트 등 아랍연합군이 이스라엘을 공격하였으나 실패(이
 집트 측은 승전 주장)
- 이집트·이스라엘 평화협상의 계기 마련(아랍에 대한 서구 및 이스라엘의 인식 전환)
● 이집트·이스라엘 관계 정상화
- 1978년 캠프 데이비드 협정 체결(미국 중재)
- 1979년 이집트·이스라엘 평화협정 체결
- 1989년 시나이반도에서 이스라엘군 철수 완료

- 1981년 10월 Mubarak 대통령 취임(사다트 대통령 피살)
 - 나세르의 아랍 민족주의와 사다트의 친서구주의의 장점을 모두 활용할 수 있는 중도주의를 지향
- 1991년 이라크의 쿠웨이트 침공에 대항, 걸프전 참전
 - 이집트·이스라엘 평화협정 체결 이래 이집트는 아랍권으로부터 소외당했으나, 걸프전 참전계기 아랍의 중심으로 재부상(1979년 평화협정 체결 당시 아랍연맹 본부를 이집트에서 튀니지로 옮겼으나, 걸프전 후 아랍연맹 본부를 카이로로 다시 옮김)
- 1997년 Luxor 테러사건 발생(외국인 58명 희생)
- 1999년 이집트 최대 이슬람 과격단체 Gamma Islamiya, 대정부 투쟁종식 선언
- 1999년 10월 Mubarak 대통령 4선 당선(6년 임기)
- 2014년 6월 압델 파타 엘시시(Abdul Fatah al-Sisi) 대통령 집권

3 지리적 개관

이집트는 서쪽에는 리비아, 남쪽에는 수단, 동쪽에는 가자지구와 이스라엘과 접하고 있다. 이집트는 아프리카와 아시아 두 대륙 사이에 있어 지정학적으로 중요한 위치를 점하고 있다. 아시아와 아프리카 사이에는 수에즈 지협이 있으며, 이곳 수에즈운하를 통해 홍해를 사이로 지중해와 인도양을 연결한다.

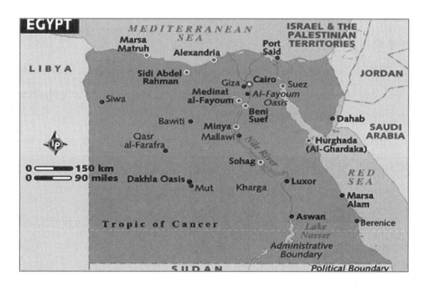

4 행정구역

이집트의 행정구역은 알렉산드리아 주 등 27개의 주(Muhafazah·무하파자)로 되어 있다.

2008년 4월, 두 개의 주가 신설되었다.

5 정치 · 경제 · 사회 · 문화

- 이집트는 정치적으로는 의회민주주의를 채택하고 있다. 1977년 6월의 법률제정에 의하여 모든 정당들은 아랍 사회주의동맹의 인가를 받은 정당만이 합헌정당으로서 활동할 수 있는 법적 근거가 추인되었다.
- 이집트의 주요산업인 농업은 나일강 계곡과 삼각주평야 및 몇 군데의 오아시스 주변에서 집약적으로 행해진다.
- 각지에 이슬람 사원이 건립되었고, 하루 5회의 예배와 단식월(斷食月 : 라마단)의 준수 등 주민의 일상생활 구석구석까지 영향을 미친다.
- 이집트인은 인간은 육체와 영혼으로 이루어져 있고, 양자의 분리는 죽음이지만, 영혼이 머무는 곳인 시체가 멸하지 않고 공물(供物)을 받을 수 있다면 죽은 자도 저승에서 계속 산다고 믿어 피라미드를 건조했다.

6 음식 · 쇼핑 · 행사 · 축제 · 교통

- 주식은 에이시이며 밀가루로 만드는 인도의 난과 비슷한 음식이다.
- 음식은 그리스, 터키, 시리아, 팔레스타인 등 주변국의 영향을 많이 받았다. 대표적인 요리로는 켑타, 케밥, 타메야, 쿠샤리 등이 있다.
- 낙타가죽제품, 파피루스, 은세공품, 설화석 고제품 등이 이집트의 대표적인 특산품이다.
- 시중에는 가짜 파피루스 제품이 많으므로 구입 시 주의할 필요가 있다. 진품 파피루스는 파피루스 줄기를 가로세로로 늘여서 눌러 보았을 때 매우 단단하며 어느 방향으로 잡아당겨도 모양에 변화가 없어야 한다.
- 샴알라 심(상쾌한 바람 들이마시기), 이이드 알 피트르(라마단이 끝난 후 3일간), 이이드 알 하드라(희생제) 등이 유명하다.

7 출입국 및 여행관련정보

- 모든 방문객은 비자와 6개월 동안 유효한 여권을 가지고 있어야 한다. 이집트 입국 시 도착비자, 국경비자 발급이 가능하다.
- 카이로국제공항은 2개의 청사로 되어 있는데 두 청사 간의 거리가 3㎞ 정도 되고, 공항에서 운행하는 무료 셔틀버스가 두 청사 간을 연결하고 있다. 버스는 밤에도 운행되며, 배차 간격은 약 30분이다.

- 이집트도 다른 중동국가들처럼 국교가 이슬람교이다. 술을 마시는 것이 금지되어 있으므로 시중에서 술을 구하기가 어렵다.
- 이슬람교도들은 돼지고기나 날고기를 먹지 않으므로 유의해야 하며, 라마단 기간에는 관광객도 공적인 장소에서 음식 먹는 것을 삼갈 필요가 있다.
- 여성들에게 말을 걸거나 함부로 사진을 찍어서는 안 되며, 여성 여행자의 경우 지나친 노출을 삼가는 것이 좋다.
- 관공서 및 공공기관은 업무시간이 아침 8시부터 오후 2시까지이며 금요일은 휴무이다.
- 이집트의 대표적인 문화재로는 세계 8대 불가사의인 피라미드가 있다.
- 흔히 이집트에서 쓰이는 것으로 빈 통이 놓인 아랍식 화장실이 있다. 변기 가운데에는 둥근 구멍이 뚫려 있으며, 용변 후에는 빈 통에 수돗물을 받아서 뒤를 씻고, 그 물로 변기를 씻어내게 되어 있다.

8 관련지식탐구

- **피라미드(Pyramid)** : 돌 또는 벽돌로 만들어진 방추형의 건조물로서 4각형의 토대에 측면은 3각형을 이루며, 각 측면이 한 정점에서 만나 방추형을 이루도록, 돌이나 벽돌 등을 쌓아 만든 구조물로서, 주로 기념비적 성격을 지닌다.
  피라미드는 초기왕조시대의 마스타바에서 발전된 것으로, 제18왕조 초에 왕묘가 암굴묘(岩窟墓)의 형식을 취할 때까지 계속된다.
- **파피루스(Papyrus)** : 외떡잎식물 벼목 사초과의 여러해살이풀. 고대 이집트에서는 이 식물 줄기의 껍질을 벗겨내고 속을 가늘게 찢은 뒤, 엮어 말려서 다시 매끄럽게 하여 파피루스라는 종이를 만들었다.
- **오벨리스크(Obelisk)** : 고대 이집트왕조 때 태양신앙의 상징으로 세워진 기념비.
- **벨리 댄스(Belly dance)** : 반나체로 아라비아 음악에 따라 배와 허리를 흔들어 대는 아랍 세계 특유의 춤이다. 기제의 피라미드 근처에 있는 사하라 시티가 이 춤으로 유명한 곳이다. 큰 호텔에는 대개 나이트클럽이 있고, 벨리 댄스 쇼를 하는 곳이 많다.

9 중요 관광도시

(1) 카이로(Cairo) : 나일강(江) 삼각주의 남단에서 약 25㎞ 남쪽 나일강 우안에 있다. 시가는 하중도(河中島)인 게지라섬에서 강의 좌안까지 펼쳐지며 아랍권과 아프리카 대륙에서 가장 큰 도시이다.

- **아기예수 피난교회(The Church of Abu Serga, Old Cairo)** : 이 교회는 요셉, 마리아와 아기예

수 성가족이 헤롯왕을 피해 애굽으로 피난하던 중 머물던 성스러운 장소에 건축된 것이다. 이들은 요셉이 이 지역 요새에서 일하는 도중 이 곳에서 살았을 것이다. 건축 당시 이 교회는 AD 303년 시리아에서 로마 황제 막시밀란(Maximilan)의 손에 순교당한 성자이자 군인인 Sergius와 Bacchus에게 바쳐진 것으로 알려져 있다.

- 이집트박물관(The Egyptian Museum) : 이집트의 대표적 미술관. 고대 이집트의 미술과 고고학적 유물의 수집으로는 양과 질적인 면에서 세계 최고의 수준이다. 19세기 초부터 이집트의 고(古)미술품이 해외에 반출되자 이를 우려한 프랑스 고고학자 A. 마리에트(1821~1881)에 의해 1858년 카이로 교외에 옮겨졌으나 1902년에 현재의 자리에 옮겼다.

▶ 이집트박물관

- 무하마드 알리 모스크(Mohammed Ali Mosque) : 2개의 높은 첨탑과 거대한 돔이 시선을 끄는 특징 있는 모스크. 다량의 석고가 건축에 쓰였기 때문에 '앨러배스터 모스크'라고도 한다. 1824년 착공, 1857년 무하마드 알리의 아들 사이드 파샤의 시대에 완공하였다. 내부에는 많은 등과 샹들리에가 달려 있고, 주위를 둘러싼 스테인드글라스도 아름답다.

▶ 무하마드 알리 모스크

- 모세기념교회(The Ben Ezra Synagogue) : 올드 카이로에 위치한 사원으로 29개의 모스크와 20개의 교회에 둘러싸여 있다. 모세기념교회라고 부르는 벤 에즈라(BEN EZRA)는 이집트에서 가장 오래된 예배당 중의 하나이다. 이곳의 위치와 흥미로운 역사는 이 예배당을 또 하나의 명물로 되새김하고 있다.

▶ 모세기념교회

- 카이로 타워(Cairo Tower) : 게지라섬의 남쪽에 세워진 관광명소. 1961년에 세워진 것으로 높이 187m, 맨 위층이 전망대로 되어 있다. 북쪽으로 헬리오폴리스, 남쪽으로 기자의 피라미드까지 보이는 전경이 웅대하고, 눈 아래로 유유히 흐르는 나일강의 조망이 인상적이다.

- 아즈하르사원(al-Azhar Mosque) : 이집트의 수도 카이로에 있는 이슬람교 사원. 970년

파티마왕조가 이집트로 본거지를 옮기면서 세운 최초의 모스크로 파티마왕조의 대표적 건축물이다. 사원에 병설된 부속학교 마드라사가 나중에 이슬람세계 교학(敎學)의 중심이 되어 오늘날의 아즈하르대학으로 발전하였다.

➡ 아즈하르사원

- **이집트 문명박물관**(Egypt civilization Museum) : 이집트박물관에 전시하지 못한 유물들을 게지라섬에 있는 회화관 3층에 전시하고 있다. 석기시대에 관한 진열이 특히 충실하고, 디오라마나 모형을 풍부하게 사용한 해설도 재미있다. 이곳의 회화 컬렉션에는 눈길을 끄는 작품이 다수 있는데, 그중에도 르누아르의 작품들이 으뜸이다.

➡ 이집트 문명박물관

- **콥트박물관**(Coptic Museum) : 시마이카 파샤의 개인 컬렉션을 1910년에 공개한 것이 시초인데, 1933년부터 정부에서 관리하고 있다. 전시품은 4~11세기 이집트 그리스도교 시대의 것으로서, 고대 왕조와 그리스, 로마 문화의 영향이 강하게 느껴진다. 콥트교는 원시 그리스도교의 일파로서, 그리스정교회에 속한다.

➡ 콥트박물관

(2) 기자(Giza) : 이집트의 북동부, 나일강의 서쪽 기슭에 있는 옛 도시로서 기자 주(州)의 주도(主都)이다. 기제라고도 하며 아랍어로는 지자라고 한다. 이집트에서 카이로, 알렉산드리아에 이어 세 번째로 큰 도시이다.

- **기자 피라미드** : "기자의 피라미드를 보지 않고는 이집트를 말하지 마라." 쿠푸왕(Pyramid of Khufu)의 피라미드, 카프레왕(Pyramid of Khafra)의 피라미드, 멘카우레왕(Pyramid of Menkaura)의 피라미드 등이 있다.

구 분	원래 높이	현재 높이	밑변 길이	부피(m³)	무게(t)
쿠푸왕의 피라미드	146.5	137.2	230.3	2,590,000	6,500,000
카프레왕의 피라미드	143.5	136.5	214.6	2,200,000	5,500,000
멘카우레왕의 피라미드	66.5	62.0	104.7	239,000	600,000

쿠푸왕 피라미드

카프레왕 피라미드

멘카우레왕 피라미드

- 스핑크스(Sphinx) : 제4왕조(BC 2650년경) 카프레왕
  (王)의 피라미드에 딸린 스핑크스가 가장 크고
  오래된 것으로 알려져 있다. 이것은 자연암석을
  이용하여 조각한 것인데, 군데군데 보수(補修)한
  흔적이 있다. 전체의 길이 약 70m, 높이 약 20m,
  얼굴 너비 약 4m나 되는 거상(巨像)으로, 그 얼
  굴은 상당히 파손되어 있으나 카프레왕의 생전
  의 얼굴이라고 한다.

스핑크스

(3) 룩소르(Luxor) : 카이로 남쪽 50km의 나일강(江) 동안에 있다. 고대 이집트 신왕국시
대의 수도 테베의 남쪽 교외에 해당하는데, 룩소르 신전·카르낙 신전을 비롯하여 대안(對
岸)에는 왕가의 계곡이 있다.

- **투탕카멘의 무덤**(Tutankhamen's Tomb) : 카이로에 있는 이집트
  박물관이 투탕카멘의 박물관이라고 표현될 만큼 그의 유물이
  상당한 부분을 차지한다. 이집트 초기의 카이로와 그 주변에
  피라미드로 만들어진 왕들의 무덤은 이미 오래 전에 도굴되었
  기에 우리는 파라오의 무덤이 화려하다는 사실을 듣기만 하였
  지 확인할 길은 없었다. 이런 면에 있어서 투탕카멘의 무덤발
  견은 세계 고고학계에 엄청난 센세이션을 일으켰다.

투탕카멘

- **왕가의 계곡**(The Valley of the Kings) : 이집트 신
  왕국시대의 왕릉이 집중된 좁고 긴 골짜기. '왕
  릉(王陵)의 계곡'이라고도 한다. 당시 국왕들은
  매장품의 도굴을 방지하기 위하여 사람들 눈에
  띄기 쉬운 피라미드 등을 피해 의식(儀式)이나 제
  례를 위한 제전(祭殿)과는 별도로 능만을 인적이

왕가의 계곡

드문 계곡 바위틈이나 벼랑에 만들었다.

- **룩소르 신전**(The Temple of Luxor) : 룩소르 시가의 중앙, 나일 강변에 있다. 오래된 신전을 증개축한 것으로, 현재의 배치가 거의 완성된 것은 신왕국시대 초기 제18왕조의 아멘호테프 3세 때이다. 카르낙 신전의 부속 신전으로 세워졌는데, 테베의 전정한 통치자로 숭앙된 아몬신과 그 아내 무트, 아들 코스를 위한 신전이었다.

▶ 룩소르 신전

- **카르낙 신전**(Great Karnak Temple) : 카르낙은 옛 도시 테베의 북쪽 절반을 가리키는 지명인데, 아몬 대신전 외에 몬트·무트의 세 신전군(神殿群)이 있다. 이 중 아몬 대신전(남북 600m, 동서 540m)을 비롯하여 콘스·프타·람세스 2세·람세스 3세 등의 신전도 산재해 있다.

▶ 카르낙 신전

- **룩소르 박물관** : 룩소르의 수많은 유적에서 발굴된 유물들이 진열되어 있다. 출품 수는 적지만 하나하나가 정선되어 있으며 조명도 대단히 훌륭한 현대적인 미술관이다.

- **하트셉수트 여왕 신전**(Hatshepsut's Temple) : 이집트 제18왕조 제5대의 여왕(재위 BC 1503?~1482?) 하트셉수트가 지은 신전이다. 왕가의 계곡 근처에 펼쳐진 다이르 알바흐리 계곡에 하트셉수트 여왕 장제전이 깎아지른 듯한 단애를 배경으로 우뚝 서 있다. 다이르 알바흐리는 아라비아어로 '북쪽의 수도원'을 뜻한다.

▶ 하트셉수트 여왕 신전

- **멤논의 거상**(Colossi of Memnon) : 원래 이곳은 제18왕조인 아멘호텝 3세(Amenhotep III)의 신전으로 자연과 고대 여행자들에 의해 파괴되어 현재는 신전을 지키는 2개의 거상만 남아 있으나 이것만으로도 충분히 깊은 인상을 남겨 준다. 멤논의 거상은 19.5m 높이의 거상으로 2개의 좌상 중 하나이다.

▶ 멤논의 거상

(4) 아부 심벨(Abu Simbel) : 아스완 남쪽 280㎞ 지점에 위치한 이집트 최남단의 관광지로서 북회귀선의 남쪽에 있다. 아스완하이댐이 건설되면서 수몰을 피하기 위해 유적은 이

전되었다.

- **아부 심벨 신전**(The Great Temple) : 고대 이집트의 암굴신전(岩窟神殿). 제19왕조의 람세스 2세(재위 BC 1301~1235)가 천연의 사암층(沙岩層)을 뚫어서 건립했다. 왕 자신을 위한 대신전과 왕비 네페르테리를 위한 소신전으로 되어 있다. 이 사원은 1813년 재발견될 때까지 알려지지 않았다.

▶ 아부 심벨 신전

- **하토르 신전**(The Temple of Hathor) : 아부 심벨에 있는 이 소신전은 사랑과 음악의 여신 하토르와 그의 왕비인 네페르테리를 기념하기 위해 람세스 2세가 대신전을 짓기 이전에 만든 것이다. 입구마다 10m 높이의 거상이 6개 서 있는데, 람세스의 2개의 상은 하토르의 복장을 한 네페르테리 왕비 옆에 서 있다.

▶ 하토르 신전

(5) **멤피스**(Memphis) : 이집트의 카이로 남쪽 20㎞의 나일강(江) 서안에 있던 고대 도시. 현재는 야자숲으로 둘러싸인 폐허이다. BC 3100년경 제1왕조의 창시자 메네스가 상(上)이집트와 하(下)이집트(삼각주 지대)의 접점인 이곳을 통일왕국의 도읍으로 한 데서 시작되어 고왕국시대(古王國時代)를 통하여 수도로 번창하였고, 모든 왕들은 서쪽의 사막에 피라미드를 쌓았다.

- **람세스 2세의 상**(Colossi of Ramses II) : 다리의 일부는 훼손되었지만 거의 완전한 상태로 현대에 되살아났다. 몸의 곡선은 거의 동양의 불상을 연상시키리만큼 매끄러워, 수천 년 된 조각이라고는 믿어지지 않는다. 옛길의 건너편에는 성스런 소, 아피스(Apis)의 미라를 만드는 데 쓰인 해부대가 놓여 있다.

▶ 람세스 2세의 상

- **앨러배스터 스핑크스**(The Alabaster Sphinx) : 크기는 기제의 스핑크스에 못 미치지만, 단정한 모습이 친근감을 느끼게 한다. 신전의 남쪽 입구를 수호하는 것 중의 하나다.

- **사카라**(Saqqara) **피라미드** : 6난의 단층을 가진 이 계단과 피라미드는 이집트 최초의 피라미드이다.

▶ 사카라 피라미드

주랑의 북쪽과 피라미드의 북쪽에 각각 신전이 이어져서, 광대한 피라미드 단지를 형성하고 있다. 바깥쪽을 두른 벽에 올라가면 주변의 마스터바 고분군과 붕괴된 옛 피라미드의 자취가 보인다.

(6) 아스완(Assuan) : 나일강(江)의 동안(東岸) 제1폭포 바로 북쪽에 있으며, 카이로에서 철도로 950㎞ 남쪽에 있다. 예로부터 대상(隊商)들의 숙박지로, 수단과 에티오피아의 상업·교통 중심지를 이루었다. 나일강의 물을 조절해서 사막을 경지로 만들기 위해 축조된 '아스완댐'으로 유명해졌다.

- **미완성 오벨리스크**(The Unfinished Obelisk) : 카르낙 신전에 사용될 오벨리스크를 만들기 위해 바위에서 쪼아낸 400m에 이르는 조각들이 아직도 남아 있다. 이곳은 고대 이집트인들의 건축과 조각기술을 연구할 수 있는 귀중한 유적자료이다. 당시 오벨리스크의 제작과정을 보여주는데, 길이는 41m, 무게 1,267톤으로 추정된다.

🔲 미완성 오벨리스크

- **아스완하이댐**(Assuan High Dam) : 아스완주(州)에 있는 댐으로 높이 111m, 제방 길이 3.6㎞, 저수량 1,570억㎥, 저수지 길이 500㎞인 아스완 부근 나일강(江) 급류를 막아 건설한 세계 최대의 록필(rock-fill)댐이다. 나일강의 홍수조절과 관개용수 확보를 위해 1960년에 러시아의 기술 원조로 공사에 착수하였고 1971년에 완공하였다.

🔲 아스완하이댐

- **누비아 박물관**(The Nubia Museum) : 아스완하이댐 건설에 따라 침수되는 누비아의 유적지를 댐에 의해 수몰되기 전에 발견된 많은 유물들이 전시되고 있다.

(7) 알렉산드리아(Alexandria) : 이집트에서 두 번째로 큰 도시로 이집트의 주요 항구이다. 알렉산더 대왕의 불멸의 이름을 딴 이 도시는 문화적·정치적·경제적인 중심지로 급격히 번창하였고, 그 흔적이 오늘날까지 남아 전해지고 있다. 프톨레마이오스 왕조의 수도로서 수많은 유적지를 가지고 있다.

- **안푸시고분**(The Tomb of Anfusi) : BC 2세기의 암굴 고분. 그리스와 이집트의 혼합양식을 보여주고 있다. 안뜰을 사이에 두고 2개의 고분이 있는데, 둘 다 입구, 홀, 사체 안치를 위한 예배당으로 나뉘어 있다.

- **몬타자궁전**(Montaza Palace) : 원래 왕가의 여름 별장으로 1892년에 세워졌다. 지금은 미

술관으로 쓰이고 있는데, 정원에는 수백 그루의 야자나무가 있고, 스포츠 시설이며 레스토랑, 매점 따위도 갖추어져 있다. 150ha의 부지 안에 있는 팔레스틴 호텔은 별장 하나를 개조한 것으로 분위기가 좋다.

▶ 몬타자궁전

- 그레코로만 박물관(The Greco Roman Museum) : 1892년에 설립되었다. 알렉산드리아와 그 주변에서 발견된 BC 3세기에서 AD 3세기에 이르는 그리스 로마시대의 유물 약 4,000점을 소장하고 있다. 로제타석의 사본도 전시되어 있다. 정면 홀에서 왼쪽으로 6호실에서 20호실까지 연이어 있는데 이쪽을 먼저 보고, 반대편 1~5호실은 나중에 보는 것이 좋다.

▶ 그레코로만 박물관

- 폼페이의 기둥(Pompei's Pillar) : 지금의 알렉산드리아에는 그리스 로마시대의 유물이 적은데, 폼페이의 기둥은 그중의 하나이다. 로마황제 디오클레티아누스의 상을 얹기 위해 세워진 것이므로, 디오클레티아누스의 기둥이라고도 한다. 이 기둥은 항해 중인 배들의 목표물로도 이용되었다 한다.

▶ 폼페이의 기둥

- 카이트베이 요새(The Citadel of Qaitbey) : 파로스섬은 원래 세계 7대 불가사의로 손꼽히던 파로스섬의 등대가 있었던 곳이며, 두 개의 항구를 가진 주요 항구였다. 등대는 전쟁과 재해로 파괴되었고 그 자리에 요새가 세워졌다. 이 요새는 1480년 술탄 카이트베이가 알렉산드리아의 고대 등대 위에 세운 것이다.

▶ 카이트베이 요새

(8) 시나이반도(Sinai Peninsula) : 서쪽은 수에즈운하와 수에즈만(灣)으로 아프리카 대륙에, 동쪽은 아카바만(灣)을 사이에 두고 아라비아반도(사우디아라비아 및 요르단) 및 이스라엘에 각각 접하며, 북쪽은 지중해에 면한다. 베두인족(族)이 유목생활을 하고 있으며, 특히 이곳에는 유목민과 이스라엘 건국으로 팔레스타인에서 쫓겨난 난민이 많이 살고 있다.

6.1.2 모로코(Morocco)

1 국가개황

- 위치 : 아프리카 북서단
- 수도 : 라바트(Rabat)
- 언어 : 아랍어
- 기후 : 온대, 지중해성, 대륙성, 사막기후
- 종교 : 이슬람교 99%, 기독교 1%
- 인구 : 31,478,000명(37위)
- 면적 : 446,550㎢(56위)
- 정체 : 입헌군주제
- 통화 : 디르함(ISO 4217 : MAD)
- 시차 : (UTC+0)

빨강 바탕에 초록 선으로 그려진 5각별이 있다. 빨강은 모로코 국민의 조상인 알라위트가(家)의 깃발 색에서 유래하였으며, 순교자의 피와 왕실을 의미하고 초록색은 평화와 자연을 의미한다. 별의 5개의 각은 이 나라의 국교(國教)인 이슬람교의 5가지 율법을 나타낸다. 붉은 기는 17세기부터 쓰였는데, 1912년 다른 많은 붉은 기와 구별하기 위해 '술레이만의 별'이라는 표지를 붙였다.

2 지리적 개관

북쪽에는 스페인의 지역인 멜리야와 세우타가 있으며, 남쪽에는 서사하라가 있다. 지브롤터 해협 너머에 스페인과 영국령 지브롤터와 마주하고 있다. 대서양에서 지브롤터 해협을 거쳐 지중해까지 긴 해안선이 이어진다. 동쪽으로는 알제리와 국경을 맞대고 있고, 서쪽에는 대서양, 남쪽에는 서사하라, 북쪽으로는 지중해와 스페인이 있다.

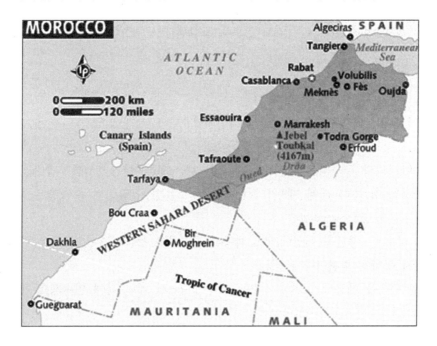

3 약사(略史)

- 페니키아인과 카르타고인이 해안에 거점을 만들고 로마인도 한때 모리타니 부근의 해안 지대를 지배
- 685년 아라비아에서 진출해 온 이슬람교(敎)의 군대가 모로코를 정복
- 740년경부터 소왕국으로 분열
- 788년 이드리스왕조가 통일
- 11세기 알모라미드왕조가 마라케시를 수도로 에스파냐에서 세네갈강에 이르는 광대한 제국을 건설
- 12~15세기 에스파냐, 포르투갈, 오스만투르크의 침략을 받음
- 1912년 프랑스와 에스파냐의 보호령으로 분할
- 1956년 3월 프랑스로부터 독립
- 1958년 4월 입헌군주국 모로코의 영토 통일
- 1969년 에스파냐령 이프니가 정식 반환
- 1976년 4월 에스파냐령 사하라(西사하라)의 북쪽 반을 병합

4 행정구역

15개의 지역으로 나뉘는데, 모로코는 이 15개 지역 외에 서사하라 내부에 완전히 포함되는 Oued Eddahab-Lagouira 지역도 영토에 포함된다고 주장하고 있다.

5 정치 · 경제 · 사회 · 문화

- 1970년 7월에는 국민투표로 신헌법이 시행되었으나 1972년에 국왕 암살미수사건이 일어나는 등 정세는 여전히 불안정한 상황이다.
- 다른 북아프리카 국가와는 달리 석유는 없으나, 석탄 · 인광석 · 철 · 납 등의 지하자원이 풍부하며, 특히 세계 제3위의 매장량을 보유한 인광석의 수출량은 세계 제일이다.
- 도시인 · 공무원 · 중산층 이상에게만 혜택이 돌아가고 농촌인구 · 노동자는 복지혜택을 거의 받지 못하는 형편이다.
- 전통적인 민속을 계승하기 위해 정부는 마라케시에서 매년 봄에 민속제를 개최한다.

6 음식 · 쇼핑 · 행사 · 축제 · 교통

- 햄버거, 피자, 파스타를 비롯하여 중국요리까지 쉽게 맛볼 수 있지만, 모로코의 전통음식은 매우 훌륭하기 때문에 한번쯤은 꼭 맛보는 것이 좋다.
- 전통음식으로는 쿠스쿠스(밀을 쪄서 고기와 야채 등을 곁들인 북아프리카 요리) 요리와 타지네스(야채와 함께 끓인 소고기나 닭고기 요리), 휴트(생선 스튜) 등이 있다.
- 울 카펫이나 가죽 제품, 사하라에서 나온 화석, 목공예품, 실크, 금, 은, 보석류 등이 살 만하다.
- 두 종류의 택시가 있다. 하나는 그랑 택시(Grand taxi)로 좀 더 길고 고정된 거리를 연결한다. 다른 하나는 프티 택시(Petit taxi)로 도시 안을 도는 데 좋다. 모든 프티 택시는 m기가 달려 있다.
- 무세움(Mousseum)축제, 마라케시 국립민속축제 등이 유명하다.

7 출입국 및 여행관련정보

- 한국과 모로코는 비자면제 협정이 체결되어 있기 때문에 3개월간은 비자 없이 체류할 수 있다.
- 입국 검사는 까다롭지 않은 편이다. 위스키 1병, 포도주 3병, 담배 10갑과 그 밖의 카메라, 라디오 등의 개인 휴대품은 면세된다.
- 모로코는 교통사고율이 높은 나라이므로 주의하도록 한다.
- 모로코에서는 공항, 군사지역, 항만 등에서의 사진촬영이 금지되어 있다.
- 모로코에서는 상인들이 가격을 흥정할 것을 예상하고 값을 부르기 때문에 항상 가격을 깎아야 한다. 계산할 때는 카드보다는 현금이 좋다. 카드로 계산하면 바가지를 쓸지도 모른다.

8 관련지식탐구

- **모로코독립운동** : 모로코는 1912년 3월의 페스조약에 의해 프랑스의 보호령이 되었으며, 9월에는 북부지방이 에스파냐 영토가 되었다. 이에 따라 1956년 모로코가 독립을 확보할 때까지 계속한 민족운동.
- **리프(Riff)족** : 모로코 북동부 산지에 거주하는 베르베르족의 한 부족.
- **모로코사건** : 1905~1906, 1911년 두 차례 모로코의 분할을 둘러싸고 일어난 국제분쟁.
- **모로코스페인공동선언** : 스페인의 모로코 보호지배의 종결에 관한 모로코와 스페인 간의 공동선언.

- **알헤시라스회의**(Algeciras Conference) : 1905년에 일어난 제1차 모로코사건(탕혜르사건)을 수습하기 위하여, 1906년 1월 16일부터 4월 7일에 걸쳐 에스파냐의 알헤시라스에서 개최된 국제회의.
- **모로코프랑스공동선언** : 1956년 3월 2일 모로코의 독립에 관하여 프랑스와 모로코가 행한 공동선언.
- **아이트벤하두**(Ksar of Ait-Ben-Haddou) : 모로코 우아르자자테주(州)에 있는 요새마을 유적. 모로코 아틀라스 산맥 중턱에 위치한 전통 모로코인 거주지로, 건조하고 황량한 암석사막 위에 하늘을 찌를 듯 견고하게 서 있는 거대한 성채의 형상이다. 마을 전체가 방어벽으로 둘러싸인 요새도시의 위풍당당한 모습은 주변 풍경을 압도한다.

▶ 아이트벤하두

9 중요 관광도시

(1) 라바트(Rabat) : 정식명칭은 라바트엘파티프(Rabat el-Fatif)이다. 대서양에 면한 카사블랑카 다음가는 대도시이다. 북아프리카에서 인구 10만 명 이상의 도시 중에서는 가장 아름다운 도시로 알려져 있다.

- **모로코 왕궁**(Morocco Royal Palace) : 물레이 하산 거리와 무함마드 5세 거리가 만나는 곳에 있다. 18세기 말에 세워졌으며, 1999년 즉위한 시디 모하메드 6세(Sidi Mohammed VI)가 살고 있다. 흰 벽과 녹색 지붕의 호화롭고 장대한 왕궁으로, 총리 집무실이 있다.

▶ 모로코 왕궁

- **우다이아 정원**(Oudaia Garden) : 분수가 있는 안달루시아풍의 정원으로, 남국의 꽃들이 아름답다. 정원 안에는 민속악기들을 수집해서 전시한 악기박물관도 있고, 베르베르인의 결혼의상이나 카펫, 도기, 가구 등 민속공예품을 전시한 우다이아 박물관도 있다. 남국의 꽃들이 많이 자라는 이곳이 가장 아름답다.

▶ 우다이아 정원

- **하산탑**(Hassan Tower Mausoleum) : 라바트의 상징으로 꼽히는 스페인 무어 양식의 이슬람

교 사원에 있다. 장대한 첨탑으로 한 변이 16m
인 정사각형 형태이다. 알 모하드왕조의 제3대
야쿠브 엘 만수르(Yakub el Mansur)가 12세기 말
높이 44m까지 세우다가 사망한 후 공사가 중단
되었고 현재까지 미완성인 채로 남겨졌다.

▷ 하산탑

- 모하메드 5세 묘 : 국왕 하산 2세의 부친인 모하
메드 5세 국왕의 묘. 1912년 이래 술탄 벤 유세
프는 프랑스의 식민통치에 항거하여 독립운동의
선두에서 싸우고, 1956년 3월 독립을 성취하자,
왕위에 올라 모하메드 5세가 되었다. 그 후 근대
국가 건설에 힘쓰다가 1961년에 죽었는데, 이
묘는 1971년에 준공되었다. 묘 속에 석관이 안
치되어 있다.

▷ 모하메드 5세 묘

(2) 카사블랑카(Casablanca) : 카사블랑카는 '하얀 집'이라는 뜻으로 아랍어로는 다르엘베
이다(Dar el-Beida)라고 한다. 카사블랑카는 베르베르인의 어항으로 1468년 파괴된 고대 도
시 안파의 자리에 포르투갈인에 의해 건설되어, 1757년 모로코 술탄에게 점령되었다. 아프
리카 북서부에서 가장 큰 도시이며 상공업의 중심지이다.

- 모하메드 5세 광장 : 카사블랑카의 중심에 있고,
반원형 돔이 길잡이가 된다. 여기서부터 여러 도
로가 시작되고, 주변에는 고급 호텔과 대형 토산
물 상점이 즐비하다. 시내 관광이나 쇼핑의 기점
이 되는 광장이다. 주변에는 고급호텔과 대형 선
물가게 등이 즐비하다.

▷ 모하메드 5세 광장

- 구메디나(Old Medina of Casablanca) : 모하메드 5세 광장의 북쪽 해안에 축조된 옛 성벽으
로 에워싸인 곳으로 20세기 초까지는 이메디나가 카사블랑카 시가의 전부였다. 옛 아랍
시가가 있으며, 부분적으로 남아 있는 성벽, 미로와 같은 좁은 골목, 흰 벽의 가옥들이
바깥쪽을 둘러싸듯이 건설된 근대적인 시가(프랑스의 도시계획에 의해 건설)와 대조적인 경
관을 이룬다.

(3) 페스(Fes) : 수도 라바트의 동쪽 160㎞, 리스 산계(山系)의 남쪽 기슭에 있다. 801년
이드리스왕조의 제2대 이드리스 2세가 수도로 삼고, 마그레브에서의 이슬람 문화의 중심
지가 되었다. 페스의 구시가지는 거의 1200년 전 이슬람왕조 시대의 건물과 정취를 그대

로 간직하고 있어 구시가지 전체가 세계문화유산으로 등재된 곳이다.

- **페스의 메디나**(Medina of Fez) : 원래는 도시를 의 미했으나 현재는 옛 시가지라는 의미로 쓰이고 있다. 복잡한 미로, 다닥다닥 붙은 집들, 특산물 인 가죽염색공장, 좁은 골목에서 짐을 나르는 당 나귀, 눈만 드러낸 채 온 몸을 가린 여인네들, 거리를 뛰노는 아이들까지… 모든 것이 예전 모 습 그대로다.

▶ 페스의 메디나

(4) 탕헤르(Tangier) : 모로코 최북부 지브롤터 해 협에 면한 항구도시. 대서양에서 해협 쪽으로 10㎞ 들어간 곳에 있다. 지중해의 입구라는 전략적 위치 때문에 강대국의 쟁탈 표적이 된 역사를 지녔다. 외국인 관광객과 유럽으로 취업이민의 출입이 많 다. 여름은 시원하고, 겨울은 따뜻하여 피서·피한 객이 찾아든다.

▶ 탕헤르의 메디나

(5) 마라케시(Marrakesh) : 카사블랑카 남쪽으로 234㎞. 표고 545m에 자리 잡은 이 도시는 사하라 사막 바깥쪽의 오아시스이다. 흙의 색깔, 건물의 바 깥벽이 온통 붉은색으로 '붉은 도시'라고 불리기도 한다. 1520년 시드왕조의 도읍으로 정해진 뒤 비약 적인 발전을 이룩하여 그 시대에 이루어진 건축, 유물이 많이 남아 있다.

▶ 마라케시의 메디나

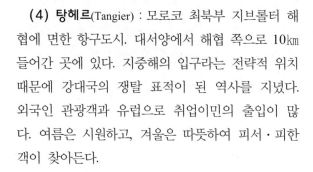

6.2 남아프리카(South Africa)

6.2.1 케냐(Kenya)

1 국가개황

• 위치 : 아프리카 동부 해안
• 수도 : 나이로비(Nairobi)
• 언어 : 영어
• 기후 : 스텝, 고온다습
• 인구 : 32,021,856명(37위)
• 면적 : 582,650㎢(46위)
• 정체 : 대통령중심제
• 통화 : 실링(ISO 4217 : KES
• 시차 : (UTC+3)

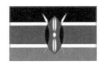

검정은 국민을, 빨강은 자유를 위한 투쟁을, 초록은 농업과 천연자원을, 하양은 통일과 평화를 나타낸다. 중앙에 겹쳐 배치한 마사이족(族) 용사의 전통적인 방패와 2개의 흰색 창은 자유를 수호하는 상징이다. 까망·하양·빨강·하양·초록의 비는 6 : 1 : 6 : 1 : 6이고 전체 가로세로 비율은 3 : 2이다.

2 지리적 개관

인도양에 면해 있으며 북동쪽으로 소말리아, 북쪽으로 에티오피아와 수단, 서쪽으로 우간다, 남쪽으로 탄자니아와 국경이 맞닿고 있다.

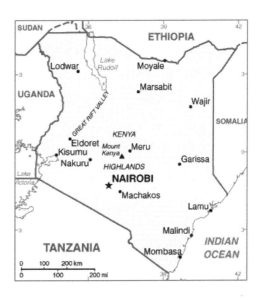

3 약사(略史)

• BC 1000년경까지 아라비아반도 쪽으로부터 소말리아와 에티오피아를 경유하여 햄족과 셈족의 인종이 남하
• 7세기경에는 아랍인이 정착하여 그들의 마을을 형성
• 1498년 이후 포르투갈인이 해안지대에 진출
• 16세기 서쪽으로부터 반투족이 이동해 옴
• 19세기 영국과 독일의 그리스도교 포교활동 시작
• 1888년 영국의 동아프리카 회사가 특허회사로서 이 지역의 무역을 독점

- 1895년 영국의 동아프리카 보호령
- 1930년대부터 키쿠유족을 중심으로 한 독립운동 시작
- 1952년 10월에 시작된 '마우마우(Mau Mau)의 투쟁'
- 1964년 12월 12일 공화국을 선언

4 행정구역

니안자주, 이스턴주, 리프트밸리주, 노스이스턴주, 웨스턴주, 센트럴주, 코스트주 등 7개의 주(province)와 1개의 나이로비 구역(area)으로 나뉜다.

5 정치 · 경제 · 사회 · 문화

- 1964년 11월에 제정된 케냐공화국 헌법에 의거하여 대통령 중심제가 채택되었다.
- 케냐는 독립(1963) 후 4년간의 경제성장률이 연평균 7.4%로, 동아프리카 국가 중에서 제조공업이 발달된 나라로 알려져 있다.
- 여러 인종이 혼재하는 다인종(多人種)사회의 특색을 지니고 있다. 인도인 · 파키스탄인 · 유럽인 · 아랍인 등의 비(非)아프리카인이 도시지역에 집중하여 살고 있으며 이들의 사회 · 경제적인 영향력이 크다.
- 육상경기의 장거리 종목은 아주 뛰어나 올림픽, 육상선수권 대회, 마라톤 대회에서 수많은 메달을 획득했다. 크리켓은 1996년 월드컵 선수권대회에서 좋은 성적을 거두었고, 축구도 월드컵축구대회에 진출할 만큼 실력이 좋다.

6 음식 · 쇼핑 · 행사 · 축제 · 교통

- 케냐고원 지역에 살고 있는 키쿠유족의 주식은 콩과 옥수수이다. 옥수수 가루를 물에 개어 만든 것을 '우갈리(Ugali)'라고 부르는데 동아프리카 전역에서 쉽게 찾아볼 수 있는 음식이다.
- 해안에 거주하는 스와힐리인들은 코코넛 열매를 이용해 지은 밥인 '왈리(Wali)'를 튀긴 생선과 쇠고기 수프인 '카랑가(Karanga)' 등과 함께 먹는다.
- 사바나 지역에 거주하면서 유목생활을 하는 마사이족 등은 우유와 소의 피를 섞어 마시기도 하고, 소피를 응고시킨 것을 간식으로 먹기도 한다.
- 마타투라고 하는 미니버스는 현지인들이 가장 많이 이용하는 시내 대중 교통수단이다. 마타투는 매우 혼잡하고 위험하게 운전하는 경우가 종종 있으므로 유의하는 것이 좋다.
- 세계경주 선수권(World Race Championship) 사파리 경주가 유명하다.

7   출입국 및 여행관련정보

- 케냐에 도착하면 공항에서 비자를 발급받을 수도 있지만 번거로운 절차를 피하기 위해서는 비자를 만들어 가는 것이 좋다. 단수 관광비자로는 최고 한 달까지 체류할 수 있다.
- 6세 이상의 성인은 담배 200개비, 시가 50개비, 잎담배 225g, 술 1병, 약간의 향수를 입국 시 면세로 반입할 수 있다.
- 케냐에 입국하기 위해서는 반드시 예방접종 확인서인 옐로카드(Yellow card)를 소지해야 한다. 말라리아와 황열병, 콜레라 등 풍토병에 대한 예방접종을 미리 하고 가는 것이 안전하다.
- 케냐에서 사파리 투어를 할 때 가장 많이 이용하게 되는 숙소의 형태이다. 그러나 야생동물과 무장강도의 위험 때문에 반드시 관계 당국의 관리가 이루어지고 있는 지역에서 야영을 해야 한다.
- 케냐는 열대이지만 Mombasa를 제외하고는 대부분 고원지대이므로 밤에는 꽤 춥다. 따라서 스웨터 등 두꺼운 옷을 준비해 가는 것이 좋다.
- 사파리 투어 시 재킷 하나쯤은 준비하고, 세면도구와 일용품, 쌍안경과 선글라스는 필수적으로 준비한다. 그리고 사파리 여행 시 야생동물들이 어느 순간 공격할지 모르니 차량에서 내릴 때는 주의한다.
- 상비약과 벌레나 모기를 막아주는 스프레이식 방충제, 손전등, 양초도 준비해 가는 것이 좋다. 현지에서 사면 질도 떨어지고 바가지를 쓸 염려가 많으므로 출국하기 전에 준비해 두는 것이 좋다.
- 나이로비 지역은 말라리아 예방약을 복용할 필요는 없으나 말라리아 모기가 출현하므로 모기장을 준비하고 모기에 물리지 않도록 주의한다. 그리고 Mombasa 등 저지대로 여행 시에는 예방약을 꼭 복용해야 한다.
- 일정에 킬리만자로가 포함된 경우에는 등산장비를 준비한다. 부피가 큰 것은 임대가 가능하다. 고산병에 걸릴 위험이 있으므로 가이드의 충고를 잘 따른다.

8   관련지식탐구

- 마우마우(Mau Mau) : 아프리카의 영국령 케냐 주민인 키쿠유족(族)이 1950년경에 조직한 반(反)백인 테러집단. 유럽인에게 빼앗긴 농토를 되찾기 위한 민족운동집단이다.
- 감블(Gamble) : 케냐의 엘멘테이터호(湖) 남서쪽 약 20km 지점에 있는 암굴유적.
- 은조로(Njoro)문화 : 케냐의 대지구대(大地溝帶) 안 나쿠루호(湖) 서쪽에 있는 은조로 농장에서 발견된 신석기시대 유적.

- 케냐피테쿠스(Kenyapithecus) : 동아프리카의 케냐에서 출토된 화석유인원(化石類人猿).
- 케냐의 국립공원

공원 이름	내 용
센트럴아일랜드국립공원	케냐 북부 투르카나호 내에 있는 섬으로 이루어진 공원이다. 넓이는 5㎢에 이른다. 1997년에 유네스코 세계문화유산으로 지정되었다.
시 빌 로 이 국 립 공 원	케냐의 수도 나이로비에서 북쪽으로 720㎞ 떨어진 투르카나호 동쪽 습지에 위치한다. 드넓은 초원지대에 들어선 국립공원으로 넓이는 1,570㎢이다. 1997년 유네스코 세계문화유산으로 지정되었다.
암 보 셀 리 국 립 공 원	케냐의 수도 나이로비 남동쪽 240㎞ 지점에 있는 국립공원으로 탄자니아의 국경과 인접해 있으며, 이전에는 마사이 암보셀리 금렵지역이었다. 암보셀리는 원래 1948년에 수렵금지 구역으로 지정된 곳으로, 탄자니아에 있는 킬리만자로산(5,895m) 북서쪽 3,261㎢를 차지하는 지역이었다.
차 보 국 립 공 원	면적 2만 899㎢. 1948년에 개장하였으며 케냐 국립공원 중 가장 넓다. 인도양과 동아프리카 고원의 중간쯤에 위치한다. 영양·얼룩말·기린 등이 서식하며, 동구와 서구로 나누어져 있다.
나 이 로 비 국 립 공 원	면적 114㎢. 해발고도 1,500~1,800m. 1946년 국립공원으로 지정되었다. 아프리카의 자연공원으로서는 규모가 작으나, 사자·하마·치타 등을 비롯해서 여러 종류의 영양류(羚羊類)와 조류가 서식한다.

9 중요 관광도시

(1) **나이로비**(Nairobi) : 나이로비란 마사이어(語)로 맛있는 물, 차가운 물이라는 뜻이다. 인도양 해안의 몸바사항(港)으로부터 철도로 약 530㎞ 떨어진, 케냐 중남부의 해발고도 1,676m의 고원에 있다.

- 지라프 센터(Giraffe Center) : 기린들을 거의 자연 방목 상태로 사육하고 있는 곳이다. 이 동물원의 다른 점은 기린에게 먹이를 주는 체험을 한 여행객이나 현지인들이 낸 기부금을 모아 굶주린 아이들을 돕는 새로운 형식의 자선기부 활동을 한다는 점이다. 야생의 기린을 가까이에서 볼 수 있고, 만져 볼 수 있는 기회를 제공한다.

▷ 지라프 센터

- 카렌 블릭센 박물관(Karen Blixen Museum) : 우리에게도 친숙한 영화 <Out of Africa>의 원작 소설의 저자 카렌 블릭센(Karen Blixen; 1885. 4. 17~1962. 9. 7)이 1914년부터 14년간 거주한 저택으

▷ 카렌 블릭센 박물관

로 아웃 오브 아프리카의 배경 장소가 되었던 곳이며, 600에이커에 달하는 커피농장과 흑인들을 위한 학교가 지어졌다.

- **키콘바 시장** : 유아카리(Juakari)라고 불리는 노천시장에서는 의류, 구두, 시트, 세면용구 등 갖가지 생활용품이 팔린다. 신품보다 중고품이 더 많은 것도 특징이다.
- **나이로비 국립박물관** : 사자, 영양, 임팔라 등의 박제로 자연환경을 재현해서 전시해 놓고 있다. 2층은 공예미술품의 전시장이다. 이 밖에 원시인류의 모형, 조류, 화석류, 미니 공룡 따위도 전시되어 있어서 아프리카의 자연과학을 이해하는 데 도움이 된다.

(2) 몸바사(Mombasa) : 동부 아프리카 최대의 항구이며, 우간다·탄자니아로 통하는 철도의 시발점이다. 옛날에는 무스카트오만령이었고, 11세기부터 아랍인·페르시아인의 항구도시가 되었다.

(3) 마사이마라(Masai Mara) : 탄자니아의 세렝게티 국립공원과 국경선에서 인접해 있으며, 야생동물의 수가 많기로는 케냐 국내에서 으뜸가는 지구이다. 면적은 1,800㎢로서 제주도와 비슷한 넓이이다.

(4) 암보셀리(Amboseli) : 헤밍웨이가 사냥을 즐기며 『킬리만자로의 눈』을 집필했던 곳으로 유명한 곳. 이곳의 면적은 제주도의 거의 두 배에 가까운 3,200㎢이다. 아프리카 최고봉인 킬리만자로(산의 정상은 탄자니아 쪽에 있음) 산록의 동쪽에 펼쳐진 일대를 동물보호구로 지정하였으며 지금은 국립공원이라 부르고 있다.

6.2.2 탄자니아(Tanzania)

1 국가개황

- 위치 : 아프리카 동부
- 수도 : 도도마(Dodoma)
- 언어 : 스와힐리어, 영어
- 기후 : 인도양 연안은 고온다습, 그 외 지역은 변화 많고 기온 낮은 편
- 인구 : 37,849,133명(32위)
- 면적 : 945,087㎢(31위)
- 정체 : 공화제
- 통화 : 실링(ISO 4217 : tzs)
- 시차 : (UTC+3)

노랑 테두리를 두른 검은 띠가 대각선으로 배치되어 초록과 파랑의 2개 삼각형을 이루고 있다. 초록은 국토와 농업을, 노랑은 광물자원을, 검정은 국민을, 파랑은 인도양(印度洋)을 나타낸다. 1964년 10월 29일 탕가니카와 잔지바르가 합병했을 때 두 나라의 이름을 합쳐 새로운 국명을 정한 것과 마찬가지로 국기도 국기·국장법(National Flag and Coat of Arms Act)에 의해 양 국기의 빛깔을 배합하여 제정하였다.

2 지리적 개관

동아프리카에 있는 나라이며, 1961년에 독립한 탕가니카와 1963년에 독립한 잔지바르가 1964년에 통합하여 생긴 나라이다. 수도는 다르에스살람이며, 흔히 탄자니아(Tanzania)라고 부른다.

3 약사(略史)

- 7세기 전반부터 페르시아만 연안이나 아랍과의 교역 활발
- 8세기에는 아랍인이 정착 시작
- 1498년 바스코 다 가마가 다녀간 뒤로 포르투갈의 지배
- 17세기 오만의 술탄에 의해 포르투갈인이 쫓겨남
- 1830년 잔지바르는 술탄의 왕국이 됨
- 1880년대부터 1919년까지는 독일의 식민지
- 1954년 반영독립운동이 활발해지면서 줄리아스 니에레레 중심의 아프리카 민족동맹이 결성
- 1961년 자치정부 수립 및 독립
- 1964년 탄자니아연방공화국 탄생

4 행정구역

26개 주로 구성되어 있다.

5 정치 · 경제 · 사회 · 문화

- 공화제를 하고 있으며, 국회는 단원제로 임기는 5년이다.
- 정의와 평등을 '우자마'로 불리는 아프리카적인 마르크스주의를 도입하였으나, 집단 농장제의 실패로 경제는 파탄하고 식량 부족에 시달리게 되었다. 현재는 시장경제중심의 경제정책을 실시하고 있다.
- 아프리카 최고봉인 킬리만자로산을 비롯해 산악지대가 주를 이루며, 북서쪽에는 아프리카에서 가장 넓은 빅토리아호와 아프리카에서 가장 깊은 탕가니카호 등 호수지대가 형

성되어 있어 아프리카에서도 관광지로 인기가 높다.

- 남서부의 칼람보 폭포를 탄자니아의 주요 관광지 중 하나로 육성하기 위해 많은 투자를 진행하고 있다. 칼람보 폭포는 아프리카에서 두 번째로 높은 폭포이며, 탕가니카호수의 남쪽 끝단에 위치하고 있다.
- 탄자니아의 아프리카인 주민들은 120개가 넘는 여러 민족에 속한다. 이 가운데 수쿠마, 하야, 니아큐사, 니암웨지, 차가 족은 그 수가 1백만이 넘는다.

6 음식 · 쇼핑 · 행사 · 축제 · 교통

- 냐마쵸마(Nyama Choa : 구운 고기)가 식당에서 중요한 자리를 차지하고 있다. 이외에도 전통적인 스와힐리 음식이 다양하다.
- 일반적인 매주는 사파리라거(Safari Lager)이며, 도주인 콘야키(Konyaki)도 애용되고 있다.
- 실제로 만들고 있는 모습을 보면서 주문제작한 수공예 제품을 살 수 있다.
- 특산품인 해포석 파이프, 이링가 지방의 바스켓과 모쉬 지방의 피혁제품, 탕카페라는 킬리만자로 커피 등이 유명하다.
- 세렝게티국립공원에서는 누 떼가 이동하는 모습을 보는 유명한 축제가 있다.

7 출입국 및 여행관련정보

- 탄자니아 비자는 도착 후 공항에서 발급받는 arrival 비자이고 서울주재 탄자니아 명예총영사관에서 미리 발급받을 수도 있다.
- 여권의 잔존 유효기간은 최저 6개월이다.
- 세관검사는 하물검사가 전부이고, 공항세 이외에 항공안전수수료를 지불해야 한다.
- 술 1병, 담배 200개비 또는 엽궐련 50개비, 향수 1온스, 파이프 담배 50그램이 면세 범위이다.
- 황열병의 오염지역에 체재 또는 통과 후 6일 이내에 입국하는 경우, 예방접종증명서의 제시가 요구된다. 황열병 예방주사와 말라리아 예방약을 복용하는 것이 바람직하다.
- 고원지대의 밤 기온은 생각보다 싸늘하므로 소매 긴옷과 긴 바지를 꼭 준비할 것. 소매가 긴옷은 이슬람권 관광에서 반드시 필요한 옷차림이다.
- 말라리아에 이어 주재국 2대 질병으로 인구의 약 15%가 AIDS/HIV 감염 추정. 감염된 부모의 사망으로 고아문제가 발생한다.
- 탄자니아에는 두 시즌 간의 우기가 있다. 3~6월까지의 대우기와 11~1월까지의 소우기가 그것이다. 대우기 동안에는 폭우와 함께 폭풍이 동반되기도 하지만 소우기 동안에는

덜 심각하다. 이러한 기후를 고려할 때 탄자니아를 여행하기에 좋은 시기는 지역별로 약간의 차이가 있다.

8 관련지식탐구

● 바오밥 나무(Baobab Tree) : 아프리카의 신성한 나무 중 하나로 꼽고 있으며 수령은 약 5000년이 넘는 것도 있다. 생텍쥐베리의 소설 『어린왕자』에도 등장하는데 어린왕자는 소혹성이 분열되는 걸 막기 위해 이 바오밥 나무의 씨를 골라낸다.

9 중요 관광도시

(1) **잔지바르** : 잔지바르섬 서쪽 연안에 있는 근대적 무역항이다. 아라비아반도와 아프리카 동쪽 연안의 전통적 중계무역 때문에 아랍의 범선 다우의 기항지이다. 잔지바르는 페르시아어 잔지(Zanzi : 흑인)와 바르(bar : 사주해안)의 복합어로 '검은 해안'을 뜻한다.

● 스톤 타운(Stone Town) : 특별히 로맨틱한 이름은 아니지만, 스톤 타운은 오래된 도시로, 지난 200년 동안 변화가 거의 없었던 잔지바르 문화 중심지이다. 잔지바르는 인도양 내의 중요한 무역 중심 중 하나였던 19세기에 세워진 도시의 모습이 현재까지 잘 보존되어 있다. 최근 유네스코에서는 세계 문화유산으로 등록하여 보존의 노력을 기울이고 있다.

▶ 스톤 타운

● 궁전 박물관(The Palace Museum) : 성곽의 흥벽이 있는 거대한 흰색 건축물로, 1890년대 술탄 왕족을 위해 세웠다. 원래 술탄의 궁전이라고 부르다가, 1911년 시민의 궁전으로 이름을 바꾸었다. 1994년, 궁전은 잔지바르 술판의 역사를 전시하는 '궁전 박물관'으로 세 번째 이름을 바꾸면서 박물관의 모습을 지니게 되었다. 박물관 내에는 혁명에서 살아남은 술탄의 가구와 소지품 등을 전시하고 있다.

▶ 궁전 박물관

(2) **세렝게티**(Serengeti) : 면적 1만 4,763㎢이다. 킬리만자로산(5,895m) 서쪽, 사바나지대의 중심에 있는 탄자니아 최대의 국립공원이다. 세계 최대의 평원 수렵지역을 중심으로 사

자·코끼리·들소·사바나얼룩말·검은 꼬리 누 등 약 300만 마리의 대형 포유류가 살고 있다.

(3) 다르에스살람(Dar es Salaam) : 인도양에 면한 무역항으로 아랍어(語)로 '평화의 항구'를 뜻한다. 이는 1862년 잔지바르제국의 술탄(회교국의 군주)이 축항하였기 때문이다. 항만시설은 1956년에 근대화되었고, 잠비아로 통하는 철도는 중국의 기술 및 자금 원조를 받아 1975년 10월에 개통되었다.

● **쿤두치 해변**(Kunduchi Beach) : 시내로부터 약 10㎞ 정도 떨어진 휴양지로서 파란 하늘과 산호가 투명하게 들여다보이는 바다가 남국의 정취를 물씬 풍기는 휴양지이다. 대안의 봉고요섬이라는 작은 섬으로 해변에 있는 3곳의 호텔에서 보트가 떠나고 있다.

● **민족자료관** : 탄자니아 각지 부족들의 주거형태를 재현해 놓은 곳으로 휴일에는 민속무용도 볼 수 있다.

● **국립박물관**(National Museum) : 천장에서 비가 새는 등 관리는 잘 되어 있지 않지만 흥미진진한 전시물이 상당히 많다. 올드바이 계곡에서 발견된 진잔트로프스 보이세이 유골과 식민지시대의 사진 및 그림, 별관에 있는 탄자니아 각지의 공예품, 악기, 도구류 등이 있다.

(4) 응고롱고로 분화구(Ngorongoro Crater) : 화산 폭발로 생겨난 것으로 그 크기가 백두산 천지의 30배에 달한다고 한다. 백두산 천지의 넓이가 우리나라 여의도 면적과 비슷하다고 하니 응고롱고로 분화구는 서울 여의도 면적의 30배나 될 만큼 큰 스케일을 가진 분화구라고 할 수 있다. 응고롱고로 분화구 안으로는 4륜구동 차량 이외에는 들어갈 수 없다.

▶ 응고롱고로 분화구

(5) 킬리만자로(Kilimanjaro Mt.) : 스와힐리어로 '하얀 산'이라는 뜻으로 탄자니아와 케냐의 국경 부근에 있는 아프리카 최고봉이다. 지금도 활동하고 있는 이 화산의 높이는 최고봉인 키보봉이 5,895m로서 서쪽으로부터 시라봉(3,778m), 중앙에 있는 키보봉(Kibo : 5,895m), 가장 흥미로워 보이는 마웬지봉(Mawenzi : 5,149m)으로 세 개의 봉우리가 늘어서 있다.

▶ 아프리카 최고봉 킬리만자로

(6) 아루샤(Arusha) : 탄자니아 북부 통상과 교역의 중심지로, 아프리카 동부지역에서 발전이 가장 빠른 도시 중 하나이다. 해발 1,540m 높이에 자리 잡고 있는 도시는 세렝게티, 만야라 호수, 응고롱고로 분화구, 타랑기레, 메루산, 아루샤 국립공원 등으로 사파리의 관문이다.

6.2.3 짐바브웨(Zimbabwe)

1 국가개황

- 위치 : 아프리카 남부
- 수도 : 하라레
- 인종 : 아프리카인(98%), 혼혈인 및 아시아인(1%)
- 언어 : 영어, 치쇼나어, 엔데벨어
- 종교 : 기독교·토착종교 통합(50%), 기독교(25%), 토착종교(24%)
- 정체 : 공화제
- 인구 : 13,010,000명(68위)
- 면적 : 390,757㎢(60위)
- 통화 : 달러(ISO 4217 : ZWD)
- 시차 : (UTC+2)

위부터 초록·노랑·빨강·검정·빨강·노랑·초록이 배치되었고, 깃대 쪽으로 검정 테두리의 하양 삼각형에는 노랑 독수리가 빨강 별 위에 앉아 있다. 초록은 농업과 번영과 천연자원을, 노랑은 부(富)와 금속자원을, 빨강은 독립투쟁을, 검정은 흑인국가임을 나타내고, 빨강별은 동유럽권과의 연대를, 독수리는 국조(國鳥)로서 평화를, 하양 삼각형은 평화와 전진을 나타낸다. 1980년 4월 18일 영국으로부터 독립하면서 제정하였다.

2 지리적 개관

아프리카 대륙 동남부에 자리 잡은 내륙국으로 위도 15.30~22.30°, 경도 25~33.10° 사이에 위치. 북쪽으로 잠베지강, 남쪽으로 림포포강으로 구분되어 있고 남으로는 남아프리카공화국, 동으로는 모잠비크, 북서로는 잠비아, 서로는 보츠와나와 접하고 있다. 면적은 약 390,759㎢으로 이는 한반도의 1.8배에 달하는 넓이, 이들 중 1/4이 1,000m 이상의 고원지대이다.

3 약사(略史)

- 짐바브웨의 원주민은 부시먼이었던 것으로 추정
- 약 600년 전에는 쇼나족의 모노모타파왕조가 풍부한 금광을 바탕으로 강력한 세력을 떨치면서 짐바브웨를 수도로 삼고 번영을 누림
- 1885년 탐험가 D. 리빙스턴이 빅토리아폭포를 발견한 후 영국과 접촉 시작
- 1891년 마쇼날란드와 마타벨렐란드는 정식으로 영국보호령이 됨
- 1898년에는 남(南)로디지아 식민지가 됨에 따라 1901년 보호령 해체
- 1953년 8월 로디지아-니아살란드 연방을 형성하였으나 1963년 말 해체
- 년 11월 스미스에 의한 백인정권의 일방적 독립선언
- 1979년 흑백 공동내각으로 구성된 잠정 정권수립, 국명도 '짐바브웨 로디지아'로 결정
- 이 정권은 게릴라 단체를 일방적으로 배제하였기 때문에 UN(United Nations : 국제연합) 가맹국으로부터 승인받지 못함
- 1980년 4월 18일 다수인 아프리카인이 지배하는 짐바브웨 독립

4 정치·경제·사회·문화

- 2005년 8월 개정된 헌법에 따르면 짐바브웨의 정체(政體)는 대통령 중심제 공화제이다. 대통령이 국가 원수이며 행정 수반이다. 임기 5년, 연임 무제한의 대통령은 각 주에서 선발된 10인 위원회의 추천을 받아 국민투표에 의하여 선출된다.
- 주된 농업 생산물은 담배·면화·옥수수 등이며 지하자원은 풍부한 편이지만 장기간에 걸친 정정 불안으로 제대로 개발되지 못하였을 뿐만 아니라 경제상태는 극도로 피폐하고 인플레가 극심하여 1981년 12월에는 물가동결령(物價凍結令)을 내리기도 했다.
- 대부분의 짐바브웨인은 친절하고 온화한 성품을 보유하고 있으며, 면전에서 바로 거절하지 못하는 경우가 많다. 시골에는 아직도 일부다처제가 많으며, 경제력이 있는 자는 자신의 힘과 경제력을 드러내고자 보통 2~5명 정도의 부인이 있다.
- 짐바브웨 사회에서는 예술가에 대한 평가가 높다. 또한 도자기 공예, 바구니 공예, 직물, 보석 세공 등의 전통공예가 아직도 잘 계승되고 있다.
- 국기(國技)는 축구이며, 짐바브웨 출신의 여러 선수가 유럽 각국에서 활약하고 있다. 그 밖에 골프·크리켓·레슬링·권투·네트볼·테니스·경마도 인기 있는 종목이다.
- 짐바브웨는 한국과는 1994년 11월 수교한 후 1995년 10월 9일 공관도 개설하였다. 북한과는 1980년에 수교하였다.

5 음식·쇼핑·행사·축제·교통

- 대부분의 음식은 남아프리카공화국과 비슷하다.
- 4월 18일 독립기념일 축제는 전국적으로 열리며, 5월 말에 있는 아프리카의 날은 지난 독립 투쟁을 되새긴다. 8월 11일과 12일은 짐바브웨 군대를 위한 행사가 열리고 축하받으며 독립운동의 영웅들을 기린다. 대규모의 짐바브웨 농업박람회가 하라레박람회장에서 8월 말경에 열리며, 전통음악 축제인 하우스 오브 스톤 뮤직 페스티벌(Houses of Stone Music Festival) 역시 하라레에서 매년 다른 날짜에 개최된다.

6 출입국 및 여행관련정보

- 한국에서는 비자를 받을 수 없고 공항에서 발급받는 도착비자(Arrival Visa)이다. 비자 비용은 통상 미국 달러로 비용을 지불하므로 미국 달러를 준비해 가야 한다.
- 여권의 잔존 유효기간은 6개월 이상 되어야 한다.
- 출국을 위한 항공권이 없을 경우, 그것을 구입할 비용과 체재에 필요한 충분한 현금 또는 T/C를 소지해야 한다.
- 건조한 겨울시기(5~10월)가 여행하기에는 가장 좋지만, 더 덥고 습한 여름철(11~4월)의 특징인 푸른 녹색 풍경은 볼 수가 없다.

7 관련지식탐구

- **무람바츠비나 작전**(Operation Murambatsvina) : 무가베 정권이 빈민굴의 무허가 건축물을 철거하여 도시 빈민들의 주거공간을 빼앗는 등 반대파들을 겨냥한 작전.

8 중요 관광도시

(1) **하라레**(Harare) : 짐바브웨의 수도. 국토의 북동부, 남위 17°50′이라는 저위도에 있으나 하이벨트 고원의 높이 1,483m 지점에 위치하기 때문에 연평균기온은 18℃이다. 남아프리카공화국에 대한 백인식민지의 거점으로 건설된 곳으로서 지명은 당시의 영국 외무장관 L. 솔즈베리에 연유하여 솔즈베리로 명명하였다가 1980년 하라레로 개칭하였다.

▣ 그레이트 짐바브웨 유적

- 그레이트 짐바브웨 유적(Great Zimbabwe National Monument) : 하라레시로부터 약 300㎞ 정도 떨어져 있으며 아프리카에서 가장 위대한 신비 중의

하나라 할 수 있다. 이는 11~15세기에 있었던 짐바브웨왕국시대에 만들어진 석조의 유적으로 약 2.5m 높이의 돌담 미로로 덮인 골짜기 부분과 높이 9.8m, 두께 5.2m의 적석이 타원형으로 건조된 고대의 신전 등으로 이루어져 있다.

- **치노이동굴(Chinhoyi Cave)** : 하라레시로부터 인접국인 잠비아(Zambia) 쪽으로 140㎞, 치노이(Chinhoyi) 마을로부터 8㎞ 정도 떨어진 곳에 있다. 매우 신비한 호수를 가지고 있는 이 동굴은 인근에 좋은 호텔도 갖추고 있다.

- **짐바브웨 국립 갤러리(The National Gallery of Zimbabwe)** : 아프리카 미술과 물질문화의 결정판이다. 꾸밈없는 아프리카 예술부터 식민지시대, 그리고 식민 이후 시대의 그림과 조각들을 전시하고 있다.

- **콥제(Kopje)** : 하라레 시내의 전경을 보기에 좋은 곳이다. 콥제 지역은 밤새도록 마시고 춤추는 톱 뮤지션들의 공연인 펑위(Pungwe)를 즐길 수 있는 제일 좋은 곳이다.

- **빅토리아폭포(Victoria Falls)** : 아프리카 잠비아와 짐바브웨의 경계를 흐르는 잠베지강(江)에 있는 대폭포. 현지 원주민들은 모시 오아 툰야라고 부른다. 너비 약 1,500m의 폭포로 바뀌어 110~150m 아래로 낙하한다. 폭포 위에는 몇 개의 섬이 있어서 레인보 폭포 등 다른 이름을 가진 폭포로 갈라져 있다.

 빅토리아폭포

6.2.4 남아프리카공화국(Republic of South Africa)

1 국가개황

- 위치 : 아프리카 대륙 남단
- 수도 : 프리토리아(Pretoria)
- 언어 : 영어 및 아프리칸스어
- 기후 : 아열대성, 건조기후
- 종교 : 신교 66%, 가톨릭교 9%, 기타 25%
- 인구 : 48,600,000명(25위)
- 면적 : 1,221,037㎢(25위)
- 정체 : 공화제
- 통화 : 랜드(ISO 4217 : ZAR)
- 시차 : (UTC+2)

노랑과 하양 테두리로 둘려진 초록의 Y자형 띠가 가로로 놓여 있고 Y자의 위는 빨강, 아래는 파랑이다. 빨강은 독립과 흑인 해방운동을 위해 흘린 피를, 초록은 농업과 국토를, 노랑은 풍부한 광물자원(주로 금)을, 파랑은 열린 하늘을, 까망과 하양은 흑인과 백인을, Y자는 통합을 나타낸다. 전체적으로는 흑·백 인종, 각 부족, 9개 주의 화합을 상징한다.

2 지리적 개관

북쪽은 나미비아, 보츠와나, 짐바브웨와 북동쪽은 모잠비크, 스와질란드와 국경을 접하고 있다. 1966년에 독립한 레소토가 이 나라 영토 안에 있으며, 행정 수도는 프리토리아이다. 2010년 FIFA 월드컵의 개최국이다.

3 약사(略史)

- 1488년 포르투갈인이 지금의 케이프타운 부근에 내항
- 1652년 네덜란드 동인도회사 케이프타운에 상륙
- 1815년 정식으로 영국의 식민지로 만들었으며, 1843년 나탈도 점령. 트란스발공화국(1852)과 오렌지자유국을 건국
- 1902년 화해조약을 체결한 후, 두 공화국을 영국의 식민지로 함
- 1910년 남아프리카연방 형성
- 1924년 국민당과 노동당의 연립내각 성립
- 1950년 인종등록법 제정
- 1959년 반투 자치촉진법으로 흑인들의 남아프리카공화국 국적 박탈
- 1961년 5월 남아프리카공화국 독립

4 행정구역

남아프리카공화국의 행정구역은 웨스턴케이프주, 노던케이프주, 이스턴케이프주, 크와줄루나탈주, 자유주, 노스웨스트주, 하우텡주, 음푸말랑가주, 림포포주 등 9개 주로 이루어져 있다.

5 정치 · 경제 · 사회 · 문화

- 남아프리카공화국은 다당제에 입각한 의원내각제가 가미된 대통령 중심제의 공화국이다.
- 남아프리카공화국이 농목업 생산은 국내총생산의 5% 정도로, 농업은 시장판매용의 백인농업과 자급자족용의 아프리카인(人)농업으로 나뉜다.

- 사회적·문화적 특색은 인종차별정책에 있었으나, 1989년 9월 총선에서 드클레르크가 대통령에 당선된 후 인종차별정책이 크게 완화되기 시작하여 1991년에는 인종차별정책이 종식되었다.
- 다종교사회이고 피부색에 의해 여러 집단으로 나누어져 있다. 아프리카인(人)과 영국인 모두 어느 한쪽으로 섞이는 것을 원하지 않아 전통의 흑인문화는 크고 작은 여러 집단으로 형성되어 있다.

6 음식·쇼핑·행사·축제·교통

- 음식은 독일, 프랑스, 말레이 음식의 혼합이라고 할 수 있다.
- 전통적인 음식으로는 양고기와 야채를 볶은 후 끓인 스튜 요리 브레디(Bredie)와 카레가루로 요리한 고기요리인 보보티(Bobotie), 남아프리카공화국의 바비큐 요리인 브라이(Braai) 등이 있다. 그 밖에 중국, 프랑스, 포르투갈, 인도 음식도 있다.
- 케이프타운이나 요하네스버그에서 준보석과 금, 다이아몬드의 가격은 적당한 수준이다. 구슬 공예, 목공예, 바구니, 수공예품 등이 살 만하다.
- 케이프타운에서 개최되는 레즈비언이나 게이축제가 유명하다.

7 출입국 및 여행관련정보

- 입국 시에는 6개월 이상 유효기간이 남은 여권과 충분한 여행 경비, 다음 지역으로 이동할 항공권이 요구된다.
- 황열병 위험지역에서 온 경우에는 황열병 예방접종 증명서가 필요하다.
- 남아프리카공화국의 면세범위는 담배 400개비, 잎담배 250g, 주류 1ℓ, 와인 2ℓ, 적당량의 향수 등이다.
- 도로는 좌측통행 차로이다.
- 영주권자나 인근국 국민이 아닌 여행객인 경우에 물품구입 시 'Tax invoice'를 소지하고 총 구입가격이 R250 이상일 때 세금환불을 받을 수 있다. 출국 시 공항 세관원에게 'Tax invoice'에 도장을 받고 'VAT refund'에 제출하면 된다. 단 호텔비나 식사비, 렌트비 등은 환급 대상에서 제외된다.
- 대도시와 흑인지역 간, 대도시 간(예 : Johannesburg~Pretoria 구간), 흑인지역 간을 연결하는 전동차에 외국인 탑승 시 범죄당할 확률이 매우 높으니 동 전동차의 이용을 삼가는 것이 좋다.

8 관련지식탐구

● **아파르트헤이트(Apartheid)** : 남아프리카공화국의 극단적인 인종차별정책과 제도.

● **반투 홈랜드(Bantu Homeland)** : 1959년에 성립한 반투 자치촉진법에 의거 1,800만 명의 아프리카인을 종족별로 10개 지정지에 격리·수용하고 명목상 자치권을 부여하나 실제로는 백인의 원격조정하에 이를 두려고 한 정책이다.

● **트란스케이(Transkei)** : 남아프리카공화국 이스턴 케이프주(州)에 있는 코사족의 자치국. 1994년 남아프리카공화국에 편입되었다.

● **흑인의식운동** : 1970년대 남아프리카공화국에서 스티브 비코 등 학생들이 중심이 되어 전개한, 아파르트헤이트(apartheid : 흑백격리주의) 체제하의 흑인에게 의식의 변혁을 촉구한 운동.

● **넬슨 만델라(Nelson Mandela, 1918. 7. 18~2013. 12. 5)** : 남아프리카공화국 최초의 흑인 대통령이자 흑인인권운동가이다. 종신형을 받고 27년여 간을 복역하면서 세계인권운동의 상징적인 존재가 되었다. 노벨 평화상을 수상하였다.

9 중요 관광도시

(1) 요하네스버그(Johannesburg) : 이 나라 최대의 도시이자 아프리카에서 가장 번영한 상공업도시이다. 가장 가까운 항구인 모잠비크의 마푸투에서 철도로 640㎞, 인도양 연안의 더반항(港)에서 북동쪽으로 650㎞ 떨어진 해발고도 1,900m의 내륙고원에 위치한다.

● **소웨토(Soweto)** : 'Sohtu Western Township'을 말하는 것으로 과거 백인들이 주도한 차별정책에 의해 모든 흑인들이 이곳으로 이주해 살았던 곳이다. 그 당시 악명 높은 아파르트헤이트 정책에 의해, 흑인들이 백인 거주지역을 다니려면 지금의 국가 간 비자처럼 통행증이 필요했다고 한다.

▶ 소웨토

● **헥터 피터슨 박물관(Hector Pieterson Museum)** : 1976년에 네덜란드어를 공용어로 가르치겠다는 개정안을 내놓자 소웨토 지역에서 시위가 일어나게 되고, 헥터 피터슨(당시 13세)이 총에 맞아 죽었다. 당시 소웨토 봉기의 유물과 상황을 기념하기 위해 헥터 피터슨 박물관이 세워졌다.

▶ 헥터 피터슨 박물관

- **아프리카 박물관**(African Museum) : 1992년 말에 오픈됐기 때문에 건물은 낡았지만 이 박물관은 남아프리카 민족에 대한 모든 역사적인 전시물들을 가지고 있다.

- **레세디 민속촌**(Lesedi Cultural Village) : 요하네스버그에서 북북서로 약 60㎞ 떨어진 야산과 바위 언덕 위에 위치하고 있으며, 남아공 주요 종족인 줄루(Zulu), 바소토(Basotho), 코사(Xhosa), 페디(Pedi) 등 4개 종족의 주거생활양식을 관광할 수 있고 그들의 전통춤 및 노래 등의 공연을 보여주는 민속촌이다.

▶ 레세디 민속촌

(2) 케이프타운(Cape Town) : 배후에 테이블산(1,087m)과 라이온즈헤드가 솟아 있으며 테이블만(灣)에 면하는 천연의 양항이다. 남아프리카공화국 의회의 소재지로서 행정부가 있는 프리토리아와 더불어 수도의 지위를 나누어 맡고 있다.

- **테이블 마운틴**(Table Mountain) : 테이블산(Table Mt.)을 보호하기 위해 국립공원으로 지정되었다. 공원의 대표적 명물로는 공원 이름이기도 한 테이블산과 아프리카 최남단에 위치한 희망봉(Cape of Good Hope)이 있다. 해발 1,085m의 높이에 지각 변동에 의해서 지금과 같은 모양이 형성되었다.

▶ 테이블 마운틴

- **물개섬**(Seal Island) : 케이프만에서 쾌속선을 이용하여 약 35분 거리에 있으며 수천 마리의 물개들이 바위섬에 살고 있어 물개를 아주 가까이서 볼 수 있다. 인근 해변 여러 곳에도 서식하고 있으나 특히 물개가 집중적으로 모여 서식하는 섬이다. 파도가 심하면 모터보트의 운행이 정지되기도 하지만 물개와 어울려 펼쳐진 주위 경관이 매우 아름답다.

- **희망봉**(The Cape of Good Hope) : 처음 발견되었을 때는 '폭풍의 곶'이라고 이름 지어졌다가 포르투칼 John 2세에 의해 희망봉으로 명명되어 현재까지 이르고 있다. 처음 발견한 포르투갈인에 의해 폭풍의 곶이라 불렸듯이 이곳은 바람이 쉴 새 없이 불고 높은 파도가 암벽에 밀어닥친다. 남아공 최대의 관광지이다.

▶ 희망봉

- **사이먼스 타운**(Simon's Town) : 케이프타운에서 기차를 이용해 케이프반도 쪽으로 내려가다 보면 만나게 되는 케이프반도의 동해쪽 마을로 이곳에서부터 희망봉, 케이프 포인트까지 가는 길이 참 아름답다.

● 케이프 포인트(Cape Point) : 탁 트인 인도양과 대
서양의 전망을 선사하는 곳이다. 이곳에서 내려
다보는 희망봉과 바다의 모습은 아프리카 남단
에서의 멋진 추억을 선사한다. 관광용 자동차도
로가 통한다. 반도의 남단부는 자연보호지구
(1939)로 지정되어 있으며, 비비를 비롯하여 많
은 동식물이 보호되고 있다.

▶ 케이프 포인트

(3) 프리토리아(Pretoria) : 남아프리카공화국의 행정상의 수도. 요하네스버그에서 북쪽으로
약 50km 떨어져 있으며, 남아공 역사의 숨결을 그대로 느낄 수 있는 교회당이 있다. 구릉지대
로 둘러싸여 있는 이곳은 정원과 관목숲으로 유명하다.

● 유니온 빌딩(Union Building) : 1910년 프리토리아
에 건축된 남아공 정부종합청사(현재는 대통령실,
부통령실, 외무부 일부가 위치)로서 노천계단 공간을
활용, 대통령 취임식, 외국 국빈 환영행사 등을
하기도 하며, 동 노천공간 밑의 잔디공원과 함께
관광객을 포함한 일반인에게 공개되는 곳이다.

▶ 유니온 빌딩

● 백인 개척자 기념관(Voortrekker Monument) : 19
세기 중반, 남아공을 개척한 네덜란드계 백인
(Afrikaans)들을 Voortrekker(후어트레커)라고 부
르는데 이들을 기리기 위해 프리토리아에 세
운 기념관이다. 이들이 자신들의 국가(Transvaal
Republic과 Orange Free State)를 이룩할 때까지
겪었던 고난사를 부조형식의 벽화들로 표현한
기념관이다.

▶ 백인 개척자 기념관

● 로빈 아일랜드(Robben Island) : 테이블 마운틴에서
바라보면 보이는 섬으로 넬슨 만델라가 아파르
트헤이트(Apartheid) 정책에 반대하다 수감되어
이 섬에서 18년간 복역했던 곳이다. 케이프타운
워터프런트에서 출발하는 쾌속정을 타고 30분
이면 도착할 수 있으며, 섬 안의 감옥을 둘러볼
수 있다.

▶ 로빈 아일랜드

▌참▐고▐문▐헌▐

대구사학회, 세계문화사, 형설출판사, 1989.

동아출판사, 동아원색세계대백과사전, 1984.

안종수, 세계문화와 관광, 백산출판사, 2007.

_____, 세계문화관광, 백산출판사, 2007.

원융희, 세계의 음식이야기, 백산출판사, 2003.

_____, 세계의 축제문화, 백산출판사, 2003.

윤대순·구본기·허지연, 세계의 문화와 관광, 기문사, 2005.

이영진 외, 문화와 관광, 학문사, 1999.

장준희, 중앙아시아(대륙의 오아시스를 찾아서), 청아출판사, 2004.

정찬종, 여행사경영론, 백산출판사, 2006.

_____, 여행사경영실무, 백산출판사, 2003.

정태홍·이재천, 세계관광지리, 백산출판사, 1990.

조현순, 글로벌시대의 세계관광, 백산출판사, 2001.

최규태, 세계관광지리, 대왕사, 1997.

최기종, 세계관광지리, 백산출판사, 1997.

허만성, 세계관광문화사, 형설출판사, 1996.

조철휘, 2009년 일본경제동향과 전망, 월간유통저널(2009년 1월).

池田輝雄, 觀光經濟學の課題, 文化書房博文社, 1997.

長谷川秀記, 世界の宗敎と經典總解說, 自由國民社, 1994.

江野行秀, 交通經濟學講義, 靑林書院新社, 1983.

Philip Kotler, John Bowen, and James Makens, Marketing for Hospitality & Tourism, Prentice Hall, 1996.

http://100.empas.com/dicsearch

http://100.naver.com/travelworld

http://4travel.jp

http://ambcoree.cafe24.com/h-index.htm

http://blog.naver.com

http://br1125.new21.org

http://country.korcham.net

http://countryinfo.mofat.go.kr/index.html

http://cuth.cataegu.ac.kr

http://duokorea.cafe24.com

http://embassy_philippines.mofat.go.kr

http://fra.mofat.go.kr/kor/eu/fra/affair/opening/index.jsp

http://gbr.mofat.go.kr/kor/eu/gbr/economy/condition/index.jsp

http://idn.mofat.go.kr/kor/as/idn/main/index.jsp

http://imagebase.davidniblack.com/main.php

http://images.google.co.kr/imghp?hl=ko

http://image-search.yahoo.co.jp/search

http://ind.mofat.go.kr

http://indiary.net/know

http://indo.worldtips.net/korean/index.html/country.korcham.net

http://kin.naver.com/open100/r_entry.php?rid=4363#6

http://ko.wikipedia.org

http://koreasingapore.com/default.asp

http://maps.live.com

http://mofat.go.kr

http://opendic.naver.com/100

http://portal.nis.go.kr/app/overseas/worldinfo/list

http://san.hufs.ac.kr

http://segero.hufs.ac.kr

http://shoestring.co.kr/destinations/afr/morocco.htm

http://sungkyun.egloos.com/i5

http://syfairyh.linuxtest.net

http://taiwan.mofat.go.kr

http://tourclub21.com

http://tournet.chollian.net

http://travel.hanatour.co.kr

http://travel.naver.com

http://UK.or.kr

http://user.chollian.net

http://vnm-hanoi.mofat.go.kr

http://worldnet.kbs.co.kr

http://www.abcnz.com/main/main01.asp

http://www.airliners.net

http://www.arukikata.co.jp

http://www.asiamaya.com

http://www.australiaday.com.au

http://www.belgium.or.kr

http://www.britannica.co.kr

http://www.cambodia.pe.kr

http://www.cambodiatourism.or.kr

http://www.cia.gov/cia/publications/factbook/geos/gm.html

http://www.cici.co.kr/nation/gb-p.htm

http://www.clubbali.co.kr

http://www.cnu.ac.kr

http://www.cyr.co.kr

http://www.diamonds.co.kr

http://www.discoverhongkong.com

http://www.duokorea.com

http://www.embkoreain.org

http://www.encyber.com/travelworld

http://www.enit.or.kr/tourinfo/festival/season.asp

http://www.enjoyjapan.com

http://www.euroclub.co.kr

http://www.eyeofeagle.co.kr

http://www.gapyong.hs.kr

http://www.gilbutetravel.co.kr/world/europe/belgium/enjoy.htm

http://www.globalwindow.org

http://www.gocambodia.co.kr

http://www.goodnews.co.kr

http://www.google.co.kr/

http://www.hanatour.co.kr

http://www.happycampus.com

http://www.hojuclub.co.kr

http://www.hojuinfo.com

http://www.indembassy.or.kr

http://www.indiagate.co.kr

http://www.indotravel.co.kr

http://www.info-cambodia.com

http://www.jipango.co.kr

http://www.koreaemb.de

http://www.koreanembcam.go.kr

http://www.koreanmissiontoeu.org

http://www.koreaweddingnews.com

http://www.kr.emb-japan.go.jp

http://www.lonelyplanet.com/destinations

http://www.malay.co.kr/html/tour/FOOD/food.htm

http://www.map-travels.com/map.html

http://www.melbournemoombafestival.com.au

http://www.modetour.co.kr

http://www.mofa.go.jp/mofaj/area/index.html

http://www.mofat.go.kr

http://www.mtpb.co.kr

http://www.myanmar.co.kr

http://www.naeiltour.co.kr

http://www.national-anthems.net/?

http://www.naver.com

http://www.nis.go.kr

http://www.nis.go.kr

http://www.nobelmann.com

http://www.nobelmann.com

http://www.npm.gov.tw

http://www.numerousmoney.com

http://www.odci.gov/cia

http://www.orio.net

http://www.petejang.net/html/belgium-story-20020823.htm

http://www.petifrance.com

http://www.shoestring.co.kr/destinations/europe/belgium.htm

http://www.somese.com

http://www.sydneyfestival.org.au

http://www.taiwantravel.co.kr

http://www.tajmahal.co.kr

http://www.tbroc.gov.tw

http://www.thaiembassy.or.kr

http://www.topas.net/travel_info/nation/htm/ba3167.htm

http://www.tourclub21.com

http://www.tourtaiwan.or.kr

http://www.tourthailand.co.kr

http://www.tourtotal.com/

http://www.travel.co.kr

http://www.travelg.co.kr

http://www.unimaster-uk.com

http://www.vietinfo.co.kr/main/start.htm

http://www.vietnamnews.co.kr

http://www.wannatour.co.kr/

http://www.withustour.co.kr/

http://www.worldmapfinder.com

http://www.wowphilippines.or.kr
http://www.yahoo.co.kr
https://pixabay.com/
https://www.arukikata.co.jp/
https://www.kotra.or.kr/kh/main/KHMIUI010M.html
www.edinburghfestivals.co.uk
www.go2koreahk.com
www.korconhk.org
www.nottinghillcarnival.org.uk

저자약력

정찬종鄭粲鍾

경기대학교 관광대학 관광경영학과 졸업(경영학사)
경희대학교 경영대학원 관광경영학과 졸업(경영학석사)
경기대학교 대학원 관광경영학과 졸업(경영학박사)
현, 계명문화대학교 호텔항공외식관광학부 명예교수

신동숙申東淑

이화여자대학교 법정대학 법학과 졸업(법학사)
경기대학교 대학원 관광경영학과 졸업(경영학석사)
경기대학교 대학원 관광경영학과 졸업(경영학박사)
현, 계명문화대학교 호텔항공외식관광학부 교수

박주옥朴珠玉

영남대학교 이과대학 생물학과 졸업(이학사)
계명대학교 국제학대학원 일·한통번역전공 졸업(문학석사)
계명대학교 대학원 일본학과 박사과정 졸업
구미대학교 외국어계열 교수 역임

저자와의
합의하에
인지첩부
생략

세계관광문화의 이해

2009년 9월 5일 초 판 1쇄 발행
2015년 1월 10일 개정1판 1쇄 발행
2019년 1월 10일 개정2판 1쇄 발행

지은이 정찬종 · 신동숙 · 박주옥
펴낸이 진욱상
펴낸곳 백산출판사
교 정 편집부
본문디자인 오행복
표지디자인 오정은

등 록 1974년 1월 9일 제406-1974-000001호
주 소 경기도 파주시 회동길 370(백산빌딩 3층)
전 화 02-914-1621(代)
팩 스 031-955-9911
이메일 edit@ibaeksan.kr
홈페이지 www.ibaeksan.kr

ISBN 979-11-5763-955-7 93980
값 25,000원